Medizinische Informatik, Biometrie und Epidemiologie

75

Herausgeber:
K. Überla, München
O. Rienhoff, Marburg
N. Victor, Heidelberg

W. van Eimeren   K. Überla   K. Ulm (Hrsg.)

Gesundheit und Umwelt

36. Jahrestagung der GMDS
München, 15. - 18. September 1991

Springer-Verlag
Berlin Heidelberg New York
London Paris Tokyo
Hong Kong Barcelona
Budapest

Herausgeber

Wilhelm van Eimeren
Institut für Medizinische Informatik und Systemforschung
Forschungszentrum für Umwelt und Gesundheit GmbH
Ingolstädter Landstr. 1, W-8042 Neuherberg

Karl Überla
Institut für Medizinische Informationsverarbeitung, Biometrie und Epidemiologie
Ludwig-Maximilians-Universität München
Marchioninistr. 15, W-8000 München 70

Kurt Ulm
Institut für Medizinische Statistik und Epidemiologie
Technische Universität München
Ismaninger Str. 22, W-8000 München 80

Springer-Verlag Berlin Heidelberg New York
Springer-Verlag New York Berlin Heidelberg
Die Deutsche Bibliothek - CIP-Einheitsaufnahme
Gesundheit und Umwelt: München, 15. - 18. September 1991 / W. van Eimeren ...
(Hrsg.). - Berlin; Heidelberg; New York; London; Paris; Tokyo; Hong Kong; Barcelona;
Budapest: Springer, 1991
(... Jahrestagung der GMDS; 36) (Medizinische Informatik, Biometrie und
Epidemiologie; 75)

NE: Eimeren, Wilhelm van; Deutsche Gesellschaft für Medizinische Dokumentation,
Informatik und Statistik: ... Jahrestagung der ...; 2. GT

ISBN 978-3-540-55279-6   ISBN 978-3-642-51151-6 (eBook)
DOI 10.1007/978-3-642-51151-6

Vorwort

Die 36. Jahrestagung der Deutschen Gesellschaft für Medizinische Dokumentation, Informatik und Statistik e.V. fand vom 16. bis 18. September 1991 in München im Klinikum Großhadern der Ludwig-Maximilians-Universität statt. Die Tagung stand unter dem Motto "Gesundheit und Umwelt", einem weiten Thema, das die Öffentlichkeit wie kaum ein anderes beschäftigt und herausfordert. Die Industriegesellschaft setzt Risiken, für die wir die Verantwortung gegenüber der lebenden Generation, aber auch für die Gesundheit und die natürlichen Lebensgrundlagen der nachfolgenden Generationen übernehmen müssen. In mehreren Grundsatzreferaten wurde von Seiten der Politiker die Relevanz dieses Themas betont. Die große Anzahl von ca. 750 Teilnehmern unterstreicht die Bedeutung der Fragestellungen aus dem Umweltbereich für unser Fachgebiet.

Aufgabe der Wissenschaft ist es, auf bestehende Probleme und Gefahren hinzuweisen. Alle drei Fachbereiche unserer Gesellschaft, Epidemiologie, Biometrie und Medizinische Informatik sind aufgefordert, in Zusammenarbeit mit der Medizin und der Toxikologie das Gefährungspotential verschiedener Schadstoffe in der Umwelt sorgfältig zu untersuchen und nachzuweisen. Dabei dürfen die Gefahren nicht verniedlicht und nicht überinterpretiert werden.

Schwerpunkte der Tagung wurden gesetzt in den Bereichen: Methoden des Risk Assessment, Epidemiologische Studien und Umwelt und kindliche Gesundheit. Aber auch den methodischen Problemstellungen wurde die erforderliche Aufmerksamkeit zuteil.

Es war die erste Jahrestagung der GMDS im wiedervereinigten Deutschland und so durften wir zahlreiche Wissenschaftler aus den neuen Bundesländern begrüßen. Dort spielt das Rahmenthema der Tagung eine besondere Rolle. Das Ausmaß und die hiervon ausgehenden Gefahren sind noch vielfach unbekannt. Die Fachgesellschaft macht es sich zur besonderen Aufgaben, hier neue Impulse zu setzen.

Dieser Tagungsband enthält ausgewählte Beiträge zu dem gewählten Rahmenthema. Daneben wurden auch Beiträge aus den Bereichen "Arbeit und Umwelt", "Tumorregister und -dokumentation", "Klinische Dokumentation und Datenverarbeitung" und "Statistische Methoden zu klinischen Fragestellungen" aufgenommen. Alle eingegangenen Manuskripte wurden von den Herausgebern dieses Tagungsbandes durchgesehen, mit der Folge, daß eine Reihe von Manuskripten überarbeitet werden mußten und einige Beiträge auf Grund externer Begutachtung nicht berücksichtigt werden konnten. Erstmals wurden auch Beiträge, die in Form von Postern präsentiert wurden, in den Tagungsband aufgenommen.

Parallel zur Jahrestagung fand eine Dos-à-dos Konferenz über wissensbasierte Systeme in der Medizin statt. Die Beiträge dieser Konferenz befinden sich nicht in diesem Tagungband, sondern werden gesondert erscheinen.

Als Herausgeber danken wir allen Autoren für die ausgezeichneten Beiträge sowie allen Referenten für die hervorragende Darstellung ihrer Methoden und Ergebnisse.

München, im Oktober 1991   Die Herausgeber

Inhaltsverzeichnis

Umwelt und kindliche Gesundheit

Arbeit und Gesundheit

Statistische Methoden zu klinischen Fragestellungen

<u>GESUNDHEIT UND UMWELT</u> -

<u>Methodische Voraussetzungen einer erfolgreichen Forschung an historischen Beispielen</u>

Prof. Dr. Wilhelm van Eimeren

GSF-Forschungszentrum für Umwelt und Gesundheit GmbH,
MEDIS-Institut für Medizinische Informatik und Systemforschung,
Ingolstädter Landstr. 1, W-8042 Neuherberg

Lassen Sie mich in das Thema einführend beginnen mit Bemerkungen über *Max von Pettenkofer* (1818-1901). 1847 hatte er den Lehrstuhl für Medizinische Chemie in München erhalten. Seinerzeit war München u.a. deutsche Städte von Cholera und Typhus heimgesucht. In Thalkirchen und München und später in anderen Städten wurde auf *Pettenkofers* Empfehlung hin sowohl die Abwasserbeseitigung als auch die Frischwasserzufuhr neu gestaltet. Die Cholera- und Typhusfälle gingen so zurück, daß *Pettenkofer* daraufhin (1865) *König Ludwig II* überzeugen konnte, Lehrstühle für Hygiene an allen drei bayerischen Universitäten einzurichten (*A.S. Evans*). Der von ihm erzielte Erfolg bestärkte *Max von Pettenkofer* in seiner (falschen) Überzeugung, daß der Grundwasserspiegel **die** wichtige zu beeinflussende Größe darstelle. Durch die Auseinandersetzung mit *Robert Koch* (1843-1910) verfestigten *Pettenkofer* und seine Schüler den Ruf, die letzten Vertreter der Miasma-Theorie zu sein.

Ich komme nochmal auf *Pettenkofer* zurück. Mir liegt im Augenblick mehr daran, deutlich zu machen, wieso diese - quasi "ökologische" - sogenannte Miasma-Theorie so viele Jahrhunderte, ja Jahrtausende für die Wissenschaft im Vordergrund stand, obgleich gleichzeitig Quarantäne, Isolierungs- und Desinfektionsmaßnahmen weitgehend den praktischen Umgang mit den Seuchen bestimmte. Wir müssen uns vergegenwärtigen, daß der Zusammenhang zwischen Gestank und Krankheit so offensichtlich war, daß noch *Chadwick*, der die sanitäre Bewegung in London etwa um 1840 startete, formulierte: "All smell is disease". Mal'aria war so zunächst auch nicht der Name für eine spezifische Krankheit sondern für die krankmachende Luft selbst (*F. Sargent; A. Fischer; Ch.-E.A. Winslow*).

Eine Unterscheidung einer Seuche von einer Umwelt-Vergiftung war nicht möglich. In den Vorstellungen der Jahrtausende vor dem Beginn der Bakteriologie beherrschen in den Überlegungen über das krankmachende Agens chemische Substanzen allenfalls organischen Ursprungs (siehe auch die Überlegungen zur Urzeugung von Insekten aus organischem Abfall) die Phantasie. So fanden insbesondere bei der blitzartig große Prozentsätze der Bevölkerung dahinraffenden Pest Gerüchte durchaus weithin Glauben, Juden hätten die Brunnen vergiftet (*A. Fischer*). Juden-Pogrome folgten so der Pest in mancher europäischen Stadt.

Die unterschiedlichen klinischen Abläufe der Seuchen wurden eigentlich bis *Sydenham* (1624-1689) als Gestaltwandel ein und der gleichen Seuche begriffen, Pocken galten genauso als Vorboten der Pest, wie Typhus bzw. Flecktyphus (*Ch.-E.A. Winslow*). Während der Fachmann, durch die Komplexität der Beobachtungen erdrückt, teilweise auch von der Theorie gelenkt, mit guten Argumenten gegen die Annahme der Kontagiosität kämpfte (schließlich z.B. stecken sich Malaria-, Gelbfieber- und meist auch Cholerapatienten nicht direkt an, auch an einen Überträger dachte man einfach nicht), nahmen die Herrscher die augenfällige Evidenz und führten Maßnahmen durch, die mal zu wirken schienen und mal (wie in den obigen Seuchen-Beispielen) eben nicht.

Theorie und Praxis klafften gelegentlich grotesk auseinander: während anläßlich der 1348 gerade in Marseille laufenden Pestepidemie die lokale Ordnungsmacht eine Quarantäne durchsetzte, schrieb die Medizinische Fakultät von Paris diese Epidemie der ungünstigen Konjugation von Planeten über dem indischen Ozean zu (*Ch.-E.A. Winslow*). Solche Umwelteinflüsse, dazu auch Erdbeben und Vulkanausbrüche wurden z.B. noch 1799 von *Webster* als miasmatische Startpunkte der Epidemien gesehen (*Ch.-E.A. Winslow*).

Wie würde man heute ein Wetter interpretieren, das ein Chronist 1186 in Coburg, als dort die Pest wütete, so beschrieb: der Winter sei so milde gewesen, daß im Januar die Bäume blühten, im Mai die Ernte war und im August die Weinlese? (*D. Oeter*)

Wenn wir die Eindämmung der großen Seuchen als Vorlage zur Behandlung unseres Themas nehmen: Wo lagen die wissenschaftlichen und praktischen Durchbrüche, wo die Fehler und was können wir daraus für die Umweltmedizin lernen?
Diese Fragen will ich an historischen Gleichnissen verfremdet darstellen und im weiteren es dem Zuhörer überlassen, die aktuelle Analogie zu suchen. Dies ist also kein medizin-historischer Vortrag. Schließlich bin ich ja auch kein Medizinhistoriker.

Wenn wir nun von erstaunlich überzeugenden Einzelbeobachtungen über das gesamte geschichtlich belegte Abendland hinweg absehen (*A. Fischer; Ch.-E.A. Winslow*), kam es zu deutlichen Durchbrüchen eigentlich jeweils erst, als einer der sechs folgenden Aspekte angemessen berücksichtigt wurde, bzw. werden konnte:

1. als die Möglichkeiten erkannt wurden, die in der tabellarischen Aufbereitung von Registerdaten lagen, und sich daran auch eigene gezielte Datensammlungen anschlossen. Europaweit als mustergültig galten damals ab der Mitte des 17. Jahrhunderts englische Wissenschaftler wie *William Petty* (1623-1687), *John Grount* (1592-1664) und *Edmund Halley* (1665-1715; *J.E. Banta*). Beeindruckt hiervon hatte *Leibniz* (1646-1716) in Aufsätzen Todesursachen- u.a. Bevölkerungsstatitiken wie dazu die Errichtung einer Medizinalbehörde gefordert, weitgehend vergeblich übrigens.
   Auf seine Vermittlung hin stellte der Breslauer Pfarrer *Caspar Neumann* (1648-1755) Daten der Jahre 1687-1690 dem soeben genannten *Halley* in London zur Verfügung (*H. Seydel*). Dieser betont in seinem Dankesbrief, daß ihm aus England nicht annähernd präzise Daten vorliegen. Von *Halley* mit diesen Daten aufbereitete Tabellen dienten dann im Falle einer Gesellschaft auch zur Grundlage der Risikoberechnungen von Lebensversicherungen (*H. Seydel*). Deutsche Analoga wie *Süßmilch* und *Burggrave* mit ihren bekannten Veröffentlichungen 1741 bzw. 1751 finden sich also erst 100 Jahre später (*J.C. Riley*).

2. Über die Entwicklungen des Experiments
   Wie gut man die wichtigen Elemente eines Experimentes schon im 18. Jahrhundert begriffen hatte, zeigen die Logbuch-Eintragungen des britischen Schiffsarztes *James Lind*, der an Bord der Salsbury am 20. Mai, heute würde man sagen, einen kontrollierten klinischen Versuch, beginnt: Er nahm 12 an Skorbut erkrankte Seeleute, so ähnlich wie möglich, mit gleicher Grunddiät und in der gleichen Krankenstube untergebracht. Er bildet daraus 6 Behandlungsgruppen mit je 2 Fällen. Eine Gruppe war gekennzeichnet durch eine Zusatzdiät mit Zitrusfrüchten und diese beiden Seeleute erholten sich entsprechend rasch. *Lind* selbst leitete daraus eine eher beiläufige Empfehlung ab, blieb im Kern aber der damals herrschenden Meinung treu, frische Luft sei für Skorbut das wichtigste. So kam es erst rund 50 Jahre später zur Aufnahme der Zitrusdiät in der britischen Marine (*F. Sargent; H. Seydel*). Erwähnt werden sollte auch *Francesco Redi* (1626-1697). Er hatte 1868 den experimentellen Beweis geführt, daß Insekten nicht aus Dreck im Wege der Urzeugung entstehen. Genannt seien auch die Versuche

von *Jenner* zur Pockenimpfung (1793-1796), übrigens gut 100 Jahre ehe der Hamburger Impfarzt *Enrique Paschen* 1906 das Pockenvirus beschrieb (*A.M. Lilienfeld*).

Zuletzt möchte ich *Mathieu Joseph Bonaventure Orfila* (1787-1853) anführen, der mit seinen Buchveröffentlichungen 1813-1815 den Beginn einer modernen experimentellen Toxikologie markiert (*R. Truhaut; W.G. Eckert*).

Was das uns heute deutlich macht, ist, daß zwar die Dokumentation und tabellarische Aufbereitung und auch das Verständnis für eine experimentelle Anordnung über das 18. Jahrhundert bis zum Beginn des 19. gereift war. Was aber immer noch fehlte, war ein Verständnis für

3. Wahrscheinlichkeitsberechnungen

Dies sollte sich ab den 30er Jahren des 19. Jahrhunderts rasch ändern, als *Pierre Charles-Alexandre Louis* die Szene der medizinischen Forschung betrat (*D.E. und A.M. Lilienfeld*). Er war Mitglied der französischen Akademie der Wissenschaften, in der zu seiner Zeit die laufenden Arbeiten von *Laplace, Poisson* und *Fourier* diskutiert wurden. 1836 veröffentlicht *Louis* den statistischen Nachweis über die Schädlichkeit des Aderlasses. Im Hörsaal von *Louis* saß der Engländer *William Farr*, der später der Vater der Medizinal-Statistik genannt werden sollte (*A.M. und D.E. Lilienfeld*).

Von großem Einfluß für die Entwicklung der Medizin-Statistik in Europa und USA wurden die Bücher von *Jules Gevarret* (1809-1890): "Principes Generaux de Statistique Medicales" (1840) und *William Augustus Guy* "Medical Statistics" (1852; *H. Seydel*). *Guy* war erster Professor für Forensische Medizin und Hygiene an der King's College Hospital Medical School und gleichzeitig Mitglied und später auch Präsident der Royal Statistical Society (wie übrigens auch *Farr*). Seine theoretischen Arbeiten würde man aus heutiger Sicht u.a. den Fall-Kontroll-Studien und der Monte-Carlo-Simulation zuordnen. *Guy* gehörte aber gleichzeitig der "sanitary reform"-Bewegung an.

Es kam zur systematischen Aufbereitung von Londoner Daten durch die Vertreter der sogenannten sanitären Reform-Bewegung wie eben jener *William Farr, Edwin Chadwick* (1800-1890) und *John Simon* (*Ch.-E.A. Winslow; E.J. Cassell*).

Deutlich kann man sehen, wie die systematische Bearbeitung der Londoner Daten schließlich die bisherige diffuse Vorstellung eines ständigen Gestaltwandels eines letztlich einheitlichen Krankheitsbildes der Erkenntnis der Spezifität der einzelnen Krankheiten weicht. 1865 bereits macht *Simon* für die Cholera auch auf den spezifischen Übertragungsweg Trinkwasser aufmerksam, der sich aus seinen Daten ergibt: rund 10 Jahre nach *Pettenkofers* Bericht und rund 20 Jahre vor der Entdeckung des Cholera-Vibrions und seiner Verbreitung über das Trinkwasser durch *Robert Koch* (*Ch.-E.A. Winslow*). Jetzt also, in der Mitte des 19. Jahrhunderts, ist die Bedeutung der Dokumentation, des Experimentes und der Statistik den führenden Forschern deutlich und so finden wir die Biostatistik als Lehrgegenstand in *Pettenkofers* Vorlesung (*A.S. Evans*). *Rudolf Virchow* (1821-1902) beschäftigt sich ab 1850 ebenfalls mit der Bedeutung der Dokumentation, Terminologie und Medizinischen Statistik. Der deutsche Chirurg *Billroth* (1829-1894) sieht nur über die stärkere Nutzung der Statistik die Möglichkeit, die Medizin zu einer "Wissenden Kunst" zu machen, wie er sich ausdrückt (*H. Seydel*).

4. Zu gleicher Zeit, als sich dieses abspielt, tritt aber ein weiterer bedeutsamer Faktor für die Entwicklung der Forschung hinzu: die Bereitstellung leistungsfähiger Mikroskope.
Zwar hatte schon 1676 *van Leuwenhoek* (1632-1723) mit Hilfe seines Mikroskops Bakterien beschrieben, jedoch erst 150 Jahre später, ab etwa 1835 waren leistungsfähige Mikroskope allgemein zugänglich und erschwinglich (*Ch.-E.A. Winslow*).

Die Erfolge der Bakteriologie waren so bahnbrechend, daß die Bedeutung der epidemiologisch-statistischen Aspekte in den Hintergrund trat (*H. Mochmann und W. Köhler*). Die Instrumente der Bakteriologie waren Mikroskop, Bakterienkulturen und einfache experimentelle Anordnungen. Von Einfluß war dabei auch, daß andererseits die technischen Voraussetzungen für die Epidemiologie nicht optimal waren. Der Siegeszug der Bakteriologie war so vollständig, daß auch vorübergehend die Vitaminmangelkrankheiten Skorbut und Pellagra (*Louis Sambon*, britischer Arzt und Biologe) als durch Stechfliegen übertragene bakteriell bedingte Krankheiten aufgedeckt galten (*D.A. Roe*). Die Abwehr der von der Bakteriologie "überrollten" Forscher, die selbst sehr klar die Epidemiologie in den Vordergrund stellten, waren teilweise von absurdem Heroismus bei Selbstversuchen und teilweise von bösartigen Auseinandersetzungen geprägt (*N. Howard-Jones*). Was seinerzeit die Bakteriologie für die Hygiene war, könnte heute die Toxikologie für die Umweltmedizin darstellen.

Farr, der einerseits in unvorstellbar hämischer Art seinen Zeitgenossen *Darwin* angriff, zeigte andererseits einen guten prophetischen Blick in der Beurteilung des ansonsten in London als Spinner verschrienen *Charles Babbage* (1792-1871) (*H. Seydel*). *Babbage* hatte sein Leben lang versucht, sein theoretisches Konzept eines programmgesteuerten Rechners ("analytical engine") in die Realität umzusetzen, einer Maschine, die auch ergebnisgesteuert verzweigen, speichern und drucken können sollte. Da er dies mit den Mitteln seiner Zeit, d.h. mechanisch und getrieben durch eine Dampfmaschine, zu lösen versuchen mußte, scheiterte er. *Farr* jedoch erkannte erstaunlich klar die Wichtigkeit einer solchen Maschine für eine durchbruchartige Entwicklung der Dokumentation und Statistik. Wir wissen mittlerweile, daß die Forschung noch weitere rund 100 Jahre auf geeignete Rechenanlagen warten mußte. Die zeitlich unterschiedliche Bereitstellung von Mikroskop und Rechenanlage war für die zumindest in Deutschland geringe Durchschlagkraft der epidemiologische Aspekt der Hygiene im Vergleich zum bakteriologischen und später virologischen m.E. wahrscheinlich einflußreicher als der von manchen Autoren in den Vordergrund gestellte unsinnig heißspornige Konflikt zwischen *Koch* und *Pettenkofer*.

5. Dennoch verweist dieser verbissen-verbiesterte Kampf der beiden deutschen Exponenten der Hygiene auf einen anderen notwendigen Aspekt einer fruchtbaren wissenschaftlichen Arbeit: Man hätte ja auch verständiger miteinander umgehen können und so produktiv zur Verbesserung der epidemiologischen Kenntnisse beitragen können (*H. Eyer*). Das hieße auf der Basis widersprüchlicher Evidenz möglichst gemeinsam nach den dafür erklärenden Faktoren suchen, d.h. notwendigerweise eine noch weitergehende Komplexität ertragen. Positive Beispiele hierfür finden sich in der Geschichte der Medizin natürlich auch.

6. Lassen Sie mich nun noch die sozioökonomischen Aspekte ansprechen. Umfangreiche Dokumentation und Analytik in der Forschung, sowie darauf fußende praktische Monitoring-Verfahren kosten einerseits Geld und müssen andererseits gesellschaftlich Akzeptanz finden.

Es war *Chadwick*, der zur argumentativen Stützung der Ausgabe der Londoner Register wie auch der sanitären Maßnahmen darauf verwies, daß die Typhus-Toten 1838 in der Zahl das Doppelte der Verluste von Waterloo ausmachten (*A.M. Lilienfeld*). Er wies aber genauso auch auf die soziale Dimension hin, z.B. darauf, daß von den Kindern der Bürger ein Fünftel vor Erreichen des 5. Lebensjahres starben, von den Kindern der Armen aber mehr als die Hälfte. Im gleichen Kontext empfahl *Farr* die Errichtung einer Krankenversicherung für die Armen (also nicht ganz 40 Jahre vor der Errichtung der Krankenkassen durch *Bismarck* 1883).

Pettenkofer berechnete unter Hinweis auf die Londoner Erfahrungen, daß eine hygienische Sanierung von München auf dem Niveau von London jährlich 25 Millionen Gulden einsparen würde (*A.S. Evans*).

Ausgesprochenen Ärger hatte sich in der gleichen Zeit *Virchow* zugezogen, als er auf der Basis seiner persönlichen Erfahrungen mit der oberschlesischen Flecktyphus-Epidemie 1848 den Zusammenhang zwischen Armut, Hunger und Krankheit konstatierte und seine politische Forderung nach "Bildung mit ihren Töchtern Freiheit und Wohlstand" erhob. Er mußte darob nach Würzburg ausweichen.

Mehr an die Staatsraison appellierten Argumente, die auf die Wehrfähigkeit abhoben:

So begleitete *Leibniz* seine Forderung nach Medizinalstatistik mit dem Hinweis, daß so der Staat auch einen besseren Überblick über die Anzahl der wehrfähigen Männer habe. *Chadwick* zeigte, daß die britische Flotte doppelt soviel Männer durch Krankheit als durch Schlachten verlor. Bekannt war seinen Zeitgenossen natürlich auch, daß *Napoleon* 1803 Louisiana für 15 Millionen Dollar an die USA verkauft hatte, nachdem seine dort stationierten Truppen alleine an Gelbfieber 40 Tausend Mann verloren hatten (*Th.E. Woodward*).

Lassen Sie mich abschließend noch auf zwei Aspekte eingehen, der weniger mit der Wissenschaft selbst als vielmehr mit der rationalen gesellschaftlichen Nutzung ihrer Ergebnisse zu tun hat:

(1) Die Vermeidung des Wahns, Risiken ließen sich grundsätzlich vermeiden.

Die Geschichte der Medizin kennt im Gefolge der Bakteriologie und anderer Fortschritte die weltweit angelegten Versuche der Ausrottung (Eradication) von Krankheiten. Lassen Sie mich das kurz am Beispiel des Gelbfiebers erläutern (*Ch.-E.A. Winslow*): Nachdem der amerikanische Militärmediziner *Walter Reed* mit seinen Kollegen 1900 in heroischen Selbstversuchen die Übertragbarkeit des Gelbfiebers durch die Aedes aegypti Mücke bewiesen hatte, folgte eine überaus erfolgreiche Ausrottungskampagne. 1929 galt Gelbfieber als weltweit ausgerottet. Später kamen dann enttäuschende Rückschläge und man mußte erkennen, daß das verursachende Virus über ein nicht vernichtbares Reservoir in Tier und Mensch verfügt. Wie zuvor bei dieser und anderen Krankheiten mußten die Menschen in den letzten Jahren auch am Beispiel der Cholera lernen, daß wir nur entscheiden können, mit welchen ständigen Bemühungen wir welche Risikobegrenzung erreichen. Dabei werden immer und unausweichlich einzelne Menschen erkranken und auch sterben.

(2) Die Bedeutung der Ausbildung für die sachgerechte Umsetzung in und von Verordnungen

Lassen Sie mich auch dies mit einem historischen Beispiel erläutern:

Wie ich bereits erwähnte, wurde bis in die Neuzeit hinein Vergiftung als Ursache vieler Krankheiten gesehen. Natürlich kannte man auch viele konkreten Gifte, von denen manche auch als Arzneien im Gebrauch waren. Der Kontrolle der Gifte wurde sehr früh hohe Bedeutung zugemessen. So mag man sich fragen, warum 1240 *Kaiser Friedrich II.* seine präzisen Vorschriften über die Reinhaltung der Luft, des Bodens und der Gewässer sowie über die Herstellung, den Vertrieb und Besitz von Giften und Arzneien auf Sizilien begrenzte (*A. Fischer*). Der Grund war einfach: man kann nur kontrollieren, wenn man Kontrolleure hat: seinerzeit gab es aber außer in Salerno im ganzen Reich keine andere medizinische Hochschule. Es ist also praktisch wichtig, wenn an den Schwerpunkten umweltmedizinischer Forschung, wie z.B. hier in München, auch leistungsfähige Ausbildungsgänge angeboten werden.

Literatur:

Banta, James E.: Sir William Petty: Modern Epidemiologist (1623-1687). Journal of Community Health 12, 2/3, 185-198 (1987)

Cassell, Eric J.: Nineteenth and Twentieth Century Environmental Movements. Arch. Environ. Health 22, 35-40 (1971)

Eckert, William G.: Historical Aspects of Poisoning and Toxicology. American Journal of Forensic Medicine and Pathology 1, 3, 261-264 (1980)

Eyer, Hermann: "Über das Verhältnis zwischen Bakteriologie und Epidemiologie" - und was daraus wurde. Münch. med. Wschr. 120, 14, 465-467 (1978)

Fischer, Alfons: Geschichte des deutschen Gesundheitswesens. Berlin: Herbig (1933)

Howard-Jones, Norman: Friedrich Wolter (1863-?1944): the last anticontagionist. British Medical Journal 9.Feb.1980, 372-373 (1980)

Lilienfeld, Abraham M.: Epidemiology and Health Policy: Some Historical Highlights. Public Health Reports 99, 3, 237-241 (1984)

Lilienfeld, Abraham M.; Lilienfeld, David E.: Epidemiology and the Public Health Movement: A Hostorical Perspective. Journal of Public Health Policy, June 1982, 140-149 (1982)

Lilienfeld, David E.; Lilienfeld, Abraham M.: The French Influence on the Development of Epidemiology. In: Times, Places and Persons (Ed.: A.M. Lililenfeld). Baltimore: Johns Hopkins University Press, 28-38 (1980)

Mochmann, Hanspeter; Köhler, Werner: Zeittafel über Erkenntnisse und Entdeckungen auf den Gebieten der Seuchenlehre und Bakteriologie in synchronoptischem Zusammenhang mit anderen welt- und kulturgeschichtlichen Daten. Pädiatrie und Grenzgebiete 25, 117-132 (1986)

Oeter, Dietrich: Sterblichkeit und Seuchengeschichte der Bevölkerung bayerischer Städte von 1348-1870. Dissertation. Köln (1961)

Riley, James C.: The Medicine of the Environment in Eighteenth-Century Germany. Clio medica 18, 167-178 (1983)

Roe, Daphne A.: Attempts at the Eradication of Pellagra: A Historical Review. In: Times, Places and Persons (Ed.: A.M. Lililenfeld). Baltimore: Johns Hopkins University Press, 62-78 (1980)

Sargent II, Frederick: Hippocratic Heritage. New York: Pergamon Press (1982)

Seydel, Hiltrud: Statistik in der Medizin: Ein Entwurf zu ihrer Geschichte. Neumünster: Wachholtz Verlag (1976)

Truhaut, René: Orfila, fondateur de la toxicologie. Bull. Acad. Natle Méd. 171, 4, 459-467 (1987)

Winslow, Charles-Edward Amory: The Conquest of Epidemic Disease. New York: Hafner Publishing Company (1967)

Woodward, Theodore E.: Yellow Fever: From Colonial Philadelphia and Baltimore to the Mid-Twentieth Century. In: Times, Places and Persons (Ed.: A.M. Lililenfeld). Baltimore: Johns Hopkins University Press, 115-131 (1980)

Gesundheit und Umwelt - Möglichkeiten der Epidemiologie

H.E.Wichmann[1,2]

1) Bergische Universität GH Wuppertal, FB 14, Arbeitssicherheit und Umweltmedizin
2) gsf München, Institut für Epidemiologie

Einleitung

Was wissen wir eigentlich über den Zusammenhang zwischen Umwelt und Gesundheit? Ist die Natur bereits krank und therapiebedürftig? Und wie steht es mit dem Menschen, der menschlichen Gesundheit? Ist sie durch Umweltbelastungen latent bedroht, akut gefährdet oder bereits geschädigt? Diese Fragen sollen im folgenden diskutiert werden, und zwar aus epidemiologischer Sicht. Hierzu sollen die gegensätzlichen Standpunkte, die es bei der Bewertung der vorhandenen Daten gibt, in Form von These und Antithese skizziert werden, um schließlich nach Wegen für eine rationale Synthese zu suchen.

These: Wir vergiften uns und unsere Umwelt (es wird immer schlimmer)

Viele von uns sind besorgt über die zunehmende Belastung der Umwelt durch den Menschen und seine Aktivitäten. Hierfür gibt es unzählige Belege, als ein Beispiel kann die Problematik der Schwermetallbelastung gelten. Messungen zeigen, daß die Konzentration von Blei selbst im Grönlandeis in den letzten Jahrzehnten stark angestiegen ist, fernab von jeder Quelle. Daß diese Belastung sich auch im menschlichen Körper widerspiegelt, belegen z.B. die epidemiologischen Daten in Abb. 1 anhand der Korrelation zwischen dem Blei im Staubniederschlag in Dortmund und dem Blutbleispiegel bei Kindern. Mit geradezu erstaunlicher Präzision läßt sich die äußere Belastung durch die Stadtluft an der inneren Belastung des Körpers ablesen.

Abb.1   Bleigehalt in Milchzähnen bei Dortmunder Kindern im Vergleich zum Bleiniederschlag im Wohngebiet (MURL, 1986)

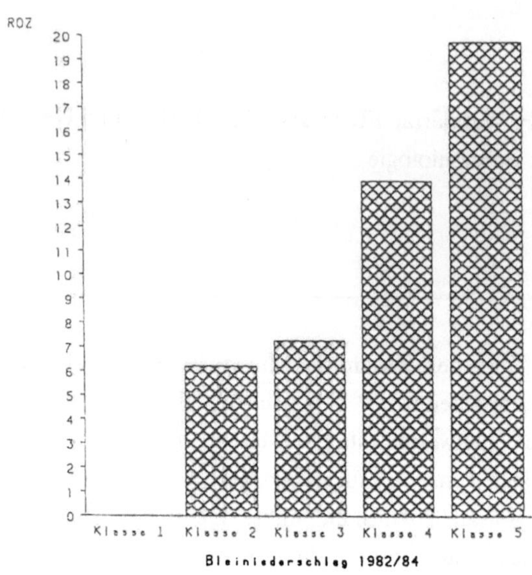

Das Gesagte gilt in ähnlicher Weise für Reizgase in der Atemluft. Am auffälligsten war dies bei akuten Belastungen durch Smogsituationen. Abb. 2 zeigt, wie die Mortalität in London Anfang der 60er Jahre an Tagen mit starker SO_2-Belastung deutlich anstieg. Ebenso ist der Zusammenhang zwischen Dauerbelastung durch Luftschadstoffe und Gesundheitsproblemen vielfach belegt.

Abb.2   Mortalität in London während der Smogepisode 1962 (Waller, 1982)

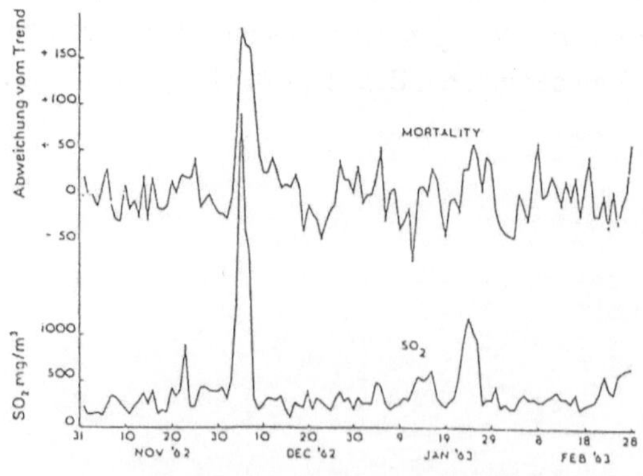

Antithese: Wir leben länger und gesünder denn je und haben alles im Griff (es wird immer besser).

"Nun reicht es aber", wird mancher entgegnen." Diese Schwarzmalerei geht doch völlig an der Realität vorbei. Das sind doch herausgegriffene Einzelfälle. Schauen Sie sich einmal die gesundheitliche Entwicklung der letzten 100 Jahre an (Abb. 3). Diese Mortalitätsstatistik aus New York zeigt doch sehr klar, daß das Bild von der guten alten Zeit und der schlimmen Gegenwart und Zukunft die Fakten völlig auf den Kopf stellt. Die Seuchen der letzten Jahrhunderte, Gelbfieber, Cholera, Pocken und andere Infektionskrankheiten, haben wir überwunden. Durch hygienische Maßnahmen, Kontrolle des Trinkwassers, Unterbrechung von Infektionsketten, wurden gewaltige Fortschritte erzielt, und eine nochmalige Steigerung brachte die Entwicklung von Antibiotika und anderer Medikamente. Hygiene und der Einsatz der Chemie haben die Lebenserwartung erheblich gesteigert, die Säuglingssterblichkeit ging gewaltig zurück, und wir leben nicht nur länger und besser als in den vergangenen Jahrhunderten, sondern sind auch gesünder."

Abb.3   Mortalitätsentwicklung seit 1800 in New York (Mausner, Kramer 1985)

"Und wenn es wirklich Probleme durch unsere Zivilisation gab, dann haben wir sie gelöst. SO_2 und Staub sanken innerhalb der letzten 25 Jahre deutlich ab und werden weiter reduziert. Auch die Belastung durch Schwermetalle ist erkannt und gebannt. Gerade für Blei läßt sich besonders gut demonstrieren, wie der Rückgang des verbleiten Benzins sich unmittelbar im Rückgang des Blutbleispiegels niederschlägt (Abb. 4). Diese Beispiele zeigen, daß, wann immer gesundheitliche Risiken drohten, diese durch geeignete Maßnahmen auch entschärft wurden."

Abb.4   Entwicklung des Bleigehaltes im Benzin und im Blut in den USA (Feinleib, Wilson 1985)

Die dargestellten gegensätzlichen Positionen sind verbreitet, und die Polarisierung ist entsprechend groß. Dabei ist insbesondere die These von der drohenden Umweltkatastrophe im Bewußtsein eines großen Teils der Bürger - und insbesondere der engagierten Bürger - verankert und hat in den Medien sogar eine gewisse Monopolstellung erreicht. Die Antithese, hierbei handele es sich um eine Übertreibung und ein Aufbauschen von Problemen, ist zwar in der öffentlichen Diskussion nicht sehr populär, wird aber von nicht wenigen der auf diesen Gebieten arbeitenden Wissenschaftler vertreten. Da die Antithese nicht populär ist, sagen nur wenige laut ihre Meinung. Dadurch prägen Wissenschaftler, die die Umwelt bedroht sehen, das öffentliche Bild; die anderen publizieren in Fachzeitschriften und halten ansonsten den Mund.

Synthese: Risikobezogene Betrachtungsweise

Ein Ansatzpunkt, diese Polarisation allmählich aufzulösen, könnte die quantiative, risikobezogene Betrachtungsweise der Probleme sein. Diese schaut nicht allein auf das Vorhandensein von Schadstoffen in der Umwelt oder im menschlichen Körper, sondern orientiert sich an den Gesundheitsrisiken. Hierbei kann die Umweltepidemiologie, welche diese Risiken unter realen Bedingungen untersucht, einen wichtigen Beitrag liefern (Wichmann, 1991). Dies will ich anhand zweier Beispiele aus der Bundesrepublik demonstrieren.

Das erste Beispiel befaßt sich mit einem in den letzten Jahren heftig diskutierten Thema, nämlich der Frage, wieweit Luftschadstoffe das Auftreten des Krankheitsbildes Pseudokrupp beeinflussen. Pseudokrupp ist eine Erkrankung des Kleinkindalters, die in Form von Attacken auftritt. Innerhalb weniger Stunden kann es hierbei zu einer inspiratorischen Atembehinderung kommen, die bis hin zu starker Atemnot fortschreiten kann. Diese dramatisch erlebte Krankheit, der der typische Krupphusten den Namen gegeben hat, wurde von einigen Wissenschaftlern und vielen besorgten Eltern in engem Zusammenhang mit Reizgasen in der Atemluft gesehen. Neben anderen Gruppen haben wir umfangreiche epidemiologische Studien mit Schwerpunkt in Nordrhein-Westfalen und Baden-Württemberg durchgeführt, um diese Zusammenhänge zu untersuchen (Wichmann, Schlipköter 1990). Insgesamt wurden dabei ca. 25.000 Einschulungs- und Vorschulkinder sowie ca. 20.000 Erkrankungsfälle einbezogen.

Die bekannten Risikofaktoren des Pseudokrupp ließen sich deutlich nachweisen, auf die entscheidende Frage jedoch, wie stark der Einfluß von Luftschadstoffen sei, fiel die Antwort mager aus. So zeigte sich weder in den Querschnittstudien noch in den Längsschnittanalysen ein konsistenter Einfluß der "klassischen" Schadstoffe SO_2 und Staub, und nur in einigen Untersuchungsregionen ergeben sich Hinweise auf einen Einfluß der Stickoxide und anderer verkehrsabhängier Emissionen. Diese paßt zu der Veränderung der Luftschadstoffbelastung in der Bundesrepublik, denn SO_2 und Staub sind deutlich zurückgegangen, die Stickoxide hingegen haben zugenommen und seit Beginn der 80er Jahre ein Plateau erreicht. Auch wenn es schwierig ist, aus epidemiologischen Studien kausale Schlüsse zu ziehen, so passen die Entwicklung des Schadstoffprofils und die Aussagen zum Pseudokrupp einigermaßen zusammen. Ähnliches bestätigt sich, zumindest in einem Studiengebiet, auch für das kindliche Asthma.

Nun zu einem anderen Beispiel. Es geht um die Innenraumbelastung durch das radioaktive Radon - Isotop 222. Hauptquelle der Radon-Belastung in Häusern ist der Gesteinsuntergrund, aus welchem das Edelgas durch Fugen und Risse in der Bodenplatte und besonders bei Fehlen eines ausgebauten Kellers ins Haus gelangt (Abb. 5). Zusätzlich sind das Baumaterial, die Heizung und die Lüftung von Bedeutung.

Abb.5   Radon in Häusern (GSF, 1991)

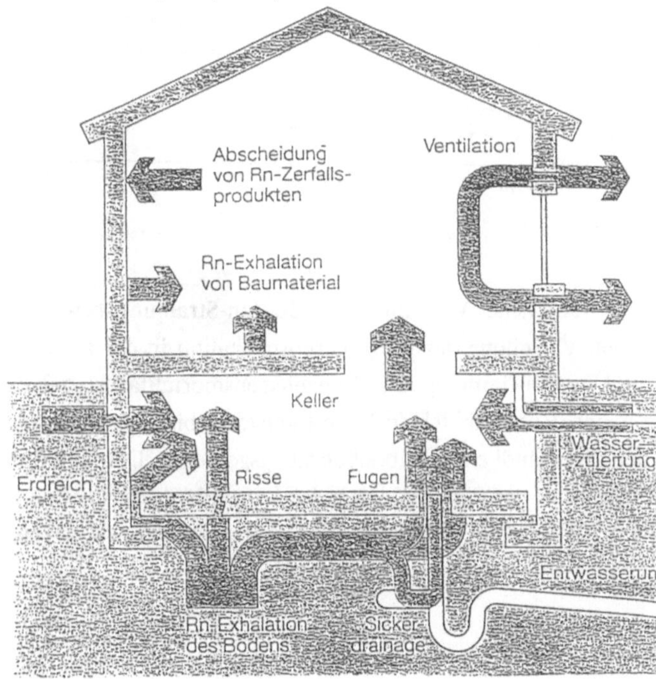

Das Strahlenrisiko durch Radon und seine Zerfallsprodukte betrifft das Lungengewebe. Vor allem die Alpha-Strahlung führt wegen ihrer Wechselwirkung mit biologischem Material zu Schäden an der DNA. Hierdurch kann es zur Ausbildung von Lungenkrebs kommen. Diese Zusammenhänge sind für hohe Strahlendosen, wie sie etwa im Uran-Bergbau angetroffen werden, seit vielen Jahrzehnten bekannt (Abb. 6), aber erst in jüngster Zeit gerät das Risiko für die Allgemeinbevölkerung durch Radon-Strahlung in Wohnungen ins Blickfeld. Die Schwierigkeit, dieses epidemiologisch nachzuweisen, wird deutlich, wenn man das theoretische Individualrisiko betrachtet, das sich aus der Extrapolation in den Niedrigdosisbereich ergibt. Dennoch ist das Gesamtrisiko wegen der großen Zahl betroffener durchaus nicht unerheblich: Die Strahlenschutzkommission schätzt, daß 4 - 12 % aller Lungenkrebserkrankungen im westlichen Teil der Bundesrepublik - das sind 1000 - 3000 Betroffene pro Jahr - durch Radon bedingt sein könnten.

Abb.6   Relatives Risiko, ein Bronchialkarzinom durch Radon-Zerfallsprodukte zu entwickeln (nach Svensson et al., 1987)

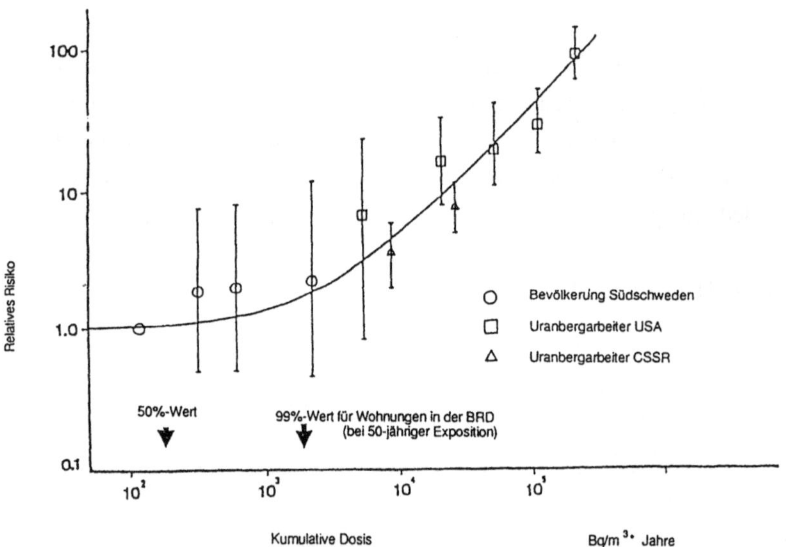

Vergleicht man jedoch die räumliche Verteilung der Radon-Strahlung bzw. der terrestischen Strahlung mit der räumlichen Verteilung der Lungenkrebsmortalität in der alten Bundesrepublik, so zeigt sich hierbei keine Übereinstimmung. Die Lungenkrebsmortalität ist insbesondere in den Ballungszentren an Rhein und Ruhr, im Rhein-Main-Industriegebiet sowie in den Großstädten erhöht, nicht jedoch in den eher ländlichen Radonbelastungsgebieten. Der Grund hierfür liegt in der Tatsache, daß Radon nur einer der Risikofaktoren des Lungenkrebses ist. Hauptrisikofaktor ist bekanntlich das Rauchen, wobei man annimmt, daß der Zigarettenrauch ca. 85 % aller Bronchialkarzinomfälle verursacht.

Damit sind wir bei einem wichtigen Problem der Umweltepidemiologie angekommen, nämlich dem Problem, daß individuelle Risiken, die der Einzelne in Entfaltung seiner persönlichen Freiheit auf sich nimmt, häufig erheblich über den Umweltrisiken liegen, und dies ist besonders eklatant beim Rauchen. Es gibt Untersuchungen, die sehr eindrucksvoll zeigen, daß die Lungenkrebsmortalität mit zwanzigjähriger Verzögerung dem Anstieg des Zigarettenverkaufs folgt. Auch das räumliche Muster der Lungenkrebsmortalität in der Bundesrepublik entsteht nicht primär durch Luftschadstoffimmissionen - deren Anteil wird auf unter 5 % geschätzt - sondern durch unterschiedliches Rauchverhalten. Wir haben dies gemeinsam mit Kollegen aus Bremen untersucht und finden auf Regierungsbezirksebene eine enge Korrelation zwischen dem Anteil der Raucherinnen und Raucher in der Bevölkerung und der Lungenkrebsmortalität in der gleichen Bevölkerung (Wichmann, et al., 1991).

Zurück zum Radonproblem: Auch hier spielt das Rauchen hinein, denn nach allem was wir wissen, verstärken sich Rauchen und Radonstrahlung bezüglich des Lungenkrebses multiplikativ, zumindest überadditiv. Betrachtet man die Verteilung der Radonbelastung in den westdeutschen Bundesländern, dann liegen ca. 1% der Häuser oberhalb von 250 Bq/m^3, der Konzentration, die von der Strahlenschutzkommission als Obergrenze des Normalbereichs angesehen wird. Ungleich größer ist das Radon-Problem jedoch im Süden Thüringens und Sachsens. So liegen in Schneeberg, der Stadt, die dem Schneeberger Lungenkrebs der Erzbergarbeiter den Namen gegeben hat, 59 % der untersuchten Häuser über 250 Bq/m^3. Wenn auch eine solche Extremsituation zum Glück nur in wenigen Regionen in den "Südbezirken" der ehemaligen DDR gefunden wurde, so liegt hier offenkundig ein ernstes Umweltproblem vor, das kurzfristiges Handeln erforderlich macht. Aus epidemiologischer Sicht erscheint es ferner wichtig, das Ausmaß des Lungenkrebsrisikos genauer zu untersuchen. Dies geschieht in einer großen Fall-Kontoll-Studie (Wichmann et al., im Druck).

Schlußbewertung

Was lehrt uns die Epidemiologie in Hinblick auf umweltbedingte Gesundheitsrisiken? Zunächst, daß diese Risiken in der Regel auf der <u>individuellen</u> Ebene klein sind, gerade wenn man sie mit "privaten" Risiken wie dem Rauchen oder risikofreudigem Autofahren vergleicht. Das macht ihren Nachweis schwierig und setzt anspruchsvolle epidemiologische Studien voraus. Dennoch sind die Risiken nicht unbedeutend, da sie sich <u>für die Bevölkerung</u> durchaus in relevanter Weise aufaddieren können. Hinzu kommt, daß die Probleme der Quantifizierung der Exposition, der Latenzzeiten, möglicher Wirkungen durch unbekannte Stoffe und andere Unsicherheiten die Chancen für "negative Studien" erhöhen. An dieser Stelle, wo die 'epidemiologische Nachweisgrenze' erreicht ist, wird offenkundig die Unterstützung durch die Toxikologie benötigt. Nur Epidemiologie und Toxikologie gemeinsam können das breite Spektrum der Wirkungsforschung abdecken und so eine aussagekräftige Grundlage für eine adäquate Risikobewertung liefern.

Literatur

Feinleib, M; Wilson, R.W.: Trends in Health in the United States. Environmental Health Perspectives 62 (1985) S. 267-276.

GSF: Strahlung im Alltag. Mensch und Umwelt, 7. Ausgabe. GSF Forschungszentrum für Umwelt und Gesundheit, Neuherberg (1991).

Mausner, J.S.; Kramer, S.: Epidemiology - An Introductory Text. W.B. Saunders Company Philadelphia (1985).

Svensson, C.; Eklund, G. Pershagen, G.: Indoor exposure to radon from the ground and bronchial cancer in Women. Int. Arch. Occ. Env. Health 59 (1987) 123-131.

Waller, R.E.: Die akuten Auswirkungen der städtischen Luftverschmutzung auf den Menschen. Atemwegs- und Lungenkrankheiten 4 (1982) 166-169.

Wichmann, H.E.; Kreienbrock, L.; Kreuzer, M.; Goetze, H.J.; Gerken, M.: Radon und Lungenkrebs - Kenntnisstand und erste Erfahrungen mit einer Studie in der Bundesrepublik Deutschland. In: Veröffentlichungen der Strahlenschutzkommission, G. Fischer Verlag, Stuttgart im Druck.

Wichmann, H.E.; Schlipköter, H.W.: Kindliche Atemwegserkrankungen und Luftschadstoffe - Ergebnisse der koordinierten Pseudokruppstudien. Deutsches Ärzteblatt 87 (1990) 1533-1546.

Wichmann, H.E., Jöckel, K.H., Molik, B.: Luftverunreinigungen und Lungenkrebsrisiko - Ergebnisse einer Pilotstudie. Bericht 7/91 des Umweltbundesamtes. E. Schmidt-Verlag Berlin (1991) 1-384.

Wichmann, H.E.: Umweltepidemiologische Forschung in der Bundesrepublik Deutschland. Münch. Med. Wschr. 133 (1991) 422-424.

<u>Gesundheit und Umwelt</u>
<u>Schwachstellen der Risikoschätzung und handlungsrelevante Risikobeurteilung</u>
K. Überla

Institut für Medizinischen Informationsverarbeitung, Biometrie und Epidemiologie (IBE)
der Universität München

Inwieweit macht Umweltverschmutzung krank? Gehen wir mit dieser Frage richtig um? Wo liegen Schwachstellen unserer Risikoschätzung? Solche Fragen treiben engagierte Wissenschaftler aller Disziplinen um, die sich mit Risk Assessment beschäftigen und sich der Verantwortung nicht entziehen wollen.

Risikobeurteilung ist ein schwieriges Geschäft. Es gibt keine allgemein anerkannte Methodik der Risikobeurteilung. Wir kennen viele Ansätze und Bausteine, die zu unterschiedlichen Ergebnissen führen. Die zugrundeliegenden Fakten sind oft unzureichend. Daher haben in der Herausarbeitung dieser Fakten, in der Wahl der Methodik und also im Ergebnis vorgefaßte Meinungen einen gewissen Spielraum . Die Resultate von Risikobeurteilungen sind in der Regel kontrovers. Auch im Grenzbereich anderer Wissenschaften kommt dies vor. In manchen Diskussionen über den Zusammenhang zwischen Schadstoffexposition und Gesundheitsmerkmalen, z.B. bei der Müllverbrennung oder beim Passivrauchen, ist die Verwirrung weit verbreitet. Vorgefaßte Meinungen dominieren leicht über Fakten. Die derzeitigen Grenzwerte für die tägliche duldbare Aufnahmemenge von Dioxinen differieren zwischen der EPA (0.006 pg TCDD-Äquivalente/kg Körpergewicht) und der WHO (10 pg) um den Faktor 1600. Andere renommierte Institutionen wie FDA und BGA liegen dazwischen. Dies sind untragbare Unterschiede, die die Schwachstellen heutiger Risikoanalysen offenlegen. Wenn man schon nicht weiß, was richtig ist, kann man zumindest die Schwachstellen der Risikobeurteilung formulieren.

Ziel wäre eine Risikobeurteilung, die von den empirischen Fakten ausgeht und diese nicht überzieht, alle jeweils relevanten Aspekte berücksichtigt, sinnvolle Vergleiche zu anderen Risiken einbezieht, weithin gleiche Maßstäbe verwendet und die symmetrisch argumentiert, d.h. Befürchtungen in Form pessimistischer Annahmen ebenso hochrechnet wie Hoffnungen in Form optimistischer Annahmen. Dieses Ziel erreichen wir selten.

Umweltverschmutzung durch vom Menschen industriell produzierte Stoffe ist in ihrer spezifischen Art und in ihrem Ausmaß erst etwa 150 Jahre alt. Wie verhält sich der wichtigste globale Risikoindikator, der Tod, während dieser Zeitspanne? Die mittlere Lebenserwartung ist in den letzten hundert Jahren dramatisch gestiegen, sowohl bei den Neugeborenen, aber auch bei den Älteren, bei den über 80-jährigen Männern um etwa 40 %. Die Summe aller positiven und aller negativen Einflüsse auf das menschliche Leben durch Industrialisierung und Umweltbelastung hat nicht zu einer Verkürzung, sondern zu einer beträchtlichen Verlängerung des menschlichen Lebens geführt. Die Welt ist unter dem Strich sicherer geworden und nicht unsicherer.

Die Hauptrisiken beim 45-jährigen Mann sind Herzinfarkt und Herzkreislaufkrankheiten, gefolgt von Lungenkrebs, Leberzirrhose und Selbstmord. Die 4 wichtigsten Todesursachen - zwei Drittel aller Todesrisiken - haben mit Umweltbelastungen sehr wenig zu tun. Sie sind weitgehend durch den Lebensstil bedingt und lassen sich durch gesundes Verhalten reduzieren. Zu viel Essen, Alkohol, Rauchen und mangelnde Bewegung sind ihre Ursachen. In den alten Bundesländern hat die Umweltbelastung in den letzten drei Jahrzehnten global gesehen abgenommen. Sie wird sich weiter reduzieren. Aus all dem geht hervor, daß gesundheitliche Risiken durch Umweltbelastung im Vergleich zu den wesentlichen Risiken des menschlichen Lebens heute eher klein sein müssen. Dies macht ihre genaue Abschätzung schwierig.

Die erste Schwachstelle ist die <u>Verfeinerung der Meßtechnik</u>. Wir können heute Schadstoffkonzentrationen sehr viel genauer bestimmen, als ihre gesundheitlichen Folgen. Es ist gut, daß wir so genau messen können, aber wir müssen mit der Bedeutungslosigkeit von Expositionswerten umgehen lernen. Die Nachweisgrenze ist nicht gleich der Gefahrenschwelle. Die Reliabilität der Methoden in der Nähe der Nachweisgrenze ist klein. Wenn das eine Labor bei Dioxinbestimmungen aus der Muttermilch 15 TCDD-Äquivalente in pg/g Fett ermittelt und ein anderes aus der gleichen Probe 30, dann hat die Angabe dieses Wertes für die Mutter kaum mehr einen Sinn. Nach einer Untersuchung der WHO (1) schwankt das Ergebnis von Labor zu Labor durchaus in dieser Größenordnung.

Die zweite Schwachstelle sind <u>Schwellen für Kanzerogene</u>. Eine Mehrheit von Toxikologen nimmt heute an, daß Promotoren, z.B. Dioxine oder Alkohol, Schwellen haben, und sogenannte Initiatoren, z.B. Benzo (a) pyren - nicht. Bei Risikoabschätzungen werden in der Regel Schwellen nicht berücksichtigt. Es wird linear vom höheren Dosisbereich in den niedrigeren Dosisbereich extrapoliert, teilweise ohne Daten am Menschen. Es ist aber eine Grunderfahrung der Biometrie, daß man Regressionsgerade nicht über den Beobachtungsbereich hinaus extrapolieren darf. Die Fehler, die dabei auftreten sind in ihrer Richtung unbekannt und gewöhnlich groß. Wir haben aber nur die Möglichkeit, unser Unwissen zuzugeben, oder linear zu extrapolieren, obwohl wir wissen, daß diese Extrapolation von Daten nicht hinreichend gestützt wird. Da man mit zugegebenem Nichtwissen ungern lebt, zieht man die Extrapolation vor. Unterhalb bestehender Schwellen die durch lineare Extrapolation einfach überspielt werden, wäre es nicht sinnvoll, von einem Risiko zu sprechen. Dies geschieht aber durchaus.

Einige Gründe, die für Schwellen in der Kanzerogenese beim Menschen sprechen sind die folgenden:

- Nicht jedes Molekül einer inkorporierten Substanz trifft einen Rezeptor. Es gibt immer Moleküle, die nicht zur Erhöhung des Risikos beitragen können. Also gibt es Schwellen. Die Schwelle wird dann erreicht, wenn alle inkorporierten Moleküle den Rezeptor verfehlen. Dies kann bei niedrigen Expositionen häufig sein.

- Im natürlichen Stoffwechsel werden zahlreiche Kanzerogene in beträchtlichen Mengen produziert. Nach Angaben von B. AMES treten spontan etwa 200 000 DNA-Läsionen pro Tag auf. Einzelne exogen zugeführte Kanzerogene können demgegenüber zu vernachlässigen sein.

- Es gibt Repairmechanismen auf verschiedenen Stufen der Kanzerogenese. Dies impliziert Schwellen.

- Es gibt empirische Hinweise dafür, daß niedrigere Expositionen protektive Effekte haben.Nullexpositionen können negative Effekte haben.

Aus all dem folgt, daß das Paradigma der fehlenden Schwelle für Kanzerogene als generelles Modell für die Risikobeurteilung verlassen werden muß. Eine lineare Extrapolation in den unteren Dosisbereich ist in der Regel nicht gerechtfertigt. Es ist auf Dauer besser, zuzugeben, daß man etwas nicht weiß, als wissentlich etwas zu extrapolieren, das empirisch nur unzureichend durch Daten gestützt ist.

Eine dritte Schwachstelle sind Grenzen der Erkennbarkeit. Das Kalkar-Urteil legt fest (2), daß Risiken, die man nicht kennen kann, die unterhalb der Schwelle der Erkennbarkeit liegen, von der Allgemeinheit getragen werden müssen. In jeder Wissenschaft gibt es solche Grenzen der Erkennbarkeit. Sie aufzufinden, ist ein wichtiges Ziel.

Auch in der Toxikologie gibt es solche Grenzen. Man kann aus einem Experiment an Ratten nicht voraussagen, ob beim Menschen Krebsfälle bei bestimmten Dosen auftreten und wie häufig sie sind, insbesondere, wenn die Exposition über eine andere Route oder in einer anderen Konzentration erfolgt. Die Toxikologie kann nur bestimmen, ob ein Risiko am Menschen bestehen kann, nicht, ob es tatsächlich besteht und wie hoch es ist. Natürlich sind Tiermodelle und in vitro Methoden unverzichtbar, um Risiken auszuschließen oder für möglich zu halten. Sie eignen sich aber weniger für eine quantitative Abschätzung am Menschen. Das toxikologische Paradigma löst sich auf in hunderte Testsysteme mit unterschiedlichen Ergebnissen. Man kann immer ein System finden, in dem die Resultate verdächtig sind. Letztlich muß die Epidemiologie entscheiden, ob ein Risiko am Menschen tatsächlich besteht und wie hoch es ist, auch wenn dies zur Zeit nur selten möglich ist.

Auch die Epidemiologie stößt an gravierende Grenzen der Erkennbarkeit. Wir benutzen drei Risikomaße von unterschiedlicher Dignität, die definitionsgemäß zusammenhängen. Das wichtigste ist das attributive Risiko,d.h. die Anzahl zusätzlich Betroffener in einer Population Exponierter. Um es zu ermitteln, braucht man die Basisinzidenz in einer Normalpopulation ohne Exposition und das relative Risiko. Letzteres ist unabhängig von der absoluten Höhe des Risikos und enthält nur einen Teil der Information. Die drei Risikomaße lassen sich in einer Abbildung zusammenfassen, die ich auf der letzten Jahrestagung bereits gezeigt habe (3) und die im International Journal of Epidemiology (4) publiziert ist.

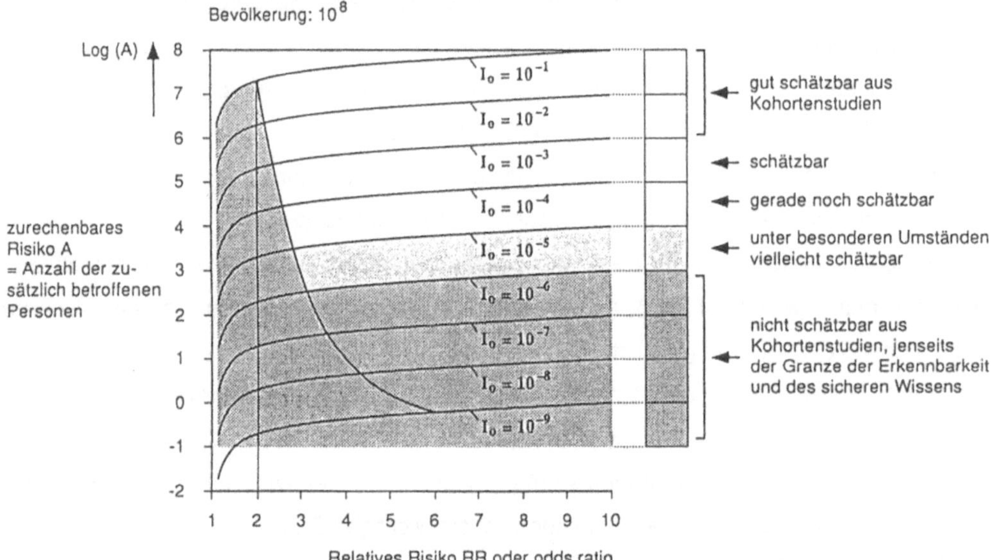

In Abbildung 1 befindet man sich im dunklen Bereich unterhalb der Schwelle der Erkennbarkeit. Nach rechts ist das relative Risiko angegeben, nach oben das zurechenbare Risiko im logarithmischen Maßstab. Als Bezug sind 100 Millionen exponierte Personen gewählt. Die Kurven geben die rechnerische Abhängigkeit zwischen den Risikomaßen wieder. Man bestimmt das relative Risiko, geht zur Kurve der entsprechenden Basisinzidenz nach oben und liest links das attributive Risiko ab. Die genaue Berechnung folgt bekannten Formeln. Nur so kann man vorgehen, alles andere ist Extrapolation. Bei einem relativen Risiko von 2 und einer Basisinzidenz von 10^{-5} liest man auf der vertikalen Achse z.B. ungefähr 3 ab, d.h. 3000 zusätzlich betroffene Personen bei einer Population von 100 Millionen Exponierten. Bei einer Million Exponierter wären es noch 30.

Auf der rechten Seite ist angegeben, ob und wieweit man Basisinzidenzen aus Kohortenstudien schätzen kann. Inzidenzen kleiner als 10^{-6} sind in Kohortenstudien nicht mehr schätzbar. Sie liegen jenseits der Grenze der empirischen Erkennbarkeit, im grauen Bereich. Alles, was unterhalb der Linie $I_o = 10^{-6}$ liegt, werden wir in den nächsten 10 Jahren und länger nicht schätzen können. Unsere Formeln sind eben viel genauer als unsere Beobachtungen. Niemand kann eine Million Personen über 20 Jahre ohne Verluste verfolgen. Systematische Fehler, Bias und differentielle Mißklassifikation werden in den Formeln nicht berücksichtigt. Sie sind aber vorhanden und empirisch kaum abschätzbar.

Eine zweite Grenze der Erkennbarkeit sind Odds-Ratios kleiner als 2-3. Sie können leicht durch Zufall, Bias und Confounding zustande kommen. Je nach gewählter Kontrollgruppe variieren Odds-Ratios in diesem Bereich leicht um den Faktor 2.

Eine vierte Schwachstelle ist das <u>Kausalitätsproblem</u>. Quantitative Risikoschätzungen sind nur sinnvoll, wenn tatsächlich ein Kausalzusammenhang zwischen Exposition und Effekt besteht. Besteht er nicht, ist die Angabe von zusätzlichen Toten, die der Exposition zugeschrieben werden, ein Fehler. Aber wie stellen wir Kausalität im Bereich Umwelt und Gesundheit fest? Eine Randomisierung mit folgendem Signifikanztest scheidet im Bereich Umwelt und Gesundheit in der Regel aus. Signifikante statistische Assoziationen, wie bei der Zahl der Storchennester und der Geburtenzahl haben im allgemeinen nichts mit einer Kausalaussage zu tun. Was bleibt ist die Prüfung allgemeiner Kriterien für die Annahme von Kausalität. Solche Kriterien stammen ursprünglich von Bradford-Hill (5). Sie wurden später erweitert. Sie werden neuerdings von einigen Epidemiologen kritisiert (6,7) die der Auffassung sind, daß Kausalschlüsse kein Gegenstand von Wissenschaft sein sollen. Ich halte Kausalitätskriterien jedoch für einen gangbaren Weg und habe kürzlich vorgeschlagen (3,4) aus ihnen Kausalindizes zu konstruieren und weiterzuentwickeln.

In der Abbildung 2 sind 10 bekannte Kriterien für Kausalität angegeben. Sie wurden so weit als möglich quantifiziert. Jedes Kriterium wird im positiven Fall mit 2 bewertet, im negativen mit 0. Der maximale Kausalindex ist dann 10, der minimale Null. Beim Aktivrauchen und Lungenkrebs erhält man z.B. 10, beim Passivrauchen 2-3. Die möglichen Bewertungen sind unten angegeben: kein Hinweis auf kausalen Zusammenhang, schwacher Hinweis, begrenzter Hinweis, wahrscheinlicher Kausalzusammenhang und Kausalzusammenhang so gut wie sicher. In den beiden rechten Spalten sind 2 Teilindizes gebildet, die in den Originalarbeiten (3,4) beschrieben sind.

Abb. 2   Konstruktion von Kausalindizes

Kriterium	Kausalindex	Teilindex A	Teilindex B
Sichere Konsistenz und Wiederholbarkeit	1	1	-
Expositionsmaß reliabel und valide (r > 0.7)	1	-	1
Outcome reliabel und valide (r > 0.7)	1	-	1
Wichtige Faktoren für Bias hinreichend ausgeschlossen	1	-	1
Wichtige Confounding-Faktoren ausgeschlossen	1	-	1
Statistische Signifikanz (p < 0.05 doppels.)	1	1	-
Stärke der Assoziation (RR > 2 - 3)	1	1	-
Dosis - Wirkungsbeziehung (p < 0.05 doppels.)	1	1	-
Erfolg einer Intervention nachgewiesen	1		
Biologische Plausibilität gegeben	1		
Maximaler Index	10	4	4

Bewertung des Kausalindex:

≤ 5:   Kein Hinweis auf kausalen Zusammenhang   6: Schwacher Hinweis auf kausalen Zusammenhang
 7:   Begrenzter Hinweis auf kausalen Zusammenhang 8: Wahrscheinlicher Kausalzusammenhang
 9, 10:   Kausalzusammenhang so gut wie sicher

Das Kausalproblem ist für die Risikobeurteilung auf die Dauer gravierend. Wer zahlen soll - entweder in barer Münze oder dadurch, daß er bestraft wird - braucht Kausalität. Daran ändert auch die verschuldensunabhängige Haftung nichts, die der Gesetzgeber eingeführt hat. Sie greift ohnehin nur selten. Die Multikausalität macht uns häufig einen Strich durch die Rechnung. Darauf kann hier nicht eingegangen werden. Jedenfalls gilt:

Wenn lediglich statistische Assoziationen vorhanden sind und zur Kausalfrage nicht explizit Stellung genommen wird, darf die Schätzung attributiver Risiken nicht erfolgen. Sie setzt eine Kausalbeziehung voraus. Man begibt sich sonst in einen Zirkelschluß: Was man beweisen möchte, wird durch die Extrapolation vieler Betroffener bewiesen. Schätzt man ohne fundierte Hinweise auf einen Kausalzusammenhang, muß das gesagt werden, sonst täuscht man den

Verbraucher. Der Grad der Sicherheit eines Kausalzusammenhangs zwischen Exposition und Effekt muß so genau als möglich spezifiziert werden, z.B. durch verbale Ausführungen oder einen Kausalindex.

Die fünfte Schwachstelle sind <u>verzerrungsfreie Ergebnisse der Risikoschätzer</u>. Am Beispiel des Mantel-Extension-CHI für Dosis-Wirkungsbeziehungen kann man zeigen, daß gebräuchliche Methoden zur Risikoschätzung keineswegs immer verzerrungsfreie Ergebnisse haben. Dieses Maß wird heute aber breit verwendet. Es setzt die Homogenität der Risiken in den Strata voraus. Diese Voraussetzung ist meist nicht gegeben. Wir haben daher eine andere Statistik entwickelt, ein globales Maß für Dosis-Wirkungsbeziehungen, das diese Voraussetzung nicht braucht (8). Bei vorhandener Heterogenität überschätzt das Mantel-Extension CHI systematisch die Dosis-Wirkungsbeziehungen. Dies zeigen sowohl Simulationen (9) als auch eine Analyse von Publikationen (10). Das Maß sollte nicht mehr verwendet werden. Meta-Analysen, auf die ich hier nicht eingehen kann, haben ebenfalls meist keine verzerrungsfreien Ergebnisse. Sie sollten im Bereich Umwelt und Gesundheit nur mit höchster Vorsicht eingesetzt werden. Aus einer Reihe von Gründen, die ich kürzlich zusammengestellt habe, sind sie sehr anfällig für Fehlschlüsse (11).

Die sechste Schwachstelle ist das <u>Konzept der "Unit Risk"</u>. Es stammt aus den USA und man ist dort nicht glücklich damit. Unit risk ist ein vergleichendes Maß für die kanzerogene Potenz eines Stoffes, ein Schätzwert für die Wahrscheinlichkeit des Risikos pro Dosiseinheit. Es entspricht der Steigung der extrapolierten Geraden im Niedrigdosisbereich bei lebenslanger Exposition. Es ist ein additives Risiko, das auf die Grundwahrscheinlichkeit, z.B. an Krebs zu erkranken, aufaddiert wird. Durch Multiplikation des Unit Risk mit der gemessenen oder geschätzten Schadstoffkonzentration erhält man das zusätzliche Krebsrisiko lebenslang belasteter Personen. Die Festlegung eines Unit Risk ist eine weitgehende Abstraktion. Es wird ein Modell und die Steigung einer Geraden gewählt, die Experten plausibel erscheint. Die Grenzen des Konzepts sind vielfältig:

- Ein Kausalzusammenhang wird vorausgesetzt. Meist ist er nicht ausreichend belegt. Besteht er nicht, ist das Konzept nicht anwendbar.

- Die Tiermodelle, auf denen die Ableitung des Unit risk beruht, sind nur unter engen Voraussetzungen, die oft nicht erfüllt sind, gültig.

- Die lineare Extrapolation in den Niedrigdosisbereich wird in der Regel nicht durch Fakten gestützt. Sie kann falsch sein, z.B. beim Vorhandensein von Schwellen.

- Die Wahl des Modells und der Steigung der Geraden ist teilweise willkürlich je nach herangezogenen Daten und Experten. Dies enthält kaum kontrollierbare Elemente.

- Es wird der obere Konfidenzbereich als Schätzwert gewählt, so daß das Risiko erheblich überschätzt wird.

- Die Folgerung, daß eine bestimmte Zahl von Menschen durch die Exposition zusätzlich stirbt, kann weit von der Realität entfernt sein. Die Aussage ist empirisch kaum überprüfbar und wir haben keinen Anhaltspunkt für die Richtung der Abweichung.

In den vergangenen Jahrzehnten wurden tausende von Grenzwerten eingeführt oder um Dimensionen herabgesetzt. Dies war von der Tendenz her richtig, im Einzelfall aber nicht immer gut begründet. Es wurde nicht überprüft, ob die Gesundheit dadurch verbessert wurde. Begleituntersuchungen gibt es nicht. Es gibt nur ganz vereinzelt Grenzwerte, die heraufgesetzt wurden. Auf die Dauer kann es nicht richtig sein, Grenzwerte immer nur zu erniedrigen. Es müßte sonst der Tag kommen, an dem Unsinn produziert wird. Man könnte argumentieren, daß die Heraufsetzung der meisten Grenzwerte um den Faktor 100 in der Regel keinen Effekt auf die Gesundheit haben würde. Die umfangreichen Maßnahmen der Vergangenheit beim Formaldehyd, bei den Dioxinen oder beim Asbest könnten keinen einzigen Todesfall verhindert haben. Wer wird das je wissen können?

In der letzten Ausgabe des Bundesgesundheitsblatts (12) wird über eine Tagung berichtet, die das Ökosyndrom als Problem behandelte. In der MMW fand sich vor kurzem (13) eine Arbeit, in der das Bild psychosomatischer Schäden durch Umweltangst als Klinisches Öko-Syndrom beschrieben wird. Durch überzogene Risikoangst können auch gesundheitliche Schäden entstehen.

Eine Risikobeurteilung ist handlungsrelevant, wenn sie wissenschaftlich fundiert ist und wenn aus ihr Maßnahmen folgen, die mit hoher Wahrscheinlichkeit zu einer deutlichen Verbesserung der Risikolage führen. Wesentliche Bedingungen dazu sind:

- Eine Prioritätensetzung. Die Konzentration auf Risiken, die besonders häufig oder besonders gravierend sind, ist bei mangelnden Ressourcen erforderlich.

- Die Einhaltung der Grenzen der Erkennbarkeit. Risiken, die unter der Schwelle der Erkennbarkeit liegen, sollte man außer acht lassen.

- Die Symmetrie der Hochrechnungen. Sowohl konservative wie optimistische Annahmen und Modelle sind zu berechnen und vorzulegen.

- Der Erfolg der Maßnahmen sollte empirisch überprüfbar sein und auch überprüft werden. Nur dann können wir aus unseren Fehlern lernen.

Zurück zur Anfangsfrage: Gehen wir mit den Beziehungen zwischen Umweltbelastung und Gesundheit richtig um? Ich meine, wir könnten es besser machen. Wir haben eine gute und richtige Gesetzgebung und die zugehörigen Richtlinien. Mit unseren Maßnahmen stehen wir international an der Spitze. Es gibt andererseits Schwachstellen unserer Risikobeurteilung, die alle in die gleiche Richtung deuten: Wir überschätzen gegenwärtig die gesundheitlichen Folgen der Umweltbelastung. Wir müssen weiter gemeinsam intensiv an Verbesserungen arbeiten. Die Methodiker unter uns - Biometriker, Statistiker und Epidemiologen - haben in Zukunft beim Risk Assessment eine Schlüsselfunktion wahrzunehmen. Ihre Kreativität, ihre Einstellung zu den Fakten, zur Epidemiologie als Wissenschaft, als Hoffnung oder Befürchtung wird mit entscheiden, wohin sich die Dinge bewegen.

<u>Literatur:</u>

1 Yrjänheikki, E.J.Ed.: Levels of PCBs, PCDDs and PCDFs in breast milk. Results of WHO-coordinated interlaboratory quality control studies and analytic field studies. Published on behalf of the WHO Regional Office for Europe by FADL 1989
2 BVerfGE 49, 89 (143)
3 Überla, K.: Empirische Grenzen der Erkennbarkeit von Kausalzusammenhängen durch epidemiologische Untersucherungen. In: Quantitative Methoden in der Epidemiologie. 35. Jahrestagung der GMDS. Proceedings Reihe Medizinische Informatik und Statistik. Springer 1991. 193-199
4 Überla, K.: Boundaries of perception and knowledge for risk assessment in epidemiology. International J. Epidemiology 1990, 19, 3, S.81-83
5 Bradford Hill: The environment and disease: Association or causation; Proceedings of the Royal Society of Medicine, Section of Occupational Medicine. 58 (1965) 295-300
6 Rothmann, K.J.: Modern epidemiology. 1986 Boston/Toronto
7 Lanes, S.: Causal inference is not a matter of science
  AW.J. Epidemiology 1985, 122, 550
8 Ahlborn, W., Tuz, H.J., Überla, K.: Risk analysis in cohort studies with heterogeneous strata. A global χ^2-Test for dose-response relationship, generalizing the Mantel-Haenszel procedure. Methods of Information in Medicine 29 (1990) 113-121.
9 Ahlborn, W. und Tuz, H.J.: Persönliche Mitteilung
10 Schneeweiß, S.: Med. Diss. München. Assoziationsmaße als Risikoschätzer für stratifizierte klinische Kohortenstudien im Vergleich
11 Überla, K.: Meta-Analyse: Wünschelroute oder hochauflösender Detektor? Münch. Med. Wochenschrift 133 (1991) 319
12 Hazard, B.P.: Umweltbelastungen und Ängste. Bundesgesundheitsblatt 34 (1991) 373-376
13 Ring, I., Gabriel D., et al: Klinisches Ökologie-Syndrom (Öko-Syndrom) Münch. Med. Wochenschrift 133 (1991) 50-55

<u>New views in Risk Assessment: The Case of Natural and Man made Carcinogens</u>
B.N.Ames
University of California

Scientiest are rapidly gaining an understanding of the biochemical mechanisms of aging and the degenerative diseases associated with aging, such as cancer, heart diseas, and brain deterioration. Many degenerative diseases appear to be caused in large part by accumulative damage to DNA, the genetic material in cells. Such scientific discoveries could potentially have a large impact on health and longevity by spurring research into methods of delaying or preventing many degenerative disease. The lines of evidence that are contributing to our knowledge include: epidemiological studies on the relationship between dietary imbalances and disease (particularly cancer) and between micronutrients and disease prevention; biochemical experiments on the cellular mechanisms of DNA damage and its prevention; and theoretical analyses of the mechanisms of aging and disease.

<u>DNA Oxidation and the Degenerative Disease of Aging</u>

Evolutionary biologists believe that aging is inevitable because nature selects for many genes that have immediate survival value, but that have longterm deleterious consequences (Williams, 1957; Williams & Nesse, 1991).

Physiology is full of tradeoffs. One important example is that white blood cells defend against infections by bombarding bacteria or virus-infected cells with large amounts of toxic oxidants, but these oxidants can harm neighboring cells as well, damaging the DNA. Chronic infection leading to chronic inflammation is in fact a major source of cancer in the world, as discussed below.

A marked decrease in age-specific cancer rates has accompanied the marked increase in life span that has occurred in the last 60 million years of mammalian evolution. For example, cancer rates are high in two-year-old rodents, but extremely low in two-year-old humans. Cancer incidence increases with approximately the fifth power of age, both in short-lived species such as rats and mice and in long-lived species such as humans (Doll, 1971; Portier et al., 1986). Thus, cancer is one of the degenerative diseases of old age, although exogenous factors can substantially increase it (.e.g., cigarette smoking in humans) or decrease it (e.g., calorie restriction in rodents).

The main cellular events leading to cancer appear to be mutagenesis (DNA damage) and mitogenesis (cell division). Mutagens (chemicals that damage DNA) cause cancer by mutating the DNA of cells in ways that cause them to proliferate in an uncontrolled fashion. Several mutations are necessary to convert a normal cell to a cancer cell capable of uncontrolled growth. Mutagens are often assumed to be only exogenous agents (coming from outside the body), e.g., synthetic chemicals. However, most mutagens are endogenous (produced inside the body) and are formed naturally during normal metabolic processes, such as oxygen utilization, which produces DNA-damaging oxidants (Ames & Gold, 1991). Large numbers of endogenous mutagens are also formed during inflammatory reactions (Weitzman & Gordon, 1990). Thus, in a sense, normal oxidative metabolism and inflammation have the same detrimental effects on the body as irradiation. Studies in our laboratory have shown that normal metabolism causes chronic massive oxidative DNA damage: we estimate that the number of oxidative hits to DNA per cell per day is about 100.000 in rats and 10.000 in humans and that a rat has a million oxidative adducts per cell, a level that slowly increases with age (Fraga et al., 1990). We have shown that the amount of damage increases markedly during inflammation. All mammals have numerous defenses to counter this damage, such as enzymes that repair damaged DNA, but this repair is imperfect. DNA damage in somatic cells accumulates with time because a considerable proportion of an animal`s resources is spent on reproduction at a cost to maintenance of bodily tissues. Proteins can become oxidized as well, and other laboratories have shown that normal protein oxidation is extensive and that oxidized proteins accumulate with age, contributing to cognitive dysfunction (Carney et al., 1991). There is accumulative evidence that oxidative damage appears to be a major contributor to many of the degenerative diseases of aging, including heart disease and cancer.

Mitogenesis (cell division) increases mutagenesis and carcinogenesis because DNA adducts are only converted to mutations when the cell divides (Ames & Gold, 1990). Dividing cells are much more at risk of becoming cancerous than are non-dividing, quiescent cells. Agents that cause chronic cell division are therefore indirectly mutagenic (and commonly carcinogenic) (Ames & Gold, 1990). Oxidants (e.g., from inflammation) are doubly dangerous because they effectively induce mitogenesis (the wound healing response) and are also mutagens, thus producing a synergistic response (Weitzman & Gordon, 1990). Agents that cause chronic cell division appear to be important in many of the known causes of human cancer; estrogen, for example, which causes cell proliferation in breast tissue, is a risk factor for breast cancer (Henderson, 1992); hepatitis B and C viruses and alcohol, which induce chronic inflammation and subsequent cell proliferation in the liver, are risk factors for liver cancer (Dunsford et al., 1990); Helicobacter bacterial infection (Parsonnet et al., 1991) and high salt intake, which induce chronic irritation of the stomach lining, are risk factors for stomach cancer: papilloma virus, which can cause chronic infection and proliferation of cells of the cervix, is a risk factor for cervical cancer; tobacco smoke and asbestos, which chronically irritate the lungs, are risk factors for lung cancer. In the case of chemicals associated with occupational cancer, worker exposures usually have been at high (near-toxic) doses that would be likely to induce cell proliferation.

We estimate that roughly 3/4 of human cancers, however, are preventable through a combination of good dietary and lifestyle practices. Of the preventable cancer, about 1/3 is due to diet, as discussed below. At least another 1/3 of preventable cancer is due to smoking(Shopland et al., 1991), which chronically inflames the lungs, exposes tissues throughout the body to numerous mutagens and carcinogens, and decreases antioxidant defenses. About another 1/3 of preventable cancer, particularly in the developing world, is due to chronic infections, many of which can be prevented by vaccination or by the use of prophylactics during sexual intercourse. About another 1/3 of potentially preventable cancer is due to hormones (Henderson et al., 1992). (Since cancer has multiple, overlapping causes, the fractions add up to more than 1.) The risk of breast cancer, for example, is clearly related to estrogen levels, which affect proliferation of breast cells. Potential preventive measures might include therapeutic adjustment of hormone levels. High occupational exposures may possibly cause a few percent of cancers. Pollution appears to be an insignificant risk factor for cancer, although heavy air pollution might slightly increase the risk of cancer.

<u>Diet and the Prevention of DNA Damage</u>

Epidemiologists have gathered extensive evidence that a major risk factor for heart disease and cancer is insufficient consumption of fruits and vegetables. Surveys indicate that 90 % of the U.S. population does not eat enough fruits and vegetables for optimal health (Patterson and Block, 1991). The various defenses to combat the degenerative biochemical processes that occur in normal metabolism depend on micronutrients. The micronutrients in fruits and vegetables, particularly the antioxidants (vitamin C, vitamin E, and beta-carotene) and folic acid , are known to be important in disease prevention; and many other vitamins and minerals may be important as well. In epidemiological studies, for example, diets high in vitamin C have been shown to be protective against cancers of the cervix, esophagus, and stomach (Block, 1991); vitamin E is protective against cancers of the breast, stomach, and pancreas and against heart disease and cataracts (Knekt et al., 1991, Gey et al., 1991; Robertson et al., 1991); beta-carotene is protective against cancers of the lung and bladder (Comstock et al., 1991).

Minimizing the deleterious consequences of aging is feasible to some extent and should be an important scientific and clinical goal. We are involved in a number of collaborations on the modifying effect of varous antioxidants on the deleterious effects of chronic inflammation, which occurs, for example, in chronic infections. Our laboratory also has obtained striking results showing that dietary vitamin C helps prevent oxidative DNA damage in human sperm, and we think that this information may shed light on ways to help prevent birth defects (Fraga et al., n.d.). In addition, it is known that the type and amount of dietary fat modulates the inflammatory reaction, and this information could lead to dietary methods of decreasing inflammation-induced mutagens and mitogens.

A major area of research in the quest to delay aging and to prevent cancer and heart disease is determining the level of each micronutrient that is optimal for long-term health. The Recommended Daily Allowance (RDA) is based on the level of micronutrient necessary to prevent an immediate pathological effect, but long-term optimal levels have not yet been established. Due to the great genetic variability of the humen species, many people are likely to require a higher than average optimal level of particular micronutrients. Furthermore, various stresses ranging from pregnancy to infections are likely to increase micronutrient requirements. It is therefore important to develop in vivo short-term tests for individuals that measure indicators of micronutrient deficiency. One goal in our laboratory is to develop such tests. Recently, for example, we have developed methods to measure the amount of DNA damage in humans by analyzing damage adducts that are excised from DNA during repair and flushed out in the urine. By analyzing urine - a noninvasive procedure - we can obtain information about an individual`s average level of oxidative DNA damage (Shigenaga et al., 1989). This information can help lead to the detection, diagnosis, treatment, understanding, and prevention of diseases caused by such damage.

A crucial factor in encouraging consumption of vegetables and fruits is their cost. Thus, an important goal in public health should be developing ways to decrease the procuction costs of foods that are rich in antioxidants. People in the lower economic classes spend a large percentage of their income on food; so a significant decrease in the cost of fresh fruits and vegetables could lead to a significant improvement in the health of these people. In recent years there has been substantial media coverage about the potential toxicity of fruits and vegetables due to synthetic pesticides. One of the major innovations of this century that dramatically decreased the cost of food production was pesticides, which ensured that most of the crops planted would be eaten by humans rather than insects. Although eating sufficient amounts of fruits and vegetables (about 5 servings per day) is one of the best preventive measures against cancer and other degenerative diseases, certain pesticides could potentially be hazardous at high doses; therefore an accurate assessment of the risks and tradeoffs of pesticide use is essential.

<u>Risks of natural and men-made chemicals</u>

Various pesticides that have been tested at high doses for carcinogenicity in rodents have given positive results. However, animal cancer tests of chemicals are conducted at near-toxic, daily doses - the maximum tolerated dose (MTD) - because such high doses increase the sensitivity of the test when using small numbers of animals (using large numbers of animals is prohibitively expensive). Results obtained with such high doses are problematic because they often cause chronic cell death and consequently chronic cell division (of neigboring cells) to replace the dead cells (Ames & Gold, 1990). As discussed above, cell division promotes carcinogenesis by converting DNA adducts to mutations, and, therefore, agents that cause chronic cell division are usually carcinogenic. Thus, high-dose animal cancer tests may primarily measure the effects of chronic toxicity and chronic cell proliferation rather than the risk that the same chemical poses when used at low doses(i.e., realistic exposures) (Ames & Gold, 1991). In support of the notion that the high dosage rather than the nature of the chemical is responsible for causing cancer is the finding that half the chemicals tested, whether synthetic or natural, turn out to be carcinogenic (Ames et al., 1990a). It is unlikely that the high proportion of carcinogens in rodent studies is due simply to selection of suspicious chemical structures: while some synthetic or natural chemicals were selected precisely because of their suspect structures, most chemicals were selected simply because they were widely used industrially - e.g., they were high-volume chemicals, pesticides, drugs, dyes, or food additives.

In order to assess the risks that synthetic pesticides and other chemicals pose to humans, these chemicals must be evaluated against the reference background of natural chemicals. We have documented that about 99,99 % of all pesticides in the human diet are natural pesticides from plants (Ames et al., 1990a). All plants produce toxins to protect themselves against fungi, insects, and animal predators such as man. Tens of thousands of these natural pesticides have been discovered, and every species of plant contains its own set of different toxins, usually a few dozen in each species. When plants are stressed or damaged, e.g., during a pest attack, they increase their levels of natural pesticides manyfold, occasionally to levels that are acutely toxic to humans. Cabbage, for example, contains at least 49 natural pesticides (and breakdown products), yet very few of these have been tested for carcinogenicity. Of the natural pesticides tested at high doses, about half are carcinogenic. We estimate that Americans eat about 1,500 milligrams (mg) per person per day of natural pesticides, which is 10,000 times more than they eat of synthetic pesticide residues. (1,500 mg is the equivalent in weight of about 5 standard aspirin tablets). We also estimate that a person ingests annually about 5.000 to 10,000 different natural pesticides and their breakdown products. The cooking of food is also a major dietary source of potential rodent carcinogens. Cooking produces about 2,000 mg per person per day of mostly untested burnt material that contains various compounds that have been identified as rodent carcinogens. Roasted coffee, for example, is known to contain 826 volatile chemicals, including many known carcinogens (Maarse, 1989). The total amount of browned and burnt material consumed by an average person in a day is at least several hundred times more than that inhaled in a day from severe outdoor air pollution.

By contrast, human exposures to manmade pesticide residues are miniscule. The Food and Drug Administration (FDA) assayed food for residues of the 200 synthetic compounds thought to be of greatest importance, including most synthetic pesticides and a few industrial chemicals. The FDA estimates that the intake of these residues averages only about 0.09 mg per person per day (Gunderson, 1988). As a consequence, the possible carcinogenic hazards from synthetic pesticides (at normal exposures) are minimal compared with the background hazards of nature's pesticides.

It is often assumed that, because humans have always been exposed to plants as part of their evolutionary history, whereas industrial chemicals are recent introductions, the mechanismms that animals have evolved to cope with the toxicity of natural chemicals will fail to protect humans against synthetic chemicals. However, the animal defenses that have evolved to counter toxins are mostly of a general type, as might be expected, since the number of natural chemicals that might have toxic effects is so large. General defenses offer protection not only against natural but also against synthetic chemicals, making humans generally well buffered against exogenous toxins, whether natural or synthetic (Ames et al., 1990b). These defenses include mechanisms such as the continuous shedding of those cells most extensively exposed to toxins (the cells of the surface layers of the mouth, esophagus, stomach, intestine, colon, skin, and lungs are discarded every few days) and the induction of a wide variety of general detoxifying enzymes in the liver and various other organs.

The fact that defenses are usually general, rather than specific for each chemical, makes good evolutionary sense. The reason that predators of plants evolved general defenses against toxins is presumably in order to counter a diverse and ever-changing array of plant toxins in an evolving world; if a plant-eater had defenses only against a set of specific toxins it would be at a great disadvantage in obtaining new plant foods when favored plant foods became scarce or evolved new toxins. Although plant nutrients are coupled to plant toxins, agricultural advances, such as synthetic pesticides, have made it possible to breed economically most common fruits and vegetables to be fairly low in natural toxic defenses. We and others have concluded that normal dietary exposures to either natural or synthetic chemicals do not appear to be of much relevance to human cancer. Since many antioxidants come from fruits and vegetables, efforts to eliminate trace residues of pesticides, which drives up the price of crops, is counterproductive to our goal of increased health for all.

The combination of epidemiological, experimental, and theoretical approaches to the problems of degenrative diseases of aging is leading to a basic understanding of how to minimize or prevent some of these diseases. Thus, there is every reason to think that our average life expectancy will continue to increase in the next decades.

References

Ames, B.N. & Cold, L.S. (1990). Chemical carcinogenesis: Too many rodent carcinogens. Proc. Natl. Acad. Sci. USA. 87:7772-7776.
Ames, B.N. & Gold, L.S. (1991). Endogenous mutagens and the causes of aging and cancer. Mut.Res., in press.
Ames, B.N., Profet, M. & Gold, L.S. (1990a). Dietary pesticides (99,99% all natural). Proc. Natl. Acad. Sci. USA. 87: 7777-7781.
Ames, B.N., Profet, M. & Gold, L.S. (1990b). Nature`s chemicals and synthetic chemicals: Comparative toxicology. Proc. Natl. Acad. Sci. USA. 87:7782-7786
Block, G. (1991). Vitamin C and cancer prevention: the epidemiologic evidence. Am.J.Clin.Nutr. 53:270S-282S.
Carney, J.M., Starke-Reed, P.E., Oliver, C.N., Landum, R.W., Cheng, M.S., Wu, J.F. & Floyd, R.A. (1991). Reversal of age-related increase in brain protein oxidation, decrease in enzyme activity, and loss in temporal and spatial memory by chronic adminstration of the spin-trapping compound N-tertbutyl-alpha-phenylnitrone. Proc.Natl. Acad.Sci. USA. 88:3633-3636.
Comstock, G.W., Helzlsooouer, K.J. & Bush, T.L. (1991), Prediagnostic serum levels of carotenoids and vitamin E as related to subsequent cancer in Washington County, Maryland. Am.J. Clin. Nutr. 53:260S-264S.
Doll, R. (1971). The age distribution of cancer: Implications for models of carcinogenesis. J.R. Stat. Soc. A134:133-166.
Dunsford, H.A., Sell, S. & Chisari, F.V. (1990). Hepatocarcinogenesis due to chronic liver cell injury in hepatitis B virus transgenic mice. Cancer Res. 50:3400-3407.
Fraga, C.G., Motchnik, P.A., Shigenaga, M.K., Helbock, H.J., Jacob, R. & Ames,B.N. (n.d.) Ascorbic acid protects against endogenous oxidative DNA damage in hum sperm. Submitted to Proc.Ntl. Acad.Sci.USA
Fraga, C.G., Shigenaga, M.K., Park, J.-W., Degan, P. & Ames, B.N. (1990) Oxidative damage to DNA during aging: 8-Hydroxy-2`-deoxyguanosine in rat organ DNA and urine. Proc.Natl.Acad.Sci. USA. 87:4533-4537

Gey, K.F., Puska, P. & Jordan, P. (1991). Inverse correlation between plasma vitamin E and mortality from ischemic heart disease in cross-cultural epidemiology. Am.J.Clin.Nutr.53:326S-334S.

Gunderson, E.L. (1988). FDA Total Diet Study, April 1982-April 1984, dietary intakes of pesticides, selected elements, and other chemicals. J.Assoc. Off.Anal.Chem. 71:1200-1209.

Henderson, B.E., Ross, R.K., & Pike, M.C. (1992). Towards the Primary Prevention of Cancer. Science. in press.

Knekt, P., Aromaa, A., Maatela, J., Aaran, R.-K., Nikkari, T., Hakama, M., Hakulinen, T., Peto, R. & Teppo, L. (1991). Vitamin E and cancer prevention. Am.J.Clin.Nutr. 53:283S-286S.

Maarse, H. & Visscher, C.A., eds. (1989). Volatile Compounds in Foods. Zeist, The Netherlands: CIVO- TNO.

Parsonnet, J., Vandersteen, D., Goates, J., Sibley, R.K., Pritikin, J. & Chang, Y. (1991). Helicobacter pylori Infection in Intestinal- and Diffuse-Type Gastric Adenocarcinomas. J.Natl.Cancer Inst. 83:640-643.

Patterson, B.H. & Block, G. (1991). Fruit and Vegetable Consumption: National Survey Data. In: Micronutrients in Health and Disease. (C.E. Butterworth & A. Bendlich, eds.) New York: Marcel Dekker., in press.

Portier, C.J., Hedges, J.C. & Hoel, D.G. (1986). Age-specific models of mortality and tumor onset for historical control animals in the National Toxicology Program's carcinogenicity experiments. Cancer Res. 46:4372-4378.

Robertson, J.McD., Donner, A.P. & Trevithick, J.R. (1991). A possible role for vitamins C and E in cataract prevention. Am.J.Clin.Nutr. 53:346S-351S.

Shigenaga, M.K., Gimeno, C.J. & Ames, B.N. (1989). Urinary 8-hydroxy-2-deoxyguanosine as a biomarker of in vivo oxidative DNA damage. Proc.Natl.Acad.Sci.USA. 86-9697-9701.

Shopland, D.R., Eyre, H.J., Pechacek, T.F. (1991). Smoking-Attributable Cancer Mortality in 1991: Is Lung Cancer Now the Leading Cause of Death Among Smokers in the United States. J.Natl. Cancer Inst. 83:1142-1148.

Weitzman, S.A. & Gordon, L.I. (1990). Inflammation and Cancer: Role of Phagocyte-Generated Oxidants in Carcinogenesis. Blood. 76:665-668.

Williams, G.C. (1957). Pleitropy, natural selection, and the evolution of senescence. Evolution. 11:398-411.

Williams, G.C. % Nesse, R.M. (1991). The Dawn of Darwinian Medicine. O.Rev.Biol. 66:1-22.

Neue Aspekte des Risk Assessment in der Toxikologie am Beispiel von Ethylen und
Ethylenoxid

J. G. Filser, G. Gans
GSF-Forschungszentrum für Umwelt und Gesundheit,
Institut für Toxikologie,
Ingolstädter Landstr. 1, D-8042 Neuherberg, F.R.G.

EINLEITUNG

In den letzten Jahren ist die Anzahl der als kanzerogen erkannten Arbeitsstoffe stark
angestiegen (Henschler, 1987). Es muß deshalb damit gerechnet werden, daß
Expositionen gegen kanzerogene Arbeitsstoffe auch in Zukunft unvermeidbar sein
werden. Deshalb sollte das von den einzelnen Stoffen ausgehende Risiko bekannt sein.
Es müssen also Maßstäbe zur Risikoabschätzung gefunden werden.

Ob von einem Stoff eine Gefährdung ausgeht, läßt sich qualitativ unter Berücksichtigung
des Wirkungsmechanismus und des Metabolismus der in Frage kommenden
Chemikalien durch Untersuchungen in vitro und in vivo ableiten. Angaben über das
Risiko für den Menschen haben jedoch eine quantitative Bedeutung. Das Risiko gibt die
Wahrscheinlichkeit an, daß eine bestimmte Belastung mit einer bestimmten Substanz zu
einer bestimmten Wirkung, beispielsweise zu Krebs führt (Greim und Andrae, 1990).
Einige Wege zur Risikoermittlung werden im folgenden dargestellt.

WEGE ZUR RISIKOERMITTLUNG

Eine Möglichkeit zur Risikoabschätzung liefert die Erfassung der Auswirkung von
Expositionen des Menschen. Dieses epidemiologische Verfahren hat allerdings den
Nachteil, daß häufig Mischexpositionen vorliegen und retrospektiv die
Expositionsbedingungen nicht mehr quantifiziert werden können. Außerdem ist in vielen
Fällen die Belastung zu gering, um zu einer signifikanten Erhöhung des kanzerogenen
Risikos der untersuchten Kohorte zu führen. Deshalb und insbesondere auch im Hinblick
auf neu zu beurteilende Chemikalien ist es unverzichtbar, das Risiko des Menschen auf
der Basis tierexperimenteller Erkenntnisse abzuschätzen (Lovell, 1990). Hierbei werden,
um mit einer limitierten Anzahl von Versuchstieren signifikante Ergebnisse zu erhalten,
die Tiere im allgemeinen mit hohen Dosen belastet, die weit über den für den Menschen
relevanten Belastungen liegen. Die Extrapolation der Versuchsergebnisse auf
Expositionsbedingungen des Menschen beinhaltet zwei besonders problematische
Schritte: Der erste liegt in der Extrapolation der Wirkung, die bei sehr hoher Dosierung
beim Tier beobachtet wurde, auf die entsprechende Wirkung bei sehr niedrigen Dosen.
Der zweite Schritt liegt in der Übertragung des Risikos vom Versuchstier auf den
Menschen (Neumann, 1991).

Neue experimentelle und theoretische Ansätze erlauben eine wesentliche Verringerung der Unsicherheiten, die in diesen beiden Schritten liegen. Um die Unsicherheiten im ersten Schritt zu reduzieren, müssen Studien zum Wirkmechanismus, zur Pharmakodynamik und zur Pharmakokinetik vorgenommen werden. In ersteren wird mit biochemischen und molekularbiologischen Methoden untersucht, ob die beobachtete toxische oder kanzerogene Wirkung durch die Substanz selbst oder durch Metaboliten hervorgerufen wird. Die Pharmakodynamik beschreibt die durch die Substanz induzierten Änderungen im Organismus. Pharmakokinetische Untersuchungen dienen der quantitativen Ermittlung des Schicksals der Chemikalie und relevanter Metaboliten im Organismus in Abhängigkeit von applizierter Menge bzw. Expositionskonzentration und -dauer. Somit läßt sich eine sinnvolle Beziehung zwischen der "äußeren Dosis" der Ausgangssubstanz und der "inneren Dosis" herstellen. Diese innere Dosis wird durch die Konzentration und die Verweildauer des ultimal wirksamen Stoffes - der Ausgangssubstanz oder eines bestimmten Metaboliten - am Wirkort bestimmt. Als Maß für die innere Dosis lassen sich z.B. bei alkylierenden Substanzen organspezifische Addukte an Makromolekülen heranziehen.

Zur Extrapolation der erhaltenen Beziehung zwischen beobachteter Wirkung und innerer Dosis sind unterschiedliche mathematische Modelle (Zusammenfassung in: Cornfield et al., 1980) entwickelt worden. Von diesen Modellen hat das "multi stage"-Modell, mit dem versucht wird, die komplexe Natur der chemischen Kanzerogene zu verstehen, die höchste biologische Relevanz (Armitage u. Doll, 1961; Moolgavkar u. Knudson, 1981). Es berücksichtigt z.B. das Mehrstufenkonzept der Krebsentstehung.

Der zweite Schritt, die Speziesübertragung, setzt voraus, daß sich die Wirkung bei Versuchstier und Mensch vergleichen läßt. Ein Ansatz beruht auf der Annahme, daß die gleiche innere Dosis multipliziert mit dem gleichen Anteil der Lebenszeit beim Versuchstier und beim Menschen ein vergleichbares Krebsrisiko bedingen (Purchase et al., 1987). Diese Annahme, die insbesondere auf Beobachtungen an Ratte und Mensch beruht, bedarf der weiteren Absicherung. Die innere Dosis jedoch, die beim Versuchstier mit einem bestimmten Effekt korreliert ist, läßt sich mittels pharmakokinetischer Daten auch beim Menschen bestimmen. Häufig ist allerdings die direkte Erhebung pharmakokinetischer Daten beim Menschen nicht möglich. In diesem Fall muß man diese Daten über pharmakokinetische Modelle ermitteln. Hierzu werden Informationen über Bildung und Entgiftung der Metaboliten und der resultierenden Belastung der Zielorgane bei verschiedenen Versuchstierspezies und dem Menschen benötigt. Sie können durch vergleichende in-vitro-Untersuchungen an Zellen oder Gewebsfraktionen erhalten werden. Mit Hilfe dieser Parameter wird dann die innere Dosis für den Menschen in Abhängigkeit von der äußeren Dosis berechnet und unter Be-rücksichtigung der im Tierexperiment ermittelten Dosis-Wirkungsbeziehung das Risiko für den Menschen abgeleitet.

Im folgenden wird am Beispiel von Ethylen, einem wichtigen Produkt in der Herstellung von Elastomeren, und Ethylenoxid, das im medizinischen Bereich als Sterilisationsmittel von nicht hitzebeständigen Geräten Verwendung findet, ein Verfahren zur Abschätzung des kanzerogenen Risikos für den Menschen dargestellt.

ABSCHÄTZUNG DES DURCH ETHYLEN UND ETHYLENOXID BEDINGTEN KANZEROGENEN RISIKOS FÜR DEN MENSCHEN UND VERGLEICH MIT DEM RISIKO DURCH ENDOGENES ETHYLEN

Ethylen wird beim Säugetier und Menschen im ersten metabolischen Schritt in Ethylenoxid überführt. Dieses Epoxid ist mutagen, alkyliert direkt DNA und Proteine und erwies sich als kanzerogen in Langzeitstudien an Ratten und Mäusen (zusammenfassende Literaturübersicht: Denk, 1990).

Ergebnisse epidemiologischer Studien zu Ethylenoxid waren nicht eindeutig. Deshalb schätzten wir (Denk, 1990; Denk u. Filser, 1990) das Risiko für Ethylenoxid und seinen metabolischen Vorläufer Ethylen auf der Basis der von Snellings und Mitarbeitern durchgeführten Ethylenoxid-Inhalationsstudie an Ratten (Snellings et al., 1984; Garman et al., 1985) ab.

Die Vorgehensweise ist in Abb. 1 dargestellt:

Zuerst wurde für Ratte und Mensch die aus Expositionen gegen Ethylenoxid bzw. exogenes und endogen gebildetes Ethylen resultierende innere Konzentration durch das ultimale Kanzerogen Ethylenoxid bestimmt. Die hierzu für beide Spezies benötigten pharmakokinetischen Parameter der zwei Substanzen wurden aus eigenen Untersuchungen in vivo bzw. aus Ergebnissen an Ethylenoxid-exponierten Arbeitern (Brugnone et al., 1986) abgeleitet. Die innere Ethylenoxid-Dosis wurde als Produkt aus innerer Ethylenoxid-Konzentration und speziesspezifischer Lebensdauer berechnet. Hierbei wurde angenommen, daß die jeweils erhaltene innere Dosis bei beiden Spezies das gleiche Krebsrisiko beinhaltet.

Dann wurde für die Ratte in Abhängigkeit von den berechneten inneren Ethylenoxid-Dosen die Wahrscheinlichkeit, mindestens einen Ethylenoxid-induzierten Tumor zu entwickeln, aus den Ergebnissen der Snellingsschen Studie abgeleitet. Mittels eines linearen "multi-stage"-Modells wurde die Beziehung zwischen innerer Dosis und Risiko ermittelt und das Ergebnis auf den Menschen übertragen.

Basierend auf dieser Extrapolation berechneten wir, daß von 10.000 Personen, die für die Dauer eines Arbeitslebens (40 h/Woche, 45 Jahre) gegen 1 ppm Ethylenoxid exponiert sind, etwa 1% an Ethylenoxid-bedingtem Krebs erkranken. Über die pharmakokinetischen Beziehungen zwischen Ethylen und Ethylenoxid ergibt sich für eine Exposition gegen etwa 20 ppm Ethylen (40 h/Woche, 45 Jahre) das gleiche Krebsrisiko. Das kanzerogene Risiko, das durch die endogene Bildung von Ethylen bedingt ist, wurde auf $1 \cdot 10^{-4}$ abgeschätzt.

Für Ethylenoxid wurden bisher von mehreren Arbeitsgruppen Abschätzungen des Ethylenoxid-bedingten Krebsrisikos mit abweichenden Ergebnissen veröffentlicht (OSHA,1984; Beliles and Parker, 1987; Hertz-Picciotto et al., 1987; Hattis, 1987;

Törnqvist, 1989). Eine ähnliche Risikoabschätzung wie die von uns berechnete, wurden nur von den Gruppen bestimmt, die sich auf speziesspezifische pharmakokinetische Prinzipien stützten.

DISKUSSION

Wie am Beispiel von Ethylen und Ethylenoxid gezeigt wurde, ist die Kenntnis der Pharmakokinetik einer Substanz für die Interpretation von Dosis-Wirkungsbeziehungen unverzichtbar. Die Fortentwicklung von Modellen zur Risikoabschätzung, die die Pharmakokinetik und Pharmakodynamik berücksichtigen sowie den Prozess der Krebsentstehung besser beschreiben, sollte Abschätzungen des Krebsrisikos in Zukunft auf eine biologisch-toxikologisch relevantere Grundlage stellen.

Methode zur Abschätzung des Krebsrisikos von Ethylen (ET) und Ethylenoxid (EO)

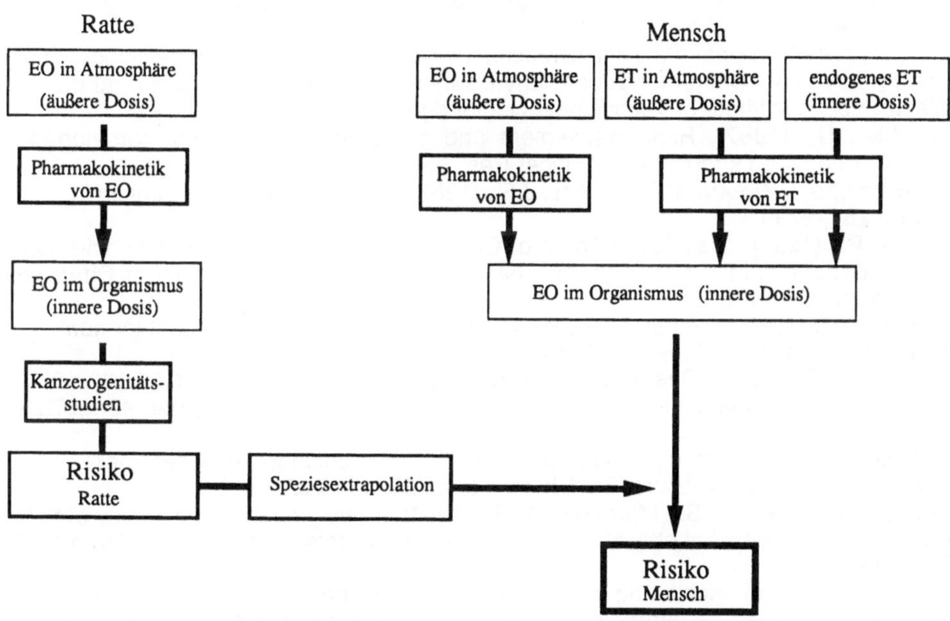

Abb. 1: Schematische Darstellung der Vorgehensweise zur Extrapolation des kanzerogenen Risikos von der Ratte auf den Menschen

LITERATUR

Armitage, P., Doll, R., (1961), Stochastic models for carcinogenesis. In: Proc. 4th Berkley Symposium, no. 4. Lecam, Neyman (eds.), Berkley, University of California Press, 19

Beliles, R.P., Parker, J.C., (1987), Risk assessment and oncodynamics of ethylene oxide as related to occupational exposure. Toxicol. Industrial Health, 3, 371-382.

Brugnone, F., Perbellini, L., Faccini, G.B., Pasini, F., Bartolucci, G.B., DeRosa, E., (1986), Ethylene oxide exposure: Biological monitoring by analysis of alveolar air and blood. Int. Arch. Occup. Environ. Health, 58, 105-112.

Cornfield, J., Rai, K., Van Ryzin, J., (1980), Procedures for Assessing Risk at Low Levels of Exposure. In: Quantitative Aspects of risk assessment in chemical carcinogenesis, Arch. Toxicol., Suppl. 3, 295-303

Denk, B., (1990), Abschätzung des kanzerogenen Risikos von Ethylen und ethylenoxid für den Menschen durch Speziesextrapolation von der Rattewn und Berücksichtigung der Pharmakokinetik, Dissertation an der Ludwig-Maximilians-Universität, München

Denk, B., Filser, J.G., (1990), Abschätzung des durch Ethylen und Ethylenoxid bedingten kanzerogenen Risikos für den Menschen - Vergleich mit dem Risiko durch endogenes Ethylen, Verhandlungen der Deutschen Gesellschaft für Arbeitsmedizin e.V., Gentner Verlag, Stuttgart, 397-401

Garman, R.H., Snellings, W.M., Maronpot, R.R., (1985), Brain tumors in F344 rats associated with chronic inhalation exposure to ethylene oxide. Neurotoxicology, 6, 117-138.

Greim, H., Andrae, U., (1990), Strategien zur Ermittlung des gentoxischen Potentials von Substanzen und ihres Risikos für den Menschen. In: Ferber et. al. (Hrsg.), Erfassung und Bewertung unerwünschter Wirkungen von Arzneimitteln, Walter de Gruyter & Co., Berlin, New York, 127-137

Hattis, D., (1987), A pharmacokinetic/mechanism-based analysis of the carcinogenic risk of ethylene oxide. Center for Technology Policy and Industrial Development at the Masachusetts Institute of Technology, Cambridge

Henschler, D., (1987), Risk assessment and evaluation of chemical carcinogens - Present and future strategies, J. Cancer Res. Clin. Oncol., 113, 1-7

Hertz-Picciotto, I., Neutra, R.R., Collins, J.F., (1987), Ethylene Oxide and Leukemia, JAMA, 257, 2290

Lovell, D.P., (1990), Risk Assessment of Chemicals. In: Anderson, D., Conning, D.M., (eds.), Experimental Toxicology: The basic Issues, The Royal Society of Chemistry, Cambridge, 414-435

Moolgavkar, S.H., Knudson Jr., A.G., (1981), Mutation and cancer: A model for human carcinogenesis. J.N.C.I., 66, 1037-1052

Neumann, H.G., (1991), Chemikalien und Krebs, Chemie in unserer Zeit, 25:102-107

OSHA, (1984), Occupational Exposure to Ethylene Oxide, Federal Register, 49, 25734-25809

Purchase, I.F.H., Stafford, J., Paddle, G.M., (1987), Vinyl chloride: An assessment of the risk of occupational exposure. Fd. Chem. Toxic., 25, 187-202.

Snellings, W.M., Weil, C.S., Maronpot, R.R., (1984), A two-year inhalation study of the carcinogenic potential of ethylene oxide in Fischer 344 rats. Toxicol. Appl. Pharmacol., 75, 105-117.

Törnqvist, M., (1989), Monitoring and cancer risk assessment of carcinogens, particulary alkenes in urban air. Department of Radiology, Arrhenius Laboratories for Natural Sciences, University of Stockholm, Sweden

Umwelt und Gesundheit
Kulturhistorische Anmerkungen

Paul U.Unschuld
Institut für Geschichte der Medizin
Ludwig-Maximilians-Universität München

Die vergangenen drei Tage standen unter einem Thema, dessen zentrale Begriffe "Umwelt" und "Gesundheit" nicht nur für uns, die wir uns damit in unserer wissenschaftlichen Tagesarbeit befassen, Selbstverständlichkeiten des täglichen Sprachgebrauchs sind. Der Sinngehalt dieser Begriffe erscheint auch der allgemeinen Öffentlichkeit in einer Weise offensichtich, daß es einer Zumutung gleichkäme, nun zum Abschluß dieser Tagung und angesichts eines kulturhistorischen Überblicks zunächst noch einmal ganz kurz nachzufragen: was verstehen wir eigentlich unter "Umwelt," was verstehen wir unter "Gesundheit?"

Die Konfrontation mit einer solchen Frage verdeutlicht allerdings sehr schnell: die Selbstverständlichkeit der Begriffe Umwelt und Gesundheit ist die Selbstverständlichkeit der 10-Mark und der 20-Mark-Scheine: Jeder benutzt sie unendlich oft, jeder hat sie täglich in Händen, und doch wissen die wenigsten von uns, das Design dieser Banknoten auch nur annähernd wirklichkeitsgetreu nachzuzeichnen.

Ich möchte Ihnen einen durchaus möglichen und für den Historiker auch verlockenden Überblick über die vielen Versuche ersparen, die im Laufe der Jahrhunderte und im Wechsel der Kulturen unternommen wurden, den Begriff der Gesundheit, also das ideelle Ziel aller Heilkunde, in Worte zu fassen.

Gesundheit als Arbeitsfähigkeit oder individuelles Wohlbefinden wird schließlich mit anderen Augen gesehen als Gesundheit im Sinne von militärischer Tauglichkeit. Ein christlicher Moraltheologe wird in sein Verständnis von Gesundheit zwangsläufig andere Gesichtspunkte einbeziehen als ein agnostischer Yuppie des modernen Jet Sets. Und wenn wir uns auf eine überkulturelle Ebene begeben, so wird die Angelegenheit noch sehr viel komplizierter. Denn eine Anhängerin von Christian Science sieht in Gesundheit einen sicherlich sehr anderen Zustand als ein Pathologe, und beide hätten wohl größte Schwierigkeiten, sich mit einem Arzt des traditionellen indischen Ayurveda darauf zu verständigen, wo die Gesundheit endet und das Kranksein beginnt.

Dringen wir also nicht weiter in diese sehr komplexe Materie ein, und belassen wir es an dieser Stelle mit der Feststellung, daß bei aller Unterschiedlichkeit der Definition von Gesundheit in verschiedenen Zeitepochen und in verschiedenen Kulturen, doch stets ein subjektives oder normiertes Wohlbefinden des Menschen das Ziel aller Anstrengungen gewesen ist, und daß dieses Wohlbefinden immer auch in Abhängigkeit von der Umwelt gestanden hat.

Diese "Umwelt" nun - das zweite Stichwort meines heutigen Themas - ist ein ähnlicher ideengeschichtlicher Stolperstein wie der Begriff der "Gesundheit."

Denn: so könnte - bei aller Selbstverständlichkeit - doch ein wacher Zeitgenosse fragen: was ist eigentlich "Umwelt?" Ist dies ein über Zeiten und Kulturen hinweg gültiger Begriff? Gibt es in jeder Sprache und hat es zu jeder Zeit ein Wort gegeben, das unseren heutigen Begriff "Umwelt" wiedergibt, so wie es in jeder Kultur und zu jeder Zeit ein Wort für Essen und Trinken gegeben hat? Nein, müßte man antworten, das ist nicht der Fall. Der Begriff "Umwelt" ist relativ neu, und er ist ebenso unscharf wie der Begriff "Gesundheit." Er umschließt zunächst - und das ist unstrittig, hat im Mittelpunkt dieser Tagung gestanden - einmal die physische Umwelt der Natur, in die der Mensch hineingeboren ist, zum anderen auch die Umwelt der Wohn- und Arbeitsbedingungen, die der Mensch selbst in seinem steten Kulturschaffen in eben dieser Natur errichtet hat.

Der Begriff "Umwelt" mag weiterhin, wie wir alle wissen, die gesellschaftliche Umwelt umschließen, zu der wir auch die Umwelt der Gefühle rechnen müssen, die einem Menschen entgegengebracht werden und die sein Wohlbefinden maßgeblich beeinflussen können; der Umweltbegriff könnte auch die Tatsache umschließen, daß manche Mitmenschen nach wie vor metaphysische Gegebenheiten als einen Teil der realen Umwelt ansehen. Der Begriff "Umwelt" läßt es dem Verständnis des jeweiligen Benutzers offen, ob er sich einer Umwelt gegenüber sieht, oder ob er sich als Teil einer Welt begreift, die nicht nur um ihn herum existiert, sondern ihn auch selbst durchdringt; einer Welt, die ihn hervorgebracht hat, nährt, und schließlich wieder aufnimmt.

Wenn wir heutzutage im Bewußtsein einer Umweltproblematik leben, die die Menschheit zunehmend bedrängt, so mag uns diese Umweltproblematik als ein relativ neues Phänomen erscheinen. Noch vor wenigen Jahren und ganz sicherlich vor zwei, drei Jahrzehnten war unser Verhalten der Umwelt gegenüber bekanntlich sehr viel sorgloser, sehr viel entspannter und auch sehr viel unbedachter als dies heute der Fall ist; die Intensität, in der das Zusammenspiel von Umwelt und Gesundheit heute jedem lesenden und sehenden Zeitgenossen vor Augen steht, ist sicherlich erst das Ergebnis jüngster Entwicklungen.

Dennoch wäre es weitab der Realität zu glauben, daß die Beziehung zwischen Umwelt und Gesundheit in früheren Jahrhunderten oder gar in anderen Kulturen unbeachtet und unbekannt gewesen wäre. Das Gegenteil ist der Fall. Sehr früh und in allen Erdteilen hat der Mensch bemerkt, ist dem Menschen immer wieder sichtbar vor Augen geführt worden, daß er in einer Umweltgesetzmäßigkeit gefangen ist, gegen die zuwiderzuhandeln furchtbare Konsequenzen nach sich ziehen kann.

Lange Jahrtausende mußte der Mensch das Gefühl, ja das sichere Bewußtsein ertragen, daß er seiner natürlichen Umwelt ausgesetzt ist, daß er den Mächten, die ihre Kräfte in außerordentlichen Naturkatastrophen aber auch in der regelmäßigen Abfolge von Frühjahr und Geburt, von Sommer und Reife, von Herbst und Ernte, und von Winter und Tod stets von Neuem höchst eindrucksvoll unter Beweis stellten, - daß er diesen Mächten kaum etwas entgegenzustellen vermag.

Menschliches Wissen bildet sich in der Weise, daß wir von dem uns Bekannten auf das Unbekannte schließen. Phänomene, die uns aus dem täglichen Leben vertraut sind, nehmen wir als Metaphern, um Dinge, die uns bislang unbekannt waren, zu erläutern, um den Bereich des Unsichtbaren zumindest in Worten zu verdeutlichen. Nur wenige Denker vermögen es, diesen engen Bezug zwischen Erfahrungswirklichkeit und konzipierter Wirklichkeit zu überspringen und so muß der gekrümmte Raum, den Einstein vor sich sah, den meisten Menschen unverständlich bleiben.

In der Beziehung zu der Umwelt und in der Erklärung der segnenden oder schädigenden Wirkungen der Umwelt hat der Mensch sich daher kaum anders zu helfen gewußt, als anthropomorphe Muster von Harmonie und Krise auf das Universum zu übertragen. Die Welt der Geister und Dämonen in animistisch geprägten Kulturen, die Welt der Götter des antiken Griechenlands und Roms, die Bindungssehnsucht an einen Gott-Vater, der wie ein pater familias im Kleinen und wie der pater patriae im Großen über allem wacht und dem Furchteinflößenden einen Sinn gibt, der straft und belohnt, all dies sind Denkmodelle, mit denen der scheinbar so schwache Mensch den tatsächlich so machtvollen Kräften der natürlichen Umwelt einen Sinn zu geben versucht hat. Und so galt es, wo immer solche an der Erfahrung des Menschen im Umgang mit dem Menschen orientierten Denkmodelle Eingang fanden, sich mit den verantwortlichen metaphysischen Kräften zu verständigen, um die schädigenden Auswirkungen der natürlichen Umwelt auf die Gesundheit möglichst gering zu halten, und um die segensreichen Einflüsse der Umwelt auf das menschliche Wohlbefinden möglichst zu maximieren. Die Verehrung, die die Menschheit in früheren Zeiten der Natur entgegenbrachte, beruhte nicht zuletzt darauf, daß man in der Natur eine Schöpfung eines Gottes, oder doch den Beweis für das Wirken Göttern, Geister oder Dämonen sah. Mit der vorherrschenden Stellung der naturwissenschaftlichen Weltanschauung verlor die Achtung vor der Natur freilich ihren geistigen Nährboden.

Doch ungeachtet aller Metaphysik waren den Medizinern und der allgemeinen Bevölkerung in der Antike die Zusammenhänge zwischen der physikalischen Beschaffenheit des Bodens und des Wassers, den verfügbaren Speisen und den Wohnräumen einerseits, sowie den häufigsten Erkrankungen andererseits durchaus bewußt. So lesen wir in einem chinesischen Text des 1.Jahrhunderts vor Christus folgenden Dialog:

"Wenn Ärzte Krankheiten behandeln, so ist es möglich, daß ein und dieselbe Krankheit auf verschiedene Weise behandelt wird und doch stets geheilt wird. Wie ist das möglich?

Qi Bo antwortete: 'Das Gebiet im Osten ist das Land der Fische und des Salzes; Strände grenzen dort an Wasser. Die Menschen dort verzehren Fische und lieben salzige [Speisen]. Fisch verursacht Hitze im Leib des Menschen, und salzige [Speisen] zerstören das Blut. Daher besitzen alle die Menschen dort eine dunkle Gesichtsfärbung und ihre Poren sind weit geöffnet. Ihre Krankheiten sind zumeist Abszesse und Geschwüre.

Der Westen ist die Region, wo Gold und Jade vorkommen; es ist das Gebiet der Sandwüsten und der Steingebirge. Die Menschen dort leben in Erdhöhlen und häufig bläst der Wind. Das Wasser und der Boden sind hart. Die Menschen kleiden sich nicht in Stoffe sondern in Felle und Gräser. Ihre Speisen sind reich, und die Menschen sind fett. Daher können keine äußeren Übel ihre Körper schädigen; alle ihre Krankheiten entstehen aus dem Körperinneren.'" usw.

Der heute namentlich nicht mehr bekannte Autor eines hippokratischen Textes mit dem vielsagenden Titel "Über Luft, Wasser und Wohnorte" zog zu derselben Zeit dieselben Schlüsse wie der soeben zitierte ostasiatische Autor: Der Mensch muß die Eigenarten der Umwelt erkennen und sein Leben danach einrichten. Ebenso muß der Arzt die Eigenarten der Umwelt kennen und danach seine Therapie gestalten.

Unsere heutigen Begriffe endemischer und epidemischer Erkrankungen stammen noch aus diesem hippokratischen Text, der erstmals die Faktoren auflistete, die für ein Verständnis endemischer Leiden in Betracht zu ziehen sind: Klima, Bodenbeschaffenheit, Wasser, Luft, Lebensweise und Ernährung.

Woher besaßen, so mag man fragen, die Griechen, die doch auf relativ kleinem Raum lebten, die Möglichkeiten solch überregionale Vergleiche anzustellen? Nun, zum einen äußert sich in dem genannten und auch in anderen Texten des sogenannten hippokratischen Kanons die Erfahrung des Wanderarztes der Antike. Seßhafte Ärzte gab es nur in einigen wenigen größeren Städten; die meisten Ärzte zogen durch das Land und boten, wie die übrigen Handwerker auch, ihre Fähigkeiten mal hier mal dort an. Sie sahen sich immer wieder in neuen Situationen, in denen sie sich zurechtfinden mußten. Auf ihren Wanderungen kamen sie von der Küstenregion in die höher gelegenen Gebiete und auch in die Bergtäler und Gebirge und mochten wohl erkennen, daß mit dem Charakter der physikalischen Umwelt auch die Eigenarten der Bewohner und die Natur ihrer Krankheiten sich veränderten.

Dieses Wissen lag bereits vor, als die Griechen irgendwann um das Jahr 1000 v.d.Z. begannen, für viele Jahrhunderte das Mittelmeer nach West und Ost hin zu durchziehen auf der Suche nach günstigen Landstreifen für ihre Kolonien: in Kleinasien, in Thrazien und am Schwarzen Meer, in Italien, auf Sizilien und in Spanien. Bei der Auswahl der neuen Siedlungsorte war es ganz selbstverständlich, daß nicht allein militärische und religiöse Gesichtspunkte in Betracht gezogen werden mußten, sondern auch die möglichen Auswirkungen der neuen Umwelt auf die Gesundheit der Bewohner. So riet der Autor der Schrift "Über Luft, Wasser und Wohnorte" den griechischen Kolonisatoren, jeweils Ärzte hinzuzuziehen, um gesundheitsgefährdende Landstriche zu identifizieren und zu meiden. Vorzuziehen seien allemal erhöhte Wohnorte, die von der Sonne gewärmt und von erquicklichen Winden durchströmt wurden.

Gemeinsam ist den vorhandenen Zeugnissen der Kulturen der Antike in Ost und West das Bewußtsein um den allgemeinen Zusammenhang zwischen natürlicher Umwelt und Gesundheit, doch möglicherweise mit Ausnahme der Malaria wurden weder bestimmte Krankheiten auf ganz bestimmte Umweltgegebenheiten zurückgeführt, noch ist in den Quellen ein Bewußtsein darum erkennbar, daß der Mensch möglicherweise selbst seine Umwelt verschmutzt und darum eine ursprünglich durchaus unschädliche Umwelt - wenn wir einmal von Naturkatastrophen absehen - in eine Bedrohung seiner Gesundheit umwandelt.

Eine solche Beeinflussung der natürlichen Umwelt durch den Menschen hat es jedoch seit Urzeiten gegeben; sie blieb allerdings zunächst und über lange Jahrtausende unbemerkt und unbewußt.

Schon der Übergang von der sehr mobilen Gemeinschaft kleiner Gruppen hin zu der seßhaften Ansiedlung zunehmend größerer menschlicher Gesellschaften hat, wie wir heute sicher wissen, erstmals einen signifikanten und durchaus gesundheitsrelevanten Einfluß auf die natürliche Umwelt ausgeübt.

Seßhafte Bevölkerungen bauen in der Regel festere Behausungen als Nomaden, und verrichten weitaus mehr Aktivitäten innerhalb dieser Behausungen als ihre umherwandernden Vorfahren. Obschon festere Behausungen besseren Schutz gegen die Unbilden der Natur bieten, fördern sie doch die Übertragung von Krankheiten. Dauerhafte Gebäude ziehen Ungeziefer an, hier vor allem

Insekten und Ratten, und die Krankheiten, die diese Tiere mit sich tragen, entwickeln sich somit zu einer andauernden, nicht zu einer gelegentlichen Bedrohung.

Eine nomadische Bevölkerung läßt ihre Abfälle und Fäkalien zurück; eine seßhafte Bevölkerung muß Abfälle und Fäkalien notgedrungen an ein und demselben Ort, oder doch einer begrenzten Zahl von Orten, in der Nähe der Siedlung deponieren, und lockt damit allerlei Tiere an, die wiederum Krankheiten auf den Menschen übertragen können. Ratten, wilde Hunde und Fliegen sind hier ebenso zu nennen, wie Flöhe. Gerade Flöhe bilden ein gutes Beispiel, wie mobile Gruppen einem Vektor immer wieder davonlaufen können. Nomaden haben selten Flöhe, da Flöhe ihre Larven nicht am Menschen oder in dessen Begleittieren ablegen sondern in Tiernestern oder Gebäuden. Wenn die Nomaden weiterziehen, lassen sie die Floh-Larven und somit die Krankheiten, die durch die Flöhe übertragen werden können, zurück.

Es ist bemerkenswert, daß bereits die frühesten uns heute bekannten Zivilisationen die Notwendigkeit verspürt zu haben scheinen, vor allem Fäkalien geordnet aus ihren Städten abzuleiten und sauberes Wasser in die Wohnsiedlungen einzubringen. Wer allerdings die Beschreibung etwa der Zustände bestimmter Stadtteile im Paris des Jahres 1790 durch den russischen Reisenden Nikolai Karamsin liest möchte dies kaum glauben. Karamsin schrieb:

"Neben dem blitzenden Laden eines Juweliers erblickt man einen Haufen verfaulter Äpfel oder Heringen; überall ist Kot und hie und da sogar Blut, das wie Bäche aus den Fleischerbuden herausströmt. Hier muß man Nase und Augen verschließen. Das Bild der prächtigsten Stadt verliert sich, und es scheint, als würde aller Kot und Schmutz der ganzen Welt durch unterirdische Kanäle nach Paris geführt. Die Straßen sind alle ohne Ausnahme eng und dunkel, weilches bei der Höhe und Größe der Häuser wohl nicht anders sein kann. Wehe dem armen Fußgänger, besonders wenn es regnet. Er muß entweder den Kot in der Mitte der Strße messen oder das Wasser stürzt ihm aus den Dachröhren auf den Kopf. Ein Wagen ist hier unumgänglich nötig, wenigsten für einen Fremden, denn die Franzosen verstehen es meisterhaft, durch den Kot zu waten, ohne sich zu beschmutzen, meisterhaft springen sie von einem Steine zum anderen und schützen sich hinter den Buden vor den rollenden Wagen."

Soweit Karamsin über die weniger schillernden Stadtviertel von Paris im Jahre 1790. Doch schauen wir vor unsere eigene Haustür, so sind auch erst gut einhundert Jahre vergangen, seit Pettenkofer hier in München ein Kanalisationssystem für die Ableitung von Brauchwasser und Fäkalien durchsetzte und die Zuleitung sauberen Wasser propagierte, und zwar letzteres nicht weil er etwa von der gesundheitsschädigenden Wirkung unreinen Wassers auf den Menschen ausgegangen wäre, sondern weil er der Ansicht war, schmutziges Wasser erzeuge im Boden einen Faulstoff, der seinerseits in die Luft aufsteige und dem Menschen Krankheit bringe - das war damals vor allem die Cholera.

So wie Pettenkofer von einer aus heutiger Sicht vollkommen unrichtigen Ätiologie der Cholera ausging, aber solche Maßnahmen durchsetzte, die nicht nur seiner fehlerhaften Ätiologie entsprachen sondern interessanterweise auch heutigen wissenschaftlichen Erkenntnissen angemessen sind, so sollten wir uns nicht von bestimmten archäologischen Funden verleiten lassen, rasche Schlüsse zu ziehen, in Mohenjo-Daro oder bei den Inkas sei vor Jahrtausenden die Kanalisation der Städte aus Gründen vorgenommen worden, die wir als rational erkennen. Es können ästhetische Erwägungen, es können religiöse Vorstellungen gewesen sein, die z.B. die Inkas dazu brachten, ausgeklügelte Abwässersysteme und Wasserzuleitungen zu errichten. Erst in der römischen Antike ist konkrete Absicht erkennbar, um 100 n.Chr. verkündete Sextus Julius Frontus mit großem Stolz, er habe Rom sauberer und seine Luft reiner gemacht und er habe damit die Ursachen für die Krankheiten beseitigt, die der Stadt einen schlechten Ruf eingebracht hatten.

Unmittelbare Kausalketten waren zu jener Zeit nicht bekannt, und das erforderliche detaillierte Wissen um Ursache und Wirkung konnte sich bis an das Ende des 19.Jahrhunderts auch nicht entwickeln. Es fehlten die bakteriologischen Grundlagen, die wir erst Robert Koch verdanken. Doch die Unkenntnis der Kausalketten konnte die Menschen seit dem Hohen Mittelalter nicht davon abhalten, ganz pragmatisch die Beziehungen zwischen einer sauberen Umwelt und ihrer Gesundheit, bzw. einer verschmutzten Umwelt und ihren Krankheiten, zu sehen und sehr konkrete Maßnahmen einzuleiten, die den einzigen Zweck der Vorbeugung von Kranksein verfolgten.

Unzählige Vorschriften sind uns heute noch erhalten und bekannt, die sich auf die Reinhaltung bestimmter öffentlicher Bereiche konzentrierten. Da durften die Färber nur an Montagen ihre Indigostoffe in den Flüssen spülen, und wenn wir heute noch vom "blauen Montag" sprechen, so ist dies ein Nachhall jener Verordnungen. Die Flüsse waren buchstäblich blau und das Wasser konnte an diesen Tagen zu keinen anderen Zwecken hergenommen werden.

Die Reinhaltung nicht nur des Trinkwassers sondern auch der Märkte und damit der Lebensmittel bildete eine ständige Sorge im Mittelalter, und war der Quell zahlreicher Strafandrohungen und Verfahren. Und doch müssen wir uns vergegenwärtigen, daß diese Sichtweise der Dinge im christlichen Abendland nicht unbedingt von allen Bevölkerungsgruppen geteilt wurde. Lagen nicht Wohl und Wehe der Menschheit einzig und allein in den Händen Gottes? War es da nicht Sünde, in das System von Belohnung und Strafe Gottes einzugreifen; seinem Willen vielleicht durch Hygiene entgegenzuwirken?

Noch im 18.Jahrhundert verfaßte Johann Peter Süßmilch ein Buch unter dem Titel "Die göttliche Ordnung in den Veränderungen des menschlichen Geschlechts, aus der Geburt, Tod und Fortpflanzung desselben erwiesen." Krankheit, so glaubte Süßmilch und mit ihm viele andere, ist Ausfluß göttlichen Waltens, ist also unvermeidbares Schicksal.

Doch dieser Sichtweise stellten sich Andersdenkende entgegen, allen voran in den deutschsprachigen Ländern Johann Peter Frank, ein Arzt, dessen Vorgehen auch heute noch nichts von seiner Brisanz verloren hat; im Grunde ist er der Begründer der wissenschaftlichen Public Health Lehre. Frank wollte nicht einsehen, daß der bedauernswerte Gesundheitszustand der Arbeiter und der Bauern in der Lombardei, wo er seine ersten Erfahrungen sammelte, von göttlichem Walten abhängig sei; menschliches Verschulden sah er als wichtigste Ursache des Krankseins ganzer Bevölkerungsschichten, - menschliches Verschulden, das man durch menschliches Planen und menschliches Handeln auch wieder korrigieren könne. Und so faßte er seine Ausführungen zusammen:

"Dies alles sind die traurigen Beweise, daß die meisten Leiden, die uns widerfahren, von uns selbst verursacht worden sind, und daß wir sie alle hätten vermeiden können, wenn wir so ungekünstelt, so einfach und zurückgezogen lebten, wie es uns die Natur vorschreibt."

Ganz deutlich erkennen wir in Franks Gedanken das Vorbild Rousseaus, der wenig früher auf die "nachteiligen Folgen großer menschlicher Beisammenwohnungen" aufmerksam gemacht hatte. Die Gesundheit der Menschen, so schien es nun im 18.Jahrhundert, hängt von einer möglichst naturbelassenen Umwelt ab, und da der Staat ein Interesse an gesunden Menschen besitzt, die in den Manufakturen zu arbeiten und in den nun aufkommenden Volksheeren zu dienen imstande sind, war es in der Theorie von Merkantilismus und Kameralismus Aufgabe des Staates, die üblen Folgen der Naturferne durch seine Politik möglichst abzumildern.

Die Individualhygiene der privilegierten Stände, die sich ihre persönliche Umwelt schon immer derart hatten einrichten können, daß sie der Gesundheit dienlich war, diese Individualhygiene wurde nun durch eine allgemeine öffentliche Hygiene ergänzt, die alle Gruppen der Bevölkerung umschließen sollte. Freilich, angesichts der Industrialisierung des 19.Jahrhunderts waren die verfügbaren Maßnahmen und Kenntnisse des 18.Jahrhunderts schnell überfordert. Doch die bisweilen von manchen Ärzten jener Zeit vorgetragenen apokalyptischen Visionen fielen jedoch in eine Zeit, in der die Naturwissenschaften einen solch eindrucksvollen Fortschritt durchliefen; eine Zeit, die für die Zukunft verhieß, alle Probleme seien lösbar - man vertraue nur auf die Naturwissenschaft und auf die Technik. In der Medizin, so mußte man annehmen, lag der Schlüssel zum Verständnis der Krankheiten greifbar in den Gelatinekulturen vor Augen. Erste Erfolge gegen die Pocken, gegen die Syphilis und schließlich gegen viele andere Krankheiten und ihre Erreger ließen das Gefühl einer Macht über Naturprozesse aufsteigen, die dem Menschen in nahezu jeder Hinsicht die Freiheit individuellen Handelns schenkt - unbeschadet möglicher negativer Folgen. Denn für die Beseitigung oder Bereinigung dieser möglichen negativen Folgen - soweit sie bereits den Horizont verdunkelten - werde sich, so war man gewiß, schon das jeweils geeignete Mittel finden.

Mit dieser Einstellung ist die westliche Zivilisation in das 20.Jahrhundert geeilt, und wenn wir heute die Umweltproblematik so deutlich vor Augen sehen wie nur wenige nachdenkliche Beobachter in früheren Jahrhunderten, so ist dieser Perspektive doch eine gänzlich neue Dimension zueigen.

Jahrtausendelang war die physische Umwelt des Menschen getrennt in den Bereich der Natur und den Bereich menschlicher Ansiedlung. Der Bereich der Natur bot Rückzugsmöglichkeit, er bot den Anblick des Ewigen, des Unvergänglichen, und auch des Reinen. Natürlich zu sein heißt rein sein, heißt unverfälscht sein.

Dieser Natur stand die vom Menschen erstellte Welt der Wohnungen und Arbeitsstätten gegenüber - das Gegenteil von Natur, das ist die Zivilisation. Hier sammelte sich der Schmutz, hier konnte man - so das Geld und der Wille verfügbar waren - Aufräumarbeiten einleiten, hier konnte man versuchen, die sicherlich immer nur kurzfristigen Verunreinigungen zu korrigieren, gering zu halten, rückgängig zu machen.

Das 20. Jahrhundert bietet uns nun ein vollkommen neues Szenarium. Für den Historiker, der so vieles sieht, das sich von Jahrhundert zu Jahrhundert bestenfalls unter anderem Namen und in neuem Gewand immer wiederholt, ist es ein faszinierender - wenn auch in diesem Falle nicht erfreulicher - Anblick, einmal etwas Neues zu sehen. Und dieses neue Element, diese neue Qualität in der zweiten Hälfte des 20.Jahrhunderts besteht eben darin, daß die jahrtausendelange Trennung der natürlichen und der menschgestalteten Umwelt aufgehoben ist - endgültig aufgehoben, wie es scheint. Es gibt keine Rückzugsmöglichkeit mehr vor der Zivilisation; es gibt keine unberührte Natur mehr.

Gleichgültig wo Sie die weiten Meere befahren, gleichgültig welche hohen Berge, undurchdringlichen Wälder oder fernen Wüsten Sie besuchen, die Umwelt ist nicht mehr natürlich, sie ist nicht mehr rein - sie ist belastet. Die Vorahnungen um Auswirkungen dieser Art von global einheitlicher Umwelt auf die Gesundheit des Menschen zeitigen allerdings nicht bei allen Zuschauern gleiche Folgen. Manche verschließen die Augen, andere resignieren, wieder andere versuchen den Aufschrei.

Wie menschliche Kultur der Zukunft mit dieser Realität zurecht kommen wird, das ist höchst ungewiß. Der circulus vitiosus: einer ständig wachsenden Weltbevölkerung mittels eines ständig steigenden Energiebedarfs und mittels einer ständig auszuweitenden Nahrungsmittelproduktion ein Leben in Würde zu sichern ist als Menetekel sichtbar, denn er zieht notwendigerweise genau diejenigen Umwelt-Bedingungen nach sich, die - so hat es zumindest in der Öffentlichkeit unbeschadet eines wissenschaftlichen Nachweisdefizits den Anschein - die Gesundheit zunächst von immer mehr Kindern und dann von immer mehr alten Leuten und schließlich von immer mehr Erwachsenen zu gefährden drohen.

Vor diesem Szenarium ist das Bemühen mancher besorgter Bürger verständlich, das Rad noch einmal zurückzudrehen oder zumindest zu verlangsamen, und der Öffentlichkeit Gesundheit in einer möglichst unbelasteten Umwelt zu garantieren. Dieses Bemühen berührt zum einen die Wissenschaft, zum anderen aber den Zeitgeist, also das so schwer nur faßbare temporäre Bewußtsein einer Kultur. Wir haben die Mahnung gehört, erst 100%-wissenschaftliche Gewißheit zu erzielen, und nur auf dieser Grundlage Maßnahmen der einen oder anderen Art zu ergreifen. Man ist versucht zu sagen: wie segensreich, daß die königliche bayerische Staatsregierung vor einhundert Jahren ihre Weisungen nicht aus 100%iger wissenschaftlicher Gewißheit sondern aus anderen Inspirationen bezog, anderenfalls hätte Pettenkofer in München nicht das modernste Kanalisationssystem der damaligen Zeit einrichten können.

In der Gegenüberstellung der heutigen Situation mit den Gegenheiten zu Zeiten Pettenkofers ist freilich offenbar, daß unsere Kultur sich seitdem weiterentwickelt und wiederum sehr verändert hat. Erst in unserer jüngsten Gegenwart können wir wählen zwischen Plausibilität und Gewißheit - diese Alternative bestand zu Zeiten Pettenkofers in dem Ausmaße noch gar nicht. Erst in unserer jüngsten Gegenwart besitzt unsere Kultur das wissenschaftliche Rüstzeug, in der Verursachung von Krankheiten zwischen der genetischen Konstitution, den Emotionen, den Umweltfaktoren, dem natürlichen Lebensraum, dem Lebensstil des Individuums, oder eben den künstlich freigesetzten Schadstoffen zu differenzieren.

Und dennoch, auch angesichts beeindruckendster analytischer und interpretatorischer Möglichkeiten, können wir uns auch gegen Ende des 20.Jahrhunderts nicht aus derselben kulturellen Verantwortung herauswinden, die bereits in vergangenen Jahrhunderten gegeben war. Die Nachwelt wird uns danach beurteilen, welche Entscheidung wir treffen, wenn es darum geht, irgendwo auf dem weiten Spektrum zwischen Vorahnung und Gewißheit, zwischen Verharmlosung einerseits und Panikmache andererseits Positionen einzunehmen und Handlungsbedarf anzuerkennen.

Methoden zur Analyse von Arzneimittelrisiken

Uwe Feldmann
Abteilung für Medizinische Statistik, Biomathematik und Informationsverarbeitung
Universität Heidelberg, Klinikum Mannheim

Einleitung

Die Planung und Auswertung von Arzneimittelstudien nach der Zulassung gewinnt immer mehr an gesundheitspolitischer Bedeutung und rückt deutlicher in das Blickfeld methodischen Interesses. Erst kürzlich haben Victor und andere (1991) die methodischen Prinzipien der Planung und Auswertung von Phase IV-Studien systematisch analysiert. Ein wichtiger Teilaspekt ist die epidemiologische Bewertung der Arzneimittelsicherheit.

Die Situation in der Forschung zur Arzneimittelsicherheit muß als äußerst bedenklich angesehen werden, da das erforderliche methodische Rüstzeug zur quantitativen Bewertung von Arzneimittelrisiken bisher weitgehend fehlt. Auf dieses 'schwarze Loch' im Methodenspektrum der Epidemiologie hatte die 'International Agranulocytosis and Aplastic Anemia Study' (IAAA-Studie [1]) im Jahre 1986 unbeabsichtigt aufmerksam gemacht. Es wurden quantitative Angaben über die Risiken von Analgetika in bezug auf das Auftreten von Agranulozytose publiziert, die zu kritischen Stellungnahmen führten, siehe etwa Feldmann et al. (1987), und Anlaß für die Entwicklung von geeigneten Risiko-Modellen gaben, etwa Feldmann et al. (1989), Miettinen und Caro (1989) und Guess (1989).

Die in der IAAA-Studie nicht erkannte Problematik besteht darin, daß die untersuchte Exposition durch Analgetika höchstens bei chronischen Schmerzen, nicht aber bei intermittierenden Schmerzen, wie zum Beispiel bei sporadisch auftretenden Kopfschmerzen oder Koliken, als regelmäßig angesehen werden kann. Für regelmäßige Expositionen können bekannte epidemiologische Berechnungsmethoden der Risiko-Maßzahlen verwendet werden. Solche Methoden wurden in der IAAA-Studie benutzt. Jedoch existierten bisher kaum mathematische Modelle für die Berechnung von Risiko-Maßzahlen bei intermittierenden Expositionen, die nur gelegentlich und mit unterschiedlicher Dauer auftreten, wie dies z.B. bei der Einnahme von Analgetika in der Regel der Fall ist.

Wichtige Risiko-Maßzahlen sind das relative Risiko und das zuschreibbare Risiko (excess risk). Sie bewerten unterschiedliche Sachverhalte, jedoch ist die quantitative Ermittlung des zuschreibbaren Risikos für die Bewertung der Arzneimittelsicherheit von entscheidender Bedeutung.

In der vorliegenden Arbeit wird ein einfacher methodischer Ansatz zur Planung und Auswertung von Studien zur Arzneimittelsicherheit erläutert, der die Risikobeurteilung bei intermittierenden Expositionen modelliert und den Einfluß von Confoundern, z.B. die Applikationsform, die gleichzeitige Einnahme anderer Medikamente, den Gesundheitszustand des Patienten, das Alter und das Geschlecht, berücksichtigt. Besonderer Wert wird auf die Analyse des zuschreibbaren Risikos gelegt.

Modell für intermittierende Expositionen

Entsprechend Abbildung 1 wird davon ausgegangen, daß eine Person intermittierend exponiert ist und die entsprechende Hazardfunktion die Werte λ_{sx} während Perioden der Exposition (s = 1) und der Nichtexposition (s = 0) annimmt. Durch x wird der Einfluß einer binären Kovariablen (x = 0,1) angezeigt. Es wird angenommen, daß die Kovariable sowohl einen Effekt auf den Hazard unter Exposition als auch auf den Hazard unter Nichtexposition ausüben kann und daß dieser Effekt linear ist:

$$\lambda_{sx} = \alpha_{so} + \alpha_{s1}x \qquad\qquad s = 0,1 \; ; \; x = 0,1 \tag{1}$$

Es ist selbstverständlich, daß auch multiples Confounding betrachtet werden kann, wenn x als Vektor von Kovariablen und α_{s1} als Vektor von Regressionsparametern aufgefaßt wird. Ferner sind andere Arten der Modellierung von Confounder-Effekten anwendbar z.B. der log-lineare Link $\log(\lambda_{sx}) = \alpha_{so} + \alpha_{s1}x$. Dies führt zu einem multiplikativen Modell.

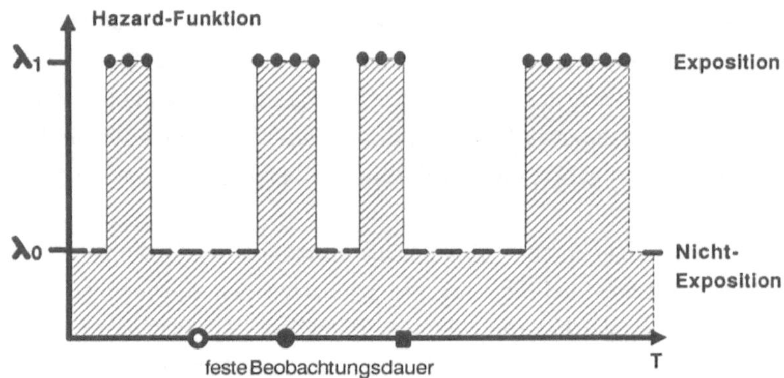

Abb. 1: Modell zur intermittierenden Exposition

λ_s Hazard unter Exposition (s = 1) und unter Nicht-Exposition (s = 0), kumulierte Hazard-Funktion, Beobachtungsdauer T, Expositionszeit t, Expositionsfreie Zeit T-t, unerwünschte Wirkung unter Nicht-Exposition, unerwünschte Wirkung unter Exposition, unerwünschte Wirkung innerhalb der Latenzzeit der Exposition

Wir nehmen an, daß die unerwünschte Arzneimittelwirkung (UAW) sehr selten auftritt, sogar unter Exposition. Dann kann das absolute Risiko p_x einer unerwünschten Wirkung, nämlich die Wahrscheinlichkeit, daß eine UAW auftritt, falls der Wert der Kovariablen x, die Beobachtungszeit T_x und die Gesamt-Expositionszeit t_x gegeben sind, durch die kumulative Hazardfunktion dargestellt werden, siehe schraffierte Fläche in Abbildung 1:

Absolutes Risiko $\qquad p_x = \lambda_{1x} t_x + \lambda_{ox} (T_x - t_x) \tag{2}$

Unterscheidet man, ob die UAW unter Exposition bzw. kurz nach Beendigung der Exposition auftritt oder ob die UAW unter Nichtexposition erfolgt, dann können die absoluten Risiken p_{sx} unter Exposition (s=1) und unter Nichtexposition (s=0) berechnet werden:

Risiko unter Exposition $\qquad p_{1x} = \lambda_{1x} t_x$ $\qquad\qquad\qquad\qquad$ (3)

Risiko unter Nicht-Exposition $\qquad p_{ox} = \lambda_{ox} (T_x - t_x)$

und es gilt $p_x = p_{ox} + p_{1x}$.

Weitere Risikomaße können abgeleitet werden. Das absolute Risiko (2) kann verglichen werden mit dem absoluten Risiko einer hypothetischen Person, die den gleichen Wert der Kovariablen x und die gleiche Beobachtungszeit T_x aufweist, jedoch, die nie exponiert ist ($t_x = 0$). Dann können das relative Risiko r_x und das zuschreibbare Risiko a_x (excess risk) als Quotient bzw. Differenz der beiden absoluten Risiken berechnet werden:

Relatives Risiko $\qquad r_x = 1 + \left[\frac{\lambda_{1x}}{\lambda_{ox}} - 1 \right] \frac{t_x}{T_x}$ $\qquad\qquad\qquad$ (4)

Zuschreibbares Risiko $\qquad a_x = (\lambda_{1x} - \lambda_{ox}) t_x$

Das relative Risiko hängt von Anteil der unter Exposition verbrachten Zeit ($f_x = t_x/T_x$) ab und kann nicht einfach als Hazard-Quotient dargestellt werden ($\rho_x = \lambda_{1x}/\lambda_{ox}$) wie dies bei der Betrachtung der regelmäßigen Exposition ($t_x = T_x$) üblich ist.

Die Modellbildung abzuschließend, betrachten wir die Wahrscheinlichkeit q_{sx}, daß die UAW unter Exposition (s=1) oder unter Nichtexposition (s=0) auftritt, falls die Person eine UAW während der Beobachtungszeit aufweist. Diese bedingten Wahrscheinlichkeiten lauten:

$$q_{1x} = p_{1x}/p_x = \rho_x f_x \{1 + (\rho_x - 1) f_x\}^{-1} \quad \text{und} \quad q_{ox} = p_{ox}/p_x = (1 - f_x)\{1 + (\rho_x - 1) f_x\}^{-1} \qquad (5)$$

wobei $\rho_x = \lambda_{1x}/\lambda_{ox}$ der Hazard-Quotient und $f_x = t_x/T_x$ der Anteil der unter Exposition verbrachten Zeit ist.

Hervorzuheben ist, daß die hergeleiteten Formeln mit den in der Epidemiologie bekannten Formeln übereinstimmen, falls regelmäßige Exposition vorausgesetzt wird, d.h. falls die Person entweder regelmäßig exponiert ist ($t_x = T_x$) oder nie exponiert ist ($t_x = 0$).

Versuchsplanung und Parameter-Schätzung

Im Folgenden betrachten wir drei mögliche Ansätze zur Versuchsplanung von Studien zur Arzneimittelsicherheit: das Kohorten-Design, das Fall-Kohorten-Design und das Fall-Design. Letzteres ist ein völlig neuer Ansatz der lediglich Angaben über solche Personen verlangt, bei denen eine UAW aufgetreten ist. Als Beispiel wird eine Studie zur Analyse der Ätiologie von Wundheilungsstörungen nach primär aseptischen chirurgischen Eingriffen herangezogen.
Die für eine Auswertung der IAAA-Studie [1] benötigten Daten liegen leider nicht vor. Die Struktur solcher Daten müßten der in Tabelle 1 entsprechen.

Kohorten-Design

Es soll geklärt werden, ob Risiko des Auftretens von Wundheilungsstörungen der Operationsdauer zuzuschreiben ist. Es wurden 1046 Patienten prospektiv, prä-, inter- und postoperativ, während des stationären Aufenthaltes beobachtet. Tabelle 1 zeigt eine Zusammenfassung der erhobenen Daten. Die Kovariable x beschreibt einen anamnestischen Risikofaktor ($x = 1$, falls der Patient an Anämie, Hypertonie, Diabetes oder Übergewicht leidet, sonst $x = 0$). Wundheilungsstörungen, die bis zu 72 Stunden nach der Operation auftraten, wurden der Operation zugeschrieben. Die Beobachtungsdauer entspricht der stationären Liegezeit.

			Fälle				Nicht-Fälle			
x	D_{ox}	D_{1x}	n_{1x}	t_{1x}	T_{1x}	f_{1x}	n_{ox}	t_{ox}	T_{ox}	f_{ox}
0	45	19	64	0.0904	15.84	0.00653	731	0.0615	7.45	0.01019
				(0.0527)	(9.68)	(0.00375)		(0.0421)	(6.19)	(0.00780)
1	36	8	44	0.0831	19.57	0.00492	169	0.0670	9.34	0.00957
				(0.0433)	(12.78)	(0.00241)		(0.0400)	(5.61)	(0.0106)

Tabelle 1: Kovariable x, Anzahl D_{sx} unter Nicht-Exposition ($s = 0$) und Exposition ($s = 1$) aufgetretener Fälle. Anzahl Probanden n_{kx}, mittlere Expositionszeit t_{kx}, mittlere Beobachtungszeit T_{kx} und mittlerer Anteil der unter Exposition verbrachten Zeit f_{kx} der Fälle ($k = 1$) und der Nicht-Fälle ($k = 0$) mit Angabe der Standardabweichungen ( ). Zeitangaben in Tagen.

Zur Berechnung der Hazards wird die Maximum-Likelihood Methode angewendet. Die bezüglich der Hazards $\alpha_1 = (\alpha_{1o}, \alpha_{11})$ und $\alpha_0 = (\alpha_{oo}, \alpha_{o1})$, siehe (1), zu maximierende Likelihood-Funktion lautet:

$$L(\alpha_1, \alpha_0) = \prod_{x=0}^{1} p_{1x}^{D_{1x}} p_{ox}^{D_{ox}} (1-p_x)^{n_{ox}}$$

wobei die Risiken p_x, p_{1x} und p_{ox} durch (2) und (3) gegeben sind. Es wird von der Datenstruktur in Tabelle 1 ausgegangen. Als Maximum-Likelihood-Lösung erhalten wir:

$$\lambda_{1x} = \alpha_{1o} + \alpha_{11}x = D_{1x}(n_{ox} t_{ox})^{-1} \text{ und } \lambda_{ox} = \alpha_{oo} + \alpha_{o1}x = D_{ox}\{n_{ox}(T_{ox} - t_{ox})\}^{-1} \tag{6}$$

Hervorzuheben ist, daß weder die Beobachtungszeit noch die Expositionszeit der 'Fälle', also derjenigen Personen, die eine UAW aufweisen, in die Risikoberechnung eingeht. Nach dem Maximum-Likelihood-Prinzip können auch die asymptotischen Standardfehler berechnet werden:

$$\sigma_{\lambda sx} = \lambda_{sx} D_{sx}^{-0.5} \qquad (s = 0,1 \text{ und } x = 0,1) \tag{7}$$

Aus den Daten in Tabelle 1 ergibt sich nach (6) und (7): $\lambda_{10} = \alpha_{10} = 0.415$ (0.095), $\lambda_{11} = \alpha_{10} + \alpha_{11} = 0.685$ (0.242), $\lambda_{00} = \alpha_{00} = 0.0078$ (0.0012) und $\lambda_{01} = \alpha_{00} + \alpha_{01} = 0.0193$ (0.0029). Tabelle 2 zeigt die Ergebnisse, bei denen nicht nur die mittleren Expositions- und Beobachtungszeiten verwendet wurden, sondern die Zeitangaben der einzelnen Patienten berücksichtigt wurden, siehe Feldmann (1991). Beide Berechnungsmethoden stimmen überein.

Die Hazard-Differenz ist ein unmittelbares Maß für das zuschreibbare Risiko, siehe (4). Da die Hazards unter Exposition und unter Nicht-Exposition stochastisch unabhängig sind, ist der Standardfehler der Differenz $\sigma_{\lambda_{1x}-\lambda_{0x}} = (\sigma_{\lambda_{1x}}^2 + \sigma_{\lambda_{0x}}^2)^{0.5}$ und wir erhalten $\lambda_{11} - \lambda_{01} = 0.6657$ (0.243) und $\lambda_{10} - \lambda_{00} = 0.407$ (0.095).

Studientyp	Link	log(L)	α_{10}	α_{11}	α_{00}	α_{01}
Kohorten-Design	linear	-339.61	0.415	0.270	0.00778	0.01152
			(0.095)	(0.261)	(0.0012)	(0.0036)
	log-linear	-339.61	-0.879	0.501	-4.857	0.909
			(0.229)	(0.422)	(0.151)	(0.230)
			β_0	β_1		
Fall-Design	log-linear	-64.80	4.259	-0.411		
			(0.268)	(0.461)		

Tabelle 2: Maximum-Likelihood Schätzung aus den Einzeldaten: Log-Likelihood, log(L), und Parameter-Schätzungen mit Angabe der asymptotischen Standardfehler ( )

Fall-Kohorten-Design

Falls unerwünschte Wirkungen analysiert werden sollen, deren Prävalenz bzw. Inzidenz äußerst gering sind, empfiehlt sich die Durchführung einer Fall-Kohorten-Studie, nicht zuletzt aus organisatorischen und finanziellen Gründen. Am Beispiel der vorliegenden Studie würde dies bedeuten, daß in einem gewissen Zeitraum sämtliche chirurgischen Patienten beobachtet werden. Falls ein Patient eine Wundheilungsstörung erleidet, wird dieser Patient als 'Fall' bezeichnet und es werden seine Daten erhoben. Gleichzeitig werden zu diesem 'Fall' eine oder mehrere Kontrollen rekrutiert, d.h. entweder zufällig ausgewählt oder geeignet gematched, z.B. nach Alter, Geschlecht und Primärerkrankung. Die Anzahl der rekrutierten Kontrollen sei C und der Umfang der beobachteten Krankenpopulation sei n.

Die Hazards können analog zu dem Kohorten-Ansatz berechnet werden. Die mittleren Expositions- und Beobachtungszeiten der rekrutierten Kontrollen können in Formel (6) verwendet werden und $n_{0x} = n\, C_x/C$ kann in die Formal (6) eingesetzt werden, wobei C_x die Anzahl der konfundierten ($x = 1$) und nicht konfundierten ($x = 0$) Kontrollen ist. Formel (6) würde dann zwar keine Maximum-Likelihood-Schätzung ergeben, jedoch führt dieser Ansatz zu unverzerrten

Parameterschätzungen. Die asymptotischen Standardabweichungen (7) gelten uneingeschränkt für den Fall-Kohorten-Ansatz.

Als externe Information muß der Umfang n der beobachteten Population bekannt sein. Ferner sollte zu Zwecken der Stratifikation auch die Struktur der Population in bezug auf die Merkmale bekannt sein, nach denen gematched wurde.

Fall-Design

Ist man nicht an dem zuschreibbaren Risiko interessiert und möchte lediglich das relative Risiko ermitteln, dann reicht es bei intermittierender Exposition völlig aus, nur die Daten der Fälle zu kennen, also derjenigen Personen, die eine unerwünschte Wirkung aufweisen. Weder eine Kontrollgruppe noch der Umfang und die Struktur der Population wird benötigt.

Die Likelihood-Funktion ergibt sich aus den für die Fälle bedingten Wahrscheinlichkeiten (5) und lautet:

$$L(\beta) = \prod_{x=0}^{1} \left[\frac{p_{1x}}{p_x} \right]^{D_{1x}} \left[\frac{p_{ox}}{p_x} \right]^{D_{ox}} = \prod_{x=0}^{1} \left[\frac{\rho_x f_{1x}}{1+(\rho_x-1)f_{1x}} \right]^{D_{1x}} \left[\frac{1-f_{1x}}{1+(\rho_x-1)f_{1x}} \right]^{D_{ox}}$$

wobei $\rho_x = \lambda_{1x}/\lambda_{ox}$ der Hazard-Quotient und $f_{1x} = t_{1x}/T_{1x}$ der Anteil der unter Exposition verbrachten Zeit der Fälle ist. Der Hazard-Quotient wird durch einen log-linearen Link parametrisiert:

$$\log(\rho_x) = \beta_o + \beta_1 x \tag{8}$$

Als Maximum-Likelihood-Lösung erhalten wir:

$$\rho_x = h_{1x}(1-f_{1x}) \{(1-h_{1x})f_{1x}\}^{-1} \quad \text{mit} \quad h_{1x}=D_{1x}/n_{1x} \quad \text{und} \quad f_{1x}=t_{1x}/T_{1x} \tag{9}$$

Dies ist der 'odds-ratio' aus dem Anteil der Fälle unter Exposition und dem Anteil der unter Exposition verbrachten Zeit. Die asymptotischen Standardfehler lauten:

$$\sigma_{\log(\rho x)} = \{n_{1x}h_{1x}(1-h_{1x})\}^{-0.5} \tag{10}$$

Mit den Daten aus Tabelle 1 erhalten wir: $\log(\rho_o)=\beta_o= 4.16$ (0.27) und $\log(\rho_1)=\beta_o+\beta_1= 3.81$ (0.39). Dies entspricht den Hazard-Quotienten $\rho_o = 64.23$ und $\rho_1 = 44.94$.

Diese Schätzungen unterscheiden sich leicht von denen in Tabelle 2, die aus den Einzeldaten ermittelt wurden. Eine solche Analyse führt auf ein nichtlineares Gleichungssystem in den Modellparametern, das nicht mehr explizit gelöst werden kann, siehe Feldmann (1991). Ferner ist zu berücksichtigen, daß die Ergebnisse des Fall-Designs nur dann unverzerrt sind, falls eine feste Beobachtungszeit pro Individuum vorliegt. So können z.B. terminale Ereignisse, wie der Tod, nur dann analysiert werden, wenn man annehmen kann, daß der Anteil der unter Exposition verbrachten Zeit während der gesamten Beobachtungsdauer konstant bleibt.

Berechnet man den Hazard-Quotienten nach dem Kohorten-Design durch $\rho_x = \lambda_{1x}/\lambda_{ox}$ aus den Daten aller 1048 Patienten, dann erhält man $\rho_o = 53.34$ und $\rho_1 = 35.49$ oder $\beta_o = 3.98$ und $\beta_1 =$

-0.407. Man sieht die gute Übereinstimmung der Schätzer aus dem Kohorten-Design mit denen aus dem Fall-Design, das lediglich die 108 'Fälle' berücksichtigt.

Abschließend sei nochmals hervorgehoben, daß der Hazard-Quotient nicht mit dem relativen Risiko verwechselt werden sollte. Nach (4) beträgt z.B. für das Fall-Design die Schätzung des relativen Risikos der Nichtkonfundierten $r_o = 1.41$ und des relativen Risikos der Konfundierten $r_1 = 1.22$.

Diskussion

Es sollte ein einfacher und praktikabler Zugang zur Analyse von Arzneimittelrisiken bei intermittierender Arzneimittel-Exposition aufgezeigt werden. Adäquat geplante und ausgewertete Studien zur Arzneimittelsicherheit gibt es zur Zeit offenbar noch nicht, was auch durch die IAAA-Studie [1] unbeabsichtigt belegt wurde.

Die Struktur der für eine Risikoanalyse unbedingt erforderlichen Daten wurde in der vorliegenden Arbeit anhand eines sehr einfachen Beispieles erläutert. Komplexere Erhebungen können auch geplant und ausgewertet werden (Feldmann 1991).

Die hier vorgestellten Methoden zur Analyse der Arzneimittelsicherheit beruhen auf einer Arbeit (Feldmann et al. 1989), die im Jahre 1990 mit dem Paul Martini-Preis der GMDS ausgezeichnet wurde.

Literatur

[1] The International Agranulocytosis and Aplastic Anaemia Study (1986)
Risks of Agranulocytosis and Aplastic Anaemia, A First Report of Their Relation to Drug Use With Special References to Analgesics
JAMA 256, 1740-1757
[2] Feldmann U., Gaus W., Kretschmer F.-J., Repges R. (1987)
Risk of Agranulocytosis Caused by Dipyrone (Letter to the Editor)
JAMA,257,2590-2591
[3] Feldmann U.,unter Mitarbeit von Gaus W., Kretschmer F.-J., Repges R. (1989)
Mathematische Methoden zur Beurteilung unerwünschter Wirkungen bei sporadischer Arzneimittelnahme.
Medizinische Statistik, Biomathematik und Informationsverarbeitung, Mannheim, Bd.7
[4] Feldmann U.(1991)
Epidemiologic Assessment of Risks of Adverse Reactions Associated with Intermittent Exposure
Submitted to Biometrics
[5] Guess H.A. (1989)
Behavior of the Exposure Odds Ratio in a Case-Control Study when the Hazard Function is not Constant Over Time
J Clin Epidemiol, 42, 1179-1184
[6] Miettinen O.S. Caro J.J (1989)
Principles of Nonexperimental Assessment of Excess Risk, with Special Reference to Adverse Drug Reactions
J Clin Epidemiol,.42, 325-331
[7] Victor, N., Schäfer, H., Nowak, H. (1991)
Arzneimittelforschung nach der Zulassung
Medizinische Informatik und Statistik, Springer, Heidelberg, Bd.73

Auswirkungen von Anonymisierungsverfahren auf Risikoschätzungen in epidemiologischen Studien

I. Pigeot*, E. Schach**, S. Schach*

* *Universität Dortmund, Fachbereich Statistik, Postfach 50 05 00, 4600 Dortmund 50*
** *Universität Dortmund, Hochschulrechenzentrum, Postfach 50 05 00, 4600 Dortmund 50*

1. Einleitung

Bei der statistischen Auswertung von Einzeldaten besteht ein Spannungsfeld, das sich durch das Bedürfnis nach möglichst umfangreicher sowie detaillierter Information und durch die Anforderungen des Datenschutzes ergibt. Um nun einerseits auch sensible Daten allgemein zu Forschungszwecken zur Verfügung stellen zu können und andererseits das Recht des Individuums auf Schutz seiner persönlichen Daten zu gewährleisten, werden vor Weitergabe eines Datensatzes die tatsächlichen Angaben z. T. derart verändert, daß ein Rückschluß auf die zugehörigen Personen unmöglich gemacht wird. Solche datenverändernden Anonymisierungsverfahren können allerdings die statistische Qualität eines Datensatzes erheblich beeinflussen.

Dieser mögliche Effekt wird hier in einer konkreten Datensituation untersucht. Es handelt sich dabei um Daten aus der *Deutschen Herzkreislaufpräventionsstudie (DHP)* [1] zu Beginn dieser Untersuchung (1984–86). Diese dient der Untersuchung von Möglichkeiten zur Reduktion kardiovaskulärer Risikofaktoren sowie der Herz–Kreislauf–Mortalität. Zur Evaluation der Intervention zur Reduktion der Risikofaktoren wurden an der deutschen Wohnbevölkerung im Alter von 25–69 Jahren u.a. Gesundheitssurveys durchgeführt. Darunter fällt der hier interessierende *nationale Untersuchungssurvey (NUS)* mit 4790 Teilnehmern, in dem neben anderen Erhebungsinstrumenten ein Basisfragebogen der DHP „*Leben und Gesundheit in Deutschland*" eingesetzt wird. Dieser beinhaltet u.a. Fragen zum Rauchverhalten, zum Komplex Gesundheit und Krankheit sowie zur Medikamenteneinnahme. Das zusätzlich eingesetzte medizinische Untersuchungsspektrum umfaßt die Ermittlung des Blutdrucks, Berechnung des Body Mass Index abgeleitet aus Körpergröße und –gewicht sowie die Erfassung von Indikatoren für Herz–Kreislaufkrankheiten wie beispielsweise Gesamtcholesterin. Auf eine genauere Beschreibung der Studie wird an dieser Stelle verzichtet. Hierfür sei z.B. auf die Publikation der GCP–Study Group (1988) verwiesen.

Anhand dieser Studie wurden bereits in früheren Untersuchungen die Auswirkungen von Anonymisierungsverfahren, speziell der sogenannten Suppressionsmethode, wie sie vom Statistischen Bundesamt angewandt wird, auf die Aussagekraft einfacher statistischer Größen wie Mittelwerte, Häufigkeitsverteilungen und Regressionsschätzer betrachtet. Dabei zeigten sich bereits erhebliche Verzerrungen (Schach, Schach, 1991). Ziel dieser Arbeit ist es nun, mögliche Verfälschungen bei der relativen Risikoschätzung bedingt durch die Suppression zu illustrieren. Dazu werden zwei Fragestellungen aus dem Gesamtkomplex des NUS herausgegriffen und mit Analysemethoden stratifizierter Fall–Kontroll–Studien untersucht. Es werden speziell dichotome Krankheits– und Expositionsvariablen betrachtet und in der Situation geschichteter Vierfeldertafeln Methoden zur Schätzung des gemeinsamen Odds Ratios unter der Homogenitätsannahme angewandt.

---

[1] Die Daten, die in diesem Artikel benutzt werden, wurden von der DHP zugänglich gemacht. Sie entstammen dem NUS der DHP, erhoben im Rahmen des Programms der Bundesregierung „Forschung und Entwicklung im Dienste der Gesundheit", gefördert durch das BMFT, das BMJFFG und das BMA; Datengeber: Zentrale Datenhaltung der DHP, SozEp, BGA, Berlin.

2. Beschreibung des Anonymisierungsverfahrens

Das vom Statistischen Bundesamt verwendete Anonymisierungsverfahren beruht auf einer Kombination verschiedener Regeln, deren wichtigstes Element die *Suppression* bestimmter Ausprägungen ist. Es wird verlangt:

a. *Jede Ausprägung eines einzelnen Merkmals soll mindestens dreifach besetzt sein.*

b. *Sensible Merkmale sollen in der Einzeldatenbasis allenfalls klassifiziert enthalten sein.*

c. *Die Kombination sensibler Merkmale und von Merkmalen, über die sehr einfach Zusatzinformation zu erhalten ist, sollen mindestens dreifach besetzt sein.*

Andere Suppressionsmethoden verlangen sogar, daß jede Merkmalsausprägung und jegliche Kombination der Merkmalsausprägungen *fünffach* vertreten sein sollen.

3. Schätzer für das gemeinsame Odds Ratio

Für das hier interessierende Schätzproblem wird angenommen, daß die Anzahlen der exponierten Personen in der Stichprobe der Fälle, bezeichnet mit X_{1k}, und der Kontrollen, bezeichnet mit X_{0k}, unabhängig voneinander $Bin(N_{jk}, p_{jk})$-verteilt sind, $j = 0, 1$, $k = 1, \ldots, K$. Zu schätzen ist das gemeinsame Odds Ratio ψ unter der Homogenitätsannahme $\psi_k = \psi$, wobei die individuellen Odds Ratios ψ_k für jede Tafel k definiert sind als $\psi_k := (p_{1k}q_{0k})/(p_{0k}q_{1k})$, $q_{jk} := 1 - p_{jk}$, $j = 0, 1$, $k = 1, \ldots, K$. Zur Schätzung von ψ werden nicht–iterative Schätzer basierend auf den individuell geschätzten Odds Ratios $\hat{\psi}_k := (\hat{p}_{1k}\hat{q}_{0k})/(\hat{p}_{0k}\hat{q}_{1k})$, $\hat{p}_{jk} := X_{jk}/N_{jk}$, $\hat{q}_{jk} := 1 - \hat{p}_{jk}$, $j = 0, 1$, $k = 1, \ldots, K$, herangezogen. Es handelt sich dabei um den von Woolf (1955) vorgeschlagenen Schätzer $\hat{\psi}_W$ und um den Mantel–Haenszel–Schätzer $\hat{\psi}_{MH}$ (Mantel, Haenszel, 1959). Zusätzlich werden Jackknife–Versionen dieser beiden Schätzer in die Untersuchung einbezogen, um einen Eindruck darüber zu gewinnen, ob diese weniger anfällig gegenüber dem oben beschriebenen Anonymisierungsverfahren sind. Dabei wird bei der Konstruktion der Jackknife–Schätzer zum einen jede Vierfeldertafel als eine Beobachtung bei der Berechnung der Pseudowerte angesehen (Typ I) und zum anderen jede Beobachtung in den Zellen (Typ II). Diese Schätzer werden in Abhängigkeit vom Typ des verwendeten Jackknife–Verfahrens und vom Basisschätzer mit J_{MH}^{I}, J_{MH}^{II}, J_{W}^{I} und J_{W}^{II} bezeichnet. Die Formeln zur Berechnung dieser Schätzer sind im Anhang aufgelistet.

4. Ergebnisse

Zur Gewinnung eines ersten Eindrucks über die Auswirkungen von Anonymisierungsverfahren auf die Schätzung komplexer statistischer Größen, wie hier das Odds Ratio, wird als Beispiel zunächst die Assoziation zwischen chronischer Bronchitis und dem Rauchverhalten unter Berücksichtigung des Alters bei den weiblichen Personen des NUS herangezogen. Ergänzend wird die Beziehung zwischen Hypertonie und der Einnahme von oralen Kontrazeptiva ebenfalls unter Berücksichtigung des Alters betrachtet (bei Frauen).

Bei der Untersuchung von Rauchen versus chronischer Bronchitis werden Teilnehmerinnen als krank eingestuft, wenn diese im Fragebogen angeben, an dieser Krankheit zu leiden. Sie gelten als exponiert, wenn sie angeben, zur Zeit der Befragung zu rauchen. Die Aufteilung des Alters in fünf Klassen und die Zellenbesetzungen sind Tabelle 1 zu entnehmen. Die im Datensatz auftretenden fehlenden Beobachtungen bleiben in der Analyse unberücksichtigt, um ausschließlich den Effekt der Suppression beurteilen zu können, bei der künstlich fehlende Werte erzeugt werden. Außerdem sind die Anteile fehlender Beobachtungen bei den betrachteten Variablen klein, so daß aufgrund dieser Vorgehensweise eher geringfügige Verfälschungen der Ergebnisse zu erwarten sind. Die Suppressionsmethode, bei der jede Merkmalskombination mindestens dreimal vorhanden sein soll, bewirkt nun, daß beispielsweise in der ersten Tafel bei den beiden Teilnehmerinnen, die chronische Bronchitis haben und nicht rauchen, diese als sensibel eingestuften Angaben auf 'missing' gesetzt werden. Somit treten dann nach der Suppression in der ersten Tafel eine Null in der

Tabelle 1: Kontingenztafeln der Untersuchung „Rauchverhalten versus chronische Bronchitis" unter Berücksichtigung des Alters bei den weiblichen Personen des NUS vor und nach Suppression mit Aufteilung der fehlenden Werte (R=jetzt Raucher, NR=jetzt Nichtraucher, Bronch.=chronische Bronchitis)

	ohne Suppression				Suppression bei Besetzung < 3 und Auffüllen der Nullzellen				Suppression bei Besetzung < 5 und Auffüllen der Nullzellen			
Alter	Bronch.		keine Bronch.		Bronch.		keine Bronch.		Bronch.		keine Bronch.	
	R	NR	R	NR	R	NR	R	NR	R	NR	R	NR
24–29	4	2	106	150	4.01	1	106.41	150.58	3	1.5	106.56	150.94
30–39	10	5	199	336	10	5	199	336	10	5	199	336
40–49	11	11	146	493	11	11	146	493	11	11	146	493
50–59	4	9	84	395	4	9	84	395	2	9.04	84.34	396.62
60–69	11	18	43	328	11	18	43	328	11	18	43	328

entsprechenden Zelle und zwei fehlende Werte in dieser Alterklasse auf. Zur Schätzung des gemeinsamen Odds Ratios werden nun hier nach der Suppression zum einen die fehlenden Werte komplett aus der Untersuchung herausgenommen, und zur Vermeidung von Problemen mit Nullzellen wird zu jeder Zelle in der entsprechenden Tafel 0.5 addiert. Die andere, hier vorgeschlagene Vorgehensweise zur Behandlung fehlender Werte nutzt die Information aus, daß eine Suppression stattgefunden hat, also die Nullzelle mit größerer Wahrscheinlichkeit durch das Anonymisierungsverfahren entstanden ist. Daher wird der größere Anteil der in dieser Altersklasse auftretenden missings der Nullzelle zugewiesen. Dieser Anteil ist hier in einem ersten Ansatz auf 50% festgelegt worden. Die verbleibenden missings werden gemäß dem Anteil der jeweiligen Zellenhäufigkeiten an der Gesamtzahl der Beobachtungen in dieser Tafel aufgeteilt. In dem angesprochenen Beispiel wird also eine Beobachtung der Nullzelle und beispielsweise $4*1/260$ der Zelle mit der Häufigkeit 4 zugeschlagen. Treten zwei Nullzellen auf, so werden 75% der fehlenden Werte diesen Zellen zugewiesen. Zur Verteilung dieser 75% auf die beiden Nullzellen und der verbleibenden fehlenden Werte werden die Anteile der Beobachtungen in den einzelnen Zellen an der Gesamtbeobachtungszahl in der jeweiligen Stichprobe aus der nächsten Altersklasse herangezogen. Zum Beispiel werden bei der Suppressionsmethode, bei der jede Merkmalskombination mindestens fünfmal auftreten soll, die Zellen in der ersten Tafel, die mit vier und zwei besetzt sind, auf Null gesetzt und sechs fehlende Werte in dieser Altersklasse gezählt. Davon werden nun 4.5 den Nullzellen zugeordnet und hier wiederum $4.5*10/15=3$ der Zelle, die vormals mit vier besetzt war. Dabei ist 10/15 gerade der Anteil der kranken und exponierten Frauen an der Gesamtzahl der kranken Frauen in der nächsten (zweiten) Altersklasse. Diese nach der jeweiligen Suppression und nach der Aufteilung der fehlenden Werte entstandenen Datensätze sind ebenfalls in Tabelle 1 aufgeführt. In Tabelle 2 sind die individuell geschätzten Odds Ratios $\hat{\psi}_k$, k= 1,\ldots,5, der Schätzer $\hat{\psi}_{pool}$ des Odds Ratios ohne Schichtung nach Altersklassen und die Werte der oben angegebenen Schätzer für ψ vor und nach der Suppression zusammengefaßt.

Es zeigt sich in diesem Beispiel, daß insbesondere die individuell geschätzten Odds Ratios sehr stark durch die Suppression verzerrt werden, wobei diese Verzerrung besonders ausgeprägt ist, wenn die fehlenden Werte nicht weiter berücksichtigt werden. Die Aufteilung der missings auf die Zellen nach dem oben beschriebenen Mechanismus fängt diese Verzerrung zum Teil wieder auf. Die Schätzer des gemeinsamen Odds Ratios weisen dasselbe Verhalten auf. Hier zeigen der Mantel–Haenszel–Schätzer und seine beide Jackknife–Versionen ein ähnliches Verhalten. Die Veränderungen von $\hat{\psi}_{MH}$ bewegen sich in der Größenordnung von -0.39 bis 0.3, die des Jackknife–Schätzers vom Typ II sind unwesentlich geringer und die des Jackknife–Schätzers vom Typ I deutlich geringer. Stabiler als diese Schätzer scheinen der Woolf–Schätzer und seine Jackknife–Version vom Typ I zu sein, deren Veränderungen sich betragsmäßig um 0.1 bewegen, während der Jackknife–Schätzer vom Typ II basierend auf $\log(\hat{\psi}_W)$ sich in diesem Beispiel nicht empfiehlt. In dem zweiten Beispiel, das hier nicht näher dokumentiert werden kann, sind die beiden Jackknife–Schätzer vom Typ I insgesamt am stabilsten. Außerdem ist der Jackknife–Schätzer basierend auf dem Woolf–Schätzer bis auf eine Ausnahme eindeutig der überlegenere Schätzer.

Allerdings basieren die Betrachtungen hier lediglich auf zwei Datensätzen, lassen also somit keine Verall-

Tabelle 2: Ergebnisse der Untersuchung „Rauchverhalten versus chronische Bronchitis" vor und nach Suppression

Methode / Schätzer	ohne Suppression	Suppression < 3		Suppression < 5	
		Zellen +0.5	Auftlg. der fehl. Werte	Zellen +0.5	Auftlg. der fehl. Werte
$\hat{\psi}_1$	2.830	12.718	5.675	1.413	2.833
$\hat{\psi}_2$	3.377	3.377	3.377	3.377	3.377
$\hat{\psi}_3$	3.377	3.377	3.377	3.377	3.377
$\hat{\psi}_4$	2.090	2.090	2.090	0.246	1.040
$\hat{\psi}_5$	4.661	4.661	4.661	4.661	4.661
$\hat{\psi}_{\text{pool}}$	2.617				
$\hat{\psi}_{\text{MH}}$	3.385	3.681	3.554	2.997	3.201
$\hat{\psi}_{\text{W}}$	3.444	3.614	3.572	3.471	3.339
$\exp(J^{\text{I}}_{\text{MH}})$	3.434	3.675	3.575	3.152	3.290
$\exp(J^{\text{I}}_{\text{W}})$	3.522	3.661	3.629	3.647	3.474
$J^{\text{II}}_{\text{MH}}$	3.280	3.565	3.443	2.903	3.101
$\exp(J^{\text{II}}_{\text{W}})$	3.071	3.298	nicht def.	4.820	2.885

gemeinerungen zu. Aber sie machen deutlich, daß die Suppressionsmethode in Abhängigkeit von der Anzahl der zu unterdrückenden Zellenbesetzungen zu so erheblichen Verzerrungen führen kann, daß die Schätzer, insbesondere die individuell geschätzten Odds Ratios, ihre Aussagekraft verlieren.

5. Diskussion

Neben der Suppressionsmethode wurde als Alternative eine Form der *Probability Distortion* angewandt, bei der der wahre Datensatz durch einen synthetischen ersetzt wird. Dieser läßt sich durch Simulation mittels einer möglichst gut angepaßten Verteilungsfunktion gewinnen. Diese Methode wurde mit der Idee des *parametrischen Bootstraps* verbunden. In den einzelnen Schichten wurden als zugrundeliegende Verteilungen für die Anzahlen der exponierten Personen in den Stichproben der Fälle und der Kontrollen unabhängige Binomialverteilungen angenommen. Aus den beobachteten Häufigkeiten ließen sich nun die Binomialwahrscheinlichkeiten schätzen und gemäß dieser geschätzten Binomialverteilungen unabhängig voneinander B-mal, B= 1, 2, 3, ..., die Anzahlen von exponierten Personen in den Stichproben der Fälle und der Kontrollen pro Tafel erzeugen. Mittelt man die Anzahlen über die B Bootstrap–Replikationen, so erhält man einen Datensatz, der in Abhängigkeit von der Anzahl der Replikationen sehr nahe an dem wahren Datensatz liegt. Hier zeigte sich, daß bereits zehn Replikationen ausreichten, um die Vierfeldertafeln zur Fragestellung Rauchen versus chronische Bronchitis gut zu reproduzieren. Insbesondere die kleinen Zellenbesetzungen entsprachen nach Rundung den wahren Besetzungen. Damit ist aber nahezu kein Anonymisierungseffekt vorhanden, falls dem Benutzer der Daten das verwendete Anonymisierungsverfahren bekannt ist. Außerdem überzeugten die aus dem ungerundeten synthetischen Datensatz ermittelten Schätzwerte insgesamt nicht, wenn sie im Vergleich zu den Schätzwerten gesehen werden, die nach Suppression und Aufteilung der fehlenden Werte ermittelt wurden. Somit kann in diesem an sich aufwendigen Anonymisierungsverfahren bei dem hier zugrundeliegenden, eher einfachen statistischen Modell vermutlich keine Alternative zur Suppression gesehen werden.

Zusammenfassend deuten die Auswertungen der beiden Fragestellungen daraufhin, daß weder die Suppressionsmethode noch die hier angewandte Form der Probability Distortion für die Anwendung statistischer Methoden geeignete Verfahren zur Anonymisierung sind. Falls die Suppression bestimmter Ausprägungen jedoch unvermeidbar ist, scheint ein Verfahren zur Aufteilung der auftretenden missings angebracht. Hier sind sicherlich weitere Untersuchungen nötig bzgl. der Konstruktion einer Methode zur Behandlung der missings — bei dem präsentierten Vorschlag handelte es sich um einen ersten Ansatz — und eines adäquaten Anonymisierungsverfahrens. Zudem könnten systematischere Analysen Aufschluß darüber geben, ob die Jackknife–Schätzer vom Typ I auch im allgemeinen stabiler gegenüber der Suppressionsmethode sind als die anderen Verfahren.

Anhang

Die in obiger Untersuchung eingesetzten Schätzer sind im folgenden detailliert aufgeführt:

a. *Der Woolf-Schätzer* $\hat{\psi}_W$ (Woolf, 1955):

$$\hat{\psi}_W = \exp\left\{\sum_{k=1}^{K} \hat{w}_k \log(\hat{\psi}_k)/\hat{w}\right\} \text{ mit } \hat{w}_k^{-1} := (N_{1k}\hat{p}_{1k}\hat{q}_{1k})^{-1} + (N_{0k}\hat{p}_{0k}\hat{q}_{0k})^{-1}, \ k = 1, \ldots, K, \ \hat{w} := \sum_{k=1}^{K} \hat{w}_k.$$

b. *Der Mantel-Haenszel-Schätzer* $\hat{\psi}_{MH}$ (Mantel, Haenszel, 1959):

$$\hat{\psi}_{MH} = \left\{\sum_{k=1}^{K} \hat{\psi}_k \hat{p}_{0k}\hat{q}_{1k} N_{0k} N_{1k}/N_k\right\} / \left\{\sum_{k=1}^{K} \hat{p}_{0k}\hat{q}_{1k} N_{0k} N_{1k}/N_k\right\}.$$

c. *Der Jackknife-Schätzer* J_{MH}^{I} (Breslow, Liang, 1982):

Wendet man das Jackknife-Verfahren vom Typ I auf den logarithmierten Mantel-Haenszel-Schätzer an, so erhält man den von Breslow und Liang vorgeschlagenen Jackknife-Schätzer:

$$J_{MH}^{I} = K \log(\hat{\psi}_{MH}) - \frac{K-1}{K} \sum_{i=1}^{K} \log(\hat{\psi}_{MH,i}^{I}) \text{ mit } \hat{\psi}_{MH,i}^{I} = \frac{\sum_{k=1,k\neq i}^{K} \hat{\psi}_k \hat{p}_{0k}\hat{q}_{1k} N_{0k} N_{1k}/N_k}{\sum_{k=1,k\neq i}^{K} \hat{p}_{0k}\hat{q}_{1k} N_{0k} N_{1k}/N_k}, \ i = 1, \ldots, K.$$

d. *Der Jackknife-Schätzer* J_{MH}^{II} (Pigeot, 1991a, b):

Die Anwendung des Jackknife-Verfahrens vom Typ II auf $\hat{\psi}_{MH}$ liefert:

$$J_{MH}^{II} = N\hat{\psi}_{MH} - \frac{N-1}{N} \sum_{i=1}^{K} \left[X_{1i}\hat{\psi}_{MH,i}^{a} + (N_{1i} - X_{1i})\hat{\psi}_{MH,i}^{b} + X_{0i}\hat{\psi}_{MH,i}^{c} + (N_{0i} - X_{0i})\hat{\psi}_{MH,i}^{d}\right] \text{ mit}$$

$$\hat{\psi}_{MH,i}^{a} = \frac{(X_{1i} - 1)(N_{0i} - X_{0i})/(N_i - 1) + \sum_{k=1,k\neq i}^{K} \hat{p}_{1k}\hat{q}_{0k} N_{0k} N_{1k}/N_k}{X_{0i}(N_{1i} - X_{1i})/(N_i - 1) + \sum_{k=1,k\neq i}^{K} \hat{p}_{0k}\hat{q}_{1k} N_{0k} N_{1k}/N_k}; \ \hat{\psi}_{MH,i}^{b}, \hat{\psi}_{MH,i}^{c}, \hat{\psi}_{MH,i}^{d},$$

entsprechend definiert, wobei der Index a, b, c bzw. d anzeigt, in welcher Zelle der i-ten Tafel, i= 1,…,K, zur Ermittlung der Pseudowerte die Zellenbesetzung um Eins reduziert wird.

e. *Der Jackknife-Schätzer* J_W^{I} (Pigeot, 1991a):

Analog zu J_{MH}^{I} erhält man den Jackknife-Schätzer vom Typ I basierend auf $\log(\hat{\psi}_W)$ als:

$$J_W^{I} = K \log(\hat{\psi}_W) - \frac{K-1}{K} \sum_{i=1}^{K} \log(\hat{\psi}_{W,i}^{I}) \text{ mit } \log(\hat{\psi}_{W,i}^{I}) = \sum_{k=1,k\neq i}^{K} \hat{w}_k \log(\hat{\psi}_k)/\sum_{k=1,k\neq i}^{K} \hat{w}_k, \ i = 1, \ldots, K.$$

f. *Der Jackknife-Schätzer* J_W^{II} (Pigeot, 1991a):

Als Jackknife-Schätzer vom Typ II basierend auf $\log(\hat{\psi}_W)$ ergibt sich:

$$\begin{aligned}
J_W^{II} &= N \log(\hat{\psi}_W) - \frac{N-1}{N} \sum_{i=1}^{K} \left[X_{1i} \log(\hat{\psi}_{W,i}^{a}) + (N_{1i} - X_{1i}) \log(\hat{\psi}_{W,i}^{b}) + X_{0i} \log(\hat{\psi}_{W,i}^{c})\right. \\
&\quad \left. + (N_{0i} - X_{0i}) \log(\hat{\psi}_{W,i}^{d})\right]
\end{aligned}$$

$$\text{mit } \log(\hat{\psi}_{W,i}^{a}) = \frac{\left[\dfrac{N_{1i} - 1}{(X_{1i} - 1)(N_{1i} - X_{1i})} + \dfrac{N_{0i}}{X_{0i}(N_{0i} - X_{0i})}\right]^{-1} \log\left[\dfrac{(X_{1i} - 1)(N_{0i} - X_{0i})}{X_{0i}(N_{1i} - X_{1i})}\right] + \hat{s}_i}{\left[\dfrac{N_{1i} - 1}{(X_{1i} - 1)(N_{1i} - X_{1i})} + \dfrac{N_{0i}}{X_{0i}(N_{0i} - X_{0i})}\right]^{-1} + \sum_{k=1,k\neq i}^{K} \hat{w}_k},$$

$\hat{s}_i = \sum_{k=1,k\neq i}^{K} \hat{w}_k \log(\hat{\psi}_k)$; $\log(\hat{\psi}_{W,i}^{b})$, $\log(\hat{\psi}_{W,i}^{c})$, $\log(\hat{\psi}_{W,i}^{d})$, i= 1, …,K, entsprechend definiert.

Literatur

BRESLOW, N.E., LIANG, K.Y. (1982). The variance of the Mantel–Haenszel estimator. Biometrics **38**, 943–952.

GCP–STUDY GROUP (1988). The German Cardiovascular Prevention Study (GCP): design and methods. Europ. Heart J. **9**, 1058–1066.

MANTEL, N., HAENSZEL, W. (1959). Statistical aspects of the analysis of data from retrospective studies of disease. J. Nat. Cancer Inst. **22**, 719–748.

PIGEOT, I. (1991a). A simulation study of estimators of a common odds ratio in several 2x2 tables. J. Statist. Comp. Simulation **38**, 65–82.

PIGEOT, I. (1991b). A jackknife estimator of a combined odds ratio. Biometrics **47**, 373–381.

SCHACH, E., SCHACH, S. (1991). Endbericht. Projekt 'Rechtliche Fragen und Weitergabemodalitäten anonymisierter Einzeldaten an die Forschung'. Fachbereich Statistik und Hochschulrechenzentrum, Universitä

WOOLF, B. (1955). On estimating the relation between blood group and disease. Ann. Hum. Genet. **19**, 251–253.

Induktiv-stochastische Risikoabschätzung
mit dem Donator-Akzeptor-Modell am Beispiel der
Gesundheitsbelastung durch cadmiumbelastete Weizenackerböden

Roland W. Scholz, Theodor W. May, Norbert Nothbaum
Universität Bielefeld und Gesellschaft für Organisation und Entscheidung Bielefeld
Brigitte Hefer und Hans-Peter Lühr
TU-Berlin, Institut für wassergefährdende Stoffe

1. Fragestellung und Zielsetzung: Cadmium (Cd) besitzt eine Reihe von ungünstigen umwelttoxikologischen Eigenschaften. Dazu gehören die gute pflanzliche Bioverfügbarkeit in den Grundnahrungsmitteln (Weizen-)Mehl und Kartoffeln, die lange humanbiologische Halbwertzeit und multiple toxische Wirkungen. Vorgestellt wird eine Konzeption zur Risikoabschätzung für den Konsum von Weizen von Böden verschiedener Belastungsstufen. Dazu werden die Transferprozesse auf dem <u>Pfad Boden -> Weizen -> Mensch</u> mit dem <u>Donator-Akzeptor-Modell</u> und die Akkumulation in der Niere mithilfe <u>induktiv - stochastischer Modellrechnungen</u> beschrieben. Als Ergebnis resultiert eine Wahrscheinlichkeitsverteilung für die Cadmiumkonzentration im Nierenkortex, so daß der Prozentsatz von Nierendysfunktionen für <u>verschiedene Expositionen</u> abgeschätzt werden kann. Die epidemiologische Plausibilität der Ergebnisse der Modellrechnungen wird geprüft.

2. Theoretische und methodische Grundlagen: Das <u>Donator-Akzeptor-Modell</u> (Lühr u.a. 1991) ist eine allgemeine Konzeption, welche Transferprozesse von einem Donator-System D in ein Akzeptor-System A analytisch dekomponierbar und nachvollziehbar macht. In Abbildung 1 sind zwei Pfade dargestellt, nämlich der indirekte Pfad Boden -> Pflanze -> Mensch und der für die vorliegende Gefährdungsabschätzung für Erwachsene zu vernachlässigende direkte Pfad Boden -> Mensch, wobei bei letzterem zwei Transferpfade über die perorale und pulmonale Aufnahme spezifiziert werden.

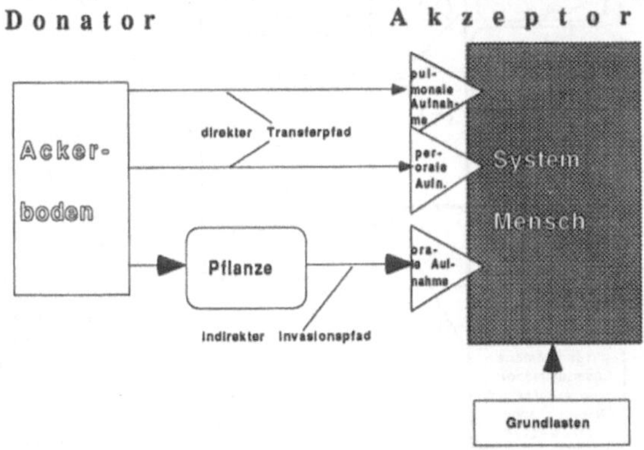

Abbildung 1: Beispiel für Darstellung verschiedener Transferpfade mit dem Donator-Akzeptor-Modell

Quantitative Gefährdungsabschätzungen sind nur für bestimmte <u>Expositionsszenarien</u> möglich, in denen die wesentlichen Annahmen über die Zielgruppe (den Akzeptor) und deren Verhältnis zum Donator spezifiziert sind. Für eine Gefährdungsabschätzung durch Weizenkonsum unterscheiden wir das <u>Durchschnittsszenario</u> und das <u>Einzelstandortszenario</u>. Beim Durchschnittsszenario nehmen wir an, daß der von einer Person konsumierte Weizen genausoviel Cadmium enthält wie der Durchschnitt des bundesdeutschen Weizen. Beim Einzelstandortszenario wird postuliert, daß eine Person ausschließlich Weizen von Äckern mit einer bestimmten Cd-Konzentration konsumiert. Beide Szenarien können als Modelle für den Konsum verschiedener Bevölkerungsgruppen angesehen werden. Das Durchschnittsszenario modelliert den Cd-Konsum für Personen, die handels- oder mobilitätsbedingt Weizen aus verschiedenen Regionen konsumieren, das Einzelstandortszenario für Personen, die ihren Weizen ausschließlich von einem Standort (etwa einem Bio-Bauern) beziehen.

Die Unterscheidung der Szenarien spielt in der Grenzwertdiskussion eine große Rolle. Durch Modellrechnungen wird dort versucht abzuschätzen, welche Wirkung die Einführung eines Bodengrenzwertes G, ab dem kein Weizen angebaut werden darf, auf die tägliche Cadmiumaufnahme oder ein gesundheitliches Risiko hat. Basiert eine Festsetzung eines Grenzwertes auf einer Riskoabschätzung im Einzelstandortszenario, in der angenommen wird, daß eine Population Weizen mit einer gemessenen Cadmiumkonzentration konsumiert, die G entspricht, so ist sichergestellt, daß alle Bürger eine gewünschte Sicherheit auch bei ungünstiger Distribution von belasteten Weizen erhalten. Dies ist bei einer Grenzwertsetzung im Durchschnittsszenario nicht der Fall (vgl. May u.a. 1990). Da u.E. zudem eine Gefährdungsabschätzung mit dem Durchschnittsszenario den Grundsatz des Lebensmittelrechtes der Vermeidung von Vermischungen oder Verschneidungen unterläuft, präsentieren wir in diesem Papier vorwiegend Modellrechnungen, in denen die Gesundheitsbelastung bzw. -gefährdung für das Einzelstandortszenario berechnet wird. Festgehalten werden sollte, daß Gefährdungsabschätzungen und Grenzwertfestsetzungen nicht allgemein, sondern szenariobezogen erfolgen sollten.

Für induktive Risikoabschätzungen bedarf es der Auswahl und Verknüpfung von Variablen zu einem Schema, in dem die zu berücksichtigenden relevanten Parameter enthalten sind. Abbildung 2 enthält das von uns verwandte Schema für die Cd-Aufnahme. Für induktiv-stochastische Risikoabschätzungen ist für jede Variable eine Wahrscheinlichkeitsverteilung zu konstruieren, mit der die Ausprägung der Variablen stochastisch quantifiziert wird.

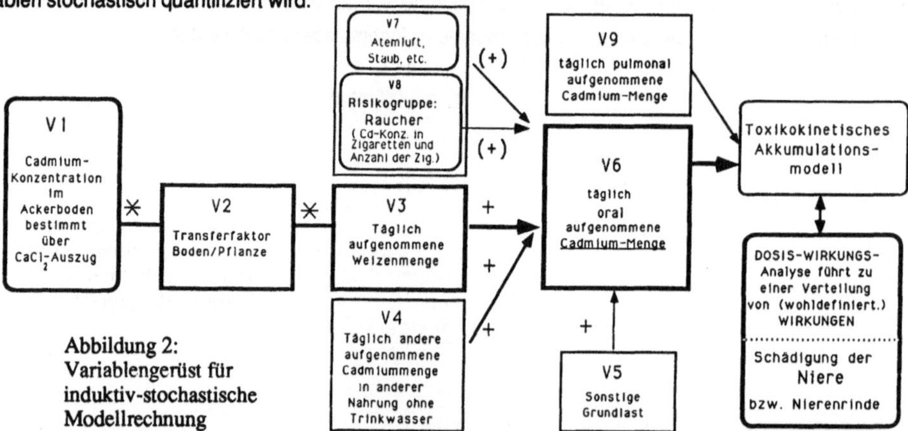

Abbildung 2:
Variablengerüst für
induktiv-stochastische
Modellrechnung

Bevor das Schema erläutert wird, wollen wir einige allgemeine Anmerkungen zu epistemiologischen Grundlagen der Verteilungskonstruktion machen. Bei der numerischen Bestimmung von Parametern (etwa Konzentrationswerten oder Transferkoeffizienten) ist den Unsicherheiten geeignet Rechnung zu tragen. Dabei ist grundsätzlich zu unterscheiden zwischen der Unsicherheit in den Daten (etwa durch Meßfehler) und Unsicherheit im Wissen. Die Unsicherheit in den Daten, wie sie etwa bei der Bestimmung von Bodenwerten durch Analyse, Probennahme, Probenaufbereitung oder Analysefehler auftritt, lassen sich konzeptionell durch frequentistische Wahrscheinlichkeiten (freq.) fassen. Bei der Unsicherheit im

Wissen wollen wir zwei Typen diskriminieren, die sich durch die Grundlagen und den kognitiven Prozess der Verteilungskonstruktion unterscheiden, nämlich: Subjektive Wahrscheinlichkeiten (subj.) als das Produkt integraler ganzheitlicher Schätzprozesse, wie sie etwa von Experten - in Ermangelung von Datenmaterial - gegeben werden und logische Wahrscheinlichkeiten (log.). Liegen etwa für einen Parameter verschiedene tierexperimentelle Daten vor, und es werden aus diesen Daten unter expliziter Angabe und Gewichtung von Gründen Inferenzen auf die Ausprägung der Parameter im Menschen gezogen, so sprechen wir von logischen Wahrscheinlichkeiten. Mathematisch lassen sich alle drei Typen von Unsicherheiten mittels Wahrscheinlichkeitsverteilungen fassen (vgl. auch Scholz, 1987).

3. *Variablengerüst und Verteilungskonstruktionen:* Von zentraler Bedeutung ist der indirekte Kontaminationspfad Boden -> Pflanze -> Mensch. Die auf diesem Pfad oral aufgenommene Menge ermittelt sich durch eine Multiplikation der geschätzten Cadmiumkonzentration im Boden V1, dem Transferkoeffizienten Boden/Weizen V2 und der täglich aufgenommenen Weizenmenge V3. Dabei sollte nach Köster & Merkel (1985) eine Berechnung nicht auf der Gesamtmenge des Cadmiums im Boden (dem Königswasseraufschluß), sondern auf dem calciumchloridlöslichen Cadmium basieren, da dieser den pflanzenverbügbaren Anteil repräsentiert. In unseren Berechnungen werden wir vereinfachend durchgängig zwischen den Verteilungen stochastische Unabhängigkeit postulieren, da es u.W. keine differenzierten quantifizierbaren Erkenntnisse über Abhängigkeiten oder Interaktionen gibt.

Tabelle 1: Konstruktionsgrundlagen der Verteilungen (Legende siehe Text, M := Median für log-NV)

Verteilg.	Quellen der Unsicherheit	epist. Grundl.	Maß-einh.	Vert. form	M	S	Range
V1	Probennahme, Probenvorbereitung, Analytik	freq./ subj.	mg/kg	NV	x[1]	0.1*x	(x-0.1x, x+0.1x)
V2[2]	pedogene Randparameter, Pflanzenart, Klimafaktoren, usw.	freq.	-	log-NV	0.91	0,05	(0,2.5)
V3	indiv. Konsumgewohnheiten, Methodenartefakte in Lebensmittelunters.	freq./ log	µg/d	polyg.	140	39,3[3]	(0,357)
V4	indiv. Konsumgewohnheiten, Methodenartefakte in Lebensmittelunters.	freq./ log.	µg/d	polyg.	31	14,6	(10,100)
V5	Artefakte in Trinkwasserunters., Nichtberücksichtigung anderer Grundlasten	subj./ log.	µg/d	log-NV	1,5	0,4	(0,7)
V6	unvollst. Variablengerüst, falsche Berechnungsgrundlage	log.	µg/d	ähnl. zu log-NV			
V7	in vorliegenden Berechnungen nicht expliziert						
V8	Rauchgewohn., Zigarettentyp etc.	freq/log	mg /Zig.	NV	1	0,25	(0,5,1.5)
V9	falsche WHO-Schätzungen, Berechnungsgrundlage	unklar	µg/d	NV	1	0,60	95%-Bereich (.4 ,4.0)
V10	sehr unvollst. Wissensgrundlagen	subj.	-	NV	0,05	0,01	(0,1.0)
V11	sehr unvollst. Wissensgrundlagen	subj.	-	NV	0,30	0,10	(0,1.0)
V12	Stichproben-, Meßfehler usw. in der Pathologie	freq./ subj.	-	NV	0,33	0,05	(0,1.0)
V13	Stichpr.-, Meßfehler in der Pathologie	freq.	g	NV	300	15	(250,350)
V14	unvollst. Wissen, falsche Modellbildung	log./ subj.	Jahre	log-NV	25	5	(5,50)
V15	Stichpr.-, Meßfehler in der Pathologie	freq.	-	log-NV	1,25	0,06	(1,1.5)
V1D	unvollst. Erhebungen, keine Berücksichtigung von Importweizen	freq./ subj.	mg/kg	log-NV	0,05	0,04	(0,0.6)

---

[1] x = angenommener Meß-/Grenzwert

[2] Nur für Bodenwerte >0.01.

[3] Unter Bezug auf verschiedene Lebenmitteluntersuchungen wird die frequentistische Verteilung aus Weigert & Klein (1988) in einen Polygonzug transformiert.

Auch andere Lebensmittel enthalten Cadmium. In Untersuchungen der ZEBS werden die durchschnittlichen Cadmiumkonzentrationen in Lebensmitteln ermittelt (ZEBS, 1988) Liegt eine Schätzung zur Cd-Konzentration in anderen Lebensmitteln außer Weizen (V4) vor, so kann man die ingestierte Cd-Fracht ermitteln. Zu berücksichtigen sind weiter sonstige Grundlasten, wobei wir uns jedoch bei der Grundlastabschätzung auf die Cd-Aufnahme über Trinkwasser beschränken. Die Verteilung der von einer Population täglich oral aufgenommenen Cd-Menge V6 erhält man als Summe von V1*V2*V3, V4 und V5.

Tabelle 1 enthält Angaben zur Konstruktion der Verteilungen. Kursive Bezeichner in Spalte 1 bedeuten errechnete Verteilungen. In Spalte 2 finden sich Stichworte zu den Hauptquellen der Unsicherheit und in der dritten Spalte zu den epistemiologischen Grundlagen (freq., subj., log.) der Verteilungskonstruktion. Spalte 4 gibt die Maßeinheiten der Variablen an und Spalte 5 welche Verteilungsform zugrundegelegt wird. Wir unterscheiden dabei zwischen Normal- (NV), log-Normal (log-NV) und Polygonzugverteilung (polyg.). Die folgenden Spalten 5-8 enthalten einige Parameterangaben zu Mittelwert (M), Streuungs- bzw. Dispersonsparameter (S) und Range, da alle Verteilungen durch Schranken "gekappt" sind. Ausführlichere Angaben finden sich in May u.a. (1990).

Aus Tabelle 2 sind einige Perzentilwerte für die langfristige durchschnittliche orale tägliche Aufnahme für das Einzelstandortszenario für verschiedene Bodenwerte und für eine Berechnung für das Durchschnittsszenario zu entnehmen. Die Berechnung für das Durchschnittsszenario erfolgte mit der Verteilung V1D (letzte Zeile Tabelle 1).

Tabelle 2: Mittelwert und Perzentilwerte für durchschnittliche tägliche orale Cd-Aufnahme

CaCl$_2$-lösl. Cd in mg/kg Boden	Mittelwert	50%	90&	95%	99%
0,1	0,047	0,044	0,069	0,079	0,098
0,2	0,060	0,056	0,088	0,099	0,123
0,3	0,071	0,067	0,107	0,122	0,156
0,4	0,084	0,078	0,127	0,014	0,191
Nahrung ohne Weizenprodukte	0,035	0,032	0,055	0,065	0,084
Durchschnittsszenario	0,0445	0,040	0,072	0,085	0,116

Eine gesundheitliche Gefährdungsabschätzung sollte sich nicht auf eine bloße Mengenbilanzierung beschränken. Nach oraler oder pulmonaler Aufnahme gelangt das Cadmium in den Körper und wird besonders stark in Leber und Niere angereichert. Eine ausführliche Diskussion verschiedener toxikokinetischer Modelle findet sich in May u.a.(1990). Wir päsentieren hier lediglich die Ergebnisse der Berechnungen für die Akkumulation in der Nierencortex mit einem einfachen toxikokinetischen1-Kompartimentmodell mit (konstanter) Invasion nach Kinetik 1. Ordnung (vgl. Kjellström u.a. 1985).

Für die Berechnungen benötigen wir den <u>oralen</u> (V10) und <u>pulmonalen Resorptionskoeffizienten</u> (V11), die Verteilungsannahme zum <u>Cadmiumanteil der Niere an der Cd-Körpergesamtlast</u> (V12), das <u>Nierengewicht</u> (V13) die <u>Eliminationshalbwertszeit</u> (V14) sowie das Verhältnis <u>Gesamtniere/Nierenkortex</u> (V15). Tabelle 1 enthält wiederum Angaben zu den Verteilungsannahmen. Die Verteilung der täglich resorbierten Cadmiummengen ermittelt sich (vgl. Abbildung 2) als Summe der oralen und pulmonalen Resorption, also als V*:=V6*V10+V9*V11.

Für die akkumulierte Cd-Gesamtmenge A(t) im Körper nach der Expositionszeit t gilt dann unter den gegebenen Voraussetzungen: $A(t) = V^*/V14*(1-\exp(-V14*t))$

Für die akkumulierte Cd-Konzentration in der Gesamtniere N(t) nach Expositionszeit t erhält man: N(t)= V12/V13*A(t) und somit für die Cd-Konzentration in der Nierenkortex: NC(t)=N(t)*V15.

Nach diesen Formeln wird die Cd-Konzentration in der Niere nach einer Expositionszeit von 50 Jahren ermittelt, wobei die Berechnungen für verschiedene Bodenkonzentrationen erfolgen (s. Tabelle 3).

Grundsätzlich läßt sich bei Verwendung von Dosis-Wirkungskurven etwa zwischen N(t) und NC(T) und der Nierendysfunktion der Prozentsatz von Nierenschädigungen für ein Expositionsszenario berechnen. Wir beschränken an dieser Stelle auf Berechnungen zur Cd- Konzentration in der Nierenkortex.

Tabelle 3: Perzentilwerte für die akkumulierte Cd-Konzentration im Nierenkortex bei 50-jähriger Exposition im Einzelstandortszenario (mg(kg Nierenkortex)

$CaCl_2$-lösl. Cd in mg/kg Boden		50%	90%	95%	99%	Max
Nichtraucher	.10	27,2	52,0	62,2	86,6	1832,4
	.20	34,0	65,4	78,2	108,6	28003,6
	.30	40,8	79,5	95,6	134,5	3774,2
	.40	47,1	93,8	113,3	162,1	4745,1
Raucher	.10	41,9	73,6	86,0	114,7	2334,3
	.20	48,8	86,3	101,2	135,5	3305,2
	.30	55,5	100,0	117,8	160,0	4276,0
	.40	61,8	113,9	135,2	186,6	5246,93

Abbildung 2 und Tabelle1 enthalten die Verteilungen für die pulmonale Invasion für Raucher. V16 beschreibt die Verteilung absorbierten Cadmiums bei 20 Zigaretten/Tag (vgl. WHO 1989). Um die Plausibilität der Modellrechnungen zu überprüfen, werden die Verteilungen der Cadmiumkonzentrationen getrennt für Raucher und Nichtraucher durchgeführt (s. Tabelle 3).

Bewertung und Folgerungen: Obwohl es sich um erste Berechnungen handelt, zeigen die induktiv-stochastischen Modellrechnungen zur Belastung des Nierenkortex durch Verzehr von Weizen, der von Cd-belasteten Böden mit unterschiedlichen Kontaminationsgraden stammt, plausible Ergebnisse. In neueren empirischen Untersuchungen wird für die Cd-Konzentration im Nierenkortex ein Median von 20 mg/kg Naßgewicht und ein 95%-Perzentil von 50mg/kg angegeben (Ewers,1988). Der "vorsichtige" PTWI-Wert der WHO(1989) von 50mg Cd/kg Nierencortex wird von Nichtrauchern bei den Bodenwerten von 0,1, 0,2, 0,3 und 0,4 mg $CaCl_2$- löslichem Cd/kg Bd von 11, 23, 35 und 46% überschritten. Für Raucher erhalten wir erheblich höhere Werte. Der gegenwärtige Cd-Boden-Mittelwert in den alten Bundesländern liegt um 0,5 mg/kg Bd . Die Ergebnisse zeigen, daß schon relativ leichte Erhöhungen von Bodenwerten zu problematischen Belastungen größerer Teile der Bevölkerung führen können und zeigen zudem die Gesundheitsbelastung von Rauchern auf. Die Modellrechnungen sollten jedoch mittels Expertenvalidierung und Sensitivitätsanalysen kalibriert werden.

Literatur:

Ewers, U. (1988). Exposure to Cadmium of the West-German Population. In N.H. Seemayer et. al. (Ed.), Environmental Hygiene (pp. 134-138). Berlin: Springer.

Köster, W., & Merkel, D. (1985). Schwermetalluntersuchungen landwirtschaftlich genutzter Böden und Pflanzen in Niedersachsen. Hannover: Landwirtschaftskammer Hannover.

Lühr, H.P., Hefer, I., & Scholz, R.W. (1991). Das Donator-Akzeptor-Modell. In IWS (Ed.), Sanierungskonzept für kontaminierte Böden. IWS Schriftenreihe (Vol. 11). Berlin:.

May, Th., Scholz, R.W. & Nothbaum, N. (1990). Ableitung von Donatorwerten für cadmiumbelastete Ackerböden im Hinblick auf Weizenanbau Bielefeld: Gesellschaft für Organisation und Entscheidung.

Scholz, R.W. (1987) Cognitive Strategies in stochastic thinking. Dodrecht, Holland: D. Reidel Publishing Company

Weigert, P., & Klein, H. (1988). Rechnergestützte Methoden zur mathematischen Risikoabschätzung von Schadstoffaufnahmen über Lebensmittel - RESI und ROSI. ZEBS-Hefte 1.

WHO (1989). Evaluation of Certain Food Additives and Contaminants. 33. Report of the Joint FAO/WHO Expert Committee on Food Additives. Geneva: World Health Organization Technical Report Series.

Statistische Aspekte epidemiologischer Modellierungsverfahren

Martina Kron, Olaf Gefeller
Abteilung Medizinische Statistik, Georg–August–Universität Göttingen

1 Einleitung

Zentrales Interesse in der Epidemiologie gilt der Erforschung der Ätiologie von Krankheiten. Oft steht die Quantifizierung einer Assoziation zwischen dem in einer epidemiologischen Studie untersuchten Expositionsfaktor und einer spezifischen Erkrankung, die i.d.R. von weiteren Variablen beeinflußt wird, im Vordergrund. Eine valide Schätzung des Zusammenhangs erfordert eine Berücksichtigung der anderen einflußnehmenden Variablen und somit eine multivariate Form der Analyse.

Multivariate mathematische Modelle werden angewendet, da sie die Einbeziehung stetiger und kategorieller Variablen sowie die simultane Analyse aller Einflußfaktoren erlauben. Um eine Vielzahl potentieller Faktoren auf die tatsächlich Einfluß ausübenden Variablen zu reduzieren, werden Variablenselektionsverfahren in den Ablauf der Analyse integriert. Ihre Anwendung setzt sich aus den folgenden zwei Gründen eine möglichst kleine Variablenanzahl zum Ziel: (i) je weniger Parameter im Modell sind, desto stabiler sind die Schätzer für die interessierenden Parameter und (ii) je weniger Einflußfaktoren im Modell verbleiben, desto einfacher ist eine inhaltliche Interpretation des Ergebnisses.

In einer Vielzahl epidemiologischer Studien wurden Modellierungsverfahren verwendet, um Variablen zu selektieren ([1], [6], [10]). Dabei ist neben Problemen, die aufgeworfen werden durch z.B. die benötigte Rechenzeit oder Überlegungen zur Stabilität des selektierten Modells, auch auf die Kontrolle des Fehlers 1. Art zu achten, da während der Modellierung eine große Anzahl von Tests durchgeführt wird.

Populäre epidemiologische Modellierungsverfahren, wie 'Backward Elimination', 'Forward Selection' und 'Stepwise Regression', sowie neuere Prozeduren, wie die 'Tree Structure Testing Strategy' und ein von Schiller vorgeschlagener Algorithmus [13], werden vorgestellt und hinsichtlich der Möglichkeit zur Kontrolle des Fehlers 1. Art verglichen. Ein Beispiel mit Daten aus der GRIPS Studie [3] dient der Illustration dieser Verfahren.

2 Modellierungsverfahren

2.1 Stepwise Prozeduren

Das bekannteste epidemiologische Modellierungsverfahren basiert auf der Anwendung einer Form der schrittweisen Selektion von Variablen [4]. 'Backward Elimination', 'Forward Selection' und 'Stepwise Regression' sollen im folgenden nur kurz beschrieben werden.

Durch die 'Backward Elimination Procedure' werden solange schrittweise Variablen aus dem Modell entfernt, bis die verbleibenden Variablen die 'beste' Variablenauswahl darstellen. Dieses Verfahren kann in drei sich wiederholende Schritte unterteilt werden.

1. Schritt: Berechnung eines Regressionsmodells für alle p Variablen
2. Schritt: Berechnung der Teststatistiken für jede Variable aus dem Modell
3. Schritt: Vergleich der kleinsten Teststatistik T_L mit einer Schranke T_α
        falls $T_L \leq T_\alpha$: Elimination der Variablen X_L
                Berechnung eines Regressionsmodells für alle verbleibenden Variablen
                Fortsetzung des Verfahrens mit dem 2. Schritt
        falls $T_L > T_\alpha$: Annahme des Regressionsmodells als Endmodell

Die 'Forward Selection Procedure' ist ein entgegengesetzt orientiertes Verfahren. Es werden sukzessive alle Variablen getestet, um über ihre Integration in die Modellgleichung zu entscheiden.

1. Schritt: Berechnung von p Regressionsmodellen für jeweils eine der p Variablen
2. Schritt: Berechnung der Teststatistiken für jede Variable aus den verschiedenen Modellen
3. Schritt: Vergleich der größten Teststatistik T_H mit einer Schranke T_α
        falls $T_H > T_\alpha$: Selektion der Variablen X_H
                Berechnung von Regressionsmodellen für X_H und jeweils eine weitere Variable
                Fortsetzung des Verfahrens mit dem 2. Schritt
        falls $T_H \leq T_\alpha$: Annahme des Regressionsmodells aus dem vorherigen Schritt als Endmodell

Der 'Stepwise Regression' liegt eine der 'Forward Selection Procedure' ähnliche Vorgehensweise zugrunde. Zusätzlich werden jedoch bei Beendigung jedes Selektionsschrittes alle im Modell befindlichen Variablen überprüft, ob eine der Variablen eliminiert werden soll.

Alle 'Stepwise Prozeduren' führen eine Vielzahl von Tests durch, um Variablen zu selektieren, aber keine Prozedur erlaubt eine Kontrolle des globalen Fehlerniveaus. Für die 'Forward Selection Procedure' kann der Fehler 1. Art eines Selektionsschrittes nach oben durch $1 - (1 - \alpha)^p$ abgeschätzt werden. Der Fehler 1. Art eines Eliminationsschrittes der 'Backward Elimination Procedure' berechnet sich bei unabhängig verteilten Teststatistiken zu α^p. Die Kontrolle des Fehlers 1. Art ist bei der 'Stepwise Regression' nur für einen einzelnen Test möglich.

2.2 Tree Structure Testing Strategy

Im Gegensatz zu den 'Stepwise Prozeduren' liefert die 'Tree Structure Testing (TST) Strategy' [2] die Möglichkeit der Kontrolle des Fehlers 1. Art. Ihre spezielle Teststruktur ist eine Modifikation des von Fisher im Kontext der Varianzanalyse eingeführten 'Least Significant Difference Tests' [5]. Bei einer 2–stufigen 'TST Strategy' wird auf der ersten Stufe der komplette Parametervektor getestet. Falls diese Hypothese abgelehnt wird, werden auf der nächsten Stufe alle Elementarhypothesen überprüft. D.h. jeder einzelne Parameter wird getestet, um zu entscheiden, welche Variablen selektiert werden. Eine Erweiterung dieses 2–stufigen Vorgehens auf eine Testprozedur mit beliebig vielen Stufen kann über die Integration zusätzlicher Stufen zwischen der Global- und der Elementarhypothesenstufe erfolgen, so daß die Tests in einer Baumstruktur angeordnet sind, die hierarchisch von der ersten zur letzten Stufe abgearbeitet wird. Dabei werden nur Hypothesen getestet, deren Schnitthypothesen auf der vorangegangenen Stufe abgelehnt wurden. Commenges et al. [2] empfehlen die Variablen entsprechend ihrer inhaltlichen Bedeutung innerhalb der Studie in Gruppen, Untergruppen etc. einzuteilen.

Es existiert eine Vielzahl von Ansätzen zur Konstruktion einer multiplen Testprozedur zu einem vorgegebenen multiplen Niveau. Für die 'TST Strategy' besteht eine Möglichkeit darin, die Globalhypothese zum Niveau α und jede andere Stufe der Testprozedur zum multiplen Niveau $\alpha/(k-1)$ zu testen, sofern insgesamt k Stufen vorhanden sind.

Commenges et al. [2] schlagen auf jeder Stufe der Baumstruktur die Anwendung der 'Modified Sequentially Rejective Bonferroni' (MSRB) Prozedur von Shaffer [14] vor. Hierzu werden die p–Werte der Größe nach geordnet. Beginnend mit dem kleinsten p–Wert wird jede Hypothese zum Niveau $\alpha_n/t_{n,j}$ getestet, wobei α_n das festgelegte multiple Niveau und $t_{n,j}$ die maximale Anzahl wahrer Hypothesen auf der n–ten Stufe der 'TST Strategy' sind, vorausgesetzt daß alle $j-1$ zuvor getesteten Hypothesen abgelehnt wurden. Alle Hypothesen werden solange gemäß der Anordnung ihrer p–Werte überprüft, bis entweder alle Hypothesen abgelehnt sind oder eine der Hypothesen nicht abgelehnt werden kann. Eine Alternative hierzu bietet die Modifikation der MSRB Prozedur nach Holland and Copenhaver [9], die zu einer leichten Verbesserung der Power führt. Die einzige Veränderung besteht in der Bestimmung des Niveaus. Alle Hypothesen werden nicht mehr zum Niveau $\alpha_n/t_{n,j}$ sondern zum Niveau $1 - (1 - \alpha_n)^{1/t_{n,j}}$ getestet.

2.3 Schiller Verfahren

Das Modellierungsverfahren nach Schiller [13] als Anwendung des Abschlußtests [12] zur Modellselektion bietet eine einfache Möglichkeit der Kontrolle des multiplen Niveaus. Obwohl jeder einzelne Test zum Niveau α durchgeführt wird, handelt es sich um eine Testprozedur mit multiplem Niveau α.

Bezeichne I die Indexmenge zur Spezifikation des Parametervektors. Seien $I_1, ..., I_r$ alle möglichen Teilmengen von I, deren Parameterkombinationen ein bestimmtes Modell beschreiben. Zu jedem Modell M^{I_j} kann eine Hypothese $H_0^{I_j} : \beta_{I-I_j} = 0$ formuliert werden, die Element einer durchschnittsabgeschlossenen Hypothesenfamilie ist. Der Abschlußtest $\psi = (\psi_{I_j} : I_j \subseteq I)$ kann wie folgt konstruiert werden: $\psi_{I_j} = \prod_{I_k \subseteq I_j} \varphi_{I_k}$, wobei φ_{I_k} der Test zum Niveau α für die Hypothese $H_0^{I_k}$ ist. Somit wird das Modell M^{I_j} überprüft, indem eine spezielle Teilmenge der Hypothesenmenge getestet wird.

Durch die obengenannte Teststruktur ergibt sich folgendes Vorgehen. Zuerst wird die Globalhypothese $H_0^{\emptyset} : \beta_I = 0$ getestet. Im weiteren werden nur noch die Modelle M^{I_j} betrachtet, deren gröbere Modelle M^{I_k}, mit $I_k \subset I_j$, abgelehnt wurden. Falls ein Modell M^{I_j} nicht abgelehnt wird, so werden auch alle feineren Modelle M^{I_k}, mit $I_k \supset I_j$, nicht verworfen. Damit kann die Hypothesenmenge H in drei disjunkte Klassen zerlegt werden.

$$
\begin{aligned}
H_1 &= \{ H_0^{I_j} \in H : \psi_{I_j} = 1 \} & \text{abgelehnte Modelle} \\
H_{00} &= \{ H_0^{I_j} \in H : \psi_{I_j} = 0, \forall H_0^{I_k} \text{mit} I_k \subset I_j : \psi_{I_k} = 1 \} & \text{minimal akzeptable Modelle} \\
H_0 &= \{ H_0^{I_j} \in H : \psi_{I_j} = 0, \exists H_0^{I_k} \in H_{00} : I_k \subset I_j \} & \text{akzeptable Modelle}
\end{aligned}
$$

Aus diesem Aufbau wird deutlich, daß das Schiller Verfahren mehr als eine Modellempfehlung geben kann, da die Menge der minimal akzeptablen Modelle nicht zwingend nur ein Modell enthält.

'TST Strategy' und Schiller Verfahren erlauben beide eine Kontrolle des multiplen Niveaus. Sie führen jedoch aufgrund verschiedener Nullhypothesen zu unterschiedlichen Interpretationen des Fehlers 1. Art. Bei der 'TST

Strategy' bedeutet der Fehler 1. Art, wenigstens eine Variable ins Modell aufzunehmen, die tatsächlich keinen Einfluß auf die Zielvariable hat. Für das Schiller Verfahren ändert sich die Interpretation durch den modellorientierten Ansatz zur falschen Ablehnung eines Modells, welches in der Realität die abhängige Variable erklärt.

3 Ein Beispiel: Die GRIPS Studie

3.1 Beschreibung der GRIPS Studie

Die Göttinger Risiko–, Inzidenz– und Prävalenzstudie (GRIPS) ist eine prospektive Studie an 40– bis 60jährigen männlichen Industriearbeitern und –angestellten. Von 7430 Personen der Grundgesamtheit nahmen 6029 (=81.1%) an der im Frühjahr 1982 durchgeführten Basisuntersuchung teil. Neben einer umfassenden klinischen, laborchemischen und anamnestischen Erhebung der potentiellen Risikofaktoren und typischen Folgekrankheiten der Atherosklerose erfolgte die Bestimmung des differenzierten Lipoproteinstatus [3].
Zur Zeit liegen die Daten der 5–Jahres–Follow–up–Untersuchung von 95.3% der ursprünglichen Kohorte vor, eine weitere Follow–up–Untersuchung läuft gerade. Die Erfassung des Zielereignisses 'Myokardinfarkt' erfolgte standardisiert anhand internationaler Richtlinien. Insgesamt wurden im Studienzeitraum 107 (davon 27 letale) Myokardinfarkte beobachtet.

3.2 Durchführung der Modellierung

Zur Illustration und zum Vergleich der zuvor diskutierten Modellierungsverfahren soll der Zusammenhang zwischen dem Zielereignis 'Myokardinfarkt' und den potentiellen Risikofaktoren LDL, HDL, VLDL, Alter, familiäre Disposition, Body Mass Index, Blutzucker und Blutdruck mit Hilfe eines logistischen Regressionsmodells untersucht werden.
Hierfür werden die 'Stepwise Prozeduren', die 'TST Strategy' (2– und 3–stufig) sowie das Schiller Verfahren jeweils zu einem Niveau von 0.01, 0.05, 0.10, 0.15 und 0.20 durchgeführt. Beim Schiller Verfahren und der 'TST Strategy' entspricht das Niveau dem multiplen Niveau der Testprozedur, während es sich bei den 'Stepwise Prozeduren' um das Niveau der einzelnen Tests handelt.
Für die 'Stepwise Prozeduren' soll der Ablauf der 'Forward Selection Procedure' detailliert betrachtet werden. Begonnen wird mit der Modellierung der Zielvariablen 'Myokardinfarkt' durch jeweils einen der potentiellen Risikofaktoren. In der folgenden Tabelle ist ein Überblick über die Teststatistiken und die Reihenfolge der Variablenselektion gegeben.

	Variable	Teststatistik	p–Wert
1.Schritt	LDL	132.80	<0.0001
2.Schritt	familiäre Disposition	43.04	<0.0001
3.Schritt	HDL	26.80	<0.0001
4.Schritt	Alter	20.43	<0.0001
5.Schritt	Blutzucker	11.37	0.0034
6.Schritt	Blutdruck	4.12	0.1276
7.Schritt	VLDL	1.61	0.2051

Zum Niveau 0.01, 0.05 und 0.10 werden die Variablen LDL, familiäre Disposition, HDL, Alter und Blutzucker selektiert, während für ein Niveau von 0.15 und 0.20 auch die Variable Blutdruck ins Modell aufgenommen wird. Im vorliegenden Fall geben 'Backward Elimination' und 'Stepwise Regression' exakt die gleiche Modellempfehlung wie die 'Forward Selection Procedure'.
Zur Durchführung der mehrstufigen 'TST Strategy' muß zunächst eine inhaltlich sinnvolle Gliederung der potentiellen Einflußvariablen erfolgen. Dies kann z.B. wie folgt geschehen:

- Lipoproteinfraktionen: LDL, HDL, VLDL
- unveränderliche individuelle Charakteristika: Alter, familiäre Disposition
- weitere somatische Faktoren: Body Mass Index, Blutzucker, Blutdruck

Diese Gruppierung führt zu einer 3–stufigen 'TST Strategy'. Auf der 1. Stufe wird die Globalhypothese zum vorgegebenen Niveau α getestet, während auf der 2. Stufe die Faktorhypothesen und auf der 3. Stufe die Elementarhypothesen zum multiplen Niveau $\alpha/2$ geprüft werden. Die folgende Tabelle zeigt die für ein 2– bzw. 3–stufiges Vorgehen notwendigen Tests.

Faktor	Teststatistik	p–Wert
globaler Faktor	184.48	0.0001
Lipoproteinfraktionen	118.72	0.0001
unveränderliche individuelle Charakteristika	51.11	0.0001
weitere somatische Faktoren	14.56	0.0240
LDL	91.79	0.0001
HDL	18.76	0.0001
VLDL	1.67	0.1957
Alter	18.33	0.0001
familiäre Disposition	38.25	0.0001
Body Mass Index	0.82	0.6642
Blutzucker	8.95	0.0114
Blutdruck	3.50	0.1736

Die 2–stufige 'TST Strategy' selektiert zum Niveau 0.01 die Variablen LDL, HDL, Alter und familiäre Disposition. Zu allen anderen Niveaus wird die Zielvariable 'Myokardinfarkt' modelliert durch LDL, HDL, Alter, familiäre Disposition und Blutzucker. Für die 3–stufige 'TST Strategy' ergibt sich das gröbere Modell für Niveaus von 0.01 bzw. 0.05, während ab 0.10 das feinere Modell gewählt wird.

Für das Schiller Verfahren müssen alle Tests entsprechend dem hierarchischen Vorgehen durchgeführt werden. Im folgenden seien nur die Tests der 1. und 2. Stufe sowie Tests zur Bestimmung minimal akzeptabler Modelle aufgeführt, deren gröbere Modelle abgelehnt werden.

Modellvariablen	Teststatistik	p–Wert
keine	184.48	0.0001
LDL	92.06	0.0001
HDL	161.05	0.0001
VLDL	172.75	0.0001
Alter	170.87	0.0001
familiäre Disposition	151.40	0.0001
Body Mass Index	183.41	0.0001
Blutzucker	178.25	0.0001
Blutdruck	176.51	0.0001
LDL, HDL, Alter, familiäre Disposition	17.59	0.0140
LDL, HDL, Alter, familiäre Disposition, Blutzucker	6.54	0.2570

Das Schiller Verfahren bestimmt minimal akzeptable Modelle mit den folgenden Variablen: zum Niveau 0.01 die Variablen LDL, HDL, Alter und familiäre Disposition, zu allen anderen multiplen Niveaus die Variablen LDL, HDL, Alter, familiäre Disposition und Blutzucker.

Ein Vergleich der Endmodelle zeigt, daß für dieses Beispiel keine wesentlichen Differenzen zwischen den angewandten Verfahren bestehen. Dies kann jedoch nicht verallgemeinert werden. Ergebnisse einer umfangreichen Simulationsstudie deckten teilweise große Unterschiede zwischen den Modellierungsverfahren auf [11].

4 Schlußbemerkung

Eine Vielzahl von Schwierigkeiten existiert bei der praktischen Anwendung epidemiologischer Modellierungsverfahren ([7], [8]). Das Problem der Kontrolle des Fehlers 1. Art ist nur eines unter vielen, verdient aber bei Betrachtung statistischer Eigenschaften der Modellierungsverfahren mehr Beachtung. Sieht man in der Suche nach einem 'Erklärungsmodell' für die interessierende Zielvariable aus den Studiendaten nicht nur ein rein exploratives Vorgehen, sondern betrachtet dies als Teil einer inferenzstatistischen Auswertung der Daten, so gehört auch die Quantifizierung des Fehlers 1. Art zur Analyse hinzu.

Literatur

[1] Cairns V., Keil U., Kleinbaum D., Döring A., Stieber J. (1985): The relationship between high blood pressure and various possible risk factors. Results of the Munich Blood Pressure Study I. Meducation Foundation, Clayncourt Co., Cham/Schweiz.

[2] Commenges D., Dartigues J.F., Peytour P., Puymirat E., Henry P., Gagnon M. (1989): A strategy for analysing multiple risk factors with application to cervical pain syndrome. Meth. Inform. Medicine 28, 14–19.

[3] Cremer P., Nagel D., Labrot B., Muche R., Mann H., Elster H., Seidel D. (1991): Göttinger Risiko–, Inzidenz– und Prävalenzstudie (GRIPS). Springer–Verlag, Heidelberg.

[4] Draper N.R., Smith H. (1981): Applied regression analysis – second edition. John Wiley, New York.

[5] Fisher R.A. (1935): The design of experiments. Oliver & Boyd Ltd., Edinburgh.

[6] Goldbourt U., Medalie J.H., Neufeld H.N. (1975): Clinical myocardial infarction over a five–year period – III. A multivariate analysis of incidence. The Israel Ischemic Heart Disease Study. J. Chron. Dis. 28, 217–237.

[7] Greenberg R.S., Kleinbaum D.G. (1985): Mathematical modeling strategies for the analysis of epidemiologic research. Ann. Rev. Public Health 6, 223–245.

[8] Greenland S. (1989): Modeling and variable selection in epidemiologic analysis. Am. J. Public Health 79, 340–349.

[9] Holland B.S., Copenhaver M.D. (1987): An improved sequentially rejective multiple test procedure. Biometrics 43, 417–423.

[10] Kleinbaum D.G., Kupper L.L., Cassel J.C., Tyroler H.A. (1971): Multivariate analysis of risk of coronary heart disease in Evans County, Georgia. Arch. Intern. Med. 128, 943–948.

[11] Kron M., Gefeller O. (1991): Comparison of statistical modelling techniques in epidemiologic applications. In: Jansen W., van der Heijden P.G.M. (eds.): Proceedings of the 6th International Workshop on Statistical Modelling, p.139–148. Netherlands Society for Statistics and Operations Research, Utrecht.

[12] Marcus R., Peritz E., Gabriel K.R. (1976): On closed testing procedures with special reference to ordered analysis of variance. Biometrika 63, 655–660.

[13] Schiller K. (1988): Der Abschlußtest zur Unterstützung bei der Modellauswahl log–linearer Modelle. In: Bauer P., Hommel G., Sonnemann E. (Hrsg.): Multiple Hypothesenprüfung. Symposium Gerolstein 1987, p.177–189. Springer–Verlag, Berlin.

[14] Shaffer J.P. (1986): Modified sequentially rejective multiple test procedures. J. Amer. Statist. Assoc. 81, 826–831.

Verlorene Lebensjahre: Ein zentraler und bisher vernachlässigter Indikator
für die Mortalitäts-Berichterstattung

A. Mielck[1], H. Brenner[2], R. Leidl[1]
[1] GSF - Institut für Medizinische Informatik und Systemforschung (MEDIS)
[2] Universität Ulm, Forschungs- und Geschäftsstelle Epidemiologie

<u>Problemstellung</u>

Die offizielle Mortalitätsstatistik für die Bundesrepublik stützt sich routinemäßig auf zwei Indikatoren: absolute Anzahl der Todesfälle und Anzahl der Todesfälle pro 100.000 Personen (rohe und standardisierte Sterbeziffer). Zu Beginn der 50er Jahre wurde als weiterer Indikator 'Years of Potential Life Lost (YPLL)' eingeführt (HAENSZEL 1950). Die 'verlorenen Lebensjahre' pro Todesfall ergeben sich als Differenz zwischen dem Sterbealter und einem höheren 'Grenzalter'. Vor allem vier Gründe sprechen für die Verwendung dieses Indikators: (1) Hinter den routinemäßigen Mortalitätsstatistiken steht das normative Konzept, alle Todesfälle gleich zu gewichten; dadurch werden die Todesursachen von älteren Personen betont. Die Vor- und Nachteile dieses Konzeptes werden deutlich, wenn ihm der Indikator 'verlorene Lebensjahre' mit dem normativen Konzept, Todesfällen in jüngeren Jahren stärker zu gewichten, gegenüber gestellt wird. (2) Die mit der Mortalität verbundenen gesellschaftlichen Folgen lassen sich durch den neuen Indikator vermutlich besser erfassen als durch 'Anzahl der Todesfälle'; im Vergleich zum Tod einer alten Frau ist z.B. der Tod einer jungen Mutter für die Angehörigen häufig mit größeren sozialen und ökonomischen Problemen verbunden. (3) Da in den Indikator die Anzahl der Sterbefälle und das Sterbealter eingehen, lassen sich Todesursachen auch bei sehr unterschiedlichem Sterbealter miteinander vergleichen. (4) Der Indikator ist einfach zu berechnen und zu verstehen.

Uneinigkeit besteht jedoch in der Literatur darüber, welches Grenzalter gewählt und ob die Säuglingssterblichkeit einbezogen werden soll. Um die Analyse auf das Erwerbsleben zu konzentrieren, wird häufig das Grenzalter 65 Jahre gewählt (ARCA ET AL. 1988, BLANE ET AL. 1990, DHHS 1990, JUNGE 1988); andere Analysen beziehen sich z.B. auf 90 Jahre (GEIßLER 1980) oder auf die volle restliche Lebenserwartung (HENKE ET AL. 1986). Mit dem Hinweis darauf, daß Todesfälle im ersten Lebensjahr ein zu großes Gewicht erhalten würden, schließen einige Autoren die Säuglingssterblichkeit aus. Eine Übersicht über die verschiedene Berechnungsmöglichkeiten des Indikators findet sich bei GARDNER & SANBORN (1990). Probleme bei der Interpretation des Indikators können dadurch entstehen, daß beispielsweise der Verlust von je einem Jahr bei 10 Personen gleichgesetzt wird mit dem Verlust von 10 Jahren bei einer Person. Ein weiteres Problem kann sich bei der Basierung auf die volle restliche Lebenserwartung ergeben: Veränderungen der Lebenserwartung können zeitliche Vergleiche des Indikators erschweren. Zudem sagt der Indikator noch nichts über die Qualität der verlorenen Lebensjahre aus, hierfür wäre eine weitere Gewichtung in Richtung auf 'quality-adjusted life years (QALYS)' (ALLEN ET AL. 1989) erforderlich.

Trotz dieser Einschränkungen wird der Indikator häufig verwendet. In den USA und in Großbritannien ist er Teil der Routine-Berichterstattung; aus Frankreich und Italien liegen umfangreiche aktuelle Analysen vor (BLANE ET AL. 1990). In Westdeutschland wurde dieser Indikator dagegen bisher kaum verwendet; neben einer älteren Arbeit (GEIßLER 1980) sind nur wenige kleinere Analysen vorhanden (HENKE 1986, JUNGE 1988, LEIDL 1990). Die folgende Auswertung soll dazu beitragen, diesen Mangel zu beheben.

<u>Auswertung</u>

Die Analyse stützt sich auf Mortalitätsdaten in Westdeutschland aus den Jahren 1979 und 1987. Für die 17 ICD-Hauptkapitel und für einige ausgewählte speziellere Todesursachen werden getrennt nach Geschlecht sechs Indikatoren miteinander verglichen: Prozent an allen Todesfällen und an allen verlorenen Lebensjahren einerseits (vgl. Tabelle 1) und Todesfälle und verlorene Lebensjahre pro Altersgruppe und pro 1.000 Personen in der gleichen Altersgruppe andererseits (Abbildung 1). Bei der Berechnung der verlorenen Lebensjahre wird die volle restliche Lebenserwartung zugrunde gelegt. Um den Einfluß von Veränderungen der Lebenserwartung kontrollieren zu können, werden auch für 1987 die verlorenen Lebensjahre mit Hilfe der Lebenserwartung von 1979 berechnet; eine Basierung auf der Lebenserwartung von 1987 erbringt allerdings nur eine geringfügige Erhöhung der verlorenen Lebensjahre.

Tabelle 1 ermöglicht verschiedene Vergleiche zwischen unterschiedlichen Todesursachen. Derartige Vergleiche bieten einen Ansatz, um die Wichtigkeit von Todesursachen beschreiben und somit Prioritäten in der Gesundheitspolitik formulieren zu können. Der Stellenwert der verlorenen Lebensjahre zeigt sich vor allem bei den Todesursachen mit einem relativ niedrigen Sterbealter. So zeigt Tabelle 1 markante Unterschiede zwischen den beiden Indikatoren beim Kapitel 17 (Verletzungen und Vergiftungen): Im Vergleich zum Indikator 'Anteil an allen Todesfällen' erscheinen diese Todesursachen bei Betrachtung des Indikators 'Anteil an allen verlorenen Lebensjahre' ungefähr als doppelt so 'wichtig'. Als Beispiel für eine Todesursache, die bei Betrachtung des Indikators 'Anteil an allen Todesfällen' als 'wichtiger' erscheint, können die Krankheiten des Kreislaufsystems (Kapitel 7) dienen. In bezug auf den Trend zwischen 1979 und 1987 zeigen beide Indikatoren wiederum bei allen Kapiteln ein sehr ähnliches Bild.

In Abbildung 1 werden am Beispiel des Kapitels 17 (Verletzungen und Vergiftungen) Analysen pro Altersgruppe vorgestellt. Um Effekte unterschiedlicher Populationsgrößen auszuschließen, werden dabei Todesfälle und verlorene Lebensjahre auch pro 1000 Personen in der gleichen Altersgruppe berechnet. Die Abbildung verdeutlicht u.a., daß bei Betrachtung der verlorenen Lebensjahre Interventionsmaßnahmen in jüngeren Altersgruppen erheblich wichtiger erscheinen als bei Betrachtung der Sterbefälle. Erkennbar ist auch, daß die Berechnung pro 1.000 Personen der gleichen Altersgruppe sinnvoll erscheint: So steigen bei dieser Berechnung z.B. die Werte in den sehr jungen Altersgruppen erheblich an und der Rückgang der Sterblichkeit zwischen 1979 und 1987 zeichnet sich in allen Altersgruppen deutlicher ab.

Tabelle 1: Anteil an allen Todesfällen und an allen verlorenen Lebensjahren (in Prozent), 1979 und 1987

		Männer				Frauen		
ICD-Kapitel	1	2	3	4	1	2	3	4
1 Infektiöse K.	0,77	0,86	1,09	1,26	0,55	0,64	0,92	0,83
2 Neubildungen	23,13	26,21	20,78	25,28	22,37	23,82	26,57	29,70
Bronchien etc.	5,95	6,68	5,24	6,59	1,01	1,43	1,21	1,95
3 Stoffwechselk.	1,61	1,41	1,49	1,39	2,95	2,41	2,83	2,34
Diabetes	1,40	1,17	1,14	0,99	2,61	2,08	2,33	1,81
4 K. d. Blutes	0,19	0,20	0,21	0,22	0,23	0,24	0,28	0,27
5 Psych. K.	0,89	1,06	1,58	1,72	0,44	0,64	0,76	0,90
6 K. d. Nerven.	1,05	1,38	1,65	1,72	1,04	1,43	1,67	1,85
7 K. d. Kreislauf.	46,36	46,03	34,00	34,91	53,08	53,27	39,34	40,01
Herzinfarkt	14,33	14,17	12,79	12,88	8,61	9,31	7,86	8,50
8 K. d. Atmung.	7,19	7,03	5,31	4,99	4,59	4,64	4,05	3,88
9 K. d. Verdau.	6,03	5,01	7,01	5,80	4,74	4,19	5,57	4,80
Leberzirrhose	3,22	2,72	4,26	3,78	1,56	1,38	2,44	2,38
10 K. d. Harnorg.	1,71	1,15	1,16	0,81	1,47	1,23	1,42	1,10
11 K. Schwanger.	-	-	-	-	0,04	0,02	0,14	0,07
12 K. d. Haut	0,03	0,04	0,03	0,04	0,07	0,12	0,09	0,11
13 Skelett	0,21	0,20	0,18	0,17	0,51	0,53	0,47	0,46
14 Kongen. Anom.	0,44	0,35	2,07	1,76	0,35	0,27	2,02	1,72
15 Aff. Perinatal.	0,62	0,39	3,18	2,15	0,43	0,25	2,74	1,81
16 Symptome	2,19	2,57	2,96	4,06	2,42	2,67	2,41	3,24
17 Verletzungen	7,58	6,10	17,30	13,73	4,71	3,65	8,72	6,90
Unfälle	4,80	3,33	11,39	7,75	3,21	2,40	5,28	3,78
KFZ-Unfälle	2,66	1,67	7,34	4,91	1,00	0,61	2,89	1,94
Selbstmord	2,45	2,41	5,08	5,13	1,28	1,04	2,81	2,47

1   % an allen Todesfällen, 1979
2   % an allen Todesfällen, 1987
3   % an allen verlorenen Lebensjahren, 1979
4   % an allen verlorenen Lebensjahren, 1987
    (auf Basis der Lebenserwartung von 1979)

<u>**Abbildung 1:**</u> Verletzungen und Vergiftungen (ICD-Kapitel 17)

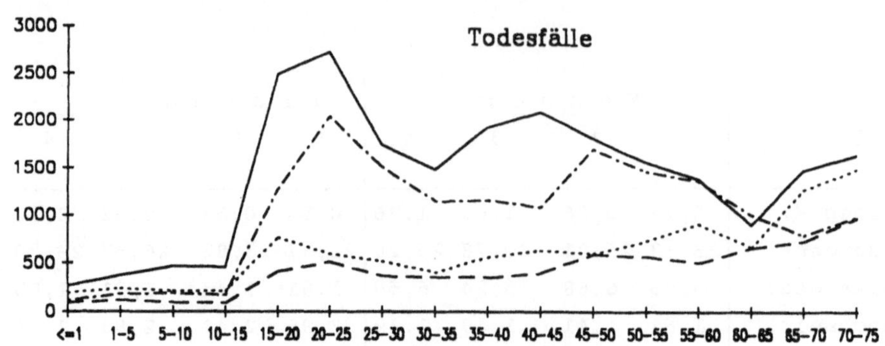

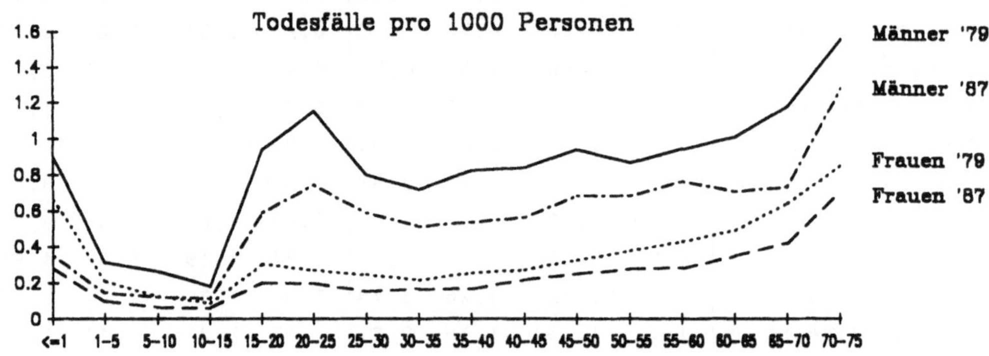

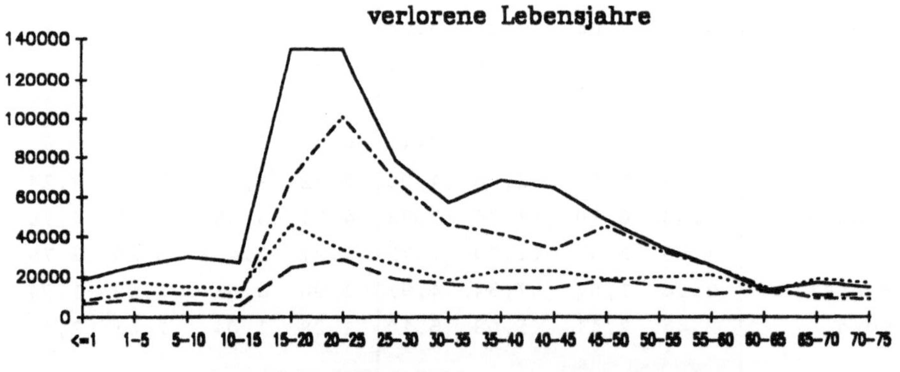

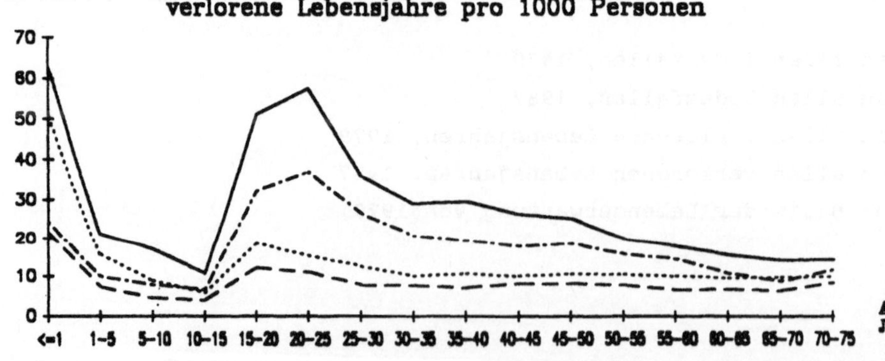

Für andere Todesursachen wie z.B. Herzinfarkt mit einem relativ geringen Unterschied zwischen 'Anteil an allen Todesfällen' und 'Anteil an allen verlorenen Lebensjahren' zeigen sich dagegen auch bei altersspezifischer Betrachtung nur geringe Unterschiede zwischen verlorenen Lebensjahren und Todesfällen.

Diskussion

Für die Bewertung der Wichtigkeit von Todesursachen im Sinne einer Priorisierung von Gesundheitspolitik bieten sich eine Vielzahl von Indikatoren an. Dennoch werden in der Bundesrepublik fast ausschließlich die beiden Indikatoren 'Anzahl der Todesfälle' und 'Sterbeziffer' verwendet. Da sie jeden Todesfall gleich gewichten, werden sie implizit durch die Todesfälle bei älteren Personen dominiert. Demgegenüber kann das normative Konzept vertreten werden, daß ein Todesfall bei jungen Personen 'wichtiger' ist als ein Todesfall bei alten Personen und jeder Todesfall mit den verlorenen Lebensjahren gewichtet werden sollte. Todesursachen wie z.B. Verletzungen und Vergiftungen oder auch AIDS erhalten mit diesem Konzept einen erheblich höheren Stellenwert. Um eine einseitige Betrachtung zu vermeiden, erscheint es daher sinnvoll, auch in der Bundesrepublik die routinemäßige Mortalitätsberichterstattung um den Indikator verlorene Lebensjahre zu ergänzen; wie hier angedeutet könnten dabei verlorene Lebensjahre insgesamt und pro Altersgruppe berechnet werden. Im Vergleich zu weiteren möglichen Indikatoren wie z.B. den indirekten volkswirtschaftlichen Kosten ist dieser Indikator zudem relativ einfach zu berechnen und nicht von einer Vielzahl weiterer Faktoren (z.B. alters- und geschlechtsspezifische Einkommensunterschiede) abhängig.

Literatur

Allen D, Lee RH, Lowson K: The use of QUALYS in health service planning. Inter. J. Health Planning and Management 1989;4:261-273.

Arca M, di Orio F, Forastiere F, Tasco C, Perucci CA: Years of potential life lost (YPLL) before age 65 in Italy. Am J Publ health 1988 Sep.;78(9):1202-1205.

Blane D, Cavey Smith G, Bartley: Social class differences in years of potential life lost: Size, trends and principal causes. Br Med. J 1990;301(6749):429-432.

CDC (Centers for Disease Control) (ed.): Years of potential life lost before ages 65 and 85 - United States, 1987 and 1988. Morbidity and Mortality Weekly Report 1990;39(2): 20-22.

DHHS (U.S. Department of Health and Human Services) (ed.): Health United States 1989, Hyattsville, Maryland 1990.

Gardner JW, Sanborn JS: Years of potential life lost (YPLL) - what does it measure? Epidemiology 1990;1(4):322-329.

Geißler U: Verlust an Lebensjahren durch vorzeitigen Tod nach Krankheitsarten, 1952 und 1975. Wissenschaftliches Institut der Ortskrankenkassen, Wido-Materialien Bd. 5, Bonn 1980.

Haenszel W: A standardized rate for mortality defined units of lost years of life. Am J Publ Health 1950;40:17-26.

Henke KD, Behrens C, Arab L, Schlierf G: Die Kosten ernährungsbedingter Krankheiten. Schriftenreihe des Bundesministers für Jugend, Familie Frauen und Gesundheit, Band 179, Verlag Kohlhammer, Stuttgart 1986.

Junge B: Welche Krankheiten bestimmen unsere Sterberate, Lebenserwartung, verlorenen Lebensjahre? In: Hoffmeister H, Großklaus D (Hrsg.): Gesundheit und Umwelt '88. Beiträge zur ärztlichen Fortbildung (bga-Schriften 4/88), MMV Medizin Verlag, München 1988, 15-23.

Leidl R: Ökonomisch bedeutsame Folgen von AIDS: Verlorene Lebensjahre und Bedarf an Krankenhausbetten. Arbeit und Sozialpolitik 1990;44(7):238-243.

Grafische Diagnostik Unbeobachteter Heterogenität

Dankmar Böhning

*Abteilung Epidemiologie des Instituts für Soziale Medizin
der Freien Universität Berlin
Augustastr. 37, 1000 Berlin 45*

1. Einleitung

In diesem Beitrag wird die Diagnostik *unbeobachteter* oder *latenter* Heterogenität diskutiert. Dabei wird unter *latenter Heterogenität* verstanden, daß die Population aus einer unbekannten Anzahl von Subpopulationen besteht, die *nicht* beobachtet werden. Von daher kann nur von der *Mischverteilungsannahme* ausgegangen werden, daß die Beobachtung X einer nichtparametrischen Mischverteilung $f(x,P) = \sum_{j=1}^{k} f(x,\vartheta_j)p_j$ entstammt, wobei die *mischende Verteilung* P den (Mittelwerts-)Parametern ϑ_j Gewicht p_j gibt. Gute Einführungen in diese Modelle findet man in Lindsay (1983), Titterington, Smith & Makov (1985), McLachlan & Basford (1988), Böhning (1989). Die statistische Analyse dieser Form von Populationsheterogenität ist aus mehreren Gründen interessant: *zwei* seien hier erwähnt. Die Subpopulationen, die in der statistischen Analyse gefunden werden, lassen oft Interpretationen zu, wie Niedrig- und Hochrisikogruppen. Eine clusteranalytische Anwendung dieser Art für Todesfälle am Sudden Infant Death wird von Symons, Grimson & Yuan (1983) diskutiert. Wird Populationsheterogenität ignoriert, so braucht die (üblicherweise) benutzte statistische Inferenz keine Gültigkeit mehr zu haben. Wird beispielsweise ein 95%iges *exaktes* Konfidenzintervall für die Anzahl der Todesfälle angegeben, geschieht dies unter der Annahme einer *einzigen (k=1)* Poissonverteilung für die Anzahl der Todesfälle. Liegt Populationsheterogenität vor, kann die Überdeckungswahrscheinlichkeit weit unterschätzt werden. (Dies liegt an der Tatsache, daß Populationsheterogenität zu Überdispersion führt.) Anwendungen dieser Art findet man z.B. in Gibbons, Clark & Fawcett (1990), Böhning, Lindsay & Schlattmann (1991). Clusteranalytsiche Methoden über Mischverteilungsansätze haben "gute" statistische Eigenschaften (z. B. is der Nichtparametrische Maximum-Likelihood-Schätzer *konsistent)*; ähnliches gilt i.a. *nicht* für die klassifikatorischen, clusteranalytischen Alternativen (z. B. McLachlan & Basford, 1988; Ganesalingam, 1989). Obwohl mittlerweile zuverlässige Verfahren zur Konstruktion des nichtparametrischen Maximum-Likelihood-Schätzers zur Verfügung stehen (Böhning, 1989) und diese in leicht zu bedienender Software dem Benutzer zugänglich sind (Böhning, Schlattmann & Lindsay, 1991), kann es von Vorteil sein, auf andere, *einfachere* Weise das Vorliegen unbeobachteter Heterogenität zu diagnostizieren. Im folgenden wird auf einige *grafische* Vorschläge eingegangen, die alle leicht mit jedem makrofähigen Programmpaket durchführbar sind.

2. Einige traditionelle Verfahren

Es liegt zunächst nahe, auf bekannte und bewährte Verfahren zurückzugreifen. Dabei können zwei Gruppen von Methoden unterscheiden werden, nämlich einerseites solche, die auf der *Verteilungsfunktion*, und andererseits solche, die auf der *Dichtefunktion* basieren. Beide

Gruppen basieren auf dem Prinzip, einen geeigneten *Nullplot* zu konstruieren, d.h. bei Gültigkeit der spezifischen Verteilungsannahme zeigt der Plot eine bestimmte Struktur, häufig die einer *Geraden*. Der bekannteste Vertreter der ersten Gruppe ist der Q-Q-Plot, in dem z.B. auf der einen Achse $F_n^{-1}(p)$, F_n emprirische Verteilungsfunktion, auf der anderen Achse $\Phi^{-1}(p)$, Φ theoretische Verteilungsfunktion, abgetragen wird. Entstammt die beobachtete Verteilung einer Population mit der Verteilungsfunktion Φ, so zeigt ein Q-Q-Plot mit $p=p_i=i/(n+1)$ für $i=1,...,n$ annähernd *lineare* Struktur. Eine andere Variante des Q-Q-Plots schlägt Fowlkes (1979) vor, nämlich $\Phi(z_i)$ - p_i gegen z_i zu zeichnen, wobei $z_i=(x_{(i)}-\bar{x})/s$, $\bar{x}$ Mittelwert und s die Standardabweichung bezeichnen. Hier wird $p_i=(i-1/2)/n$ für $i=1,...,n$ gewählt. Der Nullplot zeigt dann den Verlauf einer *horizontalen* Gerade. Bei den Verfahren, die auf der Dichtefunktion beruhen, ist der Bhattacharya-Plot ein bekannter Vertreter. Ursprünglich für den Fall der Normalverteilung entwickelt, für den die Ableitung des Logarithmus der Dichte eine *lineare* Funktion ist, geht es im allgemeinen darum, die Dichte so zu transformieren, daß eine lineare Funktion entsteht. Im Fall der Normalverteilung würde man dann die Differenzen der logarithmisierten Histogrammhäufikeiten gegen x zeichnen. Für den Fall der Poissonverteilung $f(y,\vartheta)= e^{-\vartheta}\vartheta^y/y!$ liegt es nahe – wegen $f(y+1,\vartheta)/f(y,\vartheta) =\vartheta/(y+1)$ – $w(y)/w(y+1)$ gegen y zu zeichnen. Hierbei ist beobachtet$=w(y) = $ "empirische, relative Häufigeit derjenigen Stichprobenelemente x, deren Wert gleich y ist". Abb. 1.1 zeigt ein solches Diagramm für eine Poissonverteilung (n=1000). *Bei all diesen Verfahren ist jedoch der schwache Punkt, daß eine Abweichung vom Nullplot mehr als eine Erklärung haben kann und keine spezifische Struktur im Residualplot typisch für das Vorliegen latenter Heterogenität ist.* Dies zeigen Abb. 1.2 und 1.3, in dem einmal von einem Unterdispersionsmodell, im anderen Fall von einer Mischung von Poissonverteilungen (Überdispersion) ausgegangen wurde.

3. Ungeglättete Residualdiagnostik

Eine Möglichkeit, die indikativ für das Vorliegen latenter Heterogenität ist, wird von Lindsay & Roeder (1990) vorgeschlagen, nämlich die *grafische Analyse* der Residuen $\dfrac{\text{(beobachtet - erwartet)}}{\text{erwartet}}$ in Abhängigkeit von y. "erwartet" hängt von betrachteten Modell ab:

"erwartet" $= f(y,\vartheta)$ führt zum *Homogenitätsresiduum* $r_{\hat{\vartheta}}(y)= w(y)/f(y,\hat{\vartheta}) - 1$, "erwartet" $= f(y,P)$ zum *Heterogenitätsresiduum* $r_P(y) = w(y)/f(y,P) - 1$. Man beachte, daß die quadrierten Residuen die bekannte χ^2-Statistik ergibt: $\chi^2=n\sum_y r(y)^2 f(y) =n\sum_y (w(y)-f(y))^2/f(y)$. Liegt nun Populationsheterogenität vor, so zeigt der Homogenitätsresidualplot eine bestimmte (konvexe) Struktur. Änlich der Residualanalyse in der Regression sind andere Strukturen im Homogenitätresidualplot *indikativ* für andere Modelle. Die zentrale Idee geht zurück auf Shaked (1980), der die *Konvexität* der Resiudalfunktion $\rho(y,\vartheta_0)=f(y,P)/f(y,\vartheta_0)-1$ für einparametrige Exponentialfamilien zeigen konnte, die von Lindsay (1986) zur *Log-Konvexität* erweitert wurde. Hierbei bezeichnet ϑ_0 den Erwartungswert $E(X) = \int x\, f(x,Q)\, dx$. Es sei darin erinnert, daß eine

Funktion *konvex* heißt, wenn die Verbindungslinie zweier Punkte auf dem Graphen dieser Funktion niemals unterhalb des Graphen dieser Funktion verläuft. Es liegt nun nahe, $\rho(y,\vartheta_0)$ durch $r_{\hat{\vartheta}}(y)$ zu schätzen und $\log[r_{\hat{\vartheta}}(y)+1]$ gegen y zu zeichnen und auf Konvexität zu untersuchen. Die Anwendung dieser Form von Diagnostik soll an zwei Datenbeispielen veranschaulicht werden. Die Abb. 2.1 und 2.2 beziehen sich auf die tageweise erfaßte Statistik der Todesfälle aufgrund einer Hirngefäßerkrankung (ICD430-438) in Berlin (West) des Jahres 1988. Eine gewisse konvexe Struktur ist erkennbar. Wird der Maximum-Likelihood-Schätzer berechnet, so findet man eine aus zwei Subpopulationen bestehende Heterogenität. Die glatte Kurve wird durch $f(y,\hat{P})/f(y,\hat{\vartheta})$ dargestellt. Das zweite Beispiel bezieht sich auf eine prospektive Studie von 702 Vorschulkindern in Nordostthailand (Schelp u.a. 1990). Von jedem Kind wurde vierzehntäglich erfaßt, ob es eines der Symptome Fieber, Husten, oder Schnupfen hatte und schließlich über den ganzen Zeitraum 1982-85 ausgewertet. Die Abb. 3 zeigt die Verteilung der Anzahl der Symptome. Deutlich ist hier in Abb. 4 eine *konvexe* Residualstruktur erkennbar, die in einer weiteren Analyse auf eine Heterogenität bestehend aus vier Subpopulationen führt.

4. Geglättete Residualdiagnostik

Das bislang betrachtete Residuum hat einerseits den Nachteil, daß es gruppierte Daten voraussetzt (stetige Daten können zwar nachträglich klassifiziert werden; dies birgt jedoch eine Reihe von Gefahren in sich) und andererseits wird das Erkennen der Konvexitätsstruktur durch starke zufällige Schwankungen erschwert. Das Schlüsselelement dieser erweiterten Diagnostik basiert auf dem zentralen *Äquivalenzsatz für Mischverteilungen* (Böhning 1989, Lindsay 1983). Danach ist $\hat{P}$ der Maximum-Likelihood Schätzer der mischenden Verteilung P genau dann, wenn $D(\hat{P},\vartheta) \leq 0$ für alle ϑ ist. $D(\hat{P},\vartheta)$ ist definiert als

$$\frac{1}{n}\sum_{i=1}^{n}\left(\frac{f(x_i,\vartheta)}{f(x_i,\hat{P})}-1\right)=\sum_y\left(\frac{f(y,\vartheta)}{f(y,\hat{P})}-1\right)w(y)=$$

$$\int\left(\frac{f(x,\vartheta)}{f(x,\hat{P})}-1\right)dF_n(x)$$

und kann als Richtungsabeleitung an der Stelle $\hat{P}$ in Richtung der Ecken des Wahrscheinlichkeitssimplex interpretiert werden. Es wird jetzt speziell der *Homogenitätsgradient* $D(\hat{\vartheta},\vartheta)=\dfrac{1}{n}\sum_{i=1}^{n}\left(\dfrac{f(x_i,\vartheta)}{f(x_i,\hat{\vartheta})}-1\right)$ betrachtet, der aus mehreren Gründen interessant ist. Zum einen ist $D(\hat{\vartheta},\vartheta)=0$ für alle ϑ, wenn ein homogenes Modell perfekte Anpassung hat. Andernfalls, nach dem Äquivalenzsatz, wird der Homogenitätsgradient Werte über 0 annehmen. Zum anderen verhält sich $D(\hat{\vartheta},\vartheta)$ *wie eine geglättete Version der Residualfunktion*. Es konvergiert nämlich $F_n(x)$ gegen $F(x,Q)=\sum_j F(x,\vartheta_j)\,p_j$, die gemischte Verteilungsfunktion der Population, daher konvergiert $D(\hat{\vartheta},\vartheta)=\int\left(\dfrac{f(x,\vartheta)}{f(x,\hat{\vartheta})}-1\right)dF_n(x)$ gegen

$$D_0(\vartheta_0,\vartheta)=\int\left(\frac{f(x,\vartheta)}{f(x,\vartheta_0)}-1\right)dF(x,Q)=\int\rho(x,\vartheta_0)\,g(x,\vartheta)\,dx$$

und Lindsay & Roeder (1990) zeigen, daß sich die Konvexität von $\rho(x,\vartheta_0)$ in x auf $D_0(\vartheta_0,\vartheta)$ in ϑ überträgt. Abschließend sei

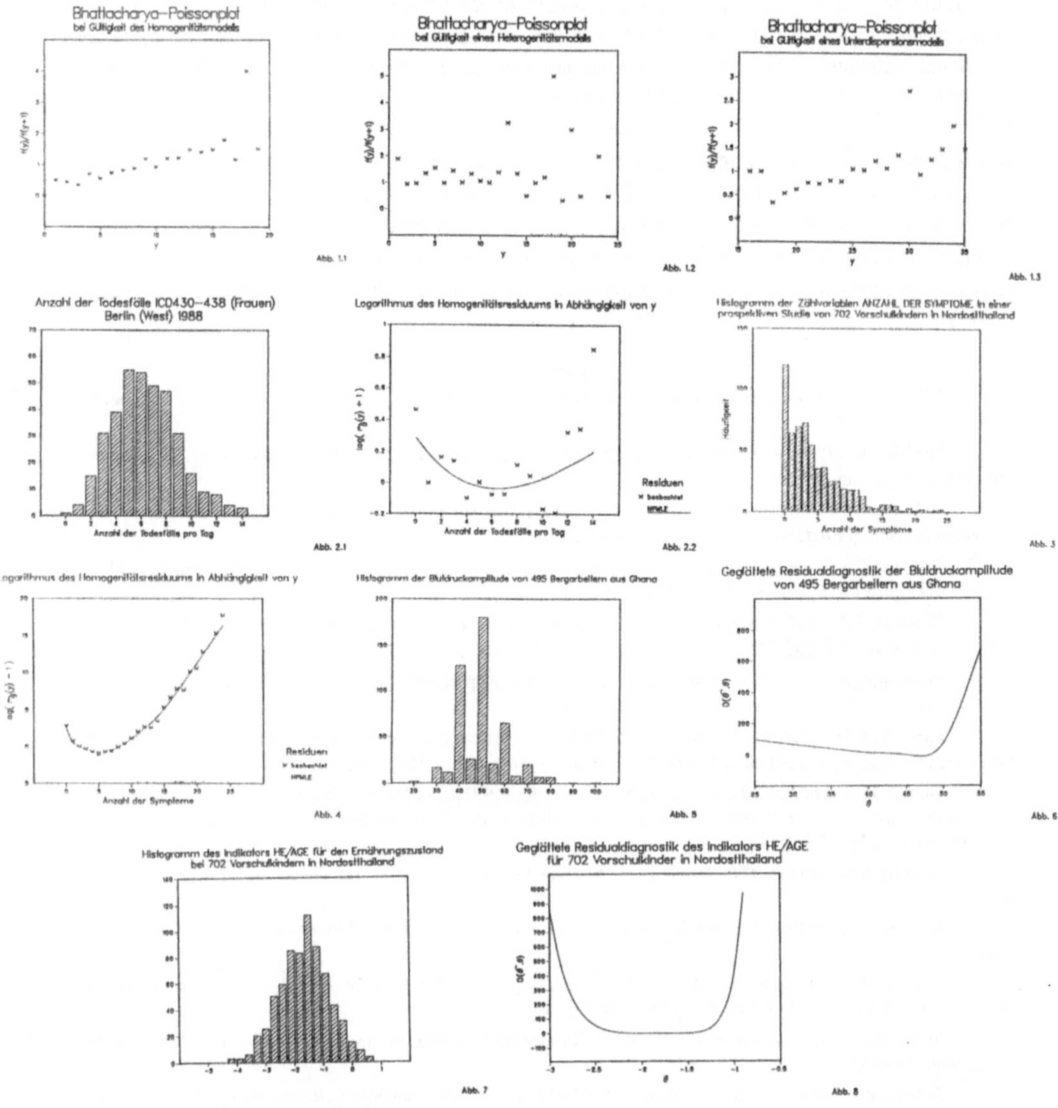

Bhattacharya–Poissonplot bei Gültigkeit des Homogenitätsmodells

Abb. 1.1

Bhattacharya–Poissonplot bei Gültigkeit eines Heterogenitätsmodells

Abb. 1.2

Bhattacharya–Poissonplot bei Gültigkeit eines Unterdispersionsmodells

Abb. 1.3

Anzahl der Todesfälle ICD430–438 (Frauen) Berlin (West) 1988

Abb. 2.1

Logarithmus des Homogenitätsresiduums in Abhängigkeit von y

Abb. 2.2

Histogramm der Zählvariablen ANZAHL DER SYMPTOME in einer prospektiven Studie von 702 Vorschulkindern in Nordostthailand

Abb. 3

Logarithmus des Homogenitätsresiduums in Abhängigkeit von y

Abb. 4

Histogramm der Blutdruckamplitude von 495 Bergarbeitern aus Ghana

Abb. 5

Geglättete Residualdiagnostik der Blutdruckamplitude von 495 Bergarbeitern aus Ghana

Abb. 6

Histogramm des Indikators HE/AGE für den Ernährungszustand bei 702 Vorschulkindern in Nordostthailand

Abb. 7

Geglättete Residualdiagnostik des Indikators HE/AGE für 702 Vorschulkinder in Nordostthailand

Abb. 8

auch diese Form der Diagnostik an zwei Datenbeispielen veranschaulicht. Abb. 5 und 6 beziehen sich auf eine Arbeit von Gunga et al. (1991), die den Gesundheitszustand von 495 Bergarbeitern in Ghana untersucht. Abb. 5 ist ein Histogramm der Blutdruckamplitude, Abb. 6 zeigt die zugehörige geglättete Residualfunktion, die eine deutliche Konvexität aufweist, was auf das Vorhandensein besonderer Risikogruppen hinweist. Die Abb. 7 und 8 beziehen sich auf die schon erwähnte Untersuchung von Schelp et al. (1990), in der auch gewisse anthropometrische Indikatoren zur Evaluation des Ernährungszustandes gemessen wurden. Abb. 7 zeigt ein Histogramm des Indikators HE/AGE, der für niedrige Werte auf eine chronische Mangelernährung hinweist. In Abb. 8 zeigt auch hier die geglättete Residualfunktion eine deutliche Konvexität, was auf das mögliche Vorhandensein einer besonderen Risikogruppe hindeutet.

Literatur

Bhattacharya, C.G. (1967). A simple method of resolution of a distribution into Gaussian components. *Biometrics* **23**, 115-135.

Böhning D. (1989). Likelihood Inference for Mixtures: Geometrical and Other Constructions of Monotone Step-length Algorithms. *Biometrika* **76**, 375-83.

Böhning D., Lindsay B.G., Schlattmann P. (1991). Statistical Methodology For Suicide Cluster Analysis. *American Journal of Epidemiology* , (erscheint demnächst).

Böhning D., Schlattmann P., Lindsay, B.G. (1991). Computer Assisted Analysis of Mixtures (C.A.MAN): Statistical Algorithms. *Biometrics* **47**, (erscheint demnächst).

Fowlkes, E.B. (1979). Some methods for studying the mixture of two normal (lognormal) distributions. *J. Amer. Statist. Assoc.* **74**, 561-575.

Ganesalingam S. (1989). Classification and Mixture Approaches to Clustering via Maximum Likelihood. *Appl. Statist.* **38**, 455-66.

Gibbons R.D., Clark D.C., Fawcett J. (1990). A Statistical Method For Evalutating Suicide Clusters And Implementing Cluster Surveillance. *American Journal of Epidemiology* **132**, S183-91.

Gunga, H.-C., Forson, K., Amegby, N., Kirsch, K. (1991). Lebensbedingungen und Gesundheitszustand von Berg- und Fabrikarbeitern im tropischen Regenwald von Ghana. *Arbeitsmedizin Sozialmedizin Präventivmedizin* **26**, 17-25.

Lindsay B.G. (1983). The Geometry of Mixture Likelihoods: a General Theory. *Annals of Statistics* **11**, 86-94.

Lindsay B.G. (1986). Exponential Family Mixture Models (with Least- Squares Estimators). *The Annals of Statistics* **14**, 124-37.

Lindsay B.G., Roeder K. (1990) . *Residual Diagnostics for Mixture Models*. Reports and Preprints, Department of Statistics. Yale University:New Haven

Mclachlan, G.J., Basford, K.E. (1988). *Mixture Models: Inference and Applications to Clustering*. New York: Marcel Dekker.

Schelp, F.-P., Sormani, S., Pongpaew, P., Vudhivai, N., Egormaiphol, S., Böhning, D. (1990). Seasonal Variation of Wasting and Stunting in Preschool children during a three-year community-based nutritional Intervention Study in northeast Thailand.. *Trop. Med. Parasitol.* **41**, 279-285.

Shaked M. (1980). On Mixtures From Exponential Families. *J. Roy. Statist. Soc. B* **42**, 192-98.

Symons M.J., Grimson R.C., Yuan Y.C. (1983). Clustering of Rare Events. *Biometrics* **39**, 193-205.

Titterington D.M., Smith A.F.M., Makov U.E. (1985). *Statistical Analysis of Finite Mixture Distributions*. John Wiley and Sons:New York.

Monitoring akuter gesundheitlicher Auswirkungen von Luftschadstoffen bei chronisch atemwegserkrankten Personen in Nordrhein-Westfalen[*]

U. Ranft[1], P.O. Degens[1], H.-E. Wichmann[2], K. Franke[2], C. Spix[2], W.T. Ulmer[3],
H.-W. Schlipköter[1], B.-J. Höltmann[4], A. Boeriu[4], F.W. Schwartz[5], B.-P. Robra[5]

[1]) Medizinisches Institut für Umwelthygiene an der Heinrich Heine-Universität Düsseldorf
[2]) Fachgebiet Arbeitssicherheit und Umweltmedizin der Bergischen Universität Wuppertal
[3]) Medizinische Universitäts- und Poliklinik der Berufsgenossenschaftlichen Krankenanstalten
   "Bergmannsheil", Bochum
[4]) Kreiskrankenhaus St. Elisabeth, Grevenbroich
[5]) Abteilung Epidemiologie und Sozialmedizin der Medizinischen Hochschule Hannover

[*]) Gefördert durch den Minister für Arbeit, Gesundheit und Soziales des Landes Nordrhein-
   Westfalen

Problemstellung

Experimentelle und epidemiologische Untersuchungen haben ergeben, daß Luftschadstoffbelastungen, wie sie in besonders extremer Ausprägung z.B. während der bekannten Londoner Smogepisode 1952, aber auch noch in den Ausmaßen der Wintersmogphase des Jahres
1985 in Westdeutschland beobachtet wurden, akute gesundheitliche Auswirkungen zeigen
[1,2,4,5,7]. Diese Aussage stützt sich im Falle epidemiologischer Studien im wesentlichen auf
auffällige Assoziationen zwischen den zeitlichen Verläufen von Morbiditäts- oder Mortalitätsstatistiken und Luftschadstoffbelastungen. Experimentelle Studien hingegen können in kontrollierten Smogkammerexperimenten akute Änderungen physiologischer Parameter, wie z.B.
Lungenfunktionswerte, beobachten. In einigen wenigen Kohortenstudien wurde versucht,
entsprechend der experimentellen Vorgehensweise durch Messungen relevanter Lungenfunktionsparameter und durch Beobachtung der Befindlichkeit akute Reaktionen auf erhöhte
Werte der Außenluftbelastung mit SO_2,NO_2 und Schwebstaub direkt zu beobachten [1,2].
Eine Übersicht der Studienergebnisse macht deutlich, daß noch erhebliche Wissenslücken
zu akuten gesundheitlichen Wirkungen von Luftschadstoffen bestehen. Insbesondere betrifft
dies die Frage, inwieweit chronisch atemwegserkrankte Personen unter den derzeit zu beob-
achtenden, gegenüber den vergangenen Jahrzehnten vergleichsweise niedrigen Schadstoff-
belastungen akuten gesundheitlichen Beeinträchtigungen ausgesetzt sind. Die vorgestellte
Studie versucht dieser Fragestellung durch eine fortlaufende und zeitlich engmaschige Beobachtung des Gesundheitszustandes einer im oben gesagten Sinne vulnerablen Personen-
gruppe nachzugehen. In der ursprünglichen Konzeption waren nur Luftschadstoffbelastungen des Wintersmogs, wie sie durch die Hauptkomponenten SO_2, NO_2 und Schwebstaub erfaßt werden, in Betracht gezogen worden. Während des Studienverlaufes wurden akute Wirkungen durch die Photooxidanzien des sog. Sommersmogs, dessen Leitkomponente das
Ozon ist, zusätzlich in die Sudienzielsetzung mit aufgenommen.

Methode

Als multizentrische Kohortenstudie konzipiert, wurden 127 Probanden mit chronisch obstruk-
tiver Bronchitis oder Asthma im Alter von 50 bis 70 aus insgesamt neun Orten in den Belastungsgebieten von Rhein und Ruhr sowie in geringer belasteten Gebieten des Sieger- und
Sauerlandes über maximal drei Jahre beobachtet. Der Beobachtungszeitraum umfaßt dabei
als Pilotphase die Monate September 1987 bis April 1988 sowie als Hauptphase die Monate

September 1988 bis August 1990. Wichtigstes Beobachtungsinstrument war die tägliche Pro-
tokollierung des Gesundheitszustandes durch Angaben zur Befindlichkeit, der Medikation
und, insbesonders, der morgens, mittags und abends selbst durchgeführten Messung des
Peakflows mittels eines Peakflow-Meters jeweils vor und nach Einnahme eines Betamimeti-
cum. Die Angaben zur Befindlichkeit werden in einem späteren Datenaufbereitungsschritt zu
einem Score zusammengefaßt, das das subjektive Befinden des Probanden für einen Tag beschreiben soll. Zusätzlich wurden alle Probanden in regelmäßigen Abständen von 1 bis 2
Monaten zu einer klinischen Untersuchung einbestellt, deren Funktion einerseits in einer objektiven, fortlaufenden Beurteilung des Gesundheitszustandes der Probanden und andererseits in deren Motivation durch eine intensive ärztliche Betreuung bestand. Die akute Belastung der Probanden durch Schadstoffe in der Außenluft wurde durch die Tageswerte der
Konzentrationen von SO_2,NO_2, O_3 und Schwebstaub bewertet. Hierzu standen die Stationen
des TEMES-Meßnetzes der Landesanstalt für Immissionsschutz Nordrhein-Westfalens sowie
je eine Station der Fraunhofer-Gesellschaft in Schmallenberg und des Umweltbundesamtes
in Meinerzhagen zur Verfügung. Ebenfalls tageweise wurden von diesen Stationen auch die
Wetterdaten (Temperatur, relative Luftfeuchte und Windgeschwindigkeit) bereitgestellt, die
wichtige Confounder für die Fragestellung der Studie darstellen.

Die statistische Auswertung der Studienergebnisse wird in vier Hauptabschnitten durchgeführt. Die deskriptive Auswertung umfaßt die klinischen und anamnestischen Untersuchungsergebnisse, die Teilnahmequalität der Probanden, eine für die analytische Auswertung geeignete Aufbereitung der Luftschadstoff- und Wetterdaten sowie paarweise Korrelationen der erfaßten Variablen. Im zweiten Abschnitt werden alle Peakflow-Zeitreihen in drei
additive Anteile zerlegt, einen Trend, eine periodische Komponente (Tagesgang) und einen
zufälligen Anteil [3]. Auf diese Weise soll eine geeignete Datenbasis für eine detaillierte
Einzelanalyse der Peakflow-Verläufe unter klinischen Gesichtspunkten geschaffen werden.
Diese Zeitreihenkomponenten stehen aber auch für den dritten Auswertungsabschnitt, eine
Regressionsanalyse, die aus zwei Teilschritten besteht, zur Verfügung. In einem ersten
Schritt werden für jeden Probanden die Parameter eines multiplen Regressionsmodells ge-
schätzt, das die Abhängigkeit einer den akuten Gesundheitszustand beschreibenden Größe
(z.B. Peakflow morgens) von einer die Schadstoffbelastung der Luft charakterisierenden
Größe (z.B. SO_2-Konzentration) beschreibt unter Berücksichtigung von probandenbezogenen
Störvariablen (z.B. Medikation) und externen Störvariablen (z.B. Temperatur) sowie versehen
mit einer Korrektur für die Autokorreliertheit der Zielgröße. Im zweiten Schritt werden die im
vorangegangenen Schritt ermittelten Parameter je Bezugsgröße einer gewichteten Mittelung
[5] über die Probanden unterzogen. Auf diese Weise erhält man gemeinsame Schätzer für die
Reaktion der Probanden auf die jeweiligen Einflüsse, die auch zur qualitativen Bewertung
einem Test auf Unterschied vom Nullwert unterzogen werden können. Der vierte Auswertungsabschnitt hat einen ausgeprägt explorativen Charakter. Unter Verwendung der Ergebnisse der beiden ersten Auswertungsabschnitte werden verschiedene Subgruppen der Probanden gebildet, für die, gegebenenfalls unter leichten Abänderungen der Regressionsmodelle, die Analysen des dritten Auswertungsabschnittes wiederholt werden. Dabei sind auch
Gruppenvergleiche vorgesehen.

Ergebnisse

Das Probandenkollektiv erweist sich in vielerlei Hinsicht als sehr heterogen, z.B. in Art und
Schweregrad der chronischen Atemwegserkrankung, Grad der Reagibilität der Atemwege,
medikamentöser Therapie, Zuverlässigkeit (Compliance) sowie Qualität der Selbstbeobach-
tung hinsichtlich sowohl der Tagebuchführung wie auch der Anwendung des Peakflow-Me-

ters. In Abbildung 1 sind die Zeitverläufe von Tagesprotokollen dreier Probanden dargestellt, die sehr gut die erheblichen Unterschiede verdeutlichen. Auch innerhalb der einzelnen Zeitverläufe ist bei den meisten Probanden eine sehr große Variabilität zu beobachten. Das Ausmaß beider, der inter- und der intra-individuellen Variabilität, erschwert eine statistische Analyse und läßt verallgemeinernde statistische Aussagen nur in beschränktem Umfang zu. Entscheidende Voraussetzung, um im Sinne der Zielsetzung eine statistische Auswertung vornehmen zu können, ist aber, daß eine ausreichend große Anzahl auswertbarer, d.h., relativ vollständiger Tagebuchprotokolle bzw. Peakflow-Messungen während Phasen erhöhter Luftschadstoffbelastungen vorliegt. Trotz des beträchtlichen Aufwandes für die Probanden konnte diese Ziel mit einem großen Betreuungsaufwand erreicht werden (Abb. 2). Für die beiden Winterhalbjahre der Hauptphase konnte eine Beteiligung von ca. 75% der maximal möglichen auswertbaren Tagebuchprotokolle erzielt werden.

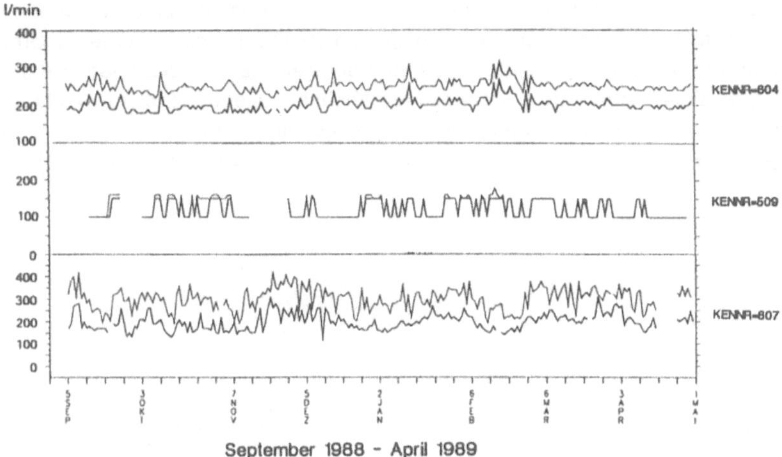

Abbildung 1: Peakflow-Werte von 3 Probanden, abends vor und nach Broncholyse

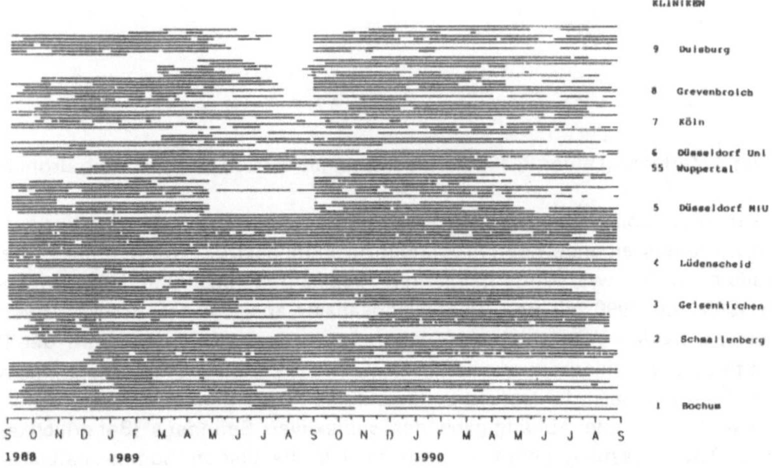

Abbildung 2: Vorhandene Tagesprotokolle der Probanden vom 01.09.1988 bis 02.09.1990

Ein besonderes Problem für die Zielsetzung der Studie stellen die milden und im Vergleich zu früheren Jahren besonders schadstoffarmen Winter 1988/89 und 1989/90 dar. Die Konzentrationswerte gelangten niemals in den Bereich, der die Vorwarnstufe für eine austauscharme Wetterlage gemäß der nordrhein-westfälischen Smog-Verordnung auslöst. So lagen z.B. die Tagesmaxima für die Hauptkomponenten SO_2 und Schwebstaub selbst während einer nur sehr kurz anhaltenden austauscharmen Wetterlage im November/Dezember 1989 deutlich unter diesen Grenzwerten. Eine zu geringe Schwankungsbreite der Luftschadstoffkonzentrationen kann aber dazu führen, daß mögliche akute gesundheitliche Auswirkungen nur schwach ausgeprägt sind und von der statistischen Analyse nicht erkannt werden. In den Sommermonaten 1989 und 1990 lagen hingegen die Ozon-Konzentrationen mehrfach über dem Richtwert der maximalen Immissionskonzentration (MIK-Wert) des VDI.

Eine erste Sichtung der Ergebnisse der Zeitreihenanalyse der einzelnen Peakflow-Verläufe läßt eine Reihe interessanter Charakteristika der Atemfunktion der Patienten erkennen (Abb. 3). So weisen z.B. fast alle Probanden einen ausgeprägten Tagesgang mit einem morgendlichen Tief ("morning dip") auf. Für viele Probanden spiegelt die Trendkomponente deutlich die längerfristige Entwicklung des Krankheitsgeschehens wieder. Die Abweichung der Trendkomponente des Peakflow-Wertes nach Betamimeticum-Einnahme zum Wert vorher erweist sich als geeignet zur Beschreibung der Hyperreagibilität des Bronchialsystems der Probanden.

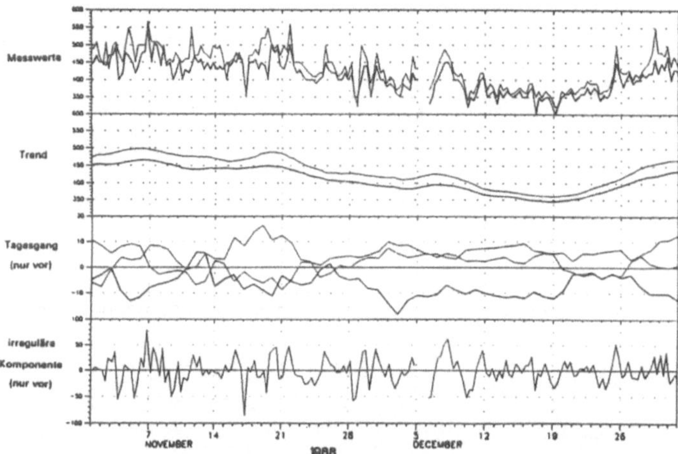

Abbildung 3: Zerlegung einer Peakflow-Meßreihe mit Werten vor und nach Broncholyse

Aufgrund der unterschiedlichen Belastungsbedingungen und der sich im Verlauf der gesamten Beobachtungszeit ändernden Probandenzusammensetzung werden die Zeitreihen getrennt jeweils nach den zwei Winterhalbjahren 1988/89 und 1989/90 und den zwei Sommerhalbjahren 1989 und 1990 mit dem Regressionsansatz ausgewertet. Erste Auswertungsergebnisse für die beiden Winterhalbjahre geben keine Hinweise darauf, daß der Peakflow durch erhöhte Schadstoffkonzentrationen beeinflußt wird. Einen schwach signifikanten Einfluß auf den Peakflow weist die relative Luftfeuchte auf. Bei einigen Probandenuntergruppen konnten Hinweise auf eine Abhängigkeit des subjektiven Befindens (Befindlichkeitsscore) von der Schadstoffbelastung gefunden werden. Für die beiden Sommerhalbjahre liegen ebenfalls nur vorläufige Ergebnisse vor. Allerdings zeichnen sich hier für den Schadstoff Ozon deutlichere Hinweise eines Einflusses sowohl auf den Peakflow wie auch auf die Befindlichkeit ab.

Diskussion

Die Erfahrungen, die während der Studiendurchführung gewonnen wurden, und auch die Qualität der erhobenen Daten zeigen, daß eine epidemiologische Untersuchung grundsätzlich möglich ist, die ein engmaschiges Monitoring mit einer zeitlichen Auflösung unterhalb eines Tages und über einen längeren Zeitraum von ein oder zwei Jahren umfaßt. Der Betreuungsaufwand für die Probanden, der sich vor allem im Personaleinsatz ausdrückt, muß dann aber einen erheblichen Umfang annehmen.

Da die Gesamtauswertung noch nicht abgeschlossen ist, muß auf eine Diskussion der Studienergebnisse zur Frage akuter gesundheitlicher Auswirkungen von Luftschadstoffen auf chronisch atemwegserkrankte Personen vorläufig verzichtet werden. Allerdings kann jetzt schon konstatiert werden, daß nur eine sorgfältig differenzierende Beanwortung dieser Frage möglich ist, die die unterschiedlichen Erkrankungs- und Therapiesituationen der Patienten berücksichtigt. Zusätzlich werden eindeutige Aussagen durch die verhältnismäßig niedrigen Belastungswerte der Winterhalbjahre 1988/89 und 1989/90 erschwert. Aus diesem Grunde wurde im Herbst 1990 damit begonnen, unter Verwendung eines nahezu identischen Studiendesigns ein Monitoring vulnerabler Personengruppen in Belastungsgebieten Ostdeutschlands und der Tschechoslowakei durchzuführen.

Das sehr umfangreiche und sorgfältig validierte Datenmaterial dieser Studie bietet über die Bearbeitung der eigentlichen Problemstellung hinaus die Möglichkeit, einer Reihe von Fragen zur Dynamik von Verläufen chronischer Atemwegserkrankungen und ihrer Therapierung nachzugehen. Für den größten Teil der Probanden liegen über einen Zeitraum von mindestens 6 Monaten nahezu vollständige Datensätze der Tagebuchangaben vor, die von mindestens 3 klinischen Untersuchungen ergänzt werden.

Literatur

[1] Borges, D., C. Havestadt, E. Bergmann, H. Busse, G. von Nieding (1984): Studie zu gesundheitlichen Auswirkungen von Tagen mit erhöhter Luftverunreinigung in Berlin (West), Winter 1982/83. SozEp-Hefte 2/1984, Institut für Sozialmedizin und Epidemiologie des Bundesgesundheitsamtes, Berlin

[2] Brunekreef, B.,M. Lumens, G. Hoek, P. Hofschreuder, P. Fischer, K. Biersteker (1989): Pulmonary Function Changes Associated with an Air Pollution Episode in January 1987. JAPCA 39, 1444-1447

[3] Halekoh, U., P.O. Degens (1991): Analysis of Data Measured on a Lattice. In: H.H.Bock, P. Ihm (eds.), "Classification, Data Analysis and Knowledge Organization", Proc. Jahrestagung der Gesellschaft für Klassifikation, Marburg 1990, Springer Verlag, 91-98

[4] Schwartz, J., A. Marcus (1990): Mortality and Air Pollution in London: A Time Series Analysis. Am. J. Epidem. 131, 185-194

[5] Wagner, H.M. (1991): Winter- und Sommersmog - gesundheitliche Risiken? Bundesgesundhbl. 4/91, 161-165

[6] Whittemore, A.S., E.L. Korn (1980): Asthma and Air Pollution in the Los Angeles Area. AJPH 70, 687-695

[7] Wichmann, H.E., W. Mueller, P. Allhoff, M. Beckmann, N. Bocter, M.J. Csicsaky, M. Jung, B. Molik, G. Schoeneberg (1989): Health Effects During a Smog Episode in West Germany in 1985. Envir. Health Perspectives 79, 89-99

Lungenkrebsrisiko durch Radon in der Bundesrepublik Deutschland: Design, Durchführbarkeit und erste Ergebnisse der Hauptphase

Gerken, M.[1], Goetze, H.-J.[1], Heinrich, J.[1], Kreuzer, M.[1], Kreienbrock, L.[1], Wichmann, H.E.[1,2]

1 Bergische Universität GH Wuppertal, FG Arbeitssicherheit und Umweltmedizin
2 GSF München, Institut für Epidemiologie

Zusammenfassung

Ausgehend von Untersuchungen an Bergarbeitern und den bisherigen Ergebnissen ausländischer bevölkerungsbezogener Studien muß angenommen werden, daß die Innenraumbelastung durch Radon und seine Zerfallsprodukte in vielen Ländern den wichtigsten umweltbedingten Risikofaktor bei der Entstehung des Lungenkrebses darstellt. Für die westliche Bundesrepublik schätzt die Strahlenschutzkommission, daß 4 - 12 % aller Lungenkrebserkrankungen durch Radon bedingt sein könnten. Mit dem Ziel, das radonbedingte Lungenkrebsrisiko in seiner Expositions-, Zeit- und Altersabhängigkeit und unter Berücksichtigung möglicher Synergismen mit weiteren Einflußgrößen, insbesondere Tabakrauch und beruflichen Expositionen, zu quantifizieren, wird eine überregionale, multizentrische Fall-Kontroll-Studie durchgeführt, deren Grundlagen, Design und erste Ergebnisse vorgestellt werden.

Grundlagen und Fragestellung

Das Bronchialkarzinom ist in der Bundesrepublik Deutschland die mit Abstand häufigste Krebstodesursache bei Männern und zeigt eine stark ansteigende Tendenz bei Frauen. Zu den Risikofaktoren zählen das Rauchen, berufliche Expositionen, Exposition gegenüber Radonzerfallsprodukten, Luftverunreinigungen, Passivrauchen, Ernährung (Vitamin-A), sowie möglicherweise genetische, hormonelle und psychosoziale Faktoren. Der Nachweis des karzinogenen Effektes der α-Strahlung durch Zerfallsprodukte des natürlich vorkommenden Edelgases Radon wurde durch Untersuchungen an insgesamt 30.000 Bergarbeitern erbracht. Ausländische Studien zum Lungenkrebsrisiko der Bevölkerung durch eine Radonbelastung in Wohnräumen unterstützen zum Teil die Annahme, daß Radon den wichtigsten umweltbedingten Risikofaktor bei der Entstehung des Lungenkrebses darstellt - aufgrund der inkonsistenten Ergebnisse und der zum Teil eingeschränkten Aussagekraft ist eine verläßliche quantitative Risikoabschätzung jedoch bislang nicht möglich. Für die westliche Bundesrepublik schätzt die Strahlenschutzkommission auf der Basis von Extrapolationen in den Niedrigdosisbereich, daß 4 - 12 % aller Lungenkrebserkrankungen durch Radon bedingt sein könnten. Dieser Anteil entspräche einer jährlichen Anzahl von 1000 bis 3000 Lungenkrebserkrankungen. Basierend auf diesem Hintergrund wird seit Oktober 1989 eine überregionale, multizentrische Fall-Kontroll-Studie durchgeführt (WICHMANN et al. 1991), deren Ziele im wesentlichen in der Beantwortung der folgenden Fragen bestehen:

1. Welchen Einfluß haben das Radon und seine Zerfallsprodukte auf das Lungenkrebsrisiko bei Rauchern und Nichtrauchern?
2. Ergibt sich ein überadditives Risiko der Radonbelastung bei gleichzeitig vorhandener beruflicher Exposition gegenüber kanzerogenen Noxen am Arbeitsplatz?
3. Welchen Einfluß haben die Lebensgewohnheiten und weitere Faktoren, z.B. Lüftungsverhalten, Wärmedämmung und Passivrauchen auf das radonbedingte Lungenkrebsrisiko?

Studiendesign

Im Erhebungszeitraum von 4 Jahren werden über beteiligte Kliniken aus ausgewählten Studiengebieten mittlerer und höherer Radonbelastung (südliches Nordrhein-Westfalen, Eifel, Saarland, Ostbayern, südliches Thüringen und Sachsen) über 3000 inzidente Lungenkrebsfälle erfaßt. Eine gleich große Anzahl Kontrollpersonen wird durch Zufallsstichproben über Einwohnermeldeämter und mittels eines modifizierten random digit dialing aus der Bevölkerung ermittelt und den Fällen nach Alter, Geschlecht und Region (au Kreisebene) zugeordnet (Häufigkeitsmatching 1:1). Die Exposition gegenüber Radon wird bestimmt durch eine dreitägige Messung mit Aktivkohledosimetern und eine einjährige Messung mit Kernspurdetektoren, aufgestellt in den Wohn- und Schlafräumen der jetzigen und der innerhalb der letzten 35 Jahre bewohnten Wohnungen der Probanden. In einem Interview werden mittels eines standardisierten Fragebogens eine Wohnbiographie zur Ermittlung radonspezifischer Informationen und der Nachmieteradressen, eine Rauch- und Berufsbiographie zur Ermittlung der lebenslangen Tabakrauch- und berufsbedingten Exposition erstellt, ergänzt durch Fragen nach der Passivrauchbelastung und möglichen genetisch-familiären, hormonellen und diätetischen Einflüssen. An der Studie sind ein Referenzpathologe, ein Referenzzytologe, ein Arbeitsmediziner sowie Strahlenbiologen beteiligt.

Durchführbarkeit - Ergebnisse der Vorbereitungsphase

Die im Sommer 1990 beendete Vorbereitungsphase erbrachte zufriedenstellende Ergebnisse hinsichtlich der Eignung des entwickelten Erhebungsinstrumentariums. Die Analyse von 145 durchgeführten Interviews zeigte eine Häufung der Lungenkrebsfälle im Alter zwischen 60 und 70 Jahren, sowie einen Anteil von Rauchern unter diesen von annähernd 90%, einen Anteil möglicher beruflicher karzinogener Exposition von 10%. Nach Präzisierung und Verbesserung des Fragebogens sowie durch Trainingseffekt nahm die durchschnittliche Interviewdauer deutlich ab. Die Verteilung, Handhabung, postalische Rücksendung und Analyse von 64 Aktivkohledosimetern und 40 Langzeitmessungen zeigte keine technischen Probleme. Die Erprobung der Nachmieterrecherche ergab eine über 70%-ige Erfassung der 35-jährigen Expositionszeit. Zugleich erfolgte die Erstellung der Datenbanken zur Fragebogeneingabe und Meßanalytik und die Erprobung des modifizierten random digit dialing zur Kontrollpersonenermittlung.

Erste Ergebnisse der Hauptphase

Die folgenden Zwischenergebnisse basieren auf Auswertungen der Fragebögen, Kurzzeitmessungen und Klinikfallisten aus dem Erhebungszeitraum Oktober 1990 bis Juni 1991.

Die Auswertung von insgesamt 561 Fragebögen, erhoben an 293 Fall- und 268 Kontrollpersonen, ergibt einen erwartungsgemäß hohen Anteil an (ehemaligen und/oder jetzigen) Rauchern von 93% unter den Lungenkrebspatienten gegenüber einem Anteil von 67% unter den Bevölkerungskontrollen. Ein Geschlechtsverhältnis Männer zu Frauen von 5:1 und eine Häufung der Lungenkrebsfälle bei Haupt- und Volksschulabgängern und Personen mit geringerer beruflicher Qualifikation bestätigen erwartete Verteilungen. Von praktischer Bedeutung ist die Beobachtung, daß bei 35% aller Probanden allein die Wohndauer innerhalb der aktuellen Wohnung den erforderlichen Zeitraum seit 1965 abdeckt (s. Tab. 1), entsprechend einer mittleren Anzahl von 3,2 Wohnphasen seit 1955. Die durchschnittliche Interviewdauer beträgt 78 Minuten.

Tab. 1: Anteile der Fragebögen mit und ohne mindestens 70%-iger Erfassung des Zeitraumes seit 1955 durch die letzte Wohnphase

Erfassung des Zeitraumes seit 1955:	Fragebögen (Anzahl n)	Fragebögen (Anteil %)
unter 70 % durch die letzte Wohnphase	366	65,2
über 70 % durch die letzte Wohnphase	195	34,8
Gesamt	561	100,0

Die Auswertung in Tab. 2 zeigt, daß der postalische Weg für die Kurzzeitmessungen gut funktioniert. Wiederholungsmessungen sind bei fehlendem Rücklauf (6,7%), fehlender Auswertbarkeit (6,9%) und Meßwerten über 250 Bq/m^3 (2,2%) erforderlich. Die Verteilung der gemessenen Radonkonzentrationen (s. Abb. 1) zeigt einen gegenüber der bisher im westlichen

Teil der BRD beobachteten Verteilung einen etwas höheren Anteil von Meßwerten über 250 Bq/m^3, begründbar durch die Lage der Studiengebiete in Regionen höherer Radonbelastung. Ergebnisse der Langzeitmessungen liegen aufgrund der einjährigen Meßdauer zur Zeit noch nicht vor.

<u>Tab. 2:</u> Rücklauf- und Auswertungskategorien der Kurzzeitmessungen (1. Versand)

Rücklauf und Auswertung	Probanden (Anzahl n)	Probanden (Anteil %)
Dosimeter nicht zurück	36	6,7
Dosimeter nicht auswertbar	37	6,9
Wert unter 250 Bq/m^3	454	84,2
Wert über 250 Bq/m^3	12	2,2
Gesamt	539	100,0

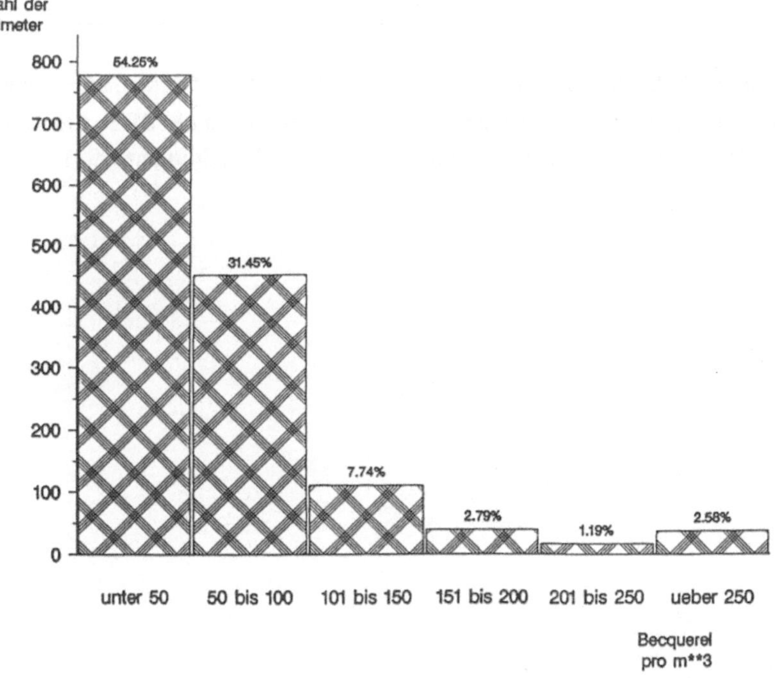

<u>Abb. 1:</u> Verteilung der gemessenen Radonkonzentrationen (Bq/m^3)
(Stand der Messungen bis 01. August 1991: n = 1434)

Im Rahmen der Fallrekrutierung führt die Anwendung der Ausschlußkriterien (Alter über 75 Jahre, Diagnose älter als 3 Monate, außerhalb des Studiengebietes u. a.) zu einer Ausschlußquote von 25%. Nach Abzug der Ausfälle ergibt sich eine Responsequote von 68%, die Gesamtausschöpfung beträgt 34%. Hinsichtlich der Repräsentativität der teilnehmenden Lungenkrebspatienten zeigt der Vergleich der Altersverteilung des Teilnehmer- und des Gesamtkollektives eine gute Übereinstimmung.

Danksagung

Wir danken Dr. Bolm-Audorff, Dr. Jöckel, Dr. Konetzke für die Mithilfe und Unterstützung bei der Bearbeitung des Fragebogens, Dr. Keller für die Durchführung der Radon-Messungen sowie allen beteiligten Ärzten und Pathologen für ihre Mitarbeit.

Gefördert aus Mitteln des Bundesministers für Umwelt, Naturschutz und Reaktorsicherheit.

Literatur

Wichmann, H.E.; Kreienbrock, L.; Kreuzer, M.; Goetze, H.-J.; Heinrich, J.; Gerken, M.: Radon und Lungenkrebs - Kenntnisstand und erste Erfahrungen mit einer Studie in der BRD. Erscheint in: Veröffentlichungen der Strahlenschutzkommission. G. Fischer Verlag, Stuttgart, 1991

<u>BEITRAG UNTERSCHIEDLICHER ANSTRICHMITTEL</u>

<u>ZUR FREMDSTOFFBELASTUNG DER RAUMLUFT</u>

I. U. Fischer, F. Schweinsberg, K. Botzenhart
Abt. Allgemeine Hygiene und Umwelthygiene
Hygiene-Institut der Universität Tübingen

Einleitung

Die Bedeutung der Raumluftqualität für die Gesundheit der Bewohner wird in den letzten Jahren durch zahlreiche Publikationen und Symposien dokumentiert [1]. Als Quelle für das Auftreten unerwünschter Fremdstoffe in der Raumluft [2] kommen unter anderem die bei einer Renovierung verwendeten Anstrichmittel in Frage. Wir untersuchen derzeit die Emissionen aus Farben und Lacken, die beim Streichen von Wänden und Decken in die Raumluft gelangen [3].

Material und Methode

Grundsätzlich kann der Anwender bei den Anstrichmitteln zwischen drei Arten wählen, die sich v.a. in der qualitativen und quantitativen Zusammensetzung ihrer Lösemittel unterscheiden (Tab.1 und Tab. 2).

Tab. 1: Unterschiedliche Arten von Anstrichmitteln

- konventionelle Anstrichmittel
  mit einem Lösemittelanteil bis zu 50 % (durchschnittlich ca. 33 %)
- sogenannte schadstoffarme Anstrichmittel
  mit einem Lösemittelanteil von weniger als 10 %
- sogenannte Biofarben
  mit hohem Lösemittelanteil, der ausschließlich aus natürlichen etherischen Ölen besteht

Tab. 2: Flüchtige organische Verbindungen in unterschiedlichen Anstrichmitteln

1. konventionelle Anstrichmittel
   - aliphatische Kohlenwasserstoffe, zumeist "aromatenfreies" Testbenzin
   - aromatische Kohlenwasserstoffe, meist Xylol

2. sogenannte schadstoffarme Anstrichmittel
   - Glykole, Glykolether, Glykoletheracetate (als Solvatisierungskomponenete, z.B. Propylenglykol, Butylglykol in Konzentrationen zwischen 4 - 6 %)

3. sogenannte Biofarben
   - Citrusschalenöl: > 90% d-Limonen
   - Balsamterpentinöl: 60-65% α-Pinen, ca. 10% β-Pinen

Diese Unterschiede der Anstrichmittel sind wesentlich, da die Lösemittelkomponente ganz entscheidend für die Freisetzung flüchtiger organischer Verbindungen aus Anstrichmitteln in die Raumluft verantwortlich ist.

Zur Erfassung der flüchtigen organischen Verbindungen in der Raumluft wurde ein luftanalytisches Meßverfahren etabliert [3]. Die Probenahme erfolgt durch passive Diffusion auf Aktivkohleröhrchen (passive Diffusionssammler) [4]. Zur qualitativen und quantitativen Bestimmung werden die flüchtigen organischen Verbindungen mit Schwefelkohlenstoff von der Aktivkohle desorbiert. Nach Zusatz von internen Standards werden die Eluate auf einer Dickfilmkapillarsäule gaschromatographisch getrennt und mit Flammenionisationdetektion (FID) und Electroncapturedetektion (ECD) analysiert.

Die Teilnehmer der derzeit laufenden erweiterten Pilotstudie renovieren ihre Wohnräume mit einer der drei oben genannten Anstrichmittelart. Für die Ortsbesichtigung und die Luftprobenahme wurde ein Protokoll entwickelt, um alle möglichen zusätzlichen Emittenten von flüchtigen organischen Verbindungen (z.B. Raumausstattung, Baumaterialien etc.) im Meßraum zu erfassen. In einem weiteren Protokoll zur personenbezogenen Messung werden die von den Ausführenden beobachteten gesundheitlichen Auswirkungen erfragt.

Mit Beginn der Streicharbeiten wird zur Messung der flüchtigen organischen Verbindungen ein Passivsammler am Kragen des Ausführenden befestigt. Gleichzeitig oder nach Beendigung der Streicharbeiten wird ein Monitor in die Raumluft (ca. 1,5 m über dem Fußboden) und ein Monitor in die Außenluft (vor Regen geschützt) gehängt, die 14 Tage dort verbleiben. Bis jetzt wurden die Luftproben von 8 Haushalten ausgewertet. Bei einem Probanden wurde zusätzlich der zeitliche Verlauf der Konzentrationen der flüchtigen organischen Verbindungen in der Raumluft gemessen.

Ergebnisse

Den Beitrag der unterschiedlichen Anstrichmittel zur Fremdstoffbelastung der Raumluft spiegeln am besten die personenbezogenen Messungen wieder. Hier sind die Konzentrationen an flüchtigen organischen Verbindungen aus den verwendeten Anstrichmitteln relativ hoch und der Einfluß der Umgebung am geringsten. Gleichzeitig wird die Belastung bei den Ausführenden während der Arbeit festgestellt.

Ein Vergleich der Chromatogramme der personenbezogenen Messung (Abb.1) zeigt die flüchtigen organischen Verbindungen aus a) konventionellen Anstrichmitteln, b) schadstoffarmen Anstrichmitteln und c) Biofarben.

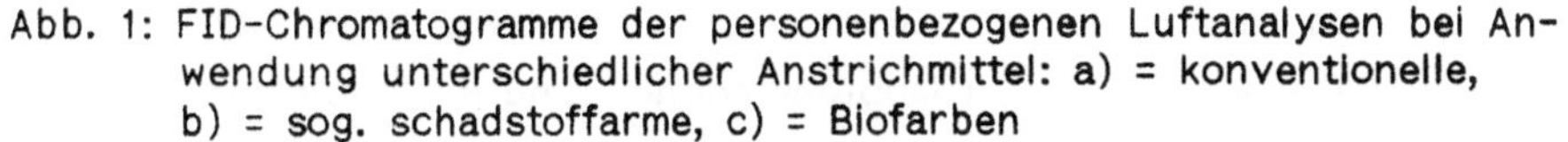

Abb. 1: FID-Chromatogramme der personenbezogenen Luftanalysen bei Anwendung unterschiedlicher Anstrichmittel: a) = konventionelle, b) = sog. schadstoffarme, c) = Biofarben

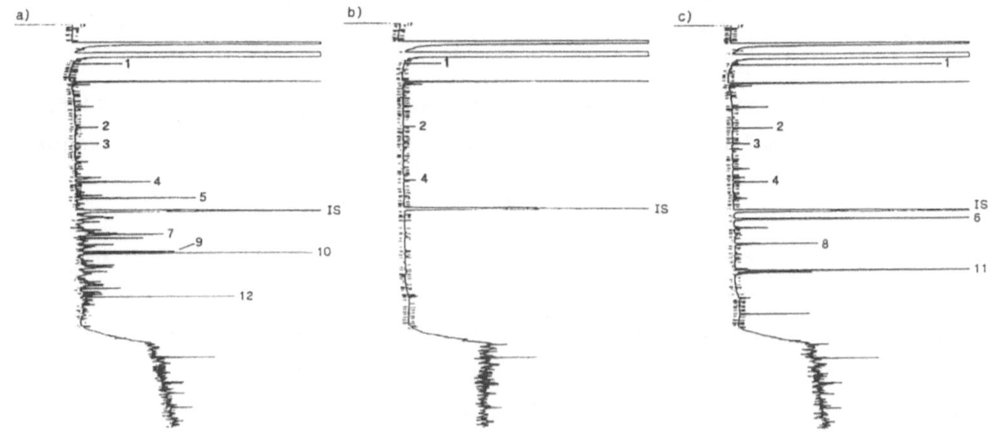

1 = Hexan, 2 = Toluol, 3 = Octan, 4 = m-Xylol, 5 = Nonan, 6 = α-Pinen,
7 = 3- oder 4-Ethyltoluol, 8 = β-Pinen, 9 = 1,2,4-Trimethylbenzol,
10 = Decan, 11 = Limonen, 12 = Undecan, IS = Interner Standard Cyclooctan

Disskusion

Die Beurteilung dieser Chromatogramme ist teilweise problematisch, da auch offensichtlich innerhalb gleich deklarierter Anstrichmittel erhebliche Unterschiede an flüchtigen organischen Inhaltsstoffen bestehen. Vergleicht man die Analysen der personenbezogenen Messungen bei Verwendung von sog. schadstoffarmen Anstrichmitteln untereinander, ergibt sich kein einheitliches Bild. Einige der in den entsprechenden Chromatogrammen auftretenden Verbindungen sind typisch für die flüchtigen organischen Verbindungen konventioneller Anstrichmittel. Eines dieser, nach Angaben des Herstellers, als schadstoffarm einzustufendes Anstrichmittel, war als lösemittelfrei deklariert worden.

Ein als Biofarbe deklariertes Anstrichmittel auf Silikatbasis ist unserem Schema nach eher in die Kategorie schadstoffarm einzureihen. Die Analyse der personenbezogenen Messung zeigt bei diesem Produkt selbst im Vergleich zu konventionellen Anstrichmitteln auffallend hohe Konzentrationen an Aliphaten (Decan, Hexan, Nonan und Undecan) und Aromaten (Toluol und Xylol).

Aus den Chromatogrammen der personenbezogenen Raumluftanalysen wird der Beitrag der Biofarben an speziellen flüchtigen organischen Verbindungen in die Raumluft deutlich: Limonen, α-Pinen und β-Pinen. Auch hier trifft man auf Diskrepanzen. Neben den erwarteten, da deklarierten, Terpenen [5] sind weitere wie 1,8-Cineol und beim Produkt eines Herstellers unerwartet auch 3-Caren nachweisbar.

Die Verwendung von Balsamterpentinöl ist toxikologisch umstritten, da je nach Provenienz unterschiedliche Gehalte an α-Pinen (Hauptbestandteil) und Begleitstoffen enthalten sein können [6]. Eine sorgfältige Auswahl ist daher notwendig. Das sensibilisierende Potential, das sowohl beim Tier als auch beim Mensch beobachtet wird, wird nach den bisherigen Untersuchungsergebnissen [7, 8] dem 3-Caren zugeschrieben, das auch in Balsamterpentinöl vorkommt. Dies dürfte begründen, warum einige Hersteller von Biofarben nachdrücklich darauf hinweisen, daß 3-Caren-freies Balsamterpentinöl verwendet wird.

Für eine toxikologische Beurteilung der auftretenden Terpene in der Atemluft bzw. in der Raumluft läßt sich folgendes feststellen: die maximal gemessenen Werte der personenbezogenen Messung liegen um einen Faktor 30 unter dem MAK-Wert, die Raumluftwerte liegen um Faktor 100 unter den Werten der personenbezogenen Messungen. Für Terpentinöl wurde in den VDI-Richtlinien (VDI 2306) [9] kein MIK-Wert (Maximale Immissionskonzentration für organische Verbindungen) angegeben. Wird, wie vom VDI vorgeschlagen, als MIK-Wert 1/20-stel des MAK-Wertes des Terpentinöls [10] eingesetzt, liegen die gemessenen Raumluftwerte um Faktor 150 darunter.

Neben Aromaten, Aliphaten und anderen Kohlenwasserstoffen wurden auch chlorierte Kohlenwasserstoffe in den Luftproben analysiert. Zur Bewertung der gemessenen Analysenergebnisse wurde jeweils die Summe der Werte aus Tri- und Tetrachlormethan, Tri- und Tetrachlorethen und 1,1,1-Trichlorethan verwendet. Der maximale Wert der Summe der chlorierten Kohlenwasserstoffe lag bei den Biofarben-Anwender um Faktor 6 unter dem Mittelwert der sog. schadstoffarmen Anstrichmittel. Der Mittelwert der Summe chlorierter Kohlenwasserstoffe bei schadstoffarmen Anstrichmitteln lag um einen Faktor 2 unter dem der konventionellen Anstrichmittel. Aufgrund des kanzerogenen Potentials ist man bestrebt, möglichst geringe Konzentrationen an chlorierten Kohlenwasserstoffen in der Raumluft zu haben. Unter diesem Aspekt sind die Biofarben anderen Anstrichmittelarten vorzuziehen.

Um eine Abklingkurve der flüchtigen organischen Verbindungen in der Raumluft zu erhalten, wurde bei einem Probanden, der mit Biofarben renoviert hatte, über einen Zeitraum von 5 Wochen gemessen und dabei wöchentlich der Monitor gewechselt. Nach 2 Wochen konnten keine flüchtigen organischen Verbindungen, die in Zusammenhang mit der Renovierung gestanden haben könnten, nachgewiesen werden.

Zusammenfassung

Insgesamt ist festzustellen, daß die aromatischen, aliphatischen und chlorierten Verbindungen aus Anstrichmitteln sowohl bei der personenbezogenen Messung als auch in der Raumluft unter den empfohlenen MIK-Werten lag. Die gemessenen Konzentrationen der Raumluftproben lagen bis auf zwei Werte in den Bereichen, die üblicherweise in Innenräumen zu finden sind [11]. Auch die Außenluftwerte lagen in den üblicherweise auftretenden Konzentrationen [12].

Die Belastung der Ausführenden ist selbst bei den Terpenen, die in höheren Konzentrationen auftraten als andere Verbindungen, gering. Der maximal gemessene Wert liegt noch um Faktor 30 unter dem MAK-Wert des Terpentinöls.

Eine gesundheitliche Beeinträchtigung der Ausführenden und der Bewohner der Räume ist nicht zu erwarten und wurde auch von keinem Probanden berichtet.

Literatur

[1]   INDOOR AIR '84, INDOOR AIR '87, INDOOR AIR '90
[2]   Seifert B.: Flüchtige organische Verbindungen in der Innenraumluft. Bundesgesundhbl. 33, 111-115 (1990)
[3]   Fischer I.U.. Schweinsberg F. und Botzenhart K.: Qualität der Innenraumluft im "Ökohaushalt". Forum Städte Hygiene 42, 147-151 (1991)
[4]   Pannwitz K.-H.: Probenahme und Analyse von organischen Lösemitteldämpfen in der Atmosphäre. Drägerheft 325, 1-10 (1983)
[5]   Arbeitsgemeinschaft der Naturfarbenhersteller (AGN): Information über Naturfarben. Bezug: A. Rehm, Im Assemwald 12/12, Stuttgart 70
[6]   Ullmann: Enzyklopädie der technischen Chemie. Verlag Chemie Weinheim, 4. Auflage Bd 22, 556 (1982)
[7]   Ullmann: Enzyklopädie der technischen Chemie. Verlag Chemie Weinheim, 4. Auflage Bd 22, 535-552 (1982)
[8]   Pirilä V., Kilpiö O., Olkkonen A., Pirilä L., Siltanen E.: On the chemical nature of the eczematogens in oil of turpentine V. Dermatologica 139, 183-194 (1969)
[9]   Verein Deutscher Ingenieure: Maximale Immissions-Konzentrationen (MIK) - Organische Verbindungen (VDI 2306), (1966)
[10]   Deutsche Forschungsgemeinschaft: Senatskommission zur Prüfung gesundheitsschädlicher Arbeitsstoffe. Maximale Arbeitsplatzkonzentrationen und Biologische Arbeitsstofftoleranzwerte. Mitteilung XXVI. Verlag Chemie, Weinheim (1990)
[11]   Seifert B., Ullrich D., Mailahn W., Nagel R.: Flüchtige organische Verbindungen in der Innenraumluft. Bundesgesundhbl. 29, 417-424 (1986)
[12]   Umweltbundesamt: Daten zur Umwelt 1988/89. Erich Schmidt Verlag, Berlin, 242-243

Validierung der Raucheranamnese durch Thiozyanatbestimmungen

J. Heinrich[1], H. Holtz[2], M. Lustermann[2], G. Sturm[3]

1) Bergische Universität-Gesamthochschule Wuppertal, Fachgebiet
   Arbeitssicherheit und Umweltmedizin
2) Medizinische Akademie Erfurt, Abteilung für Präventive
   Kardiologie
3) Medizinische Akademie Erfurt, Abteilung für Klinische Chemie
   und Laboratoriumsdiagnostik

Durch die Ergebnisse wiederholter Querschnittuntersuchungen soll im Rahmen der MONICA-Studie auf zeitliche Veränderungen im Rauchverhalten geschlossen werden. In dem vorgesehenen Beobachtungszeitraum von 10 Jahren werden die zu erwartenden Änderungen des Rauchverhaltens in der Bevölkerung relativ klein sein. Um solche Änderungen dennoch exakt messen zu können, sind valide anamnestische Angaben erforderlich. Das MONICA-Manual sieht paralelle Thiozyanatbestimmungen zur Valdierung der Raucheranamnese vor (3).

Fragestellung: Sind Thiozyanatspiegelbestimmungen geeignet, die Raucheranamnese zu validieren?

Probanden: Im Rahmen des 2. Erfurter MONICA-Survey wurden 1981 Probanden (Beteiligungsrate: 75 %) im Alter von 25 - 64 Jahren untersucht. Es handelt sich um eine 2 %ige Stichprobe der Erfurter Wohnbevölkerung.

Methoden: Die Rauchgewohnheiten wurden nach dem durch das MONICA-Manual (3) festgelegten standardisierten Fragebogen erhoben. Zigarren- und Pfeifenraucher wurden von der vorliegenden Analyse ausgeschlossen. Die Blutentnahme erfolgt jeweils morgens am nüchternen Probanden. Die Thiozyanatserumspiegel wurden nach BUTTS und KUEHNEMANN (1974) durch eine modifizierte Eisen-III-Farbreaktion bestimmt. Durch die Thiozyanatkonzentration Konzentration von 85 μmol/l sollen Raucher und Nichtraucher zu trennen sein (1). Die Analytik wurde durch Ringversuche und durch das Referenzlaboratorium kontrolliert.

Ergebnisse: 49 % aller Nicht- bzw. Exraucher (nach Anamnese) hatten Thiozyanatwerte über 85 μmol/l. Bei etwa 6 % aller Raucher lagen die Thiozyanatserumkonzentrationen unter 85 μmol/l. Das entspricht einer Sensitivität von 94 % und einer Spezifität von 52%. Höhere Thiozyanatdiskriminationswerte haben höhere Spezifitäts- aber niedrigere Sensitivitätsraten zur Folge. Bei 5 % aller Nicht- bzw. Exraucher wird der Thiozyanatmittelwert der Raucher (150 μmol/l) überschritten. Die beiden Thiozyanatverteilungen der Raucher und Nichtraucher sind an keinem sinvollen cut point zu separieren (Abbildung 1). Andererseits sind eindeutige quantitative Beziehungen zwischen Serumthiozyanat und der Anzahl der gerauchten Zigaretten nachweisbar (Tabelle 1).

Tabelle 1: Thiozyanatspiegel in Abhängigkeit vom Rauchverhalten.

	Nie-Raucher	Ehemalige Raucher	Zigaretten (Stck./Tag)		
			1-9	11-19	über 19
FRAUEN n Thiocyanat in μmol/l	500 94	163 96	129 130	127 166	20 191
MÄNNER n Thiozyanat in μmol/l	170 91	306 94	72 119	139 164	188 189

Nie-Raucher und ehemalige Raucher haben niedrigere Serumthiozyanatspiegel als Raucher. Weiterhin gibt es eine klare Dosis-Wirkungs-Beziehung: Je mehr Zigaretten täglich geraucht werden, um so höher liegt der Thiozyanatspiegel (r=0,6). Bei einem täglichen Zigarettenkonsum von 1-2 Stück liegt der Thiozyanatspiegel bei Männern um 35 μmol/l und bei Frauen um 15μmol/l über dem der Nichtraucher. Ehemalige Raucher haben um 2-3μmol/l höhere Thiozyanatwerte als Nie-Raucher. Dieser Unterschied ist bei den Männern bis zu 2 Jahren nach der berichteten Nikotinabstinenz nachweisbar (Tabelle 2).

Tabelle 2:   Mittlere Thiozyanat-Serumspiegel in Abhängigkeit von der Dauer
der Nikotinabstinenz

MÄNNER					
	Nie-Raucher	Dauer der Nikotinabstinenz in Monaten			
		< 6	7-12	13-24	>24
n	170	18	8	18	243
Thiozyanat μmol/l	91	118	117	101	92

Abbildung 1: Die Verteilung der Thiozyanatkonzentrationen für Raucher und
Nichtraucher

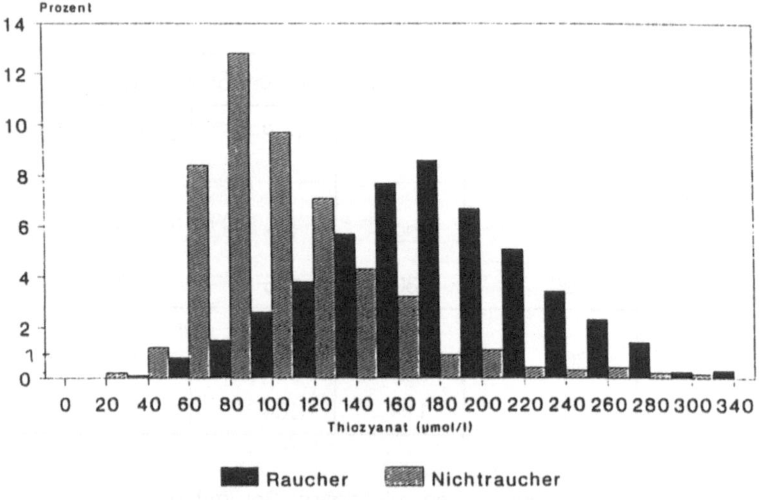

Diskussion und Folgerungen: Die intraindividuelle Variabilität des
Serumthiozyanatspiegels soll etwa bei 20% liegen (3;6). Die interindividuelle Variabilität
beträgt dagegen 100-150%. In Übereinstimmung mit den jüngst mitgeteilten Ergebnissen
von MONICA-Augsburg (2) sowie von weiteren Studien (5;7) ist die Bestimmung des
Thiozyanatserumspiegels nicht geeignet, über das reale Rauchverhalten im Einzelfall zu
entscheiden. Eine Verifizierung, insbesondere der Nichtraucherprävalenz, ist dadurch nicht
möglich. Im Rahmen von Interventionsstudien wurden Thiozyanatspiegel zur Objektivierung
einer berichteten Reduktion der täglich gerauchten Zigaretten bestimmt (4). Eine

befriedigende Lösung von Objektivierungsbestrebungen der Rauchverhaltensanamnese konnte auch für diesen Fall nicht erreicht werden. Obwohl die Anzahl der täglich gerauchten Zigaretten der wesentliche Einflußfaktor auf den Thiozyanatserumspiegel darstellt, scheint es eine Reihe weiterer Einflußfaktoren zu geben.

Literatur

1. BUTTS, W. C., M.,KUEHNEMANN, G.M. WIDDOWSON:
   Automated method for determining serum thiozyanate to distinguish smokers from nonsmokers
   Clin. Chem. 20 (1974), 1344-1349

2. HELLER, W.D., J. STIEBER, J.G. GOSTOMZYK, G. SCHERER:
   Biochemical markers for validation of self-reported smoking. Results of the MONICA-Augsburg Survey 1984/85, IEA - Kongreß, 29.8. - 31.8.1991; Basel, Abstractband

3. MONICA - Manual WHO, Cardiovascular diseases unit;
   Genf, 11/1990

4. NEATON, J.D., S. BROSTE, L. COHEN, E.L. FISHMAN, M.O. KJELSBERG, J. SCHOENBERGER:
   MRFIT:A comparison of risk faktor changes between the two study groups
   Prev. Med. 10 (1981), 519-543

5. PETITTI, D.B., G.D.FRIEDMAN, W. KAHN
   Accuracy of information on smoking habits provided on self-administered Research Questionnaires
   AJPH 71 (1981), 308-311

6. ROBERTSON; A.S., P.S. BURGE, B.C. COCKRILL:
   A study of serumthiozyanate concentration in office workers as an means of validating smoking histories and assessing passiv exposure to cigarette smoke
   Br. J. Ind. Med. 5 (1987), 351-359

7. WILLIAMS, R.:
   Do we need objective measures to validate self-reported smoking ?
   Publ. Hlth. 98 (1984),294-298

Ein integratives Verfahren zur Auswahl von Populationskontrollen

M.Kreuzer[1], L.Kreienbrock[1], M.Gerken[1], G.Lieb[1], H.E.Wichmann[1,2]

1 Bergische Universität GH Wuppertal, FB 14, Arbeitssicherheit und Umweltmedizin
2 GSF München, Institut für Epidemiologie

Zusammenfassung

Ein Problem von bevölkerungsbezogenen Fall-Kontroll-Studien ist die Gewinnung einer repräsentativen Stichprobe von Kontrollpersonen. Bei dem hier vorgestellten Ansatz ergibt sich durch ein Häufigkeitsmatching nach Region, Alter und Geschlecht die Situation, daß in 106 Kreisen der westlichen Bundesrepublik eine je nach Fallaufkommen unterschiedlich hohe Anzahl von Kontrollen ermittelt werden muß. Deshalb wird ein gemischtes Auswahlverfahren verwendet: in Kreisen mit hohem Fallaufkommen werden die Kontrollen über Einwohnermeldeämter ermittelt; in Kreisen mit niedrigem Fallaufkommen über eine zufällige Auswahl von Telefonnummern mit Anschrift aus dem Telefonbuch (modifiziertes Random Digit Dialing). Vor- und Nachteile dieser beiden Verfahren werden dargestellt und miteinander verglichen.

1 Ausgangssituation und Hintergrund

In der Bundesrepublik Deutschland wird derzeit eine umfangreiche Fall-Kontroll-Studie zum Lungenkrebsrisiko durch Radon durchgeführt (WICHMANN et al. 1991). Die Fälle werden aus Kliniken in Regionen mit hoher Radonbelastung ermittelt. Es erfolgt ein Häufigkeitsmatching der Bevölkerungskontrollen nach den Kriterien Alter (6 Altersklassen von 45 bis 75 Jahre), Geschlecht und zuletzt bewohnter Region (Kreise).

Der Stichprobenplan sieht eine geschichtete Zufallsauswahl vor, bei der die Studienregion in einem ersten Schritt in Kreise unterteilt wird. Der jeweilige Stichprobenumfang ergibt sich durch das Fallaufkommen der beteiligten Kliniken pro Kreis. Der ausschließliche Zugang über Melderegister ist bei der hohen Anzahl von Kreisen (n = 106) mit zum Teil sehr niedrigem Fallaufkommen zu kostenintensiv und vor allem organisatorisch zu aufwendig. Daher wird ein gemischtes Auswahlverfahren angewendet.

In Kreisen mit potentiell hohem Fallaufkommen (n=47) erfolgt die Auswahl der Kontrollpersonen über Einwohnermeldeämter. In Kreisen mit potentiell niedrigem Fallaufkommen (n=59) erfolgt die Auswahl mit einer Modifikation des Random Digit Dialing, bei der eine bevölkerungsrepräsentative Stichprobe per Telefon gewonnen wird.

2 Ermittlung der Kontrollpersonen über Melderegister

Im Rahmen einer dreistufigen Zufallsauswahl (vgl. Abb.1) werden in einer 1. Auswahlstufe pro Kreis k Gemeinden größenproportional zur Einwohnerzahl zufällig gezogen (selbstgewichtende Stichprobe). k ist proportional zum geschätzten Fallaufkommen (k < 4). In der 2. Auswahlstufe werden die Einwohnermeldeämter der ausgewählten Gemeinden um eine nach Alter und Geschlecht geschichtete einfache Zufallsstichprobe gebeten. Nach einem regelmäßig stattfindenden Fall-Kontrollabgleich werden in der 3. Auswahlstufe potentielle Kontrollpersonen zufällig ausgewählt und in einem Anschreiben und darauffolgenden Anruf um ihr Einverständnis gebeten.

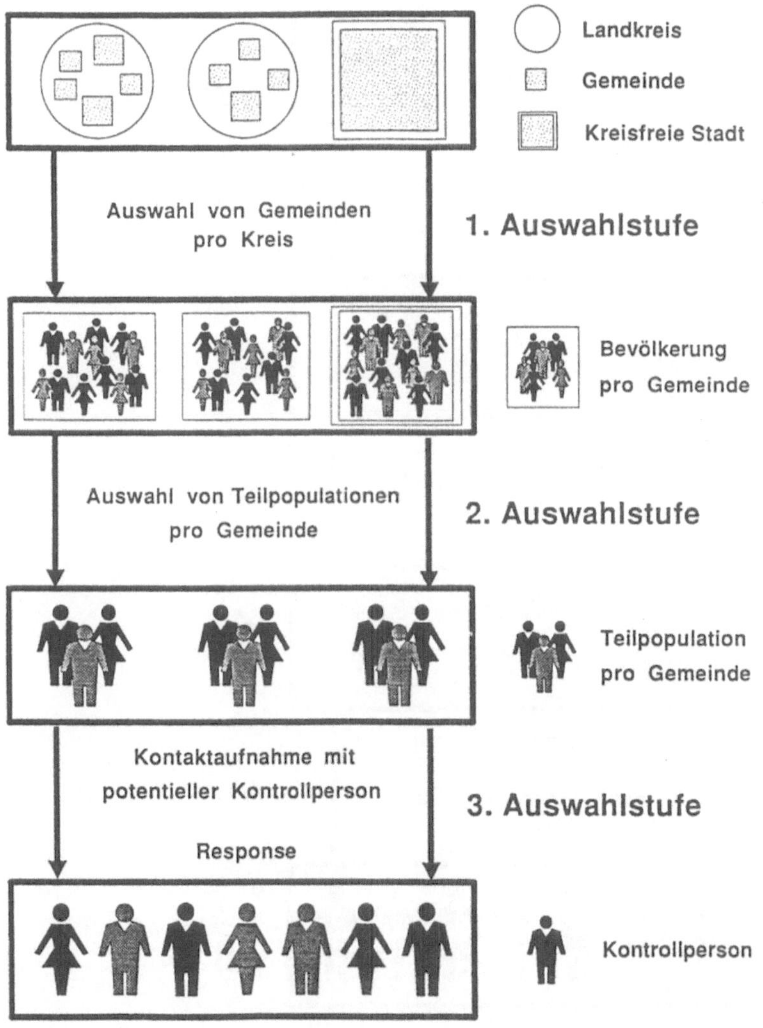

Abb. 1:   dreistufige Zufallsauswahl mit Hilfe von Melderegistern

3 Ermittlung der Kontrollpersonen über Telefonbuch

Es erfolgt ebenfalls eine dreistufige Zufallsauswahl (vgl.Abb 2). In der 1. Auswahlstufe wird pro Kreis zufällig ein Telefonbuch ausgewählt. In der 2. Auswahlstufe wird pro Telefonbuch zufällig eine Rufnummer mit Anschrift (=Haushalt) ermittelt. Dies geschieht mittels Zufallszahlen für Seiten-, Spalten- und Zeilennummer im Telefonbuch (gültig sind nur Privatadressen und Rufnummern mit vollständiger Adresse) (vgl. KREIENBROCK et al. 1990). Die so ausgewählten Haushalte erhalten ein Anschreiben mit nachfolgendem Anruf. Es wird nach einer Zielperson im geeigneten Altersbereich gesucht (3. Auswahlstufe) und um ihr Einverständnis gebeten.

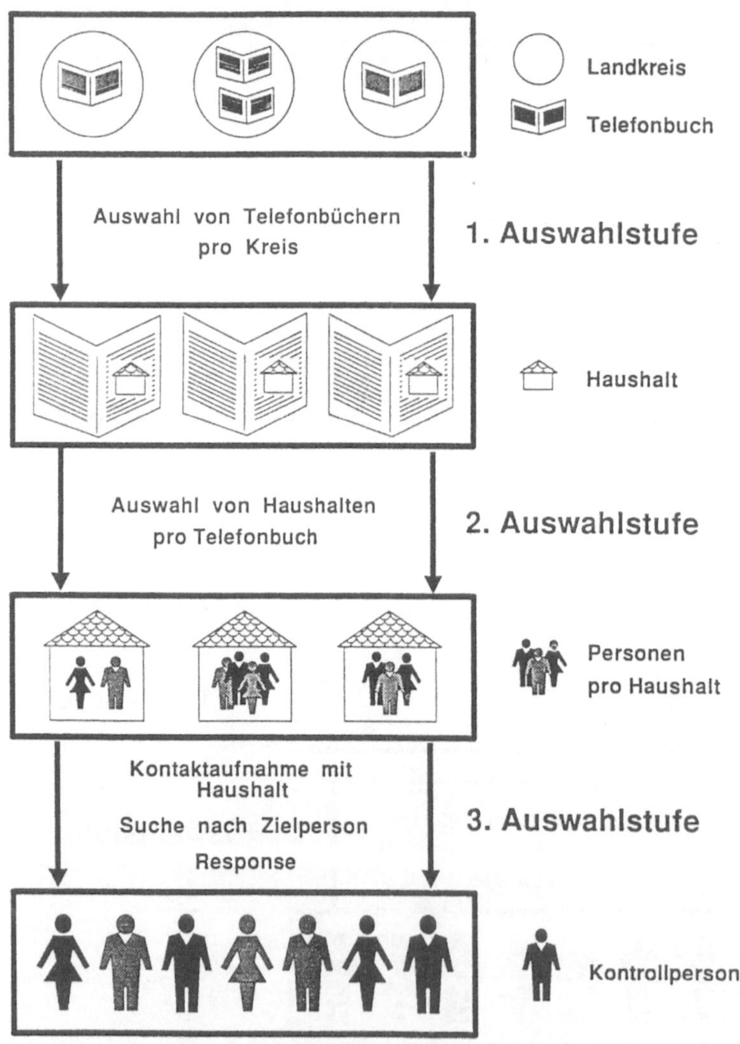

Abb.2:   dreistufige Zufallsauswahl mit Hilfe von Telefonbüchern

4 Kontaktaufnahme mit der potentiellen Kontrollperson und Response

In einer Pilotphase wurden mehrere Verfahren der Kontaktaufnahme erprobt (vgl. KREIEN-BROCK et al. 1990). Als optimal hat sich ein Brief-Telefonat-Ansatz erwiesen. Die Probanden erhalten zuerst ein Informationsschreiben über die Studie. Fünf Werktage später folgt ein Anruf. Wird der Proband nicht erreicht, wird der Anruf mehrmals wiederholt; dann wird die Kontaktaufnahme abgebrochen. Aufgrund von Dialektabhängigkeiten wird die Kontaktaufnahme dezentral durchgeführt.

Kontrollpersonen, die über Meldeamt ermittelt wurden, werden aufgrund des bekannten Namens direkt angesprochen. Über Telefonbuch ermittelte Personen werden gefragt, ob eine geeignete Zielperson (Alter zwischen 45 und 75 Jahre) in ihrem Haushalt lebt. Prinzipiell ist hierbei eine direkte Überprüfung der telefonischen Antwort der Kontrollperson nicht möglich. Beim Vergleich mit den Angaben des Statistischen Bundesamtes für den Anteil der 45-75 jährigen in der Bevölkerung der westlichen Bundesrepublik konnte aber in der Pilotstudie gezeigt werden, daß sich dies mit dem Anteil der Zielpersonen in der Stichprobe deckt.

Die Berechnung der Effizienz, d.h. des Anteils der teilnehmenden Probanden am Gesamtaufwand, ist am Bruttoinput, der Anzahl der verschickten Schreiben, orientiert. Zur Bestimmung des Response muß diese Quote von den verzerrungsfreien Ausfällen (kein Telefonanschluß, keine Privatnummer, unbekannt verzogen, Teilnehmer meldet sich nicht im 4. Versuch) bereinigt werden. Im Rahmen der Kontrollpersonenermittlung über Telefonbuch kommt ein großer Anteil von stichprobenneutralen Ausfällen hinzu, wenn keine Zielperson im Haushalt wohnt. Die Effizienz und der Response sind wie folgt definiert:

$$\text{Effizienz} = \frac{\text{Teilnehmer}}{\text{Bruttoinput}} \qquad \text{Response} = \frac{\text{Teilnehmer}}{\text{Bruttoinput minus Ausfälle}}$$

Bei einmaligem Kontaktversuch ergibt sich für den Zugang über Meldeamt eine Effizienz von 20%, für den Zugang über Telefon 9%. Der Response beim Meldeamt liegt bei 34%, beim Telefon bei 27%. Wie zu erwarten ist die Effizienz des Meldeamtverfahrens höher als beim Telefonbuchverfahren, da ausschließlich Zielpersonen angesprochen werden. Auch der Response ist wegen des gezielten Ansprechens der Kontrollpersonen beim Zugang über Meldeamt höher als beim Zugang über Telefon.

Grundsätzlich kann der Response weiter verbessert werden, wenn ein wiederholtes Ansprechen von potentiellen Kontrollpersonen erfolgt. Zur besseren Vergleichbarkeit der Verfahren wurden oben allerdings nur die Quoten nach Erstkontakt angegeben.

5 Bewertung

Kontrollpersonenzugang über Meldeämter: Eindeutiger Vorteil ist die hohe Effizienz, da sämtliche Matchingkriterien bekannt sind. Der Aufwand ist von der Anzahl, Organisationsstruktur und Kooperationsbereitschaft der Gemeinden abhängig. Vielfach ergeben sich Probleme bei der technischen Realisierung der Stichprobenziehung (Schichtung zu aufwendig, reine Zufallsauswahl nicht möglich, Stichprobenziehung generell nicht möglich). Auch die großen Unterschiede zwischen den Gemeinden bezüglich Datenhaltung (zentral, dezentral) und Datenübermittlung erfordern einen hohen organisatorischen Aufwand. Die Kosten sind abhängig von der Interpretation der Gebührenordnung durch die Gemeinde.

Kontrollpersonenzugang über Telefonbuch: Vorteil dieser Methode ist die Unabhängigkeit von externen Instituten. Mit amtlichen Fernsprechbüchern und einfach zu realisierenden Datenbanken auf PC-Ebene kann ohne große Vorlaufzeit ein flexibles Auswahlinstrument geschaffen werden. Ein Nachteil ist der hohe Aufwand, der nötig ist, um eine geeignete Zielperson zu finden. Die Kosten sind von der Anzahl der zu ermittelnden Personen abhängig.

Fazit: Der Zugang zu Kontrollpersonen über Meldeamt ist bei großem Stichprobenumfang und wenigen Gemeinden zu empfehlen, der Zugang über Telefonbuch bei geringer Besiedelungsdichte oder geringem Stichprobenumfang, falls eine ausreichende Versorgung mit Fernsprechanschlüssen in ein einem Studiengebiet gegeben ist.

Diese Studie wird aus Mitteln des Bundesministers für Umwelt, Naturschutz und Reaktorsicherheit gefördert.

Literatur

Kreienbrock, L.; Lieb, G.; Gerken, M.: Auswahl von Populationskontrollen mittels "random digit dialing". In: Guggenmoos-Holzmann, I. (Hrsgb.). Quantitative Methoden in der Epidemiologie. Medizinische Informatik und Statistik 72. Springer, Berlin u.a., 1991, 221 - 228

Schach, S.: Methodische Aspekte der telefonischen Bevölkerungsbefragung - allgemeine Überlegungen und Ergebnisse einer empirischen Untersuchung. Forschungsbericht 87/7, FB Statistik, Universität Dortmund, 1987

Wichmann, H.-E.; Kreienbrock, L.; Kreuzer, M.; Goetze, H.-J.; Heinrich, J.; Gerken, M.: Radon und Lungenkrebs - Kenntnisstand und erste Erfahrungen einer Studie in der Bundesrepublik Deutschland. Erscheint in: Schriftreihe der Strahlenschutzkommission, 1991

Cholesterinspiegel in der Bevölkerung

Sind Serumwerte von Blutspendern epidemiologisch brauchbar?

Schreiber, M.A., Gathof, B.S., Gresser, U., Dörfler, H. Zöllner, N.

Medizinische Poliklinik der Universität München

Einleitung und Fragestellung

Präventive Epidemiologie bemüht sich um die Erkennung wirksamer, doch unter Umständen lange latenter Risikofaktoren, z.B. Hypercholesterinämie. Zur regulären Erfassung sind im allgemeinen aufwendige epidemiologische Studien notwendig. Meßwerte aus dem kurativ-ärztlichen Bereich sind apriori selektiv und damit für die Gesamtbevölkerung nicht repräsentativ.

Wie verhält es sich mit den Werten bei Blutspendern? Können sie als repräsentativ angesehen werden, so daß es möglich ist, aus dieser Quelle verläßliche Hinweise z. B. auf den Cholesterinspiegel in der Gesamtbevölkerung kurzfristig und kostengünstig zu gewinnen?

Material und Methodik

Diese Frage läßt sich beantworten, wenn z. B. die Cholesterin-Werte von Blutspendern an den Werten aus epidemiologisch lege artis durchgeführten Erhebungen gemessen werden. Voraussetzung für eine Bejahung der Frage ist eine hinreichende statistische Nicht-Unterschiedlichkeit ("Übereinstimmung") der Werte. Wir haben deshalb die Serumcholesterinspiegel von Blutspendern (n = 1678) aus dem Raum Augsburg, Stadt und Land, untersucht (Gathof, B.S. et al., 1991) und den Werten der Probanden (n = 3776) in der WHO-Studie MONICA (MONItoring of Trends and Determinants of CArdiovascular Disease) (Keil, U. et al. 1988), die ebenfalls den Raum Augsburg Stadt und Land betrifft, gegenübergestellt. Der Vergleich wurde in den vorgegebenen Alters- und Geschlechtsgruppen durchgeführt, wobei in herkömmlich explorativ-statistischer Verfahrensweise (F-Test, t- Test, Konfizdenzintervalle) die Fehlerwahrscheinlichkeiten für die Annahme von Unterschieden (α-Fehler) ermittelt wurden. Berechnungen zum β-Fehler sind weiteren Untersuchungen vorbehalten.

Ergebnisse

Wir fanden für die Cholesterinwerte bei Blutspendern im Raum Augsburg eine sehr gute Übereinstimmung mit den Werten aus der MONICA-Augsburg-Studie (Tab. 1, Tab. 2).

Für die Altersklasse 18 - 25 bei Blutspendern gibt es bei MONICA keine Entsprechung. In den nachfolgenden Altersstufen (zwischen 25 und 54 Jahren) war weder bei Männern noch bei Frauen Anlaß gegeben einen Unterschied anzunehmen, da die Fehlerwahrscheinlichkeit α für eine solche Annahme jeweils mehr als 50 % betragen hatte (t-Test. Varianzengleichheit in allen Gruppen, p = 0,01 F-Test). Die vorhandene Übereinstimmung der Cholesterinwerte in beiden Studien bestätigte sich auch bei der Berechnung der 95 % Konfidenzintervalle der Mittelwertsdifferenzen. In allen Altersgruppen bis 54 Jahren, sowohl bei Männern wie bei Frauen, beinhaltet das Intervall den Wert "Null". Die Nullhypothese "Mittelwerte entstammen derselben Grundgesamtheit" (μ_1 - μ_2 = 0) gilt somit mit 95 % Sicherheitswahrscheinlichkeit.

Doch in der obersten Altersklasse bei Frauen (über 55 Jahre) weichen die Werte der Blutspenderinnen von den Durchschnittswerten der Bevölkerung ab: sie sind weniger hoch.

Diskussion

Aufgrund der Ergebnisse kann mit hinreichender Sicherheit von einer hohen Übereinstimmung, oder genauer, von einer hohen Nicht-Unterschiedlichkeit der Serumcholesterinwerte in den beiden Studiengruppen gesprochen werden. Dies gilt für die Altersbereiche von 25 bis 54 Jahren, für beide Geschlechter, bei Männern sogar bis zur obersten Altersklassen (55 - 64 Jahre). Wir glauben den Grund hierfür u. a. in der erheblichen Latenz des Risikofaktors Hypercholesterinämie sehen zu können, der lange keine Krankheitssymptome verursacht und somit bei den als "gesund" ausgewählten Blutspendern ebenso vorhanden ist wie in der gesamten Bevölkerung.

Die nicht mehr vorhandene Übereinstimmung der Werte in der hohen Altersklasse ($\geq$ 55 J.) bei Frauen läßt sich einerseits formal-statistisch erklären durch die geringe Fallzahl dieser Gruppe. Ob andererseits Frauen in dieser Altersklasse gegenüber Männern weniger gesund sind, gemessen an den Eingangsbedingungen für Blutspenden und die Schwelle nicht mehr passieren können, oder ob sie aus anderen

Tabelle 1: <u>**Serumcholesterin (mg/dl) bei Blutspendern und Probanden**</u>

<u>**der Monica-Studie im Vergleich**</u>

MÄNNER

Alter	Blutspender $\bar{x}_B$ (SD)		MONICA $\bar{x}_M$ (SD)		Mittelwerts-differenz $\mid \bar{x}_B - \bar{x}_M \mid$	95 % Konfidenzintervall der Mittelwertsdifferenz	
	n = 1123		n = 1901				
	n =		n =				
18 - 24	211	194.5 (35.1)		—— ——	——	——	——
25 - 34	309	216.0 (42.6)	429	213.9 (46.0)	2.1	- 4.6 bis	+ 8.9 *
35 - 44	230	232.5 (41.7)	462	234.4 (44.4)	1.9	- 8.6	+ 4.9 *
45 - 54	284	241.9 (44.7)	515	244.0 (47.1)	2.1	- 8.6	+ 4.1 *
55 - 64	89	247.8 (40.6)	495	243.6 (42.9)	4.2	- 2.2	+ 10.6 *

* Das 95 % Konfidenzintervall schließt den Wert Null mit ein, so daß die Nullhypothese ($\mu_1 - \mu_2 = 0$) "entstammen derselben Grundgesamtheit" beibehalten werden muß.

Tabelle 2: <u>**Serumcholesterin (mg/dl) bei Blutspendern und Probanden**</u>

<u>**der Monica-Studie im Vergleich**</u>

FRAUEN

Alter	Blutspender $\bar{x}_B$ (SD)		MONICA $\bar{x}_M$ (SD)		Mittelwerts-differenz $\mid \bar{x}_B - \bar{x}_M \mid$	95 % Konfidenzintervall der Mittelwertsdifferenz	
	n = 555		n = 1875				
	n =		n =				
18 - 24	169	195.9 (33.9)		—— ——	——	——	——
25 - 34	136	203.4 (38.0)	427	204.3 (45.6)	0.9	- 8.6 bis	+ 6.9 *
35 - 44	92	216.2 (38.9)	486	213.1 (36.7)	3.1	- 5.6	+ 11.6 *
45 - 54	107	237.7 (43.7)	490	235.9 (35.1)	1.8	- 7.1	+ 10.6 *
55 - 64	51	250.5 (43.6)	472	260.6 (42.5)	10.1	- 16.5	- 3.7 ᵒ

* Das 95 % Konfidenzintervall schließt den Wert Null mit ein, so daß die Nullhypothese ($\mu_1 - \mu_2 = 0$) "entstammen derselben Grundgesamtheit" beibehalten werden muß.

ᵒ Nullhypothese nicht beizubehalten (p = 0,05)

Gründen seltener zum Blutspenden gehen, läßt sich aus den vorliegenden Daten nicht bestimmen.

Conclusio

Die hohe Übereinstimmung macht deutlich, daß für praktische Gegebenheiten des Öffentlichen Gesundheitswesens, z.B. für kurzfristige und kostengünstige Kontrollen der Cholesterinspiegel in der Bevölkerung, die Werte von Blutspendern eine verläßliche epidemiologische Validität besitzen.

Danksagung

Wir danken dem Blutspendedienst des Bayerischen Roten Kreuzes für die Ermöglichung dieser Studie und die gute Zusammenarbeit.

<u>Literatur</u>:

Gathof, B.S., U. Gresser, J. Kamilli, N. Zöllner:
Serum total HDL- and LDL-cholesterol and trigiceride levels in 2 700 blood donners from southern Germany
Am. Nutr. Metabol., (1991) submitted

Keil, U., J. Stieber, A. Döring. L. Chambless, U. Härtel, B. Filipiak, H. W. Hense, M. Tietze, J.G. Gostomzyk:
The cardiovascular risk factor profile in the study area Augsburg. Results from the first MONICA survey 1985/85.
Acta med. Scand. (1988) Suppl. 728, 119-128

KREBSMORTALITÄT UND SCHADSTOFFBELASTUNG DES TRINKWASSERS: EINE ÖKOLOGISCHE STUDIE FÜR DAS LAND BADEN-WÜRTTEMBERG[*]

Klaus Lauer

Neurologische Klinik der Städtischen Kliniken Darmstadt, Akademisches Lehrkrankenhaus der Universität Frankfurt am Main

EINLEITUNG

Trotz einer Vielzahl experimenteller Befunde, die für die Kanzerogenität organischer und anorganischer Stoffe sprechen, steht der Nachweis des epidemiologischen Zusammenhanges vielfach noch aus (1). Selbst für die als hochgradig karzinogen eingestuften polyaromatischen Kohlenwasserstoffe (PAK) und Nitrosamine blieben die Ergebnisse epidemiologischer Untersuchungen zumeist widersprüchlich (1). Eine mögliche Kontaminationsquelle mit potentiellen Kanzerogenen stellt das Trinkwasser dar. Beispielsweise war in früheren Untersuchungen eine Beziehung zwischen dem Nitratgehalt des Trinkwassers und der Häufigkeit des Magenkarzinoms in einer englischen Stadt (Worksop) und in Kolumbien (1) festgestellt worden.

Im Zuge einer umfassenden Studie zur Epidemiologie der multiplen Sklerose (MS) in Baden-Württemberg war ein ökologischer Vergleich der MS-Mortalität mit zahlreichen geographischen Variablen vorgenommen worden (2). Dabei fand sich u.a. eine zumindest grenzwertige Korrelation zwischen den Mortalitätsraten für die MS und das Rektumkarzinom, sowie ein Bezug zwischen ersteren und dem PAK-Gehalt des Trinkwassers, der auch bei multivariater Betrachtung erhalten blieb (2). Ausgehend von diesen Befunden wurde nunmehr das Krebsrisiko, ausgedrückt in Form der dem Krebsatlas (3) entnommenen Mortalität (SMR) in Beziehung zu Trinkwasserschadstoffbelastung in diesem Bundesland untersucht.

METHODIK

Die Krebsmortalitätsraten (SMR), getrennt nach Geschlechtern, für die 35 Landkreise von Baden-Württemberg wurden dem Krebsatlas (3) entnommen. Die Angaben zur Trinkwasserkonzentration der einzelnen potentiellen Schadstoffen stammten aus einer Publikation des Statistischen Landesamtes (4). Grundsätzlich wurde der Mittelwert aus den Jahren 1977 bis 1985 für die oberhalb eines jeweiligen Grenzwertes gelegenen prozentualen Anteile an der aufbereiteten Trinkwassermenge als Maß für die Verunreinigung herangezogen. Die Angaben zur Dichte der Industrie insgesamt (Beschäftigte/Einwohner) und der einzelnen Industriezweige (Betriebe/Einwohner)(5), zur Ausprägung der Landwirtschaft (Betriebe/Einwohner und Landwirtschaftsfläche/Gesamtfläche)(6) sowie zur Kraftfahrzeugdichte pro Einwohner und pro Flächeneinheit (7) stammten ebenfalls aus veröffentlichten Quellen. Grundsätzlich wurde der Rangkorrelationstest nach Spearman angewandt.

*mit Unterstützung der Gemeinnützigen Hertie-Stiftung

ERGEBNISSE

Die Korrelationskoeffizienten (r_s) mit P<0,1 zwischen Gewässerparametern und Krebsmortalität sind in Tabelle 1 aufgeführt. Signifikant (P<0,05) positive Assoziationen fanden sich zwischen dem Rektumkarzinom bei Männern, dem Kolonkarzinom bei den Männern und dem Magenkarzinom bei den Frauen einerseits und dem PAK-Gehalt des Trinkwassers, zwischen dem Hodenkarzinom und dem Chloridgehalt, und zwischen dem M. Hodgkin der Frauen und dem Chromgehalt des Trinkwassers. Grenzwertig signifikante Beziehungen (0,05<P<0,1) waren zwischen Rektumkarzinom und Kolonkarzinom einerseits und PAK andererseits bei den Frauen, zwischen Blei und Kolonkarzinom bei den Frauen sowie zwischen Zinkkonzentration und M. Hodgkin bei den Männern zu finden. Eine negative Beziehung (P<0,05) bestand zwischen Hirntumormortalität und dem Nitratgehalt des Trinkwassers bei den Männern (r_s = -0.525; P>0,001) und zwischen dem Chromgehalt und dem Prostatakarzinom (r_s = -0,394; P<0,05).

Die signifikanten Beziehungen zwischen Trinkwasserparametern und ausgewählten soziogeographischen Variablen sind ebenfalls in Tabelle 1 aufgeführt. Der Sulfatgehalt des Trinkwassers korrelierte mit der Intensität von Druck- und Metallindustrie, sowie mit der Kfz-Dichte pro Flächeneinheit. Nitrat- und Chloridgehalt sowie der Selengehalt waren mit der landwirtschaftlichen Aktivität pro Flächeneinheit assoziiert. Sonstige Assoziationen (z.B. mit weiteren Industriezweigen oder mit der industriellen Gesamtaktivität) fanden sich für die untersuchten Gewässerparameter nicht.

Kolon (M)/PAK	0.369*	LW[a]/Nitrat	0.386*
Kolon (F)/PAK	0.301[+]	LW[a]/Chlorid	0.346*
Rektum (M)/PAK	0.425**	LW[a]/Selen	0.469*
Rektum (F)/PAK	0.305[+]	Metallind./Sulfat	0.493**
Magen (F)/PAK	0.330*	Druckind./Sulfat	0.313[+]
Hoden/Chlorid	0.354*	KFZ-Dichte[b]/Sulfat	0.321[+]
M.Hodgkin/Chrom	0.344*		

Tabelle 1: Positive Assoziationen (P<0.1) zwischen Trinkwasserkontaminanten und Malignomen bzw.geographischen Variablen in 35 Landkreisen von Baden-Württemberg (Zeitraum 1975-85). LW: Landwirtschaftl.Aktivität; [a]Nutzfläche/Kreisfläche; [b]KFZ/Flächeneinheit. **P<0.01; *P<0.05; [+]P<0.1.

DISKUSSION:

Die hier angewandte Korrelationsstudie gilt aus mehreren
Gründen (hohes Maß an Confounding; fehlende Testung des
individuellen Risikos; Nennerprobleme) (8,9) als das schwächste
Instrument der ursachenorientierten Epidemiologie. Dennoch ist
der Wert dieses Studientyps im Rahmen der Hypothesenerstellung
unbestritten. Die besondere Problematik von Mortalitätsraten
als Indikatoren der geographisch definierten Inzidenz oder gar
von exogenen Risikofaktoren auch bei häufiger fatalen
Erkrankung wie Malignomen wurde andernorts diskutiert (9).

In der vorliegenden Studie wurde eine Reihe von positiven und
negativen Korrelationen auf dem üblichen 5 %- oder auch nur 10
% Niveau gefunden. Bei insgesamt 198 angestellten Vergleichen
wären zufallsbedingt je 5 positive und 5 negative Korrelationen
auf dem 5 % Niveau und die doppelte Anzahl auf dem 10 % Niveau
zu erwarten, wenn völlige Unabhängigkeit der untersuchten
Variablen vorausgesetzt wird. Dies kann zum einen bei dem
Charakter der untersuchten Parameter nicht unbedingt
unterstellt werden. Zum anderen empfiehlt Rothman (9), diesen
Aspekt im Zuge der Hypothesengenerierung unberücksichtigt zu
lassen.

Als möglicherweise bedeutsame, da auch zwischen den
Geschlechtern konsistente Assoziation muß diejenige zwischen
PAK-Gehalt des Trinkwassers und der Mortalität für die 2
Unterformen des Dickdarmkarzinoms herausgestellt werden. Obwohl
tierexperimentell als Kanzerogen unbestritten, konnten PAK noch
nicht mit Eindeutigkeit der einen oder anderen menschlichen
Malignomart kausal zugeordnet werden (1). In der Pathogenese
des Dickdarmkarzinoms wurden sie eher am Rande und basierend
auf theoretischen Überlegungen diskutiert (1,10). Dies könnte
aber ebenso durch die ungenügende Differenzierung z.B. von
Nahrungsmittelfaktoren nach Vorbehandlungs- bzw.
Zubereitungsart (z.B. Braten, Grillen, Räuchern etc) in den
meisten Studien zu diesem Thema erklärt sein.

Andererseits wurden noch höhere PAK-Konzentrationen als in der
Pyrolyse ausgesetzten Nahrungsmitteln in industrie- und
straßennah angebauten pflanzlichen Produkten gefunden (18), so
daß bei der Vielfalt möglicher PAK-Quellen eine
epidemiologische Analyse äusserst schwierig ist.

Da der Beitrag des Trinkwassers zur PAK-Belastung mit 0,1-0,3%
im Vergleich zu verarbeiteten Nahrungsmitteln (99%) nicht ins
Gewicht fällt (11), können die Trinkwasserkonzentationen
allenfalls als Indikator für die regionale Gesamtbelastung,
vorwiegend über die Nahrungsmittelkette, aufgefaßt werden. Zum
Beispiel wurden noch höhere PAK-Mengen als in Fleischprodukten
in straßennah angebauten Pflanzenprodukten gefunden (12).Es sei
betont, daß in Baden-Württemberg die PAK-Konzentration in allen
Landkreisen unter der zulässigen Höchstgrenze lag (4).

Eine Vielzahl von Quellen kommt für die PAK-Belastung des
Trinkwassers in Betracht (Synthese durch pflanzliche Lebewesen
im Boden; Luftaerosole aus Haushalten und Industrie; private
und industrielle Abwässer; Kfz-Abgase; Bitumenanstriche von
Leitungssystemen; Waldbrände und Brandrodungen)(13). Zwar fand

sich in Baden-Württemberg keinerlei Korrelation der Trinkwasser-PAK mit der Dichte von Industrie und von Einzelindustriezweigen (insbesondere chemische und metallherstellende /-verarbeitende Industrie) oder mit der Kfz.-Dichte, Emissionen scheiden jedoch wegen der unbekannten Rolle meteorologischer Momente (Windrichtung, Niederschlag) keinesfalls aus. Andere Quellen, vor allem solche, die eher mit einer Indikatorrolle der Trinkwasser-PAK zu vereinbaren sind (s.o.) sollten in Erwägung gezogen werden.

Obwohl Chrom als potentielles Kanzerogen gilt (1), ergab sich bislang kein epidemiologischer oder tierexperimenteller Anhalt für eine Induktion nicht-pulmonaler Malignome (14). Dennoch erscheint eine Einbeziehung dieses Parameters in ökologische Betrachtungen sinnvoll, zumal sich besonders hohe Chromkonzentrationen in den Hiluslymphknoten fanden (15) und in einer umschriebenen Region Chinas ein ökologischer Bezug zwischen dem Chromgehalt des Trinkwassers und der Malignomrate gefunden wurde (16).

Als interessante Nebenbefunde seien die enge Assoziation der Sulfatbelastung des Trinkwassers mit der Intensität der Metallindustrie, weniger auch der Druckindustrie, und die Korrelation zwischen Nitrat- und Chloridbelastung des Trinkwassers mit landwirtschaftlicher Aktivität erwähnt.
Für eine Kanzerogenität von dem Trinkwasser entstammenden halogenierten Kohlenwasserstoffen (HKW) ergab sich in der vorliegenden Studie kein Anhalt. Die These, wonach ein Selenmangel im Boden zu erhöhten Malignomraten führt (17), die sich auf epidemiologische Betrachtungen in den USA und in China stützte, fand in Baden-Württemberg keine Bestätigung.

Literatur:

1. Schottenfeld D, Fraumeni JF: Cancer epidemiology and prevention. Philadelphia: Saunders, 1982.

2. Lauer K, Firnhaber W: The mortality of multiple sclerosis in the state of Baden-Wuerttemberg (FRG) 1973-1987. In: Wiethölter H, Dichgans J, Mertin J (eds) Current concepts in multiple sclerosis. Amsterdam: Excerpta Medica, 1991:381-382.

3. Becker N, Frentzel-Beyme R, Wagner G: Krebsatlas der Bundesrepublik Deutschland, 2.Ausgabe. Berlin: Springer, 1984.

4. Statistisches Landesamt Baden-Württemberg: Beschaffenheit des Trinkwassers 1985 (Statistik von Baden-Württemberg, Band 381). Stuttgart: Selbstverlag, 1988.

5. Statistisches Landesamt Baden-Württemberg: Die Industrie 1975 (Statistik von Baden-Württemberg, Band 234). Stuttgart: Selbstverlag, 1976.

6. Ministerium für Ernährung, Landwirtschaft, Umwelt und Forsten Baden-Württemberg: Betriebsverhältnisse und Betriebsergebnisse von Buchhaltungsbetrieben. Stuttgart: Selbstverlag, 1982.

7. Statistisches Landesamt Baden-Württemberg: Daten zur Umwelt 1977 (Statistik von Baden-Württemberg, Band 249). Stuttgart: Selbstverlag, 1978.

8. Rothman KJ: Modern epidemiology. Boston: Little, Brown & Co.,1986.

9. Kelsey JL, Thompson WD, Evans AS: Methods in observational epidemiology. New York: Oxford University Press, 1986.

10. Metzger U: Ätiologie und Pathogenese des Dickdarmkarzinoms. Bern: H.Huber, 1987.

11. World Health Organization of the United Nations: Guidelines for drinking-water quality, vol.1-3. Genf: WHO,1984.

12. Habs M: Ernährung und Krebs. Dtsch Med Wschr 1980;105:1369-1371.

13. Borneff J, Kunte H: Vorkommen und Bewertung von natürlichen polyzyklischen aromatischen Kohlenwasserstoffen. In: Aurand K (ed) Bewertung chemischer Stoffe im Wasserkreislauf. Berlin: E.Schmidt, 1981:213-218.

14. Hathaway JA: Role of epidemiologic studies in evaluating the carcinogenicity of chromium compounds. Sci Total Env 1989;86:169-179.

15. Witmer CM, Park HS: Mutagenicity and disposition of chromium. Sci Total Env 1989;86:131-148.

16. Gibb HChen C: Evaluation of issues relating to the carcinogenic risk assessment of chromium. Sci Total Env 1989;86:181-186.

17. Jackson ML: Selenium: Geochemical distribution and association with human heart and cancer death rates and longevity in China and the United States. Biol Trace Element Res 1988;15:13-21.

Prävalenz allergischer Erkrankungen im 5-Jahresvergleich.
Haben die subjektiven und objektiven Parameter zugenommen?

M. Drosner [1], M.A. Schreiber [2]

[1] Dermatologische Klinik und Poliklinik der Technischen Universität München (Direktor: Prof.Dr.Dr. S. Borelli)

[2] Institut für Medizinische Informationsverarbeitung, Biometrie und Epidemiologie (IBE) der Universität München (Direktor: Prof.Dr. K. Überla)

Zusammenfassung

Bei einer bereits hohen Prävalenz atopischer Erkrankungen, festgestellt an 509 Wehrpflichtigen im Jahr 1985, interessierte die Frage, ob nach einem Zeitraum von 5 Jahren sich eine Änderung abzeichnet. Zur Beantwortung wurden deshalb 1990 nochmals 511 Wehrpflichtige unter den gleichen Bedingungen untersucht (Anamnese, körperliche Untersuchung, spezifische IgE-Antikörper). Während einige der subjektiven, Atopie-bezogenen Parameter eine Abnahme zeigten, fand sich bei den spezifischen IgE-Antikörpern als objektivem Kriterium eine deutliche Zunahme der Sensibilisierungsrate von 52,3% auf 63,1% (p < 0,001). Bei den einzelnen Allergenen fand sich diese Zunahme vor allem bei Katzen- (p << 0,001) und Hundehaaren (p < 0,01). Der weitere Anstieg der Sensibilisierungsraten bei bereits hoher Ausgangslage in nur 5 Jahren unterstreicht die epidemiologische Relevanz und die sozialmedizinische Bedeutung allergischer Erkrankungen und verlangt nach weiteren engmaschigen Kontrolluntersuchungen. Die vorliegenden Ergebnisse lassen sich durchaus epidemiologisch auf die Allgemeinbevölkerung übertragen, da (a) geschlechtsspezifische einseitige Verteilungen atopischer Erkrankungen nicht anzunehmen sind, wie entsprechende Untersuchungen zeigen konnten, und (b) bevölkerungsrelevante Prävalenzangaben atopischer Erkrankungen sich auf Untersuchungen erst ab dem Adoleszentenalter beziehen sollen, da vor der Pubertät eine klinische Symptomatik nur in 62% manifest wird (ermittelt am Beispiel Pollinose). Bei epidemiologischen Erhebungen "allergischer Erkrankungen" ist zu beachten, daß die weniger zuverlässigen sub-jektiven Parameter, z.B. Anamnesedaten aus Fragebogen-Interviews, durch objektive Parameter, z.B. durch das Gesamt IgE oder die hier aufgeführten spezifischen IgE-Antikörper, ersetzt oder zumindest ergänzt werden.

Einleitung

Die durch unsere Medien suggerierte Vorstellung von einer Zunahme der Allergien ist bislang wissenschaftlich nicht eindeutig belegt worden. In zahlreichen epidemiologischen Untersuchungen wurde vorerst die hohe Prävalenz allergischer Erkrankungen betont, wobei in erster Linie Krankheiten des atopischen Formenkreises untersucht wurden, wie die allergische Rhinokonjunktivitis, das allergische Asthma bzw. die Neurodermitis constitutionalis atopica (1,2,7,8,10). Bei diesen Erkrankungen stehen die IgE-vermittelten Allergien (vom Soforttyp) im Vordergrund (9). Zur epidemiologischen Beantwortung der Frage, ob die atopischen Erkrankungen zunehmen, wurden 1985 an einem Normalkollektiv von 511 Wehrpflichtigen die Prävalenzen atopischer Erkrankungen und IgE-vermittelter Sensibilisierungen untersucht und damit Ausgangswerte für spätere Vergleichsuntersuchungen geschaffen (3). Im Folgenden sollen nun die ersten Ergebnisse der Prävalenzuntersuchungen von 1985 und 1990 vorgestellt und gleichzeitig die subjektiven und objektiven Parameter der Untersuchungen miteinander verglichen werden.

Probanden und Methoden

In den Jahren 1985 und 1990 wurden jeweils im zweiten Quartal aus dem Einzugsbereich des Kreiswehrersatzamtes München anläßlich der obligatorischen Blutgruppenbestimmung zu Beginn ihres Wehrdienstes 511 bzw. 509 Wehrpflichtige untersucht. Die Auswahl der Einheiten, die jeweils einen Untersuchungsblock zwischen 20 und 30 Personen bildeten, erfolgte randomisiert. In das Studienprotokoll wurden in beiden Jahren nur 18- bis 23jährige Personen aufgenommen. Zugehörige von Einheiten, die aufgrund spezieller Auswahlkriterien selektioniert waren (z.B. Gebirgsjäger), wurden von der Studie ausgeschlossen. Neben der standardisierten Erhebung (Fragebogen) von anamnestischen Angaben, wie z.B. Symptome atopischer Erkrankungen oder Expositionsmerkmale aus Beruf und Umwelt, sowie einer körperlichen Untersuchung, wurden im Serum spezifische IgE-Antikörper gegen verbreitete Allergene (EAST Kallestad) bestimmt. Beim serologischen Allergiescreening wurden sowohl saisonale (Gräser-, Kräuter- und Birkenpollen) und perenniale Allergene (Milben, Katzen- und Hundeepithel), wie auch Nahrungsmittelallergene (Milch und Ei) untersucht.

Ergebnisse

Atopie-Anamnese

Das Durchschnittsalter war in beiden Untersuchungen identisch und betrug 1985 20,69 (SD 0,9) Jahre und 1990 20,72 (SD 0,8) Jahre.

Bezüglich der Atopieanamnese im engeren Sinne (Rhinokonjunktivitis allergica, Neurodermitis constitutionalis atopica und allergisches Asthma) wurden 1985 von 23,9% bzw. 1990 von 18,3% der Befragten positive Angaben gemacht (p< 0,05). Dabei war Heuschnupfen jeweils das häufigste Symptom (19,6% bzw. 15,3%), gefolgt von der allergischen Konjunktivitis (10,0% bzw. 3,5%), dem allergischen Asthma (1,8% bzw. 2,2%) und der Neurodermitis (1,0% bzw. 1,4%).

Im 5-Jahresvergleich zeigte sich für die allergische Rhinitis und Konjunktivitis ein deutliche Abnahme von 19,6% auf 15,3% (p<0,1), bzw. 10,0% auf 3,5% (p<0,001). Die Häufigkeiten der anamnestischen Angaben für allergisches Asthma und Neurodermitis waren bei leicht steigender Tendenz praktisch unverändert (Abb. 1).

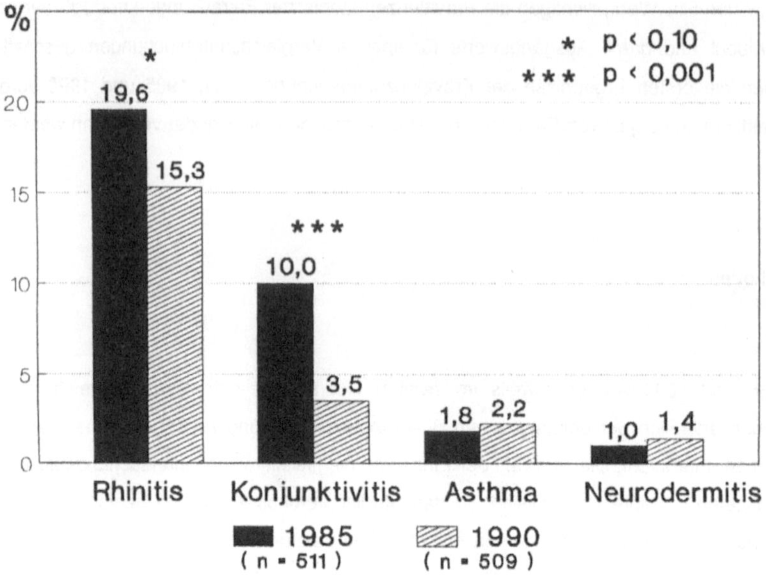

Abb. 1. Prävalenz atopischer Erkankungen im 5-Jahresvergleich

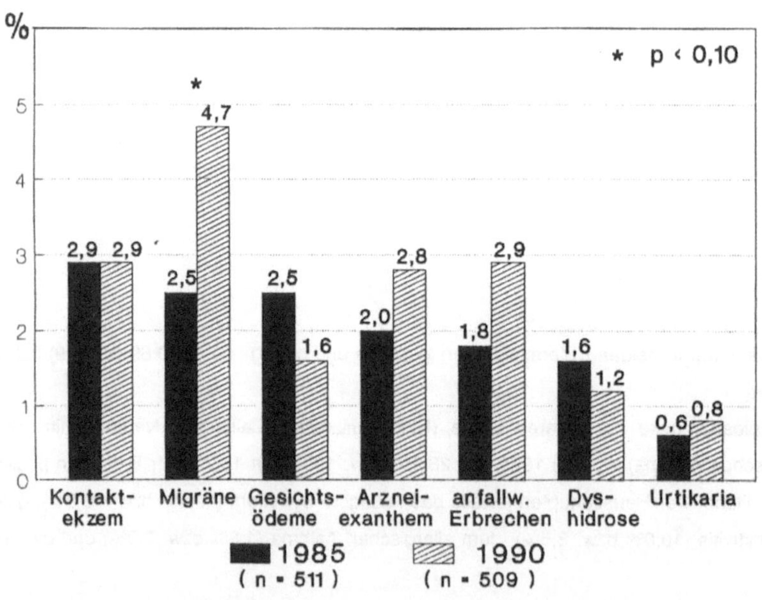

Abb. 2. Prävalenz atopieassoziierter Symptome im 5-Jahresvergleich

Die im Fragebogen genannten atopieassoziierten Symptome wie Kontaktekzem, Migräne, Gesichtsödem, Arzneimittelexanthem, anfallsweises Erbrechen, Dyshidrose oder Urtikaria wurden jeweils von weniger als 3% der Befragten bejaht. Eine auffällige Differenz im 5-Jahresvergleich zeigte sich nur für die Migräne in einer Zunahme der Beschwerden von 2,5% auf 4,7% (p<0,1)(Abb. 2).

IgE-vermittelte Sensibilisierungen

Während sich bei den subjektiven anamnestischen Parametern eher eine Abnahme zeigte, fand sich bei den spezifischen IgE-Antikörpern als objektivem Kriterium eine deutliche Zunahme der Sensibilisierungsrate (nachgewiesene IgE-Antikörper) von 52,3% auf 63,1% ($p< 0,001$).

Bei den einzelnen Allergenen fand sich diese Zunahme vor allem bei Tierhaaren; Katze von 15,9% auf 26,3% ($p<< 0,001$), Hund von 2,2% auf 5,3% ($p< 0,01$). Die Sensibilisierungsraten der restlichen Allergengruppen sind in Abbildung 3 aufgeführt.

Die einzelnen Unterschiede im 5-Jahresvergleich waren zwar nicht alle signifikant, das Überwiegen der Sensibilisierungsraten im Jahr 1990 gegenüber 1985 war jedoch statistisch auffällig ($p< 0,01$, Iterationstest).

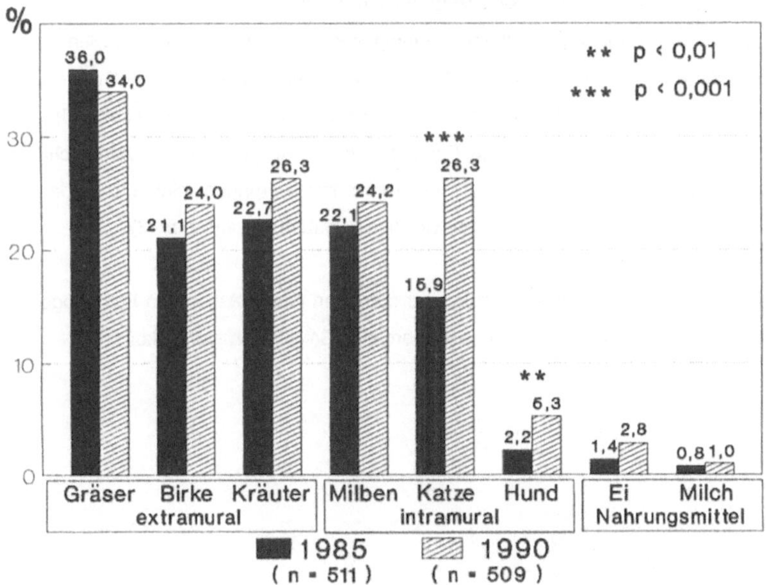

Abb. 3. Sensibilisierungsraten von extra- und intramuralen Allergenen und Nahrungsmittelallergenen im 5-Jahresvergleich

Diskussion

Die vorgestellten Ergebnisse hoher Prävalenzzahlen IgE-vermittelter Sensibilisierungen sowie der dazugehörigen atopischen Erkrankungen in den Jahren 1985 (3) und 1990 lassen sich auf die Allgemeinbevölkerung übertragen, da

(a)   die Mechanismen der Rekrutierung von Wehrpflichtigen als eine unselektiert-zufällige repräsentative Auswahl der entsprechenden männlichen Jahrgangskohorten angesehen werden kann,

(b)   geschlechtsspezifische einseitige Verteilungen atopischer Erkrankungen nicht anzunehmen sind, wie entsprechende Untersuchungen zeigen konnten (6,10), und

(c)   bevölkerungsrelevante Prävalenzangaben atopischer Erkankungen sich auf Untersuchungen erst ab dem Adsoleszentenalter beziehen sollten, da vor der Pubertät eine klinische Symptomatik nur in 62% manifest wird (ermittelt am Beispiel der Pollinose (10)).

Da schwer kranke Atopiker (z.B. Nahrungsmittelallergiker, chronische Asthmatiker, ect.) bereits durch die Ausmusterung im vorliegenden Kollektiv fehlen, dürfen die hier festgestellten hohen Sensibilisierungsraten bei der Übertragung auf die Allgemeinbevölkerung als untere Prävalenzangaben gewertet werden.

Der scheinbare Widerspruch der dargestellten Ergebnisse (Abnahme der anamnestischen, subjektiven Symptome einerseits und deutliche Zunahme der Laborparameter andererseits) deutet auf die Schwierigkeit hin, eine zutreffende Aussage über Zu- oder Abnahme von Allergien zu machen.
Bei der alleinigen Verwendung fragebogengestützter Anamnesedaten muß von einer großen Ungenauigkeit der Prävalenzwerte ausgegangen werden, da solche Angaben auf einer (meist fehlerhaften) Selbsteinschätzung beruhen. Dies wurde durch eine Nachbefragung bei einer Fragebogenrecherche aufgezeigt (5). Die spezifischen IgE-Antikörper bieten sich jedoch als zuverlässige Parameter bei epidemiologischen Untersuchungen atopischer Erkrankungen an, auch wenn hierbei klinisch (noch) latente Sensibilisierungen miterfaßt werden. In begrenztem Maß eignet sich auch das Gesamt-IgE, um die anamnestischen Angaben zu validieren (3).

Eine oft nicht beachtete, unabdingbare Voraussetzung zur korrekten Interpretation von Fragebogenaktionen ist die Überprüfung, ob durch eine oft hohe Rate von Non-resondern eine Selektion zustande kommt.

Schlußfolgerung

Der weitere Anstieg der Sensibilisierungsraten in nur 5 Jahren bei einer bereits hohen Ausgangslage unterstreicht die epidemiologische Relevanz und die sozialmedizinische Bedeutung der genannten allergischen Erkrankungen und verlangt nach weiteren engmaschigen Kontrolluntersuchungen.

Bei der epidemiologischen Erhebung von allergischen Erkrankungen ist zu beachten, daß die weniger zuverlässigen subjektiven Parameter, z.B. Anamnesedaten aus Fragebogen-Interviews, durch objektive Parameter, z.B. das Gesamt IgE oder die hier aufgeführten spezifischen IgE-Antikörper (EAST, RAST), ersetzt oder zumindest ergänzt werden müssen.

Literatur

(1)   Angioni AM, Fanciulli G, Corchia C. Frequency of and risk factors for allergy in primary school children: results of a population survey. Paediatr Perinat Epidemiol 1989;3: 248-55.

(2)   Drosner M, Ring J, Schreiber MA, Kuhn W. Prevalence of atopy, total and specific IgE in a normal population of soldiers. J Allergy Clin Immunol 1988;84,Suppl:229.

(3)   Drosner M, Vocks E, Schreiber MA, Borelli S (1991) Total IgE in atopy screening: New limits investigated in a normal population. Schweiz Med Wochenschr 121, Suppl 40/II: 44.

(4)   Drosner M, Schreiber MA, Borelli S (1991) Epidemiologische Untersuchung zur Prävalenz atopischer Erkrankungen. In: Ring J (ed) Epidemiologie allergischer Erkrankungen. Nehmen Allergien zu? MMV Medizin Verlag München, S 124.

(5)   Geyer H, Drosner M, Rakoski J, Schreiber MA, Borelli S (1991) Reliability of atopy-screening by questionnaire. Schweiz Med Wochenschr 121, Suppl 40/I: 40.

(6)   Hagy GW, Settipane GA (1969) Bronchial asthma, allergic rhinitis, and allergy skin tests among college students. J Allergy 44: 323.

(7)   Heinonen OP, Horsmanheimo M, Vohlonen I, Terho EO. Prevalence of allergic symptoms in rural and urban populations. Eur J Respir Dis 1987;152 Suppl:64-9.

(8)   Kunz B, Ring J, Überla K. Frequency of atopic diseases and allergic sensitization in preschool children in different parts of Bavaria. Allergologie 1989;12 Suppl:144.

(9)   Ring J. Angewandte Allergologie. 2. Aufl, MMV-Medizin, München 1988.

(10)   Wüthrich B, Schnyder UW, Henauer SA, Heller A (1986) Incidence of pollinosis in Switzerland. Results of a representative demographic survey with consideration of other allergic disorders. Schweiz Med Wochenschr 116: 909.

Die Bedeutung der Thrombozytenfunktion zur Verbesserung der Thrombosetherapie und -prophylaxe bei chirurgischen Patienten
Erste Ergebnisse der Thrombosestudie 1990/91

Reininger C.[*], Reininger A.[°], Hörmann A.[°], Kaup U.[°], Steckmeier B.[*], Schweiberer L.[*]

[*]Chirurgische Klinik und Poliklinik Innenstadt der Universität München[#]
[°]GSF - Abt. für Physiologie & Inst. für Medizinische Informatik und Systemforschung, Neuherberg
[#]Die Arbeiten wurden von der Dr.-Johannes-Heidenhain-Stiftung unterstützt.

Hintergrund

Erkrankungen des Herz-Kreislaufsystems sind nach wie vor die Todesursache Nummer Eins in den Industrienationen. Entscheidend daran beteiligt ist die Thrombose - der Verschluß eines Gefäßes durch einen Blutpropf. Die häufigsten Manifestationen der arteriellen Thrombose sind Herzinfarkt, Apoplex, Mesenterialinfarkt, oder Verschluß einer peripheren Hauptarterie. Arteriosklerotische Veränderungen dieser Gefäße fördern die Thrombogenese. Bekannte Risikofaktoren sind erhöhte Cholesterin- und Triglyceridkonzentrationen im Blut, Rauchen, Hypertonus, Übergewicht und das Vorhandensein eines Diabetes mellitus. Da die Anlagerung von Thrombozyten an die Gefäßwand nicht nur einen der Primärvorgänge der Thrombusbildung darstellt, sondern ihr heutzutage auch eine Schlüsselrolle bei der Entstehung der Arteriosklerose zugeschrieben wird, ist die Haftfunktion der Thrombozyten und ihre Korrelation mit den bekannten arteriosklerosefördernden Faktoren von besonderem Interesse. Die postoperative tiefe Beinvenenthrombose ist wegen möglicher lebensbedrohlicher Folgen - meist tödlich verlaufende Lungenembolie - eine der gefürchtetsten Komplikationen nach einer Operation. Auch daran sind die Thrombozyten entscheidend beteiligt.

Methoden

1. Experimentelles Modell

In unserem Modell, dem Staupunkt-Adhäsio-Aggregometer (SPAA), werden in vitro die hämodynamischen Bedingungen für die Entstehung eines Plättchen-Mikrothrombus durch eine rotationssymmetrische Staupunktströmung simuliert. Plättchenreiches Citratplasma von Patienten strömt dabei gegen eine senkrecht dazu gestellte Glasplatte. Die kontinuierliche Messung der Intensität des von abgelagerten Plättchen gestreuten Lichtes erlaubt es, die Adhäsions- und die Aggregationsneigung der Thrombozyten quantitativ zu bestimmen. Gleichzeitig werden Mikrophotographien der verschiedenen morphologischen Thrombusstadien in regelmäßigen Abständen aufgenommen. Die Ablagerungen auf den beströmten Oberflächen werden am Ende des Experiments fixiert und licht- sowie elektronenoptisch weiter untersucht. Damit ist eine morphometrische Auswertung und somit Eichung der Streulichtkurven möglich *(Abb. 1)*, s.a. Müller-Mohnssen, H., Scholtes, L. (1982).

2. Quantifizierung der Plättchenfunktion

Analog zur chemischen Adsorption nach Langmuir betrachten wir die Adhäsion als Fließgleichgewicht zwischen einem Adsorptions- und einem Desorptionsprozess - in einem mathematischen Modell als Aufbau- und Abbauterm formuliert. Die Aggregation - ebenfalls mit Auf- und Abbauterm - setzt eine Adhäsion voraus; ohne daß an der Wand sich abgelagerte Plättchen befinden, können keine weiteren Plättchen daran haften. Die Streulichtkurven stellen eine Vereinigung beider Plättchenfunktionen dar. Durch Anfitten eines mathematischen Modells an die Meßkurven können diese beiden Prozesse voneinander getrennt beurteilt und quantitative Meßgrößen für die Adhäsivität und Aggregabilität angegeben werden (s. Tippe, A. et al.). Die Kontrolle der Kurvenfits wurde anhand der in den Mikrophotographien dargestellten Morphologie durchgeführt *(Abb. 2)*. Die im folgenden aufgelisteten Terme werden als Maß für die jeweils angegebene Funktion verwendet:

Kpw = Plättchen/Wand Klebrigkeit (Adhäsion; Einheit: %)

Kpp: = Plättchen/Plättchen Klebrigkeit (Aggregation; Einheit: $10^{-2}*\mathrm{min}^{-1}$)

gamma = Abbau der Plättchenablagerungen (Einheit: $10^{-1}*\mathrm{min}^{-1}$)

Patientengut und Therapie:

Zusätzlich zu 77 Experimenten mit Blutproben der in der Tabelle aufgeführten gefäßchirurgischen Patienten und Kontrollen wurden noch 3 weitere Patienten mit postoperativer tiefer Beinvenenthrombose untersucht. Die beiden Patienten (Frauen, 58 und 85 J.) mit akuter, phlebographisch nachgewiesener Venenthrombose erhielten am Experimenttag 1000 I.E. Heparin pro Stunde intravenös verabreicht. Der dritte Patient (Mann, 27 J.) mit rezidivierenden Thrombosen war marcumarisiert (am Experimenttag Quickwert 30%). Die gefäßchirurgischen Patienten hatten eine chirurgisch behandlungsbedürftige Arteriosklerose der peripheren Arterien (AVK Stadium IIb-IV nach Fontain) und erhielten <u>alle</u> eine medikamentöse Prophylaxe von 100mg, oder 500mg Acetylsalicylsäure sowie subcutane Gabe niedermolekularen Heparins *(Abb. 2)*. Die Untersuchungen fanden entweder präoperativ oder mindestens 1 Woche postoperativ statt.

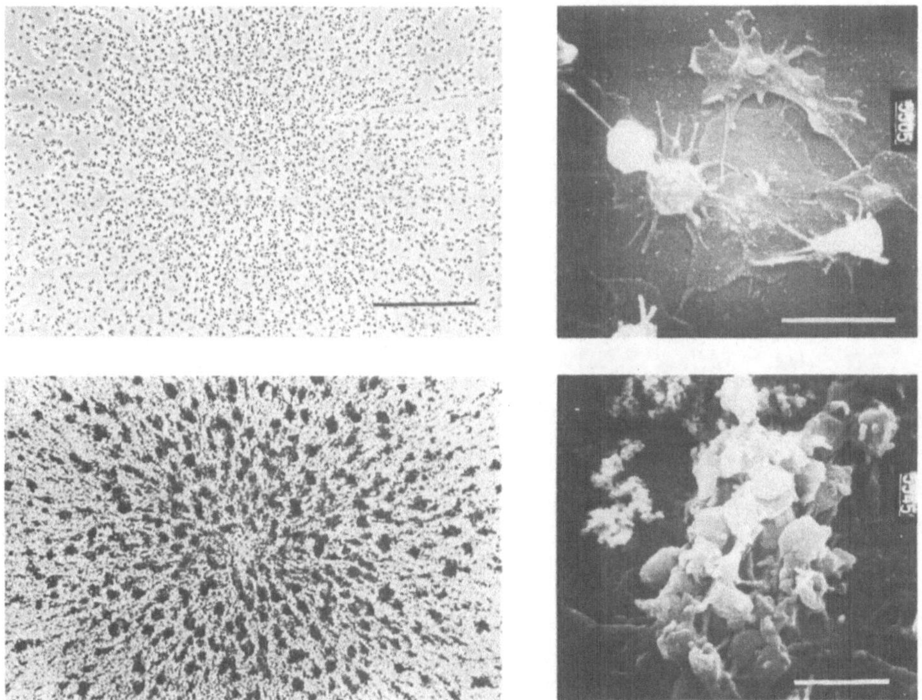

Abb.1 Typische Ablagerungen bei reiner Adhäsion (oben) und zusätzlicher Aggregation (unten); links Phasenkontrast- (Balken: 0.2mm), rechts rasterelektronenmikroskopische Aufnahmen (Balken 5μm). Die Plättchen haften bei Adhäsion über ihre Pseudopodien oder mit dem flach ausgebreiteten Zellkörper auf der Unterlage (rechts oben). Aggregation ist durch das Haften weiterer Thrombozyten auf einer Schicht bereits adhärenter Thrombozyten - ohne eigenen Kontakt zur Unterlage - charakterisiert (rechts unten).

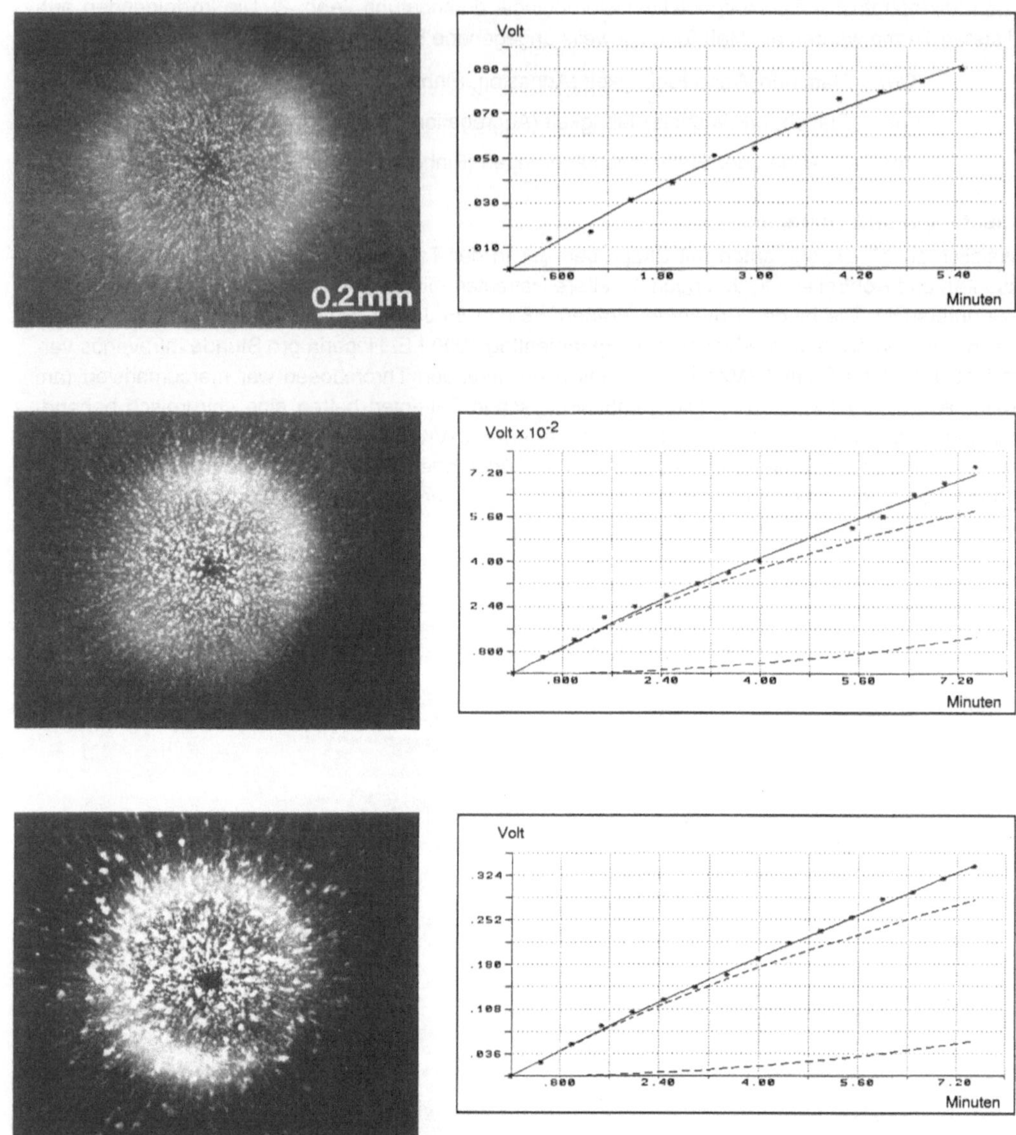

Abb. 2 Repräsentative Dunkelfeld-Mikrophotographien (links) mit dazugehörigen Fitkurven (rechts) des Mikrothrombuswachstums bei einer Kontrollperson (oben), einem Gefäßpatienten (Mitte) und einer Patientin mit akuter tiefer Beinvenenthrombose (unten). Die Kurvenabszisse ist die Zeitachse (min); die Ordinate zeigt die Stärke des Wachstums (Ausgangssignal des Photomultiplier in Volt ist proportional zur Anzahl abgelagerter Thrombozyten). Ablagerungsmorphologie und Kurvenverlauf entsprechen bei der Kontrolle einer reinen Adhäsion, beim Gefäßpatienten einer Adhäsion und Aggregation und bei der Patientin mit akuter Thrombose einer massiven, die Adhäsion überlagernden Aggregation.

Tabelle 1: Verteilung der Risikofaktoren

	Anzahl	Geschlecht		Alter		Diabetes mellitus	
		männlich	weiblich	< 54 J.	> 55 J.	ja	nein
Patienten	19	13	6	4	15	4	15
Kontrollen	23	18	5	16	7	0	23
Gesamt	42	31	11	20	22	4	38

	Rauchverhalten			Blutdruck systolisch		Blutdruck diastolisch	
	Raucher	Nicht-Raucher	Ex-Raucher	<160 mm Hg	>160 mm Hg	<90 mm Hg	>90 mm Hg
Patienten	8	1	10	16	3	16	3
Kontrollen	1	17	5	23	0	22	1
Gesamt	9	18	15	39	3	38	4

	Körpergewicht			Cholesterin		Triglyderide	
	Normgew.	Übergew.	Fettsucht	normal	pathol.	normal	pathol.
Patienten	5	11	3	16	3	14	5
Kontrollen	14	8	1	17	6	21	2
Gesamt	19	19	4	33	9	35	7

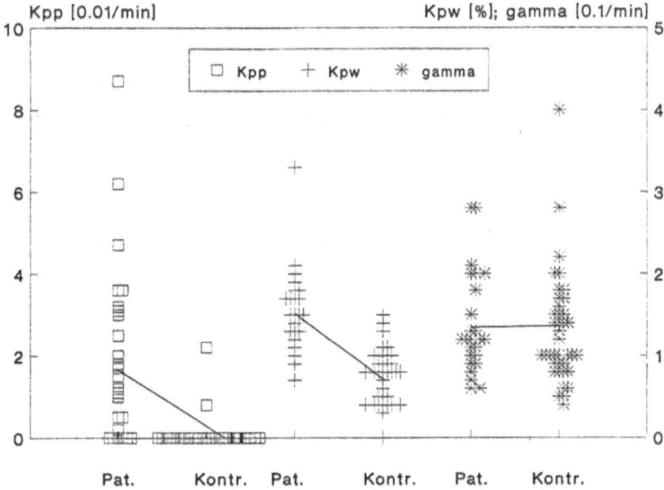

Abb. 3 Verteilung der Kpp- (Aggregabilität), Kpw- (Adhäsivität) und gamma-Werte (Abbauneigung) im Vergleich von gefäßchirurgischen Patienten mit arterieller Verschlußkrankheit und Kontrollen. Die Balken verbinden die jeweiligen Durchschnittswerte.

Ergebnisse und Schlußfolgerungen:

Die noch kleinen Fallzahlen bisher ausgewerteter Experimente erlauben keine statistischen Aussagen über Gruppenunterschiede oder Effekte. Dennoch zeigen sich beim Vergleich der klinischen und experimentellen Daten zwischen Kontrollpersonen und Patienten wichtige Unterschiede: Risikofaktoren kommen in der Gruppe mit manifesten Gefäßleiden *(Tabelle 1)* prozentual häufiger vor; dies ist in Übereinstimmung mit der Literatur zu diesem Thema. Die Durchschnittswerte für Kpp (Aggregation) und Kpw (Adhäsion) liegen bei den Patienten deutlich höher. Nur zwei Kontrollen weisen überhaupt einen Kpp-Wert höher als Null auf - beide haben einen oder mehrere Risikofaktoren. Eine spontane Aggregationsneigung (Kpp) der Thrombozyten scheint somit ein pathologischer Befund zu sein, ebenso wie eine überhöhte Adhäsionsneigung. Da der Abbauterm gamma in der Patientengruppe ebenso niedrig ist wie in der Kontrollgruppe, ergibt sich für erstere gegenüber den Kontrollen eine massiv erhöhte Ablagerung bei geringem Abbau. Die Grenzwerte für den Norm- und den pathologischen Bereich müssen noch anhand größerer Fallzahlen ermittelt werden.

Die akuten thrombotischen Ereignisse führten zu Werten wie sie in der gefäßchirurgischen Gruppe im Grenzbereich vorlagen: Hohe Kpp (5.5; 4.0) und Kpw (4.6; 3.5) und niedrige gamma (2; 1). Bei rezidivierender Venenthrombose im freien Intervall ergaben sich hingegen Werte (Kpp = 1.3; Kpw = 1.4; gamma = 1) unter dem Durchschnitt der gefäßchirurgischen Gruppe *(Abb. 3)*.

Wichtigstes Ergebnis neben der hohen Spezifität, die das SPAA zeigte, ist der Nachweis massiv erhöhter Adhäsivität und spontaner Aggregabilität der Thrombozyten bei gleichzeitig geringer Abbaurate entstandener Mikrothromben. Diese erhöhte Neigung zur Bildung von Mikrothromben spiegelt den klinischen Zustand der gefäßkranken Patienten wieder und ist <u>trotz</u> standardmäßiger medikamentöser Thromboseprophylaxe oder -therapie nachweisbar.

Literatur:

MÜLLER-MOHNSEN, H., SCHOLTES, L.: Auslösung der Thrombogenese durch strömungsmechanische Materialtransporte gegen die Gefäßwand. Hämostaseologie, Heft 4, 3-43 (1982)

TIPPE, A., REININGER, A., REININGER, C., RIEß, R.: In Vitro Adhesion and Aggregation of Human Platelets: A Quantitative Evaluation of Stagnation Point Flow Experiments. Submitted to Thrombosis Research

**Untersuchung der Häufigkeit von Krebserkrankungen
im Kindesalter in der Umgebung von Kernkraftwerken**

- Konzept und erste Ergebnisse einer bundesweiten Studie -

Birgit Keller, Hans Günter Haaf, Peter Kaatsch, Jörg Michaelis

Institut für Medizinische Statistik und Dokumentation
Klinikum der Johannes Gutenberg-Universität Mainz

Einleitung

Seit 1983 das Britische Fernsehen in der vielbeachteten Dokumentation "Windscale - The Nuclear Laundry" über eine Häufung kindlicher Leukämien in der Umgebung von Windscale berichtete, ist die Diskussion über einen Zusammenhang zwischen Leukämieclustern und ionisierender Strahlung aus kerntechnischen Anlagen nicht abgebrochen. Große Studien in England und Wales (2,3,6), in den USA (9) und in Frankreich (8), in denen die Krebsinzidenz bzw. Krebsmortalität in der Umgebung kerntechnischer Anlagen ausgewählten Vergleichsregionen gegenübergestellt wurde, sind zu unterschiedlichen Ergebnissen gekommen. Während in den Vereinigten Staaten keine Erhöhung der Krebsmortalität in der Umgebung kerntechnischer Anlagen beobachtet wurde, ergab sich in England und Wales eine erhöhte Leukämierate bei Kindern und Jugendlichen. Bemerkenswerterweise fanden Cook-Mozaffari, Darby und Doll (4) auch in der Umgebung von geplanten kerntechnischen Anlagen eine Erhöhung der Leukämieraten. Nachdem auch in der Bundesrepublik über gehäufte Leukämieerkrankungen bei Kindern in der Umgebung eines Kernkraftwerkes berichtet wurde (5), wurde eine umfassende bundesdeutsche Studie gefördert vom Bundesministerium für Umwelt, Naturschutz und Reaktorsicherheit initiiert.

Methodik

Aufbauend auf dem Mainzer Kinderkrebsregister (10) wurde die Inzidenz bei unter 15jährigen Kindern in der Umgebung von 18 Kernkraftwerken und 2 Kernforschungsanlagen der in ausgewählten Vergleichsregionen gegenübergestellt. Darüberhinaus wurden auch 6 Standorte geplanter Kernkraftwerke in die Studie einbezogen. Um die Vergleichbarkeit mit den bereits durchgeführten Studien zu gewährleisten, wurde der methodische Aufbau der hier vorgestellten Arbeit eng an die Studie der Arbeitsgruppe um Cook-Mozaffari (2,3,6) angelehnt. Modifikationen ergaben sich aus den bundesdeutschen Regionalstrukturen und den Rahmenbedingungen des Mainzer Kinderkrebsregisters. Schwerpunktmäßig sollen insbesondere die Erkrankungsraten bei Leukämien und Lymphomen sowie weiterhin bei den im frühen Kindesalter auftretenden Neuroblastomen und Wilms-Tumoren betrachtet werden.
Um jeden Standort wurden konzentrische Kreise mit den Radien 5, 10 und 15 km gezogen. Die in diesen Kreisen liegenden Gemeinden wurden nach dem von Grosche (7) angewandten Verfahren mit ihrem vollständigen Gebiet der jeweils inneren Kreisscheibe zugeordnet, wenn sie mit mindestens einem Drittel ihrer Fläche innerhalb dieses Kreises liegen (siehe z.B. Karte 1).
Zu jedem Standort der 20 kerntechnischen Anlagen wurde nach siedlungs- und bevölkerungsstrukturellen Gesichtspunkten mindestens ein Vergleichslandkreis bestimmt. Aus den in Frage kommenden Landkreisen wurde zufällig eine Gemeinde als Vergleichsstandort ausgewählt. Um diese Gemeinden wurden ebenfalls konzentrische Kreise gezogen und analog zu den Kernkraftwerksregionen die Vergleichsregionen definiert.

Die Auswahlkriterien für die Vergleichslandkreise waren folgende:
- Minimale Entfernung zu einem Kernkraftwerk: 30km.
- Maximale Entfernung zum zugehörigen Kernkraftwerk: 100km.
- Gleicher siedlungsstruktureller Gebietstyp (1) wie der Standortlandkreis.
- Höchste Abweichung in der Bevölkerungsdichte: 50 E/qkm.

Darüberhinaus sollten der Standortlandkreis und die möglichen Vergleichslandkreise im Einzugsgebiet der jeweils gleichen Kliniken liegen. Karte 2 zeigt die so definierten Kernkraftwerks- und Vergleichsregionen. Insgesamt wurden 1287 der ca. 8500 westdeutschen Gemeinden in die Studie einbezogen.

Da für die Zeit vor 1980 keine bundesweiten Zahlen über die Erkrankungsraten bei Kinderkrebs existieren, mußte der Untersuchungszeitraum auf die Zeit von 1980 bis 1990 beschränkt werden. Bei Kernkraftwerken, die erst nach 1980 in Betrieb gegangen sind, beginnt der Untersuchungszeitraum frühestens 1 Jahr nach dem Tag der 1. Kritikalität.

Ein Patient wurde in die Studie einbezogen, wenn er im Untersuchungszeitraum erkrankt ist und bei Diagnosestellung in einer der Studienregionen gewohnt hat. Da dem Kinderkrebsregister von fast 90% der gemeldeten Patienten die Gemeinde bekannt ist, in der das Kind bei Diagnosestellung wohnte, war diese Zuordnung meist auch leicht möglich. Wenn nur die Postleitzahl des Wohnortes bekannt war, die nicht immer eindeutig einer Gemeinde zuzuordnen ist, waren teilweise umfangreiche Einzelrecherchen notwendig.

Zur Berechnung der Inzidenzen wurden für die ausgewählten Regionen und den Untersuchungszeitraum Bevölkerungszahlen auf Gemeindeebene in den Altersgruppen unter 1 Jahr, 1 bis 4 Jahre, 5 bis 9 Jahre und 10 bis 14 Jahre benötigt. In diesem Differenzierungsgrad waren die Daten leider nicht von allen Ländern der alten Bundesrepublik erhältlich. Deshalb waren zum Teil Schätzungen der Bevölkerungszahlen aus den erhältlichen Daten notwendig.

Zur Entdeckung möglicher anderer Ursachen bei eventuellen Unterschieden der Erkrankungsraten in den Kernkraftwerksregionen und Vergleichsregionen wurde eine umfangreiche Befragung zu Lebensgewohnheiten und zur medizinischen Vorgeschichte der Eltern von Kindern, die an den interessierenden Diagnosen erkrankt sind, durchgeführt. Zur Reduzierung von Erinnerungsfehlern wurde die Befragung auf Eltern von Patienten beschränkt, deren Diagnosedatum nach dem 31.12.1985 liegt.

Erste Ergebnisse

In der Zeit von 1980 bis 1990 wohnten durchschnittlich jährlich 637118 unter 15jährige in den Kernkraftwerksregionen, 468957 in den Vergleichsregionen und 142363 in den Regionen um geplante Standorte. Damit lebten in den Kernkraftwerksregionen ca. 170000 Kinder mehr als in den Vergleichsregionen. Im wesentlichen erklärt sich diese Differenz durch einen Unterschied in der Bevölkerungsdichte zwischen Kernkraftwerksregion und Vergleichsregion zweier Standorte: Kahl und Neckarwestheim (Bevölkerungsdifferenz 73459 bzw. 52446). Eine zusätzliche Auswertung unter Ausschluß dieser beiden Standorte ist vorgesehen.

Entsprechend dem Auswahlverfahren der Vergleichsstandorte sind die Flächenanteile von Kernkraftwerksregion und Vergleichsregion an den verschiedenen siedlungsstrukturellen Gebietstypen sehr ähnlich (Tab. 1). Hinter der Differenz der Flächenanteile der Kernstädte verbirgt sich jedoch eine relativ große Bevölkerungszahl. Da in den Kernstädten gegenüber den übrigen Regionen eine leicht erhöhte Inzidenz zu beobachten ist, stellt sich die Frage, ob der höhere Anteil städtischer Bevölkerung in den Kernkraftwerksregionen durch eine entsprechende Standardisierung ausgeglichen werden sollte.

Ausgewählte Gemeinden um Mülheim-Kärlich
Standort
10-15 km
5-10 km
0- 5 km
5 km
Karte 1

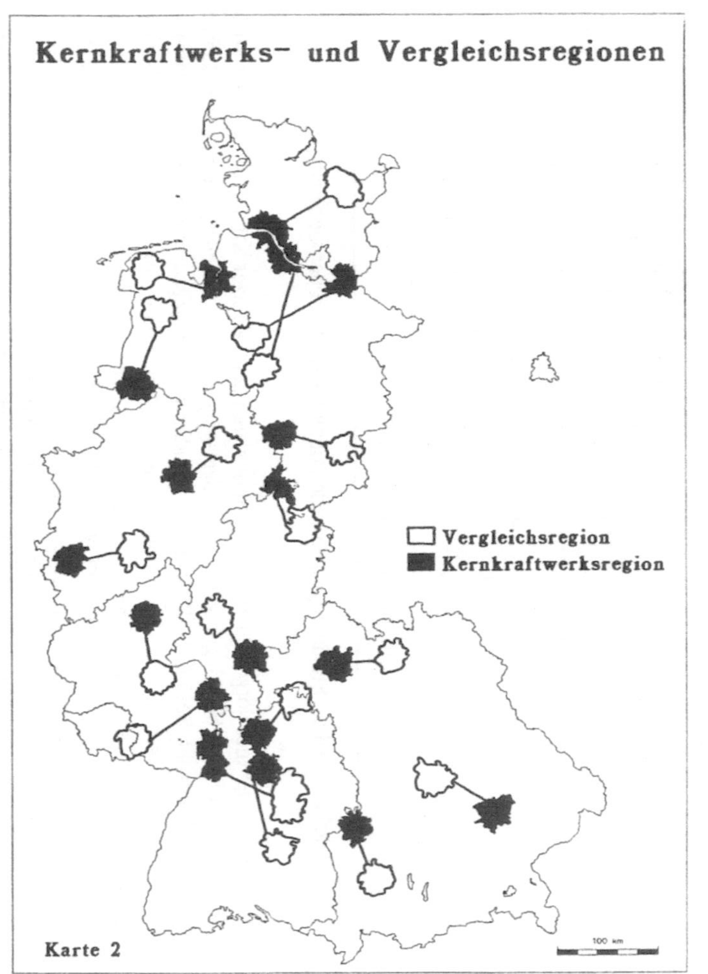

Kernkraftwerks- und Vergleichsregionen
Vergleichsregion
Kernkraftwerksregion
100 km
Karte 2

Gebietstyp	Kernkraftwerks-regionen	Vergleichs-regionen
Kernstädte	3.9	1.6
Hochverdicht. Umland	19.6	18.3
Ländliches Umland -hohe Bev.dichte -niedrige Bev.dichte	15.5 34.2	17.5 44.7
Ländliche Regionen	26.8	17.9

Tab. 1: Flächenanteil der Studienregionen an den siedlungsstrukturellen Gebietstypen (in %)

Zum Zeitpunkt der hier vorgestellten Auswertung waren dem Mainzer Kinderkrebsregister 1689 Patienten mit Wohnsitz bei Diagnosestellung in den ausgewählten Studienregionen aus den Jahren 1980 bis 1990 bekannt. Bei 2% der Patienten aus Studienkliniken liegt dem Register keine Angabe über den Wohnort vor. Es ist zu vermuten, daß einige dieser Patienten in den Studienregionen wohnten. Schätzungsweise sind 15 weitere Studienpatienten zu erwarten, die sich nach Betrachtung der Einzugsbereiche der Kliniken im wesentlichen gleichmäßig über die verschiedenen Studienregionen verteilen dürften. Nur bei den Patienten einer größeren Klinik, in deren Einzugsbereich vier Kernkraftwerksstandorte liegen, ist der unbekannte Wohnsitz eher in einer Kernkraftwerksregion zu erwarten. Da die Fallzahlen in den einzelnen Regionen relativ klein sind, sollen über die bisher durchgeführten Recherchen hinaus noch möglichst viele der fraglichen Wohnortsangaben vervollständigt werden.

Tabelle 2 zeigt die Verteilung der Patienten über die einzelnen interessierenden Diagnosen, die sich kaum von der Verteilung aller Patienten im Kinderkrebsregister unterscheidet.

Von den 499 in den Fragebogenversand einbezogenen Patienten haben 427 (86%) einen Elternfragebogen von den behandelnden Ärzten erhalten. Bei 42 der 72 nicht weitergegebenen Fragebögen nannten uns die Ärzte einen definitiven Grund, warum die Eltern dieser Patienten nicht ansprechbar waren.

Von den 427 weitergegebenen Fragebögen sind 322 (75%) ausgefüllt bei uns eingegangen. Dies ist in Anbetracht des umfangreichen Fragebogens mit zum Teil sehr persönlichen Fragen und unter Berücksichtigung der persönlichen Situation der betroffenen Eltern eine hohe Quote, in der sich das große Interesse der Eltern krebskranker Kinder an der Ursachenforschung ausdrückt. Dies zeigt sich auch darin, daß die Fragebögen äußerst gewissenhaft ausgefüllt sind.

Diagnose	Anzahl	Anteil	Anteil in BRD
Leukämien	600	36%	35%
Lymphome*	102	6%	6%
Neuroblastome	104	6%	7%
Wilms-Tumoren	111	7%	6%
Andere	772	45%	46%
Alle Malignome	1689	100%	100%

Tab. 2: Verteilung der Diagnosen für die Studienpatienten
*ohne Morbus Hodgkin

Ausblick

Ziel der Studie ist die Überprüfung der Inzidenz von Krebserkrankungen im Kindesalter in der Umgebung von Kernkraftwerken. Die erforderlichen Erhebungen sind nicht abgeschlossen, so daß Ergebnisse hierzu noch nicht dargestellt werden können. Mit den abzusehenden Fallzahlen ließe sich eine Erhöhung der Gesamtinzidenz um 10% bzw. eine Erhöhung der Leukämieinzidenz um 20% auf einem Signifikanzniveau von 1% mit einer Teststärke von über 95% sichern.
Auswertungen nach dem Alter der kerntechnischen Anlagen und nach der geschätzten jährlichen Ganzkörperdosis der Bewohner im Umkreis der kerntechnischen Anlage werden durchgeführt.
Darüberhinaus soll durch eine Unterteilung der Regionen in östlich und westlich vom Standort liegende Gemeinden dem Aspekt eines möglichen Einflusses durch den vorherrschenden Westwind nachgegangen werden.
Die indirekte Weitergabe der Elternfragebögen über die behandelnden Ärzte hat deren Rücklauf zeitlich stark verzögert bzw. ist zum Teil an Vorbehalten einzelner Ärzte gescheitert. Auf Grund dieser Erfahrungen werden die Eltern aller seit Anfang dieses Jahres erkrankten Patienten routinemäßig nach Basisdaten befragt. Dabei werden die Eltern um die Mitteilung ihrer Adresse für mögliche weitere Befragungen gebeten.
Die Ergebnisse dieser Studie könnten die Grundlage von Fall-Kontroll-Studien bilden, in denen die Ursachen möglicherweise aufgedeckter Erkrankungshäufungen weiter untersucht werden könnten.

Literatur:

(1) Bundesforschungsanstalt für Landeskunde und Raumordnung (BfLR) (1987): Informationen zur Raumentwicklung. Aktuelle Daten und Prognosen zur räumlichen Entwicklung, Heft 11/ 12. Selbstverlag der Bundesforschungsanstalt für Landeskunde und Raumordnung, Bonn
(2) Cook-Mozaffari, P.J.; Vincent, T.; Forman, D.; Ashwood, F.L.; Alderson, M. (1987): Cancer incidence and mortality in the vicinity of nuclear installations, England and Wales 1959-1980. London HMSO, Studies on Medical and Populations Subjects No. 51
(3) Cook-Mozaffari, P.J.; Darby, S.C.; Doll, R.; Forman, D.; Hermon, C.; Pike, M.C. (1989): Geographical variation in mortality from leukaemia and other cancers in England and Wales in relation to proximity to nuclear installations, 1969-78. Br. J. Cancer 59, 476-485
(4) Cook-Mozaffari, P.; Darby, S.; Doll, R. (1989): Cancer near potential sites of nuclear installations. Lancet ii, 1145-1147
(5) Demuth, M. (1989): Leukämiemorbidität bei Kindern und Jugendlichen in der Umgebung des Kernkraftwerkes Würgassen. 2. Auflage, Selbstverlag, Kassel
(6) Forman, D.; Cook-Mozaffari, P.J.; Darby, S.; Davey, G.; Stratton, I.; Doll, R.; Pike, M. (1987): Cancer near nuclear installations. Nature 329, 499-505
(7) Grosche, B.; Hinz, G.; Kaul, A.; Tsavachidis, C. (1987): Analyse der Leukämiemorbidität in Bayern in den Jahren 1976-1981. Institut für Strahlenhygiene des Bundesgesundheitsamtes, ISH-Heft 73/76, Neuherberg
(8) Hill, C.; Laplanche, A. (1990): Overall mortality and cancer mortality around French nuclear sites. Nature 347, 755-757
(9) Jablon, S.; Hrubec, Z.; Boice, J.D.; Stone, B.J. (1990): Cancer in populations living near nuclear facilities. NIH Publications No. 90-874
(10) Kaatsch, P.; Michaelis, J. (1989): Das Kinderkrebsregister der Bundesrepublik Deutschland. In Schön, D.; Bertz, J.; Hoffmeister, H. (Hrsg.): Bevölkerungsbezogene Krebsregister in der Bundesrepublik Deutschland. Band 2, Medizin Verlag, München, 29-34

AUSWIRKUNGEN DER LUFTVERSCHMUTZUNG AUF DIE GESUNDHEIT VON SCHULANFÄNGERN - EINE VERGLEICHENDE STUDIE AUS OST- UND WESTDEUTSCHLAND

Krämer, U.
Dolgner, R.
Medizinisches Institut für Umwelthygiene an der
Heinrich-Heine-Universität Düsseldorf
Auf'm Hennekamp 50, W-4000 Düsseldorf

Willer, H.-J.
Landeshygieneinstitut Magdeburg
Wallonerberg 2/4, O-3010 Magdeburg

Problemstellung und Ziel der Studie

Seit 1976 führt das Medizinische Institut für Umwelthygiene (MIU) an der Heinrich-Heine-Universität Düsseldorf im Rahmen der Luftreinhaltepläne von NRW umweltepidemiologische Studien an Schulkindern und Erwachsenen durch. In wechselnden Arealen des Rhein- und Ruhrgebietes, die eine erhöhte Luftschadstoffbelastung aufweisen, werden in Abständen von ca. 2 Jahren regelmäßig Querschnittserhebungen vorgenommen. Die Ergebnisse dieser Untersuchungen dienen zur Aufstellung sogenannter Humanwirkungskataster, die eine Bewertung des Zusammenhangs zwischen gesundheitlichen Auswirkungen und der Schadstoffbelastung der Außenluft ermöglichen. Zur vergleichenden Wertung werden außerdem die Ergebnisse entsprechender Querschnittsuntersuchungen in einem Kontroll-areal (Borken/ Westfalen) mit geringer Schadstoffbelastung herangezogen. Seit 1985 stellen die Lernanfänger das Untersuchungskollektiv der Schulkinderpopulation. Durch Ankopplung der freiwilligen Untersuchungen für die Querschnittserhebungen an die Schuleingangsunter-suchungen konnten sehr gute Response-Raten erzielt werden. Zudem stellen Kinder im Alter von 6 Jahren aus umweltepidemiologischer Sicht ein besonders sensibles Kollektiv im Hin-blick auf die Beurteilung der Auswirkungen von Umweltbelastungen auf die menschliche Gesundheit dar. Diese Argumente sowie die Erfolge und Erfahrungen mit dem o.g. Instru-mentarium der Querschnittserhebungen an Lernanfängern bewog das MIU unmittelbar nach der politischen Wende in der ehemaligen DDR, ein entsprechendes Untersuchungskonzept für Areale im Osten Deutschlands zu entwerfen. Dabei wurden von vornherein Wie-derholungen dieser Querschnittsuntersuchungen in Zweijahresabständen ins Auge gefaßt.

Die Zielsetzungen und Problemstellungen dieses umweltepidemiologischen Projektes lassen sich wie folgt stichwortartig umreißen:

- Bewertung der gesundheitlichen Auswirkungen der aktuellen Umweltsituation in besonders belasteten Arealen der neuen Bundesländer.
- Vergleich des gesundheitlichen Status von Schulkindern in industriellen Ballungsräumen im Osten Deutschlands und in NRW.
- Begleitende Untersuchung der gesundheitlichen Auswirkungen einer zu erwartenden fort-schreitenden Verbesserung der Umweltsituation insbesondere bzgl. der Außenluftverun-reinigung im Osten Deutschlands.

Die folgenden Untersuchungsareale aus Ostdeutschland wurden in die Studie einbezogen:

- hohe Belastung: Halle-Zentrum und Leipzig-Südwest,
- mittlere Belastung: Magdeburg-Zentrum,
- geringe Belastung (Kontrolle): Salzwedel, Gardelegen und Osterburg (Altmark).

Kennzeichnende Parameter der Außenluftverschmutzung aus den Untersuchungsarealen in Ostdeutschland sind in Tabelle 1 zusammengestellt. Zum Vergleich sind Werte aus Nordrhein-Westfalen mit aufgeführt.

Tabelle 1: Luftverschmutzung in ost- und westdeutschen Städten; Mittelwerte 1989 (1988)

	Leipzig Zentr. [2]	SW	Halle Burgstr. [1]	Magdeburg (Raster) [3]	Duisburg-Walsum [4]	Düsseldorf-Reisholz [4]
SO_2 [µg/m³]	210	310	220	70	36	26
Staub-niederschlag [mg/m²d]	---	1070	780	350 (1988)	270 (1988)	110
Feinstaub [µg/m³]	80		123	---	73	68
NO_x [µg/m³]	41	---	73	36	87	154

Wie aus Tabelle 1 zu entnehmen ist, sind die Charakteristika der Luftverschmutzung an den aufgeführten Meßorten Ost- und Westdeutschlands sehr verschiedenartig. Während in Ostdeutschland die Immissionen von SO_2 und Staubniederschlag dominieren - in Leipzig-Südwest sind die entsprechenden Meßwerte rund zehnmal so hoch wie an der Meßstation Düsseldorf-Reisholz -, sind diese in Westdeutschland selbst im Ruhrgebiet 1988/89 relativ niedrig. Dafür treten hier Immissionen aus dem Kraftfahrzeugverkehr in den Vordergrund, wie die höheren Werte für NO_x zeigen.

Erfaßte Parameter und Untersuchungsablauf

Die Eltern von allen 1876 Schulanfängern aus den ausgewählten Untersuchungsarealen in Ostdeutschland wurden Anfang Januar 1991 von den örtlichen Gesundheitsämtern (damals noch vom Jugendgesundheitsschutz) angeschrieben mit der Bitte, ihr Kind an die Schuleingangsuntersuchung anschließend untersuchen zu lassen und den beigelegten Fragebogen ausgefüllt mitzubringen. Es wurden zusätzlich die Eltern von 2500 Kindern gebeten, den Fragebogen auszufüllen. Die Untersuchungen fanden vom 4.2. bis 22.3.91 statt. Zu der parallelen Studie in Westdeutschland wurden 2962 Kinder aus den Orten Borken, Duisburg, Essen, Gelsenkirchen und Dortmund eingeladen. 3270 wurden zusätzlich nur um die Beantwortung des Fragebogens gebeten. Diese Untersuchungen fanden vom 8.4. bis 7.6.91 statt.

Ein vollständiger Erhebungssatz pro Kind umfaßt einen Fragebogen, eine Blut-, Zahn- und Urinprobe, eine Lungenfunktionsuntersuchung, einen Allergietest sowie einen neuropsychologischen/ neurophysiologischen Test. Die letzten beiden Untersuchungen wurden ni t in al n Studi norten durchgeführt. Als mögliche Störgrößen wurden Nationalität, Alter, Geschlecht, Gewicht, der Suzialsialus, die Innenraumbelasiung, eine gesundheitliche Vorbela tung, akute Infektionen am Untersuchungstag und eine Belastung mit speziellen Schadstoffen erfaßt. Einflußgrößen im engeren Sinne der Zielsetzung des Projektes sind die Luftschadstoffbelastungswerte im Jahresdurchschnitt an den Wohnorten der Probanden.

Deskription einiger Ergebnisse

Im folgenden wird eine erste Übersicht über die Resultate der Fragebogenerhebung in Ostdeutschland gegeben. Die Daten sind bis auf die aus der reinen Fragebogenerhebung in Magdeburg (n=1000) komplett. Univariate Statistiken werden den entsprechenden Werten der Lernanfängerstudie 1988 aus dem Raum Köln/Düsseldorf [5] gegenübergestellt, da Ergebnisse aus der direkten Parallelstudie in Westdeutschland zur Zeit noch nicht vorliegen. Tabelle 2 gibt die Körpermaße der untersuchten Kinder wieder. Da die Kinder 1988 rund 2 Monate später im Jahr untersucht wurden, waren sie zum Zeitpunkt der Untersuchung auch entsprechend älter. Um die Körpermaße vergleichen zu können, werden daher die Mittelwerte standardisiert angegeben (ortsspezifische lineare Regressionen).

Tabelle 2   **Körpermaße von Schulanfängern aus Ost- und Westdeutschland**
(nur Kinder, die mindestens 2 Jahre am Wohnort lebten)

	n	mittl. Alter [Jahre]	Standard- abw.	mittl. Größe [cm] (*)	Standard- abw.	mittl. Gewicht [kg] (**)	Standard- abw.
Köln/Düsseldorf deutsch	1700	6.37	(0.38)	119.5	(5.57)	22.5	(3.86)
türkisch	572	6.44	(0.45)	117.2	(5.20)	23.4	(3.66)
Borken Stadt	245	6.36	(0.30)	120.7	(5.64)	22.3	(3.39)
Umgebung	119	6.40	(0.34)	122.1	(5.68)	21.0	(3.91)
Leipzig-SW	513	6.27	(0.34)	118.6	(5.31)	21.9	(3.43)
Halle	1120	6.25	(0.30)	118.6	(5.41)	21.9	(3.51)
Magdeburg	306	6.28	(0.33)	119.2	(5.75)	23.2	(4.37)
Osterburg/Gardel.	276	6.27	(0.29)	120.3	(5.48)	22.3	(3.70)
Salzwedel	601	6.30	(0.42)	119.3	(5.07)	22.8	(3.46)

(*) : standardisiert auf Alter 6.25 Jahre
(**): standardisiert auf Alter 6.25 Jahre und Größe 120 cm

Es liegen keine systematischen Mittelwertsunterschiede in den Körpermaßen zwischen ost- und westdeutschen Kindern vor. Den kleinsten Mittelwert der Körperhöhe zeigen türkische Kinder aus Köln/Düsseldorf. Kinder aus Leipzig, Halle, Magdeburg und Salzwedel sowie die deutschen Kinder aus Köln/Düsseldorf sind 1.4 bis 2.3 cm größer; die Mittelwerte unter-

scheiden sich nicht signifikant voneinander (t-Test, p >0.05). Kinder aus Osterburg/Gardelegen und Borken sind im Mittel wiederum größer. Am größten schließlich sind die Kinder aus kleinen Gemeinden in der Umgebung von Borken. Diese Unterschiede beruhen vor allem auf Unterschieden in der Altersgruppe der 6.5- bis 7-jährigen Kinder.
Die mittleren Körpergewichte zeigen eine andere Reihenfolge.

Tabelle 3 **Verteilung wichtiger Störgrößen bei Schulanfängern aus Ost- und Westdeutschland (nur deutsche Kinder, die mindestens 2 Jahre am Wohnort lebten)**

	Köln / Düsseld.	Borken	Leipzig-SW	Halle	Magde-burg	Osterb./Gardel./ Salzwedel
% Eltern mehr als 10. Schulklasse	44.1	43.3	42.9	56.2	57.7	45.1
Heizungsart (*) % Fernheizung	8.6	7.1	0.8	42.3	33.0	29.6
% Zentralheiz.	48.5	77.9	6.3	8.0	10.2	23.7
% Etagenheiz. mit Kohle	9.8	0.6	88.3	40.7	43.9	44.0
% Etagenheiz. mit Gas/Öl	25.8	12.2	4.0	8.5	9.5	2.0
% Etagenheiz. mit Strom	7.4	2.3	0.6	0.6	3.4	0.7
% feuchte Wohn.	7.1	3.6	19.9	10.4	9.2	8.0
% Passivrauch. (*)	62.0	46.7	48.0	58.2	58.1	58.3
% mehr als 1 Pers. zusätzl. im Schlafz.	53.3	50.1	60.2	59.6	64.6	65.4

(*): Die Formulierungen der entsprechenden Abfragen sind im Fragebogen, der in Ostdeutschland verwendet wurde, gegenüber dem westdeutschen leicht modifiziert.

Die Verteilung der nach den Erfahrungen vergangener Studien bedeutsamsten Störgrößen für den Zusammenhang zwischen Luftverschmutzung und Atemwegserkrankungen und -symptomatiken ist in Tabelle 3 wiedergegeben. Eltern aus den ostdeutschen Untersuchungsorten haben gegenüber denen aus den westlichen Arealen öfter einen Schulabschluß, der höher ist als der der 10. Klasse. Das Heizverhalten ist völlig unterschiedlich. Während in Ostdeutschland eine Etagenheizung mit Kohle oder eine Fernheizung dominiert, überwiegt in Westdeutschland die Zentralheizung bzw. eine Etagenheizung mit Gas oder Öl. Die Wohnung wird in Ostdeutschland öfter als feucht bezeichnet, und das Kind teilt seinen Schlafraum dort häufiger mit einer anderen Person. Die Ortsunterschiede beim Passivrauchen folgen nicht dem aus Westdeutschland bekannten Muster, daß nämlich in den kleineren Orten weniger geraucht wird.
In Tabelle 4 schließlich sind die Angaben zu Symptomen und Diagnosen zusammengestellt. Die Tabelle ist nach zwei Gruppen von Variablen geordnet, wie sie sich nach einer Faktorenanalyse der Daten des Jahres 1988 ergeben haben. In der ersten Gruppe sind Variablen mit einer allergischen Komponente zusammengefaßt, die alle mit dem Vorliegen spezifischer IgE-Antikörper im Blut korrelierten. Eine solche Korrelation ließ sich für die zweite Variablengruppe nicht nachweisen; alle diese Variablen haben eine infektiöse Komponente.

Tabelle 4   Angaben zu Symptomen und Diagnosen bei Schulanfängern aus Ost- und
Westdeutschland (% Anteile positiver Antworten)

	Köln / Düsseld.	Borken	Leipzig	Halle	Magde- burg	Osterb./Gardel./ Salzwedel
Bronch.asthma (**)	3.5	1.5	2.2	2.1	1.0	1.1
Heuschnupfen (**)	2.6	1.5	1.0	1.3	3.3	1.2
Ekzem (**)	9.6	7.0	13.0	15.2	18.6	14.3
häufiger Husten	9.7	5.5	18.0	11.6	9.9	6.0
Bronchitis (**)	36.3	41.1	51.9	60.3	56.6	51.1
Erkältungskr. mit						
Fieber (*) (***)	28.6	22.7	75.3	67.0	66.6	54.0
Mandelentz. (***)	16.0	15.5	37.9	23.5	25.1	17.8
> 4 Erkältung. (***)	19.3	10.5	24.9	18.5	17.2	8.9

(*) : Die Formulierung der entsprechenden Abfrage ist im Fragebogen, der in
       Ostdeutschland verwendet wurde, gegenüber dem westdeutschen modifiziert.
(**) : jemals vom Arzt diagnostiziert
(***): im letzten Jahr

Das Vorliegen von Bronchialasthma und Heuschnupfen wird insgesamt recht selten angegeben. Die Raten in Ostdeutschland liegen i.a.noch unter denen in Westdeutschland. Auffällig ist, daß das Vorliegen eines Ekzems in allen Orten aus Ostdeutschland deutlich häufiger bejaht wird als in den westlichen Orten. Ein häufiger Husten ohne Erkältung wird in Leipzig dreimal so häufig angegeben wie in den west- oder ostdeutschen Kontrollorten. Die übrigen Untersuchungsorte liegen mit ihren Raten dazwischen. Darüber hinaus werden für die
Kinder aus Leipzig häufigere Erkältungen und höhere Raten von Mandelentzündung und fie-
berhaften Erkältungskrankheiten angegeben. Auch hier liegen die Raten aus den östlichen
Kontrollorten für die vergleichbaren Fragen in zwei Fällen in der gleichen Größenordnung
wie in Borken.
Eine weiterführende Analyse unter Einbeziehung von Störgrößen und kleinräumigen Aspekten soll die Entscheidung ermöglichen, inwieweit diese Unterschiede auf die Unterschiede in
der Luftbelastung zurückzuführen sind.

Literatur

[1] Umweltbericht des Bezirkes Halle 1989
    Herausgeber: Rat des Bezirkes Halle

[2] Jahresbericht Lufthygiene 1989
    Herausgeber: Bezirkshygieneinstitut Leipzig 1990

[3] Umwelthygienischer Jahresbericht 1989
    Bezirk Magdeburg
    Herausgeber: Bezirkshygieneinstitut Magdeburg 1990

[4] TEMES-Monatsberichte über die Luftqualität in
    Nordrhein-Westfalen
    Herausgeber: Landesanstalt für Immissionsschutz des Landes NRW

[5] Wirkungskataster zu den Luftreinhalteplänen Rheinschiene Süd
    und Rheinschiene Mitte 1990
    Herausgeber: Ministerium für Umwelt, Raumordnung und
    Landwirtschaft des Landes Nordrhein-Westfalen 1990

Auswirkungen der Luftverunreinigung auf die Gesundheit von Schulkindern

Heike Luttmann[1], Ulrike Grömping[1], H.-Erich Wichmann[1][2],

Lothar Kreienbrock[1], Christa Treiber-Klötzer[3]

1) *Bergische Universität/Gesamthochschule Wuppertal*
   FB 14 - Fachgebiet "Arbeitssicherheit und Umweltmedizin"
   Gaußstr. 20, 5600 Wuppertal 1

2) *GSF, Institut für Epidemiologie*
   Ingolstädter Landstr. 1, 8042 Neuherberg

3) *Staatliches Gesundheitsamt Mannheim*
   L1,1, 6800 Mannheim

Zusammenfassung

Auf der Basis einer in Mannheim und der Region Freiburg durchgeführten Kohortenstudie sollen die Auswirkungen von Luftverunreinigungen auf die Gesundheit von Schulkindern untersucht werden. Die erhobenen Daten werden dargestellt und im Hinblick auf ihre Validität und Plausibilität diskutiert. Statistische Auswertungsstrategien werden erläutert.

1   Einleitung

Mit dem Ziel, Zusammenhänge zwischen Luftverunreinigungen und Gesundheitsstörungen zu untersuchen, führte das staatliche Gesundheitsamt Mannheim in den Jahren 1977, 1979 und 1985 eine prospektive epidemiologische Studie mit Schulkindern durch. Dazu wurden Kinder aus der Stadt Mannheim und zum Vergleich aus dem Raum Freiburg rekrutiert, der wegen unterschiedlicher Luftschadstoffsituationen in die Teilgebiete Freiburg-Rheinebene und Freiburg-Schwarzwald zerfällt. Neben den körperlichen Untersuchungen und Lungenfunktionsmessungen wurden mittels eines Anamnesefragebogens potentielle Einflußfaktoren, frühere Erkrankungen und sozioökonomische Faktoren erhoben.

Teilauswertungen der Daten liegen vor [2,3]. Das gesamte nach Ende der dritten Untersuchungswelle vorliegende Datenmaterial wird derzeit in drei Querschnittanalysen und einer Längsschnittanalyse nochmals im Zusammenhang ausgewertet.

2   Studiendesign, Datenmaterial und Auswertungsziele

Die Studie wurde als prospektive Langzeitstudie (Kohortenstudie) geplant. Beim ersten Durchgang 1977 wurden Kinder der zweiten Grundschulklassen in die Studie aufgenommen. Die Schulauswahl erfolgte zufällig; innerhalb jeder Schule war eine Vollerhebung angestrebt. Auf diese Weise wurden etwa 60 % aller Kinder der entsprechenden Altersklasse erfaßt. 1979 wurden die inzwischen vierten

Klassen derselben Schulen erneut untersucht. Beim dritten Durchgang 1985 erfolgte eine Totalerhebung aller Gymnasien, Real-, Berufs- und Hauswirtschaftsschulen, um möglichst viele der Jugendlichen nochmals zu erreichen. In Freiburg kam das Stadtgebiet als Studienregion hinzu, da viele der weiterführenden Schulen dort angesiedelt sind.

Ein von der WHO entwickelter und erprobter Anamnesebogen wurde von den Eltern bzw. in der dritten Erhebungswelle teilweise von den Jugendlichen selbst zuhause ausgefüllt. Er enthält Fragen zu früheren Erkrankungen wie Bronchitis, Lungenentzündung, Asthma und Nasennebenhöhlenentzündung, zu Atemwegssymptomen wie Husten, keuchender Atem und Kurzatmigkeit, zu Infektanfälligkeit, zum Rauchverhalten in der Wohnung und zu sozialen Faktoren wie Schulbildung der Eltern, Geschwisteranzahl und Wohnraumgröße.

Zur Beurteilung der Lungenfunktion wurden verschiedene stetige Parameter zur Messung der Flußraten und Lungenvolumina (Peakflow, FVC, FEV1.0, MMEF, usw.) erhoben.

Die körperliche Untersuchung umfaßte neben der Messung von Größe und Gewicht den Lymphknoten- und Tonsillenstatus.

1985 wurden die Fragebögen gegenüber 1977 und 1979 ergänzt und die berufliche Schadstoffexposition und das Rauchverhalten zusätzlich erfaßt.

Die folgende Tabelle 1 enthält die Anzahl untersuchter Kinder pro Jahr und Gebiet.

<u>Tabelle 1:</u> Anzahl untersuchter Kinder

Jahr	Gebiet	Jungen	Mädchen	Gesamt
1977	Mannheim	1020	961	1981
	Freiburg-Ebene	687	654	1341
	Freiburg-Schwarzwald	361	369	730
	Gesamt	2068	1984	4052
1979	Mannheim	973	924	1897
	Freiburg-Ebene	582	556	1138
	Freiburg-Schwarzwald	312	320	632
	Gesamt	1867	1800	3667
1985	Mannheim	1120	1074	2194
	Freiburg-Ebene	1091	959	2050
	Freiburg-Schwarzwald	253	283	536
	Freiburg-Stadt	506	460	966
	Gesamt	2970	2776	5746

Die Entwicklung der ursprünglichen Kohorte über die Erhebungswellen ist in Tabelle 2 dargestellt. Dabei sind nur die Kinder berücksichtigt, die an allen drei Studien teilgenommen haben.

Tabelle 2: Entwicklung der Kohorte über die Zeit / Wiederauffindungsquoten

	Freiburg		Mannheim		Gesamt	
1977	2071	(100%)	1981	(100%)	4052	(100%)
1979	1779	(85.9%)	1577	(79.6%)	3360	(82.8%)
1985	816	(39.4%)	661	(33.4%)	1477	(36.5%)

Nach Abschluß der Datenerhebung und mit Blick auf das gesamte in drei Erhebungen gewonnene und nun im Zusammenhang vorliegende Material werden die Auswertungsziele neu definiert und erweitert:

(1) Vervollständigung der drei Querschnitte, jeweils separat für 1977, 1979 und 1985

- Regionaler Vergleich zwischen Mannheim und Freiburg unter Berücksichtigung von Stör-faktoren.

- Für Mannheim zusätzlich eine "kleinräumige" Analyse unter Berücksichtigung des Kraft-fahrzeugverkehrs an der Wohnstraße (linien- und flächenbezogene Emissionen) und der Immissionen im Wohngebiet.

(2) Längsschnittanalyse

- Bestimmung der Inzidenz für Atemwegssymptome und -erkrankungen durch Analyse der Kohorte, die an mindestens zwei Durchgängen beteiligt war.

- Vergleich der zeitlichen Entwicklungen dieser Inzidenzangaben und der Lungenfunktions-parameter in Mannheim und Freiburg.

3 Besondere Probleme der umweltepidemiologischen Längsschnittanalyse

3.1 Wiederauffindung und unvollständige Verläufe

Wie bereits in Tabelle 2 dargestellt, ist die Wiederauffindungsquote 1979 beim zweiten Studiendurchgang mit 82.8 % relativ hoch, 1985 dagegen mit 36.5 % eher gering. Die Gründe dafür liegen einerseits in der längeren Zeit zwischen den Studien (6 Jahre im Gegensatz zu 2 Jahren), die eine erhöhte Wahrscheinlichkeit des Wohnungwechsels zur Folge hat, und andererseits im Schulwechsel zwischen der zweiten und dritten Erhebungwelle.

Für den Längsschnitt macht diese Situation eine Entscheidung notwendig zwischen einer "complete case"-Analyse und Verfahren, die auch Daten derjenigen Kinder berücksichtigen, die nur an zwei oder einer Studie teilgenommen haben.

3.2 Reliabilität

Bei der Überprüfung der Längsschnittdaten auf Plausibilität sämtlicher kategorieller Ziel- und Störvariablen stellen sich für die Krankheitsangaben auf dem Anamnesebogen einige Unstimmigkeiten zwischen den einzelnen Jahren heraus.

Als Beispiele sollen hier die Variablen Asthma (Frage: "Ist bei Ihrem Kind schon einmal "Asthma" von einem Arzt festgestellt worden?") und Bronchitis (Frage: "War Ihr Kind schon einmal an Bronchitis erkrankt, die von einem Arzt festgestellt wurde?") angeführt werden. Für die Mannheimer Kohorte, die an allen drei Studien teilgenommen hat (n=661), sind ihre Verteilungen über die Zeit in den folgenden Tabellen dargestellt.

<u>Tabelle 3:</u> Entwicklung der Variablen "Asthma" und "Bronchitis" über die Zeit (k.A. = keine Angabe)

1977	1979	1985	Asthma Häufigkeit	Anteil in %		Bronchitis Häufigkeit	Anteil in %	
k. A.	ja	nein				1	0.2	
k. A.	nein	nein	1	0.2	✔	3	0.5	✔
ja	k. A.	nein				1	0.2	
ja	ja	k. A.				2	0.3	✔
ja	ja	ja	4	0.6	✔	69	10.4	✔
ja	ja	nein				129	19.5	
ja	nein	k. A.				1	0.2	
ja	nein	ja	1	0.2		9	1.4	
ja	nein	nein	2	0.3		54	8.2	
nein	k. A.	nein	3	0.5	✔	4	0.6	✔
nein	ja	ja	3	0.5	✔	15	2.3	✔
nein	ja	nein	4	0.6		45	6.8	
nein	nein	k. A.	8	1.2	✔	6	0.9	✔
nein	nein	ja	5	0.8	✔	40	6.1	✔
nein	nein	nein	630	95.3	✔	282	42.7	✔

Die plausiblen Angaben, in den Tabellen mit ✔ gekennzeichnet, addieren sich bei Asthma zu 99.1 %, bei Bronchitis jedoch nur zu 63.8 %. Der Grund für diese unterschiedliche Beantwortungsgenauigkeit liegt sicher darin, daß Bronchitis im Gegensatz zu Asthma eine relativ häufige Erkrankung ist, die man schneller wieder vergißt.

Aus diesen Plausibilitätsbetrachtungen heraus ergibt sich eine gewisse "Wertigkeit" der einzelnen Variablen, d.h. bei manchen Antworten scheinen die Angaben glaubhafter zu sein als bei anderen.

Unter dem Aspekt, daß manche Krankheiten mit der Zeit vergessen werden, ist zu überlegen, ob die entsprechenden Antwortmuster eventuell korrigiert werden können, z.B. (ja,ja,nein) zu (ja,ja,ja) und (ja,nein,nein) zu (ja,ja,ja). Im Fall der Bronchitis-Frage würde diese Korrektur den Anteil der plausiblen Verläufe auf über 90 % erhöhen.

4 Methoden

4.1 Querschnitt

Die Querschnittauswertung erfolgt durch multiple Regression unter Berücksichtigung möglicher Confounder, je nach Art der Zielvariable logistisch oder linear. Im Sinne eines adäquaten "model building" ergeben sich hierbei eine Reihe methodischer Probleme.

Für die Querschnitte werden 17 Zielvariablen festgelegt, davon 13 dichotome Parameter für Atemwegs-erkrankungen und -symptome und 4 stetige Lungenfunktionsparameter. Im einzelnen handelt es sich bei den 0/1-Variablen um Husten im Herbst/Winter, Husten mindestens drei Monate, Kurzatmigkeit oder keuchender Atem, Kurzatmigkeit oder keuchender Atem im letzten Jahr, meistens laufende Nase, Nasennebenhöhlenentzündung, Asthma, Asthma im letzten Jahr, Bronchitis, Atemwegserkrankungen, Atemwegserkrankungen im letzten Jahr (nur '85), Hautallergie und fieberhafte Halsentzündung, bei den stetigen Lungenfunktionsparametern um Peakflow, FVC, FEV 1.0 und MMEF.

Als mögliche Störvariablen werden Geschlecht, Alter, Asthma oder Bronchitis in der Familie, Passivrauchen, Geschwister, weitere Personen im Schlafraum (nur '85), Schulbildung Eltern (nur '77/'79), Heizungsart, Ausfüller des Anamnesebogens (nur '85), Körpergröße, Body Mass Index und Aktivrauchen (nur '85) berücksichtigt.

Bei der Auswertung der Lungenfunkionsparameter müssen außerdem sämtliche Geräte-, Untersucher- und Auswertercodes in die Regressionsmodelle einbezogen werden. Dabei ist zu überlegen, ob ihre Effekte als zufällig mit Erwartungswert 0 modelliert werden können oder in Form von Dummies als feste Effekte berücksichtigt werden. Aufgrund recht hoher Korrelationen zwischen den einzelnen Lungenfunktionsparametern ist eine multivariate Analyse in Betracht zu ziehen.

Ausschlußkriterium für die Querschnitte ist mangelnde Mitarbeit bei den Lungenfunktionsprüfungen.

4.2 Längsschnitt

Die Analyse der metrischen Lungenfunktionsparameter kann in einem zweistufigen Modell erfolgen, bei dem man sich zunächst auf die vollständigen Beobachtungsreihen beschränkt, d.h. auf die Kohorte, für die drei Messungen vorliegen [4].

Im ersten Schritt wird pro Person eine individuelle Regression der Lungenfunktion auf die Zeit modelliert (3 Punkte pro Person),

$$y_{ij} = \beta_{0i} + t_{ij}\,\beta_{1i} + e_{ij}\,,$$

mit $j = 1,2,3$ Zeitpunkte,

      $i = 1,\dots,n$ Personen [fest pro Regression],

      t_{ij} Zeitpunkt der j-ten Messung bei der i-ten Person,

die KQ-Schätzer $(b_{01}, b_{01}, \dots, b_{0n})$ und $(b_{11}, b_{12}, \dots, b_{1n})$ für die individuellen Parameter $(\beta_{01}, \beta_{01}, \dots, \beta_{0n})$ und $(\beta_{11}, \beta_{12}, \dots, \beta_{1n})$ liefert.

Im zweiten Schritt wird eine Regression der als unabhängig betrachteten Steigungsparameter $(b_{11}, b_{12}, ..., b_{1n})$ auf die beobachteten (zeitkonstanten) Einflußgrößen durchgeführt,

$$b_{1i} = a_i \gamma + n_{1i}$$

mit $i = 1, ..., n$ Personen,
      b_{1i} Steigungsparameter aus Schritt 1, i-te Person,
      a_i Vektor der Einflußgrößen der i-ten Person.

Die Schätzung für γ liefert dann die Quantifizierung der Einfluß- und Störgrößen auf die Entwicklung der Lungenfunktionsparameter.

5   Ausblick

Als leichte Modifikation ist es auch möglich, in Schritt 1 anstatt der Lungenfunktionswerte die Residuen einer Normwertregression (Regression der Lungenfunktion bzw. der logarithmierten Lungenfunktion auf Geschlecht, Alter und Größe) eingehen zu lassen [1].

Bei der oben beschriebenen Vorgehensweise werden die Parameter β im ersten Schritt als feste Parameter geschätzt, im zweiten Schritt als zufällig modelliert. Dieses Problem kann vermieden werden, wenn man beide Schritte in einem Gesamtmodell verbindet, was außerdem den Vorteil hat, daß auch Personen mit zwei oder nur einer Messung einbezogen werden können.

Diese Arbeit wird gefördert aus Mitteln der Deutschen Forschungsgemeinschaft (Wi 621/3-1).

Literatur:

[1]   Ferris, B.G. et al. (1985): Effects of Passive Smoking on Health of Children. Environmental Health Perspectives, 62,289-295.

[2]   Klinger, L. (1987): Epidemiologische Querschnittsuntersuchung von Schulkindern zur Ermittlung der Wirkung der Luftschadstoffe auf die Gesundheit. [Vortrag beim 3. Statuskolloquium des Projektes Europäisches Forschungszentrum für Maßnahmen zur Luftreinhaltung (PEF)] KfK-PEF 12, Band 2 , S.753-767.

[3]   Treiber-Klötzer, C. (1978): Prospektive epidemiologische Untersuchung 7- bis 10-jähriger Schulkinder zur Ermittlung der Wirkung der Luftverunreinigung auf die Gesundheit des Menschen. Unveröffentlichter 1. Zwischenbericht, Staatliches Gesundheitsamt Mannheim.

[4]   van der Lende, R., Rijcken, H.C.J. und Schouten, J.P. (1984): Respiratory symptoms and lung function disturbances in a polluted and a non-polluted area in the Netherlands. Umwelthygiene, Suppl. 1, Düsseldorf, 117-130.

<u>Individuelle Luft-Expositionsmessungen, allergische Symptome
und die Keimbesiedelung der Gaumenmandeln bei 5- bis 6-Jährigen</u>

K. Schotten, P. Dirschedl, T. Schäfer*, K. Überla

Institut für Medizinische Informationsverarbeitung, Biometrie und Epidemiologie der
Ludwig-Maximilians-Universität München
* Allergieabteilung der Dermatologischen Klinik und Poliklinik der Ludwig-Maximilians-
Universität München

Die zentrale Fragestellung der Studie war es, Aussagen zu treffen über die individuelle
Schadstoffbelastung der Luft bei 5- bis 6-jährigen Kindern, über Unterschiede dieser Schadstoffbelastung zwischen den Untersuchungsorten und über die Häufigkeit allergischer bzw.
atopischer Symptome und Infektzeiten. Es sollte geprüft werden, ob ein Zusammenhang zwischen individuellen Schadstoffexpositionen und gesundheitlichen Merkmalen (Keimbesiedelung der Gaumenmandeln) und Allergie- und Atopiezeichen besteht. Wesentlich war uns eine
individuelle Bestimmung der Exposition in den Schlafzimmern der Kinder sowie eine genaue
Definition der gesundheitlichen Zielgrößen. Kinder im Einschulungsalter wurden als Untersu-
chungsgruppe gewählt, weil sie empfindlicher reagieren und sie noch keiner beruflichen Exposition ausgesetzt sind.

Material und Methodik

Die Untersuchungen wurden in den Jahren 1988, 1989 und 1990 auf freiwilliger Basis im Kin-
dergarten oder Gesundheitsamt in verschiedenen Regionen Bayerns durchgeführt. Untersuchungsorte waren 1988 verschiedene Orte in der Oberpfalz (Teublitz, Furth i.W., Regenstauf)
sowie Schwandorf und Sulzbach-Rosenberg als industriell belastete Region. Als Vergleichsgebiet diente Bad Reichenhall und Berchtesgaden. 1989 kamen als Belastungsgebiet in
Oberfranken Selb, Arzberg und Wunsiedel hinzu. 1990 wurden die Untersuchungen im Umfeld einer Sondermüllverbrennungsanlage und -Deponie im Raum Schwabach durchgeführt.
Es wurden also nicht alle Orte in allen Jahren untersucht, so daß sich Zeiten und Orte über-
lappen.

Die Teilnehmerrate variierte in den drei Untersuchungsjahrgängen zwischen 65 % und 73 %
und betrug im Durchschnitt 69 %. Insgesamt wurden 1 185 Kinder untersucht.

Tab. 1 **Teilnehmerzahlen**

Untersuchungsorte	1988			1989			1990		
	Einschulungs-kinder	Teilnehmer	%	Einschulungs-kinder	Teilnehmer	%	Einschulungs-kinder	Teilnehmer	%
Berchtesgaden/ Bad Reichenhall	174	127	73	174	127	73			
Sulzbach-Rosenberg	146	97	66	111	75	68			
Schwandorf, Dachel-hofen, Ettmannsdorf	137	76	55	88	56	64			
Teublitz, Regenstauf, Furth i.W.	270	177	66	242	166	69			
Selb, Arzberg, Wunsiedel				229	188	82			
Schwabach							148	96	65
Gesamt	727	477	66	844	612	73	148	96	65

Bisher untersuchte Kinder: 1185

Über den Elternfragebogen wurden Daten zu den ersten Lebensjahren des Kindes, zu früheren und derzeitigen Erkrankungen, zum Lebensraum und zur familiären Situation des Kindes erhoben. Der Elternfragebogen enthielt 48 Merkmale und benötigt ca. 20 Min. zum Ausfüllen. Die ärztlichen Untersuchungen umfaßten neben Gewicht, Größe, Blutdruck und Puls eine Inspektion der Haut unter besonderer Berücksichtigung von Atopiezeichen wie z. B. Dennie-Morgan-Falte, Herthoge-Zeichen sowie Haut- und Schleimhautveränderungen wie Warzen und Ekzeme oder eine akute Heuschnupfensymptomatik. Es folgte eine Inspektion des Rachens und der Lymphknoten. Die Disposition gegenüber Nahrungsmittelallergenen (Kuhmilch, Ei), Inhalationsallergenen (Birke, Gras) und den sogenannten Indoorallergenen wie Hausstaubmilben und Katzenhaare wurde mittels Intrakutantest erfaßt. Zur Bestimmung der Sensibilisierungen auf Kontaktallergene wurde ein Epikutantest mit 24 Allergenen durchgeführt und die Reaktion nach 72 Stunden abgelesen.

Um Aussagen über die Infektlage zu erhalten wurden Abstriche von den Tonsillen genommen und mikrobiologisch untersucht. Als Indikatorkeimnachweis galt das Vorhandensein mindestens eines der folgenden Keime: ß-hämolysierende Streptokokken ohne Gruppe A, Enterokokken, Enterobacteriaceae, Pseudomonas, Candida, Schimmelpilze.

Die individuelle Schadstoffexposition wurde mit Passivsammlern in der Wohnung der Kinder bestimmt, die für eine Woche exponiert wurden. Als Indikatoren für die Schadstoffbelastung der Luft wurden die Konzentrationen von Schwefeldioxid, Stickoxid und einige Kohlenwasserstoffverbindungen ausgewählt. Zusätzlich zu diesen Schadstoffbestimmungen im Innenraum wurden die gleichen Schadstoffe in der Außenluft vor den Kindergärten gemessen. Das Datenmaterial der Studie umfaßt insgesamt ca. 450 Merkmale für jedes Kind.

Für die deskriptive Basisauswertung wurden nahezu alle erfaßten und abgeleiteten Variablen nach den wichtigsten Einflußgrößen (Geschlecht, Ortsgruppe und Schadstoffbelastung durch So_2 und NO_x) tabelliert und mit den entsprechenden statistischen Verfahren Irrtumswahrscheinlichkeiten, wobei letztere ausschließlich als deskriptive Größen zu betrachten sind und nicht im Zusammenhang mit einem Hypothesentest. Zur multivariaten Analyse der Zielgrößen Keimbesiedelung der Gaumenmandeln bzw. Allergiehäufigkeit wurde die logistische Regression eingesetzt, sowie Klassifikationsbäume (CART).

Ergebnisse

Die Meßgenauigkeit der Expositionsbestimmungen war gut, wie sich an blinden Doppelbestimmungen zeigte (SO_2: r = 0,99; NO_X r = 0,97; Summe der CKW r = 0,85). Die Exposition in den verschiedenen Untersuchungsgebieten war jedoch differenziert. Beispielhaft ist in den Abbildungen 1 und 2 ein Vergleich zwischen Schwabach und ausgewählten Vergleichsgebieten wiedergegeben.

Abb. 1 SO_2: Schwabach und Vergleichsgebiete

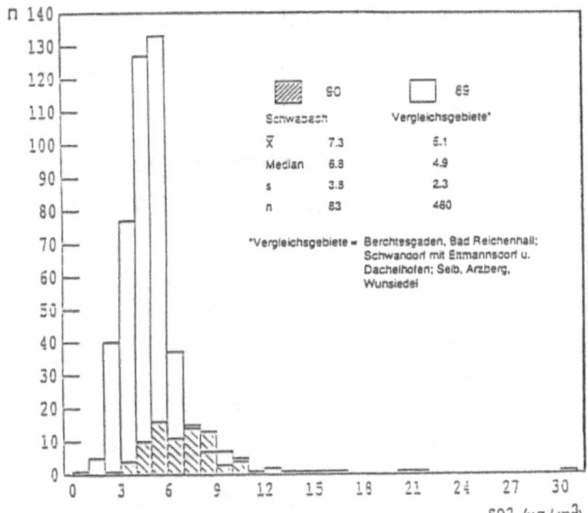

Abb. 2 NO_X: Schwabach und Vergleichsgebiete

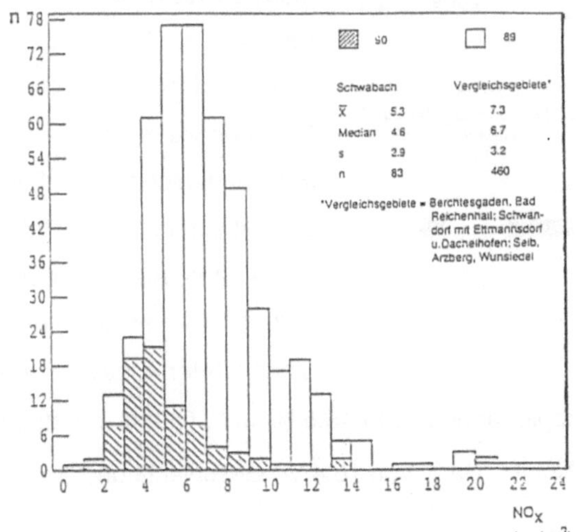

Schwabach liegt in Bezug auf die SO_2 - Konzentration in den Kinderschlafzimmern deutlich höher als die Vergleichsgebiete. Bezüglich NO_X ist es gerade umgekehrt, die Belastung ist in Schwabach niedriger. Die gewählten Vergleichsgebiete sind heterogen und die Messungen fanden nicht im gleichen Jahr statt. Insgesamt ist die Belastungssituation nach Orten und Zeiten, nach Innenraum und Außenraum offensichtlich differenziert und teilweise widersprüchlich. Die gefundenen Unterschiede sind jedoch quantitativ nicht sehr groß und liegen alle in einem Bereich, der weit von jeder Gefahrengrenze entfernt ist, wobei die Unterschiede zwischen den Orten sehr viel kleiner sind als der Abstand zu verfügbaren gesundheitsrelevanten Referenzwerten.

Die zahlreichen deskriptiven Auswertungen ergaben vor allem Unterschiede zwischen den Orten und den Geschlechtern, die teilweise bekannte oder triviale Beziehungen enthalten. Sie zeigen, daß die gewählte Methodik in der Lage ist, vorhandene Unterschiede zu finden, sofern sie von relevanter Größe sind.

Für die multivariaten Analysen haben wir aufgrund von Voruntersuchungen zwei Zielgrößen gewählt: den Nachweis von Indikatorkeimen und das Merkmal "Atopiker". Als Atopiker wurde klassifiziert, falls eines der folgenden atopiespezifischen Merkmale auftrat: atop. Ekzem, Neurodermitis oder Heuschnupfen, anfallsweise Atemnot oder eine positive Reaktion im Stempeltest auf Katzen, Milben oder Gräserpollen.

Als Expositionsmerkmale wurden die SO_2- Werte, die NO_X-Werte und ihre Summe, jeweils in vier gleich große Klassen eingeteilt, verwendet. Als Cofaktoren und Confounder wurden die Ortsgruppe (Reinluftgebiet, Belastungsgebiet, Vergleichsgebiet und Schwabach), das Geschlecht sowie Rauchen der Mütter in der Schwangerschaft oder Stillzeit gewählt. Von insgesamt 421 Kindern lagen vollständige Daten dieser Merkmale vor.

Abb. 3

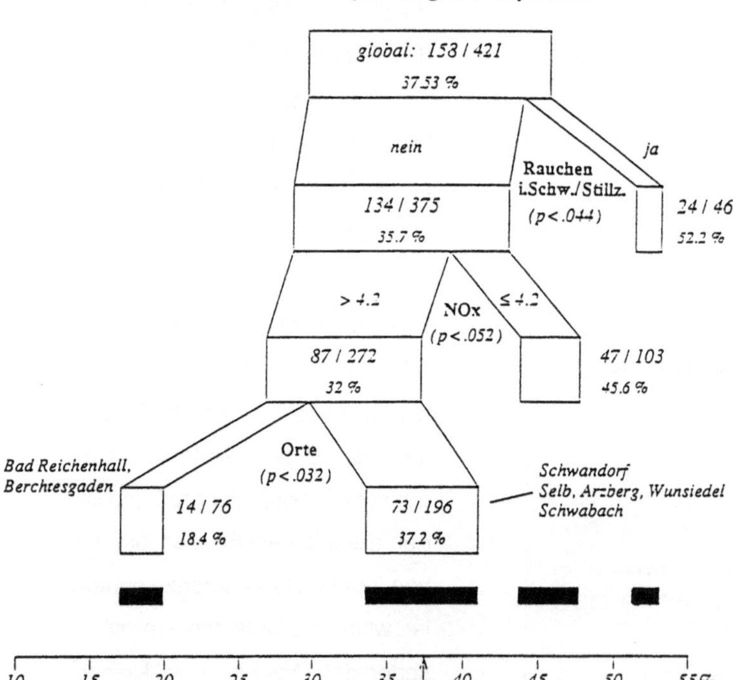

Das Ergebnis der CART - Analyse für die Zielgröße Atopie ist in der Abbildung 3 wiedergegeben. Die Breite der Äste im CART - Baum entspricht den jeweiligen Fallzahlen, die Kästchen sind auf die jeweiligen Atopie - Raten zentriert. Die globale Atopie - Rate beträgt 37.5 %. Als erster Faktor erscheint mütterliches Rauchen während der Schwangerschaft oder Stillzeit mit einer Atopie - Rate von 52.2 %. Als zweite Einflußgröße ergibt sich ein umgekehrter Dosis - Wirkungseffekt der NO_x - Belastung mit einer Atopiefrequenz von 45.6 % im 1. Quartil. Als drittes zeigt sich im Reinluftgebiet eine erniedrigte Atopie - Rate von 18.4 %. Geschlecht und Schwefeldioxid zeigen keinen Einfluß.

Tab. 2　**Zielgröße: Indikatorkeime**

SO_2

	<=Q1	<=Q2	<=Q3	>Q3	alle
Keim ja	25	32	19	38	114
nein	92	72	78	65	307
	117	104	97	103	421
% Keime	21.4↓	30.8↑	19.6↓	36.9↑	27.1 %

Die Risikostruktur der Keim -Rate ist wesentlich einfacher. Bei einer globalen Keim-Rate von 27.1 %, zeigt nur die SO_2 - Belastung einen auffälligen Zusammenhang mit den Indikatorkeimen. Es ist aber lediglich ein globaler Zusammenhang feststellbar, ohne Dosisabhängigkeit. Wir finden im 2. und 4. Quartil eine erhöhte Keimzahl, wie die Tabelle 2 zeigt.

Zusammenfassend sind in den drei Untersuchungsjahrgängen deutliche Zusammenhänge der gesundheitlichen Indikatoren mit den Orten und dem Geschlecht, aber keine deutlichen Zusammenhänge mit der Luftbelastung in bezug auf Schwefeldioxid und Stickoxid in Innenräumen festzustellen.

Für die Fortführung der Studie sind genauere Expositionsmessungen vorgesehen. Wir werden die formulierten Hypothesen in diesem Jahr an 302 Kindern testen, die wir im Frühjahr in Schwabach, Kempten und Berchtesgaden/Bad Reichenhall untersucht haben.

Literatur:

Breiman, L., Friedman, J.H., Olshen, R.A., Stone, C.J.: Classification and Regression Trees, Monterey, Wadsworth (1984)

Braun-Fahrländer, Ch., et al.: Auswirkungen von Luftschadstoffen auf die Atemwege von Kleinkindern. Schweiz. med. Wschr. 119, (1989), 1424

Jarisch R.: Atopiesyndrom: Familiäre Faktoren, Allergie- und andere Umweltfaktoren, Allergologie 10, (1987), 487

Luoma R., Koirikko, A., Viander, M.: Development of Asthma, Allergic Rhinitis and Atopic Dermatitis by the Age of Five Years. Allergy 38, (1983), 339

Ring, J.: Angewandte Allergologie, MMW Medizin Verlag, München 1988

Samet, J.M., Masbury, M.C. Spengler, J.D.: Respiratory effects of indoor air polution. J. Allergy Clin. Immunol. 79, (1987), 685

Überla, K., Dirschedl, P., Gries, A., Kunz, B., Letzel, H., Oed, I., Ring, J., Schotten, K., et al.: Die Innenraumbelastung mit SO_2 und NO_X, allergische Symptome und die Keimbesiedelung der Gaumenmandeln bei 5-6-Jährigen. Freiwillige Zusatzuntersuchung zur Einschulungsuntersuchung, Materialienband Nr. 14, Dezember 1988

Überla, K., Dirschedl, P., Greif, A., Gries, A., Huber, H.Ch., Kapsner Th., Kunz, B., Letzel, H., Michel, R., Ring, J., Schotten, K., et al.: Die Innenraumbelastung mit SO_2 und NO_X, allergische Symptome und die Keimbesiedelung der Gaumenmandeln bei 5-6-Jährigen. Freiwillige Zusatzuntersuchung zur Einschulungsuntersuchung, Materialienband Nr. 15, August 1989

Überla, K., Dirschedl, P., Greif, A., Huber, H.Ch., Michel, R., Przybilla, B., Schäfer, T., Schotten, K., Stickl, H.: Pilot-Untersuchungen auf gesundheitsliche Indikatoren im Umfeld der Sondermüllverbrennungsanlage und Deponie Schwabach, Materialienband Nr. 16, März 1991

Lärmbelastung am Arbeitsplatz
Eine epidemiologische Untersuchung mit Routinedaten
eines Langzeitprogramms

Peter Mehnert
Institut für Arbeitsphysiologie, Abteilung Umweltphysiologie
und Arbeitsmedizin, Ardeystr. 67, 4600 Dortmund 1
Uwe Rosendahl und Gerd Jansen
Heinrich-Heine-Universität Düsseldorf, Institut für
Arbeitsmedizin, Moorenstr. 5, 4000 Düsseldorf 1

1. Einleitung

In der heutigen hochindustrialisierten und technisierten Arbeitswelt
ist der Arbeitnehmer vielfältigen physikalischen und psychischen Belastungen an seinem Arbeitsplatz ausgesetzt. Die belastenden Arbeits-
platzumgebungsfaktoren können isoliert und in Kombination Einfluß auf
den Gesundheitszustand des arbeitenden Menschen nehmen. Es können Gesundheitsbeeinträchtigungen hervorgerufen werden, die zu arbeitsbe-
dingten Erkrankungen führen können. Allein im Jahre 1989 wurden 54.467
Berufskrankheitenfälle angezeigt.

Zu den häufigsten Belastungsfaktoren am Arbeitsplatz zählen Schalle-
missionen, die in Abhängigkeit von Dauer und Höhe der Exposition irre-
versible Schädigungen des Gehörs hervorrufen können. Derzeitige Schätzungen gehen davon aus, daß mindestens 3 Millionen Arbeitnehmer gehör-
schädigendem Lärm an ihrem Arbeitsplatz ausgesetzt sind (GRIEFAHN
1989). Erreichen die Hörverluste bestimmte Ausmaße, so können diese
als Berufskrankheit Lärmschwerhörigkeit anerkannt werden. Seit Mitte
der 70er Jahre steht die Lärmschwerhörigkeit mit an der Spitze aller
angezeigten Berufskrankheiten (s. Abbildung 1). Nach einer Statistik
der Berufsgenossenschaften wurde 1988 an 27.607 Personen eine Rente
wegen Lärmschwerhörigkeit gezahlt mit einem Gesamtaufwand von 197 Millionen DM in 1988. Anhand dieser Zahlen läßt sich eindrucksvoll die
gesundheitspolitische als auch die volkswirtschaftliche Dimension dieser Berufskrankheit ablesen.

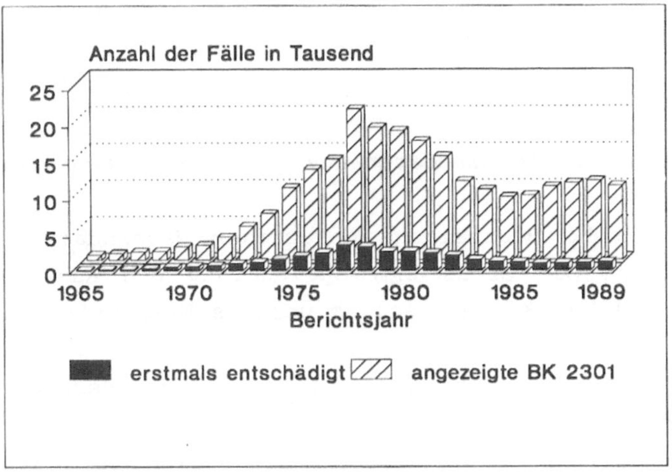

Abbildung 1: Entwicklung der Berufskrankheit Lärmschwerhörigkeit
(BK 2301)

2. Arbeitsplatzlärmschutzprogramme der Bundesländer

Von der Gewerbeaufsicht des Landes Nordrhein-Westfalen wurde Mitte der
70er Jahre in Zusammenarbeit mit den Berufsgenossenschaften ein Lang-
zeitprogramm entwickelt, welches den Schutz der Arbeitnehmer vor ge-
hörschädigenden Lärm am Arbeitsplatz zum Ziel hatte. Durch Ermittlung
von Lärmbereichen, Maßnahmen zur Lärmminderung und Durchführung von
Gehörvorsorgeuntersuchungen sollte eine wirkungsvolle Bekämpfung des
Arbeitsplatzlärms erreicht werden. Eine EDV-gerechte Dokumentation und
Verarbeitung der erhobenen Daten wurde vorgesehen. Andere Bundesländer
haben dieses Programm zum Teil übernommen, sodaß nach dem Auslaufen
der Programme in den Ländern die Frage aufgeworfen wurde, inwieweit
eine übergreifende Auswertung der erhobenen Daten zu einer Be-
standsaufnahme der Arbeitsplatzlärmproblematik führen kann. Mit Unterstützung der Bundesanstalt für Arbeitsschutz in Dortmund überprüfte
das Institut für Arbeitsmedizin der Universität Düsseldorf zunächst in
einer Pilotphase (KNAPP et.al. 1987) die organisatorischen und technischen Voraussetzungen für eine bundesweite Auswertung. Diese Phase umfaßte die Feststellung des Datenbestands in den einzelnen Bundesländern, die Erstellung eines Kriterienkatalogs für die fachliche Prüfung
der Daten und die Erarbeitung eines Auswertungsplans. Für die eigentliche Auswertungsphase konnten insgesamt 386.563 Erfassungsbögen übernommen werden, die Angaben über 463.563 lärmexponierte Arbeitnehmer

enthielten. Die Daten stammen aus 5 Bundesländern, wobei der überwiegende Teil bereits auf Datenträger zur Verfügung stand.

3. Verarbeitung von Routinedaten aus Sicht der Datenverarbeitung

Die EDV-technische Bearbeitung derartiger Massendaten setzt zwingend ein Konzept für die Erfassung, Speicherung und Auswertung der Daten voraus. Ein solches Konzept sollte unseres Erachtens die nachfolgenden Aspekte berücksichtigen:

- Erstellung eines Zeit- und Arbeitsplans mit Berücksichtigung der maschinellen und personellen Kapazitäten,
- Auswahl geeigneter Software für die wissenschaftliche Datenverarbeitung,
- Erarbeitung eines Datensicherungskonzepts,
- Umsetzung der Anforderungen des Datenschutzes,
- laufende, standardisierte Dokumentation des Projektfortgangs,
- einheitliche Namensgebung der projektbezogenen Dateien (Inhaltsverzeichnis der Dateien),
- Erarbeitung eines strukturierten Auswertungsplans,
- Einplanung eines Zeitpuffers.

Die inhaltliche Ausfüllung der obigen Punkte in der Planungsphase einer Untersuchung ist eine nichttriviale Aufgabe, die so sorgfältig und ausführlich wie möglich durchgeführt werden sollte. Insbesondere der Zeitbedarf sollte großzügig bemessen sein, da der zeitliche Aufwand häufig unterschätzt wird. In unserer Studie mußte nahezu die Hälfte der gesamten Laufzeit für die reine EDV-technische Bearbeitung der Daten aufgewendet werden.

Softwareseitig wurde in dem hier vorgestellten Projekt das relationale Datenbanksystem SIR (Scientific Information Retrieval) ausgewählt, welches eine komfortable Verarbeitung der Datenbestände anbietet. In SIR sind bis auf deskriptive Methoden keine weiteren statistischen Verfahren implementiert, SIR verfügt jedoch über eine einfach zu bedienende Datenbankbeschreibungssprache, die sich an statistische Programmpakete anlehnt. Schnittstellen zu den gängigen Statistikpaketen BMDP, SAS und SPSS sind vorhanden. Die dennoch in unserem Fall aufgetretenen Probleme beruhten im wesentlichen auf Unstimmigkeiten in den Daten, wie z.B. die Verwendung unterschiedlicher Schlüsselverzeichnisse in den Bundesländern und in der Implementierung von SIR unter dem Betriebssystem BS2000.

4. Verarbeitung von Routinedaten aus Sicht der Epidemiologie

Es erscheint besonders verlockend, Routinedaten für die wissenschaftliche Bearbeitung epidemiologischer Fragestellungen zu verwenden. Routinedaten seien in diesem Zusammenhang Datensätze, die epidemiologische Informationen enthalten, ursprüglich jedoch zu einem anderen Zweck erhoben wurden. Diese Daten sind häufig in großem Umfang und auf Datenträgern vorhanden, sodaß mit ihnen gezielte epidemiologische Untersuchungen durchgeführt werden könnten.

Aus epidemiologischer Sicht sollte die Verwendung von Routinedaten sorgfältig geprüft werden. Ein eher "defensives" Auswertungskonzept sollte dazu beitragen, die Aussagekraft der Daten nicht zu überschätzen. Typische Fehlermöglichkeiten (vgl. WICHMANN 1990) bestehen beispielsweise in

- der fehlenden Information über die Grundgesamtheit,
- dem Nichtvorhandensein einer Vergleichsgruppe,
- unzureichendem Wissen über weitere Risikofaktoren,
- einem geringen Standardisierungsgrad.

In Bezug auf unsere Untersuchung lassen sich diese Punkte wie nachfolgend beschrieben konkretisieren.

Trotz intensiver Anstrengungen auf dem Gebiet der Lärmbekämpfung am Arbeitsplatz in den letzten beiden Jahrzehnten ist immer noch keine repräsentative Statistik der Lärmarbeitsplätze vorhanden, die z.B. Rückschlüsse auf Alters- und Geschlechtsverteilung, berufliche Tätigkeit sowie Intensität und Dauer der Exposition zuläßt.
Die Definition einer Vergleichsgruppe stellt ein nicht zu unterschätzendes Problem dar, da beispielsweise vergleichbare Arbeitsplätze ohne Lärmbelastung nur selten zu finden sind.
Weitere Risikofaktoren, die in Kombination mit beruflicher Lärmbelastung zu einer Verschlechterung des Hörvermögens führen, sind zwar zum Teil bekannt, die systematische Untersuchung der potentiellen Interaktionseffekte befindet sich jedoch noch im Anfangsstadium.
Die unzureichende Standardisierung betraf in unserer Studie beispielsweise die Messung der Geräuschbelastung an den Arbeitsplätzen sowie die tonaudiometrische Erhebung der Hörverluste; dieser Effekt konnte durch ausgeklügelte Plausibilitäts- und Qualititätsprüfungen abgeschwächt werden.

Routinedaten können unseres Erachtens für epidemiologische Untersuchungen genutzt werden, sofern die Auswertungsstrategie eine konsequente Beachtung der Einschränkungen einbezieht und aus den Ergebnissen nicht unangemessene Schlußfolgerungen gezogen werden.

5. Wesentliche Ergebnisse der Studie

Die wesentlichen Ergebnisse unserer Studie seien im folgenden stichpunktartig aufgeführt:

- Trotz der erzielten Erfolge in der Bekämpfung des Arbeitsplatzlärms muß davon ausgegangen werden, daß im Mittel noch keine wesentliche Reduzierung der Geräuschpegel an den Arbeitsplätzen erreicht wurde.
- Anhand von abgeleiteten Kenngrößen konnte gezeigt werden, daß technische Lärmminderung auch unter wirtschaftlichen Gesichtspunkten eine hohe Effizienz besitzt und sekundären Präventivmaßnahmen (z.B. Gehörschutz) weit überlegen ist.
- Das Ausmaß der Gehörschäden durch berufsbedingte Lärmeinwirkung wird in der Hauptsache durch den Faktor Zeit determiniert. Dieser dynamische Aspekt umfaßt jedoch eine Vielzahl von Einflußfaktoren, die einzeln und in Kombination auf das Hörvermögen einwirken. Es zeigten sich hohe interindividuelle Streuungen der Hörverluste trotz vergleichbarer Belastungssituation.

6. Literatur

GRIEFAHN, B.: Arbeitsmedizin. Stuutgart: Enke, 1989.

KNAPP, M.; MEHNERT, P.; GROS, E.; JANSEN, G.: Untersuchungen zur statistischen Analyse von Massendaten zum Lärmschutz am Arbeitsplatz in der Bundesrepublik Deutschland. Forschungsbericht. Dortmund: Bundesanstalt für Arbeitsschutz, 1988.

WICHMANN, H.E.: Schadstoff-Epidemiologie - Ein Instrument der Risikoerkennung. In: KUHLMANN, A. (Hrsg.), 1. Weltkongreß für Sicherheitswissenschaft. Köln: TÜV Rheinland, 598-615, 1991.

N A C H W E I S
MODIZIFIERTER DOSIS-WIRKUNGS-BEZIEHUNGEN
BEI DER SILIKOSEENTSTEHUNG IM STEINKOHLENBERGBAU

R. Pangert, V.Ludwig* und S. Güntner*
Thüringer Ministerium für Soziales und Gesundheit
* Arbeitshygieneinspektion des Regierungsbezirkes Chemnitz

1. Zielstellung

Ein ursächlicher Zusammenhang zwischen der eingeatmeten Menge sili-
kogenen Staubes und der Wahrscheinlichkeit für das Auftreten von
Silikosen ist bekannt und darf als gesichert angesehen werden. Es
ist üblich, die eingeatmete Staubmenge durch eine Dosis zu
beschreiben. Dabei wird angenommen, daß mit steigender Dosis auch
die Wahrscheinlichkeit für die Entstehung von Silikosen wächst.
Die ärztliche Erfahrung schien jedoch dafür zu sprechen, daß bei
hohen Staubkonzentrationen Silikosen schneller zu erwarten sind, als
nach der Dosisdefinition zu erwarten wäre, in der Konzentration und
Zeit gleichberechtigt eingehen (2). Die Konzentration bekommt
scheinbar für hohe Werte ein größeres Gewicht als die Zeit. Diese
Hypothese wurde an einem Datensatz aus dem Zwickauer Steinkohlen-
bergbau geprüft, der noch unter den Bedingungen der ehemaligen DDR
gewonnen wurde.

2. Material

Der Datensatz aus den 50-er bis 70-er Jahren wurde nachträglich
ausgewertet, da er eine Reihe von Merkmalen besaß, die ihn für
epidemiologische Untersuchungen geeignet erscheinen lassen (1):
- Es wurde nur ein Staubmeßverfahren angewendet. Umrechnungen von
  Staubkonzentrationen konnten damit entfallen.
- Es lagen hinreichend viele Staubmessungen über die gesamte Zeit
  vor. Expertenschätzungen konnten entfallen.
- Es war möglich, eine Dosis über das ganze Berufsleben zu
  berechnen. Es konnte so nicht nur das Fortschreiten der Krankheit
  nach einer unbekannten Vorbelastung betrachtet werden und es kann
  garantiert werden, daß jeder der betrachteten erkrankten Bergleute
  nur einmal erfaßt wird und nicht mehrfach in der Auswertung

erscheint, wie das bei der gelegentlich verwendeten "Zeit-raumprävalenzerfassung" möglich ist.

- Ebenso konnten Störungen durch die Fluktuation vermieden werden.

In die Untersuchung wurden 179 ehemalige Zwickauer Bergleute mit einer diagnostisch gesicherten Silikose einbezogen. Es handelte sich ausschließlich um Männer ohne Fremdexposition.

Die Berufsanamnesen enthielten die Art der Beschäftigung und den Zeitraum der Exposition.

Als Zeitpunkt der Erstmanifestation einer Silikose wurde sowohl das Auftreten disseminierter feinherdiger Verschattungen im Röntgenbild angesehen, wie auch das Auftreten von Flächenschatten, wenn diese von vornherein auftraten. Der der ILO-Klassifikation zu Grunde liegende typische Verlauf von Silikosen wurde bei den Zwickauer Steinkohlenstäuben nicht beobachtet.

Die Staubmeßwerte von 16 markanten Betriebspunkten wurden von Staubmeßtechnikern und ehemaligen Bergleuten den aus der Berufs-anamnese entnommenen Beschäftigungsmerkmalen zugeordnet.

Das verwendete Material hatte folgende Mängel:

- Mit 179 untersuchten Bergleuten lag nur ein kleiner Datensatz vor. Die individuelle Staubdosis für jeden der Bergleute konnte dafür aber mit guter Genauigkeit berechnet werden.

- Es war nachträglich nicht möglich, die erforderlichen Angaben für eine Kontrollgruppe zu erfassen. Damit können keine Risikoraten berechnet werden. Unter mitteleuropäischen Bedingungen gibt es aber praktisch keine konkurrierenden Einflüsse. Deshalb ist es sinnvoll, die Dosis für eine Gruppe von Erkrankten allein zu betrachten.

- Das verwendete konimetrische Meßverfahren entspricht nicht ganz den neueren Anforderungen. Es läßt sich aber ein hinreichend guter Zusammenhang zu den mittleren Werten neuerer Staub-meßverfahren herstellen. Die im folgenden abgeleiteten prinzi-piellen Aussagen erscheinen damit mitteilenswert, auch wenn die absoluten Zahlenwerte nur von historischem Interesse sind.

3. Methode

Für jeden der Erkrankten wurde eine individuelle Staubdosis über das ganze Berufsleben vom Eintritt in den Bergbau bis zum Zeitunkt der Erkennung einer Silikose berechnet (3). Die Tabelle enthält ein Bei-spiel.

Beispiel der Dosisberechnung, Patient Nr. 95.

Beschäftigungs zeit	Tätigkeit	Staubkon- konzentration c T/cm³	Beschäfti- gungszeit t mo	Dosiswert D (T/cm³) mo
1/47-5/54	Fördermann	1100	89	97 900
6/54-12/60	Lehrausbilder	2000	78	156 000
1/61-12/65	Lehrausbilder	1020	60	61 200
1/66-12/68	Lehrausbilder,	700	18	12 600
	Umbauer	980	18	17 640
1/69-8/78	Umbauer,	290	58	16 820
	Hauer	300	58	17 400
			Summe D =	379 560

Die Dosis wurde als Produkt der Staubkonzentration in der Atemluft
am Arbeitsplatz multipliziert mit der Expositionszeit berechnet.
Wünschenswert wäre die Verwendung der in den Lungen deponierten
Staubmenge gewesen. Es fehlen aber Möglichkeiten für die Berechnung
individueller Werte der Clearence oder der Geometrie des
Nasen-Rachenraumes (5).
Aus der ärztlichen Erfahrung, daß sich Silikosen bei hohen Staubkon-
zentrationen überdurchschnittlich schnell entwickeln, wurde die
Hypothese abgeleitet, daß mindestens 2 Bereiche mit unterschied-
lichen Entstehungsmechanismen für Silikosen existieren müssen.
Die 179 individuellen Dosiswerte wurden als Funktion der mittleren
Staubkonzentration am Arbeitsplatz betrachtet. Sie wurden in 16
Klassen nach der mittleren Staubkonzentration aufgeteilt. Daraus
wurden 15 mal 2 Klassen gebildet und miteinander verglichen (Vergleich der 1. Klasse mit den 15 Restklassen, Vergleich der 1. und 2.
Klasse mit den 14 Restklassen usw.) (6). Mit dem doppelten t-Test
wurde eine Trennstelle zwischen den vermuteten Bereichen gesucht
(4).
Die Voraussetzungen für den t-Test, Unabhängigkeit der Einzelwerte,
Normalverteilung der Dosiswerte und die Varianzgleichheit der beiden
zu vergleichenden Gruppen wurden überprüft. Der t-Test wurde für
eine Irrtumswahrscheinlichkeit von 5 % durchgeführt. In der Wahl
dieser Signifikanzgrenze liegt eine gewisse Willkür, die jedoch bei
dem eindeutigen Verlauf der Prüfgröße t in Abhängigkeit von der
Konzentration keine prinzipielle Bedeutung hat. Der t-Test zeigt,
daß bei 1500 T/cm³ die optimale Trennstelle der Dosisgruppen in
Abhängigkeit von der mittleren Staubkonzentration liegt.

150

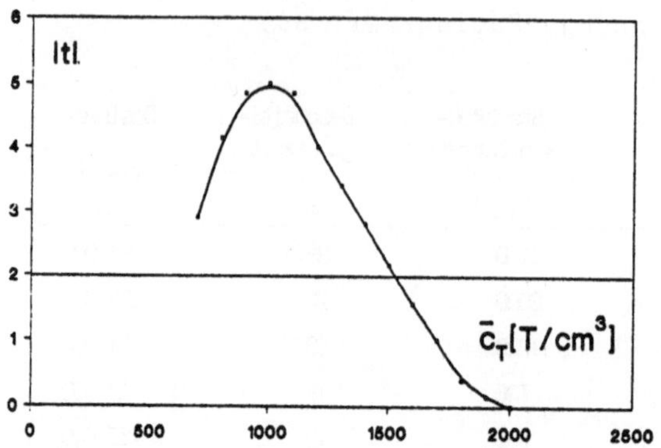

Bild 1: Suche der Trennstelle zwischen den Dosisgruppen

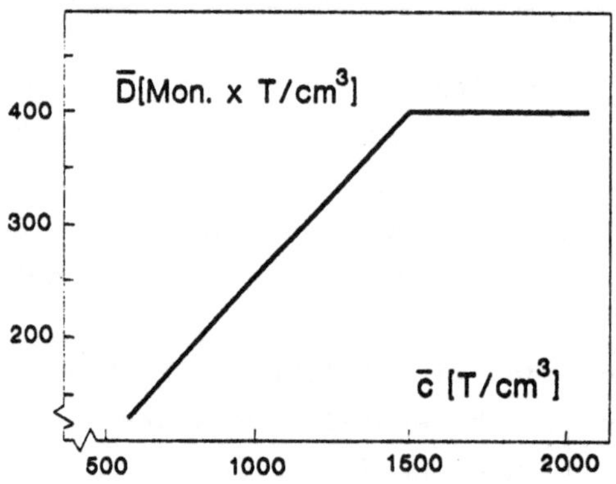

Bild 2: Abhängigkeit der kritischen Dosis von der Staubkonzentration

Durch die wiederholte Zweiergruppenbildung wird auch der funktionale Zusammenhang zwischen den Dosiswerten und der Staubkonzentration am Arbeitsplatz wirksam geglättet. Bild 2 zeigt die Abhängigkeit der kritischen, zur Erkrankung führenden Dosis von der mittleren Staubkonzentration.

4. Ergebnisse

Die kritische Staubdosis bleibt erst bei größeren Staubkonzentrationen konstant, bei kleineren Staubkonzentrationen zeigt sich ein kontinuierlicher Anstieg der Dosiswerte. Mit dem nichterwarteten Anstieg kann man sich folgendes Bild von der Entstehung einer Silikose machen:

- Unterhalb einer ersten Schwellendosis werden keine Silikosen beobachtet, was schon früher bekannt war.

- Im Konzentrationsbereich zwischen der 1. und der 2. neugefundenen Schwellendosis beträgt die Latenzzeit weitgehend unabhängig von der Staubkonzentration 20 Jahre. Die kritische Dosis ist nicht konstant. Dieser Bereich könnte unmittelbar den Einfluß einer 3. Größe, der Verweildauer des Staubes in der Lunge, zeigen. Die Staubdosis scheint auszureichen, um Silikosen hervorzurufen, aber die Verweildauer den ausschlaggebenden Einfluß zu haben.
- Oberhalb der 2. Schwellendosis entwickeln sich Silikosen nach dem erwarteten Dosisprinzip. Die zur Erkrankung führende Dosis bleibt konstant. Der Einfluß der Staubmenge über den der Verweildauer des Staubes in der Lunge scheint zu dominieren.

5. Literatur

(1) Woitowitz, H.J., L. Armbruster, H.D.Bauer, H. Breuer, J. Bruch, H.J. Lange, K. Rödelsperger, J. Sieber, K. Stadler: Überprüfung des Grenzwertes für quarzhaltigen Kohlengrubenstaub; Zbl. Arbeitsmed. 39 (1989) 132-146

(2) Beck, B.: Zentralinstitut für Arbeitsmedizin Berlin: Mündliche Mitteilung

(3) Güntner, S.: Ludwig, V.: Pangert, R.: Retrospektive Bestimmung einer kritischen Dosis für silikogene Stäube im Zwickauer Steinkohlebergbau, Z. gesamte Hyg. 33 (1987) Nr. 6, S. 300-302

(4) Lange, H.-J. und K. Ulm: Staubgrenzwertoptimierung, in: DFG-Forschungsbericht: Chronische Bronchitis; Harald Boldt, Velag Boppard, Teil 1 (1976), Teil 2 (1981)

(5) Oberdörster, G.; Universität Rochester, Rochester, NY, USA: Mündliche Mittailung.

(6) Pangert, R., V. Ludwig und S. Güntner: Einfluß von Effektmodifikatoren auf die kritische Staubdosis; Staub-Reinhaltung der Luft <u>51</u> (1991) 7 - 10.

Planung und Auswertung einer Fall-Kontroll-Studie zur Relation zwischen beruflicher psychischer Belastung und Herzinfarkt

Gottfried Enderlein[1], Norbert Kersten[1], Jürgen Röhner[2], Heide Stark[1]

Bundesanstalt für Arbeitsmedizin[1], O-1134 Berlin, Nöldnerstr.40
und Institut für Arbeitsmedizin Chemnitz[2]

Einleitung

Der akute Myokardinfarkt ist eine Erkankung, die im Erwerbsalter insbesondere bei Männern zu einer hohen Inzidenz an Todesfällen führt. In vielen epidemiologischen Studien wurde die Relation zu außerberuflichen und beruflichen Faktoren untersucht (1), (3), (4), (5). Als dominante Belastungsfaktoren ergaben sich das Rauchen, die Ernährungsgewohnheiten, kumulierende psychische Belastung und fehlende körperliche Aktivität. Auch die Disposition, häufig erfaßt durch Verhaltenstyp und Familienanamnese, spielt eine große Rolle. Die Herzinfarktinzidenz korreliert stark mit den somatischen Risikofaktoren Hypertonie, Cholesterinspiegel und subjektiv empfundener psychischer Beanspruchung.

Um effektive Präventionsstrategien ableiten zu können, ist es wichtig, nicht nur Indikatoren der **individuell geprägten** psychischen Beanspruchung sondern auch die einzelnen Komponenten der beruflichen und außerberuflichen Belastung zu analysieren, welche der Beanspruchung zugrunde liegen. Dazu geben die bisher durchgeführten Studien keine ausreichende Information. Mit einem neuen methodischen Instrument, der Bewertung der objektiven Belastungssituation am Arbeitsplatz durch Experten, sollte im Rahmen einer Fall-Kontroll-Studie ein Beitrag zu dieser Problematik geleistet werden. Die Erfassung der Beanspruchung vor dem Infarkt mußte ausgeklammert werden, da sie sich bei den Fällen nachträglich nicht objektiv ermitteln läßt.

Planung und Durchführung der Studie

Die Planung der Fall-Kontroll-Studie erfolgte auf der Grundlage des Herzinfarktregisters, das im Rahmen des MONICA-Projektes der WHO in einigen Kreisen der ehemaligen DDR bestand. Die Einbeziehung von 7 Kreisen der Bezirke Chemnitz und Halle mit insgesamt n = 500 Fällen konnte wegen wachsender organisatorischer Schwierigkeiten in

den Jahren 1988/1989 nicht realisiert werden. So bildeten die von der
Wohnbevölkerung der Kreise Chemnitz, Zwickau und Aue im Zeitraum
1.7.87 bis 31.12.88 gemeldeten Erstinfarktfälle bei Männern im Alter
zwischen 25 und 64 Jahren die Grundlage der Studie. Nicht einbezogen
wurden Fälle von Erwerbstätigen, die in Betrieben außerhalb des
Kreisgebietes arbeiteten, sowie von Beschäftigten der Wismut AG, der
Polizei und der Armee. Bei weitgehend vollständiger Einbeziehung
auch der Todesfälle wurden n = 252 Fälle analysiert. Alle waren vor
dem Infarkt berufstätig.

Jedem **Infarktfall** wurde aus der gleichen Population der im Kreis
wohnenden und arbeitenden Männer eine Kontrollperson mit gleichem
Alter und gleichem Rauchverhalten (Raucher, Nichtraucher) zugeordnet.
Zu den Nichtrauchern sind auch die Exraucher mit mindestens einjäh-
riger Karenz gezählt. Die Zufallsauswahl einer Kontrolle erfolgte
auf der Grundlage einer vollständigen Liste aller Betriebe und Institutionen im Kreis mit Angabe der Zahl der männlichen Berufstätigen. Eine Zufallszahl im Bereich 1 bis N (= Anzahl der männlichen
Berufstätigen im Kreis) führte zum Betrieb, aus dem die Kontrolle zu
nehmen war. Innerhalb des Betriebes wurde dann eine Übersicht über
alle Beschäftigten angefertigt, die das gleiche Alter wie der Fall
(bei kleineren Betrieben $\pm$ 3 Jahre) und ihren Wohnsitz im Kreis
haben. Durch Nachfrage mit Zufallsstart ermittelte man in dieser
Übersicht einen Berufstätigen mit gleichen Rauchgewohnheiten wie beim
Infarktfall als zugeordnete Kontrolle.

Leider ergaben sich in der Praxis durch Probleme der Erreichbarkeit
und der Antwortbereitschaft bei diesen Nachfragen Ausfälle in der
vorgeschriebenen Reihenfolge, was sich in einem überhöhten Anteil von
Leitern (wegen deren höherer Teilnahmebereitschaft) bei den Kontrollen bemerkbar machte. In der mehrfaktoriellen Analyse muß deshalb die
Leitungstätigkeit als potentieller Confounder betrachtet werden. Für
künftige Fall-Kontroll-Studien kann wegen der Praktikabilität ein
Plan mit Matching nach den Rauchgewohnheiten nicht empfohlen werden.
Das Rauchen sollte **als Modellparameter berücksichtigt werden.**

Für die 252 Fälle und die zugeordneten 252 Kontrollen wurden folgende Parameter erfaßt:
- Mittels einer Arbeitsplatzanalyse durch arbeitshygienische Experten: Arbeitsplatzcharakteristik mit Expositionen, Schichtsystem
  und Tätigkeit, Bewertung der körperlichen Belastung nach Art und
  Zeitanteilen, orientierende Einschätzung der objektiven psychischen Belastungssituation am Arbeitsplatz (OBS) (6);

- Durch Befragung bzw. aus betriebsärztlichen und betrieblichen
  Unterlagen: Arbeitsplatzwechsel in den letzten 10 Jahren (Anzahl,
  Zeitpunkt, Belastungswechsel), vorhandene Qualifikation, relatives
  Körpergewicht, Hypertoniker.

Für befragbare Fälle und zugeordnete Kontrollen sollte zusätzlich
von Probanden erfragt werden,und zwar bei den Fällen für die Zeit
vor dem Infarkt:

- detaillierte Raucheranamnese,
- Komponenten der außerberuflichen Belastung (standardisiert erfragt
  ohne subjektive Bewertung),
- Sport, Überstunden im Betrieb, Medikamenteneinnahme.

Die letzteren Angaben konnten für 218 Fälle und wegen der wachsenden
organisatorischen Schwierigkeiten im Jahre 1989 nur für 198 Kontrollen erhoben werden, wobei sich 177 vollständige Paare ergaben.

Hauptbestandteil der Arbeitsplatzanalyse ist wegen der Zielrichtung
der Studie die von Walter Meister entwickelte OBS-Methodik. Arbeits-
psychologen beobachteten die Arbeitsvorgänge, holten Beurteilungen
durch Fachkräfte (Meister) und Arbeitsplatzinhaber ein und bewerte-
ten schließlich 85 Teilaspekte danach, ob sie zutreffen oder nicht.
Hieraus ergeben sich **Punkt**werte für die vier Aspekte 1a) weite
(anspruchsvolle) Aufgabeninhalte, 1b) enge Aufgabeninhalte, 2) besondere Anforderungen und 3) ungünstige Ausführungsbedingungen. In
weiterer Aggregation wird dann mit vorgegebenen Schwellenwerten
eine zusammenfassende Bewertung der Stärke der beruflichen psychischen Belastung in Form einer vierstufigen Kennzahl vorgenommen.

Die Auswertung erfolgte mit dem Programmsystem BMDP in mehreren
Schritten. Zunächst wurden separat die Häufigkeiten der erfaßten
potentiellen Einflußfaktoren einschließlich der Confounder für die
Fälle und Kontrollen verglichen. Eine Schichtung nach dem Alter
ergab Informationen zu den Frühinfarkten. Die mehrfaktorielle Analyse mit dem logistischen Modell mit inhaltlich gesteuerter Variablenselektion schloß sich an (2), (3).

Ergebnisse mit Diskussion

Von 215 befragbaren Infarktpatienten trat bei 61 Personen der Infarkt während der Arbeitszeit, bei 79 am Arbeitstag vor oder nach
der Arbeitszeit und bei 75 an freien Tagen auf. Vor dem Infarkt
hatten von 202 Fällen 42 % eine Hypertonie, von 221 Kontrollen 29 %
(abzüglich fehlender Angaben). Das Alter und das Rauchverhalten der
Fälle ist in folgender Tabelle dargestellt.

Alter in Jahren

	34 - 44	45 - 49	50 - 54	55 - 59	$\geqq$ 60	Summe
Nieraucher	1	6	7	15	29	58
Exraucher über 5 Jahre	0	2	3	8	19	32
Raucher	16	20	41	40	45	162
Untersuchte	17	28	51	63	93	252
Anteil(%) Raucher	94 %	71 %	80 %	63 %	48 %	64 %

Der Anteil der Raucher ist bei den jüngeren Infarktpatienten deutlich größer als bei den älteren.

Kein wesentlicher Unterschied zwischen den Fällen und Kontrollen lag beim Übergewicht (BMI) und bei den beruflichen Expositionsfaktoren Lärm, Vibration und chemische Gefahrstoffe vor. Von den Fällen waren 15 % Lärmarbeiter, 4,8 % gegen Ganzkörpervibration und 2,0 % gegen chemische Gefahrstoffe exponiert.

In folgender Übersicht sind einige wesentliche Ergebnisse der einfaktoriellen Auswertung zusammengestellt.

Faktorstufe	Anteil(%) bei Fällen	Kontrollen	rel.Risiko OR
Berufliche psychische Belastung (OBS)			
– erhöht (Kennzahl $\leqq$ 0,6)	44,4	32,9	1,63
– hoch (Kennzahl 0,5)	4,0	1,2	3,43
Zweischichtarbeit	9,9	4,4	2,39
Schichtsystem mit Nachtarbeit	13,9	18,7	0,70
Leitungsverantwortung	32,9	36,9	0,84
– für über 100 Mitarbeiter	3,2	1,6	2,03
Meister / Techniker	14,3	9,9	1,51
Sitzarbeitsplatz	21,8	17,1	1,36
Dynamische Arbeit > 40% der Arbeitszeit	56,0	68,0	0,59
Statische Arbeit > 40% der Arbeitszeit	8,7	3,6	2,56
Überstunden im Betrieb: > 5 St./Woche	20,4	9,0	2,59
> 10 St./Woche	11,1	0,5	+
Nebenberufl. Tätigkeit > 5 St./Woche	4,4	0	+
Zeitaufwendige gesellsch. Funktion	41,2	30,2	1,61
Eigenheimbau	13,8	4,5	3,40
Pflege hilfsbedürftiger Personen	18,8	5,0	4,40
Mehr als 1 Kind unter 16 Jahren	2,3	3,5	0,65
Zeitaufwendiger organisierter Sport	0,9	0	+
Arbeitsplatzwechsel in letzten 10 J.	31,3	25,0	1,37
– in den letzten 3 Jahren	12,7	7,9	1,76

Es zeigen sich mit Ausnahme der Leitungsverantwortung die erwarteten, auch in der Mehrzahl anderer Studien gefundenen Tendenzen für ein erhöhtes (OR > 1) und vermindertes (OR < 1) Infarktrisiko. Zur Interpretation sei erwähnt, daß Zweischichtarbeit vornehmlich mit monotoner Tätigkeit (engem Aufgabeninhalt) gekoppelt war und außerdem die Freizeitaktivitäten einschränkt. Die Population der Nachtschichtarbeiter weist den bekannten Healthy-Worker-Effekt auf. Eigenheimbau war unter den Erschwernissen der ehemaligen DDR ein stark psychisch und physisch belastendes Vorhaben. Ein Arbeitsplatzwechsel vor dem Infarkt kann sowohl Folge als auch Ursache einer starken psychischen Beanspruchung sein.

Die mehrfaktorielle Analyse mit der logistischen Regression ergab, daß sowohl der potentielle Confounder Leitungstätigkeit als auch die Berücksichtigung der Paarbildung im Modell keinen wesentlichen Einfluß auf die Ergebnisse hatten. Zwei Ansätze, in die 218 Fälle und 198 Kontrollen mit vollständigen Angaben ohne Berücksichtigung der Paarbildung eingingen, sind in den folgenden Übersichten dargestellt.Die Indikatoren der körperlichen Belastung und die Belastung durch zeitaufwendige gesellschaftliche Funktionen fallen wegen ihrer Korrelation mit anderen Indikatoren als nicht signifikant aus den mehrfaktoriellen Ansätzen heraus.

1. logistischer Regressionsansatz

Faktor	χ^2	p	b	s(b)
Stärke der berufl.psych.Belastung	13,59	0,000	0,749	0,202
Überstunden im Betrieb	13,38	0,000	0,111	0,030
Stunden nebenberufl. Tätigkeit	3,43	0,065	0,191	0,102
Eigenheimbau	16,87	0,000	1,450	0,438
Sonst. starke Freizeiteinschränk.	10,81	0,001	1,131	0,273

2. logistischer Regressionsansatz

Faktor	χ^2	p	b	s(b)
Aufgabeninhalt anspruchsvoll	8,82	0,003	0,086	0,029
Aufgabeninhalt eng	24,72	0,000	0,133	0,027
Besondere Anforderungen	4,46	0,035	0,100	0,048
Überstunden im Betrieb	11,26	0,001	0,105	0,032
Stunden nebenberufl. Tätigkeit	4,23	0,040	0,222	0,109
Starke außerber.Freizeiteinschr.	24,14	0,000	1,234	0,254

In den beiden Ansätzen sind die berufliche und außerberufliche psychische Belastung unterschiedlich differenziert.

Die Faktoren, mit Ausnahme der binär skalierten Indikatoren Eigenheimbau und sonstige außerberufliche Freizeiteinschränkungen, gehen metrisch in die Analyse ein. Die Werte von χ^2, jeweils mit einem Freiheitsgrad den partiellen Regressionskoeffizienten zugeordnet, geben die Potenz des Faktors für die Vorhersage des Herzinfarkts an, wenn man die anderen Faktoren im Ansatz formal konstant hält. Sie messen den Unterschied in der Vorhersagegenauigkeit zwischen dem Ansatz mit und dem Ansatz ohne diesen Faktor. Positive Regressionskoeffizienten b zeigen relative Risiken über 1 an, bei $p < 0{,}05$ ist der Unterschied zu 1 bei der Irrtumswahrscheinlichkeit $\alpha = 5\,\%$ signifikant. Um Odds-Verhältnisse OR berechnen zu können, müßte man die Faktoren dichotomisieren (vgl. z.B. (3)). Für den dichotomen Indikator 'Starke Freizeiteinschränkung' im zweiten Ansatz ergibt sich für das relative Risiko $OR = e^b = e^{1,234} = 3{,}43$.

Das multiple Bestimmtheitsmaß (2), berechnet aus den Log-Likelihood-Werten L_1 des betrachteten Ansatzes und L_0 des Ansatzes mit nur dem konstanten Glied, ist $B = 1 - (L_1/L_0)$. Es beträgt für den Ansatz 1 $B = 0{,}122$ und für den Ansatz 2 $B = 0{,}155$. Das ist ein beträchtlicher Wert, wenn man bedenkt, daß in der Analyse ohne Matching das Alter und die Rauchgewohnheiten nicht konditional betrachtet werden, sondern die Zufallsvariabilität erhöhen.

Die berufliche psychische Belastung erweist sich selbst bei grober Skalierung im ersten Ansatz als bedeutsamer Einflußfaktor auf den Infarkt. Das findet sich verstärkt bei der Aufteilung auf mehrere Komponenten. Insbesondere der enge Aufgabeninhalt, d.h. eingeschränkter Entscheidungs- und Handlungsspielraum, geringe Komplexizität und Vielfalt, die zu Monotonieeffekten führen können, ist mit einer stark erhöhten Herzinfarktinzidenz gekoppelt. Das stimmt mit den Ergebnissen schwedischer Job-Stress-Studien (3), (5) überein.

Die Überstunden im Beruf vermindern nicht nur den Freizeitfonds, sondern sind oft ein Zeichen starker psychischer Belastung im Betrieb. Das trifft insbesondere auf Tätigkeiten mit anspruchsvollen Aufgabeninhalten zu. Die Kombination von Zeitdruck und anspruchsvollem Aufgabeninhalt führt zu einer deutlich erhöhten Infarktinzidenz. Die große Rolle der außerberuflichen psychischen Belastung zeigt auch die mehrfaktorielle Auswertung auf.
Wegen der angewandten Methodik der objektiven Expertenbewertung der Bedingungen am Arbeitsplatz sind die Ergebnisse der Studie über die konkrete Situation in der DDR vor der Wende hinaus von Bedeutung.

Literatur

1. Bolm, U.: Koronare Risikoberufe. Dissertation Univ. Marburg 1981
2. Enderlein, G.: Modellbildung mit der Regressionsanalyse, insbesondere der logistischen Regression, bei der Auswertung epidemiologischer Beobachtungsstudien. In: Methoden und Werkzeuge für die exploratorische Datenanalyse in den Biowissenschaften. Fischer-Verlag, Stuttgart 1991
3. Karasek, R.A. et al.: Job characteristics in relation to the prevalence of myocardial infarction in the US Health Examination Survey(HES).... Amer. J. Public Health 78(1988)8, 910-918
4. Muche, R., Gefeller, O., Cremer, P.: Multivariate Risikofaktorenidentifikation für den Myokardinfarkt in einer prospektiven Studie. In: Medizinische Informatik und Statistik Bd. 72, Springer-Verlag Berlin 1991, 130-134
5. Halhuber, C., Traencker, K. (Hrsg.): Die koronare Herzkrankheit - eine Herausforderung an Gesellschaft und Politik. Perimed-Fachbuch,Erlangen 1986,mit Beiträgen von K.Siegrist u. T.Theorell
6. Arbeitsmedizinische Tauglichkeits- und Überwachungsuntersuchungen:
   - Rechtsvorschriften und Arbeitshygienische Komplexanalyse, 1988
   - Analyse und Bewertung psychischer Anforderungen und Belastungen (Ergänzungsheft von W. Meister, G.Schnabel, U.Boldt), 1989
   Ministerium für Gesundheitswesen, Staatsverlag, Berlin

Die gesundheitliche Situation von Arbeitslosen
und Nichtarbeitslosen [1]
S. Rister-Mende, E. Schach, S. Schach

Einführung

Ziel der vorliegenden Untersuchung ist der Vergleich der gesundheitlichen Lage von Arbeitslosen und Erwerbstätigen, unter besonderer Berücksichtigung der gesundheitlichen Situation von Männern und Frauen.

Untersuchungen, die sich mit der gesundheitlichen Situation der Bevölkerung beschäftigen, bieten die Möglichkeit, die Gesundheit von ausgewählten Bevölkerungsgruppen näher zu analysieren. Voraussetzung dafür ist, daß ein ausreichender Stichprobenumfang vorliegt. Eine der Bevölkerungsgruppen, deren gesundheitliche Situation spezielles Interesse findet, ist die der von Arbeitslosigkeit Betroffenen. In zahlreichen Untersuchungen hat sich ergeben, daß die Gesundheit von Arbeitslosen schlechter als die von Erwerbstätigen ist (z.B. Brinkmann, 1984).

Eine genaue Analyse des Einflusses von Arbeitslosigkeit ist schwierig, da Arbeitslosigkeit in vielen Fällen negative Auswirkungen auf die Gesundheit beeinflussende Faktoren wie sozialer Status, Einkommen usw. hat, diese ihrerseits aber auch Arbeitslosigkeit beeinflussen können.

Methode

Die folgenden Ergebnisse basieren auf Auswertungen der Daten aus dem Nationalen Untersuchungssurvey NUST0 der Jahre 1984/86. Dieser Survey ist eine repräsentative Erhebung in der Bevölkerung im Alter von 25 bis 69 Jahren der Altländer der Bundesrepublik Deutschland und bildet somit einen großen Teil der erwerbsfähigen Bevölkerung ab. 4790 Teilnehmer wurden zu Komplexen Demographie, Verhalten, Lebensbedingungen und Krankheiten befragt und wurden in Bezug auf Indikatoren und Risikofaktoren für Herz-/Kreislaufkrankheiten untersucht.

Der Survey ist eine Querschnittserhebung. Um die Beziehungen von Arbeitslosigkeit und Gesundheitssituation analysieren zu können, wäre eine Längsschnittsuntersuchung wünschenswert gewesen. Auf ihrer Basis können Veränderungen in der Zeit analysiert werden und der Einfluß des Faktors Arbeitslosigkeit wäre eventuell klarer zuzuordnen gewesen.

Für die folgenden Analysen erfolgte hinsichtlich der Beteiligung am Erwerbsleben eine Aufteilung in Gruppen: die Gruppe der von Arbeitlosigkeit Betroffenen und die Gruppe der Erwerbstätigen, die als Vergleichsgruppe hinzugezogen wurde, sowie die der Nichterwerbspersonen. Ein großer Vorteil der Verwendung einer repräsentativen Bevölkerungsstichprobe liegt darin, daß die Vergleichsgruppe aus derselben Untersuchung vorliegt.

Die unterschiedlichen Alters- und Geschlechtsverteilungen wurden durch direkte Standardisierung (Alters- und Geschlechtverteilung in der Bundesrepublik Deutschland 1985, Altersgruppen von 10 Jahren) der Daten beider Gruppen ausgeglichen.

Die Gruppe der Arbeitslosen umfaßt mit 342 Personen 7,1% der Befragten, 147 Personen waren zum Zeitpunkt der Befragung aktuell von Arbeitslosigkeit betroffen, die übrigen 195 in den letzten zwei Jahren vor der Erhebung. Gemessen an der Gesamtzahl der Erwerbspersonen (3290) stellen die aktuell Arbeitslosen einen Anteil von 4,5% dar. Im Vergleich zur

Arbeitslosenquote von 7% (Statistisches Bundesamt 1985) bei der betreffenden Altersgruppe sind die Arbeitslosen in dieser Erhebung daher unterrepräsentiert.

Ausbildung und Beruf

Hinsichtlich der schulischen und beruflichen Ausbildung sowie der Berufszugehörigkeit unterschieden sich Arbeitslose und Beschäftigte in einigen Bereichen. Insgesamt ist sowohl das Ausbildungsniveau der Arbeitslosen als auch das Niveau ihrer Berufausbildung niedriger. Arbeitslose haben häufiger eine geringere Schulausbildung; der Anteil der Personen mit Hauptschulabschluß liegt bei den Arbeitslosen bei 70,4% und damit um 7 Prozentpunkte höher als bei den Erwerbstätigen, der Anteil der Personen mit Hochschulreife mit 11% um 4 Prozentpunkte niedriger. Mehr Arbeitslose als Erwerbstätige haben keine Berufsausbildung (28% zu 21%), mit wachsendem Ausbildungsstatus sinkt der Anteil der Arbeitslosen. Bei der beruflichen Position setzt sich ihre schlechtere Situation fort. Jeder Dritte ist un- oder angelernter Arbeiter, während bei den Erwerbstätigen nur knapp jeder Fünfte (18%) diesen Status hat.

Rauchverhalten

Rauchen gehört zu den gesundheitsriskanten Verhaltensweisen und verdient deshalb in dieser Untersuchung eine besondere Aufmerksamkeit. Fast jeder zweite der von Arbeitslosigkeit Betroffenen bezeichnet sich als Raucher, wohingegen dies nur jeder dritte Erwerbstätige tut (Tabelle 1). Hinzu kommt eine größere Intensität des Rauchens bei den Arbeitslosen. In der Gruppe der arbeitslosen Raucher liegt der Anteil der starken Raucher (20 Zigaretten und mehr am Tag) mit 12% um 4 Prozentpunkte höher als in der Gruppe der Erwerbspersonen (Tabelle 2).

Hinsichtlich des Rauchverhaltens gibt es große geschlechtsspezifische Unterschiede. Die Differenz zwischen dem Anteil von Rauchern unter Arbeitslosen und Erwerbstätigen wird von den männlichen Arbeitslosen verursacht. Ihr Raucheranteil liegt bei 60% und damit um 20 Prozentpunkte höher als der der Erwerbstätigen. Anders stellt sich die Verteilung bei den Frauen dar: der Anteil der Raucherinnen ist bei Arbeitslosen und Erwerbstätigen in etwa gleich hoch und liegt mit 30% deutlich unter dem Niveau der Männer. Auch hinsichtlich der Intensität des Rauchens, also der Anzahl der durchschnittlich gerauchten Zigaretten am Tag, ergibt sich ein ähnliches Bild: während bei den arbeitslosen Männern fast jeder fünfte Raucher 20 oder mehr Zigaretten täglich raucht, ist es bei den erwerbstätigen männlichen Rauchern nur jeder Zehnte. Bei den weiblichen Personen liegen die Anteile der starken Raucherinnen unter den Rauchern mit 5,6% bei den Arbeitslosen und 4,7% bei den Erwerbstätigen sehr nahe beieinander.

Zigarettenrauchen		
Tabelle 1 Raucheranteile (Zigaretten) bei Arbeitslosen und Erwerbstätigen (in %)		
	Arbeitslose	Erwerbstätige
Insgesamt	44,8	34,0
Männer	60,3	39,9
Frauen	30,4	28,4

Tabelle 2 Raucher von 20 oder mehr Zigaretten am Tag (Anteile in % der Raucher)		
	Arbeitslose	Erwerbstätige
Insgesamt	11,6	7,9
Männer	18,3	11,1
Frauen	5,6	4,7

Gesundheitszustand

Zur Beurteilung der gesundheitlichen Situation und der Leistungsinanspruchnahme stehen mehrere Merkmale zur Verfügung: es sind Angaben zu Arztbesuchen, Bettlägerigkeit und Krankenhausaufenthalten, sowie eine Selbsteinschätztung des Gesundheitszustandes. Hinzu kommen Angaben zum Vorhandensein bestimmter, zum Teil chronischer, Krankheiten und zu den Tätigkeiten, die nur mit Schwierigkeiten zu bewältigen sind. Betrachtet man den Gesundheitszustand von Arbeitslosen, so ist festzustellen, daß sie häufiger als Erwerbstätige diesen als weniger gut oder schlecht einschätzen (Tabelle 3). Auffällig ist hier, daß große geschlechtsspezifische Unterschiede vorliegen. Am schlechtesten geht es den arbeitslosen Männer, die zu fast einem Viertel diese Angabe machen, am besten den männlichen Erwerbstätigen, bei denen nur ein Zehntel den Gesundheitszustand als schlecht einschätzten. Bei den Frauen gibt es keinen Unterschied zwischen Arbeitslosen und Erwerbstätigen: jeweils ein Anteil von 16% schätzt ihren Gesundheitszustand als schlecht ein. In den letzten 4 Wochen mindestens einen Tag bettlägerig waren 11% der Arbeitslosen, aber 9% der Beschäftigten. Auch hierbei sind die männlichen Arbeitslosen am stärksten betroffen: jeder Achte dieser Gruppe ist betroffen, wohingegen nur jeder 14. Erwerbstätige angibt, bettlägerig gewesen zu sein (Tabelle 4).

Tabelle 3 Personen mit selbsteingeschätztem Gesundheitszustand "weniger gut" oder "schlecht" (Anteile in %)		
	Arbeitslose	Erwerbstätige
insgesamt	19,7	13,6
Männer	23,5	10,7
Frauen	16,2	16,3

Tabelle 4 Personen mit mindestens einem Tag Bettlägerigkeit in den letzten 4 Wochen (Anteile in %)		
	Arbeitslose	Erwerbstätige
insgesamt	11,0	9,0
Männer	12,3	7,0
Frauen	10,3	11,4

Hinsichtlich der Inanspruchnahme von medizinischen Dienstleistungen durch Arbeitslose zeigen sich häufigere Arztbesuche (Tabelle 5) im Vergleich zu Erwerbstätigen. Frauen gehen zwar insgesamt häufiger zum Arzt. Bei den arbeitslosen Frauen waren es 51%, bei den weiblichen Erwerbstätigen 48%, aber bei den Männern ist auch hier mit 5 Prozentpunkten der Unterschied zwischen Arbeitslosen und Erwerbstätigen am größten.

Bei den gesundheitlichen Problemen handelt es sich nicht nur um Bagatellerkrankungen, sondern sie führen in nicht wenigen Fällen zu einem Krankenhausaufenthalt. Auch hier sind die Arbeitslosen in höherem Ausmaß betroffen als die Beschäftigten. Ein Anteil von gut 14% der von Arbeitslosigkeit Betroffenen hatte in den letzten 12 Monaten einen Krankenhausaufenthalt, wohingegen der Anteil bei den Erwerbstätigen bei 9% liegt. Mit 16,5% ist der Anteil der Männer mit mindestens einem Krankenhausaufenthalt bei den Arbeitslosen fast 8 Prozentpunkte höher als bei den Erwerbstätigen.

Tabelle 5 Arztinanspruchnahme und Krankenhausaufenthalte

Personen mit mindestens einem Arztbesuch in den letzten 4 Wochen (Anteile in %)

	Arbeitslose	Erwerbstätige
insgesamt	43,6	40,4
Männer	35,5	31,9
Frauen	51,1	48,4

Personen mit mindestens einen Krankenhausaufenthalt in den letzten 12 Monaten (Anteile in %)

	Arbeitslose	Erwerbstätige
insgesamt	14,5	9,2
Männer	16,5	8,4
Frauen	12,6	9,9

Betrachtet man die zum Erhebungszeitraum bestehenden Krankheiten, so lassen sich die bisher aufgetretenen Unterschiede zwischen Arbeitslosen und Erwerbstätigen ebenfalls feststellen (Tabelle 6). Die Krankheitsstruktur ist in den zwei Gruppen ähnlich, wobei von Krankheiten des Bewegungsapparates (Bandscheibenschäden, Rheumatismus) Arbeitslose etwas mehr betroffen sind.

Tabelle 6 Jetzige Krankheiten bei Arbeitslosen und Erwerbstätigen (Einzelangaben der Krankheiten mit einem Anteil von 6% oder mehr)

	Arbeitslose	Erwerbstätige
Bandscheibenschaden	20,6	17,6
Venenleiden	18,6	20,4
Gelenkrheumatismus, Arthritis, Arthrose	17,8	15,7
Allergien	16,4	17,0
Behinderungen der Wirbelsäule	15,8	12,6
Durchblutungsstörungen in den Beinen	10,9	9,1
Schilddrüsenkrankheiten	8,5	7,9
Verdauungstörungen	7,7	10,4
Heuschnupfen	6,5	4,1

Die Analyse der Tätigkeiten, die nur mit ziemlichen Schwierigkeiten oder garnicht ausgeführt werden können, ergänzen das bisher gezeichnete Bild der gesundheitlichen Situation von Arbeitslosen im Vergleich zu Erwerbstätigen. Eine größere Strecke laufen, einen knappen halben

Kilometer gehen oder ein Stockwerk ohne Pause hochsteigen sind Tätigkeiten bei denen mehr Arbeitslose Schwierigkeiten haben. Hier weisen besonders die Tätigkeiten große Differenzen zwischen den betrachteten Gruppen auf, in denen der Bewegungsapparat betroffen ist.

Tabelle 7 Tätigkeiten, die nur mit größeren Schwierigkeiten oder gar nicht durchführbar sind (Angaben in %)

	Arbeitslose	Erwerbstätige
100 m laufen	32,8	23,1
400 m gehen ohne Pause	12,1	7,9
Ein Stockwerk hoch steigen ohne Pause	9,0	4,6
Aus dem. Stand etwas vom Boden aufheben	7,6	4,8
Gegenstand von 5 kg 10 m weit tragen	7,3	4,2
Im Mehr-Personen-Gespräch normal hören	4,0	4,7

Zusammenfassung

Zusammenfassend läßt sich feststellen, daß die gesundheitliche Situation von Arbeitslosen schlechter ist, als die von noch im Erwerbsleben befindlichen Personen. Dies gilt vor allem für Männer. Die z.T. bessere Befindlichkeit von arbeitslosen Frauen resultiert möglicherweise aus der Entlastung, die sie durch die Arbeitslosigkeit in der Familienphase erfahren. Die von Arbeitslosigkeit Betroffenen haben nicht nur schlechtere Startchancen als Erwerbstätige durch geringere Schul- und Berufsausbildung, sondern es ließen sich für das Zigarettenrauchen, für den Gesundheitszustand, die Häufigkeit ausgewählter Einzelkrankheiten sowie für die Arzt- und Krankenhausnutzung eine ungünstige Situation zeigen

Literatur

Brinkmann, C. 1984. Die individuellen Folgen langfristiger Arbeitslosigkeit. Ergebnisse einer repräsentativen Längsschnittuntersuchung. Mitteilungen aus der Arbeitsmarkt- und Berufsforschung. S 454-473

Statistisches Bundesamt .Hg. 1982. Statistisches Jahrbuch 1985 für die Bundesrepublik Deutschland. Stuttgart: Kohlhammer

1) Die Daten wurden von der Deutschen Herz-Kreislauf-Präventivstudie zugänglich gemacht. Sie entstammen dem Nationalen Untersuchungssurvey (1. Erhebungsrund 1984-1986) der DHP, erhoben im Rahmen des Programms der Bundesregierung "Forschung und Entwicklung im Dienste der Gesundheit", gefördert durch den Bundesminister für Jugend, Famile, Frauen und Gesundheit und den Bundesminister für Arbeit und Sozialordnung.
Datengeber: Zentrale Datenhaltung der DHP, Institut für Sozialmedizin und Epidemiologie des Bundesgesundheitsamtes, Postfach 33 10 13, 1000 Berlin 33

<u>Testen und Schätzen bei der Analyse umweltepidemiologischer Fragestellungen:</u>
<u>endliche Populationen und abhängige Variable</u>

Gerd Welzl
GSF-Institut für Medizinische Informatik und Systemforschung
Ingolstädter Landstr. 1
D-8042 Neuherberg

1. Einleitung

Die Wirkung von Umweltfaktoren auf die menschliche Gesundheit wird im einfachsten Fall beschrieben durch den Zusammenhang zwischen einem dichotomen Studienfaktor z.B. Exposition und Kontrolle und einer dichotomen Krankheitsvariable. Beispielsweise wurden 1990 zwei Untersuchungen zur Frage einer erhöhten Leukämierate in der Gemeinde Ellweiler im Saarland durchgeführt. In diesem Gebiet war zunächst eine erhöhte Radonkonzentration festgestellt worden. Die Hauptergebnisse der Studien können in wenigen - unbestrittenen - Zahlen zusammengefaßt werden. Für den Zeitraum von 1980-1989 wurden in der ersten Studie vier Kinder mit Leukämie gefunden; der Erwartungswert auf der Basis des Krebsregisters betrug 1,075. In der zweiten Studie wurden für den Zeitraum 1970-1989 sieben Fälle mit einem Erwartungswert von 2,800 berichtet. Unter der Überschrift *Strahlende Häuser. Viermal mehr Leukämie - statistisch unauffällig?* werden in der ZEIT die Schlußfolgerungen aus diesen Zahlen wiedergegeben: Studie 1 gibt Entwarnung, Studie 2 sieht die Befürchtung einer erhöhten Krebsrate voll bestätigt.

Einige Probleme, die bei der **statistischen Analyse** - insbesondere Testen und Schätzen von Parametern - derartiger *einfacher* Studien entstehen, sollen im folgenden näher betrachtet werden. Dabei ist zu berücksichtigen, daß im allgemeinen bei epidemiologischen Studien die Relevanz der Fragestellung, Fragen des Studiendesigns und Kontrolle von Bias und Confoundern von vorrangigem Interesse sind.

2. Diskrete Merkmale und abhängige Variable bzw. Parameterheterogenität

Viele empirische Studien im Bereich der Umweltepidemiologie basieren auf dem Vorgang des Zählens: Anzahl von Leukämiefällen in einer Region in einem bestimmten Zeitraum, die Anzahl von Nachkommen mit bzw. ohne Mutationen bei exponierten Mäusemännchen. Maße wie SMR, Prävalenz, Inzidenz, Risiko, odds ratio und relatives Risiko sind mittels **diskreter Stichprobenräume** adäquat zu beschreiben. Darüber hinaus ist häufig auch von einem **diskreten Parameterraum** auszugehen, etwa bei endlichen Populationen z.B. im hypergeomtrischen Modell. Dieser weiten Verbreitung steht jedoch eine Bevorzugung stetiger Variabler in der mathematischen Statistik gegenüber.

Ein weiteres Charakteristikum von Studien im Bereich der Umweltepidemiologie scheint die Existenz von Abhängigkeiten und/oder der Heterogenität von Parametern zu sein. *A grand irony is that independence seems rare in nature. ... In most real cases there is noticeable dependence between phenomena* (KRUSKAL).

Die Annahme, daß die Wahrscheinlichkeit an Leukämie zu erkranken in einem Kollektiv für alle Probanden gleich ist   -   Konstanz des Binomialparameters oder konstanter Parameter einer Poissonverteilung - erscheint unrealistischer als etwa die Annahme, daß der Parameter der Poissonverteilung durch eine Exponentialverteilung beschrieben wird. Dem Rechnung zu tragen heißt, die Poisson-Verteilung durch eine negative Binomialverteilung mit Dispersionsparameter $k = 1$ zu ersetzen.

Die klassische Schätz- und Testtheorie geht von einem kontinuierlichen Parameterraum und stetigen, unabhängigen, identisch verteilten Zufallsgrößen aus, um z.B. gleichmäßig beste unverfälschte (UMPU) Tests und entsprechende Konfidenzintervalle zu konstruieren. Es stellt sich die Frage, inwieweit Aussagen über beste Tests und Konfidenzintervalle bei diskreten Stichproben/Parameterräumen und abhängigen Stichprobenvariablen möglich sind.

3. Testen und Schätzen mittels robuster Konfidenzkurven

Konfidenzkurven erlauben die gleichzeitige Darstellung von Punkt- und Intervallschätzung eines Parameters. Die Konstruktion von Konfidenzkurven, definiert als die Menge der Konfidenzgrenzen für **alle** Signifikanzniveaus, wurde 1949 von TUKEY vorgeschlagen und 1960 ausführlich von BIRNBAUM diskutiert. In neuerer Zeit hat POOLE die Anwendung von Konfidenzkurven zur Darstellung und Interpretation epidemiologischer Daten propagiert.

Für stetige Zufallsvariable gibt es eine allgemeine Methode zur Konstruktion von Intervallschätzern, z.B.HAFNER. Diese Methode wurde von TOCHER auf diskrete Stichprobenvariable erweitert. Dabei werden die Aussagen 'Beobachtung x liegt/liegt nicht im $(1-\alpha)$-Prozent-Prognoseintervall' erweitert zu der Aussage 'Beobachtung x liegt mit Wahrscheinlichkeit δ im $(1-\alpha)$-Prozent-Prognoseintervall'. Im allgemeinen entstehen auf diese Weise Konfidenzintervalle mit 'unscharfen' Rändern. Mit Hilfe dieser Erweiterung ist es möglich, die Existenz gleichmäßig bester Konfidenz-intervalle z.B. für das Binomialmodell zu gewährleisten. Im allgemeinen Fall - bei diskretem Parameterraum - ist dieses Konzept jedoch nicht ausreichend. Wir schla-gen daher folgendes Modell vor:

Ausgehend von Überlegungen aus dem Bereich der robusten Statistik sollen zunächst gleichmäßig beste Tests konstruiert werden, deren Niveau bei geringfügigen Störungen des Ausgangsmodells unverändert bleibt. Als geringfügige Störungen im Sinne der Influenzfunktion werden solche bezeichnet, bei denen **einer** Stichprobenvariable nicht der Parameter θ, sondern ein beliebiger Störparameter θ_1 zugrundeliegt. Bei abhängigen Stichprobenvariablen bedeutet dies, daß die **erste** Stichprobenvariable X_1 gestört ist, die Abhängigkeitsstruktur aber unverändert bleibt. Damit ergibt sich ein diskretes Optimierungsproblem (gleichmäßig **bester** Test) mit zwei Gleichungen als Nebenbedingungen (z.B. Niveau bei Störungsparameter $\theta_1 = 0$ gleich α und Niveau bei Störungsmodell $\theta_1 = 1$ gleich α). Die Bedingungen für die Existenz und Eindeutigkeit einer Lösung sowie ein Algorithmus zur Konstruktion wurden von WELZL beschrieben.

Die auf der Basis robuster gleichmäßig bester (RUMP) Tests konstruierten Konfidenzkurven haben ebenfalls 'unscharfe' Ränder. Falls gleichmäßig beste **unverfälschte** Tests existieren - wie im Binomialmodell - sind RUMP- und UMPU-Test identisch.

4. Anwendungen auf Polya-Eggenberger-Modelle und Grenzverteilungen

Die Modellierung von Abhängigkeiten - etwa durch eine Form von 'Ansteckung' - und Parameterheterogenitäten kann in mannigfaltiger Form geschehen. Ihre Beschreibung durch die Polya-Eggenberger- (oder Beta-Binomial-) Verteilung ist sehr flexibel. *Urn models representing some form of 'contagion' can be constructed in an unlimited variety of ways. Fortunately it has been found that very many cases of practical importance can be included in the scope of a few relatively simple methods of construction, based on a natural generalization of the model used by Eggenberger and Polya* (JOHNSON).

Das Urnenmodell der Polya-Eggenberger-Verteilung lautet folgendermaßen: Eine Urne enthält a weiße und b schwarze Kugeln. Eine Kugel wird gezogen, die Farbe notiert und diese Kugel mit zusätzlich s Kugeln der gleichen Farbe zurückgelegt. Der Versuch wird dann mit der neu zusammengesetzten Urne wiederholt. Dann folgt die Anzahl der weißen Kugeln, die in n Zügen gezogen werden, einer Polya-Eggenberger-Verteilung mit den Parametern n, a, b und s. Für $s > 0$ ergibt sich gemäß de Finettis Theorem die Möglichkeit der Darstellung als Mischung aus Binomial-Verteilungen, hier mit einer Betaverteilung als Mischverteilung.

Sowohl für Polya-Eggenberger-Verteilungen als auch für deren diskrete Grenzverteilungen (Binomial-, negativ Binomial- und Poisson-Verteilung) ist die Existenz von robusten gleichmäßig besten Tests und entsprechenden Konfidenzkurven für den Parameter $a/(a+b)$ - n und s als bekannt vorausgesetzt - nachgewiesen. Der konstruktive Beweis erlaubt die Angabe von vergleichsweise einfachen Algorithmen zur Darstellung der Konfidenzkurven.

5. Diskussion

Die in der mathematischen Statistik weitverbreitete Annahme von unabhängigen identisch verteilten Zufallsgrößen bei kontinuierlichem Parameter- und Stichprobenraum dürfte bei der Analyse umweltepidemiologischer Fragestellungen nur in seltenen Fällen adäquat sein. Bei diskreten Zufallsvariablen erzwingt die Anwendung der Neyman-Pearson-Testtheorie - d.h. auch die Berücksichtigung der Forderung nach der Anwendung eines **besten** Tests - die Konstruktion von Konfidenzintervallen bzw. Konfidenzkurven mit *unscharfen* Rändern. Bei Annahme eines Poisson-Modells ergeben sich für die in der Einleitung erwähnten Studien zur Frage einer erhöhten Leukämierate die in den Abbildungen 1 und 2 dargestellten robusten gleichmäßig besten Konfidenzkurven (unteres Kurvenpaar, vertikale Linien) für den Parameter *beobachtete Leukämiemorbidität/erwartete Leukämiemorbidität*.

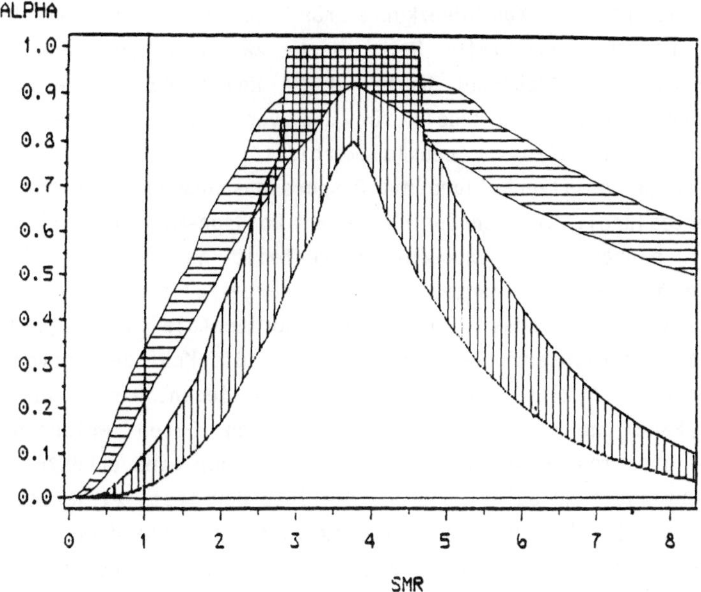

Abb. 1: Robuste Konfidenzkurven (4 beobachtete, 1,075 erwartete Fälle) bei Annahme einer Poissonverteilung (vertikale Linien) bzw. einer geometrischen Verteilung (horizontale Linien)

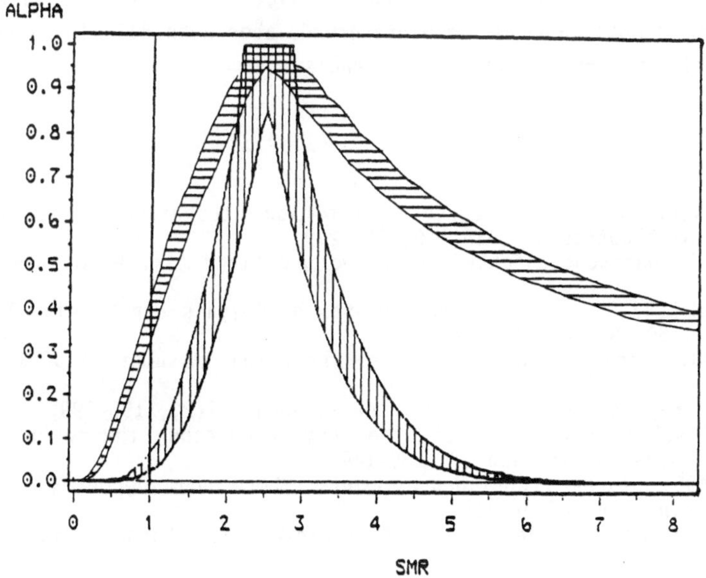

Abb. 2: Robuste Konfidenzkurven (7 beobachtete, 2,8 erwartete Fälle) bei Annahme einer Poissonverteilung (vertikale Linien) bzw. einer geometrischen Verteilung (horizontale Linien)

unverständlich: Die robuste Konfidenzkurve für Studie 1 nimmt an der Stelle 1 (erwarteter Wert gleich beobachteter Wert) Werte zwischen 0,024 und 0,095 an; in Studie 2 lauten die entsprechenden Werte: 0,024 und 0,065. Viele Untersuchungen zeigen jedoch, daß das Poisson-Modell für die vorliegende Problemstellung **nicht** adäquat ist. Beobachtete Daten zur Leukämiemorbidität werden i.a. wesentlich besser durch eine negative Binomialverteilung mit Dispersionsparameter gleich 1 beschrieben (geometrische Verteilung). Dies entspricht einer Poisson-Mischverteilung, wobei der Poisson-Parameter einparametrig-exponential verteilt ist. Unter dieser Annahme ergeben sich die in den Abbildungen 1 und 2 dargestellten robusten gleichmäßig besten Konfidenzkurven (oberes Kurvenpaar, horizontale Linien). Die enorme Vergößerung der Konfidenzintervalle führt dazu, daß die Konfidenzkurvenwerte an der Stelle 1 im Bereich von 0,211-0,340 bzw. 0,335-0,430 liegen. Die Schlußfolgerung aus **beiden** Studien kann nur lauten: die vorliegenden Daten erlauben unter den getroffenen Modellannahmen keine sinnvollen Aussagen über eine erhöhte Leukämierate; die Konfidenzintervalle sind dafür zu groß, die Güte der Tests zu gering.

Zur Vermeidung der Durchführung von epidemiologischen Studien mit unsinnigen Aussagen sollten bereits bei der Planung geeignete Modelle - unter Berücksichtigung von Abhängigkeiten oder Heterogenitäten - zur Beschreibung der Daten bestimmt werden. Das obige Beispiel zeigt, daß der Einfluß der Modellwahl weit über der Unsicherheit liegen kann, die sich aufgrund von diskreten Stichproben- oder Parameterräumen ergibt. Es muß betont werden, daß eine Antwort auf die Frage *'Viermal mehr Leukämie - statistisch unauffällig?'* nur relativ sein kann, stets mit einer bestimmten Modellannahme im Hintergrund, aber auch daß ein klares *'Ja'* als Antwort mit plausiblen Überlegungen im Einklang steht.

<u>Literatur</u>

BIRNBAUM, A. (1961): Confidence curves: an omnibus technique for estimation and testing statistical hypotheses. JASA, 56, 246-249.
HAFNER, R. (1989): Wahrscheinlichkeitsrechnung und Statistik. Wien, New York, 446-449.
JOHNSON, N.L. and KOTZ, S. (1976): Two Variants of Polya's Urn Models. The American Statistician, Vol. 30, No. 4, 186-188.
KRUSKAL, W. (1988): Miracles and Statistics: The Casual Assumption of Independence. JASA, Vol. 83, No. 404, 929-940.
POOLE, C. (1987): Beyond the confidence interval AJPH, 77(2), 195-199.
TOCHER, K.D. (1950): Extension of the Neyman-Pearson theory of tests of discontinuous variates. Biometrika 37, 130-144.
TUKEY, J.W. (1949): Standard confidence points. Memorandum Report 26, Statistical Research Group, Princeton University.
WELZL, G. (1989): Robuste Test- und Konfidenzkurven. Dissertation, Technische Universität München.
DIE ZEIT (1990): Ausgabe vom 31. August 1990

DAS PROBLEM DER HOMOGENITÄT DER EINZELSTUDIEN BEI META-ANALYSEN

Ein Konzept zur Beurteilung und Kombination umwelt-
und arbeitsplatzepidemiologischer Studien

Marlis Herbold

Wiesbadener Str 12, W-6240 Königstein/Ts.
c/o PHARMA Beratungs GmbH, Am Aufstieg 6, W-6242 Kronberg/Ts.

ZUSAMMENFASSUNG

Bei der gemeinsamen Bewertung und Analyse verschiedener umwelt- und arbeitsplatz-
epidemiologischer Studien steht man oft vor der Situation, daß die Ergebnisse der Einzelstudien
recht unterschiedlich sind. In diesem Fall stellt sich dann die Frage der Homogenität der
Einzelstudien. Denn nur dann, wenn alle Studien den gleichen wahren Effekt beschreiben, ist die
Berechnung eines gemeinsamen Effektmaßes (wie der SMR) sinnvoll.

In der Literatur (vgl. z.B. HEDGES & OLKIN 1985) wird die Homogenität der Einzelstudien meist
als Gleichheit der Effekte definiert und anhand der gewichteten Summe der Abweichungen der
Einzeleffekte von einem mittleren Effekt getestet. Der Nachteil dieser mit dem Kehrwert der
Varianz der Einzeleffekte gewichteten Teststatistik besteht aber darin, daß der Test leicht ablehnt,
wenn sich unter den Studien einige mit großer Fallzahl und daraus resultierender kleiner Varianz
befinden.

Homogenität der Einzelstudien bedeutet aber keineswegs, daß alle Effektschätzer annähernd
gleich sein müssen, sondern, daß allen Studien der gleiche wahre Effekt zugrunde liegt. Die
Effekte der Einzelschätzer dürfen nicht nur, sondern müssen sogar variieren.

Daher wird ein neuer Test auf Homogenität vorgeschlagen, der die empirischen Verteilungen der
Einzeleffekte, charakterisiert durch ihre Konfidenzkurven, mit der Verteilung des
zugrundeliegenden wahren Effektes vergleicht.

Das Testverfahren wird anhand der Fragestellung PCB-Exposition am Arbeitsplatz und
Krebsmortalität bei Männern erläutert und demonstriert.

FRAGESTELLUNG

Eine Literaturrecherche zur Fragestellung des Zusammenhangs zwischen PCB-Exposition am
Arbeitsplatz und Krebsmortalität bei Männern wurde anhand der folgenden **Auswahl-Kriterien**
- **gleiches Studiendesign** (retrospektive Kohortenstudien mit SMR-Berechnung)
- **vergleichbare Beobachtungszeiträume** (mind. 10 Jahre zwischen 1940 und 1980)
- **vergleichbare Kohorten** (männliche Arbeiter an PCB-exponierten Arbeitsplätzen)
- **ähnliche Exposition** (Exposition mit PCB mit 54% oder 42% Chlorgehalt)
erbrachte 6 vergleichbare Studien, die den Zusammenhang zwischen PCB-Exposition am
Arbeitsplatz und der Krebsmortalität bei Männern untersuchten (vgl. HERBOLD 1991).

Eine kurze Zusammenfassung der Ergebnisse zeigt folgendes Bild:

Tabelle 1: Resultate der ausgewählten Einzelstudien

	Studie 1	Studie 2	Studie 3	Studie 4	Studie 5	Studie 6
Erstautor	Bahn	Brown	Bertazzi	Cammarona	Gustavsson	Bertazzi
Anzahl der Exponierten	51	1258	290	153	142	544
beobachtete Krebstote (n_{obs})	5	12	8	12	7	14
erwartete Krebstote (n_{exp})	0.7	16.53	3.32	4.35	5.39	5.50
$\mathbf{SMR} = \dfrac{n_{obs}}{n_{exp}}$	7.46	0.73	2.41	2.76	1.30	2.55
p-Wert rand. Poisson-Test mit $H_0 : SMR = 1$	0.003	0.245	0.036	0.004	0.523	0.003
95% CI	(2.37, 16.27)	(0.38, 1.22)	(1.11, 4.66)	(1.46, 4.65)	(0.53, 2.53)	(1.42, 4.14)

Da die Ergebnisse recht unterschiedlich sind, ist es auf den ersten Blick nicht möglich, zu einer zusammenfassenden bzw. abschließenden Aussage zu kommen. In solchen Fällen können Meta-Analysen zur Entscheidungsfindung beitragen.

META-ANALYSE

Meta-Analysen - eine Kombination von qualitativen und quantitativen Methoden - ermöglichen die **Erfassung des** *Stand des Wissens* (im Sinne eines Overviews) und die **Beurteilung und Kombination der Resultate verschiedener Studien** mit dem Ziel einer gemeinsamen Aussage durch

- niedriges Signifikanzniveau
- stabile Schätzer
- Subgruppenanalysen
- Hypothesengenerierung für neue Studien

- große statistische Power
- enge Konfidenzintervalle und -kurven
- Generalisierbarkeit der Ergebnisse
- Hilfe zur Entscheidungsfindung.

Will man die Ergebnisse der verschiedenen Studien kombinieren, so stellt sich das Problem der Homogenität der Einzelstudien, dem im folgenden weiter nachgegangen wird.

HOMOGENITÄT DER EINZELSTUDIEN

> *Before pooling the estimates of effect size from a series of k studies, it is important to determine whether the studies can reasonably be described as sharing a common effect size.* (HEDGES&OLKIN 1985)

In der Literatur (vgl. FLEISS 1973, ZELEN 1971, HEDGES & OLKIN 1985) erfolgt das **Testen der Homogenität von k Einzelstudien** meist

mit $\quad H_0 : SMR_1 = \ldots = SMR_k \quad$ durch

$$Q = \Sigma\ w_i \cdot [\ \log\ (\ SMR_i\ )\ -\ SMR\ ]^2 \approx Chi^2\ (k\text{-}1)\ ,$$

und $\quad SMR = \exp\ (\ \Sigma\ w_i \cdot \log\ (SMR_i\ )\ /\ \Sigma\ w_i\ )\ ,$ wobei $w_i = [\ Var\ (\log SMR_i\ )\ ]^{-1}.$

(Dieser Test ist ein Analogon zum Test nach BRESLOW & DAY (1980); vgl. dazu DERSIMONIAN & LAIRD (1986)).

Für die hier interessierende Fragestellung ergibt der Test einen p-Wert $p < 0.001$.

Dieser Test hat aber folgende **Nachteile**:
- bei großen Studien (d.h. kleiner Varianz) lehnt der Test bereits bei kleinen Unterschieden ab
- Homogenität wird angesehen mit der Gleicheit der SMRs.

> *Concluding, tests for homogeneity of effect should be made with care and, perhaps, primary concern should be given to trying to determine, as from inspection of the data, in what sense effects are homogeneous. In any case, certain quick and easy tests for homogeneity of effect, that by Zelen or Fleiss, are invalid for their claimed purpose or for any purpose.* (MANTEL et al. 1977)

Definition der Homogenität

Unter der Homogenität der Einzelstudien sei zu verstehen, daß allen ausgewählten der gleiche wahre Effekt, d.h. die gleiche Verteilung zugrunde liegt.

Daher wird im folgenden die Homogenität der Einzelstudien mittels eines Chi^2 - Anpassungstests getestet:

Testen der Homogenität der Einzelstudien

1. Betrachte die ausgewählten Studien als Stichprobe aus einer Grundgesamtheit mit unbekannter Verteilung F.

2. Bestimme die theoretische Verteilung F_1 des wahren Effekts.

3. Teste $\quad H_0 : F = F_1 \quad$ durch

$$H = \Sigma\ (\ (\ O_i - E_i\ )^2 /\ E_i\ ) \approx Chi^2\ (k\text{-}1)\ ,$$

mit $O_i = \alpha_{[i]} = $ nach Größe geordnete α-Fehler zu $H_0 : SMR = 1$ in Studie i
und $E_i = power_{[i+1]} - power_{[i]} = \text{ß}_{[i]} - \text{ß}_{[i+1]}\ ,$
wobei $\qquad power_{[i]} = $ Power zu $\alpha_{[i]}$ für $H_1 : SMR = \lambda_1$ und
$\qquad\qquad \text{ß}_{[i]} = $ ß-Fehler zu $\alpha_{[i]}$ für $H_1 : SMR = \lambda_1$
$\qquad\qquad$ (beachte: $power_{[k+1]} = 1$ und $\text{ß}_{[k+1]} = 0$).

RESULTATE

Ordnet man die p-Werte der ausgewählten Einzelstudien der Größe nach und berechnet die jeweils zugehörige Power und den ß-Fehler an dieser Stelle, so erhält man unter der Annahme H_1 : SMR=2 (= der Wert, der sich als gemeinsame SMR für diese 6 Studien ergibt)

Tabelle 2:

	Studie 1	Studie 2	Studie 3	Studie 4	Studie 5	Studie 6
α_i	0.002	0.245	0.036	0.004	0.523	0.003
$1-\text{ß}_i$	0.381	0.917	0.711	0.428	0.969	0.409
ß_i	0.618	0.083	0.289	0.572	0.031	0.591

Hieraus läßt sich dann die **Homogenitätststatistik H** wie folgt berechnen:

$$H = \sum_{i=1}^{6} \frac{(\alpha_{[i]} - (ß_{[i]} - ß_{[i+1]}))^2}{(ß_{[i]} - ß_{[i+1]})} = 8.99$$

und als **p-Wert** p = 0.111 .

Da die Homogenität der Einzelstudien nicht abgelehnt werden kann, ist die Berechnung gemeinsamer Effektschätzer im Rahmen einer Meta-Analyse sinnvoll.

Die Durchführung einer Meta-Analyse für diese 6 Studien ergab Schätzer für die gemeinsame SMR von ungefähr 2 (Poolen : SMR = 1.65, Präzisionswichtung : SMR = 2.01, "Homogenitätswichtung" : SMR = 2.15).
Die berechneten gemeinsamen Konfidenzkurven lagen deutlich rechts vom Nullwert 1; insbesondere enthielten alle gemeinsamen 95%-Konfidenzintervalle den Wert 1 nicht.
Somit läßt sich folgern, daß bei Männern, die am Arbeitsplatz mit PCB exponiert sind, das Risiko, an Krebs zu versterben, ungefähr doppelt so hoch ist wie bei Nicht-Exponierten (vgl. HERBOLD 1991).

FAZIT

Das Problem der Homogenität der Einzelstudien sollte bei jeder Meta-Analyse untersucht werden - und zwar mittels eines Anpassungstests. Lehnt dieser die Nullhypothese ab, sollte überlegt werden, ob eine zusammenfassende Analyse wirklich sinnvoll ist. Doch auch, wenn die Nullhypothese nicht abgelehnt werden kann, hat man keine Gewißheit über die Homogenität der ausgewähltem Studien. Daher sollte der Auswahl der Einzelstudien bei einer Meta-Analyse stets besondere Sorgfalt gelten.

Somit sollte folgendes Konzept Anwendung finden:

KONZEPT ZUR DURCHFÜHRUNG EINER META-ANALYSE:

1. Sorgfältige Auswahl der Studien anhand gegebener Standards

2. (Re-) Analyse der ausgewählten Einzelstudien, insbes. Berechnung von Konfidenzkurven

3. Überprüfung der Homogenität der ausgewählten Studien mittels eines Anpassungstest

4. Fisher-Aggregation der Einzel-p-Werte

5. Schätzen von gemeinsamen Effekten

6. Bestimmung von gemeinsamen Konfidenzkurven

LITERATUR:

BRESLOW NE, DAY NE (1980):
Statistical Methods in Cancer Research. Volume I: The Analysis of Case Control Studies. International Agency for Research on Cancer, Lyon.

CHECKOWAY H, PEARCE NE, CRAWFORD-BROWN DJ (1989):
Research Methods in Occupational Epidemiology. Oxford University Press, New York.

DERSIMONIAN R, LAIRD N (1986):
Meta-Analysis in Clinical Trials. Contr Clin Trials 7, 177-188.

FLEISS JL (1973):
Statisitical Methods for Rates and Proportions. Wiley, New York.

FRUMKIN H, BERLIN J (1988):
Asbestos Exposure and Gastrointestinal Malignancy Review and Meta-Analysis. Am J Ind Med 14, 79-95.

HEDGES LV, OLKIN I (1985):
Statisitical Methods for Meta-Analysis. Academic Press, London.

HERBOLD M (1991):
Eine Meta-Analyse zur Kanzerogenität von PCB. In: Quantitative Methoden in der Epidemiologie, Springer, Heidelberg.

MANTEL N, BROWN C, BYAR PB (1977):
Tests for Homogeneity of Effect in an Epidemiologic Investigation. Am J Epid 106 (2), 125-129.

SACHS L (1984):
Angewandte Statistik. Springer, Heidelberg.

WELZL G (1989):
Robuste Test- und Konfidenzkurven bei diskreten Verteilungen. Dissertation an der TU München.

ZELEN M (1971):
The Analyses of several 2x2 Contingency Tables . Biometrika 58, 129-137.

<u>Zur Problematik der Expositionsbestimmung</u>
<u>am Beispiel der PAH-Belastung in einer Kokerei</u>

R. Lasser
GSF - Medis-Institut
Ingolstädter Landstr. 1
8042 Neuherberg

G. Grimmer
Biochemisches Institut für
Umweltcarcinogene
LURUP 4
2070 Großhansdorf

1. Einleitung

Polyzyklische aromatische Kohlenwasserstoffe (PAH) entstehen bei unvollständiger Verbrennung organischen Materials und sind auch im Rohöl und in Mineralölprodukten enthalten. Aus den Anfängen des 20. Jahrhunderts stammen die ersten tierexperimentellen Ergebnisse, die belegen, daß Benzo(a)pyren und Dibenz(a,h)anthracen Hautkrebs erzeugen [1, 2]. Viel früher (1775) hatte bereits der englische Arzt Pott ein vermehrtes Auftreten des Skrotumkarzinoms bei Schornsteinfegern beobachtet. In den 30-er Jahren kam der Verdacht auf, daß Teerdämpfe und Zigarettenrauch Lungenkrebs erzeugen.
Inzwischen wurde eine große Anzahl von PAH in Steinkohleteer [3] und in Abgasen verschiedener Verbrennungsprozesse identifiziert [4]. Die Kanzerogenität einzelner PAH [4] und PAH-haltiger Emissionen [5] wurde in zahlreichen Tierexperimenten untersucht.
Neben einer großen Zahl von Untersuchungen über den Metabolismus von PAH in Versuchstieren, Zellkulturen verschiedener Organe oder Mikrosomen wurden Stoffwechseluntersuchungen auch bei PAH-belasteten Personen durchgeführt. So liegen z.B. eine Reihe PAH-Metabolismusuntersuchungen bei Kokereibeschäftigten vor [6-10].

2. Beschreibung der Studie

Im Rahmen eines vom BMFT geförderten Verbundprojekts wurde in einer Kokerei eine Arbeitsplatz-Studie durchgeführt, um die PAH-Belastung und ihre Korrelation zum Metaboliten-Profil im Urin zu ermitteln. Mit zwei stationären Geräten und personal air samplern (bei vier Arbeitern und zwei Begleitpersonen) wurde die Konzentration verschiedener PAH im Luftstaub der Kokerei gemessen. An acht Arbeitstagen (acht aufeinanderfolgende Mittwoche) wurde sowohl in der Partikel- als auch in der Gasphase die Exposition durch Phenanthren, Anthracen, Fluoranthen, Pyren, Benzo(b)naphto(2,1-d)thiophen, Benzo(ghi)fluoranthen + Benzo(c)phenanthren, Cyclopenta(cd)pyren, Benz(a)anthracen, Chrysen + Triphenylen, Benzofluoranthene (b+j+k), Benzo(e)pyren, Benzo(a)pyren, Indeno(1,2,3-cd)pyren, Dibenz(a,h)anthracen, Benzo(ghi)perylen, Anthanthren, Coronen in $\mu g/m^3$ bestimmt. Der Harn der jeweiligen Arbeiter und der Begleitpersonen wurde an den acht Tagen gesammelt und mehrere PAH-Metaboliten analysiert: Verschiedene OH-PHE, OH-FLU, OH-PYR, OH-CHR, OH-BaP. Tätigkeit am Arbeitsplatz und Rauchgewohnheiten wurden protokolliert.

Ziel der Studie war es, zu untersuchen, ob eine Beziehung zwischen der Konzentration bestimmter PAH im Luftstaub und der Konzentration bestimmter PAH-Metaboliten im Harn nachweisbar ist. Eine weitere Fragestellung war, ob Benzo(a)pyren oder ein anderer PAH als repräsentativ für die ganze Gruppe der PAH an einem Kokereiarbeitsplatz angesehen werden kann. Daß Benzo(a)pyren ein geeigneter Indikator für die PAH-Exposition von Koksöfen ist, wird z.B. in [10] angenommen. Da Benzo(a)pyren sehr oft als Bezugssubstanz zur Abschätzung des Risikos durch Kokereigase benutzt wird (z.B. durch WHO und EPA), kommt der Frage, ob Benzo(a)pyren eine geeignete Surrogatgröße für das gesamte PAH-Profil ist, eine besondere Bedeutung zu. Über letztere Problematik soll hier berichtet werden.

3. Ergebnisse

In der folgenden Tabelle 1 sind die Verhältnisse einiger PAH zu Benzo(a)pyren an einem festen Arbeitstag bei den jeweils sechs belasteten Personen (gemessen mit personal air samplern) bestimmt. Es ist eine mit Bezug zum Mittelwert ca. 20%-ige Stichproben-Standardabweichung festzustellen. Dies legt nahe, bei statistischen Auswertungen, die eine höhere Präzision in den Expositionsdaten erfordern, keinesfalls die Benzo(a)pyren-Konzentration zu messen und dann auf die anderen PAH hochzurechnen. Für gröbere Abschätzungen der Exposition durch spezielle PAH ist Benzo(a)pyren als Bezugsgröße durchaus geeignet.

Tabelle 1: Verhältnis der angegebenen PAH zu Benzo(a)pyren (6 exponierte Personen am 6. Arbeitstag; x̄ Mittelwert; sx Stichproben-Standardabweichung)

	1	2	3	4	5	6	x̄	sx
Phenanthren	4.86	6.65	7.32	5.89	8.08	7.32	6.69	1.16
Fluoranthen	3.28	5.10	4.20	3.33	4.84	4.25	4.17	0.75
Pyren	2.17	3.83	2.98	2.10	2.87	2.5	2.74	0.64
Chrysen	1.69	1.09	1.37	1.51	1.71	1.73	1.52	0.25
Dibenz(a,h)anthracen	0.19	0.15	0.20	0.20	0.22	0.17	0.19	0.02

Die Tabelle 2 enthält die Mittelwerte und die Stichproben-Standardabweichungen der Verhältniszahlen PAH zu Benzo(a)pyren, errechnet aus sämtlichen Individualmessungen an den acht Arbeitstagen. Während im Verhältnis von Phenanthren, Anthracen,

Tabelle 2: Verhältnis der PAH zu Benzo(a)pyren
($\bar{x}$ Mittelwert; sx Stichproben-Standardabweichung über alle Messungen n = 42)

	$\bar{x}$	sx
Phenanthren	8.03	3.87
Anthracen	1.60	0.78
Fluoranthen	4.18	1.11
Pyren	2.73	0.77
Benzo(b)naphto(2,1-d)thiophen	0.51	0.14
Benzo(ghi)fluoranthen + BcPh	0.45	0.12
Cyclopenta(cd)pyren	0.23	0.19
Benz(a)anthracen	1.49	0.38
Chrysen + Triphenylen	1.59	0.32
Benzofluoranthene (b+j+k)	2.20	0.27
Benzo(e)pyren	0.81	0.13
Benzo(a)pyren	1.00	0.00
Indeno(1,2,3-cd)pyren	0.52	0.21
Dibenz(a,h)anthracen	0.31	0.20
Benzo(ghi)perylen	0.53	0.13
Anthanthren	0.24	0.08
Coronen	0.14	0.10

Cyclopenta(cd)pyren, Dibenz(a,h)anthracen und Coronen zu Benzo(a)pyren äußerst große Abweichungen festzustellen sind, sind die Abweichungen von Benzofluoranthene(b+j+k) und Benzo(e)pyren sehr klein. Eine genauere Analyse zeigt, daß für Dibenz(a,h)anthracen die großen Abweichungen auf Schwankungen zwischen den verschiedenen Arbeitstagen beruhen während das Verhältnis zu Benzo(a)pyren innerhalb eines Arbeitstages jeweils konstant ist. Es sei noch angemerkt, daß die Meßwerte der stationären Geräte äußerst schlecht korreliert sind, und zwar sowohl in ihrer Beziehung unter einander als auch in der Beziehung zu den Werten der personal air sampler.

Literatur

1. HIEGER, J.: The Isolation of a Cancer-Producing Hydrocarbon from Coal Tar. J. Chem. Soc. 395 (1933).
2. KENNAWAY, E.L., HIEGER, J.: Carcinogenic Substances and Fluorescene Spectra. Brit. Med. J. 1 (1930), 1044-1046.
3. LANG, K.F., EIGEN, I.: Im Steinkohlenteer nachgewiesene organische Verbindungen in: Fortschritte der chemischen Forschung. Band 8, Heft 1. Springer-Verlag (1967).
4. IARC Monographs on the Evaluation of the Carcinogenic Risk of Chemicals to Humans, Polynuclear Aromatic Compounds. Part 1. Chemical Environmental and

Experimental Data. Vol. 32, IARC Lyon (1983).

5. GRIMMER, F., BRUNE, H., DETTBARN, G., JACOB, J., MISFELD, J., MOHR, U., NAUJACK, K.-W., TIMM, J. and WENZEL-HARTUNG, R.: Relevance of Polycyclic Aromatic Hydrocarbons as Envrionmental Carcinogens. Fres. Z. Anal. Chem. 339, (1991) 792-795.

6. GRIMMER, G., DETTBARN, G., NAUJACK, K.-W. and JACOB, J.: Excretion of Hydroxy Derivatives of Polycyclic Aromatic Hydrocarbons of The Masses 178, 202, 228 and 252 in the Urine of Coke and Road Workers. Intern. J. Environ. Anal. Chem. Vol. 43, (1991) 177-186.

7. JONGENEELEN, F.J., SCHEEPERS, P., GROENENDIJK, A., AERTS VAN, L., ANZION, R., BOS, R. and VEENSTRA, S.: Airborne Concentrations, Skin Contamination, and Urinary Metabolite Excretion of Polycyclic Aromatic Hydrocarbons among Paving Workers Exposed to Coal Tar Derived Road Tars. Am. Ind. Hyg. Assoc. J. 49(12), (1988) 600-607.

8. OVREBO, S. HEWER, A. et al.: Polycyclic Aromatic Hydrocarbon-DNA Adducts in Coke-Oven Workers. IARC Sci. Publ. 104 (1990), 193-198.

9. RENTERWALL, C., ARINGER, L. et al.: Assessment of Genotoxic Exposure in Swedish Coke-Oven Work by Different Methods of Biological Monitoring. Scand. J. Work. Environ. Health 17 (1991), 123-132.

10. SCHOOTEN VAN, F.J. , LEEUWEN VAN, F.E. et al.: Determination of Benz(a)pyrene Diol Epoxide-DNA Adducts in White Blood Cell DNA from Coke-Oven Workers: The Impact of Smoking. J. of the Nat. Cancer Institute 82 (1990), 927-933.

Ansätze einer regionalisierten Umweltberichterstattung in der amtlichen Statistik
- Datenquellen und Nutzungsaspekte -

Christian Wolter

GSF-Institut für Medizinische Informatik und Systemforschung (MEDIS)

Zusammenfassung: Diese Arbeit gibt einen Überblick über die derzeit (1991) vorhandenen umweltrelevanten Regionaldatenbestände der amtlichen Statistik und die mittelfristig zu erwartenden Verbesserungen des Datenangebots. Im Vordergrund stehen dabei Nutzungsvoraussetzungen, insbesondere der praktische Zugang zu aktuellen, hinreichend sachlich und regional disaggregierten Umweltdaten. Ausgehend hiervon werden mittelfristige Entwicklungsperspektiven einer regionalisierten Umweltberichterstattung diskutiert.

1. Problemstellung

Eine routinemäßige Umweltberichterstattung auf der Grundlage aktueller und qualifiziert disaggregierter Umweltstatistiken kann Hinweise auf Umweltbelastungen und deren mögliche Gesundheitseffekte liefern. Entstehende Belastungen können damit relativ frühzeitig erkannt und angegangen werden, noch bevor sie zu großräumigen Problemen führen [1].

Über die Frühwarnfunktion hinaus ist der Zugang zu kontinuierlich fortgeschriebenen, regionalisierten Umweltdaten eine Voraussetzung für eine vorausschauende regionale Entwicklungspolitik. Vergleichende Regionalanalysen auf der Basis hinreichend differenzierter Zeitreihen der Umweltstatistik - zusammen mit denen der Gesundheits-, Wirtschafts- und Sozialstatistik - liefern regionalen Entscheidungsträgern Grundlagen für eine quantitative Abschätzung mittel- und langfristiger Folgen bestimmter Entwicklungsstrategien [2].

Wesentliche Voraussetzung hierfür ist die Verfügbarkeit und problemlose Verknüpfbarkeit flächendeckender, sachlich differenzierter, regional tiefgegliederter, aktueller und kontinuierlich fortgeschriebener Umweltstatistiken. Gegenwärtig sind diese Anforderungen in der Bundesrepublik Deutschland nur ansatzweise erfüllt.

2. Datenquellen

Unter amtlicher Statistik wird häufig nur der Statistische Dienst der Statistischen Ämter verstanden. Zur amtlichen (staatlichen) Statistik im weiteren Sinne gehört jedoch auch die Ressortstatistik anderer Behörden und Ämter [3]. Insbesondere die Umweltbehörden des Bundes und der Länder stellen Umweltdaten in Bereichen bereit, welche von den Statistischen Ämtern nicht oder nur unzureichend abgedeckt werden. Als "Umweltdaten" bzw. "umweltrelevante Daten" werden solche Daten bezeichnet, die sich thematisch in den Grunddatenkatalog (GDK) des Bund/Länder-Arbeitskreises Umweltinformationssysteme (BLAK-UIS) einordnen lassen. Unter regionalisierten Umweltdaten bzw. Umweltstatistiken werden im folgenden solche Datenbestände verstanden, die

<table>
<tr><td align="center">Grunddatenkatalog (GDK)
des Bundes und der Länder
- Themenbereiche -</td></tr>
<tr><td>

(1) Landwirtschaft
(2) Nahrung
(3) Boden
(4) Soziodemographische Daten des Umweltschutzes
(5) Natur und Landschaft
(6) Wald
(7) Abfall
(8) Luft
(9) Lärm
(10) Wasser
(11) Flächennutzung
(12) Energie

</td></tr>
</table>

auf einem räumlichen Aggregationsniveau unterhalb der Ebene der Regierungsbezirke flächendeckend regionalisiert vorliegen. Landes- bzw. bundesweit flächendeckend regionalisierte Umweltdaten werden nur von Institutionen auf Bundes- und Länderebene erhoben. Unterscheiden lassen sich dabei einerseits umweltrelevante Daten, die der laufenden Raumbeobachtung zugeordnet werden können (z.B. Daten zur Bevölkerungsentwicklung, Wirtschaftsstruktur und Flächennutzung), andererseits solche Umweltdaten, die der Umweltbeobachtung im engeren Sinne zuzuordnen sind (z.B. Daten zur Abfall-, Luft- und Lärmbelastung). Während die Statistischen Ämter insbesondere Daten zur Wirtschafts- und Sozialstatistik erheben, konzentrieren sich die Umweltbehörden des Bundes und der Länder derzeit auf die Beobachtung von Umweltbelastungen [4]. Nachfolgend werden die Datenquellen und umweltrelevanten Regionaldatenbestände kurz dargestellt.

a) Statistische Landesämter: Das Statistische Bundesamt ist u.a. zuständig für die Weiterentwicklung der Umweltstatistiken und zusammenfassende Darstellungen [5]. Es stellt aber für externe Nutzer kleinräumig disaggregierte Daten nicht bereit. Zuständig dafür ist das Statistische Landesamt des Bundeslandes, in dem der Interessent seinen Wohnsitz hat. Dieses unterstützt auch die Beschaffung von Regionaldaten aus anderen Bundesländern. Das "Gesamtverzeichnis Statistische Berichte der Statistischen Landesämter" (Stand: 1.1.1990) gibt einen groben Überblick über Berichtsgegenstände, regionale Gliederung und Periodizität der einheitlich erhobenen Statistiken der alten Bundesländer [6]. Eine Analyse der aktuellen Datenbestandskataloge und Veröffentlichungsverzeichnisse der westdeutschen Bundesländer zeigt, daß von den Statistischen Landesämtern derzeit lediglich die gesetzlich vorgeschriebenen "unmittelbaren Umweltstatistiken" über Abfallaufkommen und -beseitigung, Wasseraufkommen und Abwasserbeseitigung sowie Investitionen für den Umweltschutz bundesweit erhoben und teilweise kleinräumig differenziert werden (Kreisebene). Entsprechend flächendeckend regionalisierte Daten zu Emissionen, Immissionen und Luftreinhaltung liegen den Landesämtern nicht vor. Über die "unmittelbaren Umweltstatistiken" hinaus erheben die Statistischen Landesämter im Rahmen der Wirtschafts- und Sozialstatistik umweltrelevante Regionaldaten auf Kreis- und Gemeindeebene u.a. zu Gebiets- und Bevölkerungsstand, Bevölkerungsentwicklung, Erwerbstätigkeit, Wohnungswesen, Land- und Forstwirtschaft, Flächennutzung, Produzierendem Gewerbe, Verkehr, öffentlichen Haushalten und Gesundheitswesen. Das Gemeinsame Statistische Amt der neuen Bundesländer (GeStAL, Berlin) hat als Grundlage für die künftigen Datenbanken der im Aufbau befindlichen Landesämter ebenfalls umfangreiche Gemeinde- und Kreisdatenbestände erstellt. Neben sozioökonomischen Daten und Schlüsselbrücken wurden für das Gebiet der neuen Bundesländer auch Emissionsdaten der Kreise für die Jahre 1985 und 1989 bereitgestellt.

b) Umweltbehörden der Länder: Regionalisierte Umweltdaten liegen bei den zuständigen Landesbehörden vor allem für den Bereich der Luftreinhaltung (Emissionskataster für Belastungsgebiete, Daten aus Immissionsmeßnetzen) und aus Gewässergütemessungen vor. Allerdings sind die Meßnetze der Länder vorwiegend auf Belastungsgebiete konzentriert und hinsichtlich der Meßprogramme nur unzureichend vereinheitlicht. Einige Bundesländer sind bereits dabei, im Rahmen langfristig angelegter EDV-Gesamtkonzepte systematisch sektorübergreifende integrierte Umweltinformationssysteme (UIS) zu realisieren (u.a.: Bayern, Nordrhein-Westfalen, Niedersachsen, Saarland, Schleswig-Holstein). Diese Informationssysteme sollen im wesentlichen die Themen des Grunddatenkataloges abdecken. Als richtungsweisend kann das Umweltinformationssystem Baden-Württemberg angesehen werden. Es soll flächendeckend alle Umweltmedien umfassen und ist als ressortübergreifendes System gleichermaßen für die Früherkennung von Umweltschäden und für die Unterstützung der Fachplanung auf allen Verwaltungsebenen konzipiert [7]. Zusammengefaßte und anonymisierte Daten aus den Berichtssystemen des UIS werden über den Informationsdienst des Statistischen Landesamtes, das Landesinformationssystem LIS, für die Öffentlichkeit zugänglich gemacht. Umgekehrt sind die umweltrelevanten Daten des LIS voll in die UIS-Konzeption eingebunden. Der Datenaustausch mit Umweltinformationssystemen anderer Bundesländer, Bundesbehörden und europäischer Nachbarn soll auf der Basis von Gesetzen und freiwilligen Vereinbarungen stufenweise ausgebaut werden. Bisher ist allerdings für externe Nutzer nur ein eingeschränkter Datenzugang gegeben.

c) Institutionen auf Bundesebene: Auf Bundesebene stellen insbesondere das Umweltbundesamt (UBA) und die Bundesforschungsanstalt für Landeskunde und Raumforschung (BfLR) umweltrelevante Regionaldatenbestände bereit.
Das UBA verfügt derzeit noch nicht über ein integriertes Umweltinformationssystem; die integrierte "Datenbank Ökologie" befindet sich erst in der Aufbauphase. Bei dem Informations- und Dokumentationssystem Umwelt (UMPLIS) des UBA handelt es sich um eine Sammlung unterschiedlichster separater Datenbanken mit den Schwerpunkten Umweltdokumentation, Abfallwirtschaft, Gewässerschutz, Umweltchemikalien und Luftreinhaltung [8]. In nächster Zeit könnten zumindest das Emissionsursachenkataster EMUKAT und - mit Einschränkungen im Hinblick auf die Flächendeckung - auch die Luftimmissionsdatenbank LIMBA für eine regionalisierte Umweltberichterstattung genutzt werden. EMUKAT soll auf der Grundlage der räumlichen Verteilung der Emissionsursachen flächendeckend Aussagen zur Menge und räumlichen Verteilung der Schwefeldioxid- und Stickstoffoxid-Emissionen ermöglichen. Die Jahreswerte können sowohl rasterbezogen (10 x 10 km-Netz) als auch unter Bezug auf Kreise und andere Verwaltungseinheiten dargestellt werden.
Die BfLR bearbeitet als Träger der regionalen Umweltberichterstattung - neben ökologischen Fragen der Raumplanung und des Städtebaus - auch Fragen aus den Bereichen Luftreinhaltung, Wasserwirtschaft, Abfallwirtschaft, Lärmschutz, Flächennutzung und Bodenschutz [9]. Zur Erfüllung dieser Aufgaben übernimmt die BfLR regelmäßig Daten der Statistischen Ämter und stellt diese als Regionalindikatoren auf der Ebene der Kreise und Raumordnungsregionen dar. Die BfLR verfügt über eigenständig entwickelte Programme zur Kartierung dieser Daten. Jährlich ver-

öffentlicht die BfLR einen Satz von 80 bzw. bis zu 200 dieser Regionalindikatoren in der Reihe "Informationen zur Raumentwicklung".

Neben dem UBA und der BfLR verfügen noch eine Reihe anderer Bundesbehörden über vorwiegend sektorale Umweltdaten [9,10]. Hervorzuheben ist hier besonders das Landschafts-informationssystem LANIS der Bundesforschungsanstalt für Naturschutz und Landschaftsökologie (BFANL). Dort sind unter anderem Statistiken zu Flächennutzung, Flora und Fauna, Landwirt-schaft, Waldschadenserhebungen und sozioökonomischen Merkmalen gespeichert, welche auf Gemeinde- und Kreisgrenzen bzw. Wuchsgebiete und Naturräume beziehbar sind.

3. Nutzungsaspekte

Die praktische Nutzbarkeit der oben beschriebenen Datenquellen für eine regionalisierte Umwelt-berichterstattung hängt zunächst davon ab, in welchem Umfang, in welcher Form und zu welchen Kosten aktuelle Regionaldatenbestände auch für Interessenten außerhalb der amtlichen Statistik und des Verwaltungsvollzugs zugänglich sind. Das verfügbare Datenmaterial muß in der Regel vom Nutzer zusätzlich aufbereitet werden, bevor es für Zusammenhangsanalysen und die Quanti-fizierung von Schadensfunktionen genutzt werden kann.

a) Modalitäten des Datenzugangs: Der Erhebungsturnus der "unmittelbaren Umweltstatistiken" nach dem Umweltstatistikgesetz schwankt zwischen einem und vier Jahren. Der Zeitverzug zwi-schen Erhebung und Bereitstellung der Umweltstatistiken beträgt bis zu drei Jahre, wobei nur ein Teil der Daten in maschinenlesbarer Form in den Datenbanken der Landesämter bereitgestellt wird. Die gegenwärtig enge und uneinheitliche Auslegung der gesetzlichen Geheimhaltungsvor-schriften schränkt die Verfügbarkeit von regional differenzierten Umweltdaten zusätzlich ein. Wenn z.B in bestimmten Kreisen nur jeweils ein Unternehmen Abfallaufkommen zu einer bestimmten Abfallhauptgruppe ausweist, werden diese Angaben als "Einzelfall" eingestuft und in den zugängli-chen Veröffentlichungen bzw. Datenkörpern nicht ausgewiesen [11].

Die Kosten für maschinenlesbare Regionaldatenbestände der Statistischen Landesämter variieren je nach Anzahl und Auswahl der Merkmale. Das für den Wohnort zuständige Landesamt unter-stützt die Beschaffung von Regionaldaten aus anderen Bundesländern durch Information und Be-ratung des Interessenten sowie Einholung von Kostenvoranschlägen. Für die Datenbestände der GeStAL liegt eine einheitliche Gebührenliste vor. Die Preise betragen z.B. für die Kreisdaten 3 DM pro Merkmal sowie abweichend davon 300 DM (1985) bzw. 450 DM (1989) für die Emissionsda-ten (wahlweise ASCII- oder dBASE-Dateien, GeStAL-Gebührenliste 8/91). Die Regionaldaten der BfLR können in maschinenlesbarer Form zu einem Preis von ca. 5 DM pro Indikator plus einem Pauschalbetrag von 60 DM bezogen werden. Über das Zentralarchiv für empirische Sozialfor-schung (Köln) sind kostengünstig von der BfLR erstellte Regionaldatenbestände für den Zeitraum 1979 bis 1986 in Form von SPSS-Dateien erhältlich [12].

b) Probleme der Datenanalyse: Eine wesentliche Anforderung an eine regionalisierte Umwelt-berichterstattung stellt die Kombination umweltrelevanter Informationen mit unterschiedlichem Raumbezug dar. Dies gilt sowohl für die Verknüpfung von Datenbeständen, welche auf unter-schiedlichen Aggregationsniveaus administrativer Gebietseinheiten vorliegen, als auch für die Verknüpfung von Regionaldaten mit administrativem Raumbezug (z.B. Morbiditätsdaten auf Kreis-ebene) und solchen Umweltdaten, die primär standortbezogen erhoben werden (z.B. Immissions-werte von Luftschadstoffen). Diese Probleme können mit Verfahren der räumlichen Aggregation / Disaggregation und der räumlichen Interpolation angegangen werden. Die bestehenden Daten-defizite machen es jedoch erforderlich, stets zusätzliche Datenquellen heranzuziehen, wenn es um die Quantifizierung von Ursache-Wirkungs-Beziehungen bzw. die Ableitung von regionalen Schadensfunktionen geht. Um z.B. die Zusammenhänge zwischen regionaler Emission und regionalen Immissionswerten von Luftschadstoffen bundesweit flächendeckend auf Kreisebene darzustellen, müssen Daten aus den Luftmeßnetzen der Länder und des UBA mit den Emissionskatastern und meteorologischen Daten des Deutschen Wetterdienstes kombiniert und verrechnet werden. Daneben werden auch entsprechende Daten aus den Nachbarländern benötigt, die beim UBA nur teilweise vorliegen. Aufgrund der Kenntnis der Verursacher und ihres Anteils an der regionalen Immission könnten im zweiten Schritt die verursachten Schäden (z.B. bestimmte Atemwegserkrankungen) bei Kenntnis der entsprechenden toxikologischen Dosis-Wirkungs-Beziehungen quantifiziert und den Ursachen zugeordnet werden. Da EMUKAT und LIMBA noch nicht soweit ausgebaut und bisher auch nicht miteinander verknüpft sind, kann das UBA solche Zusammenhänge zwischen Emission und Immission derzeit nicht ohne weiteres darstellen.

4. Mittelfristige Perspektiven

Neben dem Ausbau der Umweltinformationssysteme des Bundes und der Länder konzentrieren sich die Bemühungen zur Verbesserung der Umweltdatenbasis derzeit vornehmlich auf den Ausbau der amtlichen Umweltstatistik gemäß Umweltstatistikgesetz sowie auf die Erweiterung des Datenaustausches zwischen Bund und Ländern. Eine bis Ende 1992 in nationales Recht umzusetzende EG-Richtlinie über den freien Zugang zu Informationen über die Umwelt (vom 7. Juni 1990), wird den Zugang zu behördlichen Umweltinformationen verbessern. Darüber hinaus gibt es praktische Ansätze, den Zugang zu regional tief gegliederten Daten der amtlichen Statistik durch Bereitstellung faktisch anonymisierter Mikrodatenfiles auf der Grundlage des § 16, Absatz 6 des Bundesstatistikgesetzes zu verbessern [13].

a) Novellierung des Umweltstatistikgesetzes (UStatG): Rechtsgrundlage für die Berichterstattung über umweltrelevante Tatbestände ist das Umweltstatistikgesetz (UStatG), derzeit noch in der Fassung vom 14.3.1980 (BGBl. I S. 311), in Verbindung mit der Statistikbereinigungsverordnung vom 14.9.1984 und dem Bundesstatistikgesetz. Durch die geplante Neufassung des UStatG soll insbesondere die Erfassung von Luftverunreinigungen in die "unmittelbaren Umweltstatistiken" einbezogen werden. Außerdem ist eine Verbesserung der Nachweispflicht über entsorgte Abfälle bzw. über deren Verbleib oder Verwertung vorgesehen. Auch Erhebungen über Altlastflächen, Bodenzustand, Natur- und Landschaftspflege, Waren und Dienstleistungen für den Umweltschutz werden geprüft. Es ist vorgesehen, einen definierten Grunddatenbestand jährlich zu erheben [14]. Der Gesetzesentwurf soll im Frühjahr 1992 parlamentarisch behandelt werden.

b) Erweiterter Datenaustausch zwischen Bund und Ländern: Ein Entwurf für eine entsprechende Verwaltungsvereinbarung über den Datenaustausch zwischen Bund und Ländern auf der Grundlage des Umweltgrunddatenkatalogs (GDK) liegt inzwischen vor. Er sieht vor, daß sich die Länder beim Auf- und Ausbau ihrer Umweltinformationssysteme an den im GDK enthaltenen Merkmalen orientieren und dem Bund (bzw. UBA, BANFL usw.), die Umweltdaten zur Verfügung stellen, die zur Erfüllung seiner Aufgaben erforderlich sind. Der Bund verpflichtet sich seinerseits, die zugegangenen Daten samt dem daraus zusammengestellten Gesamtbild den Ländern zur Verfügung zu stellen. Die Feingliederung der zu übermittelnden Merkmale, deren räumliche und zeitliche Aggregation sowie die Art der Übermittlung sollen vom BLAK-UIS in Zusammenarbeit mit den Ständigen Länderarbeitsgemeinschaften und den Bund/Länder-Arbeitskreisen erarbeitet werden. Vorgesehen ist eine regelmäßige Fortschreibung des GDK und der zu übermittelnden Umweltdaten entsprechend geänderten Bedürfnissen und Möglichkeiten. Die Erarbeitung der Merkmalsspezifikationen wird ca. zwei bis drei Jahre beanspruchen. Zunächst sollen die Länder dem Bund Qualitätsdaten zu den Themenbereichen Luft und Wasser zur Verfügung stellen.

5. Diskussion und Schlußfolgerungen

Der "Rat von Sachverständigen für Umweltfragen (SRU)" hat in einem Sondergutachten im Oktober 1990 ein Konzept zur Entwicklung einer umfassenden ökologischen Umweltbeobachtung vorgelegt [10]. Der SRU empfiehlt ein integriertes Bundesumweltinformationssystem mit dezentralen vernetzten Datenbanken. In dieses Gesamtsystem sollen kommunale und regionale Systeme dem Bedarf entsprechend vertikal (Kommune-Land-Bund-EG) und horizontal (Fachbereiche) eingebunden werden. Ein solches überregionales Informationssystem, dessen Inhalte auch für eine regionalisierte Umweltberichterstattung verwendbar wären, existiert derzeit auf Bundesebene nicht. Die Entwicklung eines derart umfassenden Berichtssystems ist als langfristige Perspektive zu sehen, die dafür erforderlichen Abstimmungen zwischen Bund und Ländern hinsichtlich technischer Realisierung und Institutionalisierung werden einen längeren Zeitraum beanspruchen.
Mittelfristig, d.h. für die nächsten drei bis vier Jahre, ist zu erwarten, daß sich die Umweltberichterstattung der Länder wesentlich verbessert und regelmäßig einheitliche Umweltberichte vorgelegt werden. Diese Berichte sollten durch Public-Use-Files ergänzt werden. Die Grundlage liefern Informationssysteme, die sich thematisch auf den Grunddatenkatalog des BLAK-UIS stützen.
Der inhaltliche Schwerpunkt der amtlichen Umweltstatistik liegt bisher auf der großräumigen Erfassung von Aktivitäten, welche Umweltbelastungen zur Folge haben können. Die Erfassung von Ursache-Wirkungs-Ketten ist noch vergleichsweise unterentwickelt. Doch gerade die Kenntnis der Zusammenhänge, insbesondere die Erfassung und Quantifizierung der Folgen bestimmter Maßnahmen sind notwendige Voraussetzungen für sektorübergreifende Kosten-Nutzen- bzw. Kosten-Effektivitäts-Analysen, in deren Rahmen sowohl monetäre als auch nichtmonetäre Kosten mit den Vorteilen einer verbesserten Umweltqualität verglichen werden können. Zur Unterstützung ökologischer Forschungsansätze sollten auch von den Statistischen Landesämtern und Bundesbehörden wie der BfLR regelmäßig die vorhandenen umweltrelevanten Regionaldatenbestände aufbereitet und in anonymisierter Form als maschinenlesbare Public Use Files bereitgestellt werden. Dabei sollten die Regionaldaten jeweils auf mehreren regionalen Aggregationsebenen (Gemeinde, Kreis, Regional- und Anpassungsschichten des Mikrozensus, Raumordnungsregionen) vorliegen, um Konsistenzprüfungen im Rahmen ökologischer Studien zu erleichtern.

6. Literatur

[1] Statistisches Bundesamt (Hrsg.): Statistische Umweltberichterstattung. Kohlhammer, Stuttgart und Mainz 1987.
[2] Fürst, D., Nijkamp, P., Zimmermann, K.: Umwelt-Raum-Politik: Ansätze zu einer Integration von Umweltschutz, Raumplanung und regionaler Entwicklungspolitik. Ed. Sigma, Berlin 1986. [3] Lippe, P. von der: Wirtschaftsstatistik. 3., neubearbeitete und erweiterte Auflage, Gustav Fischer Verlag, Stuttgart 1985. [4] Umweltbundesamt (Hrsg.): Daten zur Umwelt 1988/89. Erich Schmidt Verlag, Berlin 1989. [5] Statistisches Bundesamt (Hrsg.): Umweltinformationen der Statistik. Ausgabe 1990. Metzler-Poeschel, Stuttgart 1990. [6] Arbeitskreis Veröffentlichungen der Statistischen Landesämter: Gesamtverzeichnis Statistische Bericht der Statistischen Landesämter. Zusammengestellt vom Landesamt für Datenverarbeitung und Statistik Nordrhein-Westfalen, Düsseldorf 1990. [7] Innenministerium und Umweltministerium Baden-Württemberg (Hrsg.): Umweltinformationssystem Baden-Württemberg. (Band 6 der Schriftenreihe "Verwaltung 2000"), Stuttgart 1991. [8] Umweltbundesamt: Jahresbericht 1990. Umweltbundesamt, Berlin 1991. [9] Umweltbundesamt (Hrsg.): Studie über DV-Anwendungen in den Umweltbehörden des Bundes und der Länder (Phase II: Umfrage bei Bundesbehörden und Umweltbundesamt). UBA-Texte 30/89. [10] Rat von Sachverständigen für Umweltfragen: Allgemeine ökologische Umweltbeobachtung. Metzler-Poeschel, Stuttgart 1991. [11] Bayerisches Landesamt für Statistik und Datenverarbeitung: Abfallbeseitigung im Produzierenden Gewerbe und in Krankenhäusern in Bayern 1987. München, 1989. [12] Zentralarchiv für empirische Sozialforschung (Hrsg.): Daten der empirischen Sozialforschung. Datenbestandskatalog des Zentralarchivs. Campus Verlag, Frankfurt/New York 1991.
[13] Müller, W., Wirth, H.: Die faktische Anonymität von Mikrodaten. Abschlußbericht zum Projekt "Entwicklung eines anonymisierten Mikrodatenfiles für wissenschaftliche Zwecke". ZUMA, Mannheim 1991. [14] Bundesministerium für Umwelt, Naturschutz und Reaktorsicherheit: Umweltweltbericht 1990. Bonn 1991.

Die Prävalenz der Heroinabhängigkeit:
Zur Problematik der Indikatorzahlen im Bereich der illegalen Drogen [*]

Wolfgang Poser[1], Dietrich Roscher[1] und Bernd Graubner[2]

[1]Arbeitsgruppe Suchtforschung in der Abteilung Psychiatrie (Vorst.: Prof. Dr. E. Rüther) und
[2]Abteilung Medizinische Informatik (Vorst.: Prof. Dr. C.-Th. Ehlers), Georg-August-Universität Göttingen
[*] Mit Unterstützung des Niedersächsischen Sozialministers

Zusammenfassung

Die Prävalenz des Heroinismus in der Bundesrepublik Deutschland ist derzeit nicht bekannt. Die letzte derartige Erhebung ist rund 15 Jahre alt und betrifft Berlin West. Die direkte Prävalenzbestimmung ist wegen der restriktiven Datenschutzgesetzgebung kaum noch möglich. Jedoch erscheint eine grobe Schätzung aus publizierten Statistiken denkbar (indirekte Methode). Diese könnte durch verbesserte Bearbeitungsverfahren genauer werden. Es wird eine Faustregel zur Prävalenzschätzung abgeleitet ("je polizeilich erfaßtem Heerointoten finden sich etwa 100 lebende Heroinabhängige"), die zu einer höheren Prävalenzrate führt, als bisher angegeben wird, nämlich 160 bzw. 239 Heroinabhängige je 100.000 Einwohner im Jahre 1989 bzw. 1990. Alle direkten (meist unvollständigen!) und indirekten Methoden weisen darauf hin, daß der Heroinismus derzeit massiv zunimmt.

I. Einleitung und Fragestellung

Die massive Zunahme der sog. "Rauschgifttoten" (Abb. 1) hat die Frage nach der Epidemiologie der dafür ursächlichen Drogensuchten aufkommen lassen. Allerdings hat die epidemiologische Forschung im Bereich der Suchtkrankheiten in der Bundesrepublik Deutschland (alte Bundesländer) kein hohes Niveau. Prävalenzangaben beruhen mehr auf groben Schätzungen als auf mit wissenschaftlicher Methodik gewonnenen empirischen Ergebnissen. Nur beim Alkoholismus ist die Situation etwas günstiger (siehe unten). Da für die psychiatrische Diagnostik mit DSM-III-R [1] eine gut brauchbare Kriterienliste vorliegt, sollte auch eine brauchbare Prävalenzbestimmung für Suchtkrankheiten möglich sein. Allerdings sind direkte Prävalenzbestimmungen bei der gegenwärtig restriktiven Datenschutzgesetzgebung praktisch unmöglich geworden. Die letzte große Prävalenzschätzung der Heroinabhängigkeit wurde in den 70er Jahren in Berlin West durchgeführt [6]. Es soll daher in dieser Arbeit untersucht werden, ob indirekte Methoden ohne die Benutzung personenbezogener Daten im Bereich der illegalen Drogen für Prävalenzschätzungen herangezogen werden können, wie bereits beim Alkoholismus erprobt. Diese sollten vor allem die Heroinabhängigkeit als die gefährlichste Suchtkrankheit erfassen. 1989 waren der Polizei in der alten Bundesrepublik 76.000 Opiatabhängige (= 123 je 100.000 Einwohner) bekannt [4], die nach den suchttherapeutischen Erfahrungen fast ausnahmslos auch heroinabhängig sein dürften.

II. Indirekte Methoden der Prävalenzschätzung beim Alkoholismus

Beim Alkoholismus (= Alkoholabusus plus Alkoholabhängigkeit) werden vor allem die folgenden zwei indirekten Methoden zur Prävalenzschätzung benutzt [2]:

    1. die LEDERMANN-Methode: Schätzungsgrundlage ist der Pro-Kopf-Alkoholverbrauch,
    2. die JELLINEK-Methode: Schätzungsgrundlage ist die Leberzirrhose-Mortalität.

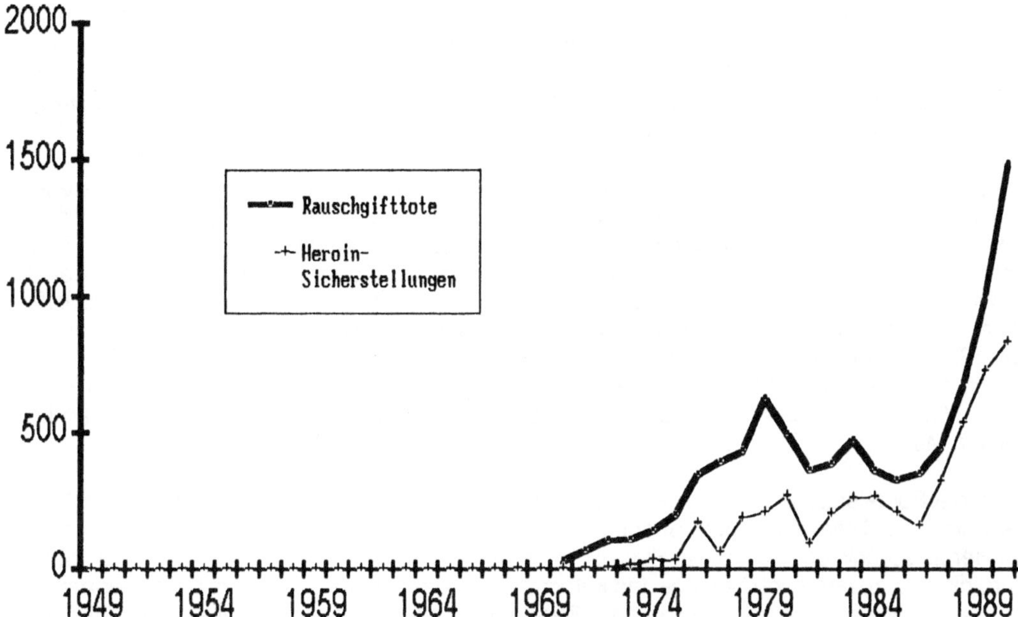

Abb. 1: Rauschgifttote und polizeiliche Sicherstellungen von Heroin (in kg) in der Bundesrepublik Deutschland (alte Bundesländer) 1949 bis 1990 (nach [4]).

In der Bundesrepublik Deutschland wurde früher gezeigt, daß die direkte Prävalenzbestimmung durch eine Haushaltserhebung ähnliche Zahlen wie die indirekten Methoden ergibt [2]. Auch die beiden indirekten Methoden ergeben für die alte Bundesrepublik überraschend ähnliche Ergebnisse, nämlich 1989 etwa 1,8 Millionen Alkoholiker (= 2.903 je 100.000 Einwohner); die Tendenz ist rückläufig. Die indirekten Methoden können für den Alkoholismus sehr ökonomisch eingesetzt werden. Allerdings können sie bei massiven Änderungen des Alkoholverbrauchs zu Fehlern führen. Nach unserer Ansicht wäre heute erneut eine "Eichung" mit Hilfe einer geeigneten direkten Methode erforderlich, da die letzte derartige Untersuchung bereits Jahrzehnte zurückliegt [2].

III. Datenbasen zur indirekten Prävalenzschätzung der Abhängigkeit von illegalen Drogen

Indikatorkrankheiten für Abusus und Abhängigkeit von illegalen Drogen existieren nicht. Zwar bietet sich hierfür die HIV-Durchseuchung an, die aufgrund der anonymen Labormeldungen den verschiedenen Risikogruppen zugeordnet werden kann. Auch gehen praktisch alle HIV-Infektionen von Drogenabhängigen auf intravenösen Heroingebrauch zurück und nur selten auf Kokain. Die HIV-Durchseuchung scheint daher eine Schätzung des Heroinismus zu ermöglichen. Dieses Verfahren ist jedoch kaum realisierbar. Der Grund dafür ist die regional sehr unterschiedliche HIV-Durchseuchung der "Fixer". Außerdem ändert sich die Durchseuchung durch Verhaltensänderungen der Heroinabhängigen (zunehmender Einmalspritzen-Gebrauch!). Zudem wird die HIV-Infektion nur langsam im Verlauf der Heroinabhängigkeit erworben, so daß eine Schätzung auf dieser Zahlenbasis um viele Jahre hinter dem aktuellen Stand des Krankheitsgeschehens hinterherhinkt. Die Schätzung der Prävalenz der Heroinabhängigkeit aus den HIV-Zahlen dürfte daher schwierig sein, auch wenn sie grundsätzlich möglich scheint.

Verläßliche Verbrauchszahlen oder -schätzungen für illegale Drogen existieren nicht. Sie wären im Fall des Heroins sehr aussagekräftig, da aufgrund des hohen Suchtpotentials dieses Stoffes der Verbrauch mit der Abhängigkeit gleichgesetzt werden kann. Die polizeilichen Sicherstellungen von Heroin und anderen Drogen machen nur einen kleinen und sehr wechselnden Anteil am Gesamtkonsum aus [4]. Somit sind sie allenfalls für Trendbeobachtungen brauchbar (Abb. 1). Da die Sicherstellungspraxis bei Heroin konstanter als bei anderen illegalen Drogen ist, ist diese Trendbeobachtung allerdings relativ aussagekräftig.

Erwerb, Besitz, Verkauf und Konsum von Heroin sind strafbar. Somit könnte die polizeiliche Statistik der Drogentäter eine Indikatorzahl liefern. Allerdings müßte anhand einer Stichprobe bekannter Heroinabhängiger überprüft werden, wie gut die Täterstatistiken für diesen Zweck sind. Das ist bisher nicht geschehen. Nach unseren Beobachtungen wird die Mehrzahl der Heroinabhängigen polizeiauffällig, so daß die Polizeistatistik sicherlich eine Schätzbasis liefern kann, wenn sie nach Drogenarten getrennt veröffentlicht wird. Die polizeiliche Prävalenzangabe von 123 Opiatabhängigen je 100.000 Einwohner (= insgesamt 76.000) im Jahre 1989 ist daher für die alte Bundesrepublik als die derzeit beste Schätzung der Untergrenze anzusehen. Der große Vorteil der Polizeistatistik ist ihre ständige Fortschreibung mit einer einigermaßen konstanten Methodik.

Auch die Polizeistatistik der sog. Rauschgifttoten ist möglicherweise eine geeignete Zahlenbasis, zumal sie differenziert nach Suchtstoffen vorliegt (Abb. 2). Die große Mehrzahl der Fälle ist auf Heroin zurückzuführen. Diese Statistik liefert neben der Täterstatistik die zweite eng mit dem Heroinismus zusammenhängende Indikatorzahl, die über Jahre hinweg mit einer annähernd konstanten Methodik erhoben wird. Allerdings enthält sie nicht die ganze Wahrheit. Wir haben in unserem Arbeitsbereich, in dem wir seit 17 Jahren eine Kliniksstatistik von Drogenfällen führen, festgestellt, daß die Polizei wahrscheinlich weniger als die Hälfte der an oder durch illegale Drogen Verstorbenen kennt (Abb. 3). Vor allem Todesfälle an Infektionen und Suizid werden der Polizei kaum je als Drogentodesfälle bekannt. Unfälle tauchen hier nur auf, wenn sie durch Intoxikationen verursacht werden; und drogenbedingte Straßenverkehrsunfälle werden selten als solche erkannt.

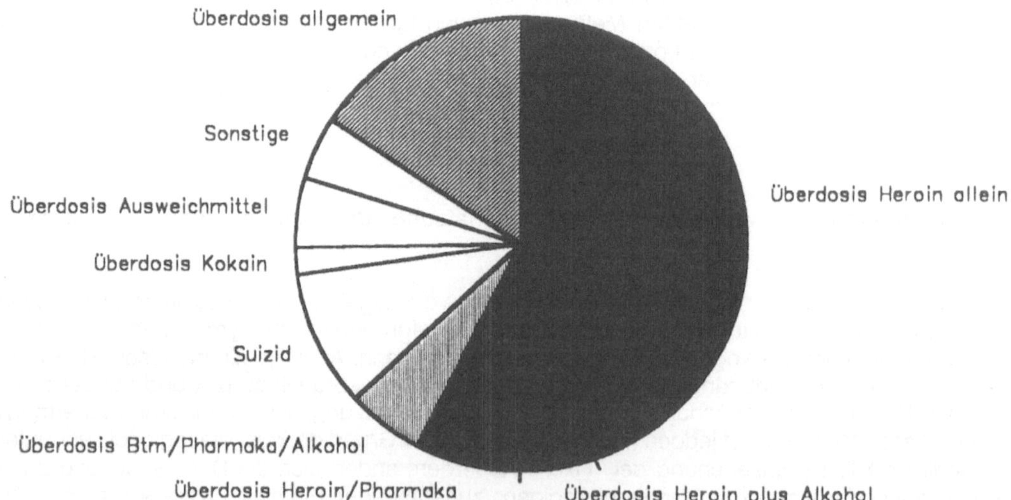

Abb. 2: Todesursachen bei 991 Rauschgifttoten in der alten Bundesrepublik Deutschland im Jahre 1989 (nach [4]). Btm = Betäubungsmittel, meist Heroin. Unter den Suizidtoten war die Mehrzahl heroinabhängig. Die Kategorie "Überdosis allgemein" enthält ebenfalls viele Heroinfälle. Die an Kokain oder Ausweichmitteln (meist Kodein) Verstorbenen waren zu Lebzeiten oft auch heroinabhängig.

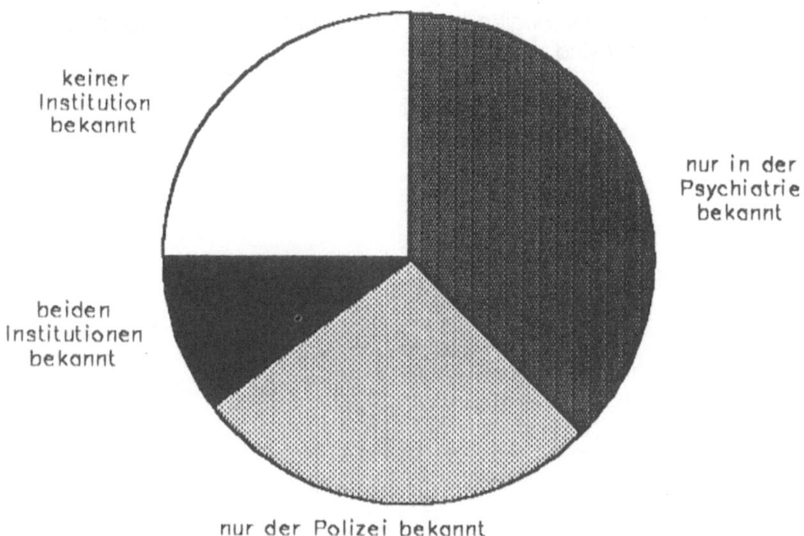

Abb. 3: Bekanntheit der südniedersächsischen Rauschgifttoten in der Psychiatrischen und Neurologischen Universitätsklinik Göttingen und bei der Göttinger Polizei. N = 125, Jahre 1973-1990.

IV. Zur Problematik von Diagnosenstatistiken einzelner Kliniken

Heroinabhängige leiden neben ihrer Sucht an einer Vielzahl von sonstigen Erkrankungen wie Infektionen, Karies, Ernährungsschäden und Intoxikationen. Außerdem sind sie sehr häufig in Unfälle und Suizidversuche verwickelt. Oft bemühen sie sich auch, Opiate oder Benzodiazepine durch ärztliche Verschreibungen zu erlangen. Praktisch alle Heroinabhängigen haben mit Arztpraxen, Ambulanzen und Kliniken Kontakt. Somit könnte ein "Medical Record Linkage" zu einer zuverlässigen und direkten Prävalenzschätzung führen, vor allem bei der Einbeziehung von Krankenkassen und Sozialämtern als den wichtigsten Kostenträgern für medizinische Leistungen. Leider wird die Anwendung dieser Methode durch die Datenschutzgesetzgebung sehr erschwert, zumal Heroinabhängige oft sehr mobil sind und ihre Suchtkrankheit verheimlichen. Sie stimmen deshalb einer Weitergabe persönlicher Daten selten zu.

In der Psychiatrischen und Neurologischen Universitätsklinik Göttingen, die in vier Abteilungen je einen ambulanten und stationären Bereich haben und dabei auch Suchtkranke konsiliarisch und forensisch betreuen, werden seit 1974 alle Fälle von Drogenabusus und -abhängigkeit systematisch erfaßt. Abb. 4 zeigt die Erstdiagnosen von Drogenabusus und -abhängigkeit über diese Jahre. Es findet sich die gleiche massive Zunahme der Drogenfälle seit 1988, über die auch andere Institutionen berichten. Natürlich könnte hieraus eine direkte Prävalenzschätzung des Heroinismus versucht werden, zumal die Wohnsitze der Patienten bekannt sind. Diese würde aber gerade in Zeiten einer starken Zunahme der Prävalenz zu einer Fehlschätzung führen, weil die Patienten durchschnittlich erst 10 Jahre nach Suchtbeginn zur Erstdiagnose in die Klinik kommen.

Die Einbeziehung der stationären Diagnosenstatistiken der anderen Göttinger Universitätskliniken mit jährlich über 40.000 stationären Behandlungsfällen [3] bringt nur wenig zusätzliche Information. Ihre Durchsicht zeigt, daß über 95 % aller Drogenpatienten des Klinikums in der Psychiatrie bzw. Neurologie bekannt sind. Lediglich in der Inneren Medizin mit ihrer interdisziplinären Aufnahme- und Notfallstation ("Tagespflege/Nachtaufnahme") kamen einzelne zusätzliche Fälle vor. Im übrigen kann für Göttingen und Umgebung davon ausgegangen werden, daß die anderen Krankenhäuser der Region kaum Drogenpatienten behandeln, die nicht auch im Universitätsklinikum bekannt sind.

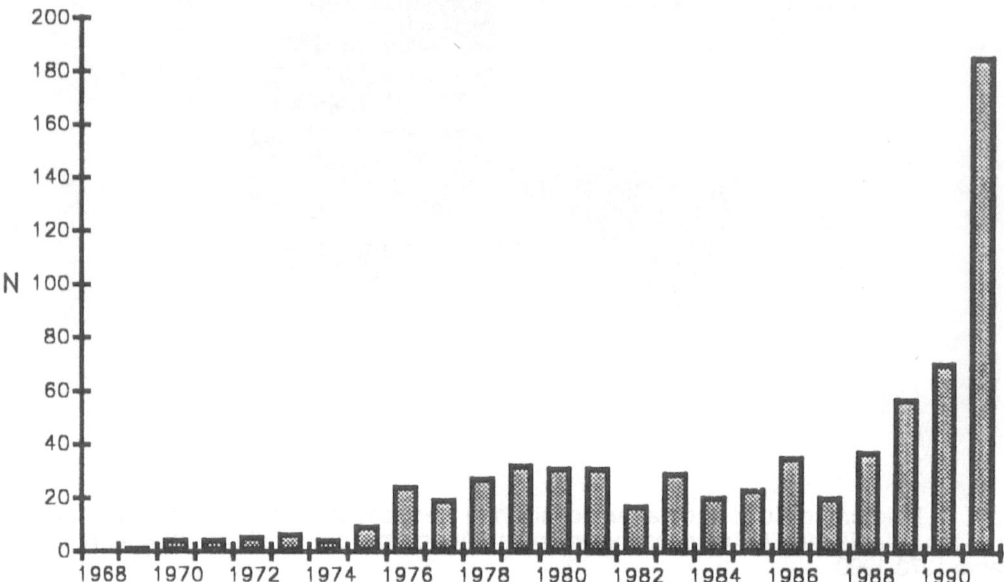

Abb. 4: Anzahl der jährlich neu diagnostizierten Drogenpatienten in der Psychiatrischen und Neurologischen Universitätsklinik Göttingen 1968 bis 1991. Die Angaben für 1991 sind aus der Zahl für die Monate Januar bis August 1991 geschätzt.

Im ambulanten Bereich ist die psychiatrisch-neurologische Statistik weniger vollständig, für das Klinikum insgesamt liegt sie überhaupt nicht vor. Viele Heroinabhängige nehmen aufgrund der bei ihnen sehr häufigen Karies bereits früh im Krankheitsverlauf die Zahnpoliklinik ambulant in Anspruch. Erst Jahre später tauchen sie erstmalig in der Psychiatrie bzw. Neurologie auf. Daraus kann geschlossen werden, daß eine Einbeziehung ambulanter Fälle die direkte Prävalenzschätzung deutlich verbessern könnte. Das würde erst recht für die Patienten niedergelassener Ärzte gelten.

V. Vorschlag einer neuen Methode zur Prävalenzschätzung

Unsere langfristige Nachbeobachtung klinischer Patienten [5] ermöglicht die Berechnung von Absterbekurven, relativer Übersterblichkeit und Exzeßmortalität (Abb. 5). Für Drogenabhängige fanden wir eine kumulative, tendenziell steigende relative Übersterblichkeit von 18,81 im Vergleich zur Normalbevölkerung. Die Exzeßmortalität betrug 20,85; d. h., je 1000 Heroinabhängige sterben jährlich 21 Patienten mehr, als für die Normalbevölkerung zu erwarten wäre. Wenn diese Exzeßmortalität auch von anderen Arbeitsgruppen bestätigt werden würde und die genaue Zahl der Herointoten bekannt wäre, könnte daraus die Prävalenzrate des Heroinismus bestimmt werden. Wie jedoch oben gezeigt wurde, liegt die von der Polizei angegebene Zahl der Herointodesfälle deutlich unter ihrer wahren Zahl. Somit ist auch auf diesem Weg keine einfache Prävalenzschätzung möglich. Immerhin kann so aber die Untergrenze angegeben werden. Außerdem läßt sich ein grob orientierendes Maß von der Tatsache ableiten, daß die Polizeistatistik nur etwa die Hälfte der Herointodesfälle erfaßt. Auf jeden pro Jahr an Heroin Verstorbenen kommen etwa 50 lebende Heroinabhängige; d. h., pro polizeilich erfaßtem Herointodesfall ist mit etwa 100 lebenden Heroinabhängigen zu rechnen. Die Anwendung dieser Schätzmethode ergibt für 1989 mit 991 Rauschgifttoten, die, wie oben ausgeführt worden ist, zu Lebzeiten nahezu alle heroinabhängig waren, eine höhere Prävalenzrate als die erwähnten 123 Heroinab-

189

hängigen je 100.000 Einwohner, nämlich 160 je 100.000. Für die alte Bundesrepublik würden das 99.000 Heroinabhängige im Jahre 1989 bedeuten, also deutlich mehr, als in den Polizeistatistiken bisher ausgewiesen ist. Aus den 1.480 Rauschgifttoten im Jahre 1990 in den alten Bundesländern (Abb. 1) läßt sich auf diese Art auf 148.000 Heroinabhängige schließen, was einer Prävalenzrate von 239 je 100.000 Einwohnern entspricht.

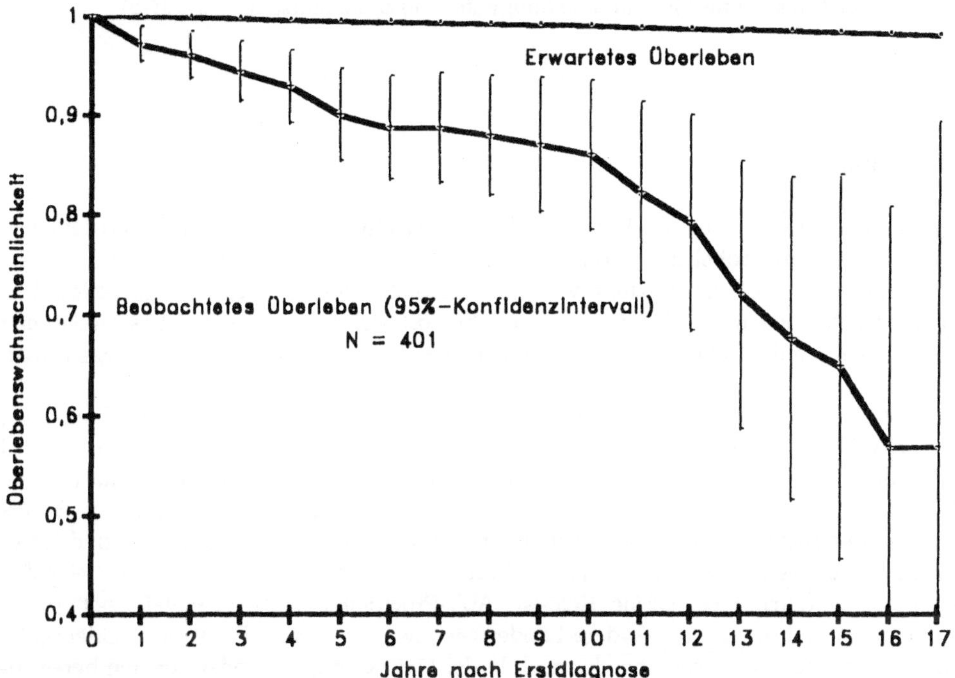

Abb. 5: Zeitlicher Verlauf der Sterblichkeit von 401 Patienten der Göttinger Psychiatrischen und Neurologischen Universitätsklinik mit Abusus oder Abhängigkeit von illegalen Drogen. Beobachtungszeitraum: 17 Jahre nach Erstdiagnose. Als Streuungsparameter ist das 95%-Konfidenzintervall eingetragen

Literatur

[1] Diagnostisches und Statistisches Manual Psychischer Störungen. DSM-III-R. Übers. nach der Revision der dritten Auflage des Diagnostic and Statistical Manual of Mental Disorders der American Psychiatric Association. Deutsche Bearb. u. Einführung v. H.-U. Wittchen, H. Saß, M. Zaudig u. K. Koehler. 3., korr. Aufl. Weinheim u. Basel: Beltz. 1991. XXXV, 530 S.
[2] Feuerlein, W.: Alkoholismus - Mißbrauch und Abhängigkeit. Entstehung - Folgen - Therapie. 4., überarb. Aufl. Stuttgart, New York: Thieme. 1989. 329 S.
[3] Graubner, B.: Quantitative und qualitative Resultate einer routinemäßigen Basisdokumentation. **In:** Biometrie und Informatik - neue Wege zur Erkenntnisgewinnung in der Medizin. Proceedings der 34. Jahrestagung der GMDS. Aachen, September 1989. Hrsg. v. G. Giani u. R. Repges. Berlin, Heidelberg, New York etc.: Springer. 1990. S. 159-166. (Medizinische Informatik und Statistik. 71.)
[4] Jahrbuch Sucht 1991. Hrsg.: Deutsche Hauptstelle gegen die Suchtgefahren. Hamburg: Neuland. 1990. 252 S. - Es wurden auch frühere Jahrbücher berücksichtigt.
[5] Poser, W., Sigrid Poser, Annette Thaden, P. Eva-Condemarin, U. Dickmann und Annette Stötzer: Mortalität bei Patienten mit Arzneimittelabhängigkeit und Arzneimittelabusus. Suchtgefahren 36 (1990) S. 319-331.
[6] Skarabis, H. u. Melitta Patzak: Die Berliner Heroinscene. Eine epidemiologische Untersuchung. Weinheim u. Basel: Beltz. 1981. 226 S. (Arbeitsergebnisse aus der Suchtforschung. 1.)

Adressen:
Prof. Dr. med. **Wolfgang Poser** und Dipl.-Sozialwirt/Arzt **Dietrich Roscher**, Abteilung Psychiatrie des Universitätsklinikums. von-Siebold-Str. 5. D-3400 Göttingen.
Dr. med. **Bernd Graubner**, Abteilung Medizinische Informatik des Universitätsklinikums. Robert-Koch-Str. 40. D-3400 Göttingen.

Möglichkeiten und Grenzen Anonymer Unverknüpfbarer HIV-Tests (AUT)

Michael Beckmann, Wilhelm van Eimeren, Christian Wolter

GSF-Institut für Medizinische Informatik und Systemforschung (MEDIS)

1. Einleitung

Beim A U T handelt es sich um ein Verfahren, bei dem das Restblut von (Krankenhaus-) Patienten auf HIV getestet wird, wobei das Verfahren sicherstellt, daß die Testergebnisse nicht mit personenbezogenen Daten zusammengeführt werden können. Ziel des Verfahrens ist die Verlaufsbeobachtung der HIV-Epidemie in definierten Beobachtungskollektiven und auf unterschiedlicher regionaler Ebene, um die Entwicklung und Dynamik der HIV-Epidemie besser einschätzen zu können.
In den USA ist das anonyme unverknüpfbare Testen auf HIV seit 1989 fester Bestandteil des nationalen HIV-Monitoring-Programms (Dondero et al. 1988 / MMWR 1990 S.110-119). Unter der Federführung der Centers for Disease Control (CDC) laufen dort zahlreiche Studien zur Erfassung der HIV-Prävalenz in Hochrisikogruppen und definierten Gruppen der heterosexuellen Bevölkerung (z.B.: Untersuchungen des Nabelschnurblutes von Neugeborenen, "unlinked" und "linked" HIV-Tests an Krankenhauspatienten, direkte Bestimmung der Serokonversionsrate bei militärischem Personal durch regelmäßige Retests). AUT-Programme laufen ebenfalls seit 1989 in Großbritannien und in Kanada. Andere Länder wie etwa Dänemark, Frankreich, Griechenland und die Schweiz befinden sich entweder noch in der Diskussionsphase oder bereiten bereits derartige Programme vor.
Empfehlungen für die Durchführung des AUT stützen sich auf Vergleichsstudien, welche eindeutig zeigen, daß die festgestellten HIV-Prävalenzen bei anonymen unverknüpfbaren HIV-Tests die entsprechenden Werte bei freiwilligen HIV-Tests wesentlich übersteigen (z.B. Heath et al. 1988, Hull et al. 1988). So wurde beispielsweise 1987 in einer Klinik in Neu-Mexiko ein umfassendes HIV-Test-Programm durchgeführt. Vier Fünftel der Patienten waren mit einem HIV-Test einverstanden, der Rest wurde unlinked und anonym getestet. Bei denen, die freiwillig in den Test einwilligten, lag die Prävalenz bei 0,7 Prozent, bei den anderen bei 3,8 Prozent. Ein ähnliches Ergebnis erbrachte eine Untersuchung an Londoner Homosexuellen, die sowohl unlinked und anonym als auch freiwillig auf HIV getestet wurden. Im Vergleich zu den freiwilligen HIV-Tests war die Prävalenz, die durch den AUT ermittelt wurde, mit 25 Prozent mehr als doppelt so hoch. In vier in New York und New Jersey durchgeführten AUT-Studien wurden von 73 schwangeren Frauen mit einer HIV-Infektion gerade zwanzig mit Hilfe des zur gleichen Zeit durchgeführten freiwilligen HIV-Testprogramms ermittelt. (Alle Angaben zitiert nach: Regular Review: Monitoring the prevalence of HIV. Foundations for a programme of unlinked anonymous testing in England and Wales, in: British Medical Journal, 25 th November 1989, 299, 1295-1298, p. 1296).
Die Ergebnisse zeigen, daß Untersuchungen, die auf freiwillig durchgeführten HIV-Tests basieren, einen Partizipationsbias besitzen. Außerdem sind die Partizipationsraten erheblichen Schwankungen unterworfen, was notwendigerweise zu unterschiedlichen Erfassungsraten führt. (Beispielsweise sank in einer britischen Studie, die an STD-Kliniken durchgeführt wurde (STD =

Sexual **T**ransmitted **D**iseases), die Teilnahmerate von Frauen an freiwilligen HIV-Tests nach drei Jahren um 50 Prozent (Strategiepapier des CDSC und CD(S)U vom 11. Dezember 1990: The United Kingdom Unlinked anonymous HIV Prevalence Monitoring Programme, unveröffentl. Manuskript, p. 2). Aus diesen Gründen sind individuelle, freiwillig durchgeführte HIV-Tests weniger gut geeignet für ein Monitoring der HIV-Epidemie. Im Grunde dienen sie ja auch einem ganz anderen Zweck: nämlich der individuellen HIV-Status-Bestimmung. Ihre Verwendung für Prävalenzschätzungen oder für die Verlaufsbeobachtung der HIV-Epidemie ist eher ein Nebenprodukt.

Das Verfahren anonymer, unverknüpfbarer HIV-Tests kann dagegen als ein relativ neues Instrument der epidemiologischen Forschung betrachtet werden, das explizit für ein Monitoring der HIV-Epidemie konzipiert wurde, aber im Prinzip auch für andere epidemiologische Zwecke einsetzbar ist.

Voraussetzung für ein langfristiges Monitoring mittels anonymer, unverknüpfbarer HIV-Tests ist eine Population,

- die leicht zugänglich ist und über einen langen Zeitraum kontinuierlich beobachtet werden kann,
- bei der routinemäßig (nicht-selektierte) Restblutproben in genügend großer Zahl anfallen, um Prävalenzänderungen feststellen zu können,
- bei der die Proben und die epidemiologischen Grunddaten wie Alter, Geschlecht, Wohnort kostengünstig erhoben werden können und
- bei der die Vermeidung von Mehrfachtestungen leicht zu bewerkstelligen ist.

Da Krankenhauspopulationen alle diese Kriterien erfüllen, eignen sie sich besonders für ein langfristiges Monitoring.

Ziel der vom Freistaat Bayern in Auftrag gegebenen Studie (siehe Beckstein 1990) ist es, ein AUT-Monitoring-Konzept unter den gegebenen rechtlichen Bedingungen in der Bundesrepublik zu entwickeln und zu erproben. Wesentliche Leitlinie für die Entwicklung eines derartigen Monitoring-Verfahrens war dabei von vornherein dessen bundesweite Einsatzfähigkeit sowohl unter epidemiologischen als auch datenrechtlichen, organisatorischen und ökonomischen Gesichtspunkten. Bei der Studie handelt es sich um eine reine Machbarkeitsstudie, die im wesentlichen das Ziel verfolgt, die technisch/organisatorische Durchführbarkeit des AUT zu klären.

2. Das bayerische AUT-Monitoring-Konzept

Zur Klärung der technisch-organisatorischen Durchführbarkeit des AUT war es zunächst erforderlich, Labors mit unterschiedlichem Probenanfall und unterschiedlicher Ausstattung und Ablauforganisation einer eingehenden Organisationsanalyse zu unterziehen, um durch Ermittlung geeigneter Schnittstellen ein standardisiertes Erhebungsverfahren zur Implementation des AUT-Ansatzes in unterschiedlichen Labor-Settings entwickeln zu können.

Insgesamt wurden zwölf verschiedene Kliniklabors in Würzburg, Erlangen und München in die Untersuchung einbezogen, wobei die Auswahl ein hinreichend breites Spektrum an unterschiedlichen Laborausstattungen, Probenaufkommen und klinischen Fachbereichen repräsentiert. Die Organisationsanalysen wurden mittels eines von MEDIS entwickelten "Fragenkatalogs zur Systemanalyse in Kliniklabors" in Form von Leitfadeninterviews durchgeführt.

Im Laufe der Organisationsanalysen kristallisierten sich zwei Labor-Grundtypen heraus: solche mit einem eigenen EDV-System, in denen alle AUT-relevanten Patientendaten in Form einer Rohdatei zur Verfügung gestellt werden können, und solche, in denen die entsprechenden Patientendaten aus den Anforderungsformularen herausgeschrieben und per Hand von der zuständigen Laborkraft in den AUT-PC eingegeben werden müssen.

Auf der Grundlage der gewonnenen Informationen wurde für beide Labortypen ein Lösungsansatz für die technisch-organisatorische Duchführung des AUT erarbeitet. Dabei war die Entwicklung an strenge Vorgaben gebunden, die auch international als Grundprinzipien des AUT gelten (vgl. z.B. Regular Review: Monitoring the prevalence of HIV. Foundations for a Programme of unlinked anonymous testing in England and Wales, in: British Medical Journal 25th Nov. 1989, 299, 1295-1298, p. 1296):

(1)   Es darf nur Blut verwendet werden, das mit Einverständnis des Patienten gewonnen wurde und nach Abschluß aller diagnostischen Untersuchungen verworfen worden wäre.

(2)   Es darf den Patienten für die Zwecke der Studie nicht zusätzlich Blut abgenommen werden, noch dürfen die diagnostischen Untersuchungen durch die Studie beeinträchtigt werden.

(3)   Bevor eine Probe auf HIV untersucht werden darf, muß sie so anonymisiert werden, daß das Testergebnis dem Patienten nicht zugeordnet werden kann.

(4)   Die für die Zwecke der epidemiologischen Auswertung erforderlichen Informationen dürfen nicht so stark diskriminieren, daß eine nachträgliche indirekte Identifikation der Patienten möglich ist.

(5)   Es muß für die Patienten jederzeit die Möglichkeit bestehen, sich auf HIV untersuchen und entsprechend beraten zu lassen.

Nachfolgend wird der technisch-organisatorische Lösungsansatz für die Durchführung des AUT beschrieben. Grundlegend für den hier vorgeschlagenen Ansatz ist die strikte Trennung von Probengewinnung und Probentestung bzw. -auswertung: während die Probengewinnung in den Kliniklabors erfolgt und auf einer Vollerhebung von Proben der klinischen Chemie basiert, erfolgt die Probentestung und -auswertung in zwei Instituten der GSF.

Auf dem AUT-PC wird in den Kliniklabors zunächst eine Arbeitsdatei erstellt, die alle für die Untersuchung erforderlichen Angaben enthält. In Labors ohne eigenes EDV-System müssen diese Angaben mittels einer Dateneingabemaske per Hand von der zuständigen Laborkraft in den AUT-PC eingegeben werden. Labors mit EDV-System können diese Angaben in Form einer Rohdatei zur Verfügung stellen. Ein entsprechendes Programm erzeugt dann aus der Rohdatei die Arbeitsdatei mit folgender Struktur:

(a)	Tagesnummer	10 Stellen
(b)	Familienname	2 Stellen
(c)	Vorname	1 Stelle
(d)	Geburtsdatum	6 Stellen
(e)	Geschlecht	1 Stelle
(f)	Klinischer Bereich	3 Stellen
(g)	Status (ambulant/stationär)	1 Stelle
(h)	Postleitzahl	4 Stellen

Für die Zwecke der Fallprüfung und der epidemiologischen Auswertung werden aus der Arbeitsdatei bestimmte Codes extrahiert, nämlich der sog. Personencode und der sog. Epidemiologische Code.

(1)   Der *Personen- oder Patientencode* besteht aus:
      (a) den ersten beiden Buchstaben des Nachnamens;
      (b) dem ersten Buchstaben des Vornamens;
      (c) dem Geburtsdatum;
      (d) dem Geschlecht des Patienten.

Dieser Code dient dem Ausschluß von Mehrfacherfassungen von Proben desselben Patienten in den Kliniklabors, da nur eine Probe pro Patient und Kalenderjahr erfaßt werden soll. Zu diesem

Zweck wird für jede Restblutprobe der Personencode mit einer sog. Jahresdatei abgeglichen. In dieser Jahresdatei sind alle Personencodes gespeichert, von denen bereits eine Restblutprobe gewonnen wurde. Sollte dies der Fall sein, so wird die entsprechende Probe verworfen. Wenn nicht, so wird die Probe in ein standardisiertes Serumröhrchen umgefüllt und dieses Röhrchen mit einem sog.

(2) *Probencode* versehen. Dieser besteht aus einem Zahlenschlüssel mit folgenden Angaben:
  (a) Laborkennziffer,
  (b) Jahr (der Probengewinnung),
  (c) Fortlaufende Nummer.

Das mit diesem Probencode gekennzeichnete Röhrchen wird danach in einem AUT-Kühlschrank bis zum Versand bei -20 Grad gelagert, der entsprechende Personencode in die Jahresdatei übernommen.
Für die Zwecke der Auswertung wird für alle zu untersuchenden Proben im AUT-PC des Kliniklabors ein sog.

(3) *Epidemiologischer Code* erzeugt. Dieser enthält folgende Angaben:
  (a) die Alterklasse (in Fünf-Jahres-Abstufungen);
  (b) das Geschlecht;
  (c) den klinischen Bereich, aus dem die Probe stammt;
  (d) den Status des Patienten (ambulant vs. stationär);
  (e) eine dichotome Wohnortinformation (kommt aus dem näheren Einzugsgebiet der Klinik vs. kommt nicht aus dem näheren Einzugsgebiet der Klinik).

Durch Zuordnung von Epidemiologischem Code und Probencode entsteht eine sog. Verweisdatei. Diese Verweisdatei wird verschlüsselt, so daß ein Zugang zur Datei in den Labors verhindert wird. Nach dem Versand der Proben wählt die zuständige Laborkraft über ein Auswahlmenü die Funktion "Versand". Daraufhin wird eine Verweisdatei von jenen Proben erzeugt, von denen mindestens 6 mit identischem epidemiologischem Code (also gleiche Altersklasse, gleiches Geschlecht, gleicher Klinikteil etc.) bereits zur GSF versandt worden sind. Diese Datei wird auf einer Diskette in verschlüsselter Form gespeichert und dem MEDIS zugesandt.
Im Labor der GSF werden die Proben nur auf HIV 1 und HIV 2 untersucht. Die Analyseergebnisse werden in einer sog. Ergebnisdatei abgespeichert bestehend aus dem Zahlenschlüssel der einzelnen Proben und dem jeweiligen Testergebnis. In bestimmten zeitlichen Abständen wird die Ergebnisdatei von Labormitarbeitern auf einer Diskette in das MEDIS gebracht und dort mit der Verweisdatei zusammen ausgewertet. Nach der Auswertung wird die Ergebnisdatei wieder von den Labormitarbeitern an sich genommen und unter Beachtung entsprechender Sicherheitsmaßnahmen im Labor der GSF verwahrt. Die Auswertung im MEDIS erfolgt in einfacher tabellarischer Form. Ein Auswertungsprogramm sorgt dafür, daß jede Fallklasse mindestens sechs Fälle enthält und daß mindestens zwei von diesen sechs Fällen HIV-negativ sind. Auf diese Weise wird sichergestellt, daß keine Fallklasse nur positive Fälle enthält.
Das oben dargestellte Verfahren wurde zur Erprobung in insgesamt 4 Universitätskliniken und einer Privatklinik installiert. (Standorte der Kliniken sind München und Erlangen.) Bis Mitte September 1991 wurden aus allen kooperierenden Labors ca. 6.000 Proben gesammelt und davon ca. 2.200 auf HIV-1 untersucht. Eine Darstellung der bislang vorliegenden Ergebnisse verbietet sich jedoch angesichts der geringen Probenzahl. (Angestrebt wird für die Pilot-Studie ein Probenaufkommen von ca. 20.000 Proben.) Die Zahlen sollten lediglich die technisch-organisatorische Durchführbarkeit des Verfahrens dokumentieren.

3. Methodische Aspekte

Mit dem AUT lassen sich verschiedene Zielsetzungen verfolgen:

(a) *Ermittlung unerkannter HIV-Fälle in den Kliniken*

Anhand der Schere zwischen der Zahl der Patienten, von denen die Kliniken die HIV-Infektion kennen, und der Zahl, die durch den AUT ermittelt wurde, läßt sich beurteilen, ob der AUT die geeignete Methode ist, unerkannte HIV-Fälle zu erfassen. Gleichzeitig gibt der Quotient aus unerkannten und erkannten HIV-Fällen einen Hinweis auf das spezifische Risikoprofil einer Klinik.

(b) *Monitoring der HIV-Epidemie*

Der AUT dient in erster Linie einem zuverlässigen Monitoring der HIV-Prävalenz in definierten Beobachtungskollektiven, die die Funktion von Indikatorpopulationen haben können. So können Patienten des STD-Bereichs als Indikatorpopulation für den sexuell aktiven Teil der Bevölkerung mit hohem Infektionsrisiko dienen. Da es sehr wahrscheinlich ist, daß die HIV-Prävalenz in dieser Gruppe höher liegt als in der Gesamtbevölkerung, kann man davon ausgehen, daß die Prävalenz in der Gesamtbevölkerung diesen Wert nicht überschreitet. In ähnlicher Weise können schwangere Frauen als Indikatorpopulation für die (weibliche, sexuell aktive) heterosexuelle Bevölkerung fungieren. Patienten von Abteilungen mit geringer HIV-Selektion (wie vielleicht die Chirurgie und hier insbes. die Unfallchirurgie) können dagegen als Indikatorpopulation für die Gesamtbevölkerung aufgefaßt werden. Ein Prävalenzanstieg in dieser Gruppe sollte ein deutliches Warnsignal dafür sein, daß sich die Epidemie nicht mehr auf die klassischen Risikogruppen (Homosexuelle, Drogenabhängige) beschränkt.

(c) *Frühzeitiges Erkennen steigender Infektionsraten*

Mit Hilfe des AUT läßt sich ein gestaffeltes Frühwarnsystem errichten, wobei - bildlich gesprochen - einige Wachtürme näher an der Küste der HIV-Epidemie stehen, andere dagegen weiter im Inland. Die Errichtung eines solchen Überwachungssystems erscheint besonders in den neuen Bundesländern sinnvoll, weil dort mit einer starken Dynamik der HIV-Epidemie zu rechnen ist. Bislang wurde lediglich davon ausgegangen, daß sich mit dem AUT Prävalenzänderungen erfassen lassen. Eine andere Frage ist es, wie man z.B. einen Prävalenzanstieg interpretieren soll. Denn im Grunde muß jede Aussage über einen Prävalenzanstieg mit einer Ceteris Paribus Klausel versehen werden, d.h. erst nach Ausschluß einer "artifiziellen" Prävalenzänderung (z.B. bedingt durch Veränderungen in der Alters- und Geschlechtsstruktur der regionalen Bevölkerung, Veränderungen der Krankenhauswahl nach Chefarztwechsel, HIV-assoziierten Wanderungen oder Verbesserungen im ambulanten Behandlungsangebot) kann ein "echter" Prävalenzanstieg angenommen werden. Hypothesen bezüglich einer "artifiziellen" Prävalenzänderung müssen deshalb systematisch überprüft werden. Erst wenn angenommen werden kann, daß eine "echte" Prävalenzänderung vorliegt, stellt sich die Frage nach den möglichen Ursachen. Dabei können bereits vorliegende Untersuchungsergebnisse zur Interpretation herangezogen werden: Beispielsweise konnte in London ein deutlicher Prävalenzanstieg bei Frauen beobachtet werden. Drei mögliche Einflußfaktoren wurden hierfür in Betracht gezogen: Migrationseffekte, vermehrter Nadeltausch von Drogenkonsumentinnen, Übertragung des HIV durch heterosexuellen Geschlechtsverkehr. Nachdem man Migrationseffekte oder einen vermehrten Nadeltausch durch bereits vorliegende Untersuchungsergebnisse ausschließen konnte, erhärtete sich die Hypothese, daß der Anstieg durch heterosexuellen Geschlechtsverkehr bedingt sei (vgl. Public Health Laboratory Service (PHLS) et al. 1991, p. R74).

(d) *Ermittlung bevölkerungsbezogener Prävalenzen*

Ein besonderes Problem wirft die Frage auf, ob man mit Hilfe des AUT regional differenzierte Aussagen über die Prävalenz in der Gesamtbevölkerung machen kann. Eine statistisch befriedigende Lösung wird es zu diesem Problem kaum geben können, da Krankenhauspopulationen nicht repräsentativ für die Allgemeinbevölkerung sind. Wohl aber lassen sich durch Verwendung von Krankenhausstatistiken und Bevölkerungsstrukturdaten und durch entsprechende Gewichtungsfaktoren die strukturellen Unterschiede in den Populationen bereinigen und Selektionseffekte dadurch minimieren, indem man sich erstens auf klinische Bereiche konzentriert, in denen Selektionseffekte möglicherweise weniger stark zum Tragen kommen (wie z.B. die Unfallchirurgie oder die Geburtshilfe) und zweitens das höchste Aggregationsniveau wählt (also nach Möglichkeit alle großen Kliniken einer Region in die Untersuchung einbezieht).

4. Schlußfolgerungen

Der AUT ist kein exklusives Überwachungsinstrument der HIV-Epidemie, sondern eines, das als Teil eines umfassenden epidemiologischen Überwachungsystems eine gezielte Beobachtung von Krankenhauspatienten ermöglicht und vor allem dazu dient, Veränderungen der Infektionsrate in nicht HIV-assoziierten Bevölkerungsteilen zu ermitteln. Daß das Verfahren technisch machbar und organisatorisch durchführbar ist, konnte durch diese Studie nachgewiesen werden.

5. Literatur

Beckstein, G.: Durchführung eines "Anonymen unverknüpfbaren HIV-Tests" (anonymous unlinked testing) in Bayern, in: AIDS-Forschung (AIFO), Heft 7 (Juli 1990) 339-345.

Public Health Laboratory Service (PHLS), PHLS Virus Reference Laboratory et al.: The unlinked anonymous HIV prevalence monitoring programme in England and Wales: preliminary results. Communicable Disease Report, Vol 1, Review Number 7 (21. June 1991) R69-R76.

Dondero, T.J., Pappaioanou, M., Curran, J.W.: Monitoring the levels and trends of HIV infection: the Public Health Service's HIV surveillance program. Public Health Reports 103 (1988), 213-220.

Heath, R.B., Grint, P.C.A., Hardiman, A.E.: Anonymous testing of women attending antenatal clinics for evidence of infection with HIV. Lancet (1988), 1394.

Hull, H.F., Bettinger, C.J., Gallaher, M.M., Keller, N.M., Wilson, J., Mertz, G.J.: Comparison of HIV-antibody prevalence in patients consenting to and declining HIV-antibody testing in an STD clinic. JAMA 260 (1988), 935-938.

MMWR: Estimates of HIV prevalence and projected AIDS cases: summary of a workshop, October 31-November 1, 1989. Morbidity and Mortality Weekly Report 39 (1990), 110-119.

Regular Review: Monitoring the prevalence of HIV. Foundations for a programme of unlinked ananoymous testing in England and Wales, in: British Medical Journal, 25th November 1989, 299, 1295-1298.

Strategiepapier des CDSC und CD(S)U vom 11. Dezember 1990: The United Kingdom Unlinked anonymous HIV Prevalence Monitoring Programme, unveröffentl. Manuskript, London u. Glasgow.

KONZEPTION, EIGENSCHAFTEN UND ANWENDUNG EINES DETERMINISTISCHEN MODELLS DER HIV- UND AIDS-EPIDEMIE

R. Leidl

GSF - Forschungszentrum für Umwelt und Gesundheit

Institut für Medizinische Informatik und Systemforschung (MEDIS)

Für quantitative Folgeabschätzungen im Zusammenhang mit AIDS - etwa zur Bestimmung der verlorenen Lebensjahre, des Krankenhausbettenbedarfs oder der Ausgaben von Krankenversicherungen - werden Periodenprävalenzen in verschiedenen Krankheitsstadien benötigt; sie sind Anknüpfungspunkte für die Folgefunktionen. Solche Prävalenzzahlen können den Dokumentationen der nationalen AIDS-Zentren gewöhnlich nicht entnommen werden; d.h. die Ausbreitung von HIV und AIDS muß, nicht nur für Abschätzungen von Trends in die Zukunft, modelliert werden. Mit Hilfe solcher Modelle können auch Hypothesen über den Epidemieverlauf und dessen Beeinflussung - z.B. durch effektive Prävention oder Behandlung, oder durch Wanderungs-, Mischungs- und Erweiterungsvorgänge - formuliert werden. Für solche Zielsetzungen wird ein deterministischer Simulationsansatz vorgestellt. Seine Hauptintention ist die Modellierung von HIV- und AIDS-Epidemien, nicht die exakte Prognose von Fallzahlen.

Konzeption: Das Modell ist als Differenzengleichungssystem formuliert; in der Grundversion sind die Koffizienten konstant (vgl. für einen früheren Ansatz LEIDL 1990). Das Gesamtmodell umfaßt zwei Gruppen - der einfachste Fall einer Kompartmentbildung. Damit können Subepidemien in der Gesamtpopulation beschrieben werden - ein bei nordamerikanischen und europäischen Ausbreitungstypen naheliegender Modellierungsschritt. In beiden Gruppen findet unabhängig von einander Infektionswachstum statt. Beide unterscheiden sich aber nach dessen Geschwindigkeit: die Gruppe mit schneller Ausbreitung ist als Hoch- (HR), die andere als Niedrigrisikogruppe (NR) definiert. Die Zugehörigkeit eines Individuums zur HR-Gruppe wird auf HIV-relevantes, risikoreiches Verhalten gegründet, nicht auf die Zugehörigkeit zu einer Hauptbetroffenengruppe. Das Infektionswachstums wird durch die Koeffizienten HRW und NRW bestimmt. Beide Gruppen zusammen ergeben die - bekannte - Populationsgröße. Die Gleichungen werden nur für die Hochrisikogruppe dargestellt. Ihr Umfang HR ist als Modellkoeffizient zu bestimmen. Die Gruppe HR kann maximal bis zum Anteil s infiziert werden. Sie weist am Ende der Ausgangsperiode 0 eine zu bestimmende Anzahl von frisch Infizierten (HRI_0) auf. Damit beträgt das Suszeptiblenpotential SPHR am Ende der Periode 0

(1) $\quad SPHR_0 = s \cdot HR - HRI_0$

Hieran knüpft in den Perioden t=1, 2.. etc folgendes Infektionsgeschehen an:

(2) $\quad HRI_t = (HRI_{t-1} \cdot e^{HRW} \cdot SPHR_{t-1}) / (SPHR_{t-1} - HRI_{t-1} + HRI_{t-1} \cdot e^{HRW})$

Gleichung (2) beschreibt eine logistische Funktion. Sie beruht auf folgenden Annahmen zum Infektionsverlauf: die Zunahme der Infizierten erfolgt proportional zu Zeit und Ausgangswert, d.h. es wird zunächst eine exponentielle Entwicklung zugrunde gelegt. Eine Ausbreitung erfolgt aber nur bis zur Sättigungsgrenze (s · HR). Bis dorthin wird die Infektionsausbreitung linear gedämpft, d.h. die Exponentialfunktion erhält zu Beginn das Gewicht 1, an der Sättigungsgrenze das Gewicht 0.

An das Infektionsgeschehen knüpft die Krankheitsentwicklung der Infizierten zum Vollbild AIDS an. Im Modell wird dies wird mit einem zeitinvarianten, linearen Filter beschrieben, der aus den Übergangswahrscheinlichkeiten von HIV zu AIDS (paids) in einer Kohorte von Infizierten über den Zeitverlauf i=1, 2..n besteht. Eine Formulierung von Zwischenstadien ist möglich, wird aber hier nicht behandelt. Die Werte der paids können zum Teil Studien zur Krankheitsentwicklung entnommen werden (für die verwendeten numerischen Werte bis n=16 s. LEIDL 1990).

$$(3) \quad AIDSHR_t = \sum_{i=1}^{n} paids_{t-i} \cdot HRI_{t-i} \qquad \text{für } t - i \geq 0$$

Zur Vorbereitung des Modellablaufs in den Folgeperioden sind drei weitere Gleichungen nötig; diese sind nach Gleichungen (1) - (3) abzuarbeiten. Am Ende jeder Periode scheiden die Individuen mit neu entwickeltem Vollbild AIDSHR aus dem Potential der Infektiösen HRI aus

$$(4) \quad HRI_t = HRI_t - AIDSHR_t$$

Dies gilt, solange mehr Infizierte als AIDS-Inzidenzen vorhanden sind, sonst gilt $HRI_t = 0$. Ferner muß auch das Potential der Suszeptiblen um die AIDS-Inzidenzen vermindert werden (damit diese im Modell nicht nochmals infiziert werden):

$$(5) \quad SPHR_t = SPHR_t - AIDSHR_t$$

was wiederum gilt, solange mehr Suszeptible als AIDS-Inzidenzen vorhanden sind, sonst gilt auch $SPHR_t = 0$.

Mit Gleichungen (1) bis (5) wird ein Modelltyp beschrieben, der in der Modellierung infektiöser Erkrankungen als 'Allgemeines Epidemiologisches Modell' bezeichnet wurde (FRAUENTHAL 1980). Nur für die HR-Gruppe wird er nun um die Möglichkeit des Zustromes neuer Mitglieder erweitert - ein naheliegendes Vorgehen bei relevanten Modellaufzeiten. Z.B. dürften zur Gruppe der intravenös Drogenabhängigen, die 1980 Nadelaustausch praktizierten, seither einige neue Mitglieder hinzugekommen sein. Der Zugang wird mit dem Erneuerungsanteil rHR modelliert. Solange die Infiziertenzahl unter der ursprünglichen Sättigungsgrenze liegt, gilt

$$(6) \quad SPHR_t = SPHR_t \cdot (1 + rHR \cdot HRI_t/HR)$$

d.h. gemäß dem infizierten Anteil in HR kommen Nicht-infizierte zu den Suszeptiblen hinzu. Andernfalls gilt $SPHR_t = SPHR_t \cdot (1 + rHR)$, d.h. der maximale Erneuerungsanteil pro Periode beträgt rHR.

Eigenschaften: Das vollständige Zwei-Gruppen-Modell ermöglicht eine Berechnung von AIDS-Inzidenzen, die über ein Abweichungsmaß mit offiziell gemeldeten Fallzahlen verglichen werden können. Meldeverzögerungen können durch Einschränkung der Anpassung an Fallzahlen bis vor zwei Jahren berücksichtigt werden. Für die Modellierung eines Epidemieverlaufs in einer Gesamtpopulation sind sechs Koeffizienten zu bestimmen: HRI_0 bzw. NRI_0 und HRW bzw. NRW sowie HR und rHR. Der Sättigungskoeffizient kann für HR als direkt abhängig von HR interpretiert und damit vorgegeben werden; im Rahmen der hier besprochenen Epidemietypen kann er auch in NR vorgegeben werden, da es sich in relevanten Bereichen um einen völlig insensitiven Koeffizienten handelt. rHR hingegen ist speziell für die mittel- und langfristigen Modelleigenschaften eine hochsensitive Größe, da sie in sonst 'gesättigten' HR-Gruppen das Ausmaß des weiteren Wachstums bestimmt.

Eine funktionale Lösung des Gleichungssystems wurde bislang nicht ermittelt. Für diesen Beitrag wurden zur Erschließung von Koeffizientenkombinationen, welche die in den alten Bundesländern gemeldeten AIDS-Inzidenzen bis 1988 mit einer kumulativen absoluten Abweichung von weniger als 5% beschreiben, die Koeffizienten systematisch zwischen gewählten Extremwerten variiert. Als Ergebnis der systematischen Simulation wurden 269 Koeffizientenkombinationen identifiziert, welche das Anpassungskriterium erfüllten; diese Resultat hängt natürlich auch von der Genauigkeit des Suchverfahrens ab. Die 269 Koeffizientenkombinationen beschreiben alle relativ genau die gemeldeten AIDS-Inzidenzen, allerdings mit erheblich unterschiedlichen dahinter liegenden HIV-Epidemien, und in Konsequenz auch mit unterschiedlichen künftigen Verläufen. Manche Koeffizientenkombinationen können als Eigenschaften der modellierten Epidemien interpretiert werden, kennzeichnend etwa für eine 'Strohfeuer-' oder eine 'Schwelbrand'-Epidemie. Ferner weisen die 269 Koeffizientenkombinationen untereinander einige charakteristische Zusammenhänge auf; so zeigte sich darunter z.B.

- ein negativ geneigter Zusammenhang zwischen 'passenden' Wachstumsraten und Anfangsinfiziertenzahlen, oder

- ein Ansteigen von Zahl und Trend der heute Neuinfizierten mit dem Anstieg der Erneuerungsrate der HR-Gruppe bei einem gleichzeitigen Absinken der HR-Größe (und deren Streuung).

Nur bestimmte Typen von Annahmenbündeln erfüllen also das gewählte Anpassungskriterium. Illustrativ wird im weiteren mit zwei Koeffizientenkombinationen gearbeitet. Beide weisen eine Anpassung unter 5%, untereinander aber große Heterogenität auf. Sie gehören wie die übrigen Kombinationen zum Typ 'rasche Ausbreitung in einer kleinen HR-Gruppe mit wenigen Anfangsinfizierten'. Der wesentliche Unterschied liegt in der Erneuerungsrate der HR-Gruppe, die im einen Fall (a) bei 0, im zweiten (b) bei 15% pro Jahr liegt. Beide Varianten können mit unterschiedlichen Epidemietypen in der NR-Gruppe kombiniert werden. Hier wurde für diese Gruppe nur eine einzige Kombination verwendet, die kaum Einfluß auf das Infektionsgeschehen besitzt. Die Koeffizienten für (a), (b) lauten: $NR=6*10^7$-HR; NRI=40; NRW=log(1.05); NRS=0.2; HR=31000, 24000; HRI=180; HRW=log(3.2), log(3.3); HRS=.9; rHR=0, 0.15. Für t gilt $t_0=1979$. Die logarithmierten Werte in der Klammer minus 1 entsprechen der (ungedämpften) Wachstumsrate der Infektion.

Modellanwendung: Als ein Beispiel wird die Auswirkung einer Erweiterung der Ausgangspopulation um ein Viertel untersucht. Zwei Mechanismen werden hypothetisiert:

- eine Fortsetzung der Entwicklung in der Ausgangspopulation bei additiver Erweiterung der HR-Gruppe um ein Viertel in (a) und (b) im Jahr 1989, was zu den Gesamtverläufen (c) und (d) führt
- eine insgesamt additive, in beiden Gebieten aber getrennt verlaufende Entwicklung, wobei in der hinzukommenden Population 1986 ein anteilsmäßig mit den Modellen (a) und (b) identischer Verlauf beginnt und so die Gesamtverläufe (e) und (f) erzeugt.

Mischformen dieser Beschreibungen einer Vergrößerung der Ausgangspopulation könnten ebenfalls formuliert werden (etwa: getrennte Weiterentwicklung mit Wanderung von Infektiösen aus der Ausgangspopulation zur hinzugekommenen, oder sukzessives Vergrößerung der ursprünglichen HR-Gruppe aus der neuen Population). Im weiteren sollen aber die Ergebnisse der Alternativen (a) - (f) genügen.

Entsprechend dem Auswahlverfahren sind die zu (a) - (f) gehörigen AIDS -Inzidenzfunktionen bis 1988 sowie die vom Bundesgesundheitsamt (mit Stand April 1991) berichteten Fallzahlen graphisch weitgehend deckungsgleich. Die dahinter liegenden HIV-Inzidenzen sind in der Abbildung dargestellt. Über den Zeitraum 1991-1999 (der die längerfristigen Modelleigenschaften zeigen soll und keinesfalls als Prognose verstanden werden kann) wird verdeutlicht, wie das langfristige Wachstum der Infektion in diesen Modellstrukturen durch rHR determiniert wird. Beide Hypothesen zur Erweiterung der Ausgangspopulation resultieren in einem kurzfristigen Anstieg, der bei wachsender HR-Gruppe auch zu einem höheren Wachstumsniveau führt. In jedem Fall sind unter den diskutierten Modellen die Auswirkungen beider Erweiterungshypothesen kleiner als die bestehende Divergenz zwischen den Ausgangsmodellen (a) und (b) - was im übrigen auch für die AIDS-Inzidenzen sowie für die jeweils kumulierten Inzidenzen gilt.

Zusammenfassend liegt die Grundphilosophie des vorgestellten Ansatzes in der einfachen, hochaggregierten und koeffizientenarmen Modellierung, welche eine Beschreibung möglicher Epidemien zur Erklärung beobachteter Fallzahlen erlaubt. Durch die Modellierung von Sub-Epidemien können mit dem hier vorgestellten Simulationsansatz deutlich mehr und detailliertere Hypothesen über das Zustandekommen der AIDS-Inzidenzen generiert werden als mit solchen - gegebenenfalls genaueren und algorithmisch ausgereifteren - statistischen Schätzverfahren, die lediglich eine Inzidenzfunktion anpassen. Durch den Einbezug der Krankheitsentwicklung können ferner an die HIV- und AIDS-Epidemien anknüpfende ökonomische Folgen und deren Beeinflußbarkeit mit Szenarientechniken, d.h. im Sinn von 'Wenn-Dann' Überlegungen untersucht werden (LEIDL 1989, LEIDL et al. 1991). Für eine Vielzahl von Standardanwendungen ist eine PC-Version des Modelles (PC-Based AIDS-Scenarios, z.Zt. Version 2.7) mit Schnittstellen zu Präsentationssoftware verfügbar.

<u>Abbildung</u>

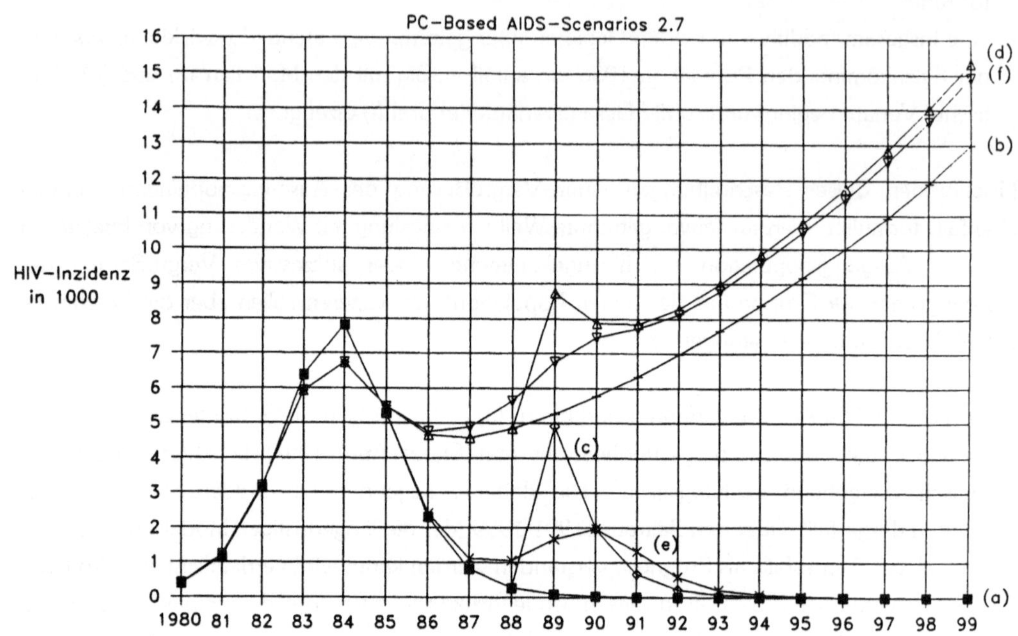

<u>Literatur</u>

FRAUENTHAL JC, Mathematical Modelling in Epidemiology, Berlin, Heidelberg, New York: Springer 1980

LEIDL R, Scenarios linking epidemiology and economics: Possible impacts of drug treatment of HIV-infected in the F.R.G., V International Conference on AIDS 1989, Montreal, Abstracts Volume: 1037

LEIDL R, Model-based scenarios to describe economic impacts of AIDS: The role of case-mix. In: Schwefel D, Leidl R, Rovira J, Drummond MF (eds), Economic aspects of AIDS and HIV infection Berlin, Heidelberg, New York: Springer 1990: 282-294

LEIDL R, POSTMA MJ, POOS MJJC, JAGER JC, MAJNONI D'INTIGNANO B, BAERT AE, Construction of socioeconomic impact scenarios based on routine AIDS surveillance data, in: Jager, JC, Ruitenberg, E (eds), AIDS-Impact Assessment, Modelling and Scenario Analysis, Proceedings of the 3rd Workshop on Mathemathical Modelling on AIDS, Elsevier (in press)

<u>Danksagung</u>: Herr Prof. Dr. R. Lasser (MEDIS-Institut) unterstützte die Formulierung dieser Modellfassung mit hilfreichen Hinweisen.

MORBUS: Stichproben- und Auswertungskonzepte zum ersten Meldethema der Beobachtungspraxen in Niedersachsen

Grüger[1], J.; Behrendt[2], W; Kempff[3], S.; W.; Robra[3], B.-P.; Salje[3], A.;
Schach[4], E.; Schach[5], S.; Schäfer[1], Th.; Schlaud[3], M.; Schwartz[3], F.W.; Swart[3], E.

[1] Dornier - Planungsberatung im Gesundheitswesen, [2] Ärztekammer Niedersachsen,
[3] Medizinische Hochschule Hannover, Abt. Epidemiologie und Sozialmedizin,
[4] Universität Dortmund Hochschulrechenzentrum, [5] Universität Dortmund, FB Statistik

1.   Einleitung

MORBUS ist ein vom BMFT geförderter "Modellversuch zur Erprobung regionaler Beobachtungspraxen zwecks Erhebung umweltbezogener Gesundheitsstörungen". Mit MORBUS wird angestrebt, ein Instrumenatrium zur Erhebung von Gesundheitsstörungen in einem vorklinischen Stadium in der Praxis des niedergelassenen Arztes in drei Regionen Niedersachsens zu erproben und zu etablieren. Nach ausländischen Vorerfahrungen mit Sentinel-Modellen darf angenommen werden, daß dieser Beobachtungsweg eine kostengünstige, thematisch und methodisch flexible Erfassung von Gesundheitsmerkmalen in der Bevölkerung ermöglicht, die in den Beobachtungspraxen nicht vollständig, aber, bei geeigneter Themen- und Merkmalsauswahl, weitgehend unverzerrt gelingen kann. Zudem stellen Beobachtungspraxen einen schnellen, unbürokratischen und Datenschutzerfordernissen gerecht werdenden Zugang zu personenbezogenen Daten dar, die sich sowohl auf individuelle Wirkungs- als auch auf (individuell wahrgenommene oder nachweisbare) Expositions- oder Störmerkmale erstrecken können.

Zielsetzung des Modellversuchs ist es, die Umsetzungschancen eines flächendeckenden Ansatzes unter besonderer Berücksichtigung der

- Auswahl geeigneter Behandlungsanlässe,
- organisatorischen, instrumentellen und finanziellen Implikationen,
- Akzeptanz bei (und der Kooperationsbereitschaft von) niedergelassenen Ärzten,
- Anforderungen an Fort- und Weiterbildungsveranstaltungen,
- Reliabilität und Validität des Erhebungsverfahrens,
- methodischen Probleme bei der Abschätzung der Umweltbeteiligung an der Häufigkeit ausgewählter Gesundheitsprobleme sowie der
- epidemiologischen Aussagefähigkeit der gewonnenen Daten

umfassend zu erproben und einer Bewertung zu unterziehen. Das Erhebungsverfahren läßt sich dabei differenzieren nach

- Erhebungen zum "Zähler" epidemiologischer Raten, d.h. zur Zahl der in einer definierten Zeitspanne behandelten Fälle (prävalente Fälle) oder der in einer Zeitspanne erstmals behandelten Fälle (inzidente Fälle) sowie

- Erhebungen zum "Nenner", d.h. zur nach Alter und Geschlecht gegliederten Zahl der innerhalb der Zeitspanne behandelten Patienten und ihrer Arztkontakte.

Der Modellversuch ist im Januar 1991 in der Region Verden und im März in den Regionen Braunschweig und Hannover gestartet worden. Als erstes Meldethema wurde das exspiratorische Giemen bei Kindern im 2. und 3. Lebensjahr ausgewählt. Die folgenden Ausführungen beziehen sich auf diese erste Meldephase, die im Juni 1991 abgeschlossen wurde. Im Vordergrund standen in dieser ersten Phase

- die Formulierung eines Stichprobenverfahrens zur Auswahl der Ärzte, das eine Schichtung nach Fachgebieten und Erhebungsregionen und die nachträgliche Adjustierung für potentielle vermengende Variablen erlaubt sowie

- die Sammlung von ersten Erfahrungen hinsichtlich der Bereitschaft der ausgewählten Ärzte zur Mitarbeit an MORBUS und den daraus möglicherweise resultierenden Verzerrungseffekten.

Zur Reduzierung des Aufwandes in dieser Anfangsphase wurde die Erhebung begrenzt auf die Erfassung von Informationen zum Zähler, d.h. zur Zahl der aufgetreten Fälle mit exspiratorischem Giemen nach Alter und Geschlecht. Gleichzeitig wurde geprüft, ob Nennerinformationen zur Zahl der insgesamt behandelten Kinder in dieser Altersgruppe nach Geschlecht aus Sekundärquellen, z.B. Abrechnungsinformationen der Kassenärztlichen Vereinigung erhoben oder zumindest geschätzt werden können.

2.   Stichprobenplanung

Unter methodischen Gesichtspunkten stellt die Auswahl der an MORBUS beteiligten Meldepraxen ein besonderes Problem dar. Denn es ist wünschenswert, daß die beteiligten Ärzte eine hohe Motivation und Sensibilität für umweltbezogene Gesundheitsstörungen mitbringen, was jedoch unweigerlich zu Selektionseffekten führt. Es ist davon ausgegangen worden, daß sich solche Selektionseffekte nicht ausschließen lassen. Eine der ersten Aufgaben der Modellerprobung bestand darin, diese Effekte zu beschreiben und Verfahren zu entwickeln, um eine entsprechende Adjustierung und die Ableitung weitgehend unverzerrter Aussagen zu ermöglichen.

Bereits im Stichprobenkonzept sollte aus diesem Grunde berücksichtigt werden, daß Variablen, die einen Zusammenhang zu der Zahl der von den Ärzten betreuten Patienten (im Rahmen des ersten Meldethemas speziell Kindern) aufweisen, gegebenenfalls durch Schichtung kontrolliert werden. Da die Zahl der betreuten Kinder zunächst einmal nicht bekannt ist, wurde die Zahl der von den Kinder- und Allgemeinärzten in den MORBUS-Regionen Braunschweig, Hannover und Verden abgerechneten gesetzlichen Früherkennungsuntersuchungen als Hilfsindikator hinzugezogen. Von Bedeutung sind hier insbesondere die Untersuchungen vom Typ U6 am Ende des 1. Lebensjahres und die vom Typ U7 am Ende des 2. Lebensjahres. Da gesetzliche Früherkennungsuntersuchungen einer Altersstufe maximal einmal pro Kind durchgeführt werden, stellen diese Angaben eine untere Grenze für die Zahl der von einem Arzt bzw. - zusammengenommen - in einer Region ärztlich betreuten Kinder des entsprechenden Alters dar.

Von der Kassenärztlichen Vereinigung Niedersachsen wurde die Zahl der Früherkennungsscheine für alle Kinder- und Allgemeinärzte, die im ersten Quartal des Jahres 1990 mindestens eine gesetzliche Früherkennungsuntersuchungen abgerechnet hatten zur Verfügung gestellt. Insgesamt handelt es sich dabei um 734 Ärzte: 134 Kinderärzte und 600 Allgemeinärzte.

In dem zugrundegelegten Quartal belief sich die durchschnittliche Zahl der gesetzlichen Früherkennungsuntersuchungen pro Kinderarztpraxis auf 216. Sie liegt damit mehr als 18 mal so hoch wie bei Allgemeinärzten (11,9). Kinderärzte erbringen mehr als 80 % der gesetzlichen Früherkennungsuntersuchungen. Während bei ihnen jede 5. abgerechnete Leistung eine gesetzliche Früherkennungsuntersuchung ist, liegt das entsprechende Verhältnis für Allgemeinärzte nur bei 1:100. In Korrelationsanalysen konnte darüberhinaus gezeigt werden, daß der Anteil der gesetzlichen Früherkennungsuntersuchungen an der Scheinzahl

- bei Kinderärzten mit steigender Scheinzahl noch zunimmt,

- positiv mit dem Niederlassungsjahr der Ärzte korreliert ist, d.h. daß Ärzte mit einem späteren Niederlassungsjahr einen höhern Anteil gesetzlicher Früherkennungsuntersuchungen durchführen als Ärzte mit einem weiter zurückliegenden Niederlassungsjahr .

Ausgehend von diesen Voruntersuchungen wurde daher der folgende Stichprobenplan eingesetzt:

- Die Auswahl der Ärzte erfolgt geschichtet nach Fachgebieten (Kinder- und Allgemeinärzte) und Erhebungsregion (Braunschweig, Hannover und Verden)

- die Auswahlrate für Kinderärzte wird gegenüber Allgemeinärzten im Verhältnis 6:1 erhöht. Dieses Verhältnis ergibt sich unter Annahmen bezüglich des Verhältnisses der Kosten je Fall und der Standardabweichungen eines hypothetischen Zielmerkmals bei Kindern als optimale Aufteilung zwischen Kinder- und Allgemeinärzten (sog. Neyman-Allokation).

- die vermengenden Variablen Scheinzahl und Niederlassungsjahr werden nur in den Auswertungen durch Stratifizierung berücksichtigt, da eine entsprechende ex ante-Schichtung der Stichprobe zu zu vielen Klassen mit geringen Arztbesetzungen geführt hätte.

Je 100 Arztpraxen in der Studie ergibt sich damit eine Zahl von 60 Kinderärzten und von 40 Allgemeinärzten. Die Hälfte der Ärzte kommt aus Hannover, 30 % aus Braunschweig und 20 % aus Verden. Entsprechend der unterschiedlichen Versorgung mit Kinderärzten ergeben sich innerhalb der Regionen sehr unterschiedliche Schlüssel. So werden in Verden mehr Allgemein- als Kinderärzte berücksichtigt, während in Braunschweig die Zahl der Kinderärzte doppelt so hoch wie die der Allgemeinärzte ist.

Auf eine erste Information über das MORBUS-Vorhaben im niedersächsischen Ärzteblatt, die einen allgemeine Bitte um Teilnahme enthielt, hatten sich 12 Ärzte spontan gemeldet. Weiteren 221 Ärzten wurde die Teilnahme an MORBUS gezielt angeboten. Davon haben sich 100 bereit erklärt, so daß die Ausschöpfung insgesamt 45,2 % beträgt. Bei einer nach Fachgebieten und Versorgungsregionen differenzierten Betrachtung zeigt sich, daß die Responserate schwankt und keine der beiden Arztgruppe in der Bereitschaft zur Teilnahme gleichmäßig dominiert (s. Tab. 1).

Tab. 1:	Responsequote der gezielt angesprochenen Ärzten nach Fachgebiet und Untersuchungsregion			
	Braunschweig	Hannover	Verden	Zusammen
Allgemein	42.9%	44.2%	50.0%	45.6%
Kinder	34.9%	48.6%	55.6%	45.0%
Zusammen	37.5%	46.9%	52.3%	45.2%

Insgesamt stellt die Responserate von ca 45 % ein gutes Ergebnis dar, das erheblich über den Erwartungen liegt. Diese stützten sich im wesentlichen auf eine im Sommer 1985 vom Arbeitskreis "Gesundheit und Umwelt" der Ärztekammer Niedersachsen durchgeführte Befragung aller 2.067 postalisch erreichbaren tätigen Ärzte des Kammerbezirks Braunschweig, bei der es um die Bereitschaft der Ärzte ging, sich an einer Umfrage über Umwelteinflüsse auf ihre Patienten zu beteiligen.

Nach einer Auswertung des genannten Arbeitskreises[1] lag die Responsequote in dieser Untersuchung insgesamt bei nur rund 16 % mit deutlichen Schwerpunkten in der Kinderheilkunde (36,5 %), der HNO-Heilkunde (32,5 %), der Dermatologie (25,9 %) und der Allgemeinmedizin (25,7 %). Zur weiteren Mitarbeit bereit waren wiederum nur 61,1 % derjenigen Ärzte, die geantwortet hatten.

---

1   Kuhrt, W.: Umfrage in der Bezirksstelle Braunschweig: Wie Ärzte Umweltbelastungen einschätzen. Niedersächsisches Ärzteblatt 5/1987, S. 11-15

3. Repräsentativität der beteiligten Ärzte

Die Repräsentativität der an MORBUS beteiligten Ärzte für die Gesamtheit der in der Region tätigen Ärzte des gleichen Fachgebiets stellt eine wünschenswerte Eigenschaft für verschiedenen Nutzungszwecke, insbesonder für eine epidemiologische Interpretation der erhobenen Daten dar. Sie wurde anhand von strukturellen Merkmalen der Arztpraxen überprüft. Dabei zeigte sich:

- Die an MORBUS teilnehmenden Kinderärzte weisen mit einem Durchschnitt von 1280 eine deutlich höhere Scheinzahl auf als ihre nicht-MORBUS Kollegen (1010 Scheine pro Quartal). Diese Relation gilt für alle Regionen, besonders stark aber für Braunschweig. Für Allgemeinärzte ist ein derart deutlicher Zusammenhang nicht auszumachen.

- Die durchschnittliche Zahl von gesetzlichen Früherkennungsuntersuchungen liegt bei MORBUS-Kinderärzten mit 280 pro Quartal um mehr als 50 % höher als bei nicht-MORBUS-Kinderärzten (180). Auch hier ist das Verhältnis in der Region Braunschweig mit 380 gesetzlichen Früherkennungsuntersuchungen je Praxis (MORBUS) zu 190 (nicht-MORBUS) besonders hoch. Bei Allgemeinärzten ist die Relation umgekehrt: Hier liegen die MORBUS Ärzte mit einem Mittel von 9,5 unter ihren Kollegen mit 12,4 Früherkennungsuntersuchungen.

- Der durchschnittliche Anteil der gesetzlichen Früherkennungsuntersuchungen an der Scheinzahl liegt für MORBUS-Kinderärzte mit 22 % um 4 Prozentpunkte höher als für nicht-MORBUS-Kinderärzte (18 %). Dieser Unterschied ist über die Regionen hinweg nahezu konstant. Bei Allgemeinärzten ist die Situation wiederum umgekehrt: 0,8 % der Scheine entfallen bei MORBUS-Allgemeinärzten auf gesetzliche Früherkennungsuntersuchungen - gegenüber 1,1 % bei ihren nicht-MORBUS Kollegen.

- Die an MORBUS teilnehmenden Kinderärzte haben sich im Durchschnitt 3,5 Jahre später niedergelassen als die anderen Kinderärzte. In Braunschweig liegt der Unterschied bei 4,5 Jahren, während er in Hannover mit 3 Jahren und Verden mit 1 Jahr niedriger liegt. Bei Allgemeinärzten zeigen sich keine Unterschiede hinsichtlich des Niederlassungsjahres zwischen den Gruppen.

Daß die Unterschiede zwischen MORBUS-Ärzten und ihren Kollegen für die Region Braunschweig besonders ausgeprägt sind, erscheint durchaus plausibel: Hier war mit nur einem Drittel der Ärzte die Teilnahmequote am geringsten und die Selektion somit am stärksten. Trotzdem stellen die hier ausgemachten Unterschiede zwischen den an MORBUS teilnehmenden Ärzte im Vergleich zu den verbleibenden kein wesentliches Problem für die Auswertung der Erhebungen dar, da die Verteilung der vermengenden Variablen Scheinzahl, Anteil der gesetzlichen Früherkennungsuntersuchungen und Niederlassungsjahr für die Grundgesamtheit aller niedergelassenen Ärzte in den Regionen bekannt ist und durch Schichtung die Auswertungen adjustiert und Verzerrungen vermieden werden können.

4. Schätzung des Nenners

Eine epidemiologische Interpretation der Zahl von Meldeereignissen setzt die Kenntnis einer Bezugsgröße (des "Nenners") voraus. In diesem Zusammenhang sind vier verschiedene Nennerbegriffe von Interesse, deren Erhebung mit unterschiedlichem Aufwand verbunden ist:

- der Kontaktnenner, der sich aus der Zahl der Arztkontakte mit Patienten der jeweiligen Altersgruppe ergibt (Ein Patient produziert bei wiederholten Arztbesuchen mehrere Kontakte);

- der Patientennenner, bei dem die einzelnen Kontakte zum Patienten zusammengeführt werden;

- der Bevölkerungsnenner, der die Zahl der Personen der entsprechenden Altersgruppe in der von dem Arzt versorgten Bevölkerung darstellt sowie

- der Gesamtbevölkerungsnenner, der die Zahl der Personen der entsprechenden Altersgruppe in der Wohnbevölkerung der untersuchten Region widergibt.

Da der Gesamtbevölkerungsnenner aus der amtlichen Statistik bekannt ist und die Erhebung des Bevölkerungsnenners i.e.S. mit besonderen Problemen verbunden ist, steht in MORBUS zunächst die Erhebung von Kontakt- und Patientennennern im Vordergrund.

Um den Aufwand für die MORBUS-Ärzte gerade in der Anfangsphase, in der eine Reihe von grundsätzlichen Problemen im Umgang mit dem Instrument gelöst werden mußten, in Grenzen zu halten, wurde zunächst überhaupt keine Information zum Nenner erhoben. Lediglich in einer Woche des Quartals wurde von einem Großteil der Ärzte eine entsprechende Strichliste geführt, in der die Zahl der Kontakte erhoben wurde, die bei dieser kurzen Erhebungszeitspanne im wesentlichen mit der Zahl der Patienten übereinstimmt. Ziel dieser Erhebung war es vor allem, Erfahrungen mit dem Aufwand für die Führung dieser Strichliste im Routinebetrieb der Praxis zu erhalten.

Die Daten dieser zeitlich begrenzten Nennererhebung können darüber hinaus genutzt werden, erste Antworten auf die wichtige Frage zu geben, ob sich die Zahl der Praxiskontakte der auf Kinder einer Altersgruppe beschränkten Zielpopulation möglicherweise mit hinreichender Genauigkeit aus Routinedaten der kassenärztlichen Vereinigung schätzen läßt.

Wenn es darum geht, Unterschiede im Meldegeschehen zwischen den Erhebungsregionen sowie im zeitlichen Verlauf darzustellen - eines der mittelfristigen Ziele von MORBUS -, so müssen die Anforderungen an die Genauigkeit allerdings vergleichsweise hoch angesetzt werden, da dann die Nennerinformation einen kritischen Parameter darstellt. Dies gilt um so mehr, als insbesondere Umwelteffekte nur eine geringe Größenordnung aufweisen und Inzidenz- oder Prävalenzunterschiede dann leicht als Artefakte durch eine hohe Variation des bei der Berechnung zugrundegelegten Nenners entstehen können.

Es wurde in einem ersten Ansatz im Rahmen eines linearen Modells versucht, die Zahl der Praxiskontakte als Funktion des Fachgebiets (Kinder- bzw. Allgemeinarzt), der Region (Braunschweig, Hannover bzw. Verden), der Zahl von U7-Früherkennungsuntersuchungen und dem Niederlassungsdatum des Arztes zu modellieren. Basis der Auswertungen stellt die erwähnte, zeitlich begrenzte Nennererhebung von 80 Ärzten dar.

Durch dieses Modell können 69 % der Variabilität der Zahl von Praxiskontakten mit Kindern im 2. und 3. Lebensjahr erklärt werden[2]. Die wesentliche Einflußvariable stellt die Häufigkeit von gesetzlichen Früherkennungsuntersuchungen dar[3], die auf einem Niveau von 0.0001 statistisch signifikant ist. Wesentliche Unterschiede bestehen zwischen den Fachgebieten (zum Niveau 0.002) und den Erhebungsregionen (zum Niveau 0.001). So ist die Kontaktrate für Kinderärzte gegenüber Allgemeinärzten und in der Region Braunschweig gegenüber den beiden anderen Regionen deutlich erhöht.

Ein Erklärungsanteil von 69 % kann jedoch im Hinblick auf die oben genannte Zielsetzung nicht als befriedigend angesehen werden. Es ist anzunehmen, daß eine (geplante) Wiederholung der Analyse mit Nennerdaten aus den Arztpraxen, die zumindest auf Stichprobenbasis ein ganzes Quartal abdecken und die sich auf tiefer gegliederte Routinedaten stützen kann, eine bessere Anpassung an das Modell zeigen wird. Trotzdem zeichnet sich bereits ab, daß der Aufwand zur Gewinnung von Nennerinformationen bei Verfolgung der o.g. Zielsetzung den beteiligten Ärzten nicht gänzlich erspart werden kann. Man wird auf Erhebungen auf Stichprobenbasis bestehen müssen, um wenigstens aussagefähige Brückeninformationen aus den Arztpraxen zu erhalten.

---

2   Die zusätzliche Aufnahme der Scheinzahl oder des Anteils von gesetzlichen Früherkennungsuntersuchungen an der Scheinzahl führte nicht zu einer statistisch signifikanten Verbesserung der Modellgüte.

3   Der höchste Erklärungswert ergibt sich bei Berücksichtigung der U5 (6. Lebensmonat), aber auch für die U6 und die U7 liegen die Erklärungsanteile nur um wenige Prozentpunkte niedriger.

Eine andere Möglichkeit besteht - beispielsweise beim Asthma - darin, auf die Erhebung des Nenners ganz zu verzichten. Ein durchaus vielversprechender, weiterer Ansatz von MORBUS liegt in dem Versuch, Umwelteinflüsse nicht durch Änderung der Inzidenz oder Prävalenz, sondern durch Prägung des Krankheitsverlaufs - mit Bezug auf den Beobachtungsweg also etwa der Versorgungintensität (der Kontakthäufigkeiten) - zu messen.

5 Zusammenfassung und Ausblick

Zu diesem frühen Zeitpunkt des Modellversuchs MORBUS kann festgestellt werden daß

- die Bereitschaft der Ärzte zur Mitarbeit an einem derartigen Forschungsvorhaben hoch ist und das hohe Motivationsniveau auch über die Zeit beibehalten werden kann;

- sich die unvermeidliche Selektion der teilnehmenden Ärzte durch eine Reihe von strukturellen Merkmalen beschreiben läßt, die eine Adjustierung bei der Hochrechnung auf die Gesamtheit der Ärzte erlaubt;

- eine erste Prüfung der Frage, ob die Nennerinformation aus strukturellen Daten und aus Abrechnungsdaten der Praxen geschätzt werden kann, ein Maß an Ungenauigkeit ergeben hat, das es ratsam erscheinen läßt, auf der Erhebung des Nenners in den Arztpraxen in einem gewissen Umfang zu bestehen.

Mit Beginn der zweiten Meldephase (asthmoide Symptomatik), die seit Juli 1991 läuft, wurde daher zunächst angestrebt, die Erhebung von Nennerinformationen in allen Arztpraxen kontinuierlich durchzuführen. Es zeigte sich sehr schnell, daß die Bereitschaft der Ärzte zur Mitarbeit an MORBUS in der Folge eines offensichtlich erheblich erhöhten Bearbeitungsaufwands sehr leidet. Es erwies sich als notwendig, in der zweiten Meldephase eine Modifikation der Nennererhebung zu erproben, indem jede Arztpraxis an 5 verschiedenen Wochentagen innerhalb des Quartals eine Nennerstrichliste führt.

Somit liegen ab der zweiten Hälfte des Quartals

- für jede Arztpraxis Angaben zum Nenner vor, die z.B. im Rahmen eines proportionalen Modells eine verbesserte Schätzung des Nenners ermöglichen sowie

- für jeden Erhebungstag Informationen für eine Stichprobe von Praxen vor, die es erlauben, zeitliche Trends der Inanspruchnahme zu erkennen und in den Auswertungen zu berücksichtigen

Dann wird es eventuell auch möglich sein, epidemiologische Kennzahlen wie Prävalenz und Inzidenz der Meldeereignisse insgesamt sowie im regionalen und zeitlichen Vergleich darzustellen. Wir sind zuversichtlich, insgesamt einen gangbaren Weg zu erproben, der es erlaubt, Basisdaten zur Epidemiologie von Gesundheitsstörungen, die in der Bundesrepublik Deutschland bisher für eine epidemiologische Forschung und zur Unterstützung gesundheitspolitischer Entscheidungen vollständig fehlen, beim niedergelassenen Arzt mit vertretbarem Aufwand zu erheben.

Infekthäufigkeit und Krebsrisiko:
Ergebnisse einer Fall–Kontroll–Studie

U. Abel
Tumorzentrum Heidelberg/Mannheim
Deutsches Krebsforschungszentrum, Heidelberg

I. Einleitung

Seit Beginn dieses Jahrhunderts ist man in einer Reihe von Studien der Frage nachgegangen, ob ein Zusammenhang zwischen der Häufigkeit manifester Infekte und dem Krebsrisiko besteht (3,4,6,7,9,10,11,12,13). Mit einer Ausnahme (7) wurde in allen Studien eine, z.T. ausgeprägte, negative Assoziation zwischen der Häufigkeit der von den Befragten angegebenen Infekte, speziell solcher, die von hohem Fieber begleitet waren, und dem Risiko für Krebserkrankungen festgestellt. Dieser Zusammenhang war anscheinend weder lokalisationsspezifisch noch altersabhängig. Trotz der weitgehenden Konsistenz der Resultate ist die Frage des Zusammenhangs zwischen Infekten und Krebs letztlich ungeklärt. Die (z.T. älteren) Studien, in denen größere relative Risiken oder Zusammenhänge zwischen Kinderkrankheiten und Krebs im Erwachsenenalter gefunden wurden, weisen durchweg beträchtliche Mängel in der Anlage oder Auswertung auf, die zudem so geartet sind, daß sie die behaupteten Effekte als Artefakt hervorrufen konnten.
Ziel der vorliegenden Untersuchung ist es, die bisherigen Befunde in einer Fall–Kontroll–Studie unter Berücksichtigung möglicher Verzerrungsquellen zu überprüfen.

II. Material und Methoden

Es handelt sich bei der Untersuchung um eine Fall–Kontroll–Studie mit je einer alters– und geschlechtsgleichen Klinikkontrolle und Bevölkerungskontrolle pro Fall.
Die Fallgruppe bestand aus 255 Neuerkrankungen an histologisch gesichertem Krebs der Lokalisationen Magen, Colon, Rectum, Ovar und Brust (bei Frauen), die von Oktober 1987 bis Dezember 1989 in eine der drei teilnehmenden Heidelberger Kliniken aufgenommen wurden. Weitere Einschlußkriterien waren das Alter (30–75 J.), der Wohnort (Rhein–Neckar–Odenwald–Kreis) und das Datum der Erstdiagnose der Krebserkrankung (nicht mehr als drei Monate zurückliegend). Zu jedem Fall wurde aus dem Melderegister der Studienregion zufällig eine Kontrolle gezogen, die mit dem Fall in Geschlecht, Alter (+/– 2 Jahre) und den ersten zwei Ziffern der Postleitzahl des Wohnortes übereinstimmte. Die Kontrollen wurden mit einem Standardbrief angeschrieben und um ihre Mitarbeit gebeten. Des weiteren wurde zu jedem Fall in der jeweiligen Klinik eine in Alter (+/– 2 Jahre) und Geschlecht gleiche Kontrolle ausgewählt. Es

wurde darauf geachtet, daß die zur Einweisung der Kontrollen führenden Krankheitsbilder weder eine bekannte Risikoassoziation mit Krebs noch mit infektiösen Erkrankungen aufwiesen. Die zulässigen Diagnosen wurden in Kooperation mit den Klinikern spezifiziert. Bei Abschluß der Studie fehlten noch Klinikkontrollen zu 23 Mammakarzinompatientinnen.

Fälle und Kontrollen wurden von Interviewern anhand standardisierter Erhebungsbögen befragt. In der Hauptsache wurden soziodemographische Variablen, Infekte und sonstige Erkrankungen in der Vorgeschichte sowie Angaben zu Beruf und Rauchgewohnheiten erhoben.

Die Daten wurden mit den Standardmethoden für Fall–Kontroll–Studien (2) ausgewertet.

III. Resultate

Fälle und Kontrollen ähnelten sich in den meisten Charakteristika, jedoch waren der Schul– und Berufsabschluß in der Fallgruppe niedriger, vor allem im Vergleich zu den Bevölkerungskontrollen. Tab. 1 zeigt Odds Ratios für einige Faktoren, die mit Infektionskrankheiten in den letzten Jahren vor der Befragung zusammenhängen.[1] Insgesamt scheint eine positive Infektionsanamnese mit einem verringerten Krebsrisiko einherzugehen. Anzumerken wäre, daß die Risikoassoziation für Darmgrippen ausschließlich vom Beitrag der Lokalisationen Colon/Rectum herrührt, für die die Odds Ratios die Werte 6.7 (1.8–25.7) bzw. 4.3 (1.0–18.5) annahmen. Von besonderem Interesse sind die "Dosis"–Wirkungs–Beziehungen für die Faktoren "Erkältungskrankheiten", "Ärztliche Behandlung wegen Erkältungskrankheiten" und "Einnahme von Grippemitteln". Die Analyse der Homogenität der Odds Ratios ergab keinen Hinweis darauf, daß die für diese drei Faktoren gefundenen Risikoassoziationen auf spezielle Krebslokalisationen beschränkt waren oder vom Interviewer abhingen.

Mehrere logistische Regressionen wurden durchgeführt mit den Faktoren, für die in der univariaten Analyse eine signifikante Assoziation mit dem Krebsrisiko festgestellt worden war. Im allgemeinen war die Anpassung der Modelle an die Daten recht gut, und die Ergebnisse untermauerten i.w. die Befunde der Tab. 1. So blieb z.B. bei Berücksichtigung der Schulbildung die Häufigkeit von Erkältungen ein signifikanter Risikofaktor. Die Hinzunahme der Variablen "Einnahme von Grippemitteln" mit den Stufen "nie/selten" versus "gelegentlich/häufig" ins Modell führte zu einer etwas weniger ausgeprägten Risikoassoziation für die Häufigkeit von Erkältungen, wobei sich eine signifikante Assoziation nur für die Stufe ">=2/Jahr" und nur im Vergleich zu den Bevölkerungskontrollen ergab.

Für die in Tab. 1 nicht aufgeführten, z.T. länger zurückliegenden Erkrankungen fanden sich keine eindeutigen Risikoassoziationen. U.a. gilt dies für Tonsillektomie, Appendektomie, Rheuma,

----

[1] Bei den angegebenen Odds Ratios handelt es sich um Ergebnisse der univariaten, ungematchten Auswertung. Die entsprechenden Werte bei Berücksichtigung des Matching weichen i.a. nur wenig von den in Tab. 1 aufgeführten ab. Man beachte, daß gematchte Analysen bei nicht erschöpfenden Vergleichen (z.B. des Typs "nie" versus "häufig" bei der Frage nach Erkältungskrankheiten) versagen.

Tabelle 1 Relative Krebsrisiken (Odds Ratios) mit 95%−KI für einige banale Infekte in den letzten 5 Jahren
OR_1, OR_2 = Vgl. mit Bevölkerungs− bzw. Klinikkontrollen[1]

Einflußvariable	OR_1	OR_2
Darmgrippe	1.6 (0.7−1.6)	1.2 (0.8−1.9)
Darmgrippe, nur Colon und Rectumcarcinome	2.1 (1.0−4.2)	1.8 (0.9−3.6)
Darmgrippe mit Fieber	2.3 (1.0−5.4)	2.2 (1.0−4.9)
Darmgrippe mit Fieber, nur Colon u. Rectumcarcinome	6.7 (1.8−25.7)	4.3 (1.0−18.5)
Erkältungskrankheiten		
nie vs. je	1.7 (1.1−2.3)	1.7 (1.1−2.6)
nie vs. $\geq$1/Jahr	1.8 (1.1−2.8)	1.7 (1.0−2.8)
nie vs. $\geq$2/Jahr	2.9 (1.6−5.2)	2.0 (1.1−3.8)
nie vs. $\geq$3/Jahr	5.4 (1.6−18.4)	4.4 (1.2−16.0)
nie vs. >3/Jahr	10.4 (1.8−60.5)	3.0 (0.3−30.6)
Erkältungskrankheiten mit Fieber		
nie vs. je	1.0 (0.7−1.4)	1.4 (1.0−2.1)
nie vs. je über 38.5°C	1.5 (0.8−2.7)	1.6 (0.8−2.9)
Ärztl. Behandlung wegen Erkältungskrankheiten		
nie vs. je	1.5 (1.1−2.2)	1.7 (1.2−2.4)
nie vs. hin u. wieder oder häufig	2.5 (1.3−4.8)	2.2 (1.1−4.3)
nie vs. häufig	(1.8−∞)	(1.1−∞)
Hohes Fieber ($\geq$39°C oder $\geq$39.5°C rectal/oral)	1.1 (0.7−1.8)	0.8 (0.5−1.4)
Einnahme von Grippemitteln		
nie vs. je	1.4 (1.0−2.0)	1.3 (0.9−1.8)
nie vs. hin u. wieder/ häufig	2.4 (1.4−4.4)	2.5 (1.3−4.7)
nie vs. häufig	4.6 (1.1−19.5)	6.1 (1.6−23.6)
Bettlägerigkeit wegen Fieber		
0 vs. >0 Tage	1.1 (0.7−1.7)	1.6 (1.0−2.3)
Arbeitsfehltage wegen Infekten		
0 vs. >0 Tage	1.4 (0.9−2.30)	1.8 (1.1−2.9)

(1) Falls nicht anders vermerkt, sind OR für den Vergleich der Ausprägungen "nie" versus "je" berechnet.

Magen–Darmgeschwüre, Diabetes, Schilddrüsenüber– und –unterfunktion, Allergien, Hepatitis, Tuberkulose und, vor allem, für Kinderkrankheiten.

IV. Diskussion

Die in der vorliegenden Studie gefundenen inversen Risikoassoziationen werden indirekt durch Ergebnisse aus anderen Disziplinen untermauert. So wurde beschrieben, daß fieberhafte Infekte einen günstigen Effekt auf die Überlebensdauer von Krebspatienten ausüben. Mit pyrogenen Bakterientoxinen ist es möglich, Krebserkrankungen therapeutisch günstig zu beeinflussen (1,8). Schließlich wurde beobachtet, daß Personen, die beruflich gegenüber Endotoxinen in der Atemluft exponiert sind, im Vergleich zu nicht exponierten ein verringertes Krebsrisiko aufweisen (5).
Ganz unterschiedliche Erklärungsmodelle sind mit den Ergebnissen der Studie vereinbar. Denkbar wäre z.B., daß Infekte die Krebsentstehung verhindern oder vorhandene Krebszellen zerstören, doch ließen sich die Befunde auch dadurch erklären, daß latent vorhandener Krebs das Infektrisiko herabsetzt.
Obwohl sich die Interviewer vermutlich nicht im unklaren über die Arbeitshypothesen waren, gibt es doch Gründe für die Annahme, daß die vorliegenden Ergebnisse nicht nur ein Artefakt aufgrund von Interviewer–Bias darstellen. So ergab sich für die Kinderkrankheiten ein Nullergebnis, obwohl dies im Gegensatz zu der durch frühere Studien nahegelegten Vermutung stand. Zudem war für die Odds Ratios der meisten Faktoren keine Heterogenität zwischen den Interviewern erkennbar.

Zusammenfassung

Es wird eine Fall–Kontroll–Studie vorgestellt, die den Zusammenhang zwischen der Häufigkeit manifester Infekte und dem Krebsrisiko untersucht. Die Studie umfaßt 255 Fälle der Lokalisationen Magen, Colon, Rectum, Brust und Ovar sowie 255 alters– und geschlechtsgleiche Bevölkerungskontrollen und 230 Klinikkontrollen. Für Infekte, die wenige Jahre vor der Befragung aufgetreten waren, ergab sich fast durchweg eine inverse Risikoassoziation. So betrugen z.B. die Odds Ratios für Personen, die in den letzten 5 Jahren keine Erkältungskrankheit durchgemacht hatten, gegenüber solchen, die über 3 oder mehr Erkrankungen pro Jahr berichteten, 5.4 (1.6 – 18.4) bezüglich der Bevölkerungskontrollen bzw. 4.4 (1.2 – 16.0) bezüglich der Klinikkontrollen. Für Kinderkrankheiten oder andere länger zurückliegende Erkrankungen ergaben sich keine eindeutigen Risikoassoziationen.

Literatur

1. Abel, U. (1987) Die antineoplastische Wirkung pyrogener Bakterientoxine. In: Hager, E.D., Abel, U. (eds): Biomodulation und Biotherapie des Krebses. II. Endogene Fiebertherapie und exogene Hyperthermie in der Onkologie. Verlag für Medizin Dr. E. Fischer, Heidelberg; S. 21–85

2. Breslow, N.E., Day, N.E. (1980): Statistical methods in cancer research. Vol 1: The analysis of case–control studies. IARC Sci. Publ. No. 32, Lyon

3. Chilvers, C., Johnson, B., Leach, S. et al. (1986): The common cold, allergy, and cancer. Br. J. Cancer 54, 123–126

4. Engel, P. (1934): Über den Infektionsindex der Krebskranken. Wien. Klin. Wochenschr. 47, 1118–1119

5. Enterline, Ph.E., Sykora, J.L., Keleti, G. et al. (1985): Endotoxins, cotton dust, and cancer. Lancet, 934–935

6. Grossarth–Maticek, R., Frentzel–Beyme, R., Kanazir, D. et al. (1986): Reported Herpes–virus–infection, fever and cancer incidence in a prospective study. J. Chron. Dis. 40, 967–976

7. Grufferman, S., Wang, H.H., DeLong, E.R. et al. (1982): Environmental factors in the etiology of rhabdomyosarcoma in childhood. J. Nat. Cancer Inst. 68, 107–113

8. Nauts, H.C. (1990): Bibliography of reports concerning the clinical or experimental use of Coley's toxins (Streptococcus pyogenes and Serratia marcescens) 1893–1990. Cancer Research Institute, New York

9. Remy, W., Hammerschmid, K., Zänker, K.S. et al. (1983): Tumorträger haben selten Infekte in der Anamnese. Med. Klin. 78, 95–98

10. Schmidt, R. (1910): Krebs und Infektionskrankheiten. Med. Klinik 43, 1690–1693

11. Sinek, F. (1936): Versuch einer statistischen Erfassung endogener Faktoren bei Carcinomkranken. Z. Krebsfor. 44, 492–527

12. van Steensel–Moll, H.A., Valkenburg, H.A., van Zanen, G.E. (1986): Childhood leukemia and infectious diseases in the first year of life: A register–based case–control study. Am. J. Epidemiol. 124, 590–594

13. Witzel, L. (1970): Anamnese und Zweiterkrankungen bei Patienten mit bösartigen Neubildungen. Med. Klin. 65, 876–879

ZUR VERGLEICHBARKEIT DER MONICA HERZINFARKTREGISTER AUGSBURG, BREMEN UND CHEMNITZ/ERFURT

H. Lowel[1,2], M. Lewis[1,2], B. Herman[3], H. Holtz[4], D. Quietzsch[5],
A. Hörmann[1], E. Greiser[3], G. Voigt[5], U. Keil[1,6]

1 GSF-Institut für Epidemiologie, W-804   Neuherberg; 2 Zentralklinikum Augsburg, W-8900 Augsburg;
3 Bremer Institut für Präventionsforschung und Sozialmedizin, W-2800 Bremen;
4 Medizinische Akademie Erfurt, O-5010 Erfurt; 5 Bezirkskrankenhaus Chemnitz, O-9003 Chemnitz;
6 Ruhr-Universität Bochum, W-4630 Bochum.

ZIELSTELLUNG

Die Regionen Augsburg (Süddeutschland), Bremen (Norddeutschland) und Chemnitz/Erfurt (Ostdeutschland) führen als Kollaborationszentren des internationalen MONICA-Projektes der WHO (1) bevölkerungsbezogene Herzinfarktregister. Während in den alten Bundesländern strenge Datenschutzvorschriften zur Erhebung personenbezogener Krankheitsdaten und Todesursachen existieren, hatten die Epidemiologen in der ehemaligen DDR uneingeschränkt Zugang zu den medizinischen Behandlungsunterlagen und zu den Todesbescheinigungen. Daraus können Unterschiede in der Fallfindung und der Validierung der klinischen Diagnose sowie der Todesursachen resultieren, die sich auf die regionalen Herzinfarkthäufigkeiten auswirken. Anhand der Registerergebnisse des Jahres 1987 wird untersucht, ob und unter welchen Bedingungen ein Vergleich der Herzinfarkt-Morbidität und -Mortalität für die drei deutschen Regionen zulässig ist.

MATERIAL UND METHODEN

Registriert wurden alle Erkrankungs- und Sterbefälle an akutem Myokardinfarkt (AMI) des Jahres 1987, die bei 35- bis 64jährigen Einwohnern der Studienregionen (Studienbevölkerung: *Augsburg* 102.000 Männer, 105.000 Frauen; *Bremen* 104.000 Männer, 109.000 Frauen; *Chemnitz/Erfurt* 94.000 Männer, 105.000 Frauen) diagnostiziert und dokumentiert wurden.

Datenquellen für **koronare Todesfälle** sind die Todesbescheinigungen der regionalen Gesundheitsämter sowie bei Krankenhaussterbefällen die Krankenakten. Eine schriftliche Befragung der zuletzt behandelnden Ärzte und/oder Leichenschauer zu den Todesumständen und zur kardiovaskulären Anamnese erfolgt in *Augsburg* (Responserate 95%), sobald die Todesbescheinigungen im Gesundheitsamt vorliegen (2) und in *Bremen*

(Responserate ca. 50%) mit einer Verzögerung von bis zu zwei Jahren (3). In *Chemnitz/Erfurt* wurden sämtliche Behandlungsunterlagen einschließlich der Protokolle der dringlichen medizinisehen Hilfe zur Validierung der Todesursache genutzt. Da in der Bundesrepublik Deutschland eine Autopsie nur mit Einverständnis der Angehörigen des Verstorbenen erlaubt ist, sind die Autopsieraten in *Augsburg* mit 10% und in *Bremen* mit 15% wesentlich niedriger als in *Chemnitz/Erfurt* mit 53%, da die Gesetzgebung der ehemaligen DDR sog. Verwaltungssektionen ohne Einverständnis der Angehörigen zuließ, wenn bei der klinischen Leichenschau keine eindeutige Todesursache festzustellen war (4).

Datenquellen für **Krankenhauspatienten** sind die Aufnahmebücher und die Krankenakten. In *Augsburg* und *Bremen* erfolgt die Aufnahme in das Register, wenn die Entlassungsdiagnose ein akuter Myokardinfarkt (ICD 410) oder eine Schichtischämie (ICD 411) ist. In *Chemnitz/Erfurt* wurden auch die Entlassungsdiagnosen ICD 412-414 (chronische ischämische Herzkrankheit), ICD 428 (Herzinsuffizienz) und ICD 429 (mangelhaft beschriebene Herzkrankheiten) registriert und validiert. In *Augsburg* interviewen Krankenschwestern des Registerteams die Patienten noch während ihres Aufenthaltes im Akutkrankenhaus anhand eines standardisierten Fragebogens ("hot pursuit"). In *Bremen* und *Erfurt* wurden die Daten ausschließlich den Krankenakten entnommen ("cold pursuit"). In *Chemnitz* wurden die Patienten und - wenn erforderlich - auch der behandelnde Arzt oder Angehörige befragt ("hot pursuit").

Als MONICA-Kriterien für die **epidemiologische Diagnose** (eindeutiger AMI= MD1, möglicher AMI= MD2, überlebter Herzstillstand= MD3, kein AMI= MD4, Todesfälle mit unzureichenden Daten= MD9) gelten bei <u>Verstorbenen</u> neben dem Autopsiebefund die akute Symptomatik und die kardiovaskuläre Anamnese und bei <u>Krankenhauspatienten</u> die akute Symptomatik, EKG-Veränderungen nach dem Minnesota-Kode und Enzymerhöhungen (CPK, GOT, LDH).

ERGEBNISSE

Im Jahre 1987 wurden in *Augsburg* 507 (408 Männer, 99 Frauen) Herzinfarktfälle (279 Überlebende, 228 Verstorbene), in *Bremen* 620 (495 Männer, 125 Frauen) Herzinfarktfälle (368 Überlebende, 252 Verstorbene) und in *Chemnitz/Erfurt* 588 (449 Männer, 139 Frauen) Herzinfarktfälle (358 Überlebende, 230 Verstorbene) im Alter von 35-64 Jahren registriert.

Die ausgewählten **Todesfälle** hatten als offizielle Todesursache in *Augsburg* zu 60%, in *Bremen* zu 58% und in *Chemnitz/Erfurt* zu 52% einen AMI (ICD 410); zu 18%, 16% und 29% war die Todesursache eine chronische KHK (ICD 412-414). Der Anteil der Todesfälle mit anderen, weniger genau beschriebenen Todesursachen betrug 22%, 20% und 19%. Während die Fallauswahl der Register sich nicht signifikant unterscheidet, beeinflussen die unterschiedlichen Autopsieraten die Validierungsergebnisse signifikant (p <0.001; Abb.1).

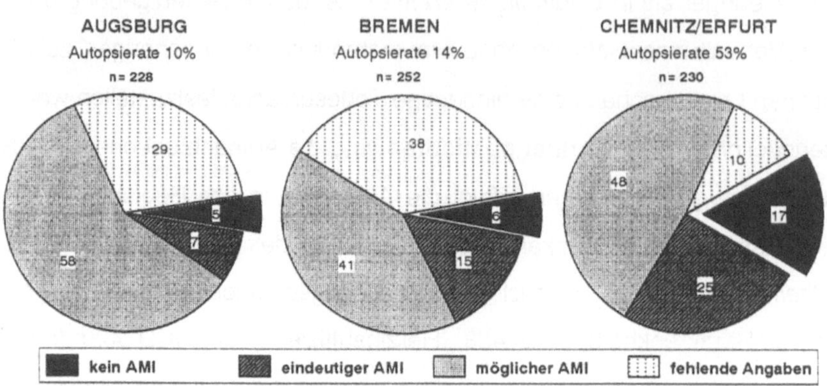

Abb. 1 MONICA-Diagnose-Kategorien in % der Todesfälle.

In *Chemnitz/Erfurt* wurde bei 17% der Todesfälle der AMI ausgeschlossen (MD4); *Augsburg* 5%, *Bremen* 6%. Dementsprechend gering ist der Anteil der MD9-Fälle in *Chemnitz/Erfurt*. In Augsburg war der Anteil der MD2-Fälle wegen der 95%igen Responserate der befragten Ärzte mit 58% signifikant höher als in Bremen mit 41%. Werden die MD1-, MD2- und MD9- Todesfälle als wahrscheinliche Koronartodesfälle zuammengefaßt, verstarben in Augsburg 64%, in Bremen 69% und in Chemnitz/Erfurt 62% vor Erreichen eines Krankenhauses (p >0.1).

Die Entlassungsdiagnose der registrierten **AMI-Überlebenden** war in *Augsburg* zu 88%, in *Bremen* zu 98% und in *Chemnitz/Erfurt* nur zu 57% ein transmuraler Herzinfarkt (ICD 410). Die Validierung der ICD 410-Fälle ergab *für Augsburg* 75%, *für Bremen* 77% und *für Chemnitz/Erfurt* 80% MD1-Fälle (Abb. 2). Für die MONICA-Diagnose hat das EKG die größte Bedeutung. Eindeutige EKG-Veränderungen werden immer zu MD1 (*Augsburg* 46%, *Bremen* 49%, *Chemnitz/Erfurt* 53%; p >0.05). Typische Symptome (*Augsburg* 80%, *Chemnitz/Erfurt* 82% vs. *Bremen* 59%; p <0.01) ergeben ebenfalls MD1, wenn bei *nicht normalem EKG* gleichzeitig die Enzymvererhöhungen *typisch* sind; typische Enzymerhöhungen (*Bremen* 70%, *Chemnitz/Erfurt* 71% vs. *Augsburg* 57% ; p <0.01) ergeben außerdem MD1, wenn bei atypischer Symptomatik die EKG-Veränderungen *wahrscheinlich* für einen AMI sind; bei typischen Enzymerhöhungen und *normalem EKG* ergibt die Kategorisierung unabhängig von der Symptomatik MD2.

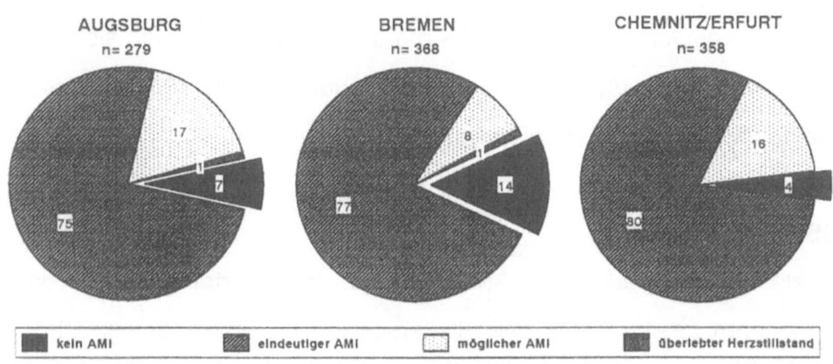

Abb. 2   MONICA-Diagnose-Kategorien in % der Überlebenden (ICD 410).

Über den MONICA-Algorithmus wurde der klinisch diagnostizierte AMI in *Ausgburg* zu 7%, in *Chemnitz/Erfurt* zu 4% und in Bremen zu 14% als MD4 klassifiziert (p <0.05).

In der Abbildung 3 sind die AMI-Erkrankungsrate (Morbidität) und die AMI-Sterberate (Mortalität) für die drei Registerregionen und für Männer und Frauen je 100.000 der Bevölkerung dargestellt. Die dunklen Säulen stellen eine Minimalschätzung des Risikos dar, indem alle letalen und nichtletalen MD1-Fälle zusammen mit den MD2-Todesfällen berücksichtigt wurden. Das Risiko erhöht sich, wenn als Maximalschätzung die nichtletalen MD2-Fälle und die Todesfälle mit unzureichenden Daten einbezogen werden (helle Säulenteile).

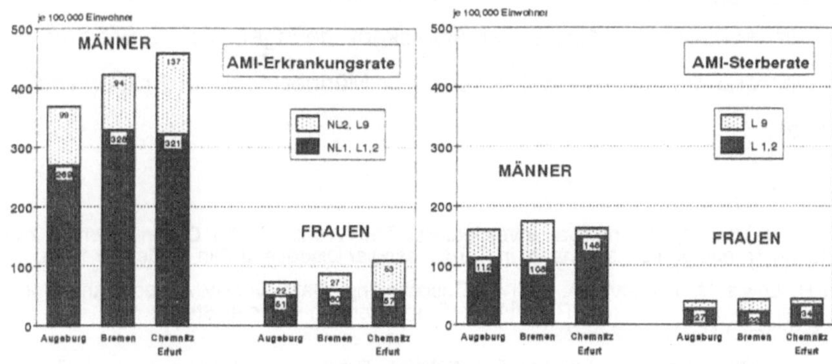

Abb. 3   Herzinfarktraten je 100.000 Einwohner, 1987.
(NL= nichtletal, L= letal; 1= eindeutiger AMI, 2= möglicher AMI, 9= unzureichende Daten).

Die Minimalschätzungen der AMI-Morbidität von 269 je 100.000 Männer in *Augsburg* ist signifikant geringer (p= 0.04) als die Raten für *Bremen* (328 je 100.000) und *Chem-*

nitz/Erfurt (321 je 100.000). Die Maximalschätzungen der AMI-Morbidität von 368 je 100.000 Männer in *Augsburg* ist signifikant geringer$_f$ (p= 0.0007) als die Raten für *Chemnitz/Erfurt* (458 je 100.000) und grenzwertig signifikant (p– 0.052) zu *Bremen* (422 je 100.000). Die Raten von *Bremen* und *Chemnitz/Erfurt* unterscheiden sich nicht signifikant (p=0.27). Die AMI-Mortalität für Männer und Frauen und die AMI-Morbidität für Frauen zeigt keine nachweisbaren regionalen Differenzen.

SCHLUSSFOLGERUNGEN

Die regionale Vergleichbarkeit der AMI-Morbidität und -Mortalität könnte durch drei wesentliche Faktoren beeinträchtigt sein: Unterschiede im Studiendesign ("hot pursuit" vs. "cold pusuit") bei der Registrierung der Krankenhausfälle, wobei "cold pusuit" wegen ungenauerer Angaben zur akuten Symptomatik über den MONICA-Algorithmus zu mehr MD4-Fälle führt. Unterschiede in der Datenlage per Fall, indem z.B. in Augsburg eindeutige Enzymerhöhungen häufiger aus anderer Ursache dokumentiert werden. Hier könnten auch regionale Unterschiede in der Therapie (z.B. Thrombolyse) des Herzinfarktes eine Rolle spielen. Unterschiede in der Autopsierate, wobei eine höhere Autopsierate mehr Todesfälle als *kein AMI* kategorisiert, die zur Berechnung der Morbidität und Mortalität nicht berücksichtigt werden.

Die regionale Vergleichbarkeit ist unter Berücksichtung der möglichen Bias am besten gegeben, wenn überlebende MD1-Fälle und MD1-, MD2- und MD9 Todesfälle als <u>wahrscheinliche Herzinfarkte</u> für die Berechnung der AMI-Raten einbezogen werden. Die AMI-Morbidität der *Augsburger* Männer ist signifikant geringer als in *Bremen* und *Chemnitz/Erfurt*, während die AMI-Mortalität weder für Männer noch für Frauen regionale Differenzen aufweist.

LITERATUR

1. WHO MONICA Project Principal Investigators. The World Health Organization MONICA Project (Monitoring Trends and Determinants in Cardiovascular Disease. J Clin Epidemiol 1988; 41: 105-114.

2. Löwel H, Lewis M, Hörmann A, Keil U. Case finding, Data Quality Aspects and Comparability of Myocardial Infarction Registers: Results of a South German Register Study.
J Clin Epidemiol 1991; 44: 249-260.

3. Herman B, Stüdemann G, Greiser E. MONICA Bremen - Arbeitsweise und Ergebnisse eines retrospektiven, bevölkerungsbezogenen Herzinfarktregisters im WHO-Verbund.
In: Guggenmoos-Holzmann (Hrsg.). Medizinische Informatik und Statistik 72. Springer Verlag Heidelberg. 1991; 120-124.

4. Löwel H, Lewis M, Hörmann A, Gostomzyk J, Keil. Todesursachenstatistik. Wie sicher ist die Angabe ischämische Herzkrankheit? Ergebnisse des MONICA Augsburg Herzinfarktregisters 1985-1988.
Dt Ärztebl 1991; 88: C1495-C1499.

Krankenhausversorgung bei Herzinfarktpatienten:
Ergebnisse der MONICA Herzinfarktregister Augsburg und Bremen 1985-1988

Michael Lewis[1,3], Bertram Herman[2] Hannelore Löwel[1,3], Gabriele Stüdemann[2],
Eberhard Greiser[2], Ulrich Keil[4]

[1]GSF-Institut für Epidemiologie W-8042 Neuherberg
[2]Bremer Institut für Präventionsforschung und Sozialmedizin, W-2800 Bremen
[3]Zentralklinikum Augsburg, W-8900 Augsburg
[4]Ruhr Universität Bochum ,W-4630 Bochum 1

Einleitung

Im Rahmen des internationalen MONICA Projektes der WHO (1) werden in den Studienzentren Augsburg (Süddeutschland) und Bremen (Norddeutschland) Daten zur Krankenhausversorgung bei Patienten mit einem akutem Myokardinfarkt (AMI) erhoben. Ein Vergleich der Behandlungsdaten dieser beiden Zentren soll zeigen, ob sich in der Krankenhausbetreuung regionale Unterschiede abzeichnen. Hierbei wird besonders auf die Entwicklung der Krankenhausbetreuung über einen vierjährigen Beobachtungszeitraum und auf die möglichen Ursachen regionaler Betreuungsunterschiede eingegangen.

Material und Methoden

Die Studienbevölkerung der Region Augsburg besteht aus 265000 Personen im Alter von 30-69 Jahren (128000 Männer, 137000 Frauen), die Studienbevölkerung in Bremen beträgt 271000 (129000 Männer, 142000 Frauen). In der Studienregion Augsburg befinden sich 13, in Bremen 7 Krankenhäuser. Ausgewertet wurden Behandlungsdaten der in den beiden Herzinfarktregistern Augsburg und Bremen in den Jahren 1985-1988 nach den Regeln des WHO MONICA Projektes registrierten Herzinfarktpatienten im Alter von 30-69 Jahren, die nach Validierung einen Herzinfarkt der Kategorie 1 oder 2 (eindeutig oder wahrscheinlich) hatten und welche die ersten 28 Tage nach Infarkt überlebten. Für Augsburg waren dies 1301 Patienten (1046 Männer, 255 Frauen), für Bremen 1466 (1151 Männer, 315 Frauen). Die verwendeten Daten umfassen die aus den Krankenakten entnommenen Angaben über die stationäre medikamentöse Behandlung (Wirkstoffgruppen: Antiarrhythmika, Antikoagulantien, Thrombozytenaggregationshemmer, Beta-Rezeptorenblocker, Kalzium-Antagonisten, Diuretika, Inotrope Substanzen, Antihypertensiva und Nitrate), therapeutische und Diagnostische Verfahren (Thrombolyse, perkutane transluminale koronare Angioplastie (PTCA), Aortokoronare Bypassoperation und Koronarangiographie) sowie allgemeine Angaben über den Krankenhausaufenthalt (behandelndes Krankenhaus, Krankenhausverweildauer und Liegezeit auf der Intensivstation). Die Versorgungsdaten der Jahre 1985-1988 für die beiden Studiengebiete wurden nach der Altersstruktur der Patienten der vier Registerjahre beider Studiengebiete gewichtet und 95% Konfidenzintervalle der Häufigkeiten berechnet. Zur Bestimmung der Versorgungsunterschiede wurde der X^2-Test verwendet.

Ergebnisse

Tabelle 1 zeigt die Basisdaten der 30-69jährigen hospitalisierten Patienten (n=2767) mit überlebtem Herzinfarkt in den MONICA-Studienregionen Bremen und Augsburg 1985-1988. Hinsichtlich der Geschlechts- und Altersverteilung sowie der Art der Erstversorgung und der Zeit, die bis zur Inanspruchnahme medizinischer Hilfe vergeht, bestehen keine wesentlichen Unterschiede zwischen den Studienregionen.

Tabelle 1: **Basisdaten der 30-69jährigen hospitalisierten Herzinfarktpatienten.**

	Bremen (n=1466)	Augsburg (n=1301)
Geschlechtsverteilung (%)		
Frauen	22	20
Männer	88	80
Altersverteilung (%)		
30-39	2	3
40-49	16	17
50-59	35	34
60-69	47	46
Erstversorgung (%)		
Niedergelassener Arzt	67	64
Sanitäter/Notarzt	14	14
Krankenhaus	19	22
Zeit vom Infarkt bis zur medizinischen Versorgung (%)		
< 1 Stunde	24	29
$\geq$ 1 Stunde und < 2 Stunden	17	20
$\geq$ 2 Stunden und < 4 Stunden	14	11
$\geq$ 4 Stunden und < 24 Stunden	32	30
> 24 Std	13	10
Krankenhausaufenthalt		
Patienten auf Intensivstation (%)	96	97
Verweildauer auf Intensivstation (Tage)	6	6
Verweildauer im Krankenhaus (Tage)	31	27

Die Verweildauer im Krankenhaus ist in Augsburg in jedem Jahr kürzer als in Bremen. In beiden Studienregionen zeigt sich über die Jahre hinweg eine Abnahme der Verweildauer (von 29 auf 25 Tage in Augsburg und von 33 auf 29 Tage in Bremen), während die Liegezeit auf Intensivstation in beiden Regionen mit durchschnittlich 6 Tagen konstant bleibt.

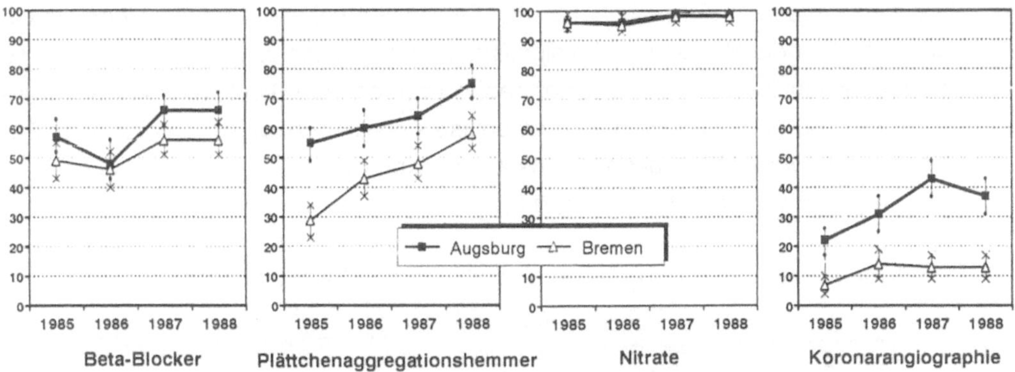

Abbildung 1: Zeitliche Entwicklung der Krankenhausversorgung in den Studienregionen Augsburg und Bremen anhand ausgewählter Beispiele.

Im Zuge der vier Jahre nimmt in beiden Zentren die Behandlung mit den in neueren Untersuchungen als wirksam ausgewiesenen Arzneigruppen der Beta-Rezeptorenblocker und Plättchenaggregationshemmer (vornehmlich Aspirin) signifikant zu (Abb. 1). Dabei werden in der Region Augsburg durchweg häufiger Patienten mit diesen Wirkstoffgruppen behandelt als in Bremen.

Tabelle 2: Krankenhausbehandlung von 30-69jährigen hospitalisierten Patienten (n=2767) mit überlebtem Herzinfarkt in den Studienregionen Bremen und Augsburg.

	Bremen (n=1466) %	Augsburg (n=1301) %	
Arzneimittelgebrauch			
Antiarrhythmika	38	39	n.s.
Antikoagulantien	98	98	n.s.
Thrombozytenaggregationshemmer	44	**62**	p<0.00001
Beta-Blocker	51	**59**	p<0.0001
Kalzium Antagonisten	63	**76**	p<0.00001
Diuretika	49	**66**	p<0.00001
Antihypertensiva	**18**	2	p<0.00001
Inotrope Medikamente	28	28	n.s.
Nitrate	97	97	n.s.
Diagnostische und Therapeutische Verfahren			
Thrombolyse	**25**	20	p<0.0005
Angioplastie (PTCA)	1	**3**	p<0.003
Aortokoronarer Bypass (ACVB)	1	**4**	p<0.00001
Koronarangiographie	11	**31**	p<0.00001

Standardtherapien, wie die Behandlung mit Nitraten (Abb. 1) oder Antikoagulantien werden über die Jahre in beiden Zentren mit gleichbleibender Häufigkeit eingesetzt (97%

bzw. 98% aller Patienten; siehe auch Tab.2). Die Studienregionen unterscheiden sich in allen außer den Standardbehandlungen signifikant. Im Vergleich zu Augsburg werden die neueren medikamentösen Behandlungsformen in Bremen signifikant weniger häufig angewandt, wobei in Bremen jedoch die Thrombolyse signifikant häufiger einsetzt wird. Besonders bemerkenswert ist der geringe Einsatz von Koronarangiographien als Diagnostikum in der Region Bremen (Abb. 1; Tabelle 2).

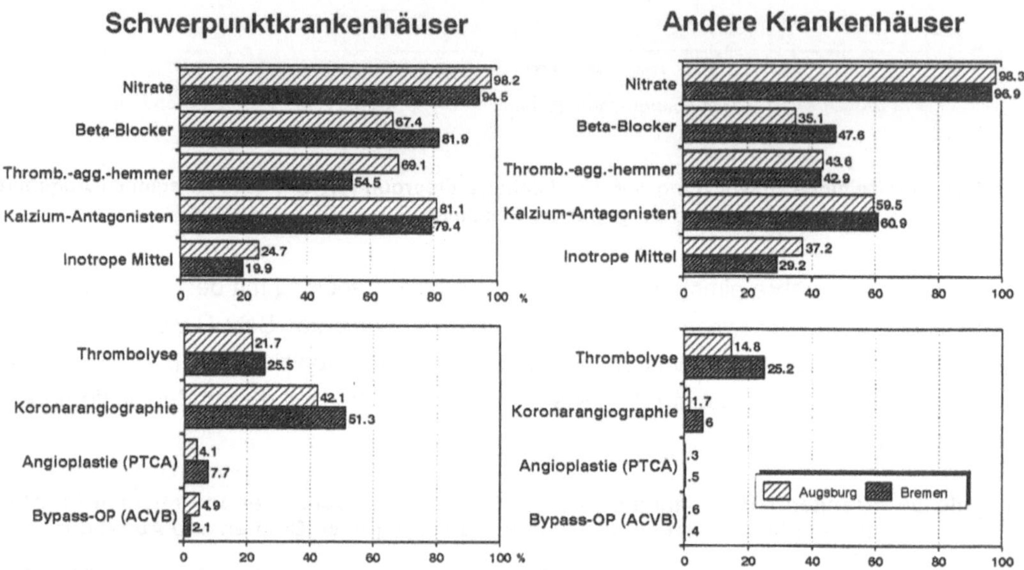

Abbildung 2: Krankenhausversorgung von Patienten mit akutem Myokardinfarkt in Augsburg und Bremen unterteilt nach kardiologischen Schwerpunktskliniken der Regionen und anderen Krankenhäusern.

Zur genaueren Einordnung der regionalen Versorgungsunterschiede wurden nach Krankenhaustyp stratifiziert. Jede Studienregion enthält eine kardiologisches Schwerpunktklinik. In Augsburg befindet sich diese mit zwei weiteren medizinischen Abteilungen in einem Großklinikum, das ca. 75 % aller AMI-Patienten der Region aufnimmt. Die kardiologische Schwerpunktklinik in Bremen ist eines von sieben gleichwertigen Krankenhäusern der Stadt und nimmt entsprechend ca. 12 % der Herzinfarktpatienten auf. In Abbildung 2 wird deutlich, daß die Schwerpunktkrankenhäuser in beiden Regionen sehr ähnliche Behandlungspraktiken ausüben. Nitratbehandlung ist in beiden Regionen und in beiden Klinikarten üblich. Thrombozytenaggregationshemmer und Beta-Blocker werden in Schwerpunkhäusern häufiger eingesetzt als in anderen Kliniken. Inotrope Mittel (überwiegend Herzglykoside) werden bevorzugt in nicht-kardiologischen Kliniken verwendet. Das Gros der in Bremen durchgeführten Koronarangiographien wird in dem Schwerpunktkrankenhaus der Region getätigt, hier erhalten 51% aller AMI-Patienten diese Untersuchung.

Diskussion

Die Ähnlichkeit der Erstversorgung in den beiden Regionen weist darauf hin. daß hinsichtlich der Zugangs zur medizinischen Versorgung und der Reaktionszeit der Patienten und des Versorgungssystems kaum Unterschiede bestehen. In beiden Zentren fällt (als Besonderheit der Bundesrepublik) die lange Krankenhausverweildauer auf, die jedoch in den vier Jahren in beiden Zentren um durchschnittlich ca. 4 Tage abnimmt. Im zeitlichen Verlauf zeigen beide Regionen konkordante, signifikante Anstiege in der Krankenhausbehandlung mit neueren Arzneimitteln wie Beta-Rezeptorenblocker und Plättchenaggregationshemmer, doch liegt die Häufigkeit des Einsatzes neuerer Behandlungsformen in der Region Augsburg - mit Ausnahme der Thrombolyse - durchweg höher als in Bremen. Nur in der Region Augsburg werden invasive Verfahren mit zunehmender Häufigkeit eingesetzt. Besonders erstaunlich ist hier der geringe Einsatz von Koronarangiographien als Diagnostikum in der Region Bremen. Wird jedoch nach Art der Krankenhäuser geschichtet (kardiologische Schwerpunktkliniken und andere Häuser) ist die Versorgung in den kardiologischen Schwerpunktkrankenhäusern der Regionen ähnlich. Tatsächlich zeigt sich, daß in der Bremer Schwerpunktsklinik häufiger Beta-Blocker eingesetzt und an anteilig mehr AMI-Patienten Koronarangiographien durchgeführt werden als in der Augsburger Schwerpunktklinik. Der Einfluß des Augsburger Klinikums auf die Gesamtversorgung in der Region ist allerdings größer, weil dieses jährlich 72 bis 76% der Herzinfarktpatienten der Region aufnimmt, das kardiologische Zentrum in Bremen nur 11 bis 13%.

Die Unterschiede in der regionalen Versorgung beruhen weitgehend auf strukturellen Unterschieden und sind an die Kapazitäten der Schwerpunktskrankenhäuser gebunden. Hieraus wird deutlich, daß regionale Vergleiche der Versorgung sich nur unter Kenntnis der strukturellen Gegebenheiten sinnvoll interpretieren lassen. Maßgeblich für die festgestellten regionalen Versorgungsunterschiede ist der Anteil der Patienten, der in der jeweiligen Region in einem kardiologisch orientierten Haus behandelt wird. In diesen Häusern wird offenbar ein größerer Anteil der Patienten nach den derzeit gängigen kardiologischen Normen behandelt als in nicht-spezialisierten Kliniken. Da diese Behandlungsformen letztlich auch mit einer günstigeren Prognose einhergehen (2), sollte sichergestellt werden, daß soviel Patienten wie möglich entsprechend ihrer Erkrankung in die dafür spezialisierte Einrichtung gelangen.

Literatur

1. World Health Organization. MONICA Manual of Operations (1986) Version 1.1., Geneva

2. Bristow JD. Influences of Medical Therapy on Mortality from Coronary Heart Disease (1988) In: Higgings MW, Luepker RV (Hrsg) Trends in Coronary Heart Disease. The Influence of Medical Care. Oxford University Press, New York, 232-238).

**Bevölkerungsweite Gemeindeintervention und epidemiologische Ergebnisevaluation
Ein methodischer Widerspruch?**
Ulrike Maschewsky-Schneider, Karin Lüsebrink, Michael Hoopmann
Bremer Institut für Präventionsforschung und Sozialmedizin
Grünenstr. 120
2800 Bremen

1. Problemstellung

Epidemiologische Gemeindeinterventionsstudien zeigen einen Widerspruch zwischen dem bevölkerungsweiten Interventionsansatz und der epidemiologischen Messung der Programmeffekte. Letztere werden anhand von Gesundheitsindikatoren in definierten Populationen gemessen; der Gemeindeinterventionsansatz impliziert jedoch die breite Streuung der Programme über diese Meßpopulation hinaus. Außerdem werden nicht nur Risikopersonen (z.B. Hypertoniker, Raucher, sozial und gesundheitlich benachteiligte Bevölkerungsgruppen) erreicht, sondern auch gesunde Personen und solche, die bereits gesundheitsbewußt handeln. In der Literatur (ROSE 1981, 1985; EPSTEIN 1988) wird ein Interventionsmodell als besonders effektiv bewertet, daß den bevölkerungsweiten Interventionsansatz mit einer auf Risikogruppen ausgerichteten Strategie verbindet. Auf der Basis von Ergebnissen der Deutschen Herz-Kreislauf-Präventionsstudie wird untersucht, ob sie das von ROSE und EPSTEIN dargestellte Modell stützen oder ob sie eher auf einen methodologischen Widerspruch zwischen dem Gemeindeinterventionsansatz und den epidemiologischen Meßkriterien hinweisen.

2. Die Deutsche Herz-Kreislauf-Präventionsstudie

Die Deutsche Herz-Kreislauf-Präventionsstudie (DHP) ist eine epidemiologische Gemeindeinterventionsstudie, deren Ziel die Senkung der Herz-Kreislauf-Mortalität (ICD-9:410-414,430-438) um 8% in einem Interventionszeitraum von 7 Jahren ist. Programmeffekte werden - über die Mortalität hinaus - als Veränderungen der Risikofaktoren gemessen. Dazu werden in den Studienregionen zu Beginn in der Mitte und am Ende der Studie drei Querschnittssurveys durchgeführt. Als Referenz- oder Kontrollregion dient die gesamte (alte) Bundesrepublik Deutschland, aus der die Vergleichstichprobe erhoben wird. Über die epidemiologische Messung hinaus wird mit sozialwissenschaftlichen Methoden der Prozeßevaluation der gesamte Interventionsprozeß begleitet und evaluiert.

Das Interventionsprogramm ist am Gemeindeinterventionsmodell orientiert. Das bedeutet, daß die präventiven Aktivitäten und Maßnahmen in eine städtische bzw. ländliche Region eingebunden werden. Das Ziel ist, die Gesamtbevölkerung in dieser Region zu erreichen,was nur erreicht werden kann, wenn die vorhandenen Strukturen für Prävention in den Studienregionen genutzt werden. Im Rahmen der Intervention werden den Bürgern Angebote gemacht, die sie darin unterstützen, ihr Gesundheitsverhalten zu ändern; das Programm ist also handlungsorientiert. Neben der Ausrichtung auf die Allgemeinbevölkerung, etwa durch Medienaktionen oder Gesundheitsfeste, werden auch zielgruppenspezifische Programme angeboten, die sich z.B. an Betriebsangehörige aus Produktionsbetrieben richten oder auf Risikogruppen, wie z.B. Hypertoniker oder Raucher, zielen.

3. Ergebnisse

Erreichung der Interventions- und Evaluationspopulation

Es soll zunächst die Frage untersucht werden, ob die Meßpopulation in einem ausreichenden Umfang und Anteil an den Interventionsteilnehmern erreicht wurde, sodaß Effekte bei den Risikofaktoren zu erwarten wären. Dazu zunächst einige Bemerkungen zum Studiendesign. In Bremen umfaßt die Studienregion ausgewählte Stadtbezirke, nämlich Bremen-Nord und Bremen-West. In diesen Regionen soll besonders intensiv interveniert werden und auch die Meßpopulation für die Mortalität und den Survey ist auf diese Region beschränkt. Die Einwohner dieser Region bilden die sogenannte Interventionspopulation. Die Evaluationpopulation ist darüber hinaus nach weiteren Kriterien einschränkend definiert. Zu ihr gehören alle 25-69jährigen deutschen Personen der Interventionspopulation. Die Daten der Volkszählung 1987 zeigen, daß die Evaluationpopulation nur 56% der gesamten Interventionspopulation in Bremen umfaßt.

Für ausgewählte Interventionsstrategien, wie z.B. interventive Blutdruck- und Cholesterinscreenings liegen Daten pro Meßperson vor, die eine Abschätzung der Erreichungsgrade von Personen aus der Interventionsregion und ihre Gliederung nach Alter, Geschlecht, Risikostatus und Zugehörigkeit zur Evaluationspopulation erlauben.

Am Beispiel interventiver Blutdruckscreenings läßt sich zeigen, wieviel Teilnehmer bei verschiedenen Meßaktionen in den Jahren 1985-1988 aus der Interventions- und Evaluationsbevölkerung kamen. Recht zielgenau wurden beide Gruppen bei Betriebsscreenings in Betrieben (n = 2.031 Messungen) im oder ganz in der Nähe des Interventionsgebietes erreicht. 62% der Teilnehmer gehörten zur Interventions- und 53% zur Evaluationspopulation. Bei einem über ganz Bremen gestreuten Screening, dem sog. "Bremer Blutdruck Monat" (n = 7.622) kamen nur 45% der Teilnehmer aus der Interventions- und 29% aus der Evaluationspopulation; bei Messungen im Supermarkt (n = 2.141) war das Ergebnis sogar noch ungünstiger, nämlich 34% und 27%. Insgesamt wurden in dem genannten Interventionszeitraum ca. 35.800 interventive Blutdruckmessungen durchgeführt. Es ist davon auszugehen, daß rund 40% aller Teilnehmer der Evaluationspopulation zuzurechnen sind. Bezogen auf die gesamte Evaluationsbevölkerung (104.854 Einwohner, 25-69 Jahre) sind das ca. 13% der gesamten Evaluationspopulation.

Erreichung von Risikopopulationen

Die vorliegenden Screeningdaten lassen auch eine Abschätzung zu, inwieweit die Teilnehmer ein repräsentatives Abbild der Evaluationspopulation darstellen oder ob mehr Risikopopulationen bzw. bereits gesundheitsbewußte Bevölkerungskreise erreicht wurden. Die Ergebnisse zeigen, daß in den Betrieben hauptsächlich Männer (86%) an den Messungen teilnahmen, während in den Supermärkten die Frauen überrepräsentiert waren (72%). Dies galt auch für den Blutdruckmonat, wenn auch nicht so extrem (59% Frauen). Während in den Betrieben die mittleren Altersgruppen (40-59 Jahre) überrepräsentiert waren, waren es in den beiden anderen Aktionen die 60-69 Jahre alten Personen. Da die Meßaktionen mit den höchsten Teilnehmerzahlen eher diesen beiden Aktionstypen vergleichbar waren, also breit gestreut in die Gemeinde gewirkt haben, muß davon ausgegangen werden, daß durch alle Screenings zusammen vergleichsweise viele ältere Personen und Frauen erreicht wurden.

Dies bestätigt sich, wenn man die Teilnehmer nach Stellung im Beruf betrachtet und mit den repräsentativen Surveydaten vergleicht. Hausfrauen und Rentner sind in den gemeindeweit gestreuten Aktionen überrepräsentiert. Während die Gruppe der Angestellten etwas überrepräsentiert war, konnten Arbeiter v.a. bei den Betriebsscreenings erreicht werden.

Die Ergebnisse zeigen, daß im Vergleich zu den repräsentativen Surveydaten die Personen mit zu hohen Blutdruckwerten überrepräsentiert waren, ein aufgrund der Altersstruktur erwartbares Ergebnis. Dazu kommt, daß die interventiven Messungen nicht unter standardierten Bedingungen durchgeführt wurden, da sie lediglich der Erhöhung der Aufmerksamkeit bzgl. des eigenen Blutdrucks dienten und mit einer Empfehlung verbunden waren, den Blutdruck regelmäßig durch den Arzt oder anderes medizinisches Personal kontrollieren zu lassen. Aufgrund der nicht standardisierten Meßsituation muß davon ausgegangen werden, daß in diesem Falle eher zu hohe Werte gemessen werden.Aufgrund der Zusammensetzung der Teilnehmer an den Screenings war auch der Bekanntheitsgrad der eigenen Hypertonie größer als im repräsentativen Survey.

Nachweis von Interventionseffekten

Die 1988 mittels des zweiten Surveys erhobenen Ergebnisse zur Zwischenbewertung der Studienergebnisse sind auf dem Hintergrund der dargestellten Erreichungsgrade und Teilnehmerstruktur zu bewerten. Tabelle 1 zeigt für Männer und Frauen die Zwischenergebnisse für das Bremer Studienzentrum im Verhältnis zur nationalen Referenz (Nettoergebnisse) nach Blutdruckkategorien. Es zeigt sich, daß bei beiden Geschlechtern der Anteil der medikamentös behandelten und kontrollierten Hypertoniker deutlich zunahm (Zeile 4,6 und 7), bei den Männern jedoch stärker als bei den Frauen. Die wahre Prävalenz (Zeile 5) , die die medikamentös kontrollierten und die nicht kontrollierten Hypertoniker zusammenfaßt, nahm nur bei den Frauen ab.

Auf dem Hintergrund der hohen Erreichungsgrade von Personen der Evaluationspopulation in den interventiven Screenings und der Erreichung der vom Alter her besonders wichtigen Zielgruppen, nämlich Männer im mittleren Lebensalter und ältere Frauen, konnten offensichtlich Risikogrupen erreicht werden, die sich dann einer ärztlichen Behandlung unterzogen. Es kann auch die These aufgestellt werden, daß durch die betriebsspezifischen Zugänge gezielt Männer, die in der Regel weniger medizinische oder präventive Leistungen in Anspruch nehmen, erreicht wurden.

Die Auswertungen der Daten nach Schichtzugehörigkeit (s.a.HELMERT u.a. 1988) stützt die These, daß durch das Screeningprogramm zielgerichtet Personen erreicht wurden, bei denen sich gesundheitliche und soziale Risiken kumulieren. Die Ausgangsprävalenzen der Hypertonie waren besonders in den unteren und mittleren Sozialschichten ausgeprägt. Hier konnten aber auch die stärksten Interventionseffekte erzielt werden (Tabelle 2).

Tab. 1 Blutdruck, Prävalenz, Nettoergebnisse, t_0-t_1, DHP-Region Bremen (HB) - Nationaler Gesundheitssurvey (NUS), (%)

	MÄNNER			FRAUEN		
	Prävalenz t0		Netto-Ergeb.	Prävalenz t0		Netto-Ergeb.
Blutdruck	HB n=863	NUS n=2.293	(HB-NUS) (t0-t1)	HB n=932	NUS n=2.482	(HB-NUS) (t0-t1)
1 normal	53.5	52.0	+13.6	60.1	64.6	+13.7
2 borderline	25.0	23.0	-30.5	16.8	15.5	-29.8
3 hypertensiv	18.3	20.3	-19.6	17.9	14.1	-35.9
4 kontrolliert	3.2	4.3	+119.4	5.3	5.5	+43.8
5 hyp. und kontroll. (3+4)	21.5	24.6	(+0.8)	23.2	19.6	-17.4
in 5: 6 behandelt	26.5	34.3	+85.1	45.3	56.0	+34.9
7 kontrolliert	15.1	17.3	+113.7	22.9	28.0	+67.6
8 bekannt	35.6	37.1	+59.9	52.8	54.5	+46.4

Tab. 2 Blutdruck, Prävalenz und Netto-Ergebnisse, t_0-t_1, DHP-Region Bremen (HB) -
Nationaler Gesundheitssurvey (NUS) nach sozialer Schicht (%)

Soziale Schicht	MÄNNER			FRAUEN		
	Prävalenz t_0 HB n=860	NUS n=2.274	Netto-Ergeb. (HB-NUS) $(t_0$-$t_1)$	Prävalenz t_0 HB n=932	NUS n=2.459	Netto-Ergeb. (HB-NUS) $(t_0$-$t_1)$
Oberschicht	13.6	21.9	- 5.6	12.0	11.8	-15.0*
Obere Mittel-schicht	17.7	19.0	-18.2*	12.2	12.1	-12.5*
Mittelschicht	20.7	20.7	-33.0*	16.9	11.9	-41.9*
Untere Mittel-schicht	20.0	20.5	- 7.1	17.7	16.2	-28.0*
Unterschicht	16.6	22.8	-48.0*	22.4	18.0	-74.5*

* p< .001

Bevölkerungsweite und Risikogruppen spezifische Intervention

EPSTEIN (1988) zeigt auf der Basis von Modellrechnungen, daß epidemiologische Effekte in Gemeinde-interventionsstudien am größten sind, wenn der bevölkerungsbezogene mit dem auf Risikogruppen bezogenen Interventionsansatz kombiniert wird. Auswertungen der zum Zeitpunkt t-o und t-1 erhobenen Blutdruckwerte zeigen - zunächst deskriptiv - Effekte dieser beiden Interventionsstrategien. Abbildung 1. stellt die Veränderung der empirischen Verteilung des systolischen Blutdrucks für Männer im Zeitvergleich dar. Dabei wird zum einen der Populationseffekt sichtbar, der sich in der Verschiebung · der gesamten Verteilungsfraktion nach links ausdrückt. Da die behandelten Hypertoniker mit eingeschlossen sind, läßt sich die Verschiebung der Kurve in den hohen Blutdruckklassen als Effekt der Erhöhung des Behandlunggrades der Hypertonie interpretieren. Dies gilt im besonderen Maße für die Frauen (Abbildung 2). Diese erste Deskription der Verteilung untermauert also die Hypothese, daß durch das Interventionsprogramm sowohl ein Populationseffekt, als auch ein Effekt in den Hochrisikogruppen erzielt worden ist.

Abb. 1

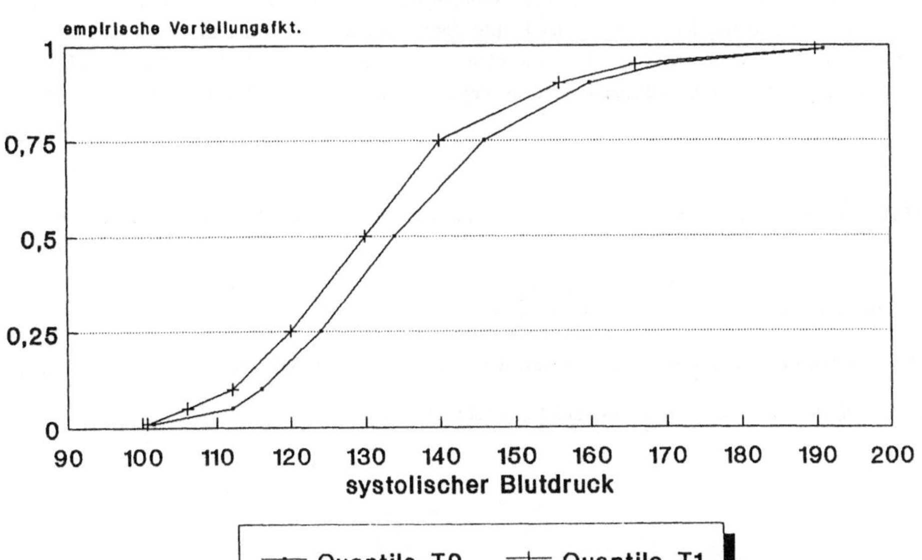

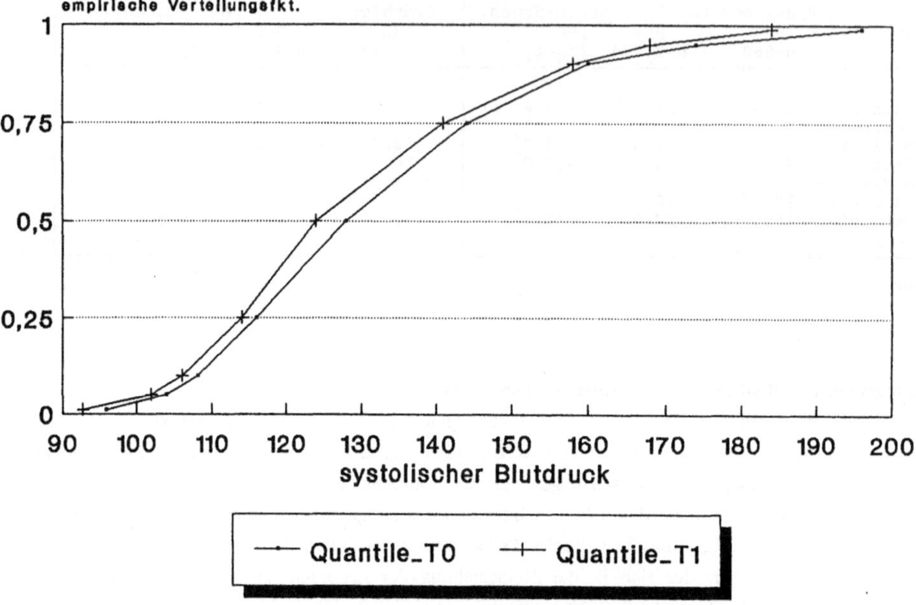

4. Zusammenfassung

Zusammenfassend ist festzuhalten, daß durch das auf Gemeinde- und Bevölkerungsebene durchgeführte Programm zur Prävention des Bluthochdrucks ca. 13% der Evaluationspopulation erreicht werden konnte. Von allen Screening Teilnehmern gehörten 40-50% der Evaluationspopulation an. Darüberhinaus konten auch Risikogruppen, d.h. Gruppen mit einer hohen Hypertonieprävalenz wie ältere Frauen oder sozial schlechter gestellte Personen erreicht werden. Die Netto-Zwischenergebnisse der Studie sind insofern als Interventionseffekte zu werten. Diese These wird ebenfalls durch die deutliche Erhöhung der medikamentösen Kontrolle gestützt. Erste Beschreibungen der Veränderung der Verteilung der Blutdruckwerte zeigen darüber hinaus, daß Risikogruppen spezifische Effekte als auch Populationseffekte erzielt wurden. Für die weitere Arbeit sind analytische Methoden der Verteilungspfüfung zu entwickeln und anzuwenden, um den beobachteten Effekt statistisch zu quantifizieren.

Literatur

EPSTEIN FH, Gemeindeorientierte Prävention - Wissenschaftliche Grundlagen, Sozial- und Präventivmedizin 1987, 32:4-7

HELMERT U, GREISER E, Soziale Schicht und Risikofaktoren für koronare Herzkrankheiten-Resultate der regionalen DHP-Gesundheitssurveys, Sozial- und Präventivmedizin 1988; 33:233-240

ROSE G, Strategy of prevention: lessons from cardiovascular disease, Brit med J 1981, 282:1847-1851

ROSE G, Sick Individuals and sick populations, Int J Epidemiol 1985, 14:32-38

Selbstbetroffenheit und Antwortbereitschaft auf gesundheitsrelevante Fragen

J. Berger[1], M. Claussen[1], H. Magnussen[2], D. Nowak[1]

[1]Institut für Mathematik und Datenverarbeitung in der Medizin
der Universität Hamburg

[2]Zentrum für Pneumologie und Thoraxchirurgie, Krankenhaus Großhansdorf

gefördert aus Mitteln des BMFT

Einleitung, Studiendesign und Fragestellung

Die Ausführungen beziehen sich auf einen Teilaspekt einer laufenden europäischen Studie zur Bestimmung der Prävalenz des Asthma bronchiale und anderer Atemwegserkrankungen. In 41 medizinischen Einrichtungen in 16 europäischen und 9 außereuropäischen Ländern wurde in definierten Regionen mit mehr als 150 000 Einwohnern jeweils eine Zufallsstichprobe von 1 500 männlichen und weiblichen Personen im Alter zwischen 20 und 44 Jahren gezogen. An diese Personen wurde der in der **Tabelle 1** wiedergegebene Screening-Fragebogen versandt, um einen Hinweis auf die Häufigkeit asthmatischer Symptome pro Region zu erhalten. Zusätzlich soll in der nächsten Zeit aus diesen 3 000 Personen pro Region eine 20%-Stichprobe gezogen werden. Diese Probanden werden zu einer klinischen Untersuchung einbestellt und mittels eines auführlicheren Fragebogens erfolgt bei ihnen eine detaillierte Anamneseerhebung. Darüber hinaus werden 100 bis 150 Personen, die anhand ihrer Angaben im Screening-Fragebogen als symptomatisch einzustufen sind, ebenfalls klinisch untersucht und ausführlich befragt werden.

Die nachstehenden Ergebnisse beziehen sich auf die Auswertung des Sceening-Fragebogens der 3 000 aus dem Einwohnerzentralregister der Stadt Hamburg zufällig gezogenen Personen im vorgegebenen Alter zwischen 20 und 44 Jahren. Diese Personen wurden im September 1990 erstmalig angeschrieben und gebeten, den ausgefüllten Screening-Fragebogen an uns zurückzuschicken. Die Personen, die unserer Bitte spontan entsprachen, werden als Erstantworter bezeichnet. Personen, die nicht innerhalb von 6 Wochen geantwortet hatten, wurden erneut mit einer ausführlichen Erklärung über die Art der Umfrage angeschrieben. Die Personen, die auf dieses zweite Anschreiben den ausgefüllten Screening-Fragebogen zurücksandten, werden als Zweitantworter bezeichnet.

Zur Zeit wird versucht, von den Nichtantwortern per Telefon oder durch Hausbesuch die Screening-Fragen beantwortet zu bekommen und sie für die Mitarbeit an dieser Studie zu gewinnen. Die Anzahl der bisher auf diese Weise kontaktierten Personen beinhaltet die Drittantworter.

Ergebnisse

Spontan auf die erste Fragebogenaussendung hatten 835 Personen (27,8 %) und auf das zweite

Anschreiben 553 Personen (25,5 % der 2 165 bisherigen Nichtantworter) geantwortet. Von den 1 612 auch das zweite Anschreiben ignorierenden Personen haben bis September 1991 505 (31,3 %) telefonisch interviewt werden können, so daß z. Zt. von insgesamt 1 893 der 3 000 angeschriebenen Personen (63,1 %) die ausgefüllten Screening-Fragebögen vorliegen.

Vergleicht man den Altersaufbau und die Geschlechtsproportion der Hamburger Rumpfbevölkerung mit derjenigen der Antworter - **Tabelle 2** -, so stimmen beide Verteilungen gut überein. Die Antwortbereitschsaft hat somit zu keiner Verzerrung der Altersstruktur und des Geschlechtsverhältnisses in der Stichprobe gegenüber der Bevölkerung geführt. Wie aus der **Tabelle 3** zu entnehmen ist, sind auch der Altersaufbau und die Geschlechtsproportion der drei Teilkollektive (Erstantworter, Zweitantworter, Drittantworter) weitgehend identisch. Betrachtet man jedoch die in der **Tabelle 4** aufgeführten Häufigkeiten, mit denen die Screening-Fragen pro Teilkollektiv bejaht wurden, so erkennt man, daß diese Häufigkeiten, abgesehen von den Fragen 1.2 und 4, stetig abfallen. D. h. die Erstanworter haben die Fragen am häufigsten, die Drittantworter am seltensten bejaht. Diese Aussage gilt auch dann, wenn man die nach dem Alter und Geschlecht adjustierten Häufigkeiten berechnet.

Diskussion

Die Ergebnisse zeigen, wie stark die Verzerrung einer Prävalenzerhebung mittels eines Fragebogens sein kann, wenn man sich nur auf die Antworten der Erst- und Zweitantworter stützt und auf die mühevolle Nachverfolgung der Non-Responser verzichtet. Da die Teilkollektive im Hinblick auf das Alter und Geschlecht keine wesentlichen Unterschiede erkennen lassen, ist zu vermuten, daß die spontane Bereitschaft zur Mitarbeit an einem derartigen Survey von der Selbstbetroffenheit der Personen abhängt. D. h. Personen, die ihrer Meinung nach mindestens eines der angesprochenen Symptome aufweisen, sind eher bereit, die Fragen zu beantworten und sich zu einer klinischen Untersuchung zur Verfügung zu stellen als unbetroffene Personen. Dadurch wird der Anteil der mit 'ja' Antwortenden unter den Spontanantwortern deutlich erhöht. Allerdings wäre auch denkbar, daß die Nachbefragten bewußt eine niedrigere Häufigkeit der Symptome nennen, um ihr bisheriges Nichtantworten durch die vorgetäuschte Nichtbetroffenheit gegenüber dem Befrager zu rechtfertigen. Inwieweit diese zweite Erklärung zutrifft, kann erst im Laufe der klinischen Untersuchung der Probanden entschieden werden, wenn mittels standardisierter Testverfahren die Reaktibilität der Personen überprüft wird und sich die Validität der subjektiven Angaben herausstellt.

Inwieweit sich die drei Kollektive im Hinblick auf soziodemographische Merkmale unterscheiden, die mit der Häufigkeit der Symptome korreliert sein können, läßt sich zur Zeit ebenfalls nicht angeben, da in dem Screening-Fragebogen bewußt auf derartige Fragen verzichtet wurde, um die Akzeptanz und Rückantwortsrate möglichst hoch zu halten.

Tabelle 1: Screening-Fragen der EG-Studie

1. Hatten Sie jemals in den letzten 12 Monaten ein pfeifendes oder brummendes Geräusch in Ihrem Brustkorb?

   WENN "NEIN", GEHEN SIE ZU FRAGE 2, WENN "JA":

   1.1 Hatten Sie jemals Atemnot, als dieses pfeifende Geräusch auftrat?

   1.2 Hatten Sie dieses Pfeifen oder Brummen, wenn Sie nicht erkältet waren?

2. Sind Sie irgendwann in den letzten 12 Monaten mit einem Engegefühl im Brustkorb aufgewacht?

3. Sind Sie irgendwann in den letzten 12 Monaten durch einen Anfall von Atemnot aufgewacht?

4. Sind Sie irgendwann in den letzten 12 Monaten wegen eines Hustenanfalls aufgewacht?

5. Haben Sie in den letzten 12 Monaten einen Asthmaanfall gehabt?

6. Nehmen Sie derzeit irgendeine Medizin (zum Beispiel Inhaltationen, Dosieraerosole (Sprays) oder Tabletten) gegen Asthma?

7. Haben Sie allergischen Schnupfen, zum Beispiel "Heuschnupfen"?

8. Wann sind Sie geboren?

9. Welches Geschlecht haben Sie?

Tabelle 2: Altersverteilung und Geschlechtsproportion in der Hamburger Rumpfpopulation und im Kollektiv der Beantworter der Screening-Fragen

Alter von ··· bis unter ··· Jahre	Hamburger Population 31.12.90 Häufigkeit (%) pro Altersklasse	Antworter 4.9.91 Häufigkeit (%) pro Altersklasse
20 - 25	21,9	18,5
25 - 30	23,9	23,7
30 - 35	19,6	19,0
35 - 40	17,3	18,1
40 - 45	17.2	20,7
Frauen	49,4	52,8

Tabelle 3: Altersverteilung und Geschlechtsproportion in den drei Antworterkollektiven

Altern von ··· bis unter ··· Jahre	Antworter 1. n	%	2. n	%	3. n	%
20 - 25	160	19,2	98	17,7	92	18,2
25 - 30	189	22,6	132	23,9	128	25,3
30 - 35	167	20,0	102	18,4	91	18,0
35 - 40	152	18,2	99	17,9	91	18,0
40 - 45	167	20,0	122	22,1	103	20,4
Frauen	455	54,5	277	50,1	268	53,1

Tabelle 4: Häufigkeit der Bejahung der Fragen des Screening-Fragebogens bei Erst-, Zweit- und Drittantwortern

Prozentuale Häufigkeiten und 95%-Konfidenzintervalle

Frage Nr	Kurzbezeichnung	Antworter			p-Wert
		1.	2.	3.	χ^2-Test
1	Pfeifendes Geräusch	**23,7**	**21,7**	**17,6**	**0,031**
		20,8-26,6	18,3-25,1	14,3-20,9	
1.1	Atemnot, wenn dieses Pfeifen	**44,9**	**31,7**	**23,6**	**0,001**
		38,0-51,9	23,5-40,0	14,8-32,4	
1.2	Pfeifen ohne Erkältung	**65,7**	**65,8**	**47,2**	**0,006**
		59,0-72,3	57,4-74,3	36,8-57,6	
2	Aufwachen mit Engegefühl	**12,6**	**9,2**	**7,1**	**0,004**
		10,3-14,8	6,8-11,6	4,9-9,4	
3	Aufwachen durch Anfall von Atemnot	**5,9**	**4,7**	**2,4**	**0,013**
		4,3-7,5	2,9-6,5	1,1-3,7	
4	Aufwachen durch Hustenanfall	**26,6**	**22,2**	**28,3**	**0,061**
		23,6-29,6	18,8-25,7	24,4-32,3	
5	Asthmaanfall	**4,0**	**2,7**	**1,4**	**0,024**
		2,6-5,3	1,4-4,1	0,4-2,4	
6	Medizin gegen Asthma derzeit	**4,9**	**1,8**	**2,0**	**0,001**
		3,4-6,4	0,7-2,9	0,8-3,2	
7	Allergischer Schnupfen z, B, Heuschnupfen	**29,0**	**24,1**	**18,2**	**< 0,001**
		25,9-32,1	20,5-27,6	14,9-21,6	

Psychosoziale Ursachen von Gesundheitsbeeinträchtigungen: Urteilsverzerrungen und deren statistische Eliminierung

A. Hinz, G. Schreinicke, B. Huber

Universität Leipzig, Institut für Arbeitsmedizin
Liebigstr. 27,   0-7010 Leipzig

Zusammenfassung

In der medizinisch-psychologischen Forschung gibt es eine Reihe von Arbeiten, die den negativen Einfluß verschiedener Belastungsfaktoren (Stressoren) auf den Gesundheitszustand nachzuweisen suchen. Werden dabei Belastungsfaktoren und Gesundheitszustand mittels Selbsteinschätzung erfaßt, so werden durch systematische Urteilseffekte die Beziehungen zwischen Stressoren und Beschwerden überschätzt. Möglichkeiten zur statistischen Eliminierung dieses Varianzanteils werden angegeben und anhand einer Untersuchung exemplarisch vorgestellt.

Einführung

Als psychosoziale Ursachen für Gesundheitsbeeinträchtigungen gelten u.a. Variablen der Arbeitsbelastung, kritische Lebensereignisse sowie verschiedene Persönlichkeitseigenschaften. Der Gesundheitszustand wird in den entsprechenden Untersuchungen meist durch Selbsteinschätzung mittels einer Beschwerdenliste erfaßt. Auch die Messung der Belastungsfaktoren erfolgt häufig durch Selbsteinschätzung.

Korreliert man nun die so gewonnenen Maße für die Belastungen und für die körperlichen Beschwerden, so ergeben sich meist Korrelationen um .30 bis .40 (Cohen et al. 1983). Diese werden gern in dem Sinne interpretiert, daß durch sie die <u>Verursachung</u> der Beschwerden durch die Belastungsbedingungen nachgewiesen wäre. Diese Sichtweise ist jedoch unvollständig. Die Selbsteinschätzungsskalen für den Gesundheitszustand bzw. für Stressoren messen, in welchem Ausmaß die Personen körperliche Sensationen bzw. belastende Bedingungen <u>wahrnehmen</u> und <u>beurteilen</u>. Eine wesentliche Determinante dieser Urteile ist die Persönlichkeitsdimension Neurotizismus im Sinne einer Disposition zur negativen Beurteilung von Selbst- und Umweltvariablen.

Die Korrelationen zwischen den Belastungsfaktoren und den Beschwerden können also zumindest zum Teil auf den gemeinsamen Varianzanteil des Neurotizismus zurückgeführt werden. Damit ergibt sich die Frage, ob und wie für solche Untersuchungen der Einfluß der Kovariablen Neurotizismus statistisch eliminiert werden kann. Dies soll anhand einer Studie im folgenden dargestellt werden.

Methodik und Ergebnisse der Untersuchung

Es wurden 150 Personen untersucht, welche mehrheitlich an psychosomatischen Störungen litten. Mittels Fragebogen wurden erfaßt: Häufigkeit körperlicher Beschwerden (BEB, Kasielke & Hänsgen 1982); Neurotizismus (VFB, Höck und Hess 1981); Typ-A-Verhaltenssyndrom (Bortner 1976); Zeitdruck, eingeschränkter Entscheidungsspielraum und gefährdende Tätigkeitsanforderungen bei der Arbeit; mangelnde soziale Unterstützung; kritische Lebensereignisse (LRF, Linke 1988).

Korrelationen zwischen Beschwerden, Stressoren und Neurotizismus

Die korrelativen Beziehungen zwischen den verschiedenen Gefährdungsfaktoren und dem Ausmaß körperlicher Beschwerden sind in Tabelle 1(a) dargestellt. Nach allgemein üblicher Interpretationspraxis würde man schließen, daß man eine ganze Anzahl von Faktoren identifiziert habe, welche den Gesundheitszustand beeinträchtigen.

Tab.1: Korrelationen zwischen Belastungsfaktoren und körperlichen Beschwerden (a) sowie Neurotizismus (b).

Gefährdungs- faktoren	(a) körperliche Beschwerden	(b) Neuroti- zismus
Typ-A-Verhalten	.25 *	.32 **
Zeitdruck	.34 **	.43 **
gefährdende Tätigk.-anford.	.41 **	.32 **
eingeschr.Entsch.-spielraum	.26 **	.17
mang.soz.Unterstützung	.26 **	.35 **
life-event	.20 *	.32 **

(* p<.01, ** p<.001, einseitige Fragestellung)

Berücksichtigt man jedoch den Neurotizismus als Kovariable, so relativiert sich das Bild. Körperliche Beschwerden und Neurotizismus korrelieren mit r=.65. Die Korrelationen zwischen Neurotizismus und den einzelnen Belastungsfaktoren stehen in Tabelle 1(b). Wieder sind die Korrelationen positiv. Daraus folgt, daß auch in dieser Untersuchung die Beziehungen von Tabelle 1(a) zum Teil auf die mit dem Neurotizismus zusammenhängenden Urteilstendenzen zurückgeführt werden können. Drei Möglichkeiten zur statistischen Ausschaltung dieses Effekts sollen im folgenden beschrieben und vergleichend diskutiert werden.

Schichtung der Probandenstichprobe

Eine Möglichkeit besteht darin, das Probandengut in Teilgruppen einzuteilen, welche bezüglich der Kovariablen Neurotizismus möglichst homogen sind. Dementsprechend wurden die 150 Probanden in vier nahezu gleichstarke Teilgruppen gemäß ihres Neurotizismuswertes eingeteilt. Für jede Teilgruppe wurden die Korrelationen zwischen Stressoren und Beschwerden berechnet und anschließend (mittels der Fisherschen Z-Transformation) über die Teilgruppen gemittelt. Das Ergebnis zeigt Tabelle 2(a). Sämtliche der Korrelationen sind niedriger als die entsprechenden Korrelationen in Tabelle 1(a).

Tab.2: Beziehungen zwischen Belastungsfaktoren und körperlichen Beschwerden. (a): Korrelationen gemittelt über die geschichteten Stichproben; (b): Korrelationen unter Auspartialisierung des Neurotizismus; (c): Zuwachs an Varianzaufklärung (in %).

Belastungs- faktoren	(a) mittl.Korr.f. Teilstichpr.	(b) Partial- korr.	(c) Zuwachs an Var.-Aufkl.
Typ-A-Verhalten	.03	.05	.1
Zeitdruck	.13	.08	.4
gefährdende Tät.-anford.	.26	.28 **	4.4 **
eingeschr.Entsch.-spielraum	.23	.21 *	2.4 *
mang.soz.Unterstützung	.15	.05	.1
life-event	.08	-.01	.0

(* p<.01, ** p<.001, einseitige Fragestellung)

Drei Nachteile schränken die Güte der Methode ein. Erstens besteht eine gewisse Willkür in der Anzahl der Teilgruppen. Je höher die Zahl der Teilgruppen ist, umso geringer wird die Stichprobe pro Teilgruppe, und umso zufallsabhängiger werden dadurch die Teilgruppen-Korrelationen. Zweitens besteht auch innerhalb der Teilgruppen noch eine gewisse Restbeziehung zwischen Beschwerden und Neurotizismus. Drittens sind die Signifikanzprüfungen für die gemittelten Korrelationen problematisch.

Partialkorrelationen

Mittels der Partialkorrelation (vgl. Tabelle 2(b)) läßt sich derjenige Anteil des Zusammenhangs zwischen Belastungsfaktoren und Beschwerden bestimmen, welcher nicht durch die Vermittlung des Neurotizismus erklärbar ist (Auspartialisierung des Neurotizismus). Vergleicht man die beiden Formen der Eliminierung des Neurotizismus-Einflusses in Tabelle 2, so unterscheiden sich die Werte nicht wesentlich voneinander. Im Durchschnitt liegen die Partialkorrelationen leicht unter den geschichteten Korrelationen, was darauf zurückzuführen ist, daß mit den Teilstichprobenbildungen ein Teil der Neurotizismusvarianz erhalten geblieben ist.

Multiple Regression

Mit der multivariaten Korrelations- und Regressionsanalyse wird untersucht, wie eine Kriteriumsvariable (Beschwerden) am besten aufgrund zweier oder mehrerer Prädiktorvariablen (Stressor und Neurotizismus) vorhergesagt werden kann. Quadriert man den multiplen Korrelationskoeffizienten, so erhält man die durch die Prädiktoren aufgeklärte Varianz der Kriteriumsvariablen. Diese läßt sich der Varianzaufklärung durch eine einzelne Prädiktorvariable (Neurotizismus) gegenüberstellen, um so den Zuwachs an Varianzaufklärung durch Hinzunahme des neuen Prädiktors (Stressors) zu bestimmen. Für jeden Belastungsfaktor wurde eine bivariate Regressionsanalyse gerechnet, wobei jeweils der Belastungsfaktor und der Neurotizismus als Prädiktoren und die Beschwerdenhäufigkeit als Kriterium eingesetzt wurden. In Tabelle 2(c) ist angegeben, um welchen Betrag diese Varianzaufklärung diejenige übersteigt, welche allein durch die Kenntnis des Neurotizismus geleistet wird. Die Frage der Signifikanz der Varianzaufklärungszuwächse ist mit der Frage der Signifikanz der Partialkorrelationen identisch. Wenn die Prädiktoren stark miteinander korrelieren, so treten statistische Probleme auf (Multikollinearität, Cronbach 1987): vergleichsweise größere Stichprobenfehler, geringere Testmächtigkeit und Schwierigkeiten bei der Interpretation der Koeffizienten.

Die Ansätze der hierarchischen multiplen Regression (Watson & Pennebaker 1989), bei welcher die Reihenfolge der Aufnahme der Prädiktoren in den Regressionsansatz systematisch variiert wird, liefern ebenfalls kaum Informationen, welche über die der partiellen Korrelation hinausgehen.

Schlußfolgerungen

Die Ergebnisse der Sudie bestätigen, daß die Zusammenhänge zwischen Stressoren und Beschwerden zu einem beträchtlichen Teil auf den gemeinsamen Varianzanteil einer allgemeinen Tendenz zur Negativwahrnehmung zurückgeführt werden können. Speziell zeigt sich, daß die Persönlichkeitseigenschaften und Eigenschaften des Sozialverhaltens durch die Auspartialisierung des Neurotizismus besonders an Prädiktionskraft für körperliche Beschwerden einbüßen, wogegen die Faktoren der Arbeit noch eher einen eigenständigen Beitrag liefern. Die Partialkorrelationen erscheinen für diese Problemstellung als das geeignestste Maß.

Durch den gemeinsamen Varianzanteil von Belastungsfaktoren, Beschwerden und Neurotizismus ist jedoch im strengen Sinne nicht bewiesen, daß dieser Varianzanteil auf Wahrnehmungs- und Urteileffekte zurückgeführt werden muß. Möglich wäre auch, daß die Belastungsfaktoren sowohl die körperlichen Beschwerden als auch eine Erhöhung des Neurotizismus verursachen. Auch wäre die Umkehrung denkbar, daß nämlich Personen mit schlechtem Gesundheitszustand bevorzugt in belastendere Situationen geraten und außerdem zu einer negativeren Sicht auf die Umwelt und auf ihr Selbst gelangen. Eine dritte mögliche Interpretation wäre die, daß ein niedriger Neurosewert ein höheres Maß an gesundheitsförderlichen personalen Ressourcen zur Bewältigung (Coping) belastender Lebenssituationen bedeutet. Die tatsächlichen Ursache-Wirkungs-Mechanismen lassen sich in Querschnittsuntersuchungen nicht klar nachweisen. Hierzu wären Längsschnittuntersuchungen vonnöten, wobei die Partialkorrelation (Korrelation zwischen Stressor zum Zeitpunkt t_1 mit Beschwerden zum Zeitpunkt t_2 unter Auspartialisierung der Beschwerden zum Zeitpunkt t_1) auch hier ein geeignetes statistisches Maß ist (Frese 1989). Trotzdem läßt sich auch bei Querschnittsuntersuchungen mittels der Partialkorrelation derjenige Anteil am Zusammenhang zwischen Belastungsfaktoren und Beschwerden bestimmen und gegebenfalls statistisch sichern, welcher um den neurotizismusbedingten Urteilseffekt bereinigt ist.

Literatur

Bortner,R,W.(1976). A short rating scale as a potential measure of pattern A behavior. *J.Chron.Dis.*, *22*, 87-91.
Cohen,S., T.Kamarck, R.Mermelstein (1983). A global measure of perceived stress. *Journal of Stress and Social Behavior, 24*, 385-396.
Cronbach,L.J. (1987). Statistical tests for moderator variables: Flaws in analyses recently proposed. *Psychol. Bulletin, 102*, 414-417.
Frese,M. (1989). The function of social support for the relationship between stress at work and psychological dysfunctioning: Crossvaldation and a longitudinal study with objective measures. *Mannheimer Beiträge zur Wirtschafts- und Org.-psychol., Heft* 2/1989.
Höck,K., H.Hess (1981). Der Verhaltensfragebogen (VFB). Berlin, Verlag der Wissenschaften.
Kasielke,E. & K.-D. Hänsgen (1982). Der Beschwerden-Erfassungsbogen (BEB). Berlin: Psychodiagnostisches Zentrum.
Linke,U. (1988). Entwicklung eines Screeningverfahrens zur Psychodiagnostik psychosozialer Risikofaktoren bei Erkrankungen mit somatischer Manifestation. Universität Leipzig, Diss.A (unveröff.).
Watson,D., J.W.Pennebaker (1989). Health complaints, stress, and distress: Exploring the central role of negative affectivity. *Psychological Review, 96*, 234-254.

UMWELTMEDIZINISCHE DATENBANKEN UND INFORMATIONSSYSTEME:
TYPOLOGIE, KRITERIEN, PERSPEKTIVEN

R.Fehr

Institut für Dokumentation und Information, Sozialmedizin und
öffentliches Gesundheitswesen (IDIS), 4800 Bielefeld 1

Umweltmedizin (im Sinne von "Environmental Health") ist als eigenes
Fachgebiet in Deutschland erst im Entstehen begriffen. Ausgehend von
Umwelt-Epidemiologie und -Toxikologie und häufig in Anlehnung an
arbeitsmedizinische Forschung existiert dennoch schon jetzt ein
umfangreiches Fachwissen über den Einfluß physischer Umwelt auf die
menschliche Gesundheit; dieses Wissen über umweltbezogene Risiken und
Schutzmaßnahmen findet auch im politischen Raum (8,12) und in der
Öffentlichkeit großes Interesse. Zu den spezifischen Anwendungsberei-
chen gehören umweltmedizinische Ambulanzen, Gesundheits- und Umwelt-
planung (auch im Rahmen von Folgenabschätzungen und Verträglichkeits-
prüfungen) sowie Berichterstattung und Prävention, z.B. durch den
öffentlichen Gesundheitsdienst.

Aufgrund dieser vielfältigen umweltmedizinischen Aktivitäten besteht
eine erhebliche und anwachsende Nachfrage nach verläßlichen, detaillierten und aktuellen Informationen, die mit möglichst wenig Aufwand
zugänglich sein sollen. Bedarf an entsprechenden Systemen wurde auf
verschiedenen Ebenen von regional bis international artikuliert (1,6,
12,13). Um diesen Bedarf zu decken, gibt es für die Umweltmedizin neben den traditionellen Druckmedien bereits ein umfangreiches Spektrum
elektronischer Datenbanken und Informationssysteme. Wie den verschiedenen gedruckten (4,7,11) und elektronischen Datenbank-Verzeichnissen
sowie den Angaben von Herstellern und Anbietern zu entnehmen ist, werden weltweit bereits mehr als 500 öffentliche Systeme angeboten.

Angesichts von Umfang und Heterogenität dieses Angebotes besteht
Orientierungsbedarf für "Einsteiger" sowie Diskussionsbedarf für Entwickler, Anbieter und Anwender. Ziel dieses Beitrages ist es, Orien-
tierungshilfen für die umweltmedizinische "Datenbanklandschaft" anzu-
bieten und Anregungen für weiteres Vorgehen zu geben. Der empirische
Hintergrund für diesen Beitrag entstammt den Vorbereitungen eines
umweltmedizinischen Informationssystems für den öffentlichen Gesundheitsdienst in Nordrhein-Westfalen (3) sowie den Vorarbeiten für ein
regionales umweltmedizinisches Informationszentrum als gemeinsame Un-
ternehmung des IDIS und des Zentrums für Gesundheitswissenschaften der
Universität Bielefeld (2).

Typologie

Obwohl über zweckmäßige Einteilung von Datenbanken anscheinend noch kein Konsens besteht (5,9,10), lassen sich aus pragmatischer Sicht fünf Grundformen umweltmedizinischer Datenbanken unterscheiden (Tab.1). Ein Informationssystem umfaßt eine Anzahl von Datenbanken in mehr oder weniger vollständiger Integration. Unberücksichtigt bleiben in diesem Beitrag z.B. graphische und Hypermedia-Systeme.

Weiteste Verbreitung haben bisher die bibliographischen Datenbanken gefunde. Sie werden in zunehmendem Maße ergänzt durch Fakten-Datenbanken, die zu Objekten eines "Weltausschnittes" (10), z.B. zu umweltmedizinisch relevanten chemischen Noxen, einen Satz von Angaben in einheitlichem Aufbau bereithalten.

Alle umweltmedizinischen Datenbanken und Informationssysteme weisen Merkmale auf, die sich als "Gliederungskriterien" und "Qualitätskriterien" unterscheiden lassen. Gliederungskriterien dienen zur wertneutralen Charakterisierung, insbesondere auch zur Strukturierung des Angebotes in Untermengen, die je nach umweltmedizinischem Anwendungsbereich spezifische Vorzüge und Nachteile aufweisen können. Qualitätskriterien dienen der vom Anwendungsbereich unabhängigen wertenden Beurteilung; ihre Bedeutung kann aber je nach Anwendungsbereich variieren.

Tab. 1 Grundformen umweltmedizinischer Datenbanken

Bezeichnung	Inhalt	Kategorien (exemplarisch)
Bibliographische Datenbank	Formale Angaben, inhaltliche Indexierung, Zusammenfassung	Autor, Titel, Quelle, Sprache, Deskriptoren, Abstract
Verzeichnis-Datenbank	Verweise z.B. auf Experten, Institutionen, Projekte	Adresse, Arbeitsgebiet, Leistungsangebot; für Projekte: Laufzeit, Förderung
Volltext-Datenbank	Texte aus Monographien, Nachschlagewerken, Fachzeitschriften	(Variable Kategorien)
Fakten-Datenbank	Textliche oder numerische Angaben in einheitlichem Aufbau	Für chemische Noxen: Grenzwerte, Rechtsvorschriften, Toxizität, Vorkommen
Statistische Datenbank	Numerische Daten: Meßwerte, Häufigkeiten, Zeitreihen	Region, räumliche Koordinaten, Zeitpunkt, Zeitraum, Datenquelle

Tab. 2 Gliederungskriterien umweltmedizinischer Datenbanken und
        Informationssysteme

Kriterium   Ausprägungen (exemplarisch)

Zugänglichkeit   - Öffentlich = unbeschränkt ("Public Domain";
                        kommerzielle Produkte)
                      - Beschränkt (firmen-, behördenintern)

Zugangsart   - Online = über Anbieter-Rechenzentren (Hosts)
                      - Lokal = über portable Systeme (Disketten;
                        "Compact Discs" = CD-ROM)

Themenbereich   - Gesamtgebiet "Umwelt und Gesundheit"
                      - Teilbereiche, z.B. chemische Noxen, Luft-
                        verschmutzung, Verkehrsemissionen

Raum-Zeit-Bezug   - Allgemeingültige Angaben z.B. über Gesundheits-
                        risiken und Schutzmaßnahmen
                      - Konkrete Situation einer Region, z.B. Immis-
                        sionswerte, Morbidität, Mortalität

Zielgruppe   - Wissenschaft und Forschung
                      - Andere professionelle Nutzer, z.B. im öffent-
                        lichen Gesundheitsdienst
                      - Multiplikatoren, Gesundheitserzieher
                      - Allgemeine Öffentlichkeit

Sprache   - Einsprachig
                      - Mehrsprachig

Gliederungs- und Qualitätskriterien

Eine Vorschlagsliste mit sechs Gliederungskriterien ist in Tab.2 wiedergegeben. Tab.3 enhält sechs tentative Qualitätskriterien. Zusätzlich zur "Breite" und "Tiefe" der gespeicherten Information ist aus
Anwendersicht besonders wichtig, (i) welcher Anteil einschlägiger
Informationen sich im System tatsächlich auffinden läßt und (ii)
welcher Anteil vom Retrieval einschlägig ist. Diese Aspekte können als
Retrieval-Sensitivität und -Spezifität operationalisiert werden.

Perspektiven

Nachdem das Potential von Datenbanken und Informationssystemen zur
umweltmedizinischen Aufgabenlösung erkannt wurde, unterliegen diese
Systeme nun einer raschen Fortentwicklung, die sich in den nächsten
Jahren noch fortsetzen dürfte.

In den gegenwärtig verfügbaren Systemen herrscht ein ausgeprägter Plu-
ralismus, z.B. bezüglich Terminologie und Benutzeroberfläche. Bei
noxen-orientierten Fakten-Datenbanken variieren Auswahl und Bezeich-

nung der Merkmale ("Merkmalskranz") in hohem Maße, ebenso die Auswahl behandelter chemischer Substanzen. Es stellt sich die Frage, wo diese Vielfalt als fruchtbar und wo sie eher als kontraproduktiv anzusehen ist.

Hinsichtlich umweltmedizinischer Faktenbanken konzentriert sich die Entwicklung bisher auf die Behandlung chemischer Noxen. Über diesen gängigen und umweltmedizinisch relevanten Ansatz sollten andere Erschließungsansätze jedoch nicht vergessen werden. Hierbei ist z.B. an Gesundheitseffekte (Symptome, Krankheitsbilder) im Kontext umweltmedizinischer Diagnostik zu denken. Für Zwecke der Gesundheitsplanung, auch im Rahmen von Gesundheits- und Umweltverträglichkeitsprüfungen, ist eine Erschließung des umweltmedizinischen Fachwissens nach Lebensbereichen wie z.B. Energieversorgung, Wohnumfeld, Transport und Verkehr oder Abfallwesen erforderlich.

Um auf dem Gebiet umweltmedizinischer Datenbanken und Informationssysteme eine konstruktive und effiziente Entwicklung zu gewährleisten, besteht in mehrfacher Hinsicht Entwicklungsbedarf. Hierbei lassen sich folgende Aspekte unterscheiden:
- Diskussion über Zielsetzungen und Zielgruppen,
- Explorations- und Evaluationsbedarf: systematische Erprobung und Bewertung existierender Systeme,

Tab. 3   Qualitätskriterien umweltmedizinischer Datenbanken und Informationssysteme

Kriterium	Erläuterungen
Bonität	Richtigkeit der Angaben, incl. Übereinstimmung mit der primären Datenquelle
Aktualität	Formal: Update-Frequenz, z.B. monatlich; inhaltlich: Latenzzeit zwischen primärer Veröffentlichung von Daten und ihrer Bereitstellung im System
Informationsbreite	Umfang einschlägiger Informationen; bei endlicher Grundgesamtheit: Vollzähligkeit
Informationstiefe	Anzahl und Umfang der Angaben pro Dokumentationseinheit, Vollständigkeit
Benutzerfreundlichkeit	Wählbarkeit zwischen Kommandomodus und Menüführung; Suchhilfen, z.B. Index-File; (hierarchischer) Thesaurus; Trainingsmaterial
Kosten	Kostenumfang, Kosten-Leistungs-Verhältnis; Transparenz der Kostenstruktur (fixe, variable, einmalige, periodische Kosten)

- Bedarf an Meta-Systemen und Hilfsmitteln (z.B. host-übergreifenden
  Retrieval-Systemen),
- Schulungsbedarf (auch anbieterneutrale Kurse),
- Infrastrukturbedarf: dezentrale Informationsarbeitsplätze, z.B. in
  Gesundheitsämtern; Informationszentren (regional bis international);
  Vernetzung (kooperativ und technisch),
- Förderungsbedarf: adäquate Berücksichtigung z.B. im Rahmen von
  Public Health-Forschung und Fachinformationsprogrammen.

Abschließend stellt sich auch die Frage nach möglichem Lenkungsbedarf
für die weitere Entwicklung auf diesem Gebiet. Denkbar sind z.B. ver-
stärkter Einsatz von Peer review für Datenbankinhalte oder auch Stan-
dardisierungsvorschläge von Fachgesellschaften, um analog zur "guten
Laborpraxis" eine "gute Informationspraxis" zu gewährleisten.

Literatur

1. Bundesminister für Forschung und Technologie: Fachinformationspro-
gramm der Bundesregierung 1990 - 1994. Bonn 1990.

2. Fehr R.: Environmental Health Information Center in North Rhine-
Westphalia, Germany. Meeting of the International Epidemiological
Association (IEA), European Region, 29.-31.8.1991, Basel (Schweiz).

3. Fehr R., Kobusch A.B.: Aufbau eines Informationssystems für den
umweltbezogenen Gesundheitsschutz in Nordrhein-Westfalen. Forum
Gesundheitswissenschaften 1991, 2: 37-40.

4. Gesellschaft für Mathematik und Datenverarbeitung (GMD): Verzeichnis deutscher Datenbanken, Datenbankbetreiber und Informationsvermitt-
lungsstellen, Bundesrepublik Deutschland und Berlin (West). München:
Saur. 1988.

5. Hügel R.: Datenbanktypen in der Literatur: Ein Überblick.
Nachr.Dok. 1990, 41: 357-60.

6. Landtag Nordrhein-Westfalen: Gesundheit und Umwelt. Düsseldorf:
Landtags-Drucksache Nr.10/3927, 22.12.1988.

7. Ottahal A.: Umwelt-Datenbank-Führer. Köln: TÜV Rheinland. 1989.

8. Rat von Sachverständigen für Umweltfragen: Umweltgutachten 1987.
Stuttgart: Kohlhammer. 1987.

9. Seelos H.J., ed.: Wörterbuch der Medizinischen Informatik. Berlin:
de Gruyter. 1990.

10. Staud J.L.: Online Datenbanken - Aufbau, Struktur, Abfragen. Bonn:
Addison-Wesley. 1991.

11. Voigt K., Rohleder H.: Datenquellen für Umwelt-Chemikalien: Monographien, Nachschlagewerke, Datenbanken. Landsberg: ecomed. 1986.

12. Weltgesundheitsorganisation, Regionalbüro für Europa: Umwelt und
Gesundheit, Europäische Charta mit Kommentar. Kopenhagen: Regionale
Veröffentlichungen der WHO, 1990; Europäische Schriftenreihe Nr. 35.

13. World Health Organisation, Regional Office for Europe: Environment
and Health in Europe - A Regional Strategy. Copenhagen: 1989.

Was man weiß, was man wissen sollte - welche umweltbezogenen
Informationen braucht ein Gesundheitsamt ?

Helmut Brand, Dr. med., M.Sc. Community Medicine
Kreis Minden-Lübbecke, Gesundheitsamt
Portastrasse 13, W-4950 Minden

1. Einleitung

Die Gesundheitsämter erfüllen als Gesundheitsbehörden vielfältige
Aufgaben im Bereich des umweltbezogenen Gesundheitsschutzes
(Umwelthygiene). Für das einzelne Amt ist es aber kaum möglich, sich
über alle wichtigen Informationen aus diesem Bereich auf dem laufenden
zu halten. Hieraus hat sich Bedarf für ein Informationssystem entwickelt, welches das notwendige Wissen bereithält.

2. Aufgaben des Gesundheitsamtes im umweltbezogenen Gesundheitsschutz

Genehmigungsverfahren:
Eine der klassischen Tätigkeiten des Gesundheitsamtes ist die Beteiligung an Genehmigungsverfahren. Bei der Ansiedlung von Industrie-
betrieben muß z.B. geprüft werden, ob eine gesundheitliche Beeinträchtigung der Anlieger zu befürchten ist. Dabei geht es um die Beurteilungen der Immissionen und um die Frage, ob die Industrieanlage auch
im Störfall keine Gefahr darstellt. Bei der neu eingeführten
Umweltver-träglichkeitsprüfung sind auch die Auswirkungen auf die
Gesundheit des Menschen zu beurteilen. Die Gesundheitsämter werden
dabei im Rahmen einer "Gesundheitsverträglichkeitsprüfung" Stellung
beziehen müssen.

Beratung:
Bürger nutzen die Gesundheitsämter vermehrt als eine Informations-
quelle zu aktuellen Umweltproblemen. Das Anfragespektrum reicht von
der Toxizität von Stoffen und Produkten über Emissionen bei Produk-
tionsvorgängen bis zur Beschreibung von Gesundheitseffekten und der
Frage, ob diese durch eine Umweltbelastung ausgelöst wurden. Meistens
handelt es sich dabei um Fragen zu Belastungen aus dem Wohnbereich und
über Nahrungsmittel. In der letzten Zeit wurden vereinzelt Umwelt-
ambulanzen auch an Gesundheitsämtern eingerichtet, die solchen Frage-

stellungen systematischer nachgehen. Hier wird sich ein spezieller
Informationsbedarf im Bereich Umweltmedizin entwickeln. Die Beratung
von anderen Behörden, z.B. bei der Bearbeitung von "Altlasten",
gewinnt zusätzlich an Bedeutung. Insbesondere die Beurteilung schon
vorliegender externer Gutachten unter dem Gesichtspunkt einer möglichen Gesundheitsgefährdung von Anwohnern stellt die Gesundheitsämter in diesem Bereich vor schwierige Aufgaben. Zusätzlich bitten
andere Institutionen wie Kindergärten um Hilfe, wenn Sie z.B. den
Eindruck haben, daß durch Baumaterialien eine Gesundheitsbeeinträch-
tigung der Kinder vorliegen könnte. Bei einer möglichen Gesundheitsgefährdung durch eine akute Belastung der Umwelt, wie sie bei
Industrieunfällen vorkommen kann, wird das Gesundheitsamt regelmäßig
von den Ordnungsbehörden beratend hinzugezogen.

Planung:
Im Bereich der kommunalen Gesundheitsplanung stehen Informationen zur
aktuellen Umweltbelastung und zur gesundheitlichen Situation einer
Region im Vordergrund. Diese sind zur Zeit nicht routinemäßig verfüg-
bar. Eine integrierte Umwelt- und Gesundheitsberichterstattung als
Planungshilfe erfolgt deshalb erst in Ansätzen.

3. Personal

Je nach Größe eines Gesundheitsamtes lassen sich im Bereich der
Umwelthygiene unterschiedliche Berufsgruppen finden. Kleine Ämter
beschäftigen neben Gesundheitsaufsehern oft Gesundheitsingenieure. Die
abschließende Bewertung der Fakten erfolgt überwiegend von Ärzten,
deren Kenntnisse in diesem Bereich sehr unterschiedlich ist. Andere
Naturwissenschaftler wie z.B. Chemiker wird man nur in größeren Ämtern
finden, die dann auch vereinzelt eigene Labors zur Umweltanalytik
besitzen.

4. Derzeitige Informationsquellen:

Für die Erstellung von Gutachten in Genehmigungsverfahren ist die
Kenntnis der gesetzlichen Grundlagen Voraussetzung. Daneben wird
Ingenieurwissen benötigt, um mögliche technische Probleme überhaupt
erkennen zu können. Oft müssen zusätzlich externe Quellen genutzt

werden. Neben allgemeinem Informationsmaterial der unterschiedlichsten
Institutionen steht der Kontakt zu anderen Gesundheitsämtern, die
ähnliche Probleme schon bearbeiten haben, und zu Experten im Vordergrund. Insbesondere Sachverständigengutachten, wie sie z.B. für den
Bereich der Altlasten erstellt wurden, sind in der täglichen Praxis
sehr hilfreich. Die Nutzung von Fakten- und Bibliographischen Datenbanken ist bei den Gesundheitsämtern sehr unterschiedlich ausgeprägt,
da noch oft die technischen und finanziellen Voraussetzungen fehlen.
Das Lesen der Tageszeitung und von Illustrierten ist genauso Pflicht
wie das Verfolgen der einschlägigen Fernsehmagazine, um über die "Noxe
des Monats" informiert zu sein.

5. Anforderung an die Information

Für jeden der oben genannten Aufgabenbereiche werden unterschiedliche
Ansprüche an die Information selbst und den Stand der Aufbereitung
gestellt.
Hauptkriterien sind dabei:
- Schnelligkeit des Zugriffs
- Vollständigkeit der Information
- Grad der Expertenbewertung von Einzelinformationen
- Übersicht über einzelne Noxen
- Gesundheitseffekte von Noxen bei langfristiger Exposition
- Noxen der einzelnen Lebensbereiche
Eine entsprechende Bewertung der einzelnen Kriterien ist Tabelle 1 und
Tabelle 2 zu entnehmen. Die Informationen sollten insbesondere aus den
Bereichen Toxikologie, Medizin, Ingenieurwissenschaften und dem
Umweltbereich stammen. Zusätzlich sind weitere Hilfen wie Kontakt-
adressen von Experten und Institutionen oder Literaturhinweise z.B.
zur Risiko-Kommunikation aufzunehmen. Es ist verständlich, daß zur
Zeit kein bestehendes System allein in der Lage ist, dieses Spektrum
abzudecken.

Generell gilt, daß für die Gesundheitsämter nicht die einzelne Information über chemische oder physikalische Eigenschaften eines Stoffes
im Vordergrund steht, sondern die Bewertung unter welchen Umständen
mit gesundheitsschädlichen Auswirkungen zu rechnen ist.

	Information:		
	schnell	umfassend	bewertet
Aufgabenbereich:			
Genehmigungsverfahren	-	++	-+
Beratung	++	-	++
Planung	-	++	-
(- nicht wichtig, -+ wenig wichtig, + wichtig, ++ sehr wichtig)			

Tabelle 1
Anforderungen an die Information im umweltbezogenen Gesundheitsschutz

	Information über:		
	Noxen	Gesundheits- effekte	Lebensbereiche
Aufgabenbereich:			
Genehmigungsverfahren	++	++	-
Beratung	+	++	++
Planung	++	++	-+
(- nicht wichtig, -+ wenig wichtig, + wichtig, ++ sehr wichtig)			

Tabelle 2
Anforderungen an die Informationsbereiche im umweltbezogenen Gesundheitsschutz

6. Anforderung an ein EDV-gestütztes Informationssystem:

Um den oben beschriebenen Anforderungen an Information gerecht zu
werden, sollte das Informationssystem sowohl Anteile einer Fakten- als
auch Anteile einer Bibliographischen Datenbank enthalten. Das Informationssystem braucht dabei keine eigene neue Datenbank zu sein. Die
Hauptaufgabe sollte eher in der Bereitstellung entsprechend ausgewählter Datenbanken liegen. Die Datenhaltung sollte zentral erfolgen,
um die Anwender von der Pflege des Systems zu entlasten. Gleichzeitig
kann so verfolgt werden, über welche Themen besonders viele Anfragen
gestellt werden und z.B. eine Mailbox eingerichtet werden, mit deren
Hilfe die Nutzer des Systems Fragen untereinander austauschen können.
Ferner wird auch Gesundheitsämtern, die nur selten ein solches System

benötigen ein kostengünstiger Zugang ermöglicht. Bei dem Aufbau der Benutzeroberfläche können mehrere Ebenen angeboten werden, die von einer möglichst einfachen Bedienung mit beschränkten Manipulationsmöglichkeiten, bis zur komplexen Bedienerstruktur mit weitgehenden Berechtigungen reicht. Damit wird der Tatsache Rechnung getragen, daß einige Gesundheitsämter nur sporadisch das System nutzen werden und damit keine großen Erfahrungen im Umgang mit ihm sammeln können.
Ein solches Informationssystem sollte von Anfang an mit interessierten Gesundheitsämtern zusammen entwickelt werden. Nur so kann sichergestellt werden, daß auch die relevanten Fragestellungen berücksichtigt werden und das System so gestaltet wird, daß es eine große Akzeptanz erfährt. Angesichts leerer öffentlicher Kassen wird ein Informationssystem sich nur dann durchsetzen können, wenn die Entwickler niedrige Nutzerentgelte ermöglichen können.

7. Alternatives Informationssystem "Beratungsdienst"

Neben dem EDV-gestützten Informationssystem kommt als Alternative ein Beratungsdienst nach niederländischem Vorbild in Betracht, der wie z.B. die "Giftinformationszentralen" organisiert ist. Gesundheitsämter stellen telefonisch oder schriftlich ihr Problem dar. Mitarbeiter des Beratungsdienstes prüfen, ob eine ähnliche Anfrage schon bearbeitet wurde oder eine neue Recherche in Datenbanken notwendig ist. Dem Gesundheitsamt wird das Ergebnis der Recherche telefonisch mitgeteilt. Die entsprechenden Fundstellen werden per Post zugestellt. Vorteil dieses Systems ist, daß die Gesundheitsämter entlastet werden und ohne Einarbeitungszeit dieses System nutzen können. Der Betreiber des Systems lernt genau die Probleme der Gesundheitsämter kennen und kann das System flexibel an diese Bedürfnisse anpassen. Nachteil wird sein, daß insgesamt höhere Kosten durch vermehrten Personalbedarf bei diesem Modell entstehen.

INFORMATIONSSYSTEM UMWELTCHEMIKALIEN

Datenbanken der Datenquellen

Kristina Voigt, Thomas Pepping, Michael Matthies, Wolfgang Mücke*

GSF Forschungszentrum für Umwelt und Gesundheit, Projektgruppe
Umweltgefährdungspotentiale von Chemikalien (PUC)
Ingolstädter Landstr. 1
8042 Neuherberg

*Technische Universität München
Institut für Toxikologie und Umwelthygiene
Lazarettstraße 62
8000 München 19

1. Einleitung

Grundvoraussetzung für eine Beurteilung von Umweltchemikalien ist eine
möglichst vollständige Erschließung vorhandener Informationen über die
Stoffdaten sowie die toxischen und ökotoxischen Eigenschaften. Hierfür
kann eine Vielzahl unterschiedlichster Informationsquellen vom Handbuch
bis zur Datenbank und zu Datensammlungen auf Diskette oder CD-ROM herangezogen werden. Um das breite Spektrum geeigneter Datenquellen zu erschlie-
ßen, wurde in Kooperation der "Projektgruppe Umweltgefährdungspotentiale
von Chemikalien (PUC)" des GSF-Forschungszentrums für Umwelt und Gesundheit GmbH mit dem Bayerischen Staatsministerium für Landesentwicklung und
Umweltfragen das Projekt "Informationssystem Umweltchemikalien" entwickelt. Dabei wurden Datenbanken für vorhandene Datenquellen erarbeitet und
analysiert [VOIGT 1990; BENZ 1989].

2. "Datenbanken der Datenquellen"

Auf dem Markt existieren bereits Datenbankführer, die entweder als Buch
oder "online" erhältlich sind, z.B. CUADRA [CUADRA], Computer Readable
Databases [COMPUTER] und DIANEGUIDE [DIANEGUIDE]. Da diese Werke den gesamten Bereich der Datenbanken umfassen, sind sie für die Bearbeitung unseres Problemkreises "Daten über Umweltchemikalien" zu wenig spezialisiert
[DIETZ]. Nachdem sich die Datenquellen in gedruckte Dokumente (z.B. Hand-
bücher, Reports, Monographien, Firmenverzeichnisse), in Online- Datenbanken und in die sogenannten "Neuen Medien (Datensammlungen auf Diskette
oder CD-ROM) aufteilen, werden folgende drei Datenbanken erarbeitet:

-DAMA für gedruckte Dokumente (533 Einträge)

-DADB für online Datenbanken (265 Einträge)

-DACD für CD-ROMs und Disketten (83 Einträge).

Die drei genannten Datenbanken verfügen über verwaltungstechnische, bibliographische und inhaltserschließende Felder. Die Datenbank der CD-ROMs enthält darüberhinaus technische Felder. Der Aufbau von DAMA und DADB wurde bereits in mehreren Publikationen [VOIGT 1989, 1990] eingehend beschrieben und diskutiert. Die neueste Art der Datenquellen bilden die Datensammlungen auf Diskette oder CD-ROM. Da die vom Bundesgesundheitsamt entwickelte Datenbank CHEMSIS ebenfalls in Diskettenversion vorliegt, wurde sie in unsere Meta-Datenbank DACD integriert.

3. Datenbank der CD-ROMs (DACD)

Unter CD-ROM (Compact Disc/Read Only Memory) versteht man Datenträger, die mit einem Laserstrahl abgetastet werden und nur lesbar, aber nicht beschreibbar sind. Beachtlich ist die große abspeicherfähige Datenmenge, die auf eine solche CD-ROM paßt. Die Speicherkapazität beträgt zwischen 550 und 640MB. Der CD-ROM Markt hat in den vergangenen fünf Jahren exponentiell zugenommen [DESMARAIS; MITCHELL].

Bei CD-ROMs benötigt man nicht nur bibliographische und inhaltliche Informationen über die betreffenden Datenquelle , sondern auch ein umfangreiches technisches Detailwissen zur effektiven Nutzung der CD-ROM. Wir haben eine Datenbank der CD-ROMs für Umweltchemikalien (DACD) aufgebaut, die folgende Datenfelder in Tabelle 1 aufweist:

Bei den <u>Feldbezeichnungen</u> schließen sich den verwaltungstechnischen Feldern die bibliographische Felder an. Die technischen Felder, die weder bei DAMA noch bei DADB vorkommen, sind in den Positionen 11 - 21 aufgeführt. Es ist daraus ersichtlich, daß CD-ROMs für ihre optimale Nutzung eine über einen Standard PC hinausgehende Konfiguration benötigen. Eine ausführliche Beschreibung der technischen Voraussetzungen ist im Beitrag "Datenquellen für Umweltchemikalien", im Handbuch des Umweltschutzes erschienen [VOIGT 1991].

An die technischen Felder schließen sich die inhaltserschließenden Felder, die bei allen drei aufgebauten Datenbanken dieselben sind, an. Das wichtigste dieser sog. inhaltserschließenden Felder ist das Deskriptor- oder Schlagwortfeld. Hierzu wurde ein nach Sachgebieten geordneter Schlagwortkatalog erarbeitet. Er erleichtert die gezielte Suche nach Informationen und Daten in den Datenquellen und stellt somit eine

Tabelle 1: Datenfelder in ECOCD

Position	Feldname	Abkürzung
1	Dokumentennummer	DO
2	Datum	DA
3	Standort	LO
4	Sachbearbeiter	OF
5	Acronym	AC
6	Name der CD-ROM	NA
7	Hersteller	HE
8	Herausgeber	PU
9	Vertreiber	DI
10	andere Vertreiber	OD
11	CD-ROM Player	CD
12	Software	SO
13	Software Hersteller	SP
14	Computer	CO
15	Speicher (RAM)	SP
16	Betriebssystem	BE
17	Bildschirm	BI
18	Drucker	DR
19	Disketten-Laufwerke	DI
20	Graphikkarte	GR
21	Peripherals	PE
22	Network	NE
23	Typ	TY
24	Datenquellen Äquivalent	DQ
25	Inhalt	SC
26	Quellen	SU
27	Sprache	LA
28	Abfragesprache	RE
29	Update	UP
30	Umfang	SI
31	Kosten	CO
32	Anzahl von Chemikalien	NU
33	Verwendung von Chemikalien	US
34	Deskriptoren	DE
35	68 Stoffe Testset	S8
36	Sonstiges	OT

wesentliche Hilfe für kosten- und zeiteffektive Recherchen dar. Folgende Sachgebiete werden im Thesaurus abgedeckt: allgemeine Beschreibungen, Indices, Identifikationsmerkmale, Angaben zur Verwendung, ökonomische Daten, Vorkommen in der Umwelt, PC-Eigenschaften, Abbau/Akkumulation, Ökotoxizität, Säugetier-Toxizität, Erfahrungen beim Menschen, Hinweise zum Arbeitsschutz, sonstige Daten [VOIGT 1989]. Die Feldbezeichnung "68 Stoffe" bezieht sich auf einen Testlauf mit 68 Stoffen, die auf ihre Eigenschaft als potentielle Lebensmittelkontaminanten geprüft wurden. [MÜCKE 1987]

4. Gegenüberstellung der Online-Datenbanken / CD-ROMs bzw. Datensammlungen auf Diskette

Eine Auswertung und Gegenüberstellung der Ergebnisse unserer Datenbank der Datenbanken (DADB) mit der Datenbank der CD-ROMs (DACD) haben wir im Histogramm in Abbildung 1 aufgetragen und gegenübergestellt. Die gefüllten Balken repräsentieren die Datenbanksituation, während die schraffierten Balken die Situation auf dem Gebiet der CD-ROMs widerspiegeln.

Abbildung 1: Vergleich DADB mit DACD

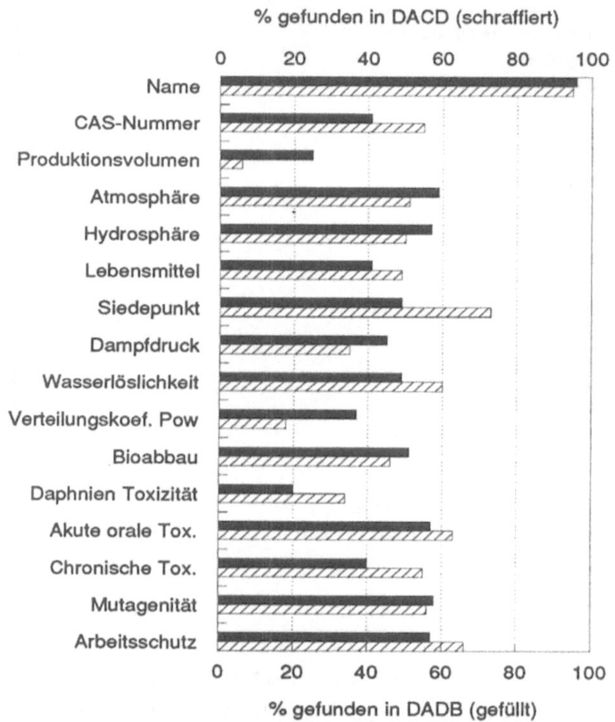

Generell ist festzustellen, daß die Recherche mit dem nach der Strukturformel eindeutigsten Identifikationsmerkmal einer Chemikalie, der **CAS-Nummer** (Chemical Abstract Service Registry Number), nur in ca. der Hälfte der Datenquellen (CD-ROM oder online) möglich ist. Obwohl sich die Datensituation hierbei in den vergangenen Jahren deutlich verbessert hat, ist sie immer noch alles andere als zufriedenstellend. Wie schon in früheren Publikationen ausgeführt [VOIGT 1990; BENZ 1990], findet man in wenigen Datenquellen Angaben über das Produktionsvolumen von Chemikalien. Physika-

lisch-chemische Eigenschaften wie z.B. der Siedepunkt sind relativ gut repräsentiert, während Verteilungskoeffizienten eine sehr geringe Be-
legungsdichte aufweisen. Ökotoxizitätsparameter, z.B. Daphnientoxizität
sind im Vergleich zu akuten Säugetier-Toxizitäten sehr gering mit Daten
belegt.

Vergleicht man nun die Datensituation für Online-Datenbanken mit derjenigen für Offline-Datenbanken (CD-ROMs und Datensammlungen auf Diskette),
läßt sich folgendes feststellen: Die gesundheitsschutz- und arbeitsschutz-
relevanten Kriterien sind besser in CD-ROMs abgedeckt als in Online-Datenbanken. Bei dieser Art von Datenquellen werden oft mehrere Datensammlungen
auf einer CD-ROM angeboten. Man spricht dann von "Multi Databases Discs".
Dies führt häufig dazu, daß für eine Vielzahl vcn Chemikalien eine breite
Palette von Parametern behandelt wird. Demgegenüber sind die umweltrelevanten Parameter, wie z.B. das Vorkommen in den Umweltmedien Luft und Wasser und auch die Verteilungskoeffizienten, die zur Abschätzung anderer Parameter sowie zur Modellierung vom Umweltverhalten von Chemikalien benötigt werden, in Online-Datenbanken stärker repräsentiert.

Literatur

Benz J., Voigt K., Mücke W., Strategy for Computer-Aided Searches for
Information about Chemicals, Online Review, __13__, 383-393, 1989

CUADRA Directory of Online Databases, Host: DATASTAR, London/Frankfurt,
1990

Computer-Readable Databases, Host: DIALOG, Palo Alto, 1991

DIANEGUIDE, Host: ECHO, Luxemburg, 1991
Desmarais N., CD-ROMs in Print 1990, An International Guide, Meckler
Corporation, Westport, 1990.

Dietz K.-H., Datenbanken über Datenbanken: Hilfreich oder überflüssig?,
COGITO, __2__, 20-27, 1989

Mitchell J., Harrison J., The CD-ROM Directory, TFPL Publishing, London,
1990.

Mücke W., Voigt K., Schulze H., Zur Früherkennung potentieller Lebensmittelkontaminanten in Monitoring-Programmen, Lebensmittelchem. Gerichtl.
Chem. __41__, 1-3, 1987

Voigt K., Benz J., Mücke W., Databanks of Data-Sources for Environmental
Chemicals, Toxicological and Environmental Chemistry, __23__, 243-250, 1989

Voigt K., Benz J., Eder A. Informationssystem Umweltchemikalien, Endbericht, GSF-Bericht 21/90, Neuherberg, 1990

**Voigt K., Pepping T., Datenquellen für Umweltchemikalien, Erläuterungen
und Auswertungen, in: Rippen G., Handbuch Umweltchemikalien, 11. Erg.Lfg.
8/91, S. 1.-.30, Ecomed Verlag, Landsberg/Lech, 1991**

CHEMIKALIEN-INFORMATIONSSYSTEM FÜR GESUNDHEITS- UND UMWELT-GEFÄHRLICHE ALTE UND NEUE STOFFE NACH DEM CHEMIKALIENGESETZ

M. Sonneborn

Max von Pettenkofer-Institut des Bundesgesundheitsamtes,
Thielallee 88 - 92, D-1000 Berlin 33

Allgemeines:

Chemikalien nehmen einen festen Platz im täglichen Leben ein. Jeder wird im Privatbereich, am Arbeitsplatz und in seiner Umwelt mit einer großen Zahl unterschiedlichster Chemikalien konfrontiert. Zum umfassenden Schutz und zur Vorsorge ist die Kenntnis der Eigenschaften und eine schnelle Informationsmöglichkeit notwendig.

Um einen Schutz vor gefährlichen Stoffen zu erreichen, wurde am 01.01.1982 das Chemikaliengesetz rechtswirksam. Seitdem unterliegen alle neuen Chemikalien einer umfangreichen Prüfung und Bewertung, bevor sie in Verkehr gebracht werden - bis heute wurden ca. 1.000 neue Stoffe innerhalb der EG angemeldet. Dem stehen 100.116 sogenannte Altstoffe gegenüber, die bereits vor Inkrafttreten des Chemikaliengesetzes in den EG-Ländern vermarktet worden sind. Ein großer Teil dieser Altstoffe wird nach wie vor produziert oder importiert. Diese Altstoffe unterliegen nicht den Prüfanforderungen, die das Chemikaliengesetz vorschreibt.

Zwar gibt es für Altstoffe in der wissenschaftlichen Literatur in den meisten Fällen ausreichende Beschreibungen ihrer Eigenschaften, es stand und steht jedoch bis heute keine deutschsprachige Datenbank zur Verfügung, die alle für eine Beurteilung notwendigen Angaben und Aussagen übersichtlich zusammenfaßt, dokumentiert und somit eine schnelle Informationsmöglichkeit über die Gefährlichkeit von Altstoffen bietet.

Beim Max von Pettenkofer-Institut des Bundesgesundheitsamtes wurde daher seit 1987 das Chemikalien-Informationssystem CHEMIS, z.T. mit finanzieller Unterstützung des Umweltbundesamtes, auf Personalcomputer-Ebene entwickelt. Im Interesse eines vorsorglichen Gesundheits- und Verbraucherschutzes werden hier alle für eine toxikologische und umwelthygienische Beurteilung wesentlichen Informationen aufgearbeitet und gespeichert.

Der Arbeitsschwerpunkt der Datenbank CHEMIS liegt in der Bearbeitung der in der Bundesrepublik Deutschland in den Verkehr gebrachten Altstoffe unter dem Gesichtspunkt des Chemikaliengesetzes. Die Einbeziehung der der Bewertungsstelle ChemG vorliegenden Informationen zu Neuen Stoffen nach dem Chemikaliengesetz ist für die nächste Zeit vorgesehen.

Bei der Bearbeitung der großen Zahl von Altstoffen wurden Prioritäten gesetzt: In einem ersten Schritt sollen in dem Chemikalien-Informationssystem diejenigen gesundheits- und umweltgefährlichen Stoffe erfaßt werden, die in der Bundesrepublik Deutschland nach unserem Kenntnisstand in relevanten Mengen vermarktet werden. Es handelt sich dabei um rund 12.000 Chemikalien. Für ca. 4.000 dieser Chemikalien sind in den vergangenen zwei Jahren umfangreiche Informationen in CHEMIS gespeichert worden. Den Daten wurden die Anforderungen zugrunde gelegt, die für neu anzumeldende Stoffe zu erfüllen sind. Die Datenbank enthält jedoch nicht nur die Angaben, die für neu anzumeldende Stoffe gefordert werden, sondern bietet darüber hinaus auch die Möglichkeit, weitergehende Daten zu erfassen. Für den jeweiligen Fragesteller können beliebige Teilbereiche der gesamten Datenbank ausgewählt und abgerufen werden, um eine optimale Übersichtlichkeit zu gewähren und nicht benötigte Teile auszublenden.

Die Datenbank CHEMIS erhebt in der Aufbauphase keinen Anspruch auf die Vollständigkeit . Sie versucht, einen zusammenfassenden Überblick über das Gefahrenpotential des jeweiligen Altstoffes aufzuzeigen, um eine Beurteilung der Stoffeigenschaften zu ermöglichen. In CHEMIS werden fortlaufend neue Informationen gespeichert, um die Zahl der bearbeiteten Stoffe zu komplettieren. Hierfür ist die Kooperation mit anderen Datenbanken und Institutionen notwendig.

Wesentliche Ziele:

CHEMIS ist eine Chemikaliendatenbank, die für IBM-AT und kompatible Rechner in dBASE III+ programmiert ist. Die Benutzeroberfläche ist selbsterklärend menügeführt.

CHEMIS ist als Personalcomputer-Version der Stoffdatenbank des Bundes vorgesehen.

Mit CHEMIS sollen folgende Aufgaben in Angriff genommen werden:

- Speicherung von Informationen zunächst zu "reinen" Chemikalien (inhaltlich strukturierte Faktendatenbank),

- Bereitstellung der Grundlage für eine umfassende Beurteilung dieser Stoffe (Altstoffkonzept der Bundesregierung),

- Bereitstellung von wichtigen Angaben für sicheren Umgang und Handhabung (Schnellauskunft).

Basis für die Gesamt-Datenstruktur ist die Darstellungsweise der Meldeunterlagen für neue Stoffe ChemG.

Dokumentationsrichtlinien:

CHEMIS ist eine menügesteuerte Datenbank. Bei der Programmierung und Bildschirmdarstellung wurde darauf geachtet, daß die Menüs und Masken dem Benutzer selbsterklärend die notwendigen Informationen zur Erfassung, Recherche und Wiedergabe von Daten zu "Alten" und "Neuen" Stoffen nach dem Chemikaliengesetz bieten.

Gliederung der Datenbank und Informationsinhalte:

Folgende Informationsbereiche werden in CHEMIS erfaßt:

- Stoffidentität (Namen, Kennziffern, allgemeine Beschreibungen, Hersteller),

- Verwendung, Handhabung (Produktionsmengen, Verwendungszweck, gefährliche Reaktionen, Zersetzungsprodukte, Unverträglichkeiten, Maßnahmen zum Schutz bei Vergiftung, Brand oder Leckagen),

- Vorschriften der Gefahrstoffverordnung, für Transport und zum Arbeitsschutz,

- Physikalisch-chemische Daten,

- Toxikologische Informationen und Beurteilungsergebnisse,

- Ökotoxikologische Informationen.

Stoffidentität:

Hier sind Name, Synonyme, Summenformel, Molekulargewicht und verschiedene Kenn-Nummern (CAS, EINECS, UN, EG u.a.), sowie allgemeine Stoffeigenschaften und die Angabe der Hersteller bzw. Importeure enthalten.

Verwendung:

Neben Angaben zur Verwendung und zu Produktionsmengen sind hier Angaben zur Einstufung und Kennzeichnung entsprechend GefStoffV und MAK-Liste, sowie zur sicheren Handhabung, zu Vorsichtsmaßnahmen und zur Ersten Hilfe beim Umgang mit der Substanz abgespeichert.

Physikalisch-chemische Daten:

Dieser Bereich enthält physikalisch-chemischen Angaben zu: Schmelzpunkt, Siedepunkt, relative Dichte, Dampfdruck, Oberflächenspannung, Löslichkeiten in Wasser, Fett und organischen Lösemitteln, Henry-Verteilungskoeffizient, Verteilungskoeffizient logPow, Flammpunkt, Explosionsgrenzen u.a.

Toxikologie:

Es sind alle ChemG-relevanten Bewertungsmerkmale aufgenommen:
akute Toxizität (oral, dermal, inhalativ), Haut- und Augen-
reizung, Sensibilisierung, krebserzeugende und erbgutverän-
dernde Eigenschaften, subakute Toxizität, subchronische Toxizität, Beeinträchtigung der Fruchtbarkeit, fruchtschädigende
Eigenschaften, chronische Toxizität. Zu einigen Stoffen sind
bereits darüberhinausgehende, zusammenfassende toxikologische
Bewertungen erfaßt.

Ökotoxikologie:

Es sind alle ChemG-relevanten Bewertungsmerkmale aufgenommen:
abiotische und biotische Abbaubarkeit, akute Toxizität an
Fisch und Wasserfloh, Wachstumshemmung der Grünalge, langfristige Toxizität, Reproduktionsbeeinträchtigung bei Fisch und
Daphnia, Toxizität am Regenwurm, Bioakkumulation und Wirkung
auf höhere Pflanzen. Vielfach sind auch Ergebnisse aus Untersuchungen erfaßt, die im ChemG nicht gefordert sind.

Soft- und Hardware:

CHEMIS wird mit der Datenbanksoftware dBase III-Plus (Softwa-
refirma Ashton-Tate) auf IBM-kompatiblen Personalcomputern
mit den Betriebssystemen MSDOS 3.1 bzw. 3.2 betrieben. Z.Z.
reicht die Kapazität einer 40 MB-Festplatte für ca. 4.000
Stoffe aus.

Datenquellen:

Für CHEMIS werden Informationen aus nationalen und internationalen Datenbanken, auf die das BGA Zugriff hat, aus Hand-
büchern und hauptsächlich aus der Primärliteratur erfaßt. Dazu kommen teilweise Berichte natio naler und internationaler
Arbeitsgruppen. Die Informationen werden im Bundesgesundheitsamt aufgearbeitet und auf Plausibilität der Daten geprüft. Das Beurteilungsverfahren schließt dabei die Abschätzung der Datenbonität ein.

CHEMIS enthält zu jedem inhaltlichen Datum eine zugehörige
Quellenangabe (Literaturstelle).

Bonitätsgarantie:

Diese Informationen werden im Bundesgesundheitsamt aufgearbeitet, erfaßt und auf Plausibilität der Daten geprüft. Das
Beurteilungsverfahren schließt dabei die Abschätzung der Datenbonität ein.

Gegenwärtiger Stand:

In der Datenbank CHEMIS sind zu ca. 4.000 Altstoffen Informationen erfaßt.

Realisierte Suchstrategien:

Der Zugfang zu den Inhalten von CHEMIS sind stoffbezogen über
alle Felder des Identitätsbereichs möglich. Im Identitätsbe-
reich muß zunächst der in Frage stehende Stoff recherchiert
werden; zu diesem Stoff können dann die gesamten Angaben,
aber auch selbst vorwählbare Teilbereiche am Bildschirm bzw.
auf Drucker ausgegeben werden.

Zur Zeit sind mehrere Druckausgabeformate realisiert:

- Ausdruck in Anlehnung an die Anmeldebögen des ChemG für
  Neue Stoffe,

- Druck in Anlehnung an die Datenblätter der Gefahrenstoff-
  datenbank der Länder,

- Stoffdatenblätter mit Bewertungen und Fakten für den internen Gebrauch im BGA, UBA u.a.,

- Schnellauskunft für Feuerwehr.

Diese verschiedenen Ausgabeformate entsprechen verschiedenen
"views", die für bestimmte Abfragen von Teilbereichen zusammengestellt wurden.

Schnellauskunft:

Die für eine Schnellauskunft - z.B. für Gesundheitsämter,
Feuerwehr, Polizei und andere Stellen - notwendigen Informationen sind Bestandteil der Datenbank CHEMIS. Sie können über
einen jeweils auf die besondere Fragestellung zugeschnittenen
Menue-Aufruf verfügbar gemacht werden.

Literatur:

1. Sonneborn, M. und Kayser, D. (Hrsg.):
   Gesundheitliche Bewertung ausgewählter chemischer Stoffe.
   bga-Schriften 4/85, MMV Medizin Verlag, München 1985

2. Umweltbundesamt and Instituto Superiore Di Sanita:
   Chemicals on Which Data are Currently Inadequate: Selec-
   tion Criteria for Health an Environmental Purpose.
   OECD Existing Chemicals Programme. Final Report of Expert
   Groups III an IV. OECD 1984, Vol. I, Berlin 1985

3. Sonneborn, M., Abelmann, S., Kayser, D. und Hildebrandt,
   A.G.:
   Wege zur systematischen Erfassung und Beurteilung von Alt-
   stoffen im Sinne des Chemikaliengesetzes.
   Bundesgesundheitsblatt 30, Nr. 3, 93 - 96 (1987)

4. Abelmann, S., Bigalke, T., Brehmer, W., Rieckenberg, K.
   und Sonneborn, M.:
   Einsatzmöglichkeiten und Aufbau einer Datenbank für Altstoffe nach dem Chemikaliengesetz (ChemG).
   Bundesgesundheitsblatt 31, Nr. 4, 135 - 138 (1988)

5. Verband der Chemischen Industrie (VCI):
   VCI-Altstoffliste.
   Chemische Industrie, Z. f. Chemie, Umwelt u. Wirtschaft
   4/88, 1988

6. Sonneborn, M., and Bigalke, T.:
   Data Bank on Existing Chemicals of Health and Environmen-
   tal Relevance According to the Chemicals Act (ARGUS-I).
   Abstract ENVIROTECH VIENNA 1989, Wien, 20.-23.2.1989

Wissensmodellierung in einem
integrierten umweltmedizinischen Informationssystem

K. Prätor / H.-F. Neuhann / U. Ranft
Medizinisches Institut für Umwelthygiene
an der Universität Düsseldorf

Konzeption

Das Informationssystem dient der Unterstützung einer umweltmedizinischen Beratungsstelle, sim Hinblick sowohl auf den Informationsbedarf wie auf die Dokumentations- und Verwaltungsaufgaben der ärztlichen Praxis. Seine Teile, obwohl alle zumindest in Ansätzen realisiert, sind unterschiedlich weit entwickelt: Einige befinden sich im Routineeinsatz, andere sind noch weitgehend Entwurf.

Für sein Design waren zwei Prinzipien leitend: In Abhebung von einem Diagnoseexpertensystem ist es bewußt als ein System mit Werkzeugcharakter konzipiert worden. Es soll nicht mit menschlichen Leistungen konkurrieren, sondern menschliche Schwächen im Umgang mit großen Informationsmengen kompensieren. Gleichwohl kommen charakteristische Elemente wissensbasierter Systeme zum Einsatz.

Auch im zweiten Punkt steht das System im Gegensatz zu klassischen Expertensystemen. Anders als diese soll es eine weitgehende Integration ermöglichen: nicht nur der einzelnen EDV-Module untereinander und mit dem Arbeitsablauf der Ambulanz, sondern in Zukunft auch mit anderen Beratungsstellen und Informationslieferanten. Deshalb hat die Integration auch eine zeitliche Achse. Zunächst einfache und relativ isolierte Module sollen zu größeren und "intelligenteren" Einheiten mit höherer Komplexität zusammenwachsen können.

Komponenten

relationale Datenbanken.

- ein *Patienteninformationssystem PATIS*, das anamnestische Daten, ärztliche Befunderhebung, funktionelle und Labordiagnostik dokumentiert, die Arztbrieferstellung und die Verwaltung des gesamten Anblauf unterstützt. Hier wurde ein kommerzielles System durch eine eigene Entwicklung abgelöst.

- eine *Anfragen- und Adreßverwaltung*, die den Kern einer künftigen Alltagsarbeitsumgebung bilden soll.

- eine *Faktendatenbank FAKTUM* mit Informationen über mögliche Schadstoffe, insbesonders deren Wirkungen und ihr Vorkommen in Wohn- und Arbeitsumgebung (Expositionen) sowie über existierende Nachweisverfahren. Die mit einer selbst entwickelten Struktur gewonnenen Erfahrungen sollen einfließen in die Anpassung der vom BGA übernommenen Datenbank CHEMIS an umweltmedizinische Bedürfnisse.

- eine *Literaturverwaltung LIBRI* als - vorläufig auf Printmedien beschränkter - Verweis auf weitergehende Informationsquellen.

wissensbasiertes System

Ein im Kern auf der Basis von Prolog prototypisch realisiertes *wissensbasiertes System ENVIMED* stellt kein gegenüber den Datenbanken neues System dar, sondern kann als eine Integration von Faktendatenbank (einschließlich den Verweisen auf Sekundärinformationen) und dem sozusagen als Frontend die aktuellen Anfragedaten liefernden Patienteninformationssystem aufgefaßt werden. Seine Vorteile liegen in weitergehenden Schlußfolgerungsmöglichkeiten und differenzierteren Weisen der Wissensrepräsentation.

Hypertext

Schließlich gibt es auf der Basis von "Guide" ein Hypertextmodul, das eine textlich orientierte Darstellung von Sachverhalten ermöglicht, die sich schlecht oder gar nicht in einer hochstrukturierten Form wiedergeben lassen.

Strukturerfordernisse

Es liegt auf der Hand, daß Übergänge zwischen diesen Komponenten nur dann problemlos möglich sind, wenn den Datenbanken und dem wissensbasierten System weitgehend ähnliche Strukturen zugrundeliegen. Eine wichtige Voraussetzung dafür besteht darin, daß sich die Tabellen relationaler Datenbanken auffassen lassen als die, auch Prolog zugrundeliegenden, Satzformen der Prädikatenlogik. Nun ist deshalb nicht schon mit der Einhaltung einer relationalen Struktur der Übergang von der Datenhaltung zur Wissensverarbeitung geleistet, aber es ist die Möglichkeit gegeben, die Datenbanken mit den Augen der Wissensverarbeitung zu betrachten.

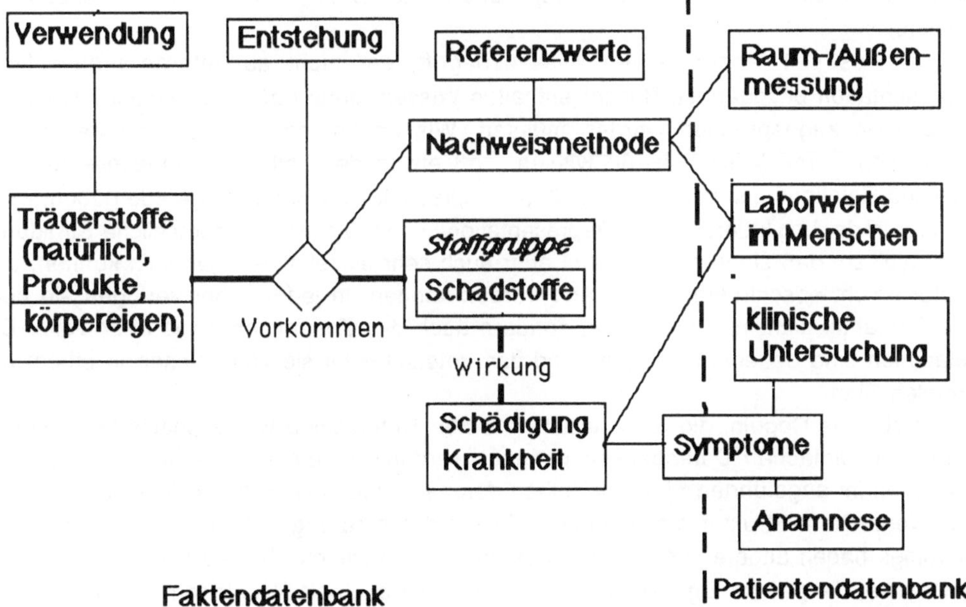

Abb. 1: GROBSTRUKTUR ENVIMED

So läßt sich der in Abb.1 wiedergegebene Zusammenhang sowohl als eine Darstellung der Dateienstrukur in einer relationalen Datenbank aber auch als eine Wissensmodellierung des in Rede stehenden Gebietes auffassen. Im Fall der Datenbanken würde man hier von einem semantischen Datenmodell sprechen. Die skizzierte Struktur entspricht z.B.weitgehend dem Entity-Relationship-Modell. Auch das Coddsche Modell der relationalen Normalformen enthält, da es sich nicht an den in der Datenbank vorkommenden sondern an den erwartbaren Zusammenhängen orientiert, einen Anteil an Weltmodellierung.

Eine Integration von Datenbanken und wissensbasiertem System wird dadurch ermöglicht, daß wir die Relationen, die wir für das wissensbasierte System im Auge haben, möglichst auch schon den Datenbanken zugrunde legen. Freilich könnte man stattdessen auch eine direkte Implementation in Prolog etc. anstreben. Das zweistufige Verfahren hat aber den Vorteil, daß wir zu gängigen Systemen und damit zu existierenden Wissensquellen, an die in Form von Datenbanken am leichtesten anzuschließen ist, kompatibel bleiben. In Abhebung von dem in der Pionierzeit üblichen Entwurf von stand-alone-Expertensystemen scheint uns jedes Informationssystem ohne Einbettung in die im Anwendungsumfeld üblichen Informationsstrukturen chancenlos. Ganz im Gegenteil muß die Einbeziehung der Kommunikationsstrukturen bei der Erarbeitung und Nutzung des fachspezifischen Wissens die Grundlage bilden.

Daten und Wissen

Man kann fragen, ob bei einer derart weitgehenden Annäherung die einstmals emphatische Abgrenzung der Wissensverarbeitung von purer Datenverarbeitung noch möglich ist. Durch das derzeitige Eindringen ursprünglicher KI-Techniken im Datenbankbereich, z.B. im Bereich objektorientierter Datenbanken, wird sie eher noch schwerer.

Nun gibt es seit langem einen Wissensbegriff, der nicht auf interne menschliche Repräsentation bezogen ist. Bücher enthalten Wissen, ohne daß ihnen selbst intelligente Fähigkeiten zugesprochen werden müssen. Wissen hat charakteristischerweise eine sprachliche Form. Wissen heißt: wissen, daß etwas der Fall ist. Demnach sind nicht beliebige Relationen, sondern nur solche, die sprachförmige Strukturen wiedergeben, - wie das z.B. in der Logik der Fall ist - Repräsentationen von Wissen. Für sprachliche Strukturen ist es typisch, daß sie sehr allgemein, aber auch sehr einzelfallbezogen sein können, und insofern nicht abschießend aufgezählt werden können. In jedem aber verfügen sie über eine Semantik nicht nur ihrer Teile, sondern auch des Zusammenhangs ihrer Teile. Die Relationen sind bedeutungstragend und das unterscheidet sie von solchen in einem nur formalen Sinn.

Häufig sind es Regeln, die als charakteristischer Unterschied wissensbasierter Systeme gegenüber einfachen Datenbanken genannt werden. Regeln sind natürlich sprachliche Strukturen im angeführten Sinn. Sie haben darüber hinaus die wichtige Eigenschaft, durch ihre Wenn-Dann-Struktur als Grundlage für Schlußfolgerungsketten dienen zu können. Allerdings haben andere sprachliche Strukturen ,z.B. semantische wie Unterordnung oder Synonymie, die gleiche Eigenschaft (lassen sich aber auch als Regeln formulieren).

Regeln lassen sich in ihrer wissensrepräsentierenden Funktion als Relationen wiedergeben und so geschieht es auch in unserem System, weil auf diese Weise verschiedene Folgebeziehungen (kausale, semantische etc.) differenziert werden können. Dies kann in Datenbanken und im Prolog-System in gleicher Weise erfolgen. Die explizite Verwendung von Regeln erfolgt lediglich zur Steuerung des Schlußfolgerungsablaufs und ist mit vertretbarem Aufwand nur im wissensbasierten System möglich.

Objekte (im Bereich der Wissensrepräsentation häufig mit Frames gleichgesetzt) gelten gleichermaßen als mögliche grundlage von wissensbasierten Systemen. In unserem Konzept lassen sich Frames in verschiedenen Weisen auf relationaler Basis ausdrücken, die teilweise auch explizit von LPA-Prolog unterstützt werden. Objekte bilden aber nicht die Grundlage der Repräsentation, sondern Relationen. Diese können sowohl als Einzelrelationen wie auch in ihrem Zusammenhang (durch das Teilen gemeinsamer Variablen) sowohl objektartige wie prädikative (sachverhaltsartige) Strukturen wiedergeben.

Cui bonum?

Was ist der praktische Nutzen dieser theoretischen Überlegungen? In erster Linie ein System, das semantischen Ausdrucksreichtum mit hoher Flexibilität verbindet. So stehen von der sachlichen Fragestellung her in unserem Anwendungsfeld nicht Objekte wie Schadstoffe oder Symptome im Vordergrund, sondern deren Beziehung oder z.B. die zwischen Schadstoffen und ihrem Vorkommen oder ihrer Verwendung. Die direkte Wiedergabe dieser Beziehungen führt in diesem Fall auch zur effizienteren Implementation. Ein weiteres Beispiel: Gesetzt den Fall, in einem Zusammenhang würde von einem Verweissystem auf Sekundärinformationen auch auf direkt gespeicherte Fakteninformationen zugegriffen werden können, während in einem anderen umgekehrt die Sekundärinformationen von einer Faktendatenbank angesprochen werden sollen, falls diese Informationslücken aufweist. Eine direkte Modellierung als Objekte würde hier zu zwei Entwürfen führen. In einer relationalen Repräsentation bleiben die Grundbeziehungen gleich. Lediglich eine oder einige Zugriffsregeln müßten ausgetauscht werden.
Generell ist es die Aufgabenteilung zwischen Basisrelationen und Regeln, die eine hohe Modularität und damit unter anderem die bereits angesprochene Kompatibilität zu Datenbanken ermöglichen. Als Beispiel kann der *Thesaurus* genommen werden. Dieser nimmt bei der Verwendung verschiedener Datenbanken eine zentrale Stellung ein, da neben der Strukturangleichung das größte Problem in der Verwendung eines unterschiedlichen Vokabulars besteht. Die Basisbeziehungen der Synonymie, Überordnung, Verwandtschaft können in einfachen Relationen ausgedrückt werden. Die flexible Verknüpfung dieser Relationen, zumindest aber ihre rekursive Handhabung (Aufsuchen eines Oberbegriffs beliebiger Stufe) wird von normalen relatonalen Datenbanken nicht mehr verkraftet.
Von diesen semantische Beziehungen gibt es einen fließenden Übergang zu solchen wie Teil-Ganzes, Attributs- oder Ortsangaben und hier kann man sich - als Ergänzung des Thesaurus um "Weltwissen" - auch einen sinnvollen Einsatz von Frames z.B. zur Modellierung von Verwendungszusammenhängen vorstellen.
Neben empirischem und evtl. semantischem Wissen wird das *Handlungswissen* meist nur wenig berücksichtigt. Im vorliegenden System gibt es bei der Steuerung des Arbeitsablaufes im Patienteninformationssystem dazu bescheidene Ansätze, die allenfalls insofern bemerkenswert sind, als auch hinter ihnen ein einheitliches "Modell" steht, das unter Festhaltung von Agent und Zeitpunkten auf der Folge von Aufforderung ,Ausführung sowie (spezifisch für diese Anwendung) Dokumentation und Bericht besteht. Das ermöglicht für einen späteren Zeitpunkt eine dem Thesurus vergleichbare hierarchische Bestimmung von Handlungen durch die Erledigung von Teilhandlungen.

Wissen in Hypertexten

Hypertext - obwohl keine neue Idee - beginnt sich erst in jüngster Zeit zu verbreiten. Charakterisiert als eine nichtlineare Form der Textdarstellung, erlaubt er, durch "Links"

(Textsprünge) und beliebig verschachtelbare Auffaltungen von hinter Überschriften, Stichworten etc. verstecktem Text diesen in neuartiger Weise verfügbar zu machen. Obwohl in diesem Zusammenhang normalerweise nicht von Wissensrepräsentation gesprochen wird, gibt es dafür doch Berechtigung. Erstens sind Texte in einem nichttechischenSinn natürlich Repräsentationen von Wissen par excellence und nur ihre ungenügenden datentechnische Behandelbarkeit macht dieses im Computerbereich vergessen. zweitens können zumindest einfache Expertensysteme (mit determiniertem Suchbaum) in Hypertexte übersetzt werden. Die geringeren Strukturierungsanforderungen und der bessere Anschluß an konventionelle Formen der Wissensrepräsentation (Printmedien) machen ihn in jedem Fall zu einem wichtigen Informationsmedium für komplexere Darstellungen. In vielen gegenwärtigen Anwendungen ist Hypertext zwar nicht mehr als eine Form der Bildschirmdarstellung, aber das schöpft die Möglichkeiten dieses Mediums nicht aus.

In unserem Institut wurde ein Schadstoffgutachten über 25 Stoffe umgesetzt , das in seiner jetzigen Form den Zugang über Schadstoffe und Symptome ermöglicht, sowie Erweiterungen um Lteraturverweise, Erläuterungen und Handhabungshilfen bietet.

Ein Nachteil zumindest des jetzt eingesetzten Hypertextsystems (Guide mit Zusatztools) besteht darin, daß es in der jetzigen Form noch nicht voll in das allgemeine Datenmodell integriert werden kann. Eine vorläufige Integration findet auf der Basis einer gemeinsamen Benutzeroberfläche statt und kann durch den Einsatz verbindender Tools wohl noch verbessert werden. Auf die Dauer ist aber eine echte Integration der verwendeten Datenmodelle wünschenswert. (vgl. Abb. 2) Dazu wird in der Arbeitsguppe "Wissensbasierte Systeme" berichtet.

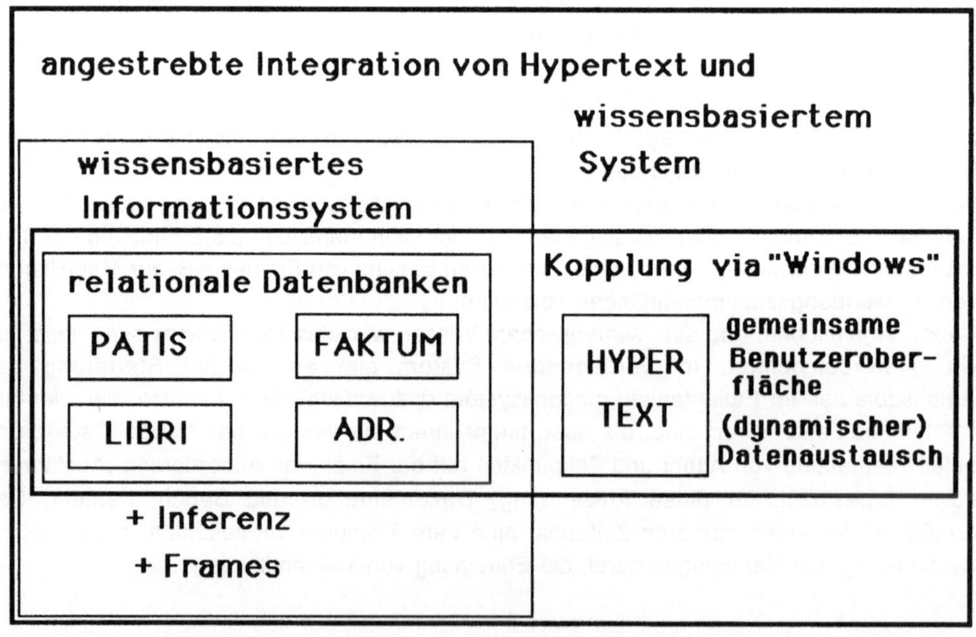

Abb. 2: GESAMTÜBERSICHT

NEUE KONZEPTE DER TUMORBASISDOKUMENTATION

U. Altmann, W. Wächter, J. Dudeck
Arbeitsgruppe zur Koordination Klinischer Krebsregister
Institut für Medizinische Informatik

Heinrich-Buff-Ring 44, Gießen

1. Geschichte

Die Grundlagenforschung ebenso wie die klinische und experimentelle Krebsforschung benötigen heute den Erfahrungsaustausch aller beteiligten Spezialisten und Institutionen. Diese Erkenntnis und die Notwendigkeit einer überregionalen diagnostischen und therapeutischen Versorgung auf hohem Niveau gab 1971 in den USA den Anstoß für ein Programm zur Errichtung von Tumorzentren. Die Bundesrepublik Deutschland folgte ab 1979 diesem Beispiel unter anderem mit dem "Gesamtprogramm zur Krebsbekämpfung" der Bundesregierung. Diese Bestrebungen haben zum Ziel

1. alle medizinischen Bereiche des Krebsproblems (Vorsorge, Früherkennung, Diagnostik, Therapie, Nachsorge und Rehabilitation) zusammenzuführen und

2. eine einheitlich hohe Qualität der Versorgung in allen Teilen des Landes zu gewährleisten.

Die genannten Ziele erfordern eine Einbeziehung sowohl der Krankenhäuser als auch der niedergelassenen Onkologen. Innerhalb der Tumorzentren und onkologischen Schwerpunkte liegt die Archivierung und Verwaltung der Daten in der Hand der Tumorregister (1). Diese Register sind nicht epidemiologisch ausgerichtet (2), da sie nur in seltenen Fällen die Tumorerkrankungen in einer Region vollständig wiedergeben. Ihre Aufgabe als sogenannte "klinische Krebsregister" besteht vielmehr darin, Patientendaten für Therapie und Nachsorge sowie Serviceleistungen (wie zum Beispiel Arztbriefschreibung, Terminvergabe für Nachsorgeuntersuchungen) zur Verfügung zu stellen. Durch eine aktive Rolle der Tumorregister wird, wie Untersuchungen zeigen konnten (3), die Versorgung von Tumorpatienten verbessert, auch wenn die Frage, inwieweit die Lebensqualität und die Überlebenszeit von Patienten hierdurch verbessert werden kann immer noch Gegenstand wissenschaftlicher Diskussion ist.

Wie wichtig die Verwendung einheitlicher, international gebräuchlicher Schlüssel in der Dokumentation ist, zeigte sich 1970 in einer Vergleichsstudie der Weltgesundheitsorganisation WHO. Die Studie benutzte Tumordaten aus klinischen Krebsregistern verschiedener Länder. Es stellte sich heraus, daß die Unterschiede in Art und Umfang der Dokumentation in den verwendeten Schlüsseln sowie den eingesetzten Auswertungsprogrammen derart groß waren, daß Vergleiche und gemeinsame wissenschaftliche Auswertungen der Daten nicht möglich waren. Deshalb gilt im Hinblick auf die erstrebte Vergleichbarkeit seit 1979 ein Minimalsatz von nach einheitlichen Kriterien erhobenen Daten, die "Tumorbasisdokumentation", als Standard für alle Tumorregister in der Bundesrepublik. Die Ziele der Basisdokumentation sind: (1)

1. Bereitstellung eines standardisierten Datensatzes nach eindeutigen Codierungsvorschriften für jeden Tumorpatienten

2. Vereinheitlichung der Nomenklatur und Klassifizierung durch Verwendung international gebräuchlicher Schlüsselsysteme

3. Entwicklung von Methoden und Verfahren zur optimalen Nutzung und Verbreitung der Informationen

4. Vergleichbarkeit von Daten und Befunden

5. erleichterter Rückgriff auf die Daten der Patienten.

6. statistische Übersichten

7. Verbesserung der Kommunikation zwischen Ärzten und anderen im Bereich der Onkologie tätigen Wissenschaftlern

8. Unterstützung bei multiklinischen Projekten

9.   praktische Erfahrungen auf dem Gebiet des Datenaustausches und -transfers

Einige der genannten Ziele, wie die Entwicklung von Methoden zur Verbreitung von Informationen, der erleichterte Rückgriff auf Daten, die Verbesserung der Kommunikation und die praktische Erfahrung auf dem Gebiet des Datentransfers erfordern neben der DV-Unterstützung auch entsprechende organisatorische Lösungen.

2. Weiterentwicklung der Basisdokumentation

Nach über zehn Jahren des Einsatzes der Basisdokumentation zeigten sich neben unbestreitbaren Fortschritten in der Tätigkeit von Tumorregistern organisatorische und merkmalsbezogene Probleme bei der Dokumentation, so daß eine Überarbeitung dringend erforderlich wurde.

Bedingt durch die Tatsache, daß viele Tumorregister ihre Daten in Form von Erhebungsbögen erhalten, deren Inhalt erst noch auf ein elektronisches Speichermedium übertragen werden muß, sind sie heutzutage in der Regel nicht in der Lage, aktuelle Patientendaten zur Unterstützung der Behandlung während eines Krankenhausaufenthaltes zu liefern.

Abgesehen von Schwierigkeiten bei der organisatorischen Einbindung der Tumordokumentation in den Ablauf der Betreuung ergaben sich auch mit Sicht auf den Merkmalskatalog Argumente, die für eine Überarbeitung der Tumordokumentation sprachen. Deshalb wurde auf der 3. Informationstagung Tumordokumentation in Berlin die Gründung einer Arbeitsgruppe Dokumentationskonzepte beschlossen, die sowohl die Basisdokumentation überarbeiten als auch gewisse Grundsätze für den Aufbau und Betrieb klinischer Krebsregister festlegen sollte. Die Arbeitsgruppe bestand aus Vertretern des Bundesministerium für Arbeit und Sozialordnung, der klinischen Krebsregister, der Deutschen Krankenhausgesellschaft, der Arbeitsgemeinschaft leitender Medizinalbeamter, des AOK-Bundesverbandes, der Kassenärztlichen Vereinigung Bayerns und der Arbeitsgruppe zur Koordination klinischer Krebsregister. Die Ergebnisse dieser Arbeitsgruppe bezüglich der Basisdokumentation werden im folgenden präsentiert.

Die Probleme mit der jetzigen Fassung der Basisdokumentation lassen sich prinzipiell in folgende Klassen einteilen:

1. Schwächen des Merkmalskataloges der Basisdokumentation
-    Redundanzen
-    nicht notwendige Merkmale im Rahmen der Basisdokumentation
-    notwendige und zu ergänzende Merkmale

2. Ungenaue Erfassung der Merkmale
-    zu weitgehende Differenzierung
-    fehlende Zuordnungsmöglichkeit
-    ungenaue Repräsentierung

3. Schwächen in der Dokumentationsvorschrift

Im folgenden sollen die Probleme und deren Lösungen näher erläutert werden:

1. Schwächen des Merkmalskataloges der Basisdokumentation

Bei der zentralen Auswertung der Daten aus klinischen Krebsregistern (5) zeigte sich an teilweise hohen Anteilen der Merkmalsausprägung "unbekannt", daß einigen Merkmalen offensichtlich geringere Bedeutung zugemessen wurde oder Schwierigkeiten bei der Interpretation von Dokumentationsvorschriften bestanden. Diesen Merkmalen wurde bei der Überarbeitung der Basisdokumentation besondere Beachtung geschenkt.

- Redundanzen
     Die "Zusatzangabe" und das Merkmal "Erster Tumor?" sind im Kontext mit den übrigen Merkmalen überflüssig.

- nicht notwendige Merkmale im Rahmen der Basisdokumentation

Die Merkmale Staatsangehörigkeit, Berufsanamnese, Zahl der Lebendgeburten und Diagnosesicherung wurden als nicht notwendig für klinische Register angesehen und deshalb aus dem Merkmalskatalog der Basisdokumentation gestrichen.

- notwendige und zu ergänzende Merkmale

Tumoridentifikationsnummer

Die Tumoridentifikationsnummer wurde notwendig, um die Verläufe mehrerer Tumoren eines Patienten unterscheiden zu können.

Quelle der Angaben

Die Quelle der Angaben kennzeichnet Daten, die nicht aus der eigenen Einrichtung stammen.

Behandlungsanlaß

Der Behandlungsanlaß wird eingeführt, um zwischen Patienten, die zur primären Behandlung kommen und Patienten, die erst in einer späteren Phase der Erkrankung zur Zusatz- oder Weiterbehandlung oder wegen eines Rezidivs aufgenommen werden (sog. Quereinsteiger), differenzieren zu können. Bei Quereinsteigern und im Verlauf müssen häufig Daten dokumentiert werden, die nicht aus der eigenen Institution stammen.

Histopathologisches Grading

Das histopathologische Grading des Tumors soll nach den Empfehlungen der WHO und UICC erfaßt werden.

Korrigierte Daten

Bei der ersten Erfassung von Diagnosedaten können wichtige Informationen über den Primärtumor noch nicht bekannt sein z. B. wenn Fernmetastasen bei unbekanntem Primärtumor als erstes entdeckt werden. Korrigierte Diagnosedaten müssen als solche gekennzeichnet werden, um Mehrfachzählungen zu vermeiden.

Vorgesehene Maßnahmen

Für die Überwachung der Nachsorge ist es wichtig, die vorgesehenen Maßnahmen zu dokumentieren.

Autoptische Daten

Alle Befunde, die auch im Verlauf von Bedeutung sind, wie die Ausbreitung des Tumors und die Gesamtbeurteilung, können jetzt gegebenenfalls auch als autoptischen Daten dokumentiert werden.

2. Ungenaue Erfassung der Merkmale

- zu weitgehende Differenzierung bei der Verschlüsselung

Der bisher zur Erfassung des allgemeinen Leistungszustandes verwendete Karnofsky-Index wurde vielfach als zu differenziert angesehen. Deshalb soll zukünftig der auch von der WHO empfohlene ECOG-Schlüssel verwendet werden, der nur fünf Stufen umfaßt und deshalb eine sicherere Zuordnung erlaubt. Bei der Übertragung der nach Karnofsky verschlüsselten Befunde in den ECOG-Index müssen gewisse Randunschärfen in Kauf genommen werden.

- fehlende Zuordnungsmöglichkeit

Bei Metastasen und Folgeerkrankungen gab es bisher Beschränkungen auf die Verschlüsselung von maximal drei Lokalisationen bzw. Erkrankungen. Diese sind aufgehoben worden.

- ungenaue Repräsentierung

Mehrfachfelder für Histologie und Lokalisation

Neu eingeführt wurden Mehrfachfelder für Histologie und Lokalisation im Bestreben bei Bedarf entsprechende Befunde möglichst genau erfassen zu können. Dabei ist jedoch die Kennzeichnung eines prognostisch und/oder therapeutisch entscheidenden Befundes unerläßlich. Für sämtliche Lokalisationsangaben einschließlich der Lokalisation von malignen Vorerkrankungen wird der sich aus dem Topographieteil der ICD-O ableitende Tumorlokalisationsschlüssel verwandt. Damit wird eine bessere und einheitliche Repräsentierung der Merkmalsausprägungen erreicht.

TNM

Der TNM-Befund wird vollständig einschließlich der Certaintyfaktoren erfaßt. Dabei wird in allen Kategorien Raum für die teleskopische Ramifikation, d.h. die fakultative Unterteilung der Kategorien unter Beibehaltung der derzeit gültigen Klassifikation, vorgesehen. (Hermanek in (7))

Folgeerkrankungen und Komplikationen

Für sämtliche Erkrankungsangaben (Komplikationen in der operativen Dokumentation und Folgeerkrankungen) wird die ICD in der jeweils neuesten Fassung verwandt.

Histologieschlüssel

Mit der Einführung der neuen ICD-O ist ein Großteil der Probleme bei der histologischen Klassifikation maligner Lymphome hinfällig geworden.

3. Schwächen in der Dokumentationsvorschrift

Quereinsteiger

Bei Patienten, die erst im fortgeschrittenen Erkrankungszustand oder nach Vorbehandlung zur Aufnahme kommen, (sog. Quereinsteiger) sollen Diagnose- und auch Verlaufsdaten retrospektiv erfaßt werden, so daß ein Teil der Diagnosedaten nicht nach den gegenwärtigen, sondern nach dem Befund bei der Diagnosestellung verschlüsselt wird.

Vorbehandlung

Das bedeutet auch, daß eine Vorbehandlung als Verlauf dokumentiert werden kann.

Behandlungsbeginn

Es wurde festgelegt, daß der bisher bei der Ersterhebung erfaßte Behandlungsbeginn bei den Verlaufsdaten präsentiert werden soll, da nicht notwendigerweise die Diagnostik einer malignen Erkrankung auch sofort zu einer Therapie führt.

3. Neue Konzepte

Die Basisdokumentation sollte so überarbeitet werden, daß sie stärker in den Behandlungsablauf integriert werden kann. Die verbesserten Möglichkeiten der modernen DV-Technologie wurden dabei grundsätzlich berücksichtigt.

Erweiterte Basisdokumentation

Bisher wurde nur die Art der Therapie (Operation, Bestrahlung o.ä.) im Rahmen der Basisdokumentation erfaßt. Die vom Umfang her gesehen größte Änderung der Basisdokumentation ist die Einführung eines Standards für die Therapiedokumentation in den Bereichen internistische, operative und Strahlentherapie. Die so erweiterte Basisdokumentation ist für Zentren vorgesehen, die im Rahmen der Förderung des Informationsflusses, bei multidisziplinären Behandlungskonzept oder bei der wissenschaftlichen Bewertung ihrer Behandlungen nicht auf die standardisierte Erfassung grundlegender Therpiedaten verzichten möchten. Für den Detailliertheitsgrad der Erfassung gilt, daß von der operativen Therapie bei kombinierten Operationen Einzeloperationen und, möglicherweise diesen zugeordnet, Komplikationen erfaßt werden. Die internistische Therapie kann bis zur Ebene von Tagesdosen gegebener Medikamente verschlüsselt werden. Die Strahlentherapie erfaßt Art und Intensität der in einem bestimmten Zielgebiet verabreichten Strahlung. Nebenwirkungen werden bei Strahlen- und internistischer Therapie erfaßt.

Inhaltsbezogene Codierungen

Allgemein wurde vereinbart, daß von den bisher üblichen Zahlencodes auf inhaltsbezogene, mnemotechnische Codierungen übergegangen wird, da diese bei allen nichtmaschinellen Codierungen weniger störungsanfällig sind("1" für männlich und "2" für weiblich sind leichter zu verwechseln als "M" und "W").

Schlüsselsysteme

Grundsätzlich wird die Verwendung international von der WHO und/oder UICC anerkannter Schlüsselsysteme angestrebt, das heißt der ICD-O, bzw. die sich daraus ableitenden Tumorlokalisationsschlüssel und Histologieschlüssel, dem TNM-System und die Therapienebenwirkungen einschließlich des Schweregrades entsprechend den Empfehlungen der WHO. Neu ist, daß der Lokalisationsschlüssel auch für die malignen Vorerkrankungen und die Metastasen verwandt wird. Folgeerkrankungen werden nach der ICD verschlüsselt.

Datenqualifikator

Die Quelle der Angaben ist vor allem in einem Konzept der regionalen onkologischen Zusammenarbeit von großer Bedeutung.

4. Tumordokumentationssystem

Auf der Grundlage der Neufassung der Basisdokumentation wird zur Zeit in einer Arbeitsgruppe Tumordokumentationssystem, in der die wichtigsten Tumorzentren mit Erfahrung beim Entwurf von Dokumentationssystemen mitarbeiten, und unterstützt vom Bundesministerium für Gesundheit ein Tumordokumentationssystem entwickelt. Die Verwirklichung dieses Systems soll einen weiteren wichtigen Schritt auf dem Weg zu einheitlicher Dokumentation und verbesserter Kommunikation in der Betreuung von Tumorpatienten im Sinne der eingangs genannten Ziele der Tumordokumentation darstellen. Gleichzeitig werden durch die Verwendung einer gemeinsamen Software die Kosten für deren Pflege vermindert und somit deren Fortentwicklung erleichtert. Unterstützt wird die Entwicklung durch den Einsatz eines CASE-Tools (IEF).

5. Zusammenfassung und Ausblick

Mit der Neufassung der Basisdokumentation soll ein Beitrag zu einer besseren Betreuung von Tumorpatienten geleistet werden. Eine praxisnahe Dokumentation fördert den Kommunikationsfluß und ist durch die damit verbunden Standardisierung von Informationen gleichzeitig in der Lage, zum Wissensgewinn über Tumorerkrankungen beizutragen.

Die jetzige Überarbeitung der Basisdokumentation hat gezeigt, daß die Basisdokumentation durch Erfahrungen im Alltag und durch die Weiterentwicklung der Medizin unvermeidbar Änderungen unterworfen ist. Der jetzt erstellte Merkmalskatalog muß in der Praxis erprobt werden. Dabei müssen vor allem die neu hinzu gekommen Merkmale kritisch begutachtet werden. Auf Grund der Erfahrung, daß sich manche Krankheitscharakteristika nicht in der erforderlichen Genauigkeit erfassen lassen, ist zu erwarten, daß kommende Überarbeitungen der Basisdokumentation eine stärkere krankheitsabhängige Differenzierung der Dokumentation z.B. grundsätzliche Trennung von onkologischen Systemerkrankungen und soliden Tumoren bis hin zur organspezifische Dokumentation berücksichtigen werden.

An die endgültige Einführung des neuen Konzepts ist wegen der nicht unerheblichen Umstellungsschwierigkeiten innerhalb der Tumorzentren erst in etwa zeitgleich mit der Einführung des neuen Tumordokumentationssystemes zu rechnen, d.h. in Pilotinstallationen Anfang 1992, allgemein 1993.

Literatur

(1) G. WAGNER, E. GRUNDMANN: Basisdokumentation für Tumorkranke. Berlin 1983
(2) J. DUDECK: Aufgaben und Probleme von Krebsregistern. In: Management und Krankenhaus, S. 60-64, Darmstadt 1982.
(3) H.-A. HORST, J. HEDDERICH, K. BAUNING, D. WEISNER: Tumorregister als Instrument zur besseren Versorgung onkologischer Patienten. In: Dtsche. Med. Wochenschr., 31. Juli 1987, 112(31-32), S. 1230-1234
(4) ARBEITSGRUPPE DOKUMENTATIONSKONZEPTE, unveröffentlichtes Protokoll vom 16. Januar 1991: Vorschlag für die Neufassung der Basisdokumentation für Tumorkranke
(5) ARBEITSGRUPPE ZUR KOORDINATION KLINISCHER KREBSREGISTER: Zentrale Auswertung der Daten aus klinischen Krebsregistern, Eigenverlag
(6) ARBEITSGRUPPE ZUR KOORDINATION KLINISCHER KREBSREGISTER (Herausgeber): Vortragssammlung der 3. Informationstagung Tumordokumentation, Eigenverlag
(7) ARBEITSGRUPPE ZUR KOORDINATION KLINISCHER KREBSREGISTER (Herausgeber): Vortragssammlung der 4. Informationstagung Tumordokumentation, Verlag der Ferber'schen Universitätsbuchhandlung Gießen

Überlebenschancen bei Krebs
Ergebnisse des Saarländischen Krebsregisters von 1967-1982

A.-H. NIEMEYER[1], H. KOLLES[1], G. SEITZ[1], G. DHOM[1], H. ZIEGLER[2]

Aus dem [1]Pathologischen Institut der
Universitätskliniken des Saarlandes
6650 Homburg/Saar

und dem

[2]Krebsregister des Statistischen
Amtes des Saarlandes
6600 Saarbrücken

Einleitung

Weltweit existieren mehr als hundert Krebsregister. In der Bundesrepublik gibt es zur Zeit nur zwei bevölkerungsbezogene Krebsregister: Das Hamburgische Register und das Krebsregister des Saarlandes. Die Bevölkerung des Saarlandes von ca. 1.1 Mio. Einwohnern ist nach Sozialstruktur und Stadt-/Land-Verteilung als Stichprobe für die Verhältnisse in der Bundesrepublik geeignet.
Eine Berechnung der Überlebensraten der im Krebsregister gemeldeten Tumoren wurde bisher, mit Ausnahme einzelner Tumoren, im Saarland noch nicht durchgeführt. Als Vorbild für diese Untersuchung diente die Veröffentlichung "Survival of Cancer Patients" des norwegischen Krebsregisters aus dem Jahr 1980.
Die vorliegende Studie soll:
- dem klinisch tätigen Arzt bei der Beurteilung der Prognose der Krebspatienten helfen.
- über den Stand der Krebsbehandlung im Saarland Auskunft geben.
- einen internationalen Vergleich ermöglichen;
- als eine Referenz für andere Untersuchungen dienen;

Material

Die vorliegende Studie basiert auf insgesamt 58.393 Fällen, die dem saarländischen Krebsregister im Untersuchungszeitraum von 1967-1982 gemeldet wurden. Es wurden nur Tumoren ausgewertet, die eine eindeutige Diagnose laut 3-stelligem ICD-Schlüssel aufweisen, und die Bestandteil einer ICD-Gruppe sind, deren Fallzahl eine detaillierte Überlebenszeitanalyse nach verschiedenen Kriterien erlaubt. Aus der Studie ausgeschlossen wurden die Fälle mit ICD-Kennungen, die nicht näher definierte Tumorlokalisationen beinhalten und Fälle, bei denen die Primärtumordiagnose erst per Totenschein gestellt wurde.

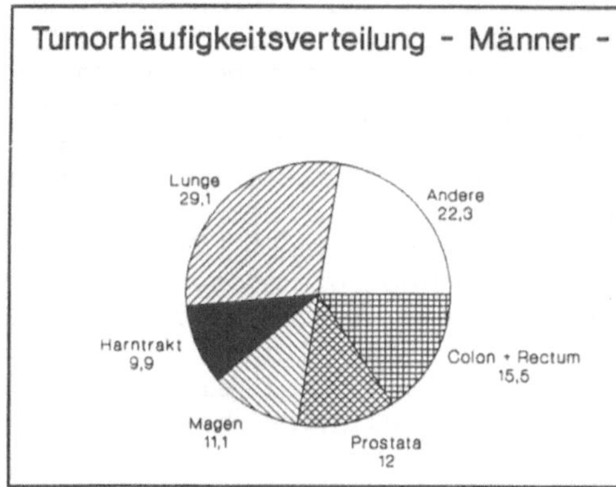

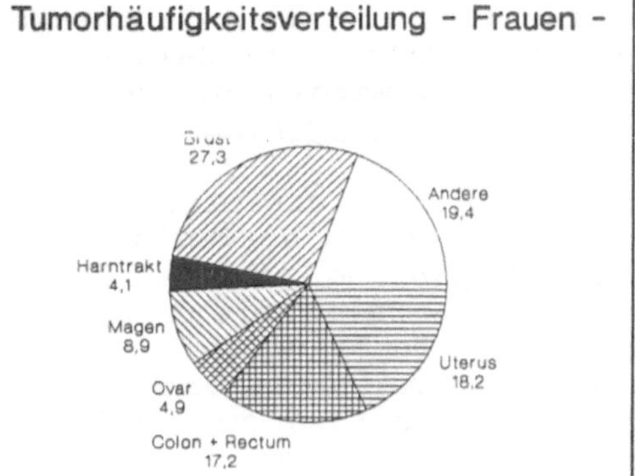

Häufigkeitsverteilung der untersuchten Tumoren

ICD	Lokalisation	N
140	Lippe	156
141	Zunge	362
143-5	Mundhöhle	228
150	Ösophagus	778
151	Magen	5902
153	Dickdarm	5300
154	Rektum	4388
155	Leber	696
156	Gallenblase und -wege	1464
157	Pankreas	1428
161	Kehlkopf	934
162	Lunge	9533
172	Malignes Melanom	771
174	Mamma	8203

ICD	Lokalisation	N
180	Cervix uteri	2848
182	Corpus uteri	2618
183	Ovar	1467
185	Prostata	3490
186	Hoden	391
188	Harnblase	2570
189	Niere	1551
193	Schilddrüse	571
200+2	Non-Hodgkin-Lymphome	1084
201	M. Hodgkin	444
203	Plasmocytom	360
204.0	ALL	108
204.1	CLL	333
205.0	AML	198
205.1	CML	217
	GESAMT	58393

Methodik

Die Überlebenszeit ist definiert als die Differenz aus Todesdatum bzw. dem Datum der letzten Nachuntersuchung (31. Dezember
1984) und dem Datum der Tumordiagnose, welches von Krankenhäusern, Pathologischen Instituten oder von niedergelassenen Ärzten
gemeldet wird. Dabei werden die Überlebenszeiten der Patienten,
die bis zum 31. Dezember 1984 noch am Leben waren, als zensiert
angesehen. Die Überlebenszeitanalyse wird mit dem Statistikpro-
gramm SPSS mit der Prozedur SURVIVAL durchgeführt. Dabei wird
die Absterbekurve S(t) unter Berücksichtigung der Datenzensur
mit der Sterbetafelmethode (CUTLER & EDERER, 1950) bei Fallzahlen ≥ 20 geschätzt. Mit Hilfe des Graphikprogramms HARVARD GRA-
PHICS erfolgt die Darstellung als Kurvendiagramm, d.h. als geglättete Kurve.

Der Untersuchungszeitraum von 16 Jahren wird bei der Überlebenszeitanalyse in vier 4-Jahres-Perioden eingeteilt. Die Fälle, die
dem Register aus der Zeit vor 1967 oder ohne Jahresangabe gemeldet wurden, werden aus der Überlebenszeitanayse nach Diagnose-
jahrgruppen ausgeklammert, während sie in die anderen Bereeh-
nungen eingehen. Bei der altersabhängigen Untersuchung werden
die selben Altersintervalle gewählt wie in einer ähnlichen
Untersuchung des Norwegischen Krebsregisters in Oslo. Zusätzlich
zur Gruppierung nach Alter, Geschlecht und Diagnosezeitpunkt
werden die Fälle mit Ausnahme der malignen Systemerkrankungen
auch nach Tumorausbreitung klassifiziert. Als "local" wird ein
solider Tumor dann bezeichnet, wenn keine Metastasierung und
keine Ausbreitung auf Nachbarorgane stattgefunden hat. "Regional" bedeutet, daß regionale Lymphknoten befallen sind oder
Nachbarorgane mit einbezogen sind. Geschwülste mit Fernmetastasen werden der Gruppe "distant" zugeordnet. Die Berechnung
zensierter Überlebensraten wird durch die im Krebsregister
verwendete Methode des "Record linkage" möglich, d.h. von allen
registrierten Patienten erhält das Krebsregister im Todesfall
eine Mitteilung über Todesdatum und Todesursache, so daß alle
Patienten, die als lebend registriert sind, zur Bestimmung der
Absterbekurven beitragen können. Insgesamt wurden so 29 Tumor-
gruppen einer detaillierten Analyse zugeführt, darin eingeschlossen die malignen Systemerkrankungen.

Ergebnisse und Wertung

Bei Tumoren der folgenden Organe hat sich die Prognose im Untersuchungszeitraum verbessert: Lippe, Magen, Mamma, Prostata,
Hoden, Harnblase, Niere, kolorektale Karzinome und Lymphome.

Überlebensraten beim Mammakarzinom in Abhängigkeit vom
Diagnosezeitpunkt

Überlebensraten beim Magenkarzinom in Abhängigkeit vom
Diagnosezeitpunkt, Männer

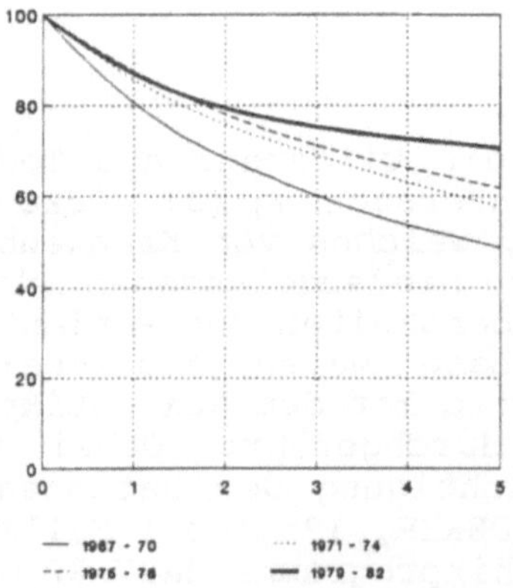

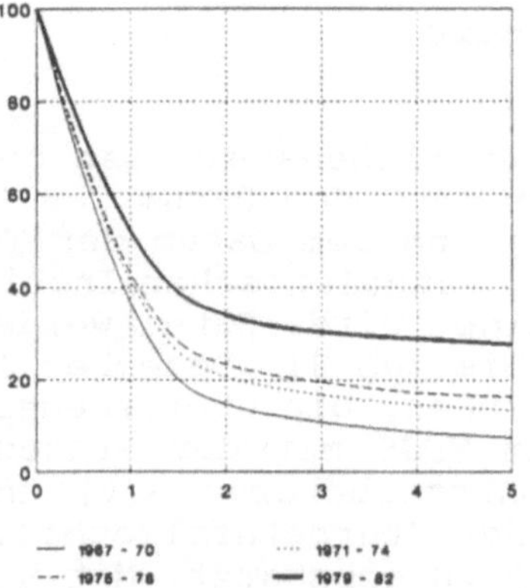

Andererseits wird durch die Vorverlegung des Diagnosezeitpunktes
im Rahmen der Früherkennung bei insgesamt konstanter Krankheits-
dauer bei manchen Tumoren (z.B. Pankreas und Prostata) eine
scheinbare Prognoseverbesserung erzielt. Ältere Patienten weisen
eine vergleiehsweise schlechtere Prognesc bei fast allen untersuchten Tumoren auf. Das Tumorstadium ist bei den meisten Tumoren der we entl c e prognosebestimmende Faktor. Die Ausnahme
bildet das Pro tatakarzinom, wo kein Prognoseunterschied zwischen und lokalem und regionärem Tumorwachstum besteht.

Überlebensraten in Abhängigkeit vom Tumorstadium. Rektumkarzinom

Überlebensraten in Abhängigkeit vom Tumorstadium. Prostatakarzinom

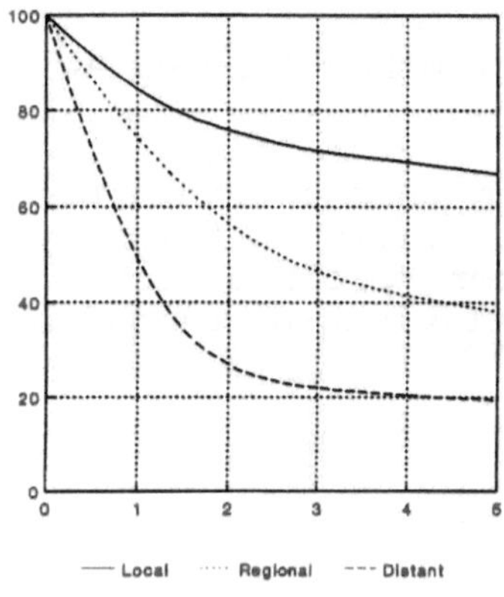

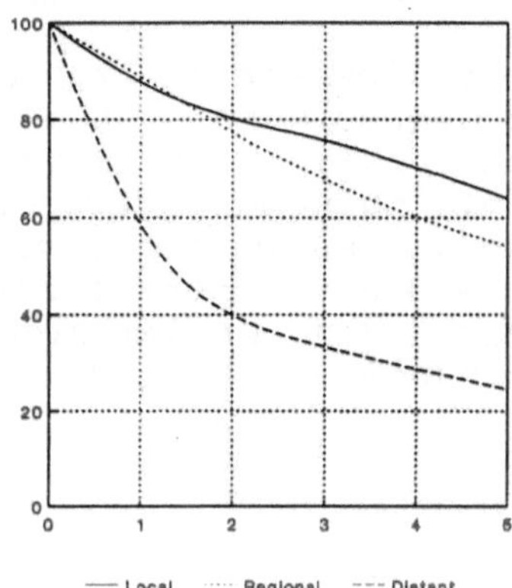

Zu den Tumoren mit nach wie vor schlechter Prognose zählen
Leber-, Gallenblasen- und Pankreaskarzinome.

Überlebensraten in Abhängigkeit vom Geschlecht, Leber-
karzinom

Überlebensraten in Abhängigkeit vom Geschlecht, Gallen-
blasenkarzinom

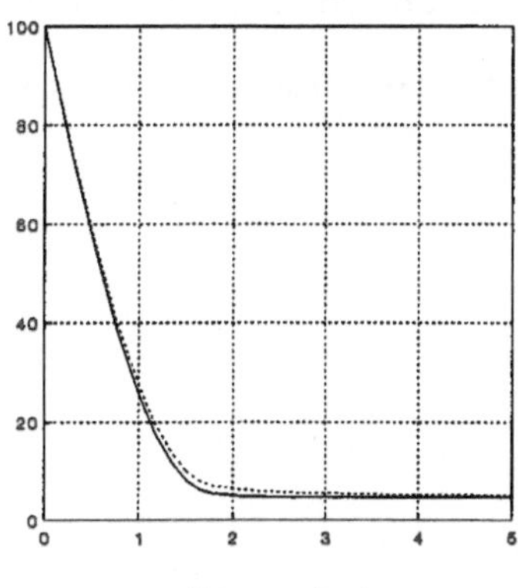

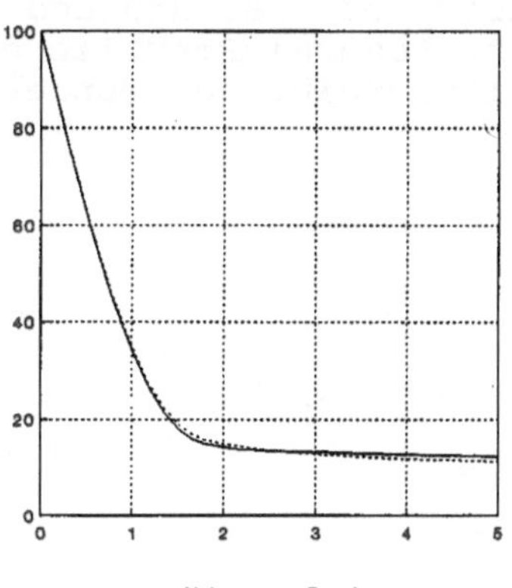

Zusammenfassung

Betrachtet man die 5-Jahres-Überlebensraten der epidemiologisch
wichtigen Tumoren mit hoher Inzidenz (Lunge, Kolon, Rektum,
Mamma, Magen, Prostata, Uterus) im Vergleich zu der norwegischen
Untersuchung, die als unmittelbarer Vergleich gedient hat, so
ergibt sich folgendes Bild:
- Bei den Karzinomen der Lunge, des Colons, des Magens und der
  Prostata finden sich im Saarland günstigere Zahlen.
- Bei den Mamma-, Zervix- und Korpuskarzinomen finden sich
  keine Prognoseunterschiede.
- Lediglich beim Rektumkarzinom sind in Norwegen günstigere
  5-Jahres-Überlebensraten zu verzeichnen.
Aufgrund unserer Ergebnisse kann man also davon ausgehen, daß
die Basisversorgung krebskranker Patienten im Saarland dem internationalen Standard entspricht.

Die Überlebensraten bei Krebs einer Gesamtbevölkerung auf Bun-
deslandebene sind systematisch schlechter als die Raten, die in
Berichten klinischer Studien mitgeteilt werden. Die vorliegende
epidemiologische Untersuchung mit einem unselektionierten bun-
deslandweiten Patientengut mit unterschiedlichsten therapeutischen Maßnahmen stellt somit quasi einen "prognostischen Eich-
standard" dar, an dem sich zukünftige klinisch-onkologische Untersuchungen orientieren können.

Literatur

CANCER REGISTRY OF NORWAY:
Survival of Cancer Patients. Cases diagnosed in Norway
1968-1975. Salvesen, Oslo (1980).

**DHOM G., KAATSCH P., KOLLES H., MICHAELIS J., NIEMEYER A.-H.,
SEITZ G., ZIEGLER H.:**
Erkrankungshäufigkeit und Überlebenschancen bei Krebs. Ergeb-
nisse des Saarländischen Krebsregisters und des bundesweiten
Registers für bösartige Erkrankungen im Kindesalter.
Cancer incidence and Patients' Survival. Results of the Cancer
Registry of Saarland and the Registry of Childhood Malignancies
in the Federal Republic of Germany.
Schriftenreihe des Bundesgesundheitsministeriums [im Druck]

Regionale Analysen der Krebsinzidenz bei kleinen Fallzahlen

Hans Günter Haaf, Peter Kaatsch, Birgit Keller, Jörg Michaelis

Institut für Medizinische Statistik und Dokumentation
Klinikum der Johannes Gutenberg-Universität Mainz

Einleitung

Seit 1980 dokumentiert das Mainzer Kinderkrebsregister bundesweit die malignen Erkrankungen bei Kindern unter 15 Jahren. Zu den registrierten Daten gehört neben Angaben wie Name, Alter, Diagnose und Erkrankungsdatum die Gemeinde, in der das erkrankte Kind bei Diagnosestellung wohnte. Diese Angabe dient als Grundlage zur kartographischen Aufbereitung der regionalen Inzidenzen, die eine wichtige Aufgabe von Krebsregistern darstellt (1).

Routinemäßig werden bereits seit Jahren die Inzidenzen für die westdeutschen Landkreise bestimmt. Überlegungen zur Bewertung dieser Erkrankungsraten wurden bereits vorgestellt (2,3). Regionale Analysen auf Landkreisebene sind jedoch meist zu grob, um kleinräumige Inzidenzunterschiede entdecken zu können.

Mit Fragen nach lokalen Erkrankungshäufungen wird das Register u.a. durch Ärzte, Gesundheitsämter oder andere Personen bzw. Institutionen konfrontiert, die in ihrer Region eine erhöhte Erkrankungsrate vermuten. In einigen Gebieten sind aufgrund solcher Beobachtungen Untersuchungen zu den möglichen Ursachen der gehäuften Erkrankungsfälle eingeleitet worden. Beispiel hierfür ist die niedersächsische Verbandsgemeinde Sittensen, in der 8 Erkrankungsfälle, darunter 5 Leukämien, in vier Jahren aufgetreten sind. In diesem Zeitraum war noch nicht einmal ein erkranktes Kind zu erwarten. Zur Analyse der Ursachen dieser Häufung wurde von der Landesregierung eine Expertenkommission eingesetzt, die verschiedenartige Untersuchungen einleitete. Äußere Ursachen für die Krebserkrankungen konnten bisher noch nicht nachgewiesen werden.

Es finden sich in der Bundesrepublik noch mehrere weitere Gemeinden, die aufgrund einer ähnlichen Fallzahl eine vergleichbar hohe Inzidenz wie die Verbandsgemeinde Sittensen aufweisen. Bisher wurden in diesen Gemeinden keine epidemiologischen Untersuchungen durchgeführt. Es stellt sich die Frage: Nach welchen Kriterien sollten regionale Häufungen von Erkrankungsfällen als auffällig bewertet und weitere epidemiologische Untersuchungen angestrebt werden?

Im folgenden sollen uns geeignet erscheinende Kriterien hierzu vorgestellt werden. Darüber hinaus werden weitere, auf der Grundlage der Registerdaten mögliche Untersuchungsschritte dargestellt.

Definition geeigneter Kriterien zur Bewertung erhöhter regionaler Erkrankungsraten

Die Verteilung der durchschnittlichen Jahresbevölkerung für Kinder unter 15 Jahren in den 7902 westdeutschen Gemeinden stellt sich wie folgt dar: In etwa einem Viertel der Gemeinden leben weniger als 100 unter 15jährige Kinder. Die Hälfte der Gemeinden weist zwischen 100 und 1000 Kinder auf. Auf Orte mit 1000 bis 5000 unter 15jährigen entfallen etwa 20 % der Gemeinden. In nur etwa 3% der Gemeinden leben mehr als 5000 unter 15jährige Einwohner. Diese Gemeinden stellen allerdings die Hälfte der bundesdeutschen Bevölkerung unter 15 Jahren.

Die Erkrankungsrate in der Bundesrepublik betrug in den Jahren 1980-1990 durchschnittlich 12 pro 100.000 der unter 15jährigen Kinder. Tabelle 1 gibt die Verteilung der Inzidenzen auf Gemeindeebene für den bisherigen elfjährigen Beobachtungszeitraum wieder. In etwa 60% der Gemeinden ist kein Erkrankungsfall aufgetreten. Dabei handelt es sich meist um kleine Gemeinden, in denen aufgrund der geringen Bevölkerungszahl kein Erkrankungsfall zu erwarten war. Erkrankt in einer solchen Gemeinde ein einziges Kind, dann ergibt sich häufig eine nominell hohe Inzidenz. Dementsprechend beruhen die beobachteten Erkrankungsraten von über 36/100.000 fast ausschließlich auf nur einem

Inzidenz pro 100.000	Anzahl der Gemeinden	Relative Häufigkeit
0	4723	59.8%
] 0 - 12]	1000	12.7%
]12 - 24]	1240	15.7%
]24 - 36]	422	5.3%
]36 - 48]	175	2.2%
]48 - 60]	81	1.0%
> 60	261	3.3%
	7902	100.0%

Tab.1: Verteilung der auf Gemeindeebene ermittelten Inzidenzen. Inzidenz bezogen auf 100.000 unter 15jährige

gemeldeten Patienten. Damit sind für Gemeinden mit kleiner Bevölkerungszahl die Inzidenzschätzungen noch sehr instabil. Im allgemeinen ergibt sich entweder eine Inzidenz von Null oder eine sehr hohe Erkrankungsrate. Die Inzidenzen für größere Gemeinden liegen überwiegend unter 24/100.000, also unter der doppelten durchschnittlichen Erkrankungsrate.

Die Inzidenzverteilung macht deutlich, daß eine Gemeinde aufgrund einer hohen Erkrankungsrate nicht ohne weiteres als auffällig bewertet werden kann. Als zusätzliches Kriterium soll deshalb der P-Wert für einen einseitigen Test (Poisson-Verteilung) auf Inzidenzerhöhung herangezogen werden.

Die Verteilung der P-Werte läßt sich angesichts der vielen Gemeinden, in denen bisher noch kein Kind erkrankt ist, nur schwer abschließend beurteilen. Da keine Randomisierung durchgeführt wurde, liegt die Zahl der Gemeinden mit niedrigen P-Werten etwas unter der Erwartung: für 2.5% der Gemeinden findet sich ein P-Wert $\leq$ 5%; 0.4% weisen einen P-Wert $\leq$1% auf.

Die beschriebenen Kenngrößen Inzidenz und P-Wert können gemeinsam zur Bewertung regionaler Erkrankungshäufungen verwendet werden. Zur anschaulicheren Darstellung soll im weiteren nicht die Inzidenz, sondern die relative Inzidenzerhöhung (RI) gegenüber der bundesdeutschen Erkrankungsrate (12/100.000) betrachtet werden. Als weiteres Kriterium neben Inzidenzerhöhung und P-Wert wird die absolute Fallzahl berücksichtigt, u.a., da hohe Inzidenzen und niedrige P-Werte häufig nur auf einzelnen Erkrankungsfällen basieren. Unter den 191 Gemeinden mit einem P-Wert$\leq$0.05 befinden sich 23 Orte, in denen lediglich ein Kind erkrankt ist. Es erscheint wenig sinnvoll, diese Gemeinden in Überlegungen zu weitergehenden Untersuchungen der lokalen Erkrankungsraten einzubeziehen.

Betrachtet man die Inzidenzen in den Gemeinden mit einem P-Wert unter 5%, dann sind diese mit einer Ausnahme mindestens um den Faktor 1.2 gegenüber der bundesdeutschen Erkrankungsrate erhöht. Die Ausnahme bildet eine Großstadt, für die sich infolge der hohen Bevölkerungs- und Fallzahl schon aufgrund einer lediglich gering erhöhten Inzidenz ein niedriger P-Wert ergibt.

Die genannten Kriterien - p$\leq$0.05, Fallzahl >1 und relative Inzidenzerhöhung (RI) > 1.2 - stecken den minimalen Rahmen ab für Anforderungen an als auffällig zu bezeichnende Erkrankungsraten auf Gemeindeebende. Insgesamt erfüllen 167 Gemeinden diese Kriterien.

Tabelle 2 gibt die Zahl der ausgewählten Gemeinden für die Variation der einzelnen Kriterien wieder. Von den 167 Gemeinden, die die minimalen Anforderungen erfüllen, weisen 42 eine Fallzahl von 2 auf. In weiteren 48 Gemeinden sind 3 bis 4 Kinder erkrankt. In 77 Gemeinden finden sich mehr als 4 Erkrankungsfälle.

Die Erkrankungsrate liegt in den ausgewählten Gemeinden meist über der 1.5-fachen Vergleichsinzidenz. Nur 5 größere Städte weisen eine geringere Inzidenzerhöhung auf. Fordert man als

Kriterien			Anzahl der Gemeinden
P-Wert	Fallzahl	RI*	
≤ 0.05	> 1	> 1.2	167
≤ 0.05	> 2	> 1.2	125
≤ 0.05	> 2	> 1.5	120
≤ 0.05	> 4	> 1.2	77
≤ 0.05	> 4	> 3.0	23
≤ 0.01	> 2	> 1.2	33
≤ 0.01	> 4	> 1.2	31
≤ 0.01	> 4	> 3.0	9
≤ 0.001	> 2	> 1.2	7
≤ 0.001	> 4	> 1.2	6
≤ 0.001	> 4	> 3.0	5

Tab. 2: Anzahl der Gemeinden mit auffällig erhöhter Inzidenz in Abhängigkeit von
möglichen Auswahlkriterien. (*RI=Relative Inzidenzerhöhung)

Kriterium eine mindestens um den Faktor 1.5 erhöhte Erkrankungsrate, dann werden Gemeinden mit
großer Fall- bzw. Bevölkerungszahl ausgeschlossen.
Wählt man als Grenze für den P-Wert nicht 5% sondern 1%, verbleiben 33 Gemeinden. Darunter
finden sich zwei Gemeinden, in denen lediglich drei Erkrankungen aufgetreten sind.
Für 7 Gemeinden ergibt sich ein P-Wert von unter 0.001. Die Fallzahl für 6 dieser Gemeinden liegt
jeweils über 4. Die zugehörige Inzidenz ist mit Ausnahme einer mittelgroßen Stadt mehr als dreimal
höher als die Vergleichsinzidenz.

Weitere Untersuchungsschritte

Bereits die im Register gespeicherten Daten bieten einige Möglichkeiten, die Erkrankungsraten in
Gemeinden mit erhöhter Inzidenz weiter zu analysieren. Ein wesentlicher Aspekt ist dabei die Frage,
ob die Erkrankungsfälle zeitlich eng zusammenliegend oder verteilt über die einzelnen Jahre aufgetreten sind. Bei bestimmten Fragestellungen kann auch die Verteilung der Geburtsjahre der erkrankten Kinder von Interesse sein. Ein weiterer wichtiger Gesichtspunkt ist die Frage, ob bestimmte Diagnosen in den betreffenden Gemeinden gehäuft aufgetreten sind. Als Beispiel kann hier Sittensen
stehen, wo vermehrt Leukämien beobachtet wurden. Ferner kann nach möglichen Gemeinsamkeiten
der beobachteten Diagnosen gesucht werden. Beispiele hierfür sind Erkrankungen, die für das frühe
Kindesalter typisch sind, wie Neuroblastom und Wilmstumor, oder Erkrankungen des Blut- und
Lymphsystems, wie Leukämien und Lymphome. Zusätzliche Informationen können aus den
registrierten klinischen Daten, wie z.B. Grading und Staging des Tumors, gewonnen werden. Nähere
Auskünfte über die Lebensumstände der Familien erhoffen wir uns von einer seit Anfang 1991
begonnenen routinemäßigen Befragung aller Eltern neuerkrankter Kinder.
Zur Entdeckung möglicher räumlicher Cluster sollen die Erkrankungsraten der Orte in der Umgebung der Gemeinden mit erhöhter Inzidenz betrachtet werden. Dies ist mit Hilfe eines von uns
eingesetzten Kartographie-Programms möglich. Dabei kann der interessierende Ort als Mittelpunkt
eines Kreises mit variablem Radius gewählt werden. Das Programm bestimmt dann alle Gemeinden,
deren Mittelpunkt innerhalb des Kreises liegt, und berechnet die Summe der Bevölkerung und der
Erkrankungsfälle.
Die abgebildete Karte gibt ein Beispiel für die beschriebene Vorgehensweise. Sie zeigt das Gebiet

in einem 20-km-Radius um eine Gemeinde mit auffällig erhöhter Inzidenz (p≤0.001; Fallzahl>4; RI>3,0). Das Gesamtgebiet ist untergliedert in vier 5-km-Abstandsregionen. Zur Berechnung der Inzidenz in diesen vier Zonen wurden die Fall- und Bevölkerungszahlen der zugehörigen Gemeinden aufaddiert. Dargestellt ist die relative Inzidenzerhöhung gegenüber der bundesdeutschen Inzidenz. Die Mittelpunktsgemeinde weist die höchste Erkrankungsrate auf. Für die Region in der Entfernung zwischen 0 und 5 km ergibt sich eine 1.4-fach erhöhte Erkrankungsrate. Für die Region im Abstand von 5 bis 10 km ist eine etwas stärker erhöhte Inzidenz zu beobachten (RI=1.6). Die Erkrankungsrate fällt dann zu den außenliegenden Regionen ab und ist in der äußeren Zone nicht erhöht.

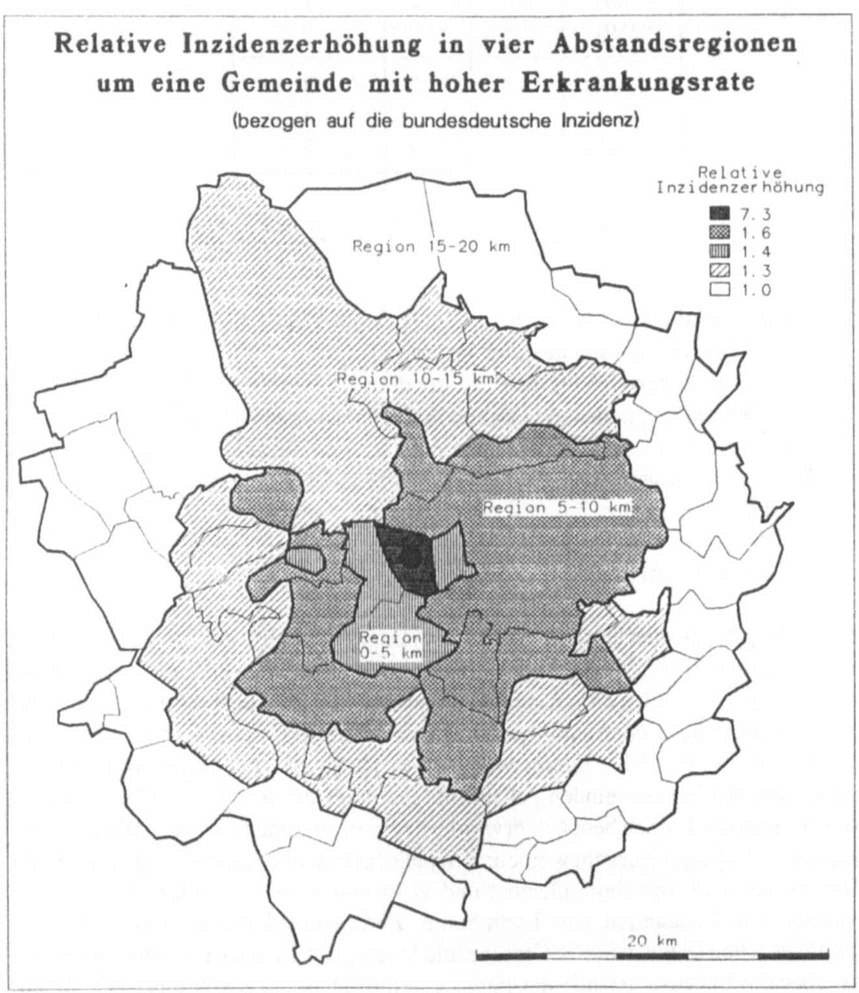

Unter den 60 Gemeinden des dargestellten Gebietes befinden sich 27 Gemeinden mit einer mehr als 1.2-fach erhöhten Erkrankungsrate. Neben der Mittelpunktsgemeinde erfüllen außerdem vier dieser Gemeinden die Kriterien p≤0.05 und Fallzahl>1. Diese vier Gemeinden befinden sich in den drei inneren Abstandszonen. Das beschriebene Ergebnis läßt an eine einzelne zentrale Expositionsquelle als mögliche Ursache für die Inzidenzerhöhung denken. Ob eine solche Expositionsquelle tatsächlich existiert, müßte in Untersuchungen vor Ort geklärt werden.

Zusammenfassung und Diskussion

Bei einer regionalen Auswertung des Mainzer Kinderkrebsregisters über den Zeitraum von 1980-90 war in 60% der 7902 westdeutschen Gemeinden kein Erkrankungsfall zu beobachten. In kleineren Ortschaften ergab sich aufgrund kleiner Fallzahlen eine nominell sehr hohe Inzidenz. Für Gemeinden mit hoher Bevölkerungs- und Fallzahl sind schon bei geringfügig erhöhter Inzidenz niedrige P-Werte zu beobachten. Über die Kombination der Kenngrößen Inzidenz, Fallzahl und P-Wert wurde versucht, Gemeinden mit auffällig erhöhter Erkrankungsrate zu identifizieren.

Ziel dieser Überlegungen ist es, eine überschaubare Zahl von Gemeinden auszuwählen, für die weitergehende Analysen notwendig und erfolgversprechend erscheinen. Infolge der wechselseitigen Abhängigkeiten der Kenngrößen werden bei der systematischen Variation der Kriterien meist entweder Gemeinden mit großer oder mit kleiner Bevölkerungszahl ausgeschlossen. Es fällt schwer zu entscheiden, ob eine stark erhöhte Inzidenz bei kleiner zugrundeliegender Fallzahl bedeutsamer ist als eine gering erhöhte Erkrankungsrate bei einer großen Zahl erkrankter Kinder.

In weitergehenden Auswertungen für die Gemeinden mit erhöhter Inzidenz sollen im Register gespeicherte Daten, wie Diagnose und Erkrankungsjahr, einbezogen werden. Darüber hinaus ist die Betrachtung der Erkrankungsraten in der Umgebung der Gemeinden mit erhöhter Inzidenz möglich. Solche lokalen Auswertungen müssen für die jeweiligen Gemeinden einzeln durchgeführt werden. Der mit den beschriebenen näheren Analysen verbundene Arbeitsaufwand unterstreicht die Notwendigkeit, Kriterien für die Bewertung der Inzidenzen auf Gemeindeebene festzulegen. Die routinemäßige Einbeziehung von Nachbarschaftsstrukturen, wie u.a. von Kaldor und Clayton (4) vorgeschlagen, erscheint über alle bundesdeutschen Gemeinden aufgrund der großen Zahl von Gemeinden nicht praktikabel.

Als Gesamtkonzept der regionalen Analysen auf Gemeindeebene ergibt sich ein gestuftes Vorgehen, bei dem zunächst die Gemeinden mit auffällig erhöhter Inzidenz anhand festgelegter Kriterien identifiziert werden. Im nächsten Schritt werden die im Register gespeicherten Informationen auf mögliche auffällige Konstellationen hin untersucht. Außerdem werden die Erkrankungsraten in der Umgebung der Gemeinde bestimmt, um etwaige Cluster entdecken zu können. Diese Auswertungen bilden die Grundlage für die Initiierung weiterer Forschungsaktivitäten vor Ort. Hierzu wird zur Zeit ein Katalog mit Untersuchungsschritten erarbeitet, mit dem der Ablauf dieser Analysen beschrieben werden soll.

Literatur :

(1) Boyle, P., Muir, C.S., Grundmann, E. (Eds.) (1989). Cancer Mapping. Springer-Verlag, Berlin.

(2) Schmidtmann, I., Kaatsch, P., Michaelis, J. (1991). Untersuchungen zur Entdeckung räumlicher Cluster im Kinderkrebsregister Mainz. In I.Guggenmoos-Holzmann (Hrsg.). Quantitative Methoden in der Epidemiologie. Proceedings. Springer-Verlag, Berlin. S.109-112.

(3) Bernhard, G., Kaatsch, P., Michaelis, J. (1990). Statistische Beurteilungskriterien für die Interpretation von regionalen Erkankungsraten - am Beispiel des Kinderkrebsregisters Mainz. Vortrag anläßlich der 35. Jahrestagung der GMDS, Berlin.

(4) Kaldor, J., Clayton, D. (1989). Role of advanced statistical techniques in cancer mapping. In Boyle, P., Muir, C.S., Grundmann, E. (Eds.). Cancer Mapping. Springer-Verlag, Berlin. S. 87-98.

AUFBAU UND ERSTE ERGEBNISSE EINES REGISTERS FÜR
MALIGNOME IM MUND-, KIEFER- UND GESICHTSBEREICH

Hans-Peter Howaldt
Abteilung für Mund-, Kiefer- und Gesichtschirurgie
Harald Pitz
Marcus Frenz
Abteilung für Dokumentation und Datenverarbeitung
Klinikum der J.W. Goethe-Universität
Theodor-Stern-Kai 7, W-6000 Frankfurt am Main

1. Tumoren im Mund-, Kiefer- und Gesichtsbereich

Die häufigsten Malignome dieser Körperregion stellt das Mundhöhlen- und Oropharynxkarzinom dar. Dieser Tumor ist in Mitteleuropa mit einem Anteil von ca. zwei bis drei Prozent aller Krebserkrankungen relativ selten. Als wesentliche Risikofaktoren werden übermäßiger Alkoholkonsum, Nikotinabusus sowie schlechte Mundhygiene mit der Entstehung dieser Geschwulste in Zusammenhang gebracht. Die Metastasierung dieser Tumoren erfolgt hauptsächlich in die regionären Lymphknoten am Hals, desweiteren treten häufig Lokalrezidive auf. Beide Verlaufsformen beeinflussen im wesentlichen die Prognose der Patienten. Die Therapie der Wahl ist eine ausreichend radikale Blockresektion des Tumors mit anhängenden Lymphknoten. Der Nutzen adjuvanter Therapien, wie z.B. Bestrahlung oder Chemotherapie, wird kontrovers diskutiert. Bei der Chirurgie steht neben dem Ziel der radikalen Tumorentfernung auch ein plastisch rekonstruktiver Aspekt im Vordergrund, damit die Patienten bezüglich Aussehen und Funktion von Sprache und Schluckakt nicht behindert sind.

2. Der DÖSAK

Die wissenschaftliche Diskussion der unter 1. beschriebenen Problematik findet im deutschsprachigen Raum für die Mund-, Kiefer- und Gesichtschirurgie im Deutsch-Österreichisch-Schweizerischen Arbeitskreis für Tumoren im Kiefer-Gesichtsbereich, genannt DÖSAK, statt [2]. In den ersten Jahren wurden einheitliche Kriterien zur Diagnostik und Therapie dieser Tumoren formuliert. Anschließend wurden zwei große Beobachtungsstudien durchgeführt, von denen die erste retrospektiv mit ca. 1000 auswertbaren Patienten, und die zweite prospektiv mit ca. 1500 Patienten abgeschlossen wurde. Es waren jeweils ausschließlich primäre und unvorbehandelte Karzinome der Lippen, der Mundhöhle und des Oropharynx eingeschlossen. Aufgrund der dokumentierten Kriterien konnte ein therapieabhängiger Prognoseindex, genannt TPI, entwickelt werden, bei dem fünf klinische Parameter sowie der Therapieerfolg Eingang finden [5]. Er ermöglicht die Bildung prognostisch homogener Patientenkollektive, was wiederum für die Durchführung von randomisierten Studien, aber auch für die individuelle Therapieplanung bedeutsam ist.

3. Standardisierte Dokumentation mit Hilfe der ADT

Der o.g. therapieabhängige Prognoseindex wurde mit den Daten der prospektiven Studie bestätigt und verfeinert. Um jedoch weitergehende Erkenntnisse über die Prognose der Mundhöhlenkarzinome zu gewinnen, war es notwendig, die Dokumentation in ihrem Umfang zu überarbeiten, damit erstens eine landesweite Akzeptanz erreicht werden kann, zweitens neue Erkenntnisse der Diagnostik und Therapie Eingang finden können, und drittens der Umfang und Aufbau der Dokumentation so ausgelegt ist, daß er in die klinische Routine der Patientenversorgung integriert werden kann. Die Arbeitsgemeinschaft Deutscher Tumorzentren (ADT) hat mit dem Aufbau der sogenannten organspezifischen Tumordokumentation genau die gleichen Ziele vor Augen gehabt. Die Praktikabilität der entwickelten Tumorbögen wurde im Rahmen einer Pilotanwendung an der Universitätsklinik Frankfurt seit 1983 erprobt. Mit der heute gültigen Version II der ADT-Bögen für Malignome des Mundes, der Kiefer und des Gesichts wurden also die Aktivitäten des DÖSAK mit denen der ADT zusammengefaßt. Auf dieser Grundlage ist die gemeinsame Tumordokumentation der 60 Kliniken des DÖSAK seit 1987 etabliert.

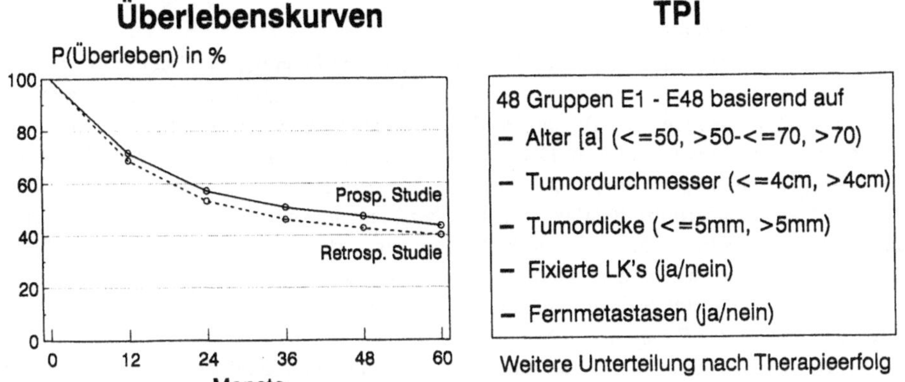

Abbildung 1: Ergebnisse der retrospektiven und prospektiven DÖSAK-Studien

4. Einrichtung eines zentralen Registers

Als logische Folge aus den Ergebnissen der Vergangenheit sowie den Vorbereitungen im Hinblick auf eine gemeinsame, standardisierte Dokumentation plante der DÖSAK die Einrichtung eines zentralen Registers zur Erfassung und Auswertung der in den Kliniken des DÖSAK behandelten Fälle. Dieses Register konnte dank der Förderung durch die Deutsche Krebshilfe - Dr. Mildred Scheel Stiftung im April 1989 eingerichtet werden [3]. Es ist in der Abteilung für Dokumentation und Datenverarbeitung der Johann Wolfgang Goethe - Universität angesiedelt und verfügt über eine Informatikerstelle, eine halbe Statistikerstelle und eine Dokumentationsstelle.

Das Register verfolgt im wesentlichen folgende Ziele:

1. Bericht über den "state-of-the-art" in der Behandlung von Kopf-Hals-Tumoren
2. Gewinnung von prognostischen Faktoren
3. Erarbeitung einer prognoserelevanten TNM-Klassifikation
4. Unterstützung, Betreuung und Dienstleistung bei der Durchführung von Studien

Für die Gewinnung prognostischer Faktoren kann sicherlich auf den in früheren DÖSAK-Studien erarbeiteten TPI aufgebaut werden. Es ist jedoch zu erwarten, daß darüberhinaus noch andere Parameter, insbesondere aus dem pathoanatomischen Befund, prognoserelevant sind. Daher stellt die qualitative Verbesserung dieser Befunde ein weiteres, wichtiges Ziel in der Registerarbeit dar. Die angestrebte Verbesserung kann jedoch nur durch intensive Kooperation mit allen beteiligten Pathologen erreicht werden.

5. Problemstellung

Um die genannten Ziele zu erreichen, sind sowohl hohe Fallzahlen als auch eine gute Datenqualität von besonderer Bedeutung. Dabei liegt die eigentliche Arbeit zunächst bei den Ärzten in den beteiligten Institutionen durch das Ausfüllen der Dokumentationsbögen. Dadurch ergibt sich das Problem, daß von den Kliniken erst eine Menge Arbeit geleistet werden muß, ehe sich daraus Resultate und Vorteile für die einzelnen Institutionen ergeben. Der Vorteil einer solchen "Beobachtungsstudie" gegenüber einer Therapiestudie ist hier darin zu sehen, daß jede teilnehmende Institution in ihrer Therapieentscheidung frei ist und ihr Therapiekonzept beibehalten kann. Dadurch ist die Teilnahme an einem solchen Projekt an keinerlei inhaltliche Vorgaben geknüpft. Über das Problem der Akzeptanz hinaus muß darauf geachtet werden, daß die Dokumentation parallel zur klinischen Routine erfolgt und nicht als lästiges "Beiwerk" verstanden wird. Nur eine zeitgerechte Dokumentation ist in der Lage, die geforderte gute Datenqualität sicherzustellen.

Die Hauptaufgabe des Registers in dem Dokumentationsprozeß ist es demnach, durch geeignete

Maßnahmen und (Service-) Leistungen einer Daten-Einbahnstraße vorzubeugen und die Kliniken zu unterstützen. Es gilt, die direkte Einbindung der Dokumentation in die klinische Routine zu fördern.

6. Methoden
6.1 Organisatorische Methoden

Das grundlegende Konzept des Registers baut auf einer umfangreichen Datenprüfung und einer unmittelbaren Rückmeldung an die jeweilige Klinik auf. Nach Eingang eines Dokumentationsfalls im Register in Frankfurt werden die Bögen in den Computer eingegeben und einer mehrstufigen, umfangreichen Datenprüfung unterzogen. Dabei wird zunächst jede Eingabe auf formale Korrektheit mit Hilfe verschiedener Datentypen geprüft. Anschließend werden kodierte Angaben auf Gültigkeit gegen Codelisten und Tabellen überprüft. Klartextliche Angaben können gegen eines Thesaurus geprüft werden. Ein umfangreiches Netz von Plausibilitätsprüfungen stellt abschließend die feld- und formularübergreifende Konsistenz der Daten sicher. Dazu wurde ein Regelwerk von über 150 Prüfungen erstellt, mit dem 4 verschiedene Sachverhalte überprüft werden:

1. *Korrekte Zuordnung des Formulars zu dem Patienten*

   Hiermit wird sichergestellt, daß das Formular nicht einer falschen Identifikation zugeordnet wurde.

2. *Vollständigkeit der Daten*

   In Abhängigkeit von Feldinhalten werden weitere Angaben gefordert. Wird beispielsweise das Feld Operation (ja/nein) angekreuzt, werden weitere Angaben zur Operation velangt.

3. *Konsistenz der Daten*

   Hiermit können unkorrekte und widersprüchliche Angaben erkannt werden. Auf diese Art und Weise wird beispielsweise auch die Korrektheit der TNM-Klassifikation überprüft.

4. *Seltene oder unwahrscheinliche Befundkonstellationen*

   Diese Prüfungen dienen zur Erkennung unwahrscheinlicher Befunde. Beispielsweise wird die Zeitdifferenz zwischen Diagnose und Behandlung überprüft, die in der Regel 3 Monate nicht überschreitet. Eine Warnung veranlaßt zunächst die Eingabekraft und später den behandelnden Arzt, die Datumsangaben zu überprüfen.

Soweit möglich werden Fehler von den Eingabekräften korrigiert. Wenn eine Korrektur nicht möglich ist, werden die Fehlermeldungen ausgedruckt und an die Klinik geschickt.

Anhand der umfangreichen Plausibilitätsprüfungen können nur logische, nicht jedoch sachliche Fehler erkannt werden. Wird beispielsweise die Dokumentation einer adjuvanten Behandlung vergessen, so kann dies nur durch eine sachliche Kontrolle durch den behandelnden Arzt festgestellt werden. Dazu stellt das Register zwei verschiedene Berichtsformen zur Verfügung.

1. Für jeden eingesandten Fall erhält die Klinik eine sogenannte Checkliste, auf der die wichtigsten Befunde in tabellarischer Form aufgeführt sind. Die Checkliste enthält alle wesentlichen Angaben zur primären Diagnostik und Therapie, Nachsorgebefunde, Behandlung von Rezidiven usw. Diese Liste soll in der Krankenakte aufbewahrt werden und jedesmal, wenn der Patient zur Nachsorgeuntersuchung kommt, vorliegen. Damit erhält der Arzt einerseits einen schnellen Überblick über die wichtigsten Befunde des Patienten, andererseits erkennt er inhaltliche Dokumentationslücken oder Fehler, sodaß Routineunterstützung und Kontrollfunktion integriert sind. Bei jeder Änderung erhält die Klinik eine aktualisierte Liste.

2. Auf Wunsch erhält die Klinik einen automatisierten Arztbrief, der alle für den Fall wichtigen Befunde in Textform enthält. Ebenso wie die Checkliste stellt der Arztbrief neben der Routineunterstützung ein Instrument zur sachlichen Kontrolle dar.

Es läßt sich nachweisen, daß durch zeitgerechte Dokumentation parallel zur klinischen Routine und durch die beschriebenen Methoden zur Routineunterstützung eine erhebliche Verbesserung der Datenqualität erreicht wird (siehe unten).

Ebenso wichtig wie eine gute und vollständige Primärdokumentation ist die lückenlose Nachbeobachtung. Zur Folgedokumentation erhält jede Klinik zweimal jährlich für all jene Patienten eine Checkliste, für die kein aktuellen Nachsorgedatum vorliegt. Auf dieser Liste kann der neueste Nachsorgebefund nachgetragen werden. Ebenfalls können die Daten zu mittlerweile abgeschlossenen

Nachbehandlungen vervollständigt werden. Durch die regelmäßige Abfrage des Nachsorgestatus wird die Klinik sehr schnell über verschollene Patienten informiert, wodurch die Chance erhöht wird, noch etwas über den weiteren Verbleib des Patienten zu erfahren. Zu den möglichen Maßnahmen zählen beispielsweise Anschreiben des Patienten sowie Nachfrage bei der Krankenkasse oder beim Einwohnermeldeamt.

Einmal jährlich erhält jede Klinik einen Projektbericht. Dieser Bericht enthält neben Auswertungen über das Gesamtkollektiv einen speziellen Teil, der Übersichten und Auswertungen nur mit den Daten der jeweiligen Klinik enthält. Anhand dieser Daten kann sich jede Klinik innerhalb des Gesamtkollektivs einordnen, unter anderem auch in Bezug auf Beteiligung und die Datenqualität. Direkte Vergleiche der Daten einer Klinik mit einer anderen werden vom Register nicht durchgeführt, sodaß das Geheimnisprinzip gewahrt bleibt. Der detaillierte Überblick über die eigenen Daten, den jede Klinik einmal jährlich erhält, dokumentiert die Verfügbarkeit und die Verwertbarkeit der eingebrachten Daten und motiviert die Kliniken zur weiteren, aktiven Mitarbeit.

6.2 EDV-Methoden

Die Umsetzung der oben geschilderten organisatorischen Methoden zur Sicherstellung der Akzeptanz und der Datenqualität erfolgt im Register im wesentlichen durch zwei Software-Pakete [4]. Bei der Auswahl mußte aufgrund der knappen personellen Ausstattung im Verhältnis zur erwarteten Fallzahl neben der erforderlichen Funktionalität auch auf die Möglichkeit der Automatisierung aller Vorgänge geachtet werden.

Die Erfassung und Verarbeitung der Daten eines einzelnen Patienten, die sogenannten patientenbezogene Dokumentation, wird mit dem System BAIK (Befunddokumentation und Arztbriefschreibung im Krankenhaus) durchgeführt [1]. BAIK unterstützt die besonderen Anforderungen an Datenstrukturen zur Dokumentation medizinischer Befunde. Auf Feldebene gibt es 12 verschiedene Datentypen, die sowohl einfache Prüfungen auf formale Richtigkeit als auch Prüfungen gegen Tabellen und Überprüfung von Klartext gegen einen Thesaurus beinhalten. Auf dieser Grundlage werden auch die anfallenden Klartextrecherchen durchgeführt. An die Prüfmechanismen schließen sich programmierte, formularübergreifende Plausiblitätsprüfungen an. Mit dem Berichtsgenerator von BAIK können verschlüsselte Angaben automatisch dekodiert werden, um klartextliche Berichte zu erstellen.

Die Auswertungen der numerischen und kodierten Daten werden mit dem SAS System durchgeführt. Ein Datenexportprogramm speichert die mit BAIK erfaßten Daten in einem Format, das direkt von SAS weiterverarbeitet werden kann. SAS verfügt über alle notwendigen Funktion zur Berechnung und Erstellung von Tabellen, Auswertungen und Grafiken. Darüberhinaus sind alle Methoden vorhanden, um Überlebenskurven zu generieren und multivariate Analysen zur Berechnung prognostischer Faktoren durchzuführen.

Das Grobschema der Datenverarbeitung im Register ist aus folgender Abbildung 2 ersichtlich:

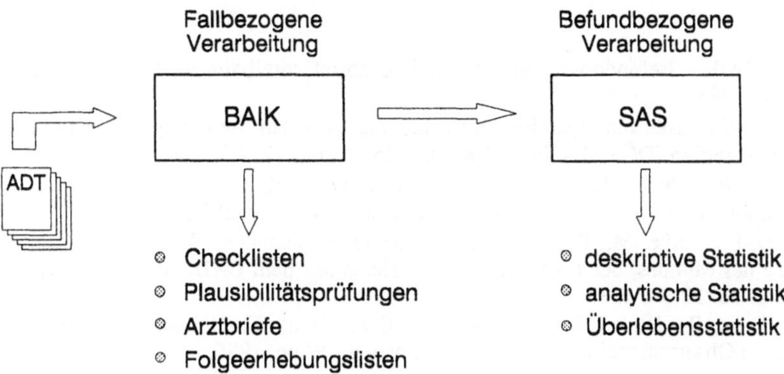

Abbildung 2: Schema der Datenverarbeitung im Register

7. Ergebnisse

Die bisherigen Ergebnisse konzentrieren sich im wesentlichen auf Auswertungen zur Fallzahl, zur Datenqualität sowie zu den verschiedenen Tumorentitäten und Therapiemodalitäten. Für Überlebensstatistiken ist das bisherige Kollektiv noch zu "jung".

Nach gut zwei Jahren Registerarbeit haben sich 54 Kliniken am Projekt beteiligt und dabei über 3700 Fälle eingebracht. Darunter befinden sich auch Fälle, die vor Projektbeginn im April 1989 diagnostiziert und dokumentiert wurden.

Bei den folgenden Grafiken wird die Datenqualität in der Anzahl Fehler gemessen, die pro Patient bei den Plausibilitätsprüfungen festgestellt wurden.

Die folgende Abbildung 3 zeigt auf der linken Seite für jede Klinik deren Fallzahl und die dabei erzielte durchschnittliche Fehlerzahl. Jede Klinik ist durch ein Symbol gekennzeichnet. Die rechte Seite zeigt die positive Entwicklung der Datenqualität über die Zeit. Als Datum eines Falls ist der Zeitpunkt der Erstdiagnose zugrundegelegt.

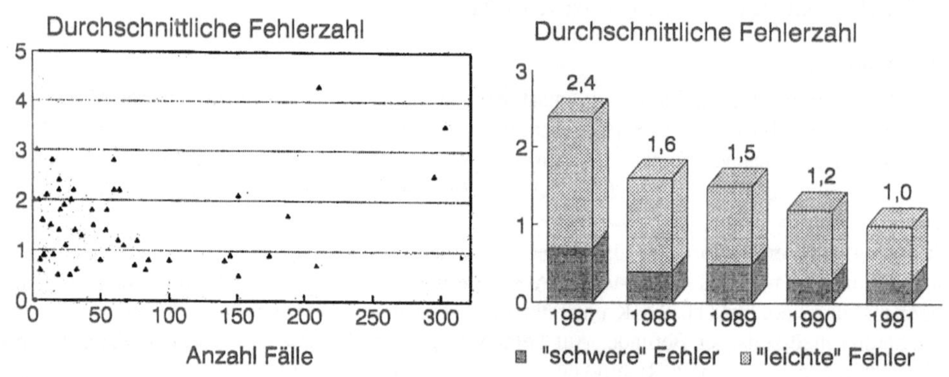

Abbildung 3: Zusammenhang zwischen Fallzahl und Datenqualität, Entwicklung der Datenqualität über die Zeit, Stand Juli 1991

Unter den bisherigen 3746 Fälle befinden sich 2453 primäre Mundhöhlenkarzinome. Dies entspricht einem Anteil von etwa zwei Dritteln.

Die bisherigen Ergebnisse bestätigen unser Konzept der routine-unterstützenden Dokumentation in Bezug auf Fallzahl und erreichte Datenqualität mit einem nach zwei Jahren günstigen Zeittrend. Wir erhoffen, daß die oben formulierten Ziele erreicht werden können, und daß auch für die relativ seltenen Mundhöhlenkarzinome eine zuverlässige, prognoserelevante Klassifikation erarbeitet werden kann.

Literatur

[1] Giere, W.: BAIK - Befunddokumentation und Arztbriefschreibung im Krankenhaus. Media Verlag, Taunusstein, 1986.

[2] Hausamen, J.-E.: Tasks and objectives of the German-Austrian-Swiss working group on tumors of the maxillo-facial region (DÖSAK). Int J Oral Maxillofac Surg 17: 264-266, 1988.

[3] Howaldt, H.-P., Pitz, H.: Zentralregister des DÖSAK - Projekthandbuch. Abteilung für Dokumentation und Datenverarbeitung der Universitätsklinik Frankfurt/M, 1989.

[4] Howaldt, H.-P., Volke, M., Pitz, H., Neubert, J., Oehlenschläger, W.: Computerdokumentation der Malignome des Mundes, der Kiefer und des Gesichts mit dem BAIK-System. Dtsch Z Mund Kiefer GesichtsChir 13: 30-38, 1989.

[5] Platz, H., Fries, R., Hudec, M.: Prognoses of Oral Cavity Carcinomas. Results of a Multicentric Retrospective Observational Study. Hanser, München - Wien, 1986.

INANSPRUCHNAHMESTATISTIK ALS TEIL DER EVALUATION
MEDIZINISCHER VERSORGUNGSANGEBOTE AM BEISPIEL DER
ONKOLOGISCHEN NACHSORGE IN BADEN-WÜRTTEMBERG

Meisner, C.; Selbmann, H.-K.
Universität Tübingen, Institut für Medizinische Informationsverarbeitung,
Westbahnhofstr. 55, 7400 Tübingen

Zusammenfassung

Das landesweit im April 1986 eingeführte Krebsnachsorgesystem Baden-Württemberg besteht aus standardisierten Programmen für 17 Krebserkrankungen. Mit der Auswertung der ersten drei Jahre (1986-1989) der das System begleitenden Nachsorgedokumentation sollte die Qualität der erhobenen Daten untersucht und eine Inanspruchnahmestatistik erstellt werden. Als Erstinanspruchnahme eines Krebsnachsorgeprogramms wurde dabei die durch eine Ersterhebung dokumentierte Ausgabe eines Nachsorgepasses definiert, als permanente Inanspruchnahme die durch Nachsorgeerhebungen dokumentierte Durchführung der geplanten Nachsorgeuntersuchungen. Es zeigte sich eine insgesamt geringe Inanspruchnahme des Krebsnachsorgesystems mit einem Erstinanspruchnahmeanteil von 14 Prozent der potentiell in die Nachsorge aufzunehmenden Männern (32 Prozent der Frauen) im beispielhaft analysierten Jahr 1987. Nur von neun Prozent der zwischen 1986 bis Ende 1988 aufgenommenen Patientinnen und Patienten wurden so viele Nachsorgeerhebungen registriert, wie aufgrund der standardisierten Programme erwartet werden konnten. Selbst die wenig anspruchsvolle Inanspruchnahmestatistik leidet unter der insgesamt nur mäßigen Datenqualität der Erhebung und Unvollständigkeit der Dokumentation des Nachsorgegeschehens. Weitergehende Erwartungen an die Nachsorgedokumentation konnte deshalb nicht entsprochen werden.

Fragestellung

Am 1.4.1986 wurde in Baden-Württemberg ein landesweites System zur Nachsorge onkologischer Patientinnen und Patienten eingeführt. Primäres Ziel des Systems ist die Früherkennung von symptomlosen Rezidiven und Metastasen. Zur begleitenden Evaluation dieses Systems führen die vier Kassenärztlichen Vereinigungen Baden-Württembergs Nachsorgedokumentationen. Gegenstand der Inanspruchnahmestatistik ist primär die Untersuchung der Fragen, welche Patientinnen und Patienten in die Nachsorgeprogramme aufgenommen wurden (=Erstinanspruchnahme) und wieviele davon die vorgeschriebenen Nachsorgeuntersuchungen termingerecht und regelmäßig wahrnehmen (=permanente Inanspruchnahme). Sofern die medizinische Wirksamkeit der Nachsorgeprogramme nicht in Frage gestellt wird, ist die Inanspruchnahme der angebotenen Nachsorgeprogramme durch die

Krebspatientinnen und -patienten eine Schlüsselgröße für die Effektivität und damit für die Legitimierung des Krebsnachsorgesystems (Robra 1988, 220). Insgesamt sollte die Inanspruchnahmestatistik Teil eines umfassenden Evaluationsprozesses sein.

Konzept und Methode der Krebsnachsorge in Baden-Württemberg

Die eigentliche Zielgruppe der Nachsorgeprogramme sind primär erfolgreich behandelte ehemalige Krebspatientinnen und -patienten. Da in der Regel für den typischen Nachsorgekontakt keine medizinische Symptomatik vorliegt, ist die Inanspruchnahme der Nachsorgeuntersuchungen ein Verhalten gesunder Personen mit dem Ziel der Prävention bzw. Früherkennung von Erkrankungen ("health behavior" (Kasl/Cobb 1966)). Die Konzeption des Nachsorgeprogramms versucht die für das Nachsorgeverhalten notwendige Eigenmotivation der Betroffenen durch das Instrument des Nachsorgepasses zur verstärken. Der Nachsorgepaß stellt zum einen die Fixierung des Angebotes gegenüber den potentiellen Nachfragerinnen und Nachfragern dar und soll diese außerdem an die Einhaltung der Termine erinnern. Diese Funktion kann allerdings nur wahrgenommen werden, wenn die oder der Betroffene überhaupt einen Nachsorgepaß durch die behandelnde Ärztin bzw. den behandelnden Arzt erhalten hat.

Das Hauptziel des Krebsnachsorgesystems liegt in dem Versuch der Standardisierung der medizinischen notwendigen Nachsorgeuntersuchungen zur Früherkennung von Rezidiven und Metastasen. Verantwortlich für die Konzeption des Krebsnachsorgesystems ist eine Expertengruppe, die bisher 17 standardisierte, auf bestimmte Krebserkrankungen hin ausgerichtete Nachsorgeprogramme entwickelt hat (Sozialministerium BW 1987 (Hg.)).

Die begleitende Nachsorgedokumentation folgt dem methodischen Prinzip einer prospektiven multizentrischen Kohortenstudie. Dokumentiert werden alle Krebspatienten, die an einer dem Nachsorgeprogramm entsprechenden Tumorerkrankung erkrankt sind, einen Nachsorgepaß erhalten und ihre Einwilligung zur Dokumentation erteilt haben. Die Aufnahme in das Nachsorgeprogramm wird durch die Ersterhebung, die durchgeführten Nachsorgeuntersuchungen durch Nachsorgeerhebungen dokumentiert. Die Erst- bzw. Nachsorgeerhebungsbögen werden durch die dokumentierenden Ärztinnen und Ärzte an die jeweils mitbehandelnden Kolleginnen und Kollegen übermittelt. Die zuständige Kassenärztliche Vereinigung erhält gleichzeitig einen anonymisierten Durchschlag der Dokumentationsbögen. Die in Verantwortung der Kassenärztlichen Vereinigungen erhobenen Daten wurden im Auftrag des baden-württembergischen Sozialministeriums vom Institut für Medizinische Informationsverarbeitung für die ersten drei Jahrgänge (April 1986 bis Mai 1989) einer Pilotauswertung zugeführt.

Ergebnisse

Zwischen dem 2. Quartal 1986 und dem 2. Quartal 1989 wurden durch die onkologisch tätigen Krankenhausabteilungen, Fachkrankenhäuser und niedergelassenen Ärztinnen und Ärzte in Baden-Württemberg insgesamt 16.542 Ersterhebungen und 55.407 Nachsorgeerhebungen an die vier Kassenärztlichen Vereinigungen gemeldet. Die auf den Erst- bzw. Nachsorgeerhebungsbögen erfaßten

Merkmale wiesen eine stark unterschiedliche Qualität hinsichtlich ihrer Auswertbarkeit für eine Inanspruchnahmestatistik auf. Als besonders problematisch erwies sich vor allem die Nachsorgepaßnummer, die auf nur 81,5 Prozent der Erst- und 70,5 Prozent der Nachsorgeerhebungen in auswertbarer Form zu finden war.

Soweit erkennbar (87,5 Prozent der Erst- und 92,4 Prozent der Nachsorgeerhebungen enthielten eine auswertbare Angabe) haben 238 onkologisch tätige Krankenhausabteilungen bzw. Fachkrankenhäuser und 453 niedergelassene Ärztinnen und Ärzte die Ausgaben von Nachsorgepässen dokumentiert. Nachsorgeuntersuchungen dokumentierten 226 Krankenhauseinrichtungen und 1.101 Praxen.

Bei der Messung der patientenbezogenen Inanspruchnahme der Krebsnachsorgeprogramme ist die Erstinanspruchnahme (= Ausgabe von Nachsorgepässen) von der permanenten Inanspruchnahmeanteil (= Wahrnehmung von Nachsorgeuntersuchungen) zu unterscheiden.

Als Erstinanspruchnahmeanteil (EIA) wird der relative Anteil der neu in die Nachsorge aufgenommenen Patienten unter den potentiell in die Nachsorge aufzunehmenden Patienten in einem bestimmten Zeitraum verstanden. Die Bestimmung des EIA bezieht sich aufgrund der Datenlage nur auf das Jahr 1987. Der Zähler des EIA ergibt sich aus der Zahl der Ersterhebungen in der Nachsorgedokumentation. Als Obergrenze der Schätzung des Nenners wurden die geschlechts-, alters- und lokalisationsspezifischen Inzidenzen des Saarlandes zur Grundlage genommen und entsprechend der Bevölkerungsdaten beider Bundesländer auf baden-württembergische Verhältnisse umgerechnet. Mögliche Unterschiede in der Krebsinzidenz beider Regionen wurden durch geschlechts- und lokalisationsspezifische Faktoren berücksichtigt, die aus den jeweiligen Verhältnissen der entsprechenden altersstandardisierten Krebsmortalitätsraten des Saarlandes und der baden-württembergischen Regierungsbezirke berechnet wurden (Becker u.a. 1984, Meisner/Pietsch-Breitfeld/Selbmann 1988). Die Zahl der potentiell in die Nachsorge aufzunehmenden Patienten ergab sich schließlich aus den so geschätzten Inzidenzen unter Berücksichtigung der geschlechts-, alters- und lokalisationsspezifischen 3-Monats-Überlebensraten (bezogen auf die 1987 neuerkrankten Patienten) aus dem Saarland, unter der Annahme das unmittelbar nach dem Auftreten der Erkrankung versterbende Patienten nicht in die Nachsorge aufgenommen werden. Alle aus dem Saarland verwendeten Zahlen wurden vom Saarländischen Krebsregister speziell für diese Studie zur Verfügung gestellt. Von der grundsätzlichen Übertragbarkeit der Daten auf Baden-Württemberg wurde ausgegangen. Abb. 1 enthält die Erstinanspruchnahmeanteile für die wichtigsten Krebsarten bei den Männern, Abb. 2 bei den Frauen.

Nur für die Krebsnachsorgeprogramme "Gebärmutter" und "Brust" kann eine relativ gute Akzeptanz angenommen werden. Insgesamt wurden im Jahr 1987 von schätzungsweise 14 Prozent der potentiell in die Nachsorgeprogramme aufzunehmenden Männern eine Ersterhebung und damit die Ausgabe eines Nachsorgepasses registriert; bei den Frauen waren es 32 Prozent. Diese Zahlen sind aufgrund der wahrscheinlichen Untererfassung der Nachsorgedokumentation als eine Untergrenze der tatsächlichen Erstinanspruchnahme zu betrachten. Die Größe der Dunkelziffer ist nicht abschätzbar.

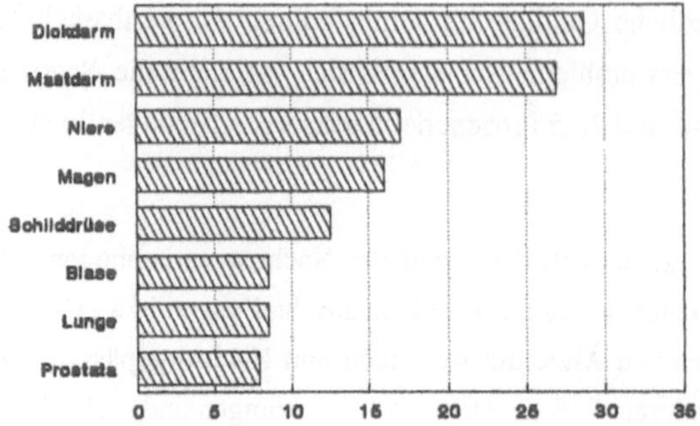

Abb. 1: Erstinanspruchnahmeanteile Männer 1987 nach Nachsorgeprogrammen

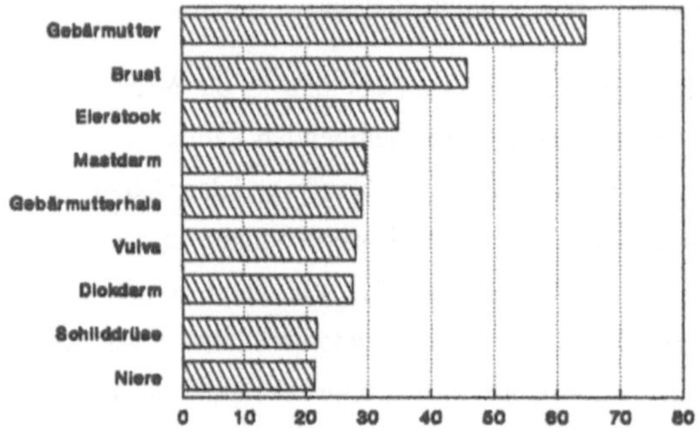

Abb. 2: Erstinanspruchnahmeanteile Frauen 1987 nach Nachsorgeprogrammen

Abb. 3 zeigt die permanenten Inanspruchnahmeanteile (PIA). Als PIA wird der Anteil der permanent teilnehmenden unter den in die Nachsorge aufgenommenen Patienten in einer Zeiteinheit bezeichnet. Als permanent sich beteiligende Patienten werden diejenigen Patienten definiert, von denen nach der Dokumentation der Ausgabe eines Nachsorgepasses soviele Nachsorgeuntersuchungen dokumentiert wurden, wie nach dem entsprechenden Nachsorgeprogramm zu erwarten waren.

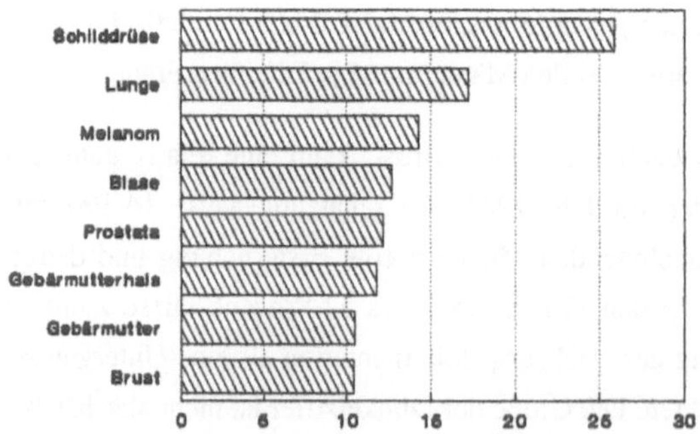

Abb. 3: Permanente Inanspruchnahmeanteile nach Nachsorgeprogrammen 1986-1988

Aufgrund der Nachsorgepaßnummern konnten zwischen April 1986 und Dezember 1988 20.521 Patienten in den Nachsorgeprogrammen identifiziert werden, von denen insgesamt 13.098 Erst- und 41.906 Nachsorgerhebungen stammten. Etwa zwei Drittel dieser Patientengruppe haben Nachsorgeuntersuchungen in Anspruch genommen. Neun Prozent der 13.098 Patienten mit dokumentiertem Aufnahmezeitpunkt wurden permanent betreut. Der PIA in den einzelnen Nachsorgeprogrammen ist sehr unterschiedlich (Abb. 3). Auch bei der Betrachtung dieser Zahlen sollte die wahrscheinliche Untererfassung der Nachsorgedokumentation bedacht werden.

Schlußfolgerungen

Die Pilotauswertung der ersten drei Jahre der Nachsorgedokumentation Baden-Württemberg zeigt zunächst die Grenzen einer landesweiten Routinedokumentation, die mit wenig Aufwand betrieben wurde. Sowohl die Qualität der erhobenen Daten als auch die Vollzähligkeit der Erhebung des Nachsorgegeschehens insgesamt erreicht nur einen mäßigen Qualitätsstand. Die daraus zu gewinnenden Statistiken sind somit immer unter einen "Qualitätsvorbehalt" zu setzen. Über die Inanspruchnahmestatistik hinausgehende Auswertungen sind wenig sinnvoll. Mit Sicherheit wäre die Qualität und Vollständigkeit durch in der Krebsdokumentation eigentlich übliche Maßnahmen zu verbessern. Dazu gehört insbesondere das ständige Monitoring der eingehenden Daten. Die Ergebnisse der Inanspruchnahmestatistik legen es - bei allen Mängeln der Dokumentation selbst - allerdings nahe, zunächst gründlich über die in den Nachsorgeprogrammen enthaltenen Standards der Krebsnachsorge nachzudenken. Nicht zuletzt in den Ergebnissen der Inanspruchnahmestatistik wird deutlich, daß die landesweit vorgeschlagenen Standards in der Realität doch wohl eine eher untergeordnete Rolle spielen. Zur Entwicklung von konsensfähigen Standards in der Krebsnachsorge sind allerdings weniger Routinedokumentationen als gezielte vergleichende klinische und epidemiologische Studien gefordert.

Literatur

Becker N., Frentzel-Beyme R., Wagner G. (1984): Krebsatlas der Bundesrepublik Deutschland. Berlin, Heidelberg, New York, Tokyo

Kasl, S.V., Cobb, S. (1966): Health behavior, illness behavior, and sick role behavior. Archives Environmental Health 12, 246-266.

Meisner, C., Pietsch-Breitfeld, B., Selbmann, H.-K. (1988): Methoden der Prävalenzschätzung von Krebserkrankungen in der Bundesrepublik Deutschland. Rienhoff, O., Piccolo, U., Schneider, B. (Hg.): Expert Systems and Decision Support in Medicine. 33rd Annual Meeting of the GMDS/ EFMI Special Topic Meeting. Hannover, September 1988. Berlin, Heidelberg, New York, London, Paris, Tokyo, 405-411.

Robra, B.-P. (1988): Bewertung von Früherkennungs- und Nachsorgeprogrammen - Aufgaben und Grenzen einer begleitende Evaluation. Selbmann, H.-K., Dietz, K. (Hg.): Medizinische Informationsverarbeitung und Epidemiologie im Dienste der Gesundheit. 32. Jahrestagung der GMDS, Tübingen, Oktober 1987. Berlin, Heidelberg, New York London, Paris, Tokyo, 218-227.

Sozialministerium BW (Hg.) (1987): Ministerium für Arbeit, Gesundheit, Familie und Sozialordnung Baden-Württemberg (Hg.): Nachsorgeleitfaden-Onkologie. Ein Wegweiser für Ärzte und psychosoziale Fachkräfte. Stuttgart.

Monitoring - Aufgaben für klinisch - epidemiologische Tumorregister
Ergebnisse des Tumorregisters München

G. Schubert-Fritschle, M. Schmidt, D. Hölzel
Institut für Medizinische Informationsverarbeitung, Biometrie und Epidemiologie
der Ludwig-Maximilians-Universität

Tumorregister gelten allgemein als das Instrument zur Erfassung, Speicherung und Auswertung bevölkerungsbezogener Tumordaten. Es werden jährlich Inzidenz- und Mortalitätszahlen tabellarisch zusammengestellt und stehen so der Wissenschaft und der interessierten Öffentlichkeit zur Verfügung. Klinisch-epidemiologische Tumorregister bieten wegen ihres um klinische Parameter erweiterten Merkmalsspektrums die Möglichkeit, onkologische Problemstellungen differenzierter und mit Bezug zur Population zu beschreiben. Zur Verbesserung des Nutzens derartiger Register für die Bevölkerung im Sinne einer Reduktion der Krebsmortalität sind solche weitergehenden Erhebungen und Analysen, insbesondere aber die Messung der Umsetzung neuer Erkenntnisse in die medizinische Versorgung notwendig. Hervorzuheben sind hier die Krebsfrüherkennung und der protokollgerechte Einsatz aktueller Therapiestrategien. Das Aufgabenspektrum klinisch-epidemiologischer Tumorregister orientiert sich damit an den Definitionen von monitoring und cancer control (1,3), die zum einen Entwicklung und Einsatz präventiver Maßnahmen,

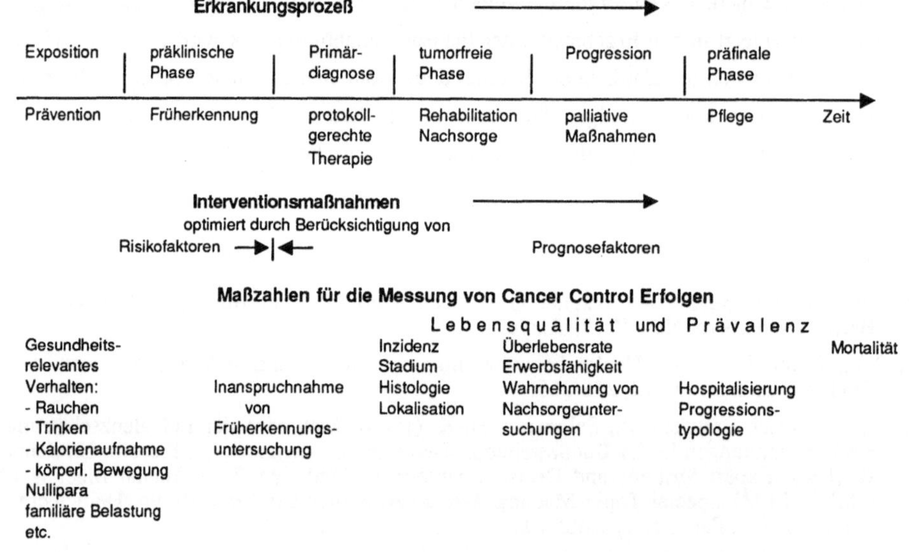

Abb. 1: Krankheitsphasen, mögliche Interventionsmaßnahmen und Kriterien zur Messung von Interventionserfolgen bei malignen Erkrankungen.

zum anderen aber auch Untersuchungen zur Quantifizierung der Wirkung dieser Maßnahmen in der Bevölkerung beinhalten.

Will man diesen Anforderungen gerecht werden, so muß von einer differenzierten Sicht des Krankheitsprozesses ausgegangen werden. Wie in Abb. 1 skizziert sollte bereits eine mögliche Exposition durch primäre Präventionsmaßnahmen vermieden und dadurch die Erkrankungshäufigkeit entscheidend reduziert werden. Es folgt die asymptomatische Phase, in der manche Tumorformen durch Früherkennung in einem prognostisch günstigeren Stadium entdeckt werden können. Der Zeitraum der Primärtherapie, der - gegebenenfalls lebenslang anhaltende - tumorfreie Krankheitsabschnitt und die palliative bzw. präfinale Phase sind weitere für die Prävention relevante Untergliederungen des Krankheitsverlaufs. Die anspruchsvolle Aufgabe eines Monitoring besteht nun darin, den Gesundheitsstatus der betroffenen Teilkollektive, die Inanspruchnahme des Versorgungsangebotes seitens der Patienten, aber auch die Qualität des Einsatzes und den Erfolg aktueller Therapiemaßnahmen zu messen.

Zwei einfache Konsequenzen resultieren aus dieser Zielsetzung: die Möglichkeiten des cancer control variieren abhängig von den verschiedenen Malignomtypen. Sowohl Art und Umfang der zu erfassenden Daten wie auch die Wahl geeigneter Interventionsmaßnahmen sind tumorspezifisch unterschiedlich. Tumorregister können deshalb nicht als homogene Einheit betrachtet werden, sie stellen vielmehr einen Verbund verschiedener Krankheitsgruppen dar. Diese tumorspezifische Differenzierung erleichtert gleichzeitig den zuständigen Fachgebieten eine stärkere Identifizierung mit den sie betreffenden malignen Erkrankungen.

Zum zweiten resultiert aus dieser Betrachtungsweise die Notwendigkeit einer stärkeren Kooperation klinisch-epidemiologischer Tumorregister mit den einzelnen medizinischen Fachgebieten. Nicht nur Tumorregister wären allein auf sich gestellt vom Umfang der zu bewältigenden Aufgaben überfordert, auch die Medizin benötigt methodische Unterstützung und eine funktionierende fachübergreifende Infrastruktur für die Patientenversorgung und die Qualitätssicherung. Sicherlich können überregional unterstützende Maßnahmen, z. B. finanzieller oder gesetzgebender Art, fördernd wirksam sein, die möglichst schnelle Umsetzung von Interventionsmaßnahmen im Sinne des cancer control ist aber regional von den jeweiligen Versorgungsträgern zu leisten.

Tab. 1: Vergleich der Mortalität zu ausgewählten Todesursachen zwischen der Bundesrepublik und der Stadt München

Tumorlokalisation		München 1987-1989[+]	SMR [*]
Magen	(w)	152	1.03
Colon	(m)	133	0.96
Lunge	(m)	339	0.77
Mamma	(w)	327	1.09
Ovar		118	1.12
Prostata		170	0.93
Harnblase	(m)	55	0.82

[+] Durchschnittswerte

[*] erwartet aufgrund der Verteilung des Sterbealters bei der jeweiligen Tumorlokalisation in der Bundesrepublik 1989   (w): weiblich (m): männlich

Das Tumorregister München versucht - diesen Definitionen folgend - durch Bereitstellung relevanter Fakten zum Krebsgeschehen Interventionsmöglichkeiten aufzuzeigen und in Kooperation mit der Medizin Maßnahmen zur Verbesserung der Situation Krebskranker zu entwickeln. Einige Beispiele sollen dies belegen.

Mortalitätszahlen sind die härtesten Maßzahlen in der Medizin. Tab. 1 zeigt ausgewählte amtliche Sterbeziffern für das Stadtgebiet München als Durchschnittswerte aus den Jahren 1987-89. Übertragen auf die Bevölkerungsstruktur der alten BRD werden einige Unterschiede auffällig. Für Frauen ist u.a. die Brustkrebssterblichkeit erhöht, bei den Männern ist die Mortalität an Lungen- und Blasenkarzinom erniedrigt.

Abklärungsbedarf besteht beim Mammakarzinom. Die wahrscheinliche Erhöhung ist deshalb beachtenswert, weil bekanntlich durch systematische Mammographie die Mortalität um 20 - 30 % gesenkt werden kann und gleichzeitig anzunehmen ist, daß aufgrund der sehr hohen Arztdichte im Stadtgebiet München die Inanspruchnahme von Früherkennungsuntersuchungen eher überdurchschnittlich ist. Die statistisch signifikant erniedrigte Lungenkrebsinzidenz - bei einer Letalität von ca. 95 % ist diese Aussage sicherlich aus der Mortalitätsrate abzuleiten - müßte bei einem Risikofaktor 10 für Rauchen durch einen ca. 6 % niedrigeren Raucheranteil in München bedingt sein. Hierfür gibt es Hinweise aus repräsentativen Studien.

Ein weiteres Beispiel für die Plausibilität der Mortalitätsdaten, aber auch für die Defizite bei der schnellen, breitenwirksamen Umsetzung erfolgreicher Therapiemaßnahmen ist das Hodenkarzinom. Durch die seit 1979 verfügbare hochwirksame Cis-Platin-Therapie konnten die 5-Jahres-Überlebensraten von ca. 70 auf 90 % verbessert werden.

Tab. 2: Zeitreihen der durch Hodentumor bedingten Sterbefälle nach der amtlichen Todesursachenstatistik, (2): Häufigkeiten für das Sterbealter15 bis 45 Jahre, das charakteristisch für nicht seminomatöse Erkrankung ist

Jahr	München		Bundesrepublik	
1973	16	(10)	452	(302)
1974	6	(5)	462	(318)
1975	11	(7)	424	(278)
1976	12	(9)	380	(292)
1977	9	(9)	465	(315)
1978	9	(7)	418	(287)
1979	2	(1)	372	(267)
1980	5	(2)	372	(242)
1981	4	(1)	364	(233)
1982	1	(0)	329	(221)
1983	7	(4)	325	(209)
1984	5	(2)	288	(179)
1985	2	(1)	317	(205)
1986	5	(2)	248	(152)
1987	2	(2)	251	(149)
1988	5	(2)	209	(121)
1989	3	(0)	213	(109)
Mittelwerte				
1973 - 1978	10,5	(7,8)	434	(299)
1979 - 1990	3,7	(1,4)	299	(190)

Tab. 2 zeigt die Zeitreihe der Zahl der Verstorbenen für die Stadt München und die BRD, wobei der sofortige wirksame Einsatz der neuen Therapie in München leicht zu erkennen ist. Die Mortalität in der BRD geht dagegen langsam von ca. 430 Sterbefällen vor 1979 auf ca. 210 im Jahr 1990 zurück. Der als Exzeß-Mortalität zu interpretierende Unterschied zwischen idealer und realer Veränderung läßt sich mit 1 000 bis 2 000 Sterbefällen für diese 10 Jahre errechnen. Die tatsächliche Anzahl hängt von der Inzidenz und der zu errechnenden Überlebensrate ab und wird sich landesweit in einigen Jahren präziser schätzen lassen. Dieses Beispiel zeigt, wie notwendig eine intensive Nutzung der Todesursachenstatistik ist und wie über eine Rückkopplung derartiger Analysen gegebenenfalls auch Versorgungsmaßnahmen zu beeinflussen wären (2).

Tumorregister sollen **Inzidenzen** liefern, die - vor allem bei Tumoren mit realer kurativer Chance - ein exakteres Bild der tat- sächlichen Belastung der Bevölkerung ergeben. Im Tumorregister München werden von der Arbeitsgruppe Dermatologie seit Jahren die Neuerkrankungen am malignen Melanom zusammengetragen. Für die Stadt München ergeben sich Inzidenzraten, die weit über denen des saarländischen Krebsregisters (5) liegen. Abb. 2 zeigt die durchschnittlichen Neuerkrankungszahlen (rohe Inzidenz) auf Stadtbezirke bezogen (6), wobei nach der Zuordnung von ca. 630 Neuerkrankungen die geringen Raten im Stadtzentrum weiter abgeklärt werden müssen.

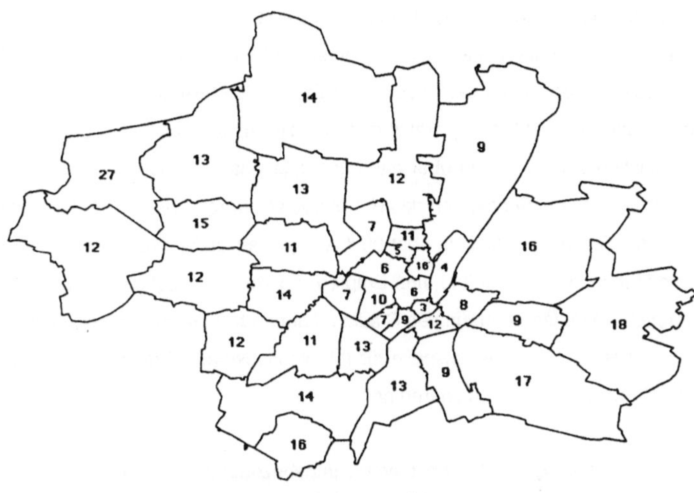

Durchschnitt aus 4 Jahren

Abb.2: Durchschnittliche Inzidenzen der Jahre 1987 - 1990 für das maligne Melanom in den 36 Stadtbezir-
ken Münchens, die von 4 bis 27 je 100 000 variieren.

Vergleichbare Bestrebungen laufen in den Arbeitsgruppen Urologie und HNO. Für die Urologie wurden verschiedene Übersichtsblätter entwickelt, die das Krankheitsgeschehen auch klinisch beschreiben. Zum einen gibt es Übersichten zu Inzidenz und Mortalität für alle urologischen Tumoren. Für das Prostatakarzinom beispielsweise wurden für 1989 von allen beteiligten Kliniken 570 Patienten registriert, 257 aus der
Stadt München. Von den Münchner Patienten waren im Juli 1991 bereits 22 verstorben. Die rohe Inzidenz
lag bei 45/100 000. In Kenntnis der Erhebungs- und Behandlungssituation schätzen wir die wahre Inzidenz
auf 60-70/100 000 und nähern uns damit der Situation in den USA (weiße Bevölkerung 1/1 000). Zum zweiten wurden - zunächst beispielhaft für das Prostatakarzinom - tumorspezifische Übersichtsblätter erarbeitet,
in denen die bevölkerungsbezogenen klinischen Parameter wie Alter (Mittelwert 72 J), Stadium (20
% pT1N0M0, 15 %   M1), Histologie (86 %Adenokarzinom), Progressionen (58 % haben irgendwann im
Verlauf ein lokoregionäres Rezidiv) etc. aus der Münchner Kohorte zusammengestellt sind.

Besonders bei versorgungsrelevanten Fragestellungen ist die **Prävalenz** als dritte elementare Maßzahl von
Bedeutung. Anhand der beobachteten Inzidenzen und der Überlebensraten läßt sich z. B. die Zahl der
nachzusorgenden Patienten schätzen. Derartige Zahlen werden benötigt, um Präventionsmaßnahmen hinsichtlich ihres Aufwandes und des zu erwartenden Nutzens bewerten zu können.

Soll eine Tumorerkrankung im Sinne von cancer control epidemiologisch beschrieben werden, so ergibt
sich z. B. für das Mammakarzinom in der Stadt München folgendes Bild: 1989 sind in der Stadt München
333 brustkrebsbedingte Sterbefälle registriert worden. Die Zahl der Neuerkrankungen dürfte bei einer gesicherten Überlebensrate von 50 - 60 % damit zwischen 600 und 850 liegen. Inzidenz und Mortalität sind beide abhängig vom Grad der Inanspruchnahme der Früherkennungsuntersuchung unter den 210 000 Frauen
im Alter zwischen 50 und 80 Jahren. Etwa 3 000 (5 000) Patientin-nen leben in München und sind in den
letzten 5 (10) Jahren erkrankt. Insgesamt leben etwa 10 000 Frauen in München, bei denen irgendwann

die Diagnose Brustkrebs gestellt wurde. Die Wahrscheinlichkeit, bis zum 80. Lebensjahr an Brustkrebs zu erkranken, beträgt 8 %. 1 000 Patientinnen sind in metastasiertem Zustand zu versorgen, 40 befinden sich in der präfinalen Phase (6 Wochen vor dem Tod). Derartige Zahlen beschreiben die Anforderungen an die medizinische Versorgung in einer Stadt. Parallel dazu ist die tatsächliche Versorgung zu sehen. In einer noch nicht abgeschlossenen Dissertation über das Lungenkarzinom wurde ermittelt, daß in ca. 60 % der präfinalen Krankheitsverläufe die Schmerzen das Hauptproblem waren. Dies ist bemerkenswert, weil heute eine richtig angewandte Schmerztherapie in über 90 % der palliativen Verläufe Schmerzfreiheit ermöglicht. Das Tumorzentrum München hat daraufhin eine Empfehlung zur Tumorschmerztherapie erarbeitet und in ganz Bayern verbreitet. Patienten im präfinalen Stadium können beispielsweise neuerdings auch in Hospizen betreut werden. Dies sind weitere Beispiele für Interventionsmaßnahmen, die die Belastung der Behandlung durch die Krebserkrankung reduzieren helfen.

Monitoring von Krebserkrankungen erfordert bevölkerungsbezogene Maßzahlen zum Gesundheitsstatus der betroffenen Teilkollektive, um den Grad der Umsetzung von Präventionsmaßnahmen flächendeckend messen zu können. Man sollte der Bevölkerung bzw. im Falle des Mammakarzinoms den 210 000 Frauen älter als 50 Jahre sagen können, wie weit die mögliche Reduktion der Mortalität um 20-30 % in ihrem Umfeld aufgrund der Wahrnehmung des Früherkennungsangebotes bereits realisiert werden konnte.

Dieses anspruchsvolle Ziel, die Belastung der Bevölkerung durch Krebserkrankungen in allen Krankheitsphasen zu reduzieren, kann erreicht werden, wenn es von allen in das Gesundheitssystem involvierten Institutionen wie Kliniken, niedergelassenen Ärzten, Landesärztekammer, Kassenärztliche Vereinigung, Ministerien, Gesundheitsbehörden der Region und Krankenkassen mitgetragen wird. Ein klinisch-epidemiologisches Tumorregister kann als Katalysator wirken und den Erfolg der Bemühungen messen.

Literatur:

1) Breslow L., Cumberland N.: Progress and objectives in cancer control. JAMA 259 (1988) 1690

2) Hölzel D., Altwein J.: Hodentumoren: Ist der Rückgang der Mortalität in der BRD zu langsam erfolgt? Dt. Ärzteblatt 1991 (im Druck)

3) Last J.M.: A Dictionary of Epidemiology. Oxford University Press, 1988

4) NN: Todesursachen, Metzler-Poeschel, Stuttgart 1989

5) NN: Morbidität und Mortalität an bösartigen Neubildungen im Saarland. Stat. Amt des Saarlandes 1989

6) NN: Todesursachen der Stadt München, Stat. Landesamt, 1973-90, (persönl. Anfrage) H. Kraus

MONITORING DER REGIONALSPEZIFISCHEN MORTALITÄT AN BÖSARTIGEN NEUBILDUNGEN
ANHAND DER AMTLICHEN MORTALITÄTSDATEN

B. Pesch, F. Pott
Medizinisches Institut für Umwelthygiene
4000 Düsseldorf, BRD

Die Untersuchung räumlicher Muster und zeitlicher Trends in der Sterblichkeit an Bösartigen Neubildungen (ICD/9 140-208) anhand der Daten der amtlichen Mortalitätsstatistik ist ein unverzichtbares Monitoring der Krebslandschaft durch das Fehlen bevölkerungsbezogener Krebsregister. Die amtlichen Mortalitätsdaten stellen eine vollständige, schnell verfügbare und preiswerte Datenquelle dar. Ihre Validität bezüglich überwiegend zum Tode führender Leiden wie Krebs gilt aus ausreichend. Eine Zusammenstellung der Fehlerquellen der amtlichen Mortalitätsstatistik gibt HANSLUWKA (1987), eine Auswertung zur Gültigkeit der Angaben auf Todesbescheinigungen führten z. B. MÜLLER und BOCTER (1989) durch.

Datenbasis sind die nach Berichtsjahren seit 1970 vorliegenden Mortalitätsdaten für Bösartige Neubildungen im Bundesland Nordrhein-Westfalen, aufgeschlüsselt nach Geschlecht, Altersgruppe, letztem Wohnort (Kreis/kreisfreie Stadt) und Tumorlokalisation (ICD dreistellig). Insgesamt liegen nahezu eine Million Krebstodesfälle vor.

Ziel der Untersuchungen sind die Feststellung zeitlicher Trends und räumlicher Häufungen für sämtliche Tumorlokalisationen. Hierbei sind Zufallseffekte, systematische Verzerrungen und Expositionsbezüge abzugrenzen. Von besonderer Bedeutung in der Erfassung von "Krebsnestern" ist ein geeigneter Beobachtungsumfang (SCHÄFER, 1985). Kleine Fallzahlen bedingen Zufallsmuster mit einer Tendenz zur Überschätzung erhöhter Mortalitätsraten (WEISS und WAGENER, 1990). Werden in einer Region in einem festgelegten Zeitraum z. B. nur 10 Fälle beobachtet, sind bei einem 95%-Konfidenzintervall von 5 bis 18 Fällen hohe relative Abweichungen noch 'tolerabel', während bei 100 beobachteten Fällen nur knapp 20% Abweichungen im Vertrauensbereich liegen.

Systematische Fehler ergeben sich räumlich aus regionalspezifischen Kodiergewohnheiten und zeitlich bei Änderung der Klassifikationsregeln. Von besonderer Bedeutung sind hier die Fallzahlen mit schlecht bezeichneter Tumorlokalisation (z. B. ICD 159, 184, 195 bis 199). Der Anteil Verstorbener mit mangelhafter Angabe der Lokalisation des Primärtumors (ICD 195 bis 199) an allen Krebssterbefällen beträgt in Nordrhein-Westfalen bei Männern 6.2% und bei Frauen 8.1%, wobei jedoch ein abnehmender Trend registriert wird. Insgesamt werden bei Frauen derzeit im Durchschnitt noch mehr Fälle in diesen Gruppen verzeichnet als z. B. Lungenkarzinome. So wurden in den Jahren 1980 bis 1989 in Coesfeld 'nur' 8.5 weibliche Lungenkrebsfälle pro 100.000 Einwohner registriert im Vergleich zu 14.4 in Remscheid (altersstandardisiert auf die Bevölkerung von NRW 1989). Es sind jedoch 20.5 weibliche Krebstote pro 100.000 in Coesfeld ohne Angabe des Sitzes des Primärtumors, die entsprechende Rate von Remscheid beträgt 12.9.

Für viele Tumorerkrankungen sind selbst auf der Basis einer so großen Regionaleinheit wie Kreis die jährlichen Fallzahlen gering. Durch die Zusammenfassung von Jahren erhält man stabilere Raten, jedoch sollten Trendeffekte nicht verwischt werden. Ziel dieser Regionaldarstellung ist der Bezug zu Expositionsfaktoren. So zeigen die Kreise mit höheren Raten an Pleurakarzinomen einen Standortbezug zur Asbestindustrie (Abb. 1). Orte wie Leverkusen fallen mit einer erhöhten Blasenkrebsrate auf (Abb. 2). Beim Magenkrebs sind dies Kreise mit intensiver Landwirtschaft und mit einem hohen Anteil im Bergbau Beschäftigter. Nitrate in der Nahrungs- und Trinkwaserzufuhr und berufstypische Ernährungsweisen können hier als Risiken diskutiert werden.

Auch die Zusammenfassung von Gebietseinheiten stabilisiert die Fallzahlen, Substrukturen können jedoch verwischt werden. Daher eignet sich diese Aggregation nur für großflächig verteilte Risikofaktoren (z. B. industrielle Ballungsräume, Ernährungsweisen). Dabei ist eine geeignete Wahl der geographischen Einheiten zu treffen. Orientiert man sich in Nordrhein-Westfalen an Verwaltungseinheiten wie den Regierungsbezirken, wird das industrielle Ballungszentrum an Rhein und Ruhr auf vier der fünf Regierungsbezirke aufgeteilt. Daher wurde eine balastungsorientierte Gliederung im Nordost-Westfalen als ländliche Region, in das nördliche und südliche Ruhrgebiet sowie in sonstige Kreise durchgeführt. So erkennt man beim Pleurakarzinom der Männer einen starken Anstieg, der sich auf die Industrieregion Ruhr Nord beschränkt (Abb. 3).

Zukünftige Auswertungen amtlicher Mortalitätsdaten sollten neben einer systematischen Aufbereitung der bekannten Krebsformen auch den Einfluß verzerrender Faktoren untersuchen. Neben Berücksichtigung der hohen Fallzahl ungenau bezeichneter Krebserkrankungen sowie deren regionaler Ungleichverteilung sind Veränderungen bei seltenen Krebsarten durch geeignete zeitliche oder räumliche Aggregation herauszuarbeiten.

Literatur

Hansluwka, H.: Cancer mortality statistics: Availability and aspects of quality of mortality data worldwide. 19th Int. Symposium 'Cancer Mapping', Düsseldorf 1988

Müller, W.; Bocter, N.: Beitrag zur Abschätzung der Aussagekraft der amtlichen Todesursachenstatistik. Schriftenreihe des BMfJFFG Bd. 253, Verlag Kohlhammer, Stuttgart Berlin Köln 1989

Schäfer, T.: Epidemiologische Überwachung von Umwelt und Gesundheit kleiner Bevölkerungsgruppen mit Hilfe geomedizinischer Methoden. In: Schach, E. (Hrsg.): Von Gesundheitsstatistiken zu Gesundheitsinformation. Springer, Berlin Heidelberg New York (1985)

Weiss, K. B.; Wagener, D. K.: Geographic variations in US asthma mortality: small area analysis of excess mortality, 1981-1985. Am J Epidemiol 132 (1990) 107-115

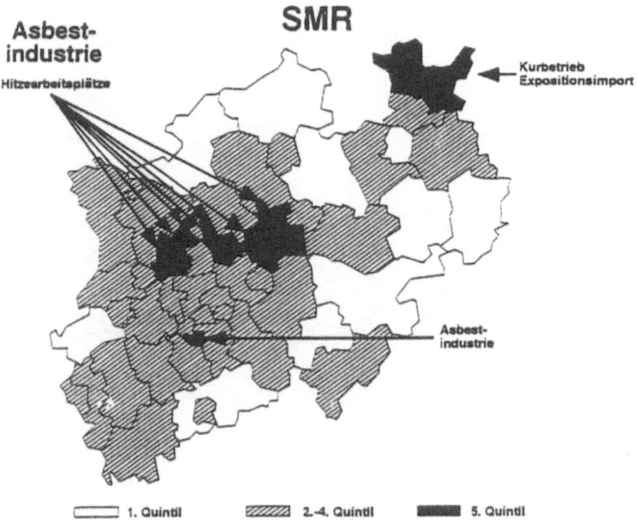

Abb. 1:   Mortalität (SMR) der Männer an bösartigen Neubildungen
der Pleura in den Jahren 1980 bis 1989 nach Kreisen und
kreisfreien Städten in Nordrhein-Westfalen

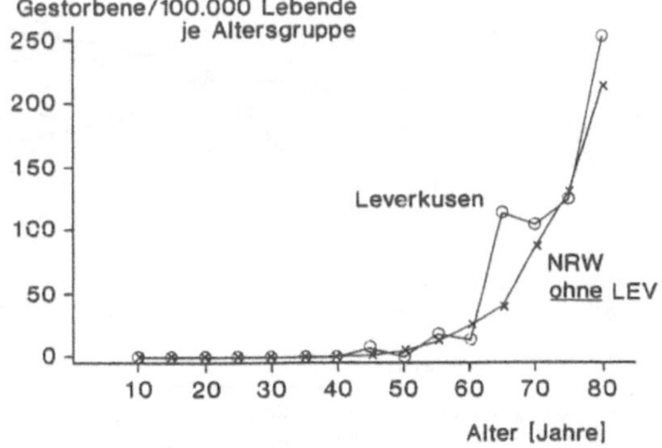

Abb. 2:   Altersspezifische Mortalität der Männer an Blasenkrebs
in Leverkusen im Vergleich zum restlichen Bundesland NRW
(Jahre 1986/1987 zusammengefaßt)

Mortalität an Pleurakarzinomen

Männer

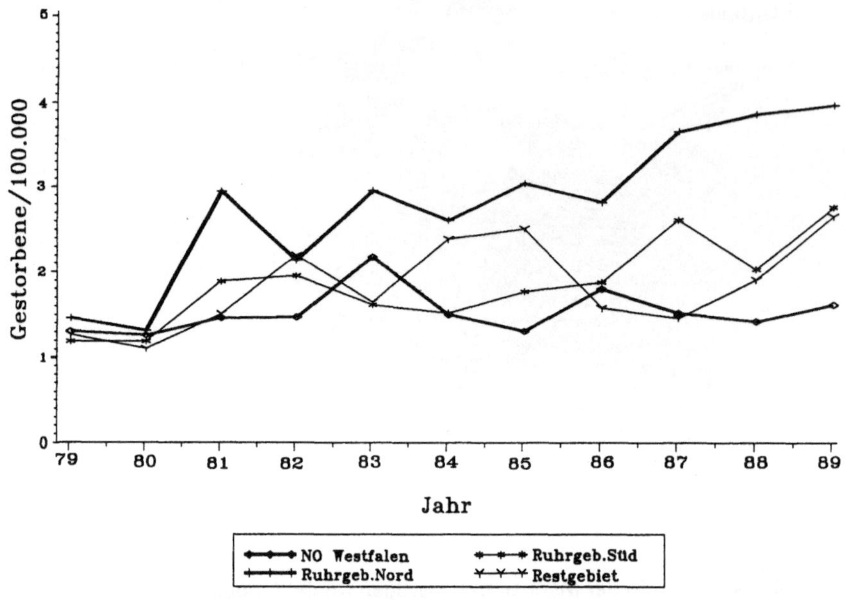

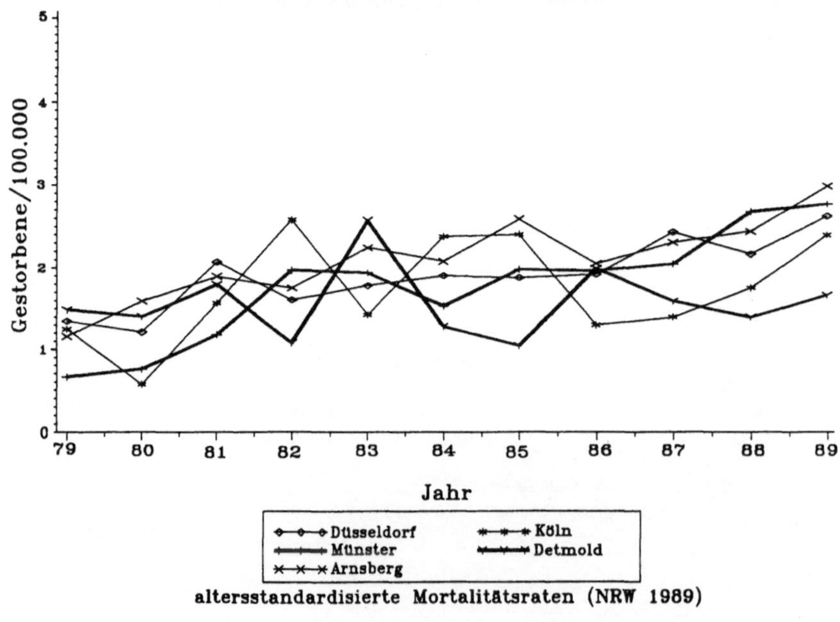

Abb. 3: Zeitliche Veränderungen der Mortalität der Männer an Pleurakarzinom bei belastungsorientierter Gebietseinteilung (oben) und bei Darstellung nach Regierungsbezirken (unten)

Ziele der deutschen Übersetzung der Internationalen Klassifikation der Prozeduren in der Medizin - Holländische Erweiterung (ICPM-DE)

Rudolf Thurmayr[1], Bernd Graubner[2] und Thomas Winter[3]

[1]Institut für Medizinische Statistik und Epidemiologie der Technischen Universität München
[2]Abteilung Medizinische Informatik der Georg-August-Universität Göttingen
[3]Orthopädische Klinik und Poliklinik der Freien Universität Berlin im Oskar-Helene-Heim

Zusammenfassung

Die deutsche Übersetzung der Internationalen Klassifikation der Prozeduren in der Medizin in der Form ihrer holländischen Erweiterung (ICPM-DE) soll auch auf dem Gebiet der Dokumentation und Kodierung medizinischer Prozeduren bzw. Maßnahmen zu einer Vereinheitlichung und zum Anschluß Deutschlands an das internationale Niveau führen. Struktur und Vorzüge der ICPM-DE werden im Vergleich mit anderen Klassifikationen beschrieben und Schritte zu ihrer Veröffentlichung und Einführung in Deutschland dargestellt.

1. Sammlung, Auswahl und Bewertung medizinischer Klassifikationen durch das AIM-Projekt SESAME

Das Forschungsprojekt "Standardization in Europe on Semantical Aspects of Medicine" (SESAME) [1] war Teil der 1989/90 durchgeführten Preliminary Phase des EG-Forschungsprogrammes "Advanced Informatics in Medicine" (AIM). Ziele des SESAME-Projekts waren die Sammlung, Auswahl und Bewertung in Europa vorhandener und benutzter und vorwiegend englischsprachiger Klassifikationen für die Gebiete der primären Gesundheitsversorgung, der medizinischen Prozeduren und der Arzneimitteltherapie. Darüber hinaus wurden Modelle für Strukturen künftiger, international anzuwendender Klassifikationen entwickelt und Vorschläge zur weiteren europäischen Standardisierungsarbeit in diesen Bereichen gemacht. Die Mitarbeiter dieses Projekts kamen aus Großbritannien, Italien, den Niederlanden und der Bundesrepublik Deutschland (B. GRAUBNER; außerdem im Expert Panel R. THURMAYR und im Preliminary SESAME Committee R. KLAR) (siehe auch [2] oder [7]).

In Deutschland wurde bisher nur auf dem Gebiet der Diagnosenverschlüsselung eine weitgehende Vereinheitlichung erreicht. Die Benutzung der Internationalen Klassifikation der Krankheiten, Verletzungen und Todesursachen (ICD: International Classification of Diseases), herausgegeben von der Weltgesundheitsorganisation (WHO), war in der ehemaligen DDR seit 1968 vorgeschrieben und wurde in der alten Bundesrepublik für die Dokumentation der Hauptdiagnosen stationärer Behandlungsfälle ab 1986 durch die Bundespflegesatzverordnung verbindlich festgelegt (bereits vorher war sie u. a. für die Mortalitätsstatistik eingeführt worden). Damit ist für die medizinische Basisdokumentation der Krankenhäuser in beiden deutschen Staaten seit 1986 die Anwendung der maßgeblichen internationalen Krankheitsklassifikation gesichert. Im Gegensatz dazu besteht im Bereich der Verschlüsselung medizinischer Maßnahmen bzw. Prozeduren (beide Begriffe werden synonym gebraucht und schließen vor allem die Operationen ein) bis heute eine große Vielfalt an benutzten Klassifikationen, die sehr häufig vom Anwender nach persönlicher Interessenlage entwickelt oder durch Modifikation eines vorhandenen Schlüssels, oft unter Mißachtung seiner Grundstruktur, entstanden sind. Da in Deutschland, ähnlich wie in anderen Ländern, auch auf dem Gebiet der medizinischen Maßnahmen eine Vereinheitlichung der Dokumentation und Verschlüsselung mit Hilfe einer international akzeptieren Klassifikation erreicht werden muß, sind die Ergebnisse des SESAME-Projekts im Bereich der medizinischen Prozeduren von besonderem Interesse.

Innerhalb des SESAME-Projekts wurden 13 Klassifikationen bzw. Nomenklaturen, die sich ausschließlich oder teilweise mit medizinischen Maßnahmen befassen, gesammelt und zunächst überblicksartig analysiert (im Falle von MEDLARS war auch ein Dokumentations- und Informationssystem einbezogen; die nachstehende Reihenfolge entspricht der in [1], Teil IIIb):

1. Read Clinical Classification (RCC). Großbritannien, 1990, englisch,
2. International Classification of Procedures in Medicine - Dutch Extension (ICPM-DE). Niederlande, 1990, holländisch. WCC-standaardclassificatie van medisch specialistische verrichtingen [8]; Basis sind die ICPM der WHO von 1978 [4] und die ICD-9-CM (Prozeduren) [3],
3. International Classification of Diseases, 9th Revision. Clinical Modification. Volume 3: Procedures (ICD-9-CM [Prozeduren]). USA, 1990, englisch [3],
4. Classification of Surgical Operations and Procedures, 4th Revision (OPCS-4). Großbritannien, 1990, englisch,
5. VESKA-Operationsschlüssel 1986 (VESKA-OP). Schweiz, 1986, deutsch und französisch [5],
6. Catalogue des Actes Medicaux (CDAM). Frankreich, 1987, französisch,
7. Nordic Operation List (NOL). Skandinavische Länder (Kopenhagen), 1989, auch englisch,
8. Manual for Laboratory Workload Recording Method (WLR). USA, 1989, englisch,
9. Systematized Nomenclature of Medicine (SNOMED). USA, Kanada, 1986, englisch, Übersetzungen ins Deutsche (1984) und Französische,
10. Current Medical Information and Terminology (CMIT). USA, 1988, englisch,
11. Medical Literature Analysis and Retrieval System (MEDLARS). USA, 1990, englisch,
12. Medical Subject Headings (MeSH). USA, 1990, englisch,
13. Physicians' Current Procedural Terminology, 4th Revision (CPT-4). USA, 1988, englisch.

Die 1990 in den USA publizierte "International Classification of Clinical Services (ICCS)" der Commission on Professional and Hospital Activities konnte aus äußeren Gründen nicht mehr berücksichtigt werden. Sie beinhaltet Prozeduren im Krankenhaus außerhalb des Operationssaals und ist bei den weiteren Arbeiten auf diesem Gebiet zu beachten.

Die ersten sieben dieser Klassifikationen wurden für eine intensivere Analyse ausgewählt, die u. a. Inhalt, Struktur, Einsatzgebiete, Aktualität und Verbreitung betraf. Bewertungskriterien waren z. B. der Zeitabstand seit der letzten Ausgabe, die Häufigkeit des Updatings, die Anzahl der Übersetzungen in andere Sprachen, die Anzahl der medizinischen Anwendungsbereiche und die Verfügbarkeit auf elektronischen Medien. Von 15 möglichen Punkten erhielten RCC und ICD-9-CM (Prozeduren) je 12, CDAM 10, ICPM-DE und VESKA-OP je 9 und OPCS-4 und NOL je 8 Punkte.

2. Vergleich internationaler und deutschsprachiger Klassifikationen für medizinische Maßnahmen

In Analogie zu diesen Vorarbeiten im SESAME-Projekt wurde vom "Arbeitskreis Chirurgie" der Deutschen Gesellschaft für Medizinische Dokumentation, Informatik und Statistik (GMDS) analysiert, welche Operationsschlüssel in der Bundesrepublik am häufigsten benutzt werden. Es sind dies der VESKA-Operationsschlüssel [5] und der Operationsschlüssel nach O. SCHEIBE

(SCHEIBE) [6]. Der VESKA-Operationsschlüssel erreichte bei der SESAME-Bewertung 9 Punkte und der SCHEIBE-Schlüssel bei unserer Nachbewertung nach denselben Kriterien 7 Punkte. Auch die beiden in weitaus geringerer Häufigkeit verwendeten SCHEIBE-Derivate, der Bad Godesberger und der Nürnberger Operationsschlüssel, überschritten nicht die Punktzahl 7. In die weiteren Vergleiche gingen daher nur die beiden verbreiteten deutschsprachigen Schlüssel VESKA-OP und SCHEIBE ein; von den internationalen Klassifikationen wurden, vor allem wegen ihres Bekanntheitsgrades in Deutschland, ICD-9-CM (Prozeduren) [3] und ICPM-DE [8] einbezogen. Eine deutsche Übersetzung und Adaptation des Kapitels Operationen der originalen ICPM wurde in der ehemaligen DDR in rund 50 Krankenhäusern benutzt.

Den unterschiedlichen Differenzierungsgrad dieser vier Klassifikationen zeigt ihre Anzahl an Kodestellen: ICPM-DE und SCHEIBE sind maximal sechsstellig gegenüber den maximal fünf Stellen im VESKA-OP und den vier Stellen der ICD-9-CM (Prozeduren). Noch deutlicher werden die Unterschiede beim Vergleich der benutzten Kodes (= Notationen): ICPM-DE: 7.593, SCHEIBE 6.335, ICD-9-CM (Prozeduren): 3.681 und VESKA-OP: 3396 Kodes. Es muß dazu allerdings bemerkt werden, daß die ICPM-DE inhaltlich breiter angelegt ist als die drei anderen, stärker auf die Operationen begrenzten Klassifikationen.

Ein weiteres Beurteilungskriterium ist das proportionale Ansteigen der Anzahl der Kodes von Hierarchiestufe zu Hierarchiestufe. Während dieser Anstieg in der ICPM-DE deutlich proportional erfolgt, zeigt sich ein relativ großer Sprung zwischen den Stufen 3 und 4 bei der ICD-9-CM (Prozeduren) und dem VESKA-OP und zwischen den Stufen 4 und 5 im SCHEIBE, während er andererseits relativ klein ist zwischen den nächsthöheren Stufen 4 und 5 im VESKA-OP und 5 und 6 im SCHEIBE. Die gute Ausgewogenheit bei der Kode-Besetzung der einzelnen Hierarchiestufen in der ICPM-DE weist daraufhin, daß diese Klassifikation eine Kodierung sowohl mit niedriger als auch mit hoher Spezifizierung, je nach Interessenlage der anwendenden Institution, gestattet. Das heißt, eine Institution mit vorwiegendem Interesse an einer Übersichtsstatistik kann die Notationen drei- oder vierstellig und eine andere Institution mit mehr wissenschaftlichen Ambitionen kann sie sechsstellig benutzen, wobei die Ergebnisse auf der Ebene der drei- oder vierstelligen Notationen, einen aussagefähigen Aggregationsgrad vorausgesetzt, kompatibel sind.

Von den jetzt betrachteten Klassifikationen kann eine Kompatibilität zu der von der WHO 1978 herausgegebenen International Classification of Procedures in Medicine (ICPM) [4] und damit den Anspruch auf Internationalität nur die ICPM-DE vorweisen. (Im Operationsteil ist allerdings auch die ICD-9-CM [Prozeduren] infolge der inhaltlichen Verwandtschaft beider Klassifikationen kompatibel.) Die Bedeutung der nahezu durchgängig vierstelligen Notationen der ICPM blieb in der ICPM-DE in der Regel erhalten. Durch Ergänzung in den hinzugefügten 5. und 6. Stellen wurde die ICPM-DE erweitert und aktualisiert. Von den neun Kapiteln der ICPM wurden fünf übernommen, und zwar die für diagnostische (Kapitel 1), präventive (4), operative (5), nichtoperative therapeutische (8) und ergänzenden Maßnahmen (9), während die Kapitel für Labor (2), Radiologie (3) und Medikamente (6 und 7) als separate Ausgaben und z. T. von der ICPM abweichend erschienen sind oder noch erscheinen sollen. Wegen dieser Einteilung nach der Art der Maßnahmen kann der Kodierer nicht sämtliche Maßnahmen an einem Organ in einem Kapitel zusammengefaßt finden, wie er es von vielen anderen Operationsschlüsseln her gewohnt ist. Er muß in der ICPM-DE dafür das anatomisch orientierte alphabetische Verzeichnis benutzen, das in einer separaten Ausgabe vorliegt. In der ICD-9-CM besteht dieses Problem nicht, weil sie sich vor allem auf die Operationen konzentriert und dafür die Gliederung des Kapitels 5 (Operationen) der ICPM nach Organen übernommen hat; die diagnostischen Maßnahmen sind dabei, wo immer möglich, vor den therapeutischen Operationen aufgeführt. Die nichtchirurgischen diagnostischen und therapeutischen Maßnahmen (einschließlich Radiologie und Labor) sind unter den letzten 13 zweistelligen Notationen verzeichnet, die in der ICPM anderes belegt sind. Dadurch verschoben sich die Kodes für Operationen, und die ICD-9-CM ist deshalb nur in eingeschränktem Maße mit der ICPM kompatibel. - VESKA-OP und SCHEIBE sind eigenständige Entwicklungen und mit der ICPM völlig inkompatibel.

Bezieht man in die Bewertung auch den Anteil an klassifizierten nichtoperativen Maßnahmen ein (besonders ausgeprägt in der ICPM-DE, aber auch in der ICD-9-CM [Prozeduren]), ferner die Verwendung bei der Bildung der Diagnosis Related Groups (DRGs) (nur ICD-9-CM [Prozeduren]) und die Bedeutungsgleichheit der Notationen über einen längeren Zeitraum bzw. mehrere Versionen (bei ICD-9-CM [Prozeduren] wegen der relativ geringen Anzahl an unbesetzten Kodes und wegen der besonderen Art des Updatings nicht gegeben), so erhalten von 30 möglichen Punkten ICPM-DE 17, ICD-9-CM (Prozeduren) 14, SCHEIBE 11 und VESKA-OP 10 Punkte.

3. Auswahl der ICPM-DE zur Übersetzung als Prozedurenklassifikation und weitere Schritte zu ihrer Verbreitung im deutschsprachigem Raum

Im Ergebnis aller Analysen wurde die ICPM-DE zur Übersetzung und Adaptation ausgewählt, und zwar vorwiegend aus folgenden Gründen:

- Kompatibilität zur ICPM und damit Anschluß an einen internationalen Standard,
- umfassende Einbeziehung der diagnostischen und auch der nichtchirurgischen therapeutischen Maßnahmen,
- Möglichkeit der Kodierung mit unterschiedlichem Spezifikationsgrad und damit Einsatzmöglichkeit in vielen medizinischen Bereichen,
- Aufwandsverringerung bei der Klassifikationsentwicklung durch die Übernahme einer bereits bewährten Klassifikation und schließlich
- gesicherte institutionelle Zuständigkeit für die weitere Pflege der Klassifikation durch das dem Nationalen Rat für die Volksgesundheit angegliederte Niederländische Medizinische Klassifikationszentrum (WCC: Werkgroep Classificatie en Coderingen), zu dem gute nachbarschaftliche Beziehungen bestehen und das zur Zeit die Klassifikation ins Englische übersetzt. Es besteht eine hohe Wahrscheinlichkeit dafür, daß diese Klassifikation im europäischen Rahmen zukünftig eine herausragende Rolle spielen wird, was sich bei den aktuellen Arbeiten im Technical Committee on Medical Informatics des Europäischen Normungsinstituts (CEN TC 251) in den nächsten Jahren zeigen wird.

Zur Übersetzung der ICPM-DE in die deutsche Sprache waren folgende Schritte notwendig: Einholung der Übersetzungserlaubnis, Rohübersetzung und dann die Sammlung von Korrektur- und Verbesserungsvorschlägen bei den Mitgliedern des "Arbeitskreises Chirurgie" der GMDS und anderen interessierten Fachleuten. Diese betrafen nicht nur grammatikalisch-syntaktische, sondern auch inhaltliche Fragen und müssen noch mit der WCC beraten werden.

Als zukünftige Schritte sind nach dem ersten Abschluß der inhaltlichen und formalen Weiterarbeit die Fertigstellung einer Buchausgabe und die EDV-mäßige Verwaltung der Klassifikation durch "ID Gesellschaft für Information und Dokumentation im Gesundheitswesen", Berlin, vorgesehen. ID wird die Klassifikation in ihr automatisches Klartextkodiersystem ID DIACOS übernehmen. Mehrere Kliniken haben angekündigt, die ICPM-DE mit Hilfe von ID DIACOS einsetzen zu wollen. Durch die Indexierung der ICPM-DE mit SNOMED soll der multiaxiale Zugang für die Klassifikation selbst und für das Retrieval erschlossen werden.

Wir hoffen, daß die Übersetzung der ICPM-DE ins Deutsche in Verbindung mit ihren bereits genannten Vorzügen ihre mögliche Einführung als Europäische Klassifikation der Prozeduren in der Medizin (ECPM) bzw. ihre Entwicklung in diese Richtung nachdrücklich fördern wird.

Literatur

[1] AIM project No. A 1031: Standardization in Europe on Semantical Aspects of Medicine (SESAME). 1989/90. Sämtliche erarbeiteten Dokumente ("Deliverables") sind zusammengefaßt in dem Band "Compilation of Deliverables", Juni 1991, III, 320 S. Er ist erhältlich beim Projektleiter, Prof. Dr. Pieter F. de Vries Robbé, Dept. of Medical Informatics and Epidemiology, University of Nijmegen, Postbus 9101, NL-6500 HB Nijmegen. - Hier sei besonders hingewiesen auf den Teil IIIb "Example of Standardization Work: Medical Procedures".

[2] Graubner, B. u. R. Klar: Standardisierung medizinischer Klassifikationen in Europa und Deutschland. In: Quantitative Methoden in der Epidemiologie. 35. Jahrestagung der GMDS. Berlin, September 1990. Proceedings. Hrsg. v. Irene Guggenmoos-Holzmann. Berlin, Heidelberg, New York etc.: Springer. 1991. S. 269-275. (Medizinische Informatik und Statistik. 72.) - Dort auch weitere Literaturnachweise.

[3] International Classification of Diseases. 9th Revision. Clinical Modification (ICD-9-CM). Vol. 3: Procedures. Tabular List and Alphabetic Index. Ed. by Health Care Financing Administration, Department of Health and Human Services. 3rd ed. 1988, annual addenda. Washington, D.C. 20402-9371: Superintendent of Documents, U.S. Government Printing Office. XXIX, 519 pp. (loose-leaf ring binder). - Parallel edition by the American Medical Record Association (AMRA), P.O.Box 97349, Chicago, IL 60690-7349.

[4] International Classification of Procedures in Medicine (ICPM). Published for trial purposes in accordance with resolution WHA29.35 of the Twenty-ninth World Health Assembly, May 1976. Geneva: World Health Organization. 1978. Vol 1: 1. Procedures for medical diagnosis. 2. Laboratory procedures. 4. Preventive procedures. 5. Surgical procedures. 8. Other therapeutic procedures. 9. Ancillary procedures. IX, 310 pp. Vol. 2: 3. Radiology and certain other applications of physics in medicine. 6. & 7. Drugs, medicaments, and biological agents. V, 147 pp.

[5] Operationsschlüssel 1986. Hrsg.: Vereinigung Schweizerischer Krankenhäuser (VESKA), Kommission für medizinische Statistik und Dokumentation. Bearb. v. Jana Stutz, M. Steck, H. Ehrengruber u. I. Balmer. Aarau: VESKA. 1986. 72, 34 S. (Loseblatt-Ringbinder).

[6] Operativer Therapieschlüssel. Zusammengestellt von O. Scheibe. 2. Aufl., rev. 1990. Hrsg.: Arbeitskreis Chirurgie der Deutschen Gesellschaft für Medizinische Dokumentation, Informatik und Statistik. Vors.: R. Thurmayr, München. 83 S. (Erhältlich bei R. Thurmayr, Adresse siehe unten.)

[7] Thurmayr, R. a. B. Graubner: Towards a European Classification of Procedures in Medicine (ECPM) - AIM-SESAME and the Durch and German Approach. In: Medical Informatics Europe 1991. Proceedings, Vienna, August 19-22, 1991. Ed. by K.-P. Adlassnig, G. Grabner, S. Bengtsson a. R. Hansen. Berlin, Heidelberg, New York etc.: Springer. 1991. Pages 775-781. (Lecture Notes in Medical Informatics. 45.) - Dort auch weitere Literaturnachweise.

[8] WCC-standaardclassificatie van medisch specialistische verrichtingen (ICPM-DE). Hrsg.: Nationale Raad voor de Volksgezondheid (NRV), Werkgroep Classificatie en Coderingen (WCC), Postbus 7100, NL-2701 AC Zoetermeer. Version 2.0. 1990. 241 S. - Eine Ausgabe der Systematik und eines Alphabetischen Registers ist erschienen beim Stichting Informatiecentrum voor de Gezondheidszorg (SIG), Postbus 14066, NL-3508 SC Utrecht. - Englische Übersetzung der Einführung in die Klassifikation in: Annual Report 1989 of WCC, Dutch classification and terminology committee for health. Zoetermeer, 1990, S. 28-32. Ein Bericht über den Fortgang der Arbeiten in: Annual Report 1990 etc. (erschienen 1991), S. 12-14. - Deutsche Übersetzung des systematischen Teils dieser Klassifikation als Entwurf von R. Thurmayr. 1990/91. 173 S. (Erhältlich vom Verfasser, Adresse siehe unten.)

Adressen:

Prof. Dr. med. **Rudolf Thurmayr**, Institut für Medizinische Statistik und Epidemiologie der Technischen Universität München. Ismaninger Str. 22, D-8000 München 80.
Dr. med. **Bernd Graubner**, Abteilung Medizinische Informatik der Georg-August-Universität. Robert-Koch-Str. 40, D-3400 Göttingen.
Dr. med. **Thomas Winter**, Orthopädische Klinik und Poliklinik der Freien Universität im Oskar-Helene-Heim, Clayallee 229, D-1000 Berlin 33.

Danksagung: Ein Teil dieser Arbeiten wurde durch die Europäischen Gemeinschaften im AIM-Projekt Nr. A 1031 (SESAME) unterstützt. Die Autoren danken auch der Werkgroep Classificatie en Coderingen (WCC) des Niederländischen Rates für die Volksgesundheit und besonders Prof. Dr. Pieter F. DE VRIES ROBBÉ und Dr. Willem HIRS.

EIN INFORMATIONS- UND DOKUMENTATIONSSYSTEM FÜR DIE RHEUMATOLOGIE

J. Strunk[1], H.U. Prokosch[1], G. Neeck[2]
[1] Institut für Medizinische Informatik, Gießen
[2] Klinik für Rheumatologie, Physikalische Medizin und Balneologie
der Universität Gießen, in Bad Nauheim

EINLEITUNG

Ca. 20% der Bevölkerung über 15 Jahre geben Beschwerden an, die dem rheumatischen Formenkreis zuzuordnen sind, wobei die rheumatischen Erkrankungen mit an erster Stelle als Ursache für die Arbeitsunfähigkeit stehen. Bei einem nicht geringen Teil dieser Erkrankungen handelt es sich um chronische, lebenslange Erkrankungen (wie die rheumatoide Arthritis) mit einer Morbidität von ca. 1-2% in Deutschland. D.h. ca. 1 Millionen Menschen erkranken im Laufe ihres Lebens. Dies ist vergleichbar mit dem Auftreten des Diabetes mellitus.[1]

In einer öffentlichen Bekanntmachung des Bundesministers für Forschung und Technologie zu Stand und Planung im Förderschwerpunkt Rheumaepidemiologie wird festgestellt, daß die Bundesrepublik auf dem Gebiet der epidemiologischen Erforschung rheumatischer Erkrankungen einen erheblichen Nachholbedarf hat, und es wird angeregt Beiträge zur Aufdeckung von Ursachen, Verlaufsbedingungen sowie medizinischen und sozialen Folgen dieser Krankheitsbilder zu leisten.[2]

Ein Beitrag hierzu ist die Schaffung einer einheitlichen Dokumentationsgrundlage als Voraussetzung für multizentrische prospektive Langzeitstudien und die Beschreibung und Optimierung des diagnostischen Prozesses unklarer Fälle durch den Arbeitskreis Rheumadokumentation der Deutschen Gesellschaft für Rheumatologie.

Diese besteht zur Zeit aus 17 Diagnosemodulen und 2 Therapiemodulen, die in Kürze in Form von Dokumentationsbögen und einer PC-Version erprobt und optimiert werden sollen.[3]

Zwar unabhängig von diesen beschriebenen Ansätzen, aber doch mit übereinstimmenden Zielen wurde im Rahmen der Entwicklung des umfassenden Krankenhaus-Informationssystems WING am Gießener

Universitätsklinikum (WING = Wissensbasiertes Informations-Netz in Gießen) [4] ein Informations- und Dokumentationssystems für die Rheumatologie entwickelt. Aufgrund der räumlichen Entfernung zum Gießener Klinikum wurde für die Rheumatologische Klinik in der ersten Phase eine PC-Version als Prototyp implementiert. Dieser soll später in WING integriert werden. Aus diesem Grund wurde bereits zu großen Teilen die Philosophie des Gießener "Mutter-" Systems berücksichtigt.

DARSTELLUNG DER EINZELNEN SYSTEMKOMPONENTEN

Das System beinhaltet im Augenblick die folgenden Komponenten:

Patientendatenverwaltung: Nachdem ambulante und stationäre Patienten einmal im Patientenstamm erfaßt sind, wird ihnen bei jeder Wiederaufnahme ein neuer Satz als Fall zugeordnet, welchem die jeweils chronologisch festzuhaltenden medizinischen Daten zugeordnet werden können. Nach der Patientenaufnahme können unverzüglich Organisationsmittel wie z.B. Etiketten ausgedruckt werden. Weiterhin umfaßt die Patientendatenverwaltung eine Terminplanung für stationäre Patienten, die als Grundlage der Bettenbelegungsplanung dient.

Diagnoseerfassung: Auf der Grundlage einer neu erstellten hausinternen Diagnoseliste, welche den Formenkreis der rheumatischen Erkrankungen in 18 Gruppen einteilt, werden die Diagnosen über eine zweistufige Hierarchie (1. Krankheitsgruppe; 2. Diagnose innerhalb der Gruppe) verschlüsselt und gespeichert. Über ein zentrales Medizinisches Wörterbuch (ähnlich zum GMDD [5] in WING) sind den Diagnosecodes die dazugehörigen Diagnosetexte und, wenn vorhanden, der ICD-Schlüssel zugeordnet. Die Diagnosetexte werden dem Anwender in Form leicht zu handhabender Light-Bar-Menüs zur Auswahl angeboten.

Verlaufsdokumentation: In einem ersten Schritt wurden zwei Module für die Verlaufsdokumentation der "Rheumatoiden Arthritis" als wichtigster entzündlich rheumatischer Erkrankung und der Differentialdiagnose der "Spätform der Rheumatoiden Arthritis / Polymyalgia rheumatica" für eine wissenschaftliche Untersuchung zur Abgrenzung beider Diagnosen fertiggestellt. Alle Verlaufsparameter sind ebenfalls im zentralen Medizinischen Wörterbuch definiert. Ihre hierarchische Strukturierung ermöglicht die Zuordnung zu den jeweiligen Parametergruppen, welche eingeteilt sind in Labordaten (BSG, CRP, Rheumafaktor,...), Befunddaten (Gelenkschmerz, Bewegungseinschränkung,...), Anamnesedaten (familiäre Belastung, Dauer der Krankheit...) und andere. Das modulare Medizinische Wörterbuch kann innerhalb des rheumatologischen Formenkreises beliebig erweitert oder auch mit Parametern eines anderen Themengebietes gefüllt werden. Wie bei der Diagnoseerfassung arbeitet der Anwender mit Light-Bar-Menüs die ihn in Abfrageform durch das Erfassungsmodul leiten. Zur Speicherung in der Patientendatenbank werden den Verlaufsparametern Ja/Nein, numerische Werte, Freitext oder Datumsangaben zugeordnet. Aufgrund dieser strukturierten Speicherung stehen diese Parameter sowohl für Suchprozesse als auch für statistische Auswertungen zur Verfügung.

Statistik: Sowohl eine monatlich für die Verwaltung benötigte Patientenstatistik als auch einfache Such- und Abfrageprogramme für Diagnoseauswertungen wurden implementiert.

PRAKTISCHER EINSATZ DES SYSTEMS

Die im März 1990 in Einsatz genommene Patientendatenverwaltung diente als Grundlage für die weitere Entwicklung, und hat sich inzwischen als fester Bestandteil der administrativen Abläufe etabliert. In einem zweiten Schritt wurde im Herbst 1990 die bisherige Lochkartendokumentation der Diagnosen auf die elektronische Diagnosedokumentation umgestellt. Gleichzeitig wurden Module zur Erfassung der Verlaufsdokumentation entwickelt. Diese werden zur Zeit anhand der oben erwähnten prospektiven Studie getestet und optimiert.

ERGEBNISSE

Eine genau aufgeschlüsselte Patientenstatistik der Poliklinik-Patienten schafft die nötige Transparenz über den Patientendurchfluß und dient darüberhinaus als wichtige Grundlage weiterer Auswertungen, vor allem über die Diagnose und die erhobenen klinischen Parameter.

Aufgrund der Diagnoseverschlüsselung ist eine schnelle Auswertung der Diagnosen nach unterschiedlichsten Kriterien wie Krankheitsgruppen (siehe Abb. 1), Geschlechtsverteilung, Altersverteilung, usw. möglich. Eine Auswertung über die Diagnose und den Beruf wurde bereits im Rahmen einer rheumatologisch-arbeitsmedizinischen Untersuchung verwendet.

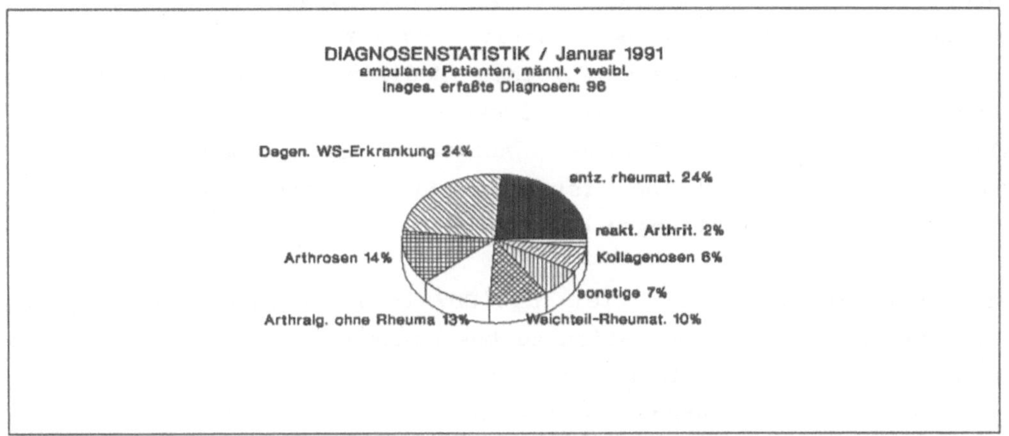

Abb. 1: Diagnoseübersicht im Januar 1991

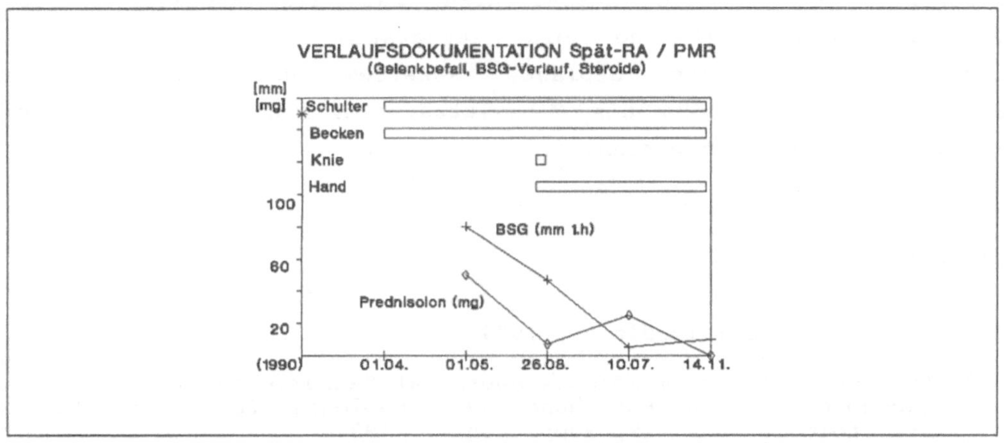

Abb. 2: Verlaufsdokumentation einer PMR mit Gelenkbeteiligung

Wie bereits erwähnt, führen wir im Augenblick ein prospektive Studie zur Abgrenzung der beiden Diagnosen Spätform der Rheumatoiden Arthritis und Polymyalgia rheumatica mittels der EDV-gestützten Dokumentation durch. Abbildung 2 veranschaulicht die graphische Darstellung wichtiger Parameter der Verlaufsdokumentation wie Befallsmuster, Entzündungsaktivität und Kortisonverbrauch. Der Verlauf beider Erkrankungen, die initial oft nur schwer zu differenzieren sind, soll damit exakt dokumentiert werden und die Grundlage einer möglichst rationalen Therapie sein.

AUSBLICK

Die stufenweise Entwicklung und Einführung des Systems hat sich sowohl im Hinblick auf die Mitarbeit und Akzeptanz der jeweiligen Anwender (Pflegepersonal und Ärzte), als auch auf die Flexibilität der Weiterentwicklung selbst positiv ausgewirkt. Diese enge praxis-orientierte Zusammenarbeit zwischen Medizinern und Informatikern können wir als Modell für die effektive Einführung der EDV in der Klinik unbedingt empfehlen. Aufgrund der Modularität des Medizinischen Wörterbuchs ist das System jederzeit für neue medizinische Fragestellungen erweiterbar.

Das ursprünglich gesetzte Ziel, die EDV in der Klinik nicht nur auf die retrospektive Dokumentation zu beschränken, sondern diese direkt in den Prozeß der ambulanten Patientenversorgung zu integrieren und eine Basis für die verschiedensten wissenschaftlichen Auswertung zu schaffen, und somit die Kluft zwischen klinischem Alltag und wissenschaftlicher Bearbeitung zu überbrücken wurde vollständig erreicht. Für weitere Ausbaustufen ist die Erweiterung der Verlaufsdokumentation und die Integration entscheidungsunter-stützender Funktionen geplant. Außerdem soll das jetzige Einplatzsystem in 1992 als Mehrplatzsystem, basierend auf einem Novellnetz, ausgebaut werden.

LITERATUR

[1] Steidel, I. Sozialmedizin , 1989

[2] Stand und Planung im Förderschwerpunkt "Rheumaepidemiologie" des Bundesministers für Forschung und Technologie. Zeitschrift für Rheumatologie, Band 49, Supplement 1, 1990

[3] Genth, E. Wissenschaftliche Dokumentation rheumatischer Erkrankungen - Stand und Perspektiven der Basisdokumentation. Zeitschrift für Rheumatologie, Band 49, Supplement 1, 1990

[4] Prokosch, H.U., Dudeck, J., Junghans, G., Michel, A. Sebald, P. Aufbau eines wissensbasierten Informationsnetzes am Gießener Klinikum - WING. In: Proceedings der 34. GMDS Jahrestagung, 1989

[5] Michel, A., Prokosch, H.U., Dudeck, J. Concepts for a Medical Data Dictionary. In: Barber B., Cao D., Qin D., Wagner G., eds. MEDINFO 89. Amsterdam: North-Holland Publ Comp, 1989: 805-8.

Smart Card als Kommunikationsmedium in der Krebsnachsorge

Birgit Tege, Claus O. Köhler

Aus der Abteilung 'Medizinische und Biologische Informatik' des Deutschen Krebsforschungsze trums, Heidelberg (Leiter: Prof. Dr. Cla s O. Köhle)

Einleitung

Die heutigen un zukünftigen Bedürfnisse des Gesundheitswesens erfordern in verstärktem Maße den Einsatz von modernen Kommunikationstechniken.

Während z.B. in der Bundesrepublik Deutschland bisher nur Überlegungen zum Einsatz von maschinenlesbaren Karten im medizinischen Bereich durchgeführt worden sind, werden in anderen Ländern derartige Karten bereits seit längerer Zeit getestet und seit einiger Zeit im Routine-Betrieb eingesetzt. Solche Projekte sind insbesondere in Frankreich und Großbritannien relativ weit fortgeschritten. So gesehen gibt es aus europäischer Sicht in Deutschland einen erwähnenswerten Nachholbedarf, was sich auch an vielen diesbezüglichen Projektplänen, u.a. im Rahmen des Programms AIM (Advanced Informatics in Medicine), zeigt.

Es gibt Bestrebungen in Europa, die Kommunikation im Gesundheitswesen über umfassende Netze abzuwickeln. Ein anderes technisches Medium für die Kommunikation im Gesundheitswesen bietet die maschinenlesbare Karte, deren Möglichkeiten des Mißbrauchs geringer sind als ausschließlich die der Kommunikation im Netzwerk, die aber alle Vorteile der Kommunikation in Netzen bietet [12].

1. Motivierung

Die Motivation zum Einsatz der maschinenlesbaren Karte im der Krebsnachsorge ist kurz- und mittelfristig zu sehen. Mittelfristig wird die Karte die gesamte Kranken- bzw. Gesundheitsgeschichte enthalten und die schon 1976 von Larry Weed lautstark erhobene Forderung, dem Patienten die Krankengeschichte in die Hand zu geben, wird endlich erfüllt.

Kurzfristig wird man auch aus Speicherplatzgründen nur die unbedingt für die Krebs-Nachsorge und -Nachbehandlung erforderlichen Daten auf der Karte halten. Die Krebsproblematik erschien aus zweierlei Gründen als Beispiel- und Pilot-Projekt geeignet: Einerseits ist die Krebskrankheit und ihre Nachsorge in der Dokumentation und in der Kommunikation zwischen ambulanter und stationärer Versorgung sehr komplex und andererseits haben diese Patienten äußerstes Interesse an der Mitarbeit und an ihrer Krankengeschichte. D.h., wenn die weitestgehend standardisierte Kommunikation in dem Dreieck 'Arzt für Allgemeinmedizin - niedergelassener Onkologe - Fachabteilung im Krankenhaus' funktioniert, wird sie in weniger komplexen und weniger kritischen Bereichen auch einsetzbar sein [11].

Darüber hinaus haben auch die niedergelassenen Ärzte steigendes Interesse an derartigen Kommunikations-Systemen, weil sie sich verstärkt auch der ambulanten Nachsorge und -behandlung krebskranker Patienten annehmen werden. Es gibt immer mehr niedergelassene Onkologen und es gibt immer mehr Empfehlungen zu standardisierten Verfahren der Nachsorge und -behandlung [21].

Eine weitere starke Motivation zur Implementierung derartiger Kommunikation-Systeme - wenn nicht sogar die stärkste Motivation - resultiert aus dem Wissen, daß eine ausreichend gute Nachsorge zur Zeit nur für Patienten gewährleistet ist, die in der Nähe von Tumorzentren oder onkologischen Schwerpunkten wohnen. Durch derartige Systeme kann die Nachsorge bzw. -behandlung auch der Patienten 'auf dem flachen Land' qualitativ besser werden.

Ein Beispiel aus der jüngsten Vergangenheit unterstreicht das noch einmal: Ein 84 jähriger Mann wird völlig inmobil mit einem Bauchdecken-Blasenkatheter in die häusliche Pflege entlassen. Im Arztbrief stand, daß er selbständig gehen könne, und kein Wort über den Katheter. Über die Krankengeschichte auf einer Karte wäre der Hausarzt voll informiert gewesen.

Eine große Rolle in der Motivation spielt natürlich auch die Abwehr der totalen Vernetzung des Gesundheitswesens in Europa.

2. Krebs

Krebs ist sicherlich die agressivste und für den Patients subjektiv am schlechtesten zu ertragende Krankheit. Zur Vermeidung bzw. Früherkennung von Rezidiven, Metastasen und Zweittumoren ist bei diesen Patienten eine intensive Nachsorge erforderlich. Nachsorge von Krebserkrankungen bzw. der Krebspatienten begann in den sechziger Jahren in größerer Verbreitung, nachdem schon in den 30er Jahren in Hamburg durch das dort dafür eingerichtete Krebsregister wesentliche Vorarbeiten geleistet worden waren. Natürlich hat man auch schon damals durch Auswertung dieser Daten versucht, Therapie-Arten zu vergleichen [8].

2.1. Krebsnachsorge

Heute steht der Wunsch der Hilfe bei der Nachsorge und Nachbehandlung für den individuellen Krebspatienten im Vordergrund. Ein zweites Ziel liegt in der wissenschaftlichen Auswertung, meist dann auf der Basis eines krankenhaus-zentrierten Krebsregisters. Hierbei dient das Register als Ausgangspunkt für spezielle Studien, um die für das Ziel der Studie relevanten Patienten herauszusuchen.

Krebsnachsorge begann in speziellen Ambulanzen in Krankenhäusern - zumeist Universitätsklinika -, in denen auch die Primärtherapie durchgeführt worden war. Diese Spezial-Ambulanzen waren und sind meist nach der Krebsart bzw. -lokalisation organisiert (Magen-Sprechstunde, Mamma- und Melanom-Sprechstunde etc.). Bis zur Einrichtung dieser Art 'Sprechstunden' wurde der Patient mehr oder weniger mit seinen Sorgen und Befürchtungen allein gelassen, weil sich auch die meisten niedergelassenen Ärzte (Ärzte für Allgemein-Medizin und Fachärzte) überfordert fühlten. Das ändert sich z.Z. (auch wegen einer nicht mehr aus der Welt zu schaffenden Konkurrenzsituation unter den Ärzten) drastisch. Das ist auch ein wesentlicher Grund für die Notwendigkeit der Verbesserung der Kommunikation zwischen Ärzten im und außerhalb des Krankenhauses.

Diese Konkurrenzsituation wird in mittelfristiger und längerer Sicht auch zu Verbesserungen für Krebspatienten führen. Die niedergelassenen Ärzte werden besser ausgebildet sein, auch weil das entsprechende Angebot von computer-gestützten Fortbildungssystemen größer wird. Außerdem werden immer bessere Standards der Nachsorge und -behandlung publiziert [21].

Es gibt neben der oben erwähnten Fortbildungsunterstützung zwei wesentliche technische Möglichkeiten, mit denen die Medizinische Informatik den Ärzten bei der Lösung ihrer neuen Aufgaben helfen kann:

- On-line zugriffsfähige Informationssysteme und Experten-Systeme für die wichtigsten Aspekte auf dem Sektor der Krebsnachsorge und -nachbehandlung (wie z.B. nachsorgende Chemotherapie, die bisher nur in schriftlicher Form aber standardisiert vorliegen). Alternativ dazu kann man sich den gleichen Dienst auch auf kauf- oder leihbaren optischen Plattenspeichern (Optical Disk) vorstellen [3,5,22,23].

- Vorhandensein der kompletten medizinischen Dokumentation und der Zugriff darauf mit einer adäquaten Präsentationsform [12,15,20,24].

Die erste Aufgabe, Entwicklung des Informationssystems für die Therapie und Nachsorge, ist nicht länger ein grundsätzliches Problem. Es wird leicht sein, alle die existierenden 'Programme' und die weitestgehend akzeptierten Vorschläge der Therapie von Tumoren und die der sich anschließenden Nachsorge in ein relativ einfaches Informations-System auf einem PC unterzubringen. Dieses System könnte ohne weiteres als zusätzliches System auf jedem Rechner laufen, der im Normalfall ein Arzt-Computer-System trägt, da der Zugriff auf ein derartiges Informations-System beim niedergelassenen Arzt relativ immer noch selten sein wird.

2.2. Standardisierte Dokumentation

Die zweite Aufgabe ist im Gegensatz zu der erstgenannten sehr schwierig zu lösen. Die höchste Komplexität dabei liegt in der Lösung der Probleme der Standards und der darauf aufbauenden Strukturierung der Krankengeschichte. Es muß noch erarbeitet werden, welche Daten in welcher Form und Häufigkeit für die differenten Tumoren bzw. Krebspatienten erhoben, erfaßt, gespeichert und ständig präsentiert werden müssen. Das kann nicht nur von den Ärzten allein aufgrund ihres Wissens über das Krebsgeschehen und über den Patienten gemacht werden, das hängt auch ab vom Wissen und den Fähigkeiten von Medizinischen Informatikern über Systeme in technischer, organisatorischer und struktureller Sicht. Strukturelle Sicht ist dabei wiederum zu unterscheiden in medizinische, gesundheitspolitische und gesellschaftpolitische Aspekte [8,10,12,13].

Alle die oben genannten mehr oder weniger theoretischen Probleme und Aspekte sind und werden auch zu praktischen Problemen. Z.B. wechseln Patienten ihren Arzt, insbesondere auch oft und gerade, wenn es sich um schwerwiegende Erkrankung (wie Krebs) handelt, weil sie das Vertrauen verloren haben und weil sie sich von anderen (ielleicht alternativen) Behandlungsmethoden und Doktoren mehr versprechen. Es soll hier nicht darüber gerichtet werden, ob das m Sinne der Heilung der Patienten gerechtfertigt ist oder nicht, es muß hier nur festgestellt werden, daß es so ist, und daß jeder nachfolgende Therapeut auch wieder die vollständige Übersicht über den Patienten benötigt.

Es muß also vom Patienten, von den Ärzten, von den für das Gesundheitssystem Verantwortlichen und von den 'System-Designern' dafür gesorgt werden, daß jeder andere Arzt, jede Spezial-Ambulanz, jedes Krankenhaus und jeder andere Therapeut (ggfs auch Heilpraktiker?) den vollständigen standardisierten und strukturierten Datensatz erhält und auch entsprechend lesen kann. Natürlich gilt das auch für die Ergänzung des Datensatzes (Schreib-/Leseerlaubnis).

Durch das Vorhandensein einer strukturierten und standardisierten Dokumentation sind Experten-Systeme, wie z.B. das ONCOCIN, wesentlich effektiver und effizienter einsetzbar [3.5.13].

2.3. Technische Realisierung

Das oben Verlangte kann durch die Errichtung eines riesigen medizinischen Netzwerkes über das gesamte Land - ja sogar über ganz Europa - erreicht werden, wie es z.Z. von Vertretern einiger europäischer Länder (z.B. aus Frankreich und England) gefordert und im Rahmen des AIM (Advanced Informatics in Medicine) auch geplant wird. Das würde nicht die Probleme der inhaltlichen Standardisierung von medizinischen Datensätzen (Krankengeschichten) aber vielleicht die der Standardisierung von Formaten und Protokollen - bis zum ISO-Level 6 vielleicht - lösen.

In der Bundesrepublik Deutschland besteht vermutlich nicht die Absicht, Netzwerke im Medizinischen Bereich zu etablieren, wo ein Netzwerk existiert, gibt es auch Möglichkeiten dieses zu mißbrauchen.

Es gibt eine bessere Möglichkeit - die Smart Card. Es sollte anfangen werden, daran zu arbeiten, die Krankengeschichte - oder besser die Lebensgeschichte - auf die Smart Card zu bringen. Dieses Vorhaben kann nur schrittweise in sehr kleinen Schritten verwirklicht werden. Die Gründe dafür liegen in der Technik (noch zu wenig verfügbarer Platz auf der Karte), in der noch zu geringen Verbreitung von medizinischen DV-Systemen bei niedergelassenen Ärzten und in Krankenhäusern und in der noch nicht durchgeführten Standardisierung medizinischer Dokumentation [1,10]. Im Rahmen der Europäischen Gemeinschaft sind Gremien zur Erarbeitung dieser Standards (CEN TC 251) eingesetzt worden.

3. Machbarkeitsstudie

In der ersten kurz- bis mittelfristigen Phase einer generell sich durchsetzenden Anwendung der maschinenlesbaren Karten als Träger der gesamten Krankengeschichte werden in vielen Pilotanwendungen in vielen medizinischen Bereichen (Herz-Kreislauf-Erkrankungen, Diabetes, Dialyse, Krebs, Rheumatische Erkrankungen, Anfallsleiden, Allergien, Hämophilie, Gefährdungsgrößen-Kataster sowie ggfs zusammengefaßte Bereiche - Notfallmedizin, Gesundheitspaß etc.) in mehr oder weniger großen räumlichen Arealen Karten zur besseren Versorgung der Patienten eingesetzt (Qualitätssicherung, -steigerung) [14].

Langfristig wird aus den einzelnen Teilen eine gesamte Krankengeschichte zusammenwachsen (Aufwärtskompatibilität), Insellösungen werden durch integrierende Maßnahmen vermieden. Die räumliche landesweite Integration wird schnell Fortschritte machen. Änderungen der Standesordnungen und ggfs einiger Verordnungen werden erfolgen. Diese änderungen werden vermutlich geringer sein als die, die man für die Einführung umfassender Netze im Gesundheitsystem machen müßte.

In den laufenden und zukünftigen Pilot-Projekten werden jeweils Nutzen-Kosten-Analysen mitgeführt. Der Einsatz der Karte führt mittelfristig wenigstens zum Abknicken der steigenden Kostenentwicklung. Ergebnisse derartiger Nutzen-Kosten-Analysen sind auch durch adäquate Computer-Simulationen erzielbar.

Unter diesen Aspekten ist die hier beschriebene Machbarkeitsstudie als Pilotanwendung zu sehen.

3.1. Design der Studie

Hier ist ein erster Schritt auf dem oben beschriebenen Weg in der Form der Machbarkeitsstudie im Krebsnachsorgebereich beschritten worden. Im einzelnen soll dabei untersucht werden, wie verhalten sich

- die Patienten,
- die Ärzte und
- die anderen im Gesundheitsdienst Tätigen [11,25,26].

Diese Studie ist aus Gründen der sehr geringen Mittel und der nur im geringen Umfang zur Verfügung stehenden Man-Power (eine Diplomandin) im Umfang sehr klein gehalten. Die Parameter für die Studie sollen kurz erläutert werden:

- Auswahl von 8 Ärzten für Allgemein-Medizin, 2 Fachärzten (Onkologen), 2 Krankenhaus-Abteilungen (Innere und Chirurgie).

- Diese 12 Partner werden mit dem gleichen DV-System für die medizinische Dokumentation und Information arbeiten.

- Es werden nur 'neue' Patienten, d.h. Patienten die nach der Primärtherapie eines malignen Tumors erstmalig zu einem der niedergelassenen Ärzte kommen, die in der Studie mitarbeiten, aufgenommen,

- Die Studie wird nur ein Jahr laufen, die Resultate in Bezug auf die Akzeptanz bei Patienten und Ärzten, die Technik, die Standardisierung (Auswahl und Präsentation von Daten) und die ggfs gesundheitspolitischen Auswirkungen werden untersucht.

Es werden etwa 200 bis 250 Patienten in diese Machbarkeitsstudie aufgenommen. Dieser Anfangsschritt der Lösung des Problems, die Krankengeschichte auf die Smart Card zu bringen, sollte ausreichend sein zu zeigen, daß man die Entscheidung zum weiteren Beschreiten des Weges treffen kann. Es ist sehr wahrscheinlich, daß auch schon bei einer derart kleinen Studie Probleme auftreten werden:

- Probleme des 'Handlings' (Verlieren der Karte, falsches Einschieben der Karte in den Leser/Schreiber, Beschädigung und Zerstörung der Karte etc.),

- Probleme mit den Standards des Inhalts und der Struktur der Datensätze, die nur für diese Machbarkeitsstudie mit den Partnern vereinbart wurden,

- Probleme der Reaktionen des 'Umfelds' (Ärztekammern, KVen, Krankenkassen, sonstige Versicherungen, politische Parteien, Gewerkschaften, Rechtsanwaltskammern etc.).

Wenn man anfängt, sich auf diesem Gebiet der Übertragung der Krankengeschichte auf einen modernen Datenträger zu betätigen, muß man sich all dieser Schwierigkeiten bewußt sein und diese detailliert dokumentieren und evaluieren. Nachfolgende Designer und Betreiber derartiger und weitergehender Studien mögen davon profitieren bzw. können vielleicht von vornherein den Problemen aus dem Wege gehen, weil sie besser planen können.

3.2. Daten

Die für eine aktive Krebsnachsorge benötigten Daten (Merkmale und ihre Ausprägungen) sind unter Einbeziehung der Vorgaben der ADT (Arbeitsgemeinschaft Deutscher Tumorzentren), den Empfehlungen für eine standardisierte Nachsorge des Lenkungsausschusses des Tumorzentrums Heidelberg-Mannheim vom Onkologischen Arbeitskreis sowie in Absprache mit den beteiligten niedergelassenen und Krankehausärzten festgelegt worden.

Es muß hervorgehoben werden, daß diese Daten für dieses Projekt einen Standard setzen und den derzeitigen Stand der Erkenntnisse der Medizin auf dem Gebiet der onkologischen Nachsorge repräsentieren.

Die Datenstrukturen sind umfangreicher und komplexer als die, die man gemeinhin in einer normalen Krebssprechstunde oder gar in einem Krebsregister vorfindet, da jeder der an diesem Projekt Beteiligten seine

Erkenntnisse und Vorstellungen zu diesem Thema einbringen konnte, wodurch die Akzeptanz erhöht und den zunehmenden Erkenntnissen in der Krebsnachsorge Rechnung getragen wurde.

Die Auswahl der Patienten, die in das Projekt einbezogen wurden, traf der einzelne niedergelassene Arzt nach folgenden Kriterien:

- Der Zeitpunkt des Beginns der Nachsorge für einen Primärtumor,
- Beschränkung auf die 15 häufigsten Tumorarten,
- voraussichtliche Teilnahme des Patienten am Nachsorge-Programm (aus der Sicht des Arztes).

Der Merkmalssatz enthält neben den physischen und psychischen Nachsorgeparametern zusätzlich alle Verschreibungen. Einerseits muß jeder Arzt in dem Informations-Dreieck 'Arzt für Allgemeinmedizin - niedergelassener Onkologe - Krankenhaus-Arzt' über die gesamte Medikation - d.h. micht nur über die Krebserkrankung - informiert sein. Andererseits wird dabei gleich der Startschuß zur Einbeziehung der Apotheken in diese Art eines Informations-Systems ausgelöst. In Exmouth (Exeter, Großbritannien) läuft seit einigen Jahren ein Großversuch mit mehr als 20.000 Patienten unter Einbeziehung auch aller Apotheken der Stadt und dokumentiert damit die Einsatzfähigkeit dieser Technik.

4. Resumé

Es ist versucht worden zu erklären, warum und wie ein Dokumentationssystem zur Hilfe für die Ärzte und Patienten implementiert werden kann. Mit Hilfe eines derartigen Systems sollte es den niedergelassenen Ärzten möglich sein, ihre Nachsorgepatienten besser zu versorgen. Es ist auch gesagt worden, warum es sich hierbei nur um eine 'Machbarkeitsstudie' handelt und auch nur handeln kann.

Literatur

1: Bosch, M., Köhle, M., Köhler, C.O., Schaefer, O.P., Schlaefer, K., Staufer, D., Vogelsang, A., Weber, W.:
Computer in der Arztpraxis. (Herausgegeben von Köhler, C.O., Schaefer, O.P.), 3. überarbt. Aufl., Bd. 4 Schriftenreihe zur Informationsverarbeitung im Gesundheitswesen (Hrsg.: Köhler, C.O., Maurer, C.), ecomed, Landsberg 1991

2: Bundesärztekammer:
Gesundheits- und sozialpolitische Vorstellungen der deutschen Ärzteschaft. Deutscher Ärzte-Verlag, Köln 1986

3: Differding, J.C.:
The OPAL Interface: General Overview.
Working Paper, ONCOCIN Projects, Departments of Medicine and Medical Informatics.

4: Engelbrecht, R., Hufnagel, H.-D. (Hrsg.):
Arzt-Rechner - Einführung, Marktübersicht, Perspektiven. Springer, Berlin - Heidelberg - New York - London - Tokyo 1987

5: Fagan, L.:
New directions for expert systems: examples from the ONCOCIN project. In: Levy A.H., Williams B.T. (Eds): AAMSI congress 1985. Proceedings of the 4th Annual Joint National Congress, San Francisco, California, May 20-22, 1985

6: Kincaid, W.H.:
Methoden und Ergebnisse der Qualitätssicherung im Bereich von Diagnostik und Therapie in den USA. Krankenhaus Umschau 6 (1979) 472-477

7: Köhler, C.O. (Hrsg.):
Medizinische Dokumentation und Information - Handbuch für Klinik und Praxis - Lose-Blatt-Sammlung, ecomed, Landsberg seit 1980

8: Köhler, C.O.:
Dokumentation von medizinischen Daten für Krebspatienten. Medita H. 9 (1979) 12-13

9: Köhler, C.O.:
Datenverarbeitung beim Niedergelassenen Arzt. APIS Newsletter 31, Proceedings of the 11th Congress, Brussels, May, 12-14, 1986, Session B, APIS, Genf 1986

10: Köhler, C.O.:
State of the Art und zukünftige Entwicklungen des Einsatzes des Computers in der Arztpraxis. BVMI-INFO 14 (1990) 7-20

11: Köhler, C.O.:
Follow-up and After Care Systems for Cancer Patients. In Waegeman, P. (Ed.): Third Global Conference on Patient Cards in Barcelona 1991, Proceedings, 371-378, Medical Record Institute, Newton, MA, USA, 1991

12: Köhler, C.O.:
Medical Documentation and Patient Cards in Waegeman, P. (Ed.): Third Global Conference on Patient Cards in Barcelona 1991, Proceedings, 382-388, Medical Record Institute, Newton, MA, USA, 1991

13: Möhr, J.-R.:
The Computer in the Doctor's Office. Review of an IMIA Working Conference. Meth. Inform. Med. 20 (1981) 217-222

14: Mushkin, A.I.:
Ein outcome-orientierter Ansatz zur Qualitätssicherung in der ambulanten Versorgung. In Selbmann, H.K. (Hrsg.): Qualitätssicherung ärztlichen Handelns. 137-147, Bleicher, Gerlingen 1984

15: NOMESKO (Nordic Medicinal-Statisttisk Kommitte):
Computerized Information Systems for Primary Health Care in the Nordic Countries. NOMESKO, Kopenhagen 1988

16: Oberst, B.B., Long, J.M.:
Computers in Private Practice Management. Springer, Berlin - Heidelberg - London - Paris - Tokyo 1987

17: Reichertz, P.L., Engelbrecht, R., Piccolo, U. (Eds):
Present Status of Computer Support in Ambulatory Care. Springer, Berlin - Heidelberg - New York - London - Paris - Tokyo 1987

18: Ritchie, L.D.:
Computers in Primary care. William Heinemann Medical Books, London 1984

19: Rösch, M., Trinemeier, J., Bartsch, M.:
Das EDV-Check-Buch für Ärzte. Oldenbourg, München - Wien 1989

20: Rothemund, M., Engelbrecht, R.:
Expert Systems in Primary Care. In Reichertz, P.L., Engelbrecht, R., Piccolo, U. (Eds): Present Status of Computer Support in Ambulatory Care, 75-85, Springer, Berlin - Heidelberg - New York - London - Paris - Tokyo 1987

21: Schriftenreihe des Tumorzentrums Heidelberg-Mannheim:
Empfehlungen für eine standardisierte Diagnostik, Therapie und Nachsorge <für diverse Tumoren>. Onkologischer Arbeitskreis des Tumorzentrums Heidelberg-Mannheim, Heidelberg ab 1985

22: Scott, A.C., Bischoff, M.S., Shortliffe, E.G.:
Oncology Protocol Management Using the ONCOCIN System: A Preliminary Report. Memo HPP-80-15, July 1980

23: Shortliffe, E.H., Scott, A.C., Bischoff, M.B., Campbell, A.B., van Melle, W., Jacobs, C.D.:
ONCOCIN: An expert system for oncology protocol management. In: Proceedings of 7th International Joint Conference on Artificial Intelligence, Vancouver, B.C., August 1981, 876-881, Vancouver 1981

24: Stauffer, D.:
Entwicklung eines Arztcomputers mit der besonderen Analyse der Diskrepanz zwischen Standard und Flexibilität im Arztcomputerbereich. Diplomarbeit, Universität Heidelberg, Fachbereich Medizinische Informatik 1990

25: Tege, B.:
Advantages of Patient Cards in Cancer Treatment and Control. In Waegeman, P. (Ed.): Third Global Conference on Patient Cards in Barcelona 1991, Proceedings, 382-388, Medical Record Institute, Newton, MA, USA, 1991

26: Waegemann, P. (Ed.):
Third Global Conference on Patient Cards in Barcelona 1991, Proceedings, 382-388, Medical Record Institute, Newton, MA, USA, 1991

Integration klinischer Arbeitsplatzsysteme in ein Krankenhausinformationssystem mittels standardisierter Kommunikationsschnittstellen

Ch. Isele, F. Leiner, J. Pilz

Klinikum der Ruprecht-Karls-Universität Heidelberg
Institut für Medizinische Biometrie und Informatik, Abteilung Medizinische Informatik
Im Neuenheimer Feld 400, 6900 Heidelberg

Zusammenfassung: Dargestellt wird ein dreistufiges Vorgehen zur Integration dezentraler Anwendungssysteme im Krankenhaus. Aufgrund eines konzeptuellen Modells der Kommunikationsbeziehungen zwischen Abteilungen werden Dienste definiert, die dann mit Hilfe verfügbarer Kommunikationsstandards einen Informationsaustausch ermöglichen.

Einleitung

Durch die hohe Spezialisierung und Arbeitsteilung in den Krankenhäusern sind oft mehrere Abteilungen an der Behandlung eines Patienten beteiligt. Eine abteilungsübergreifende Behandlung verschärft die Schwierigkeiten

- bei der Koordination einer Behandlung zu einem Patienten *(Arbeitsorganisation)* und
- bei der Verfügbarkeit der medizinischen Dokumentation *(Informationslogistik)*.

Vom Einsatz der Methoden und Werkzeuge der medizinischen Informatik wird unter anderem auch eine Lösung für diese Schwierigkeiten erwartet. Das Krankenhausinformationssystem (KIS) soll den Mitarbeiten in der Klinik alle für ihre Arbeit wichtigen Informationen zur Verfügung stellen.

Wie viele andere besteht der rechnergestützte Teil des Heidelberger Krankenhausinformationssystems aus mehreren, heterogenen Subsystemen; dieser Umstand resultiert u. a. aus der Tatsache, daß die speziellen fachlichen Anforderungen einer Abteilung des Klinikums von einem eigens für den betreffenden Aufgabenbereich entwickelten Subsystem besser oder zumindest zu einem früheren Zeitpunkt erfüllt werden können als von einem universellen Zentralsystem. Deshalb wird auch in Zukunft in den einzelnen Abteilungen der Bedarf bestehen, zu einem von ihnen bestimmten Zeitpunkt spezialisierte Subsysteme auf dem Markt auszuwählen und sie anzuschaffen bzw. bestehende Subsysteme gegen sie auszutauschen.

Auf der anderen Seite ist es notwendig, im Rahmen gemeinsam durchgeführter Behandlungen zwischen den beteiligten Subsystemen auf einem Niveau zu kommunizieren, das den Kontext der Behandlung mit einschließt und so eine optimale Verarbeitung und Präsentation der entsprechenden Information ermöglicht.

Besonders deutlich werden die oben genannten konfligierenden Anforderungen im Stationsbereich: dort bestehen einerseits hohe Ansprüche an die Informationspräsentation und an die Ergonomie des Subsystems, andererseits existiert ein reger Informationsaustausch mit anderen Abteilungen.

Fragestellung

Als wesentlicher Faktor für die Integration eines Krankenhausinformationssystems wird ein einheitliches Daten- und Funktionenmodell für alle Komponenten erachtet [1]. Bei heterogenen Subsystemen läßt sich oft nur eine Koppelung durch (Kommunikations-) Schnittstellen erreichen. Kriterien, ob eine Integration mit Hilfe von Schnittstellen ausreicht, sind die Komplexität von Dialog, von Datenpräsentation und von der Prüfung der eingegebenen Daten. [2]

Im Rahmen unseres Forschungsprojektes entwickeln wir ein klinisches Arbeitsplatzsystem [3], das einerseits den fachlichen Anforderungen einer Station gerecht werden soll und das andererseits unter Nutzung bestehender Kommunikationssysteme in ein Krankenhausinformationssystem integrierbar sein soll.

Das logische Modell des Heidelberger Krankenhausinformationssystems zeigt eine Menge von Subsystemen, die durch Kommunikationsschnittstellen verbunden sind (vgl. Abb.1)[4]. Die Beschreibung der Kommunikationsschnittstellen besteht aus einer Menge von Diensten, die es den Subsystemen ermöglichen, auf verschiedene Arten miteinander zu kommunizieren.

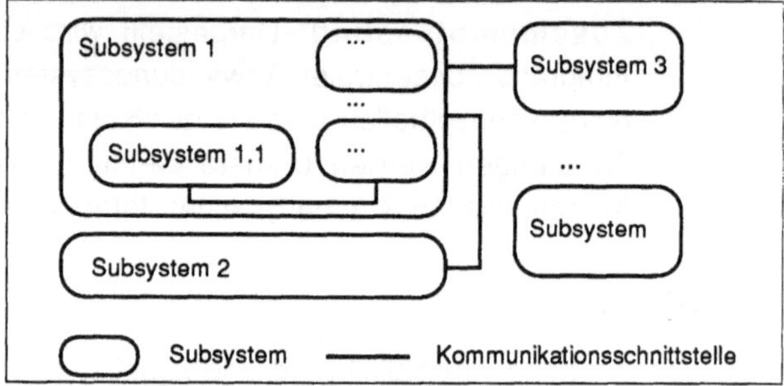

Abb.1: Logisches Modell des Krankenhausinformationssystems

Für die Integration des klinischen Arbeitsplatzsystems (zunächst) in das logische Modell eines Krankenhausinformationssystems ergeben sich folgende Fragen:

Welche Schnittstellen (mit welchen Diensten) werden für die Integration benötigt?

Wie lassen sich diese Dienste mit dem bestehenden Kommunikationssystem realisieren?

Lösungsansatz für die Integration eines dezentralen Subsystems

Ausgangspunkt ist das konzeptuelle Modell des Subsystems, das die Beschreibung der Kooperation bzw. Kommunikation mit den anderen Subsystemen enthält.

Die sich aus dem konzeptuellen Modell ergebenden Kommunikationsverbindungen werden als Dienste eines anderen Subsystems bzw. des vermittelnden Kommunikationssystems aufgefaßt. Dabei orientieren wir uns an einem Schichtenmodell zur Kommunikation, in dem das Subsystem nur auf die höchste Schicht zugreift. (Vergleiche: OSI Referenzmodell [5])

Im 'Idealfall' kann die im konzeptuellen Modell beschriebene Kooperation direkt mit Diensten des Kommunikationssystems ausgedrückt werden. Im allgemeinen wird jedoch eine Abbildung der Dienste des Subsystems auf die Dienste des standardisierten Kommunikationssystems stattfinden. Diese Abbildungen werden in einem standardspezifischen Zwischenprogramm (Kommunikationssystemtreiber) zusammengefaßt.

Das von uns vorgeschlagene Vorgehen besteht aus drei Schritten:

- Der abteilungsübergreifende Bereich (Kooperationsbereich) wird in dem *konzeptuellen, objektorientierten Modell* des Subsystems festgehalten.

- Die für eine Zusammenarbeit mit anderen Subsystemen notwendigen *Dienste* werden identifiziert und beschrieben.

- Für die Dienste werden *Kommunikationssystemtreiber* definiert, mit denen sie in Dienste eines standardisierten Kommunikationssystems übersetzt werden.

Im folgenden wird an einem Ausschnitt aus dem von uns zur Zeit entwickelten Arbeitsplatzsystem dieses dreistufige Vorgehen beispielhaft erläutert.

Schritt 1 Konzeptuelles, objektorientiertes Modell

In dem konzeptuellen Modell unseres integrierten Arbeitsplatzsystems wird eine stationäre Behandlung wie folgt aufgefaßt. (Maßnahmenkonzept) [6]

Der Patient wird auf einer Station von Ärzten und Pflegekräften behandelt. Zur Behandlung werden Tätigkeiten durchgeführt. Die Tätigkeiten können zu Maßnahmen zusammengefaßt werden. Die Planung, Anordnung und Dokumentation der Tätigkeiten wird auf der Ebene der Maßnahmen vollzogen. Der Verlauf der Behandlung wird vom behandelnden Arzt verantwortlich kontrolliert und koordiniert.

Wird ein Teil der diagnostischen und therapeutischen Maßnahmen an andere (Leistungs-) Stellen im Krankenhaus delegiert, ergeben sich abteilungsübergreifende Maßnahmen, die in beiden Abteilungen bekannt sind und zur Arbeitsorganisation genutzt werden.

Zu den delegierten Maßnahmen gibt es gemeinsame Informationen (z.B. Plandaten, Patientendaten), die in Dokumenten (z.B. Leistungsanforderung, Befund) festgehalten und vom Auftraggeber an die leistungserbringende Stelle bzw. umgekehrt übermittelt werden. Das Krankenhausinformationssystem muß gewährleisten, daß Informationen über die 'gemeinsamen' Maßnahmen und die 'gemeinsamen' Dokumente konsistent sind.

Station und Leistungsstelle können auch 'private' Informationen zu den Maßnahmen ergänzen, z.B. wird die Leistungsstelle zur genaueren Steuerung der Maßnahme diese in weitere Schritte unterteilen und Zwischenergebnisse dokumentieren. Diese privaten Informationen sind nur in der Leistungsstelle verfügbar.

Die von den Leistungsstellen angebotenen Arten von Maßnahmen werden in einem Maßnahmenkatalog zusammengefaßt, aus dem die Station die benötigte Maßnahme und einen geeigneten Erbringer auswählen kann. Ein Dokumentenkatalog enthält die den Maßnahmen zugeordneten Standarddokumente (Formulare), insbesondere die zur Anforderung der Maßnahme nötigen Anforderungsformulare.

Schritt 2 Identifikation und Beschreibung der benötigten Dienste

In dem konzeptuellen Modell müssen die Teile identifiziert werden, die Dienstleistungen eines anderen Subsystems enthalten. Diese Dienstleistungen werden als Dienste der anwendungsorientierten Schicht des Kommunikationssystems beschrieben.

Das oben beschriebene Maßnahmenkonzept enthält als Dienstleistungen die Maßnahmenkatalogabfrage, die Leistungsanforderung und die Ergebnisrückmeldung.

- **Maßnahmenkatalogabfrage**

Für eine Maßnahmenkatalogabfrage wird zuerst die benötigte Maßnahmenart ermittelt, danach fragt die Station ab, welche Leistungsstellen diese erbringen können und erhält das 'Anforderungsformular' der betreffenden Leistungsstelle für die gewählte Maßnahme.

- **Leistungsanforderung**

  Die Station fordert die Durchführung einer Maßnahme für einen Patienten, eventuell zu einem bestimmten Termin, an. Dazu übermittelt sie das ausgefüllte Anforderungsformular an die gewählte Leistungsstelle. Die Leistungsstelle beantwortet die Anforderung mit einem Termin oder mit einer Ablehnung. Vergibt die Leistungsstelle keine Termine, wie z.B. das klinisch-chemische Labor, enthält die Antwort nur die Annahme oder die Ablehnung der Anforderung.

  Ein Termin kann von der Station angenommen werden, womit die Leistungsanforderung abgeschlossen ist. Wird der Termin abgelehnt, erfolgt ein Änderungswunsch an die Leistungsstelle, der von dieser wiederum mit einem Termin beantwortet wird.

- **Ergebnisrückmeldung**

  Nach der erbrachten Leistung informiert die Leistungsstelle die anfordernde Station über das Ergebnis der durchgeführten Maßnahme. Dazu übermittelt sie die Maßnahme mit den ihr zugeordneten Dokumenten (Befunde bzw. Untersuchungsergebnisse) an die Station.

Schritt 3   Entwurf der Kommunikationssystemtreiber

Die von dem Subsystem benötigten und angebotenen Dienste müssen für das Zusammenspiel mit den anderen Komponenten des Krankenhausinformationssystems konkretisiert werden. Für jeden eingesetzten Kommunikationsstandard werden die anwendungsorientierten Dienste in standardisierte Dienste abgebildet. Der Aufwand für diese Abbildung hängt von der Leistungsfähigkeit bzw. dem konzeptuellen Modell des eingesetzten Standards ab.

Für unser Beispiel soll die Abbildung der 'Leistungsanforderung' und der 'Ergebnisrückmeldung' in Dienste des Kommunikationsstandards *Health Level Seven (HL7)* [7] skizziert werden. In dem HL7 zugrunde liegenden Kommunikationsschema wird die Kommunikation durch ein Ereignis (trigger event) ausgelöst und eine Nachricht des entspechenden Typs übertragen. Je nachdem, ob die Nachricht eine Mitteilung (unsolicited update) oder eine Anfrage (query) enthält, wird sie durch eine Empfangsbestätigung (acknowledge) oder entsprechende Nachricht (response) beantwortet.

Um eine Leistungsanforderung durchzuführen wird erst eine *'Order Message'* abgesendet. Nach deren Bestätigung kann in einer *'Query Message'* der geplante Termin erfragt werden. Hat das andere Subsystem einen Termin vergeben, wird er als Ergebnis der Leistungsanforderung an das Stationssubsystem zurückgegeben. Eine gemeinsame Terminplanung ist im HL7-Standard noch nicht vorgesehen.

Erhält das Subsystem eine *'Order response Message'* wird der übermittelte Befund in der Ergebnisrückmeldung unter der entsprechenden Maßnahme abgespeichert.

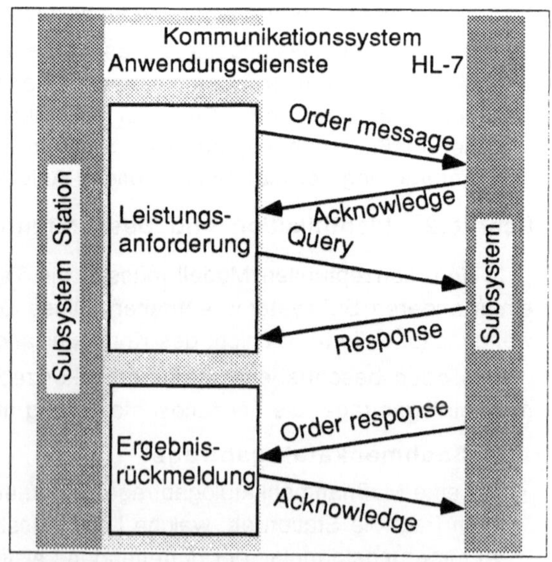

Abb.2: Beispiel für den Ablauf einer mitteilungs-
orientierten Leistungsanforderung

Diskussion

Bei der Auswahl eines Kommunikationsstandards für ein Vorführbeispiel unseres klinischen Arbeitsplatzsystems beschäftigten wir uns mit dem erwähnten *Health Level Seven*, dem *Medical Data Interchange* (MEDIX) Standard der IEEE und den durch die CEN/TC 251 koordinierten europäischen Standardisierungsbemühungen. Bei einem Test des Vorführbeispiels in einer Heidelberger Klinik werden wir HL7 einsetzen, weil dieser Standard schon in Krankenhäusern eingesetzt und von einigen Herstellern unterstützt wird. Die anderen Standards bieten zwar bessere Möglichkeiten, liegen zur Zeit jedoch nur als Entwurf vor. [8,9]

Wenn die Subsysteme und der Kommunikationsstandard es erlauben, die Integrität der wichtigen Daten bei einer verteilten Datenhaltung zu erhalten (vgl. [4]), können die Daten zum Patienten, die Daten zur Untersuchung sowie die Befunde eine gemeinsame Basis für die Koordination der Behandlung und für die medizinische Dokumentation bilden.

Mit unserem Vorgehen versuchen wir, das Arbeitsplatzsystem in einen solchen Rahmen zu integrieren, ohne es bei dem Entwurf auf einen bestimmten Kommunikationsstandard festzulegen.

Literatur

[1] J.R. MÖHR: "Intergration Aspects in the Development and Operation of Hospital Infformation Systems"
In: A.R. BAKKER, et al; "Towards new hospital information systems"; North-Holland, Amsterdam, 1988.

[2] F.A. Leguit: "Interfacing integration"
In: Preprints of the proceedings of the IMIA working conference "Trends in modern hospital information systems"; Göttingen, 1991.

[3] J. WIEDERSPOHN:
"Anforderungen und Konzepte für integrierte, patientenbezogene Arbeitsplatzsysteme im Krankenhaus",
In: M.Paul (Hrsg.); GI-19. Jahrestagung "Computergestützter Arbeitsplatz" München 1989; Springer-Verlag. Heidelberg, 1989.

[4] A. WINTER, H.JANßEN, E.GLÜCK, R. HAUX, J. WIEDERSPOHN: " Zur verteilten Datenverarbeitung bei heterogenen Subsystemen am Beispiel des Heidelberger Klinikuminformationssystems"
In: A.Reuter (Hrsg.); GI-20. Jahrestagung "Informatik auf dem Weg zum Anwender" Stuttgart 1990; Springer-Verlag, Heidelberg, 1990.

[5] ISO 7498: "Information processing systems - Open Systems Interconnection - Basic reference model";1984

[6] CH. ISELE, F. LEINER, J. PILZ, R. HAUX, R. BÜRKLE, H.-P. KAISER, J. WIEDERSPOHN, H. KAGERMANN, T. COURY, R. EHRENBORG, U. STÜSSEL, H.-J. ETZEL: "Medizinische Informationsverarbeitung im Krankenhaus mit Hilfe von integrierten klinischen Arbeitsplatzsystemen";
Institut für Medizinische Biometrie und Informatik, Abt. Medizinische Informatik; Universität Heidelberg; Bericht 2/1991.

[7] HEALTH LEVEL SEVEN
An Appllication Protocol for Electronic Data Exchange in Health Care Environment; Version 2.1; Philadelphia, Juni1990.

[8] J.J. HARRINGTON, T.J.R. BENSON, A.L. SPECTOR:
"IEEE P1157 Medical Data Interchange (MEDIX) Committee, Overview and Status Report",
In: Proceedings of the Fourteenth Annual Symposium on Computer Applications in Medical Care, Washington D.C., November 1990, IEEE Society Press, Ney York, 1991.

[9] W.ED HAMMOND: "Standards for Interfacing"
In: Preprints of the proceedings of the IMIA working conference "Trends in modern hospital information systems"; Göttingen, 1991.

Dieses Projekt wird zusammen mit dem Softwarehaus SAP AG und der Beratungsfirma Andersen Consulting durchgeführt.

Innovative Archivierungstechnologien als Komponente eines Klinikuminformationssystems

P. Schmücker[1], C. Dujat[1], A. Herp[2], D. O. Schaefer[3]

[1] Klinikum der Ruprecht-Karls-Universität Heidelberg, Medizinische Informatik, Im Neuenheimer Feld 400, 6900 Heidelberg
[2] HEITEC DATENTECHNIK GmbH, Nürnberger Straße 15, 8520 Erlangen
[3] Klinikum der Ruprecht-Karls-Universität Heidelberg, Medizinische Klinik und Poliklinik, Bergheimer Straße 58, 6900 Heidelberg

Zusammenfassung: Für die Archivierung von Krankenblattunterlagen stellen digital-optische Ablagemedien durchaus eine Alternative zu konventionellen Archiven dar. Nach den Ergebnissen einer umfangreichen Planungs- und Machbarkeitsstudie bestehen keine großen Bedenken hinsichtlich der technischen, organisatorischen, rechtlichen und wirtschaftlichen Realisierbarkeit der Optischen Archivierung von Krankenblattunterlagen. Die Qualität der Patientenversorgung wird durch den Einsatz eines solchen Verfahrens verbessert, insbesondere wenn dieses in ein Klinikuminformationssystem integriert wird.

Problem- und Fragestellungen

Im Krankenhausbereich ist die Informationslogistik durch zahlreiche Unzulänglichkeiten gekennzeichnet. Diese Feststellung gilt auch für die Archive. Raummangel, lange Such- und Wegezeiten aufgrund einer Vielzahl von Archivräumen sowie fehlender und unvollständiger Akten, unzureichende Transparenz der Akten wegen mangelnder Sortierung der Dokumente, unabhängig von den Akten eintreffende Einzeldokumente etc. erschweren häufig eine schnelle und sichere Bereitstellung von Akten und Dokumenten. Um Lösungsmöglichkeiten zur Behebung der existierenden Schwachstellen und Perspektiven alternativer Archivierungsverfahren zu erarbeiten, wurde ein Planungsvorhaben am Universitätsklinikum Heidelberg durchgeführt. Dazu wurden die folgenden zentralen Fragestellungen formuliert:

1. Ist der Betrieb von Optischen Archivierungssystemen im Krankenhaus technisch, organisatorisch, rechtlich und wirtschaftlich realisierbar?
2. Ist durch die Optische Archivierung eine Verbesserung der Qualität der Patientenversorgung zu erwarten?
3. Kann auf den Bau von konventionellen Archivräumen größtenteils verzichtet werden?

Vorgehensweise

Auf der Grundlage von Archivanalysen in 9 Kliniken wurden ein Anforderungsprofil, ein allgemeingültiges Konzept incl. Einführungskonzept sowie ein für das Universitätsklinikum Heidelberg spezifizierter Anwendungsvorschlag für die Optische Archivierung erarbeitet. Ein Prototyp wurde implementiert und im Rahmen einer Testinstallation unter Routinebedingungen eingesetzt. Projektbegleitend wurden Marktanalysen, Kosten-Nutzen-Betrachtungen und Akzeptanzuntersuchungen anhand des Prototypen durchgeführt sowie alternative Strategien (konventionelle Archivierung, analog-optische Archivierung, digitalisierte Mikroverfilmung) analysiert und vergleichend bewertet.

Allgemeine Ergebnisse

Die Resultate des Planungsvorhabens werden in [1] dargestellt. In der Kopfklinik des Heidelberger Universitätsklinikums (6 Kliniken, 386 Betten, ca. 11.000 stationäre Neuzugänge und ca. 140.000 ambulante Behandlungen pro Jahr) werden jährlich ca. 62.000 neue Akten angelegt. Der Dokumentenzuwachs aller Akten beträgt etwa 1,4 Mill. Seiten pro Jahr. Die in den Akten zusammengefaßten Dokumente zeichnen sich durch eine hohe Heterogenität und Komplexität aus. Neben reinen schwarz/weiß-Dokumenten existieren in den Krankenakten u. a. Dokumente mit farbigen Linien und Flächen (ca. 8 % aller Seiten), Grautonbilder (Röntgen-, CT-, MR-Bilder etc.: ca. 3 %), Dokumente mit farblichem Untergrund (ca. 22 %) sowie Dokumente auf Endlospapier (EKG, EEG). Die einzelnen Dokumente besitzen zudem unterschiedliche Formate. In Abhängigkeit vom Verfahren der Erstellung werden die Dokumente durch Auflicht-, Durchlichttechniken oder digitale Verfahren erzeugt. In digitaler Form liegen zur Zeit ca. 30 Prozent aller Dokumente vor.

Ausgehend von einem modularen dezentralen, verteilten System mit ausgeprägter Client-Server-Struktur, herstellerübergreifenden Standards sowie graphischen Benutzeroberflächen, wurde ein Prototyp mit den Hauptkomponenten, Optische Ablage und Objekteverwaltung, unter Beachtung der o. a. Anforderungen entwickelt und implementiert. Der Hardware-Kern dieses Prototypen ist eine Workstation mit 80386-Prozessor und zwei Monitoren (19 Zoll schwarz/weiß, 21 Zoll Farbe). Als Peripheriegeräte sind

- Scanner (Fujitsu: DIN A3, schwarz/weiß; Epson GT 4000: DIN A4, Farbe; Canon CLC-500: DIN A3, Farbe),
- Laserdrucker (HP Laserjet für schwarz/weiß, Canon CLC-500 für Farbe),
- ein Voice-System und
- ein Optisches Laufwerk (5,25 Zoll)

angeschlossen. Auf dieser Hardware werden Software-Dienste zum Scannen, Indexieren, Archivieren, Recherchieren, Reproduzieren etc. bereitgestellt. Die Objekteverwaltung läuft vorerst auf einer SIEMENS H90-Rechenanlage, die über eine Prozeß-Prozeß-Kommunikation mit der Workstation verbunden ist.

Ergebnisse zur Fragestellung 1: Ist der Betrieb von Optischen Archivierungssystemen im Krankenhaus realisierbar?

Die Installation des Prototypen hat gezeigt, daß noch keine fertige, in ein Klinikuminformationssystem integrierbare Lösung für den Krankenhausbereich am Markt verfügbar ist. Die Existenz von Hardware-Komponenten und Software-Entwicklungstools stellt eine sinnvolle Voraussetzung für medizinische Applikationen dar, garantiert aber keine benutzeradäquate Lösung für die komplexen Betriebsabläufe und Organisationsstrukturen eines Krankenhauses.

Die **technische Realisierbarkeit** wurde anhand des Prototypen nachgewiesen. Die im Archiv vorgefundenen Dokumente können gescannt, indexiert, gespeichert, wiedergefunden und reproduziert werden. Dazu war es erforderlich, Komponenten für die Verarbeitung von Grauwertbildern und Farben zu integrieren. Im Rahmen der Testinstallation wurde auch gezeigt, daß digital vorliegende Dokumente verschiedener Formate (ASCII, MS-Write, Xionics/ODA, Farb- und Audiodokumente) automatisch in das Optische Ablagesystem übernommen werden können. Ebenfalls können OCR-Verfahren zur automatischen Indexierung von Dokumenten in das Optische Archivierungssystem eingebunden und nach einer Reorganisation des Formularwesens in Routine eingesetzt werden.

Die Scann- und Indexierarbeiten sind in der Regel mit einem Zeitaufwand von weniger als 40 Sekunden pro Seite ausführbar. Diese Arbeitsaufwände sind für einen Routinebetrieb akzeptabel. Die Qualität der Reproduktionen ist nach ärztlichen Beurteilungen gut.

Der realisierte Prototyp stellt technisch eine Basislösung für die Stufe 1 des Einführungskonzepts (Archivierung als Dienstleistung im zentralen Archiv) dar. Funktionalität und Handhabbarkeit des Prototypen erlauben einen weitgehend routinemäßigen Einsatz in einem Zentralarchiv. Der Ausbau des vorhandenen Systems für Stufe 2 (Vernetzung der klinischen Betriebseinheiten und Ausstattung dieser mit DV-Stationen zur Recherche und Ausgabe von Dokumenten) und Stufe 3 (zeitnahe dezentrale digital-optische Archivierung von Standarddokumenten) erfordert eine Erweiterung und Optimierung der Funktionalität und Schnittstellen, die Vernetzung verschiedener Arbeitsplätze, den Anschluß von Jukeboxen und Subsystemen sowie die Verteilung der verschiedenen Dienste (Scannen, Klassifizieren, Dokumentenübernahme, Retrieval, Reproduktion, Datensicherung etc.) auf dedizierte Workstations.

Die **organisatorische Realisierbarkeit** läßt aufgrund der Erfahrungen der Verfasser erwarten, daß die auftretenden Probleme zu bewältigen sind. Organisatorische Erfahrungen liegen zum Scannen, Identifizieren und Reproduzieren von Dokumenten für die zentrale Vorgehensweise vor. Hierbei ergaben sich keine organisatorischen Einschränkungen.

Geringe Erfahrungen bestehen noch hinsichtlich der Akzeptanz der Endbenutzer. Eine Ausstattung der Stationen, der Ambulanzen und der Funktionsbereiche mit DV-Arbeitsplätzen war nicht Gegenstand des Planungsvorhabens.

Die **rechtliche Realisierbarkeit** verlangt eine Reproduktionsfähigkeit der Dokumente ohne Informationsverlust. Die Untersuchungen im Rahmen der Testinstallation haben gezeigt, daß dies erfüllbar ist. Die Dokumente sind ohne relevanten Informationsverlust auf Bildschirm und Drucker wiedergebbar. Die Haltbarkeit der Optischen Platten wird von den Herstellern für mindestens 30 Jahre garantiert. Somit sind die wesentlichen Voraussetzungen für die rechtliche Realisierbarkeit gegeben.

Die **wirtschaftliche Realisierbarkeit** wird nach den Untersuchungsergebnissen durch eine reine Abbildung eines konventionellen Archivs auf ein optisches Ablagemedium nicht gerechtfertigt. Wirtschaftlichkeit wird erst erreicht, wenn die hohen Aufwände bei der Eingabe und dem Indexieren von Dokumenten reduziert werden. Dazu müssen standardisierte Schnittstellen zur automatischen Übernahme von digital erstellten Dokumenten installiert und genutzt werden. Ferner muß das Formularwesen zur OCR-unterstützten automatischen Indexierung von Dokumenten reorganisiert und das innovative Archivmedium als eine Komponente eines integrierten, hochgradig komplexen Klinikuminformationssystems eingesetzt werden. In diesem Fall ist zu erwarten, daß die Kosten der Optischen Archivierung günstiger als die der konventionellen Archivierung sind. Für einen Vorzug der Optischen Archivierung gegenüber der konventionellen Archivierung spricht außerdem die Verbesserung der Informationslogistik durch Einbindung der Optischen Archivierung in das Klinikuminformationssystem.

Ergebnisse zur Fragestellung 2: Ist durch die Optische Archivierung eine Verbesserung der Qualität der Patientenversorgung zu erwarten?

Mit der Einführung der Optischen Archivierung stehen die digital gespeicherten Dokumente der Krankenakten gleichzeitig verschiedenen Nutzern zur Verfügung. Die Einsicht in die Akten ist nicht mehr von den Öffnungszeiten des Archivs abhängig. Die teilweise immensen Suchzeiten nach Krankenakten entfallen. Das Wiederauffinden von Akten wird beschleunigt und die Transparenz der Akten wird entscheidend verbessert. Wesentliche Inhalte der Akten können schnell und gezielt abgerufen werden. Die dargestellten Punkte lassen eine Verbesserung der Qualität der Patientenversorgung erwarten.

Ergebnisse zur Fragestellung 3: Kann auf den Bau von konventionellen Archivräumen größtenteils verzichtet werden?

Aufgrund der o. a. Ergebnisse kann in Zukunft auf den Bau von konventionellen Archiven größtenteils verzichtet werden. Nach den Erfahrungen des Planungsvorhabens kann jedoch erst frühestens nach 5 Jahren mit einer Reduzierung des Archivraumes gerechnet werden. 2 Jahre werden für die Weiterentwicklung des Objekteablage- und Objekteverwaltungsssystems, seine Integration in das Klinikuminformationssystem und seine Einführung in einem ausgewählten Bereich benötigt. Weitere 3 Jahre sind erforderlich, damit ein hinreichender Füllungsgrad des digitalen Archivs für das Retrieval und die Reproduktion erreicht wird. Um Unzufriedenheit bei den Endbenutzern wegen eines unzureichenden Füllungsgrades des digitalen Archivs zu vermeiden und die notwendige Sicherheit bei der Systemeinführung zu gewährleisten, ist ein Parallelbetrieb von konventioneller und optischer Archivierung während der o. g. 3 Jahre notwendig.

Empfehlungen und Ausblick

Die beiden Hauptkomponenten der Optischen Archivierung, das Optische Ablagesystem und die Objekteverwaltung, sind strikt voneinander zu trennen. Dieses Modell unterstützt sowohl die Medienunabhängigkeit durch die Möglichkeit des gleichzeitigen Einsatzes verschiedener Archivmedien als auch die Verwaltung verschiedenster Objekte bei einem stufenweisen Medienwechsel. Die Routinebedingungen erfordern auch eine Berücksichtigung von Farb- und Grauwertdokumenten in _einem_ Archivierungssystem.

Nach Abschluß des Planungsvorhabens sind sicherlich noch nicht alle Fragestellungen beantwortet. So sind u. a. noch die Vernetzung verschiedener Arbeitsplätze, der Anschluß von Subsystemen, die Integration der Jukebox sowie die Verteilung der Dienste auf dedizierte Workstations zu realisieren. Außerdem bedarf die Akzeptanz der Endbenutzer auf den Stationen, in den Ambulanzen und den Funktionsbereichen noch weiterer Untersuchungen und Optimierungsanstrengungen.

Die existierende Basislösung soll bald in ein in Routine nutzbares System überführt und möglichst schnell in einer Klinik flächendeckend zum Einsatz gebracht werden. Nach einer bereichsorientierten mehrstufigen Einführungsstrategie sollen später schrittweise weitere Organisationsbereiche folgen.

Literatur

[1]   Klinikum der Universität Heidelberg, Philips Kommunikations Industrie AG und HEITEC DATENTECHNIK GmbH: Optische Archivierung von Krankenblattunterlagen (OAS/K). Abschlußbericht eines Planungsvorhabens, Heidelberg 1991.

Anforderungen an das Meßskalen-Niveau von Kovariablen im Proportional-Hazards–Modell

Stefan Wellek

Institut für Medizinische Statistik und Dokumentation der Universität Mainz
Langenbeckstraße 1, 6500 Mainz 1

1 Einführung

Die Frage nach dem erforderlichen Meßskalen-Niveau der Kovariablen in einem Proportional-Hazards–Modell (PHM) wird in der Literatur über die Anwendung der Methodologie der Cox-Regression bei der Auswertung klinischer Studien kaum je in einem technisch präzisen Sinne gestellt. Nach den kürzlich publizierten Empfehlungen der Arbeitsgruppe "Statistische Methoden in der Medizin" der DR der Biometrischen Gesellschaft und der GMDS zu schließen [ULM et al. (1989)], scheint dennoch mittlerweile ein relativ breiter Konsens darüber zu bestehen, daß explanatorische Variablen mit ordinaler Struktur bei der Handhabung des PHM als Auswertungsinstrument für klinische Studien problematisch sein können. An dergleichen Stelle [ULM et al. (1989, S.179)] findet man die Aussage, daß für binäre Kovariablen "die Kodierung keine Probleme" bereitet. Andererseits wird in dem ersten der in Kalbfleisch & Prentice (1980, App. I) abgedruckten Beispiel-Datensätze die Variable Vorbehandlung mit 0 (unvorbehandelt) versus 10 (vorbehandelt) kodiert, was vermuten läßt, daß die Autoren sich unter dieser Kodierung andere Ergebnisse der Regressionsanalyse erwarten als unter der Standardkodierung 0/1 oder 1/2.

Ziemlich gebräuchlich [vgl. neben ULM et al. auch THOMSEN (1988)] ist bei der Beurteilung der Eignung einer quantitativen Variablen als Regressor in einem PHM das folgende Vorgehen: Man überprüft in einem formalen Test oder durch Vergleich der geschätzten Regressionskoeffizienten für die Indikatoren mehrerer äquidistanter Werte der Variablen (sog. Dummy-Kodierungen), wie weit die Daten Evidenz für die Annahme einer log-linearen Beziehung zwischen relativem Risiko und der Kovariable enthalten. Im positiven Falle wird die Variable in der primär vorgegebnen Kodierung wie üblich weiteranalysiert. Andernfalls wird die Variable entweder dichotomisiert oder durch einen Vektor von 0/1–Variablen ersetzt.

Analysiert man das Problem hingegen auf der Grundlage meßtheoretischer Prinzipien, so kommt eine Kovariable mit als zu niedrig erkanntem metrischen Niveau auch dann nicht für die Einbeziehung in eine Cox'sche Regressionsanalyse in Betracht, wenn sie die Voraussetzung log-linearer Risikoverhältnisse, die die zu den Grundannahmen des PHM gehört, strikt erfüllt. Es gibt dann nämlich von der Struktur des durch die Variable zu erfassenden empirischen Merkmals her zugelassene Transformationen, unter denen sich entweder die Modellanpassung verschlechtert oder die Evaluierung der prognostischen Relevanz des Regressors andere Ergebnisse liefert.

2 Skalentyp und Transformationsklassen

In der axiomatischen Theorie des Messens [komprimierte Übersichten mit Betonung der statistischen Implikationen findet man in KRAUTH (1980) sowie THOMAS (1985)] wird das *metrische Niveau* einer Meßskala, oft auch kurz als der *Skalentyp* bezeichnet, bekanntlich erklärt durch den Umfang der Klasse der zulässigen Transformationen. In der nachfolgenden Zusammenstellung der entsprechenden Definitionen bezeichnet $\mathcal{X}_0 \subseteq \mathbb{R}$ die Wertemenge der primär vorgegebenen Skala, d.h. eines speziellen Repräsentanten aus der Klasse aller zulässigen Skalen.

	Skalentyp	Zugelassene Transformationen
1	Nominal	Alle eineindeutigen Abbildungen von $\mathcal{X}_0$ in $\mathbb{R}$.
2	Ordinal	Alle streng monoton zunehmenden Abbildungen von $\mathcal{X}_0$ in $\mathbb{R}$.
3	Intervall	$T(x) = a + bx$, $x \in \mathcal{X}_0$, mit $a \in \mathbb{R}$, $b \neq 0$.[1]
4	Rational	Wie bei 3, aber $a = 0$.
5	Absolut	Nur $T(x) = x \ \forall x \in \mathcal{X}_0$.

Die Liste der aufgeführten Skalentypen ist ersichtlicherweise linear geordnet, in dem Sinne, daß für die zugehörigen Klassen $\mathcal{T}_1, \ldots, \mathcal{T}_5$ zulässiger Transformationen die Relation $\mathcal{T}_1 \supset \ldots \supset \mathcal{T}_5$ gilt.

Nicht minder trivial, aber für die weiteren Betrachtungen sehr wichtig ist die Bemerkung, daß *im binären Fall* [i.e. für $\#\mathcal{X}_0 = 2$] *jede Nominalskala auch Intervallniveau besitzt*. Dies ist sofort klar, weil zu jedem Paar $\{x_1^0, x_2^0\}$, $\{x_1, x_2\}$ von zweielementigen Teilmengen des $\mathbb{R}^1$ natürlich genau eine Lösung (a, b) des Systems $\mathring{a} + \mathring{b}x_1^0 = x_1$, $\mathring{a} + \mathring{b}x_2^0 = x_2$, $(\mathring{a}, \mathring{b}) \in \mathbb{R} \times (\mathbb{R} \setminus \{0\})$, und damit genau eine Transformation $T(\cdot)$ der für Intervallskalen zugelassenen Art existiert, so daß $T(x_1^0, x_2^0) = (x_1, x_2)$.

Ein allgemein akzeptiertes Grundprinzip bei der Aufstellung von Regeln über das in einem vorgegebenen statistischen Verfahren zu fordernde Meßskalenniveau besagt nun, daß generell nur solche statistische Aussagen als sinnvoll zu betrachten sind, deren Gültigkeit sich nicht ändert, wenn die Daten einer vom Skalentyp her zulässigen Transformation unterzogen werden. Denach bestimmt sich das Skalenniveau, welches man im PHM von den als Regressoren einzubeziehenden Variablen zu fordern hat, nach den Invarianzeigenschaften der für die Analyse eines solchen Modells verwendeten Statistiken bzw. Entscheidungsprozeduren.

3 Invarianzeigenschaften der gängigen Statistiken für die Analyse des PHM

Wir übernehmen die in Kalbfleisch & Prentice (1980, Ch.4) verwendete Notation und bezeichnen den (Zeilen-)Vektor der bei der i-ten Beobachtungseinheit ($i = 1, \ldots, n$) auf der Ausgangsskala gemessenen Kovariablenwerte als $\mathbf{z}_i = [z_{i1}, \ldots, z_{is}]$, mit $\boldsymbol{\beta} = (\beta_1, \ldots, \beta_s)$ bzw. $\hat{\boldsymbol{\beta}} = (\hat{\beta}_1, \ldots, \hat{\beta}_s)$ als dem (Spalten-)Vektor der theoretischen Regressionskoeffizienten bzw. der Ml-Schätzer für diese. $\mathbf{U}(\boldsymbol{\beta})$ steht für die Score-Statistik, d.h. den Gradienten der Log-likelihood–Funktion $\mathcal{L}(\boldsymbol{\beta})$ an der

---

[1] Üblicherweise werden hier nur positive Werte der Konstanten b zugelassen. Die Erweiterung der zu berücksichtigenden Klasse von Transformationen, die hiermit vorgenommen wird, ist einerseits mit Hinblick auf die hauptsächlich interessierenden zweiseitigen p–Werte für die einzelnen Regressionskoeffizienten zweckmäßig, andererseits zu geringfügig, um die Einführung eines zusätzlichen Skalentypen-Begriffs zu rechtfertigen.

Stelle $\beta \in \mathbb{R}^s$, $\mathbf{I}(\beta)$ für die beobachtete Informationsmatrix $\left(-\frac{\partial \mathcal{L}}{\partial \beta_j \partial \beta_l}\right)_{s \times s}$. Wir unterziehen nun alle n Kovariablenvektoren derselben affinen Transformation, indem wir $\mathbf{z}_i$ für jedes $i = 1, \ldots, n$ ersetzen durch $\mathbf{z}_i^* = \mathbf{a} + \mathbf{z}_i \mathbf{B}$, mit $\mathbf{a}$ als festem s-dimensionalem Zeilenvektor und $\mathbf{B}$ als gleichfalls fest vorgegebener, nichtsingulärer $s \times s$-Matrix. Die Symbole $\hat{\beta}^*$, $\mathbf{U}^*(\beta)$ und $\mathbf{I}^*(\beta)$ sollen diegleiche Bedeutung haben wie $\hat{\beta}$, $\mathbf{U}(\beta)$ und $\mathbf{I}(\beta)$, jedoch mit dem Unterschied, daß die Berechnung unter Verwendung der tranformierten Kovariablen $\mathbf{z}_i^*$ erfolgt.

Lemma. Zwischen den Statistiken für den originalen und für den gemäß $\mathbf{z}_i \mapsto \mathbf{z}_i^*$ transformierten Datensatz gelten die Beziehungen:

(i) $\hat{\beta}^* = \mathbf{B}^{-1}\hat{\beta}$;   (ii) $\mathbf{U}^*(\beta) = \mathbf{B}' \mathbf{U}(\mathbf{B}\beta)$;   (iii) $\mathbf{I}^*(\beta) = \mathbf{B}' \mathbf{I}(\mathbf{B}\beta)\, \mathbf{B}$.

Beweis. Ausgehend von der Definition der Marginal-Likelihood-Funktion erhält man $\mathcal{L}^*(\beta) = \mathcal{L}(\mathbf{B}\beta) \; \forall\, \beta \in \mathbb{R}^s$, woraus die Gültigkeit von (i) unmittelbar ersichtlich wird. Die Aussagen (ii) und (iii) folgen durch Differentiation dieser Gleichung.   ∎

Folgerung 1. Sei S bzw. S^* die Prüfgröße des Score-Tests auf Verschwinden aller Regressionskoeffizienten für den Vektor $\mathbf{z}$ bzw. $\mathbf{z}^* = \mathbf{a} + \mathbf{z}\mathbf{B}$ von Kovariablen. Dann gilt $S^* = S$.

Denn nach der üblichen Berechnungsvorschrift für die Teststatistiken S, S^* und dem Lemma hat man: $S = \mathbf{U}'(0)[\mathbf{I}(\hat{\beta})]^{-1}\mathbf{U}(0)$; $S^* = \mathbf{U}^{*'}(0)[\mathbf{I}^*(\hat{\beta}^*)]^{-1}\mathbf{U}^*(0) = \mathbf{U}'(0)\,\mathbf{B}\,[\mathbf{B}'\mathbf{I}(\hat{\beta})\mathbf{B}]^{-1}\mathbf{B}'\,\mathbf{U}(0)$.

Folgerung 2. Sei $|\chi_\nu|$ bzw. $|\chi_\nu^*|$ die Prüfgröße des asymptotischen zweiseitigen Tests auf $\beta_\nu = 0$ bzw. auf $\beta_\nu^* = 0$, mit β_ν bzw. β_ν^* als dem Regressionskoeffizienten für die ν-te Regressorkomponente z_ν bzw. $z_\nu^* = a + b z_\nu$ $(\nu = 1, \ldots, s)$. Dann gilt $|\chi_\nu| = |\chi_\nu^*|$.

Denn bei Festlegung von $\mathbf{B}$ als Diagonalmatrix mit ν-tem Diagonalelement $= b$ und allen übrigen Elementen der Hauptdiagonalen $= 1$ erhält man gemäß dem Lemma $|\hat{\beta}_\nu^*| = |b|^{-1}|\hat{\beta}_\nu|$, $i_*^{\nu\nu}(\hat{\beta}^*) = b^{-2}i^{\nu\nu}(\hat{\beta})$ und damit $|\chi_\nu^*| := |\hat{\beta}_\nu^*|/[i_*^{\nu\nu}(\hat{\beta}^*)]^{1/2} = |\hat{\beta}_\nu|/[i^{\nu\nu}(\hat{\beta})]^{1/2} := |\chi_\nu|$. [Diese Gleichungen verstehen sich unter der Verabredung, daß $i^{\nu\nu}(\hat{\beta})$ bzw. $i_*^{\nu\nu}(\hat{\beta}^*)$ das (ν, ν)-Element der Inversen von $\mathbf{I}(\hat{\beta})$ bzw. von $\mathbf{I}^*(\hat{\beta}^*)$ bezeichnet.]

Insgesamt ist damit gezeigt, daß alle üblichen Tests für die Regressionskoeffizienten im PHM identische Resultate liefern, wenn die Kovariablen beliebigen affinen Transformationen unterzogen werden. Mit anderen Worten: Kovariablen mit Intervallskalen-Niveau sind im PHM zulässig. [Man beachte aber, daß dies nicht mehr zutrifft, wenn für Paare von Regressoren Produktterme zur Modellierung der Interaktion hinzugefügt werden.]

4 Fehlende Invarianz gegenüber nichtlinearen monotonen Transformationen

Der Nachweis, daß die Klasse der affinen Transformationen unter den interessierenden Transformationsklassen bereits die größte ist, dergegenüber die Ergebnisse der Evaluierung der explanatorischen Variablen im PHM invariant bleiben, läßt sich leicht anhand eines Gegenbeispiels erbringen. Zur Illustrierung beziehen wir uns auf die Daten der Medulloblastom-Studie MED 84 [vgl. NEIDHARDT et al. (1987)], einer vierarmigen randomisierten Multicenter-Studie zum Vergleich verschiedener Strategien für die Behandlung dieses zerebellären Tumors im Kindesalter. Bei der vorläufigen Endauswertung der Studie [Frühjar 1991], für die 284 evaluierbare Patienten mit vollständigen Daten zu allen interessierenden Variablen zur Verfügung standen, wurde u.a. ein PHM angepaßt mit der rezidivfreien Überlebenszeit als der Zielvariablen und zehn auf prognostische Relevanz zu untersuchenden Variablen als Regressoren, darunter dem primären Tumorstadium. Bei "normaler" Kodierung der vier Kategorien für das T-Stadium als $1, \ldots, 4$ ergab sich in der Cox-Regression für den zugehörigen Regressionskoeffizienten $\hat{\beta}_\nu = -.22090$, $[\mathbf{i}^{\nu\nu}(\hat{\beta})]^{1/2} = .14345$ und damit ein 2-seitiger p−Wert von $2\,\Phi(-.22090/.14345) = .1236$.

Durch eine streng monotone Transformation, welche den Abstand zwischen den mittleren Stadien stark vergrößert, läßt sich dieser p−Wert deutlich näher an die 5%−Schranke heranrücken. Benutzt man speziell die Transformation $T(1) = 1$, $T(2) = 2$, $T(3) = 9$, $T(4) = 10$, ergibt sich bei unveränderten Werten aller übrigen Kovariablen: $\hat{\beta}_\nu^* = -.05301$, $[\mathbf{i}_*^{\,\nu\nu}(\hat{\beta}^*)]^{1/2} = .02995$ und damit $p^* = 2\,\Phi(-1.76994) = .0767$. Im gegenläufigen Sinne wirken sich hier exponentielle Transformationen aus, durch die sich der zweiseitige p−Wert für das T-Stadium nahe an 100% heranbringen läßt. Z.B. liefert die Transformation $T(k) = 10^{k-1}$, $k = 1, \ldots, 4$, in der Cox-Regression die Resultate $\hat{\beta}_\nu^* = .00020$, $[\mathbf{i}_*^{\,\nu\nu}(\hat{\beta}^*)]^{1/2} = .00054$, so daß man $p^* = 2\,\Phi(-0.37037) = .7111$ erhält.

Die numerischen Beispiele zeigen, daß der p−Wert des (zweiseitigen) asymptotischen Tests auf Verschwinden eines einzelnen Regressionskoeffizienten durch nichtlineare streng isotone Transformationen der zugehörigen Regressorkomponente nahezu beliebig über seinen gesamten Wertebereich hinweg verschoben werden kann. Dies bedeutet, daß sich *über explanatorische Variablen von lediglich ordinalem metrischen Niveau auf der Basis des PHM keine sinnvollen Aussagen machen lassen.*

5 Diskussion

Die im vorgelegten Resultate bestätigen die Angemessenheit der üblichen Praxis, Variablen, deren metrisches Niveau als ordinal eingestuft wird, zu dichtotomisieren oder durch einen $(k - 1)$−dimensionalen Vektor [mit k als der Anzahl der zu unterscheidenden Kategorien] von 0/1-Variablen zu ersetzen, bevor man sie in ein PHM als Regressoren einbezieht. Relativ überraschend mag dabei auf den ersten Blick die Tatsache erscheinen, daß es gegen die Verwendung binärer Regressoren unter meßtheoretischen Gesichtspunkten keinerlei Einwände gibt. Denn bei informellem Gebrauch der Skalentypen-Begriffe wird niedriges metrisches Niveau nicht selten mit "hochgradiger Diskretheit" gleichgesetzt, während umgekehrt stetigen Variablen unbesehen mindestens Intervallniveau zugemessen wird.

Gewisse Interpretationsschwierigkeiten ergeben sich bei der Technik der Dummy-Kodierung allenfalls aus der Tatsache, daß die Einführung der $k - 1$ binären Pseudoregressoren Auswirkungen nicht nur für den Test der globalen Nullhypothe $\beta = 0$ hat, sondern auch für die separate Evaluierung der übrigen Regressoren. Daß dies für die Anschauung nicht allzu natürlich ist, wird am klarsten, wenn man eine Situation betrachtet, in der die für die Dummy-Kodierung vorgesehene Variable zwar nur $k >= 2$ verschiedene Werte annimmt, aber trotzdem absolutes Skalenniveau besitzt, so daß ihrer direkten Verwendung in der natürlichen Kodierung nichts im Wege steht. Eigentlich wäre es dann wünschenswert, daß die Prüfgröße für igendeinen anderen Regressionskoeffizienten invariant bleibt unter der Substitution der Dummy-Regressoren, was aber, wie numerische Vergleiche sofort zeigen, nicht der Fall ist. Unter dengleichen Voraussetzungen ist es auch aufschlußreich, sich noch einmal den Unterschied zwischen dem Test auf β_ν (mit ν als dem Index des kategorialen Regressors) und demjenigen auf Verschwinden aller $k - 1$ Dummy-Regressionskoeffizienten, sagen wir $\beta_\nu^1, \ldots, \beta_\nu^{k-1}$, zu vergegenwärtigen. Der Test auf $\beta_\nu^1, \ldots, \beta_\nu^{k-1} = 0$ ist ein adjustierter Omnibus-Test auf Homogenität der Überlebensfunktionen in den k Ausgangskategorien. Hingegen handelt es sich beim üblichen Test der Nullhypothese $\beta_\nu = 0$ um einen - gleichfalls - adjustierten Trend-Test mit erhöhter Sensitivität gegen die Alternative äquidistant (auf der Log-Skala) geordneter Sterbeintensitäten.

Zum Abschluß bemerken wir, daß die Gültigkeit der in den Abschnitten 3 und 4 erhaltenen Aussagen über die Invarianz von Teststatistiken bzw. p−Werten gegenüber affinen Transformationen des Kovariablenvektors sowie die Nichtinvarianz derselben Größen gegen andere streng monotone Transformationen der Regressoren keineswegs auf die standardmäßige asymptotische Inferenz im Proportional-Hazards-Modell beschränkt ist. Genau dieselben Invarianz- bzw. Nichtinvarianzeigenschaften sind zu konstatieren für die Analyse eines beliebigen Accelerated-Failure-Time-Modells [cf. Kalbfleisch & Prentice (1980, Sec.2.3.3)] mittels klassischer (die Modelle sind vollparametrisch) Maximum-Likelihood-Methoden. Weiterhin ist, über den Bereich der Analyse von Überlebenszeiten hinaus, die ebenfalls auf der klassischen Likelihood-Theorie basierende Analyse eines standardmäßigen generalisierten linearen Modells im Sinne von NELDER & WEDDERBURN (1972) und damit insbesondere die multiple logistische Regression zu nennen. Invariant gegenüber den für intervallskalierte, aber nicht gegen die für ordinale Variablen zugelassenen Transformationen der Regressoren ist schließlich auch der (exakte) F-Test für die globale Nullhypothese und der t-Test für einen einzelnen Regressionskoeffizienten in univariaten linearen Modellen von vollem Rang. In all diesen Ansätzen sollten daher nur explanatorische Variablen benutzt werden, deren metrisches Niveau mindestens einer Intervallskala entspricht.

LITERATUR

Kalbfleisch, J.D., Prentice, R.L. (1980). *The Statistical Analysis of Failure Time Data.* New York: John Wiley.

Krauth, J. (1980). Skalierungsprobleme. In Köpcke, W., Überla, K. (Hg.), *Biometrie - heute und morgen.* Berlin: Springer-Verlag, 202-233.

Neidhardt, M.K., Bailey, C.C., Gnekow, A., Kleihues, P., Michaelis, J., Wellek, S. (1987). Die Medulloblastom-Therapiestudien MBL 80 der Gesellschaft für Pädiatrische Onkologie GPO und der Société Internationale d'Oncologie Pédiatrique SIOP. *Klin. Päd. 199,* 188-92.

Nelder, J.A., Wedderburn, R.W.M. (1972) Generealized linear models. *J. R. Statist. Soc. A 135,* 370-84.

Thomas, H. (1985). Measurement structures and statistics. In Johnson, N.L, Kotz, S., Read, C.B., *Encyclopedia of Statistical Sciences, Vol.5.* New York: John Wiley, 381-6.

Thomsen, B.L. (1988). A note on the modelling of continuous covariates in Cox's regression model. *Research Report 88/5, Statistical Research Unit, Univ. of Copenhagen.*

Ulm, K., Schmoor, C., Sauerbrei, W., Kemmler, G., Aydemir, Ü., Müller, B., Schumacher, M. (1989). Strategien zur Auswertung einer Therapiestudie mit der Überlebenszeit als Zielkriterium. *Biometr. u. Inform. in Med. u. Biol. 20,* 171-205.

Conditional Power als eine Entscheidungshilfe für den vorzeitigen Abbruch einer klinischen Studie

Ülker Aydemir

Biometrisches Zentrum für Therapiestudien BZT GmbH

8000 München

1. Einführung

Die Durchführung von Zwischenauswertungen (ZA) in protokollgemäß definierten Abständen ist ein wichtiger Bestandteil von klinischen Studien. Folgende Situationen können dabei auftreten:

a. Der Therapieunterschied läßt sich vorzeitig nachweisen. Die Studie muß in diesem Fall aus ethischen Gründen abgebrochen werden.

b. Es zeigt sich kein Therapieunterschied. Das klassische Vorgehen in dieser Situation war bisher das Fortführen der Studie.

Im Bereich der klinischen Langzeitstudien - v.a. Krebsstudien - ist trotz hoher Fallzahlen und langen Beobachtungsdauern der Anteil der sog. Negativstudien, in denen ein Therapieunterschied nicht aufgezeigt werden konnte, sehr hoch.

Müssen solche Studien wirklich bis zum bitteren Ende durchgeführt werden?

Conditional Power (CP) Analysen geben Auskunft darüber, ob "es sich lohnt" diese Studien fortzuführen, und können eine Hilfe bei der Entscheidung eines vorzeitigen Studienabbruchs sein.

Die zum Zeitpunkt der ZA berechnete CP ist die Wahrscheinlichkeit, am protokollgemäß geplanten Ende der Studie einen tatsächlich vorhandenen Therapieunterschied statistisch festzustellen, basierend auf den bis zur ZA erhobenen Daten.

Diese Methode (auch "stochastic curtailment" oder "curtailed testing" genannt) wurde erstmals von M. Halperin für binäre Zielgrößen entwickelt, später von PK. Andersen auf Überlebenszeiten erweitert.

2. Methode

Unter der Voraussetzung von exponential-verteilten Überlebenszeiten, d.h. zeitlich konstanten Hazards, werden die Hazardraten λ_i pro Therapiegruppe und das relative Risiko θ geschätzt,

$$\hat{\lambda}_i = N_i / X_i \, , \quad i=1,2 \quad ; \quad \hat{\theta} = \hat{\lambda}_2 / \hat{\lambda}_1$$

N_i = Anzahl der Ereignisse; X_i = Gesamtbeobachtungsdauer bis zum Zeitpunkt der ZA.

Der Vergleich der beiden Therapien hinsichtlich der Überlebenszeit kann mit dem Test auf Inzidenzen vorgenommen werden, wobei in der Nullhypothese die Gleichheit der beiden Hazardraten formuliert wird.

Zum Zeitpunkt der ZA kann diese Hypothese getestet werden mit der Statistik

$$W = \ln\theta \; (1/N_1 + 1/N_2)^{-0.5}.$$

Soll zu den bis zum Zeitpunkt der ZA erhobenen Daten noch der nichtbeobachtete zukünftige Verlauf der Studie mitberücksichtigt werden, wird die Teststatistik W formuliert als

$$W_T = \ln\theta_T \; (1/(N_1+D_1) + 1/(N_2+D_2))^{-0.5}$$

mit $\theta_T = \lambda_{T,2} / \lambda_{T,1}$ und $\lambda_{T,i} = (N_i+D_i) / (X_i+S_i)$, i=1,2.

Die Anzahl der zukünftigen Ereignisse (D_i, i=1,2) und die Gesamtbeobachtungsdauer (S_i, i=1,2) in der jeweiligen Therapiegruppe werden unter Einbeziehung der bisher beobachteten Rekrutierungsrate, Dropoutrate und Inzidenzrate berechnet.

W_T ist unter Gültigkeit der Alternativhypothese H_A normalverteilt mit Erwartungswert $\mu_{T,A} = \ln\theta_A(1/E(N_1)+1/E(N_2))^{-0.5}$ und der Varianz $\mathrm{var}_{T,A} = 1/(N_1+E(D_1))+1/(N_2+E(D_2))$, so daß die CP-Funktion angegeben werden kann als

$$\gamma_T(\theta_A) = \begin{cases} \text{einseitiger Test} \\ \Phi(z_\alpha - \mu_{T,A} / \sqrt{\mathrm{var}_{T,A}}) \qquad\qquad \text{für } H_0 : \lambda_2 < \lambda_1 \\ \text{zweiseitiger Test} \\ \Phi(z_{\alpha/2} - \mu_{T,A} / \sqrt{\mathrm{var}_{T,A}}) + 1 - \Phi(z_{1-\alpha/2} - \mu_{T,A} / \sqrt{\mathrm{var}_{T,A}}) \end{cases}$$

(Detaillierte Herleitungen in Andersen und Ulm/Aydemir)

3. Anwendungen

Die Conditional Power wird im folgenden an zwei abgeschlossenen Studien des Biometrischen Zentrums für Therapiestudien veranschaulicht.

Studie über das kleinzellige Bronchialkarzinom

In dieser randomisierten multizentrischen Studie war das primäre Ziel der Wirksamkeitsvergleich zwischen einer reinen Chemotherapie versus einer kombinierten Chemo- und Strahlentherapie. Als klinisch relevanter Unterschied wurde eine Verbesserung der medianen Überlebenszeit von 8 Monaten auf 13 Monate mit der zusätzlichen Strahlentherapie angesetzt, d.h. ein relatives Risiko von 0.60. Bei einer Rekrutierungsperiode von vier Jahren und einer Nachbeobachtungsperiode von einem Jahr wurde die notwendige Gesamtpatientenzahl auf 240 geschätzt (bei einer doppelten Randomisationsquote für die Kombinationstherapie).

Die ZA sechs Monate vor Beendigung der regulären Rekrutierung ergab, daß in 3.5 Jahren lediglich 91 Patienten randomisiert werden konnten. Die Rekrutierungsfrequenz lag somit 50% unter dem geplanten Level. Ein Therapieunterschied war statistisch nicht nachweisbar bei einem relativen Risiko von $\theta=0.74$ (Tab. 1).

Diese Studie wurde damals aufgrund der niedrigen Rekrutierung vorzeitig abgebrochen.

Die CP-Funktion zum Zeitpunkt der oben genannten ZA (Abb. 1) weist einen allgemein sehr flachen Verlauf auf, d.h. die Wahrscheinlichkeit am Ende der Studie einen Therapieunterschied zu sehen, ist - wie auch immer die weitere Entwicklung des relativen Risikos sein wird - sehr gering. Dieses Ergebnis bestätigt die damalige Entscheidung des vorzeitigen Studienabbruchs.

	Chemo	Kombination
randomisiert	27	64
Todesfälle	26	56
Gesamtbeobachtungsdauer in Mon.	325	944
monatliche Sterberate ($= \lambda i$)	0.080	0.060
Relatives Risiko θ		0.740
95% Kondifenzintervall		(0.47 ; 1.16)

Tabelle 1 : Ergebnis der Zwischenauswertung 3.5 Jahre nach Studienbeginn

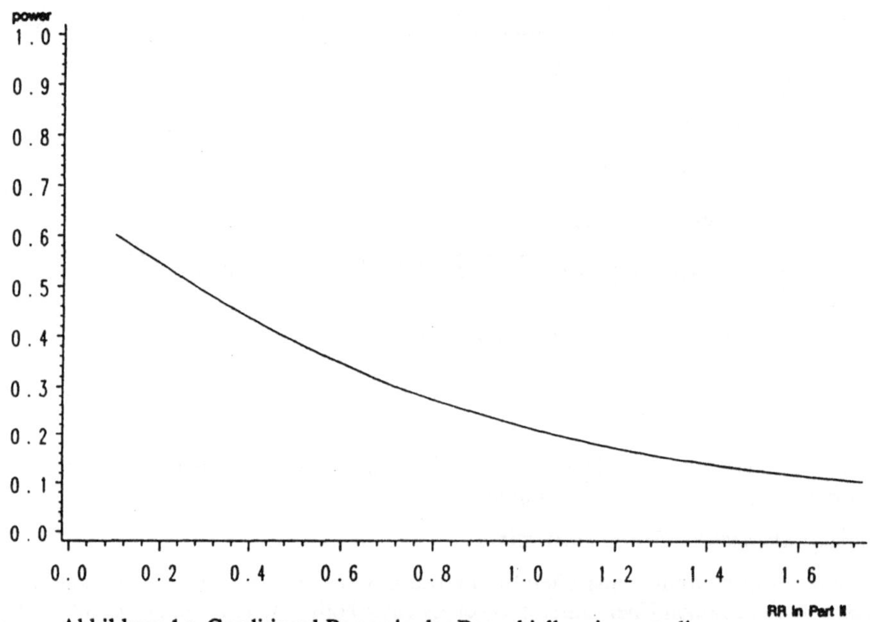

Abbildung 1 : Conditional Power in der Bronchialkarzinomstudie

Studie über maligne Hirntumoren

Diese ebenfalls randomisierte multizentrische Studie war konzipiert für den Vergleich einer Mono-Chemotherapie gegenüber einer Kombinations-Chemotherapie. Bei einer Rekrutierungsperiode von sechs Jahren und einem follow-up von einem Jahr wurden insgesamt 500 Patienten in der Studie erwartet. Der klinisch relevante Unterschied in der Überlebenszeit wurde definiert mit θ=0.78.

Zum Zeitpunkt der ZA vier Jahre nach Studienbeginn waren insgesamt 340 Patienten randomisiert. Ein Therapieunterschied in der Überlebenszeit war nicht nachweisbar; das RR betrug 0.91 (Tab.2). Die CP-Kurve in Abb. 2 kann wie folgt interpretiert werden: unter der Annahme eines konstanten Risikoverhältnisses (RR=0.91) im weiteren Verlauf der Studie, erhält man eine CP von lediglich 17%. Auch wenn das RR im weiteren Verlauf der Studie dem ursprünglich im Protokoll definierten θ=0.78 nahekäme, läge das CP bei lediglich 50%.

Die Gliomstudie wurde bis zum geplanten Ende fortgeführt. Ein Unterschied in der Überlebenszeit konnte nicht aufgezeigt werden. Ein vorzeitiger Studienabbruch wurde nicht in Erwägung
gezogen, da zum einen im Studienprotokoll weitere Ziele definiert waren, u.a die Evaluierung
von prognostischen Faktoren, und zum anderen der CP-Ansatz nicht allzu bekannt war. Es sei
hier noch vermerkt, daß die Existenz einer Therapiewechselwirkung mit dem Karnofsky-Index,
welches das bedeutendste Resultat der Endanalyse war - z.T. publiziert in Ulm et al. -, auch bereits zu diesem frühen Zeitpunkt hätte nachgewiesen werden können.

	Mono	Kombination
randomisiert	161	177
Todesfälle	92	99
Gesamtbeobachtungsdauer in Mon.	1579	1853
monatliche Sterberate (= λi)	0.058	0.053
Relatives Risiko θ	0.91	
95% Kondifenzintervall	(0.69 ; 1.20)	

Tabelle 2 : Ergebnis der Zwischenauswertung 4 Jahre nach Studienbeginn

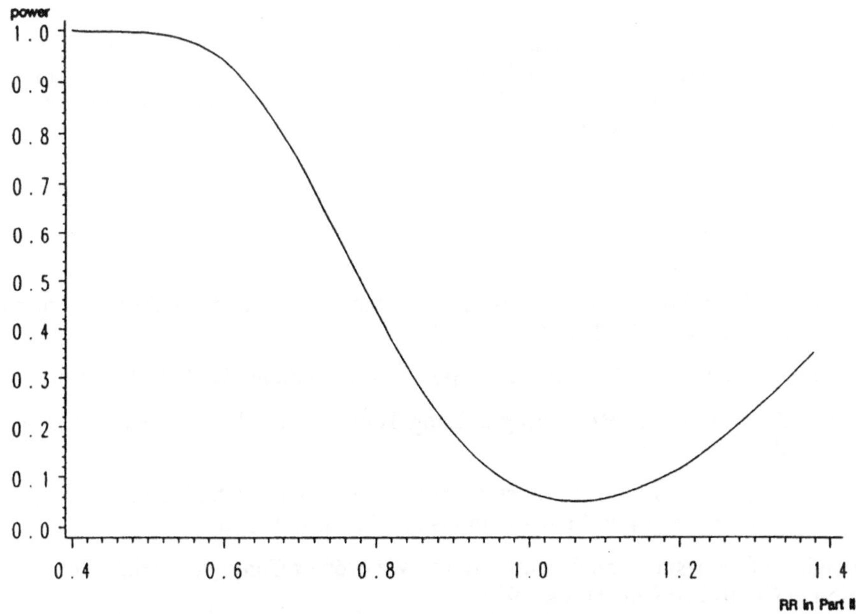

Abbildung 2 : Conditional Power in der Gliomstudie

4. Diskussion

Conditional Power Analysen sollten in die Studienprotokolle als ein Instrument zum Monitoring der Studienergebnisse aufgenommen werden.

Die CP sollte immer dann Anwendung finden, wenn sich in der ZA kein Therapieunterschied zeigt; allerdings sollte die CP erst ab einer gewissen Zeit, wie z.B. nach der Hälfte der zu randomisierenden Patienten bzw. der angesetzten Rekrutierungsdauer eingesetzt werden, um verläßliche Angaben zu bekommen. Entscheidend bei der Bewertung der CP ist auch der Krankheitsverlauf und die Inzidenzhäufigkeit: wenn die Ereignisse relativ schnell eintreten - wie in der Gliomstudie - ist die Gefahr einer Fehlentscheidung aufgrund von CP-Analysen praktisch nicht gegeben.

Bei nur einem definierten Zielkriterium kann die Entscheidung darüber, ob es sich lohnt die Studie fortzusetzen, ohne weiteres mit der CP getroffen werden.

Dagegen in Studien mit mehreren definierten Zielgrößen können Berechnungen der CP lediglich als ein Hilfsfaktor im Entscheidungsprozeß dienen.

Jedoch sollten dabei manche Gesichtspunkte nicht außer Acht gelassen werden:

- ethische Überlegungen;

Vor allem wenn eine der beiden Therapien schwerere UAW´s oder häufiger UAW´s aufweist, z.B. in placebokontrollierten Studien, und sich mit großer Wahrscheinlichkeit auch bei Fortführung der Studie kein Therapieunterschied zeigen wird, kann das Fortführen der Studie genauso problematisch sein, wie das Fortführen einer Studie bei vorzeitig nachgewiesenem Therapieunterschied.

- schnellere Entwicklung und Erforschung von Therapien, entscheidend v.a. bei Langzeitstudien;

- ökonomischer Gesichtspunkt.

Es ist kritisch abzuwägen, ob diese erwähnten Punkte in der speziellen Entscheidungssituation gewichtiger sind als das Gegenargument, klinische Studien sollten auf jeden Fall bis zum geplanten Ende durchgeführt werden, denn auch Ergebnisse von Negativstudien könnten im Rahmen von Metaanalysen weiterverwertet werden (Armitage).

Literatur

Andersen PK: Conditional Power Calculations as an Aid in the Decision whether to Continue a Clinical Trial. Controlled Clin Trials 8: 67-74, 1987.

Armitage P: Interim Analysis in Clinical Trials. Statistics in Medicine 10: 925-937, 1991.

Halperin M et al: An Aid to Data Monitoring in Long-Term Clinical Trials. Controlled Clin Trials 3: 311-323, 1982.

Ulm K et al: Strategien zur Auswertung einer Therapiestudie mit der Überlebenszeit als Zielkriterium. Biometrie und Informatik in Medizin und Biologie 20: 171- 205, 1989.

Ulm K, Aydemir Ü: Stochastic Curtailment - Should We Stop or Continue a Trial? Submitted for publication in Controlled Clin Trials, 1991.

SIMULATION VON REPLIKATIONEN ALS MITTEL ZUR BEURTEILUNG
DER AUSSAGEFÄHIGKEIT EINES GEGEBENEN
PAARES VON ÜBERLEBENSKURVEN
von Dirk Hasenclever & Oana Brosteanu
Hodgkin-Studie (GHSG), Klinik I für innere Medizin der
Universität zu Köln, Josef-Stelzmann-Str.9, W-5000 Köln 41

I. Einleitung

Im Kontext von Untersuchungen zu prognostischen Faktoren werden mitunter
scheinbar widersprüchliche Ergebnisse publiziert. Publizierte prognostische Faktoren
lassen sich häufig nicht reproduzieren. Dies kann daran liegen, daß die Fallzahl zu
klein ist, daß die Kollektive zu heterogen sind oder es sich um Explorationsartefakte
handelt.

Um in einer solchen Situation zu einer Klärung zu kommen, muß man lernen, die
Aussagefähigkeit eines neuen Paares von Überlebenskurven mit gegebenen Fallzahlen
und gegebener Verteilung der Beobachtungsdauern abzuschätzen. Es ist zu beurteilen, ob die neuen Daten mit den vorbekannten Ergebnissen vereinbar sind oder
aussagekräftig genug sind, um diese in Frage zu stellen.

Problemstellung: Entwickle eine semiformale Methode zur Beurteilung der Aussagefähigkeit eines gegebenen neuen Paares von Überlebenskurven relativ zu einem
früheren (gegebenen oder publizierten) Datensatz zur gleichen Fragestellung.

Lösungsansatz:
(1)   Simuliere virtuelle Wiederholungen der Datenerhebung, d.h. Replikationen des
        neuen Datensatzes mit gleichen Fallzahlen und den gleichen Verteilungen der
        Beobachtungszeiten in beiden Gruppen.
(2)   Unterstelle bei diesen Simulationen ein zugrundeliegendes Modell, daß die vor-
        bekannten Ergebnisse mutatis mutandis auf die Bedingungen der neuen Studie
        überträgt.
(3)   Beschreibe die Verteilung der Testgröße in diesen simulierten Datensätzen,
        bestimme ihren Erwartungswert und die Wahrscheinlichkeit, ein "signifikantes"
        Ergebnis zu erzielen.

II. Zur Durchführung der Simulationen

Für die Durchführung der Simulationen müssen gegeben sein
        a) Modellüberlebensverteilungen für die zu vergleichenden Gruppen, wie sie
        aufgrund der vorbekannten Daten zu erwarten wären
        b) die Fallzahlen und die Verteilungen der Beobachtungszeiten in den Gruppen
        des neuen Datensatzes.

Die Simulation einer Replikation erfolgt, indem für jeden Fall eines jeden Armes des neuen Datensatzes
a) gemäß der entsprechenden Überlebensverteilung eine Überlebenszeit SV
b) gemäß der zugehörigen Beobachtungsverteilung eine Beobachtungszeit BEOB und
mittels Zufallsgenerator erzeugt wird.

Falls SV ≤ BEOB ist ein Ereignis eingetreten und die Zeit bis zum Ereignis ist SV, anderenfalls ist die Beobachtung zur Zeit BEOB zensiert.

Die beiden Arme des Pseudodatensatzes werden z.B mittels des Logranktests verglichen und der resultierende Testwert gespeichert. Dies wird hinreichend oft (z.B. 5000 mal) wiederholt. Eine solche Rechnung läßt sich mit etwas Geduld auf einem AT-PC durchführen.

1. Die Übertragung der vorbekannten Resultate als Simulationsgrundlage auf die Bedingungen des zubeurteilenden Datensatzes

Sind die individuellen Lebenszeiten bzw. Zensurzeitpunkte des früheren Datensatzes verfügbar, so könnte man die geschätzten empirischen Verteilungsfunktionen zugrundelegen. Dazu muß jedoch die Zusammensetzung der Kollektive und die Behandlungsmodalitäten vergleichbar sein. Dies wird nur ausnahmsweise z.B. dann der Fall sein, wenn man an einer ersten Studienkohorte eine Hypothese gewonnen hat, die man an einer unmittelbar anschließenden Kohorte in derselben Studie bestätigen möchte (vgl. Fallbeispiel 2 unten).

In der Regel kann man jedoch die Überlebenskurven höchstens punktweise einer Publikation entnehmen, und die Zusammensetzung der Kollektive und die Behandlungsmodalitäten in den älteren und den neuen Daten sind nicht direkt vergleichbar.

Dieser Heterogenität kann Rechnung getragen werden, indem für beide Datensätze ein Proportional-Hazard-Modell unterstellt wird - jedoch mit unterschiedlichen Baseline-Hazards. Als Simulationsgrundlage kann man dann annehmen, daß das relative Risiko gleich ist.

Das relative Risiko läßt sich leicht aus den publizierten Kurven ablesen:

$$R = \ln(S_{Gruppe1}(t)) \, / \, \ln(S_{Gruppe2}(t)) \quad \text{für alle t (O.E. R > 1)}$$

Die zeitliche Konstanz von R ist eine Möglicheit die PH-Hypothese zu überprüfen.

Weiter kann angenommen werden, daß die eventuell andersartige Zusammensetzung des neuen Datensatzes ausreichend im Niveau der gepoolten (beide Arme zusammen) Überlebensverteilung des neuen Datensatzes reflektiert wird.

Wir bestimmen deshalb die zugrundezulegenden Modellkurven S_1 und S_2 durch die folgenden Bedingungen:

i) Gepoolt sollen S_1 und S_2 mit der tatsächlich beobachteten neuen gepoolten Überlebenskurve übereinstimmen:

$$S_{pool}(t) = a*S_1(t) + (1-a)*S_2(t) \qquad \text{für alle } t \geq 0,$$

a ist dabei der relative Anteil der Gruppe1 im neuen Datensatz.

ii) S_1 und S_2 sollen ein Proportional-Hazard-Modell erfüllen

$$S_1 = SV_{base}**z_1 \qquad \text{und} \qquad S_2 = SV_{base}**z_2$$

mit einem relativen Risiko von R: $R = z_1/z_2$.

iii) Die baseline-Überlebenskurve S_{base} soll möglichst gut mit S_{pool} übereinstimmt; diesbezüglich kann man noch vorschreiben, daß sie zu einem weiteren Zeitpunkt z.B. nach 7/8 aller Beobachtungszeiten zusammenfallen.

Aus diesen Bedingungen läßt sich S_{base} und damit S_1 und S_2 punktweise als Nullstelle einer nichtlinearen Gleichung berechnen.

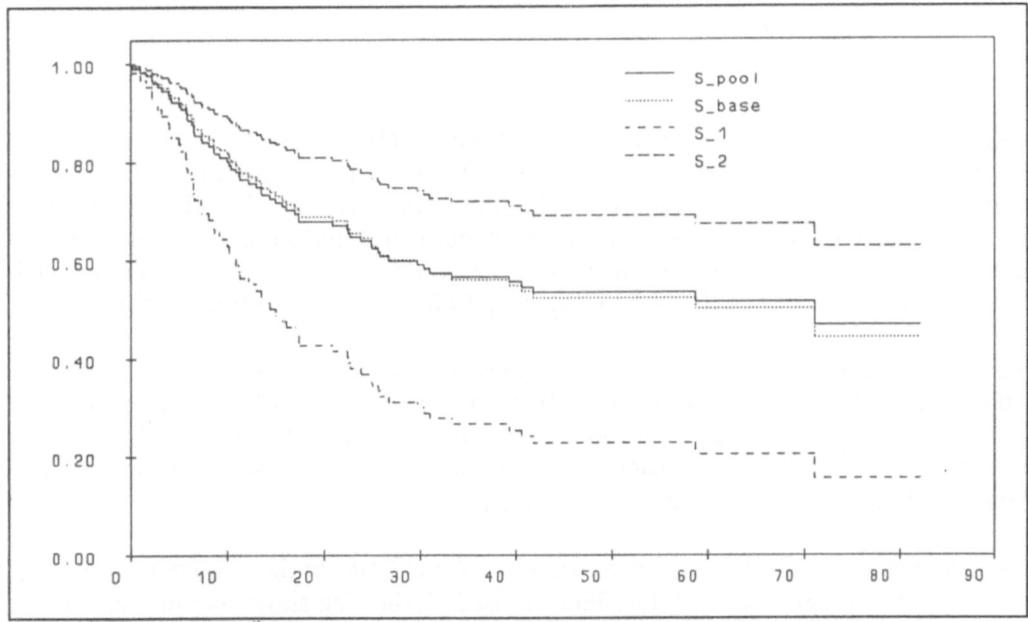

Abb. 1 Illustration zur Übertragung eines relativen Risikos (hier R=4)

2. Die Beschreibung der Verteilung der Beobachtungszeiten

Die Schwierigkeit bei der Schätzung der Verteilung der Beobachtungsdauern besteht in der Frage, wie die Beobachtungszeiten der Toten zu berücksichtigen sind. Wir unterstellen, daß die Toten eine nicht beobachtbare, virtuelle Beobachtungszeit haben, die im Intervall zwischen Tod und der aufgrund des Zeitpunkts ihres Eintritts in die Studie berechneten maximal möglichen Beobachtungszeit liegt.

Wir benutzen nun den TURNBULL-Schätzer für intervallzensierte Failure-time-Daten zur Bestimmung der Verteilung der Beobachtungszeiten. Die vielfach geübte Praxis den KAPLAN-MEIER-Schätzer zu verwenden und die Toten einfach rechts-zuzensieren liefert in der Regel zu optimistische Verteilungen der Beobachtungs-zeiten.

3. Glättung der Verteilungen

Da anzunehmen ist, daß die "wahren" Verteilungsfunktionen stetig und glatt sind, interpolieren wir linear zwischen den Mittelpunkten der vertikalen und horizontalen Geradenstücke der Verteilungskurven.

III. Anwendungen

Fallbeispiel 1   Im Rahmen der klinischen Studien HD1-3 der Deutschen Hodgkin Studien Gruppe (GHSG) (Leiter: Prof. V. Diehl) wurden Patienten mit Morbus Hodgkin, einem Lymphknotenkrebs, behandelt. Die histologischen Befunde dieser Patienten wurden von einem Referenzpanel begutachtet und subklassifiziert. Ein Ziel dieser Untersuchungen war, die prognostische Relevanz einer gewissen Unterschei-dung zwischen einem histologischen Typ I und einem Typ II zu überprüfen.

Diese Unterscheidung war von einer englischen Gruppe vorgeschlagen und ihre prognostische Relevanz für das Überleben an 1659 Patienten beschrieben worden. Eine niederländische Gruppe mit 96 Patienten konnte u.a. die prognostische Rele-vanz der Unterscheidung "hochsignifikant" bestätigen, eine dänische Gruppe mit 208 Patienten fand keinen signifikanten Unterschied.

Die Ergebnisse der GHSG zeigen einen schwachen Trend in die erwartete Richtung, der jedoch nicht-signifikant ist. Die Fallzahl ist 232, die sich stark asymetrisch auf die Untergruppen verteilt (TypI: 200, TypII:32).

Einige der beteiligten Kliniker werteten dieses Ergebnis spontan als Beleg dafür, daß "unsere verbesserte Chemotherapie diesen prognostischen Faktor nun unterdrückt".

Unsere Überlegungen sind entstanden, um einer solchen Überinterpretation argumentativ entgegentreten zu können.

Aus den publizierten Kurven der englischen Gruppe ergibt sich ein relatives Risiko von R ≈ 2,2. Der Median des p-Werts der Logrank-Testgröße bei Zugrundelegung dieses Effekts und unserer Fallzahlen und Beobachtungsverteilungen ist 0,14; beobachtet wurde p=0,15. Wir schließen daraus, daß unsere Ergebnisse, obgleich nichtsignifikant, genau dem entsprechen, was aufgrund der vorbekannten Daten zu erwarten war.

Die Power, mit unseren Daten einen auf dem 5%-Niveau signifikanten Unterschied aufzudecken, ist nur 34%! Mit den Fallzahlen der englischen Gruppe (n=1659) hingegen müßte sich der Effekt mit ca. 95% Power reproduzieren lassen; für eine Power von 80% benötigte man wegen der asymetrischen Gruppenaufteilung ca. 900 Patienten. Es ist daher auch nicht verwunderlich, daß andere Gruppen mit 90-350 Patienten zu unterschiedlichen Ergebnissen kommen.

<u>Fallbeispiel 2</u>: In einer explorativen Analyse einer ersten Teilkohorte der Studie HD3 (fortgeschrittener Morbus Hodgkin) zeigte sich ein hochsignifikanter prognostischer Effekt eines Laborparameters (Vgl. LOEFFLER et al., Recent Results in Cancer Research 117, Springer 1989, S142-162). Unterstellt man den gefundenen Effekt in Form der empirischen Failure-time-Kurven, so beträgt die <u>Reproduzierbarkeit</u>, d.h. die Power, diesen Effekt mit einem Datensatz gleicher Fallzahl und Beobachtungsverteilung erneut auf dem 5%-Niveau nachzuweisen, ca. 80%. Da in zwei vergleichbaren Folgekohorten mit ähnlichen Fallzahlen und Beobachtungszeiten sich der Unterschied nicht erneut signifikant zeigt, schließen wir, daß es sich bei dem ersten Befund mit hoher Sicherheit um ein Explorationsartefakt handelte.

IV. Zusammenfassung

Die vorgeschlagene Simulationsmethode erlaubt semiformale Aussagen zur Kompatibilität eines gegebenen Paares von Überlebenskurven mit publizierten Ergebnissen. Dies ist im Zusammenhang mit der Interpretation prognostischer Faktoren nützlich. Darüberhinaus hilft die Bestimmung der Reproduzierbarkeit bei der Beurteilung des Evidenzwertes eines Datensatzes.
(BMFT Förderung 01ZP550A)

Literatur:

TURNBULL,B.W.: The Empirical Distribution Function with Arbitrarily Grouped, Censored and Truncated Data, J Royal Stat Soc, SerB 38,290-295 (1976)
EFRON,B.: Censored Data and the Bootstrap, J Amer Stat Assoc Vol 76 No 374, 312-319 (1981)

Auswahl von Endpunkten für klinische Studien am Beispiel unerwünschter Reaktionen während der Narkoseeinleitung bei chirurgischen Patienten

H. Sitter[1], W. Lorenz[1], A. Doenicke[2]

[1]Institut für Theoretische Chirurgie, Universität Marburg, Lahnberge, W-3550 Marburg,

[2]Institut für Anästhesiologie, Bereich Poliklinik, Universität München, Pettenkoferstr. 8a, W-8000 München

Zusammenfassung

Während der Narkoseeinleitung und der Vorbereitung des chirurgischen Patienten auf die Operation werden innerhalb eines Zeitraumes von ca. 30 min. bis zu zehn verschiedene Medikamente und Maßnahmen appliziert, die Komplikationen hervorrufen können. Ein Beispiel dafür ist die perioperative Histaminfreisetzung. In vier Studien wurden nach bestimmten Maßnahmen (1. Histamininjektion, 2. Haemaccel, 3. Atracurium, 4. Epontol) Symptome selektiert, um Histaminfreisetzungsreaktionen anhand eines Gold Standard zu klassifizieren. Dabei ergaben sich bei Berücksichtigung von Kausalbeziehungen für die verschiedenen Medikamente verschiedene Kombinationen der Symptome. Läßt man die Kausalität außer acht, so ergibt sich mit einer konstanten, für alle Medikamente gültigen Kombination, eine vergleichbare Richtigkeit der Diagnose.

Einleitung

Für eine klinische Studie ist eine geeignete Festlegung von Endpunkten zum Vergleich therapeutischer Maßnahmen und Medikamentenwirkungen notwendig und besonders wichtig. Die Komplexität dieser Entscheidungen wird bei den im folgenden beschriebenen Studien, die die Narkoseeinleitung und Vorbereitung des chirurgischen Patienten auf die Operation betreffen, deutlich. Dabei werden innerhalb von 30 - 40 min. bis zu zehn verschiedene Medikamente verabreicht, wovon jedes unerwünschte Reaktionen (z. B. kardiovaskuläre Instabilität und respiratorische Störungen) und daraus folgend postoperative Komplikationen verursachen kann [5]. Inwieweit es möglich ist, solche unerwünschten Reaktionen, die aufgrund präoperativer Histaminfreisetzungen ausgelöst werden, durch entsprechende Prophylaxemaßnahmen zu unterbinden, ist Gegenstand einer andauernden umstrittenen Diskussion. Die hier dargestellten Untersuchungen sollen gemeinsam mit einer Definition der Begriffe "Histaminfreisetzung" und "Histaminfreisetzungsreaktion" zu einer Klassifikation der histaminbedingten Reaktionen führen.

Antihistaminikaprophylaxe

Der Nutzen und Sinn von Prophylaxemaßnahmen kann anhand verschiedener Kriterien wie z. B. der Häufigkeit des Auftretens der unerwünschten Reaktion, deren Schweregrad, der Anwendbarkeit der Prophylaxe und deren Nebenwirkungen und des Kosten-Nutzen-Effektes bewertet werden. Für eine kausale Prophylaxe ist jedoch die Zuordnung gewisser Reaktionen zu einem bestimmten Mediator unerläßlich [2]. Daher ist eine Klassifikation der unerwünschten Reaktionen, die durch die Freisetzung des Mediators Histamin verursacht werden und deren Abhängigkeit von den unterschiedlichen Medikamenten und Maßnahmen im perioperativen Zeitraum nötig [4]. Wie Lorenz in [1] zeigte, ist die Definition einer Histaminfreisetzungsreaktion paradigmaabhängig. Als Paradigma 1 werden für die Definition die klassischen Zeichen der systemischen Anaphylaxie (Hautreaktionen, Hypotension, Bronchospasmus), als Paradigma 2 die Bestimmung der Histaminspiegel im Blutplasma und die Beobachtung der Symptomatik verwendet. Paradigma 1 führt zu einer niedrigen, Paradigma 2 zu einer hohen Inzidenz von Histaminfreisetzungsreaktionen. Bei Anwendung von Paradigma 2 muß aus der Gesamtheit der beobachteten Symptome eine geeignete Kombination selektiert werden, welche sich durch eine hohe Inzidenz der Einzelsymptome, einen kausalen Zusammenhang, eine kleine Anzahl von Indicants, klinische Relevanz und leichte Zugänglichkeit auszeichnet.

Gold Standard

Um festzustellen, ob die Histaminfreisetzungen nicht nur durch die Gabe von Medikamenten, sondern auch durch Artefakte (z. B. Streß) verursacht werden, wurde 30 Probanden Histamin (450 ng/kg Körpergewicht) und 30 weiterer Probanden eine Kochsalzlösung injiziert. Daraufhin wurden die Plasmahistaminspiegel bestimmt. Dabei zeigte sich, daß die Histaminfreisetzung nicht wesentlich von Artefakten beeinflußt wurde. Nach 30 Histamininjektionen wurde 29 mal ein erhöhter Plasmahistaminspiegel gemessen, nach 30 Injektionen mit Kochsalzlösung jedoch nur 2 mal. Damit ist also die Bestimmung des Plasmahistaminspiegels ein geeigneter Gold Standard zur Diagnose von Histaminfreisetzungsreaktionen [7]. Als Histaminfreisetzung wird ein gegenüber dem Basiswert um mehr als das Dreifache des relativen Variationskoeffizienten des fluorometrischen Assays [3] erhöhter Plasmahistaminspiegel bezeichnet. Um eine Reaktion als

Histaminfreisetzungsreaktion zu erkennen, wird folgendermaßen vorgegangen: In einer kontrollierten Studie erhält eine Gruppe eine Prämedikation mit $H_1 + H_2$ - Rezeptorantagonisten und eine andere Placebo. Nach der Gabe eines Medikamentes, das als potentieller Histaminliberator angesehen wird, werden in beiden Gruppen die klinischen Zeichen erfaßt und die Plasmahistaminspiegel gemessen. Tritt ein Symptom bei erhöhtem Plasmahistaminspiegel in der Placebogruppe signifikant häufiger auf als in der Testgruppe, so wird dies als Histaminfreisetzungsreaktion gewertet, da die $H_1 + H_2$ - Antagonisten histaminvermittelte Reaktionen blocken.

Patienten und Methoden

Vier randomisierte kontrollierte klinische Studien wurden im gleichen Design durchgeführt, bei denen die Studienteilnehmer je zwei Gruppen ($H_1 + H_2$ - Antagonisten Prämedikation und Placebo) zugeteilt wurden. In allen Studien wurden die Plasmahistaminspiegel mit dem fluoroenzymatischen - fluorometrischen Assay [3] gemessen, außerdem wurden die auftretenden Symptome und Merkmale beobachtet und registriert. In *Studie 1* (2 x 15 Probanden) erhielt jeder Proband eine Histamininjektion von 450 ng/kg Körpergewicht. Eine Histamininjektion wurde anstelle einer Histamininfusion verwendet, da eine Histaminfreisetzung ein plötzlich eintretendes Ereignis ist. Bei *Studie 2* erhielten 2 x 25 Patienten zum Narkosebeginn 500 ml des Volumenersatzmittels Haemaccel. In der *Studie 3* wurde bei 2 x 20 Patienten die Muskelrelaxation mit Atracurium durchgeführt. Schließlich wurde in *Studie 4* bei 2 x 16 Patienten Epontol als Hypnotikum während der Narkose verwendet.

Ergebnisse

Als Symptome, die auch den im Abschnitt "Antihistaminikaprophylaxe" aufgestellten Kriterien genügten, ergaben sich Tachykardie, Bradykardie, Hautreaktionen, Hypertension und Hypotension [6]. Dabei war allerdings die Zusammensetzung der Hautreaktionen aus Erythem, Quaddeln und Flush in den einzelnen Studien unterschiedlich. In Tabelle 1 ist die Häufigkeit des Auftretens klinisch relevanter Prädiktoren in der Placebogruppe und in der $H_1 + H_2$ - Gruppe der vier Studien dargestellt. Tabelle 2 zeigt die Kenngrößen der variablen Symptomenkombinationen, die jeweils auf die Placebogruppe bezogen sind.

In der *Studie 1* unterschieden sich die beiden Gruppen bezüglich der Symptome Tachykardie, Hautreaktionen und Hypertension signifikant (X^2-Test), die entsprechenden Häufigkeiten sind in

STUDIE / SYMPT.	HIST.-INJEKT.		HAEMACCEL		ATRACURIUM		EPONTOL	
	Placebo	$H_1 + H_2$	Placebo	$H_1 + H_2$	Placebo	$H_1 + H_2$	Placebo	$H_1 + H_2$
Tachykardie	11	4	10	2	3	0	16	16
Bradykardie	1	2	6	5	5	1	0	0
Hautreaktionen	14	1	11	1	9	0	11	4
Hypertension	9	3	7	0	1	0	0	0
Hypotension	5	2	3	1	8	7	13	12

Tab. 1: Klinisch relevante Prädiktoren nach Histamininjektion (15 Probanden pro Gruppe), Haemaccel (25 Patienten pro Gruppe), Atracurium (20 Patienten pro Gruppe), Epontol (16 Probanden pro Gruppe)

	Hist.-injekt.	Haemaccel	Atracurium	Epontol
Sensitivität	93 %	93 %	69 %	66 %
Spezifität	0 %	91 %	75 %	29 %
Richtigkeit	93 %	92 %	70 %	50 %
positiver Vor- hersagewert	93 %	93 %	92 %	55 %
A-priori-Wkt.	93 %	56 %	80 %	56 %

Tab. 2: Die Kombination der Symptome zur diagnostischen Entscheidungshilfe besteht nach Histamininjektion aus Tachykardie, Hautreaktionen und Hypotension; nach Haemaccel aus Tachykardie, Hautreaktionen und Hypertension; nach Atracurium aus Tachykardie, Bradykardie und Hautreaktionen und nach Epontol nur aus Hautreaktionen.

Tabelle 1 angegeben. Im Median betrug die Plasmahistaminerhöhung in der Placebogruppe 1,5 ng/ml und in der $H_1 + H_2$ - Gruppe 0,6 ng/ml. Diese Werte sind denjenigen während einer Narkose gemessenen vergleichbar. Die Kenngrößen für eine diagnostische Klassifizierung von Histaminfreisetzungsreaktionen sind in Tabelle 2 dargestellt. Die hohe Sensitivität zeigt wiederum, daß sich eine Histaminfreisetzung durch einen erhöhten Plasmahistaminspiegel manifestiert. Beim Volumenersatzmittel Haemaccel *(Studie 2)* ergaben sich als klinisch relevante Prädiktoren Tachykardie, Hautreaktionen und Hypertension (vgl. Tab. 1). Diese Variablenkombination stimmt mit der von Studie 1 überein und ergibt für die diagnostische Entscheidung (Tab. 2) eine Sensitivität, Spezifität und einen positiven Vorhersagewert von jeweils über 90 %. Allerdings zeigt sich, daß diese Variablenkombination unter Berücksichtigung des kausalen Mechanismus für die unerwünschten Reaktionen nicht auf Atracurium anwendbar ist (siehe Tab, 1), denn in *Studie 3* zeigt die Kombination der Symptome Tachykardie, Bradykardie und Hautreaktionen die besten Kenngrößen gemäß Tabelle 2. Bei Atracurium tritt also im Gegensatz zum klassischen Paradigma sowohl Bradykardie als auch Tachykardie histaminbedingt auf. Nach Epontol *(Studie 4)* zeigt Tabelle 1 nur die Hautreaktionen als geeignetes Symptom. Auch dann erhält man allerdings nur eine Sensitivität von 66 % und eine Spezifität von 29 % (Tab. 2). Ein konstanter Set von Symptomen, bestehend aus Tachykardie, Hautreaktionen und Hypotension liefert ähnliche Resultate und hat in der klinischen Routine durch die Anwendbarkeit bei verschiedenen Medikamenten Vorteile. Dabei wird aber der kausale Zusammenhang zwischen Histaminfreisetzung und unerwünschter Reaktion nicht mehr berücksichtigt.

Diskussion

Histaminfreisetzungen können durch die Messung erhöhter Plasmahistaminspiegel erkannt werden. Eine Klassifikation der durch diese Freisetzungen verursachten Reaktionen ist jedoch von dem Medikament oder der Maßnahme, die zu eben dieser Freisetzung geführt hat, abhängig. Allen Studien gemeinsam ist das Auftreten der Hautreaktionen, diese sind jedoch routinemäßig im Operationssaal bei einem narkotisierten Patienten, dessen Körper zugedeckt ist, nur schwer zu beobachten, dagegen wurden keine Bronchospasmen registriert. Eine separate Messung der unterschiedlichen Variablenkombinationen ist trotz des zusätzlichen Aufwandes nach jedem Medikament notwendig, um Histaminfreisetzungsreaktionen überhaupt zu registrieren. Nur auf dieser Grundlage kann die Wirksamkeit und der Nutzen einer Prophylaxe mit $H_1 + H_2$ - Rezeptorantagonisten nachgewiesen werden.

Literatur

[1]   W. Lorenz, Hypersensitivity reactions induced by anaesthetic drugs and plasma substitutes: influence of paradigms on incidence and mechanisms, Immunotoxicology, London 1983

[2]   W. Lorenz, A. Doenicke, H_1 and H_2 blockade: A prophylactic principle in anaesthesia and surgery against histamine release responses of any degree of severity: Part I and Part II, New England and Regional Allergy Proceedings **6**, 37-51 and 174-194, 1985

[3]   W. Lorenz, E. Neugebauer, Histamine determination: current techniques - fluorometric assays. In: Handbook of experimental pharmacology, Bd. 97 (Hrsg.: B. Uvnäs) S. 9-30, Springer, Heidelberg 1991

[4]   W. Lorenz, A. Doenicke, B. Schöning, C. Ohmann, B. Grote, E. Neugebauer, Definition of classification of the histamine-release response to drugs in anaesthesia and surgery: studies in the conscious human subject, Klin Wochenschr **60**, 896-913, 1982

[5]   W. Lorenz, H. Sitter, B. Stinner, D. Duda, B. Kapp, B. Gstrein, W. Dietz, A. Doenicke, W. Dick, Controlled clinical trials and cross-sectional studies with plasma histamine measurements and histamine receptor antagonists: solving the problem of preoperative $H_1 + H_2$ - prophylaxis by asking new questions? In: New perspectives in histamine research (Hrsg.: H. Timmermann, H. v. d. Goot) S. 197-230, Birkhäuser Verlag, Basel 1991

[6]   C. Ohmann, M. Künneke R. Zazcyk, K. Thon, W. Lorenz, Selection of variables using 'Independence Bayes' in computer aided diagnosis of upper gastrointestinal bleeding, Stat Med **5**, 503-515, 1986

[7]   D. R. Ransohoff, A. R. Feinstein, Problems of spectrum and bias in evaluating the efficacy of diagnostic tests, N Engl J Med **299**, 926-930, 1978

Schätzung von Strukturgleichungsmodellen mit ordinalen Daten
Ergebnisse einer Simulationsstudie

R. Brandmaier

Institut für Medizinische Informationsverarbeitung, Biometrie und Epidemiologie der
Ludwig-Maximilians-Universität München
Klinikum Großhadern, Marchioninistr. 15, 8000 München 70

1. Einleitung

Medizinische Tatbestände entziehen sich nicht selten einer direkten Messung. Zu messende
Tatbestände werden daher von mehreren Seiten angegangen, die Messungen liefern Hinweise
auf die Tatsachen, ohne jedoch dieselben ganz zu erfassen. Dadurch entstehen hochkorrelierte
Daten, deren Korrelationen untereinander nicht das Interesse klinischer Auswertung sein kann.
Vielmehr interessieren die Zusammenhänge zwischen den durch Messung nicht oder nicht
vollständig beobachtbaren (=latenten) Variablen. Stukturgleichungsmodelle bezeichnen eine
Klasse von linearen Modellen, die es erlauben, im Schätzvorgang auch nicht direkt beobachtbare
(=latente) Variablen einzubeziehen.

2. Anwendungsbeispiel

In einem Beispiel aus der Kinderheilkunde (Abb. 1) konnte für die Ursachenanalyse der
frühkindlichen Cerebralparese ein Erklärungsmodell gewonnen werden. Sowohl die chronische
intrauterine Asphyxie (Sauerstoffmangel im Mutterleib) wie auch die akute Geburtsasphyxie
entziehen sich einer direkten Messung. Beide nicht meßbaren (=latenten) Variablen werden über
ihre Hinweisvariablen geschätzt, durch die standardisierten Regressionskoeffizienten zwischen
den latenten Variablen wird die Kausalstruktur wiedergeben.

Von den 10 beobachteten Variablen
waren 7 dichotom und 3 kontinuierlich. Die empirische Häufigkeit der
positiven Ausprägungen der Variablen war im Bereich von 5% bis
20%. Die zur Analyse verwendete
Korrelationsmatrix wurde mit PRE-
LIS erstellt und enthielt 21 polychorische (PC), 21 polyserielle (PS) und
3 Pearsonsche Korrelationskoeffizienten (PE).

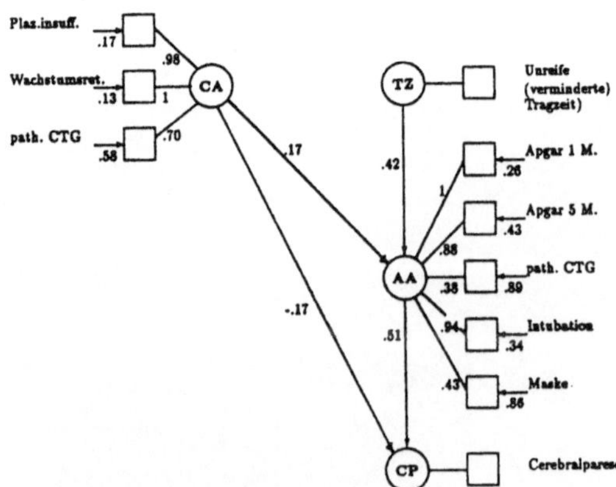

Abb. 1: Ursachen der Cerebralparese

3. Fragestellung

Bei der Schätzung von Strukturgleichungsmodellen läuft der Weg von den Rohdaten bis zur Schätzung der Modellparameter über drei Stufen.

* Schätzung von Korrelationskoeffizienten ordinaler Variabler (Olsson, 1979)

    Schätzung von Schwellenwerten

     Schätzung der Korrelationskoeffizienten der zugrundeliegenden Normalverteilung

* Parameterschätzung unter Einbeziehung der latenten Variablen (Jöreskog und Sörbom, 1989)

Es ist bekannt (siehe Tanaka, 1987, wie auch Martin, 1987), daß bei geringer Fallzahl und schief verteilten Daten die endgültige Parameterschätzung wenig genau sein kann. Beim gezeigten Modell kommt dazu, daß die Zielgröße eine Dichotomie mit geringer Häufigkeit der positiven Ausprägung (5%) war.

Frage: Mit welcher Größenordnung der Fehler muß man bei Schätzung ähnlicher Modelle rechnen?

4. Simulation ordinaler Daten

Zur Untersuchung der polychorischen Korrelationskoeffizienten sollen dichotome Variablen erzeugt werden. Das geschieht durch dichotomisieren von normalverteilten Größen unter der Annahme, daß eine $N(0,1)$ verteilte Größe ξ zugrundeliegt. Die beobachtete Dichotomie x ergibt sich aus

$$x = 0 \quad \longleftrightarrow \quad -\infty < \xi < \alpha_1$$

$$x = 1 \quad \longleftrightarrow \quad \alpha_1 < \xi < -\infty$$

mit einem Cutpoint α_1. Unter diesen Annahmen wurde ein Datensatz U aus einer multivariaten Normalverteilung $N_4(0,\Sigma)$ erzeugt mit

$$\Sigma = \begin{pmatrix} 1 & 0{,}1 & 0{,}2 & 0{,}3 \\ 0{,}1 & 1 & 0{,}5 & 0{,}7 \\ 0{,}2 & 0{,}5 & 1 & 0{,}9 \\ 0{,}3 & 0{,}7 & 0{,}9 & 1 \end{pmatrix}$$

jeweils für die Anzahl der Beobachtungen n = 200, 500, 1000, 2000, dichotomisiert in die Ausprägungen "0" und "1", jeweils mit der Häufigkeit der Ausprägung "1" $\Phi(z) = 0.975, 0.95, 0.9, 0.8, 0.65, 0.35, 0.2, 0.1, 0.05$ (resultierende Cutpoints z ergeben sich aus Dichte der Normalverteilung). Daraus Schätzung der polychorischen Koeffizienten mit PRELIS (Jöreskog und Sörbom, 1989, ma = pm), jeweils 400 Repetitionen.

5. Prüfung der polychorischen Korrelationskoeffizienten.

Die Schätzer der polychorischen Korrelationskoeffizienten waren annähernd normalverteilt mit dem Mittelwert nahe beim wahren Wert ρ. Der Bias ($\bar{\hat{\rho}}$-ρ) des Schätzers $\hat{\rho}$ ist klein (<0.01) bei allen Fallzahlen n und Cutpoints, die einer Dichotomisierung von 20% bis 80% entsprechen (Abb. 2). Er ist überwiegend negativ, besonders bei extremen Cutpoints. Die Schätzer sind nicht konsistent, weil die $\hat{\rho}$ mit wachsendem n nicht stochastisch gegen das wahre ρ konvergieren.

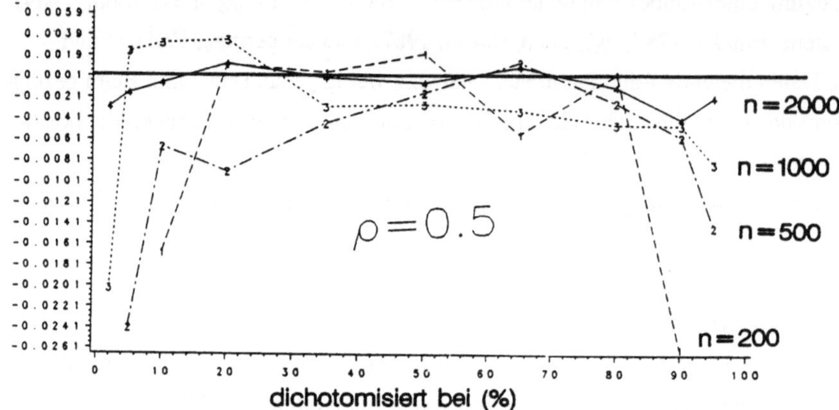

Abb. 2: Bias ($\bar{\hat{\rho}}$-ρ) der Schätzer der polychorischen Korrelationskoeffizienten

Die Güte der Schätzer ist bei der Fallzahl 200 nur an wenigen Punkten im akzeptablen Bereich (RMSE < 0.05), bei Fallzahl 2000 jedoch an fast allen. Abb. 3 zeigt die Bereiche von Cutpoints und wahrem ρ, bei denen bei den verschiedenen Fallzahlen ein RMSE unter 0.05 erzielt werden können.

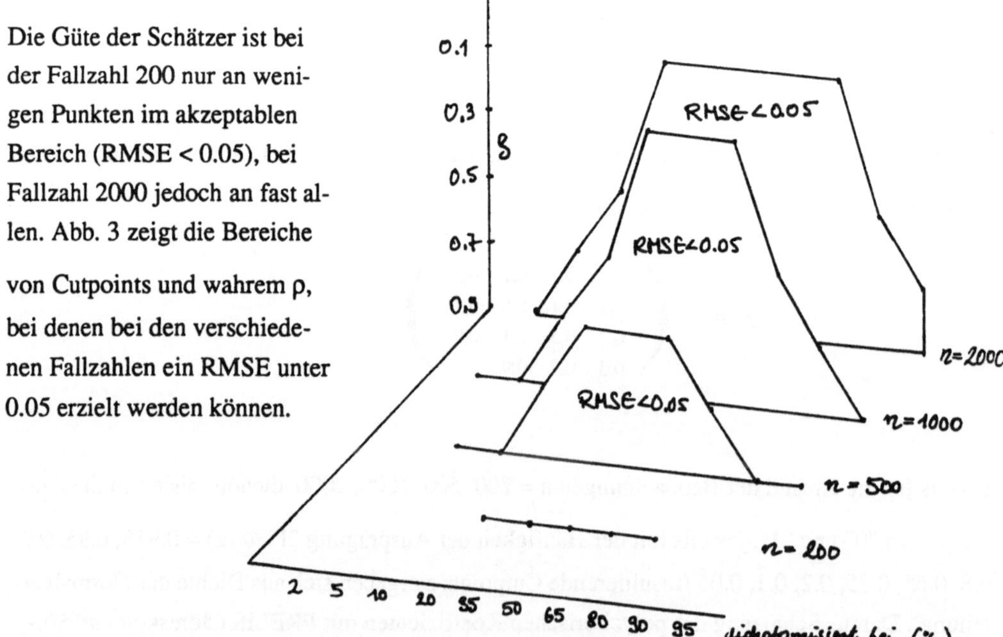

Abb.3: Bereich, in dem für polychorische Korrelationskoeffizienten dichotomer Variablen ein RMSE von unter 0.05 erzielt werden kann.

6. Simulation eines Modells

Ziel war die Erzeugung eines Datensatzes V, der die nachfolgenden Struktur- und Meßmo-
delle erfüllt.

$$\eta = \bar{B}\eta + \zeta$$
$$y = \Lambda_y\eta + \varepsilon$$

$$\text{mit } \Lambda_y = \begin{pmatrix} 1 & 0 & 0 \\ 0{,}9 & 0 & 0 \\ 0 & 1 & 0 \\ 0 & 0{,}7 & 0 \\ 0 & 0 & 1 \end{pmatrix}$$

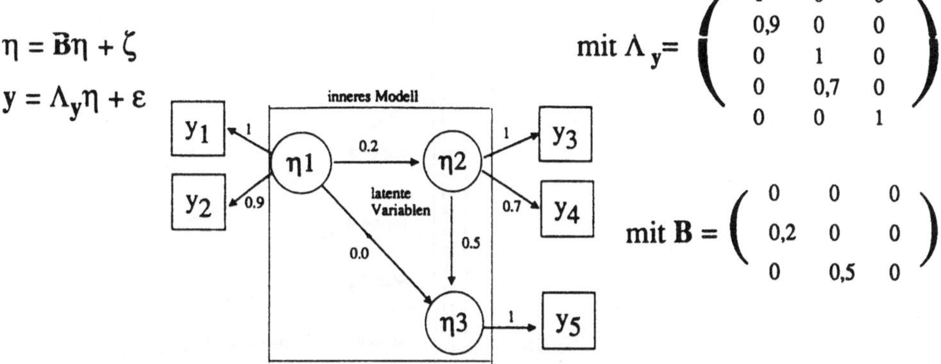

$$\text{mit } B = \begin{pmatrix} 0 & 0 & 0 \\ 0{,}2 & 0 & 0 \\ 0 & 0{,}5 & 0 \end{pmatrix}$$

Der Datensatz wurde folgenden Veränderungen unterworfen.

Modell 1: keine, alle y_i kontinuierlich

Modell 2: Zielgröße y_5 dichotomisieren bei 50%

Modell 3: Zielgröße y_5 dichotomisieren bei 5%

Modell 4: alle y_i dichotomisieren bei 50%

Modell 5: ähnlich CP-Modell, y_1, y_2 dichotomisieren bei 20%, y_3, y_4 dichotomisieren bei 10%, y_5 dichotomisieren bei 5%

Vorgehensweise:

- Erzeugung von V nach einer Idee von Lohmöller

- Schätzung der polychorischen, polyseriellen und Pearsonschen Korrelationskoeffizienten mit
PRELIS (ma = pm)

- Schätzung der Koeffizienten des Strukturmodells mit LISREL (Jöreskog und Sörbom, 1989,

WLS, reines η-Modell)

7. Effizienz der Modellschätzung

Die Schätzer der Pfadkoeffizienten der latenten Variablen $\hat{\beta}_{21}$, $\hat{\beta}_{31}$ und $\hat{\beta}_{32}$ waren annähernd

normalverteilt mit Mittelwert nahe beim wahrem Wert.

Der Bias ($\bar{\hat{\beta}}_{32} - \beta_{32}$) des Schätzers $\hat{\beta}_{32}$ war bei allen Fallzahlen n bei Modell 1 bis 4 unter

0.005, auch schon bei kleinen Fallzahlen (Abb. 4). Die Schätzer sind nicht konsistent, weil sie
mit wachsenden Fallzahlen nicht gegen den wahren Wert konvergieren.

Die Güte der Schätzer nimmt mit steigender Fallzahl zu (RMSE wird kleiner). Abb. 5 zeigt den

Verlauf des RMSE für $\hat{\beta}_{32}$. Bei dem in Frage stehenden Modell 5 sank der RMSE bei Fallzahl

2000 auf 0.08, was in einem akzeptablen Bereich liegt. Der Verlauf und die Größenordnung des

RMSE war für $\hat{\beta}_{31}$ und $\hat{\beta}_{21}$ ähnlich.

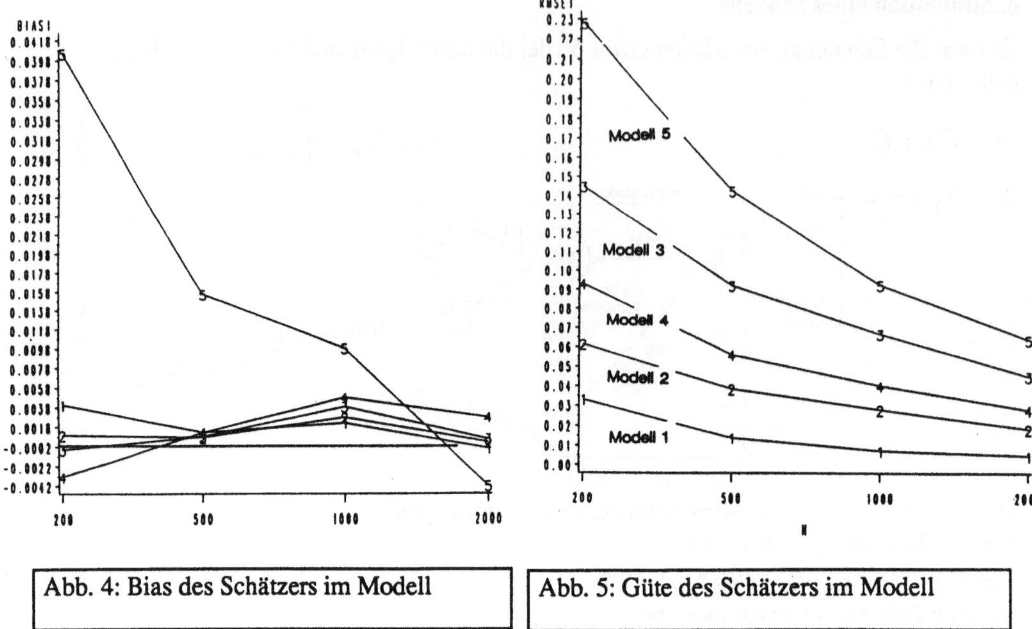

Abb. 4: Bias des Schätzers im Modell
Abb. 5: Güte des Schätzers im Modell

Zusammenfassung

Gemäß den Simulationsergebnissen ist der polychorische Korrelationskoeffizient ein effizienter Schätzer der bivariaten Normalverteilung, die den dichotomen Variablen zugrundeliegt. Bei geringen Fallzahlen und kleinen Randwahrscheinlichkeiten kann der Fehler jedoch schnell groß werden.

Ein zweistufiges Vorgehen, bei dem aus dichotomen und kontinuierlichen Variablen Matrizen gemischter Korrelationskoeffizienten gewonnen werden und aus diesen das Modell mit LISREL7 und WLS geschätzt wird, liefert effizienten Schätzer für die Pfadkoeffizienten der latenten Variablen. Dabei ist zu beachten, daß die alleinige Dichotomisierung der Zielgröße die Güte der Schätzer um den Faktor 2 beeinträchtigt. Bei dem der Original CP-Auswertung entsprechenden Modell konnten erst bei Fallzahl 2000 brauchbare Ergebnisse erziehlt werden.

Facit: PRELIS + LISREL (PM) geben unter Extrembedingungen effiziente, jedoch nicht konsistenten Schätzer (Fallzahl!)

Literatur

Jöreskog K., Sörbom D., LISREL7, User´s reference guide, Scientific Software Inc., 1989

Jöreskog K., Sörbom D., PRELIS: a preprocessor for LISREL, A program für multivariate data screening and summarization, Scientific Software Inc. , 1988

Lohmöller B., LVPGEN, a data generation program in: LVPLS, Benutzeranleitung

Martin J.A., Structural equation models: a guide for the perplexed, Child Development 58, 1987, 35 - 37

Olsson U., Maximum likelihood estimation of the polychoric correlation coefficient, Psychometrika 44, 1979, 443-460

Tanaka J. S., "How big is enough?": Sample size and Goodness of Fit in structural equation models with latent variables, Child Development 58, 1987, 184 - 146

Die Anwendung mathematischer Modelle zur Simulation am Beispiel eines klinischen Kontrollsystems für eine patientenspezifische Heparinisierung während der Hämodialyse

K. P. Maag[1], A. Mahiout[2]

1) LMU München, IBE, D-8000 München, 2) MHH Hannover, Abt. für Nephrologie, D-3000 Hannover

Bei jedem extrakorporalen Kreislauf kommt es zum Kontakt zwischen Blut und verschiedensten nichtbiologischen Materialien. Dies führt zur Aktivierung des Gerinnungs-, bzw. Komplementsystems und den damit verbundenen Wechselbeziehungen zum Bradykinin-Kinin- und Fibrinolysesystem. Diesen Prozessen wird durch zwei Ansätze versucht entgegenzusteuern. Zum Einen durch die Entwicklung von Oberflächenmaterialien mit einer bestmöglichen Biokompatibilität und der Gabe von die plasmatische Gerinnung hemmenden Substanzen. Als Antikoagulanz wird hierbei in der Routine seit 1944 Heparin verwandt. Verschiedene Studien (2, 5) zeigen eine inter- wie intraindividuell unterschiedliche Pharmakokinetik von Heparin. Dosierungsschemen, basierend auf Parametern wie Körpergewicht, Körpergröße, Geschlecht, Alter und anderen (2, 4), erwiesen sich als unzulänglich, eine patientenspezifische Heparinisierung zu gewährleisten. Darüber hinaus weisen die handelsüblichen Heparine bei einem Molekulargewicht von 5.000 bis 60.000 Dalton chargenabhängig Unterschiede in ihrer Wirksamkeit auf.

Zur Abbildung der Pharmakokinetik und Dynamik von Heparin werden drei Modelle betrachtet. Diese unterscheiden sich sowohl in den zugrundeliegenden biochemischen Annahmen, wie auch wesentlich in ihrer Komplexität. Aufzuzeigen war, welches dieser unterschiedliche Hypothesen der Metabolisierung von Heparin repräsentierenden Modelle eine adäquate Beschreibung der Pharmakokinetik von Heparin darstellte. Die Validierung erfolgte an zwei Datensätzen. Einer publizierten Studie von Olsson (15) und eigenen, in einem Dialysezentrum vorgenommen Messungen. Für den Einsatz im klinischen Alltag einer Hämodialysestation wurde ein Modell für eine patientenspezifische Heparinisierung entwickelt und auf einem PC implementiert. Zielsetzung war hierbei die Ermittlung der geringstmöglichen Heparindosis, um das Blutungsrisiko zu minimieren, ohne Thrombosierungsphänomene zu beobachten.

Modelle zur Darstellung der Pharmakokinetik von Heparin

Beschrieben werden soll die Konzentration eines Pharmakons, hier Heparin, zum Zeitpunkt t im Organismus. Angenommen wird, daß intravenös appliziertes Heparin sich gleichmäßig im Blut, dem Verteilungsvolumen, verteilt und letztlich zur Herstellung des ursprünglichen Fließgleichgewichts wieder eliminiert wird. Erfolgt dieser Eliminationsvorgang derart, daß die Konzentrationsabnahme immer abhängig von der jeweiligen Gesamtkonzentration ist, erhalten wir ein lineares Modell oder auch eine Elimination erster Ordnung. Während dies für eine Vielzahl von Pharmaka gilt, finden wir bei Heparin eine dosisabhängige Eliminationscharakteristik - gleichzeitig mit der Dosis steigt die Halbwertzeit.

Einfaches Inhibitionsmodell

Das Metaboliten-Inhibition Modell (16, 19) beschreibt den Eliminationsmechanismus von Heparin folgendermaßen. Der antikoagulatorische Effekt von Heparin hängt von der Kettenlänge ab. Enzyme spalten die Ketten in Fragmente unter Verlust ihrer antikoagulatorischen Wirkung. Diese konkurrieren mit

Heparin um das, beziehungsweise die aktiven Zentren der Enzyme. Die Enzyme sind substratspezifisch. Angenommen wird, daß das Substrat Heparin H nur in das Produkt P oder das inhibitorisch wirksame Produkt I umgewandelt wird. Der Enzym-Heparin-Komplex EH zerfällt wieder in E + H und E + P. Bildungs- und Zerfallsgeschwindigkeit des EH -Komplexes sind gleich ($k_{-s} = k_{+s}$).

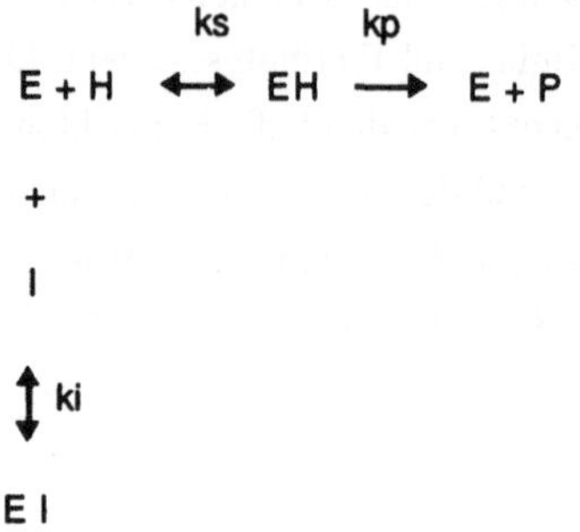

Die Reaktionsgeschwindigkeiten ergeben unter Gleichgewichtsbedingungen die Differentialgleichungen des Modells für die Heparinkonzentrationen. Mit der Dissoziationskonstante k_i für den [EI]-Komplex, k_s für den [EH]-Komplex und k_p wie der maximalen Reaktionsgeschwindigkeit V_{max} gilt für die Heparin- (H) und Inhibitorenkonzentration:

Abb. 1 - Gleichgewichtsreaktionen des einfachen Inhibitionsmodells

$$\frac{dH}{dt} = I_r - \frac{V_{max}[H]}{k_s\left(1 + \frac{[I]}{k_i}\right) + [H]}$$

$$\frac{dI}{dt} = \frac{V_{max}[H]}{k_s\left(1 + \frac{[I]}{k_i}\right) + [H]} - k_p[I]$$

Phagozytose - Modell

Nach Glimelius (8) erfolgt eine Bindung von Heparin an Endothelzellen. Er beschreibt dies als einen zeitabhängigen, reversiblen und spezifischen Prozeß mit Sättigungskinetik. Mc Avoy (14) beschreibt diese Kinetik wie folgt

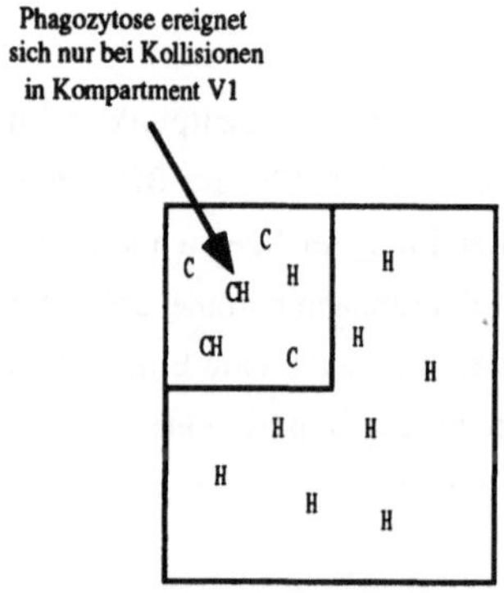

Der gesamte Heparinverlust ergibt sich als Summe des Verlustes durch Phagozytose und des Verlustes durch eine lineare Elimination. Unter Berücksichtigung einer kontinuierlichen Infusion I_r von Heparin gilt

Abb.2 - Schematisches Diagramm des Phagozytosemodells - C = Phagozytosezellen, H = Heparinmoleküle

$$-V\frac{dH}{dt} = -I_r + k_1 C H V_1 + k_2 H V$$

Die Lebensdauer von Phagozytosezellen wird dahingehend berücksichtigt, daß eine Zelle jeweils nach der Phagozytose von n Heparinmolekülen abstirbt. Es sei G die Produktionsrate von Phagozytosezellen, L die Verlustrate. Dabei gilt unter steady-state Bedingungen $G - L = 0$, ansonsten $G - L = k_3 (C_0 - C)$.

$$-\frac{dC}{dt} = \frac{k_1 C H}{n} - k_3(C_0 - C)$$

Kompartmentmodell erster Ordnung

Ausgehend von der Beschreibung eines Eliminationsprozesses erster Ordung für Heparin entwickelten neben anderen Gotch und Keen (10) ein mathematisches Modell zur Heparinisierung. Dieses wurde in der Routinedialyse (7) und auch später bei der postinfarziellen Gabe von Heparin (6, 7) angewandt.

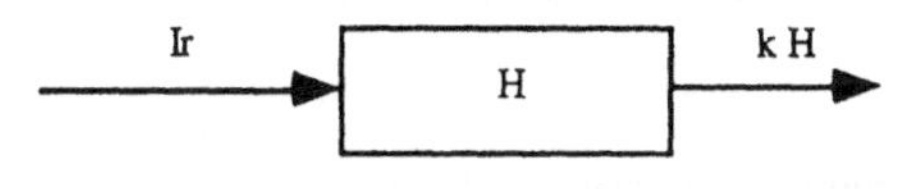

Die allgemeine Modellgleichung lautet

$$\frac{dH}{dt} = I_r - kH$$

Abb. 3 - offenes Ein-Kompartmentmodell;
Ir = Infusionsrate,
k = Eliminationskonstante für Heparin .

Ergebnisdarstellung

Die Validierung der Modelle anhand der zwei Datensätze zeigte keine relevanten Unterschiede. Die Anpassung erfolgte mit dem Programm AR aus dem BMDP-Statistikprogramm. Die Differentialgleichungen wurden nach dem Verfahren von Runge-Kutta-Fehlberg (17) gelöst. Exemplarisch sind je ein Beispiel aus jedem Datensatz aufgezeigt.

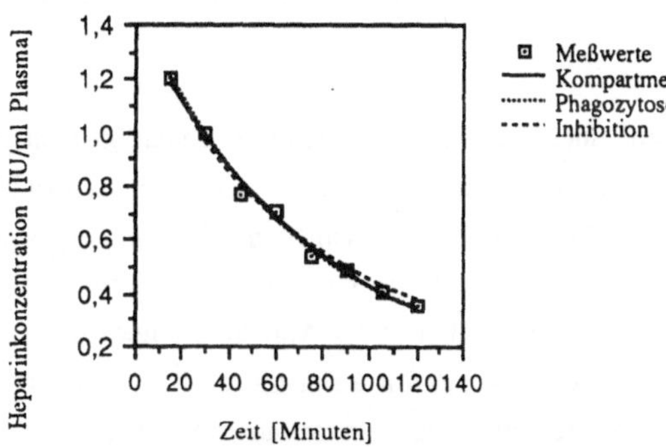

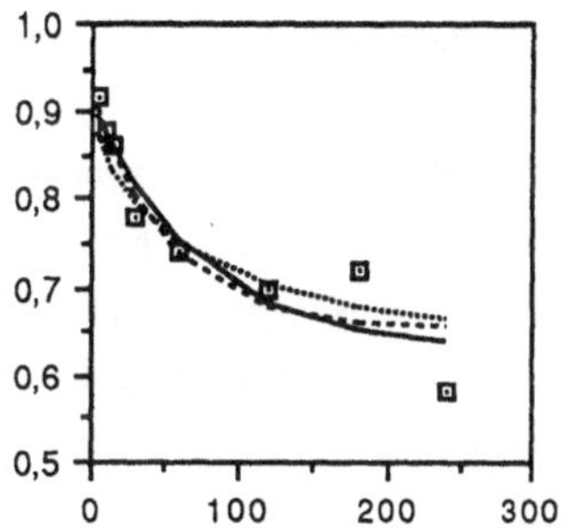

Abb. 4a - gesunder Proband (Literaturdaten)

Abb. 4b - Dialysepatient

Für das Inhibitionsmodell werden Schätzwerte für die Parameter V_{max}, k_s, k_p und k_i benötigt. Das Phagozytosemodell erfordert die Schätzung der Parameter k_1, k_2, k_3 und C_0. Zur Schätzung der Modellparameter sind eine große Zahl von Meßwerten erforderlich. Aufgrund ihrer interindividuellen Variabilität können keine Mittelwerte betrachtet werden. Die Voraussetzungen eines einfachen, leicht handzuhabenden und durchsichtigen Modells sind somit trotz der formal bestechenden Ansätze hier nicht gegeben. Das beschriebene Ein-Kompartmentmodell benötigt zur Bestimmung der Heparinkonzentration als einzigen Parameter die Heparin-Eliminationskonstante. Dies wird im Folgenden als Grundlagenmodell betrachtet.

Die Analyse der Meßergebnisse, wie auch die retrospektive Untersuchung der Meßdaten von Olsson zeigten relevante Unterschiede der Patienten bezüglich der Eliminationskonstanten k. Einflußfaktoren wie Alter, Geschlecht, Körpergröße, Körperoberfläche, Körpergewicht, Rauchgewohnheiten und andere sind nicht geeignet, die Variabilität der Parameter zu erklären bzw. hieraus abzuleiten (2, 4). Störgrößen wie akute Begleiterkrankungen, Arzneimittelinteraktionen und andere beeinflussen zudem wesentlich diese

Parameter. Aufgrund der inter- und intraindividuellen Variabilität der Modellparameter ist damit bei jeder Dialyse eine Neubestimmung der Modellparameter notwendig.

Modellentwurf für ein klinisches Kontrollsystem

Als Randbedingungen des zu entwickelnden mathematischen Modells für die Heparinisierung in der klinischen Routine sind zu nennen:

- Die erforderliche Verlängerung der Gerinnungszeit muß rasch erreicht werden.
- Dieser Sollwert muß über einen Zeitraum von 4 - 5 Stunden relativ konstant gehalten werden.
- Für die ambulante Dialyse muß (sollte) gewährleistet werden, daß die Gerinnungszeit zum Zeitpunkt der Entlassung des Patienten aus der Behandlung quasi normale Werte aufweist
- Das Modellverhalten muß über routinemäßig zu erhebende klinische Parameter überprüfbar sein, ohne den Patienten zu belasten.
- Ein zeitlich verzögerter Eintritt der Arzneimittelwirkung (Verteilung im Plasma) ist bei der Modellierung der Applikation zu berücksichtigen.
- Es muß gewährleistet sein, daß zu keinem Zeitpunkt und unter keinen Bedingungen das System übersteuert. Auszuschließen sind auch für biologische Systeme irreale Systemzustände wie negative Heparindosen oder Gerinnungswerte. Dies ist unter anderem Gegenstand einer Stabilitätsanalyse.

Das beschriebene Ein-Kompartmentmodell basiert auf einer exakten Schätzung der Eliminationskonstanten k. Unter der Annahme einer linearen Relation der Heparinkonzentration und der Gerinnungszeit (a PTT), beschrieben durch Jaques (12), Olsson (8), Estes (5), Bjornsson (1) und Whitfield (22), kann ein Modell, basierend auf der Gerinnungszeit (aPTT), formuliert werden. Beide sind aus dem leicht und auch wiederholt bestimmbaren Gerinnungsparameter aPTT ableitbar. Unter der Annahme einer linearen Beziehung zwischen der Heparinkonzentration und der Gerinnungszeit kann dieser Parameter aus der Messung der aPTT geschätzt werden. Damit kann das Modell auch wie folgt formuliert werden:

$$\frac{dR}{dt} = I_r \; S - K R$$

Dabei ist S die Sensitivität des Gerinnungssystem bezüglich Heparin und R die körpereigenen Response, gemessen als aPTT.

Dieses wird als Grundlagenmodell herangezogen, erweitert im Hinblick auf die oben angeführten Randbedingungen. Die Praktikabilität des Modellansatzes, wie aber auch die Notwendigkeit seiner Überarbeitung, zeigen durchgeführte Studien von Farrell und Ward (6), Gotch und Keen (10, 11), Sargent (18), Khazine und Simons (13) und Simons (20).

Das beschriebene einfache Einkompartmentmodell wurde, erweitert um einen internen Feed-Back-Mechanismus (s.Abb. 5), auf einem PC implementiert. Neben dieser internen Rückkopplung kann nach dem gleichen Algorithmus eine externe Rückkopplung durch Zwischenmessungen erfolgen. Diese Werte werden in dem realisierten Regelungssystem herangezogen, um die Systemparameter S und K zu justieren.

Die Infusionsrate wird nach äquidistanten Zeitpunkten (Δt) abhängig vom gewünschten Sollwert neu berechnet.

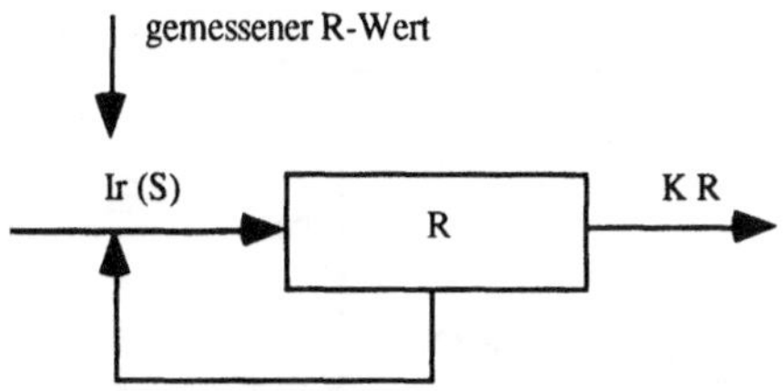

Abb. 5 - Modifiziertes rückgekoppeltes
Ein-Kompartmentmodell

Die Sensitivität kann aus dem aPTT-Anstieg ($\Delta R = R_t - R_0$) nach einer Bolusinjektion (B) geschätzt werden

$$S = \frac{\Delta R}{B}$$

Zm Zeitpunkt der Bolusinjektion gilt $I_r = 0$ und damit für K, abgeleitet aus der integrierten Modellgleichung,

$$K = \frac{\ln\left(\dfrac{R_0}{R_t}\right)}{t}$$

als erstem Schätzwert für die Eliminationskonstante von Heparin. Dieser kann als Startwert für eine exaktere iterative Bestimung von K (21) in die Modellgleichung eingesetzt werden mit

$$K = \frac{I_r S \left(1 - e^{-Kt}\right)}{R_i - R_t e^{Kt}}$$

Soll gewährleistet sein, daß zum Zeitpunkt der Entlassung des Patienten aus der Behandlung der Gerinnungsstatus außerhalb des Risikobereichs für Komplikationen liegt, ist die Heparinisierung zum Zeitpunkt t, das heißt t_{end} Stunden vor dem Entlassungstermin, abzubrechen.

$$t_{end} = \frac{\ln\left(\dfrac{R_t}{R_{t_{end}}}\right)}{K}$$

Eine wesentliche, das Systemverhalten bestimmende Forderung ist, daß ein bestimmter Wert für R (R_{soll}) schnell erreicht werden soll und über einen Zeitraum von 4 - 5 Stunden relativ konstant gehalten werden muß. Der einzige variierbare Einflußparameter diesbezüglich ist die Infusionsrate I_r. Die hierdurch herbeigeführte Übersteuerung des Systems führt zu einem um den Sollwert oszillierenden Verlauf der Raten.

Beispiel einer Simulationsstudie: Elimination (K = 1,03) und Sensitivität (S = 0,036 [sec/IU]) entsprechen realen Größen. Δt = 1 min., R_{soll} = 80 sec.

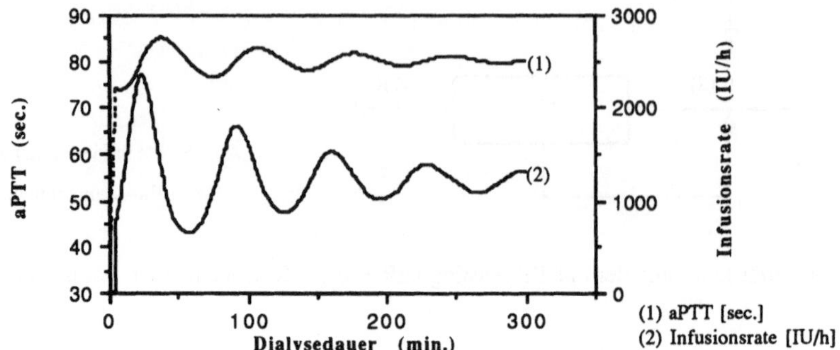

Abb. 6 - Simulationsprotokoll

Zusammenfassung

Die Zielsetzung war, für Dialysepatienten ein individuelles Heparinisierungsschema zu entwickeln. Dies bedeutet, daß die geringstmögliche Gesamtmenge Heparin für einen vorgegebenen aPTT-Wert zu ermitteln ist, ohne daß beobachtbare Thrombosierungsphänomenen auftreten. Es wurden drei unterschiedliche Modelle zur Abbildung der Pharmakokinetik und -dynamik von Heparin betrachtet. Das Ein-Kompartment-modell erwies sich als das geeignete Modell für die Anwendung im klinischen Alltag. Erweitert um eine externe und interne Feed-Back-Komponente wurde das Modell zur Steuerung einer Infusionspumpe auf einem PC implementiert. Die durchgeführten Simulationsstudien zeigten im Vergleich mit realen Dialyse-protokollen die Anwendbarkeit des Modells.

Die Möglichkeiten und Perspektiven die in der mathematischen Modellierung und Simulation enzymati-scher und pharmakokinetischer Prozesse liegen seien hier nochmals herausgestellt. Es sind dies die Identifikation von Systemstrukturen biochemischer Prozesse, die Möglichkeit, interne, nicht direkt meßbare Parameter zu schätzen und die Darstellung von Dosis / Wirkungsbeziehungen. Darüber hinaus dienen sie der Prädiktion, der Diagnose und der Ausbildung.

Literatur

(1)   Bjornsson T.D., Wolfram K.M.,   Determinats of the Anticoagulant Effect of Heparin in Vitro.
       Annals New York Academy of Sciences, 1981, 370: 656-661
(2)   Bull B.S., Korpmann R.A., Huse W.M., Briggs B.D.,   Heparin therapy during extracorporeal circulation.
       I. Problems inherent in existing heparin protokols, The Journal of Thoracic and Cardiovasular Surgery,
       69.5, 1975: 674 -684
(3)   Carson E.R., Cobelli C., Finkelstein L.,   The mathematical modeling of metabolic and endocrine systems,
       John Wiley & Suns publications, New York 1983
(4)   Cipolle R.J., Randall P.D., Seifert D., Pharm.D., Neilan B.A., Zaske D.E., Haus E.,
       Heparin kinetics: Variables related to disposition and dosage., Clin Pharmacol Ther 29.3, 1981: 387-393
(5)   Estes J.W., Poulin P.F., Pharmacokinetics of Heparin - Distribution and Elimination,
       Thrombos Diathes Haemorrh (Stuttg.) 33, 1974: 26-27
(6)   Farrell P.C., Kinetic modeling: Applications in renal and related diseases., Kidney International 24, 1983: 487-495
(7)   Farrell P.C., Gotch R.A., Schildhelm K., Gotch F.A., Precise anticoagulation for routine hemodialysis.
       J Lab Clin Med 92, 1978: 164-176

(8)   Glimelius B., Busch Ch., Höök M., Binding of Heparin on the surface of cultured human endothelial cells.,
      Thrombosis Research 12, 1978: 773-782

(9)   Godfrey K., Compartmental Models and Their Application, Academic Press Inc. (London) LTD, Great Yarmouth 1983

(10) Gotch F.A., Keen M.L., Precise control of minimal heparinisation for high bleeding risk hemodialysis
      Trans.Am.Soc.Artif.Intern.Organs XXIII, 1977: 168-176

(11) Gotch F.A., Kinetics of Hemodialysis., Artificial Organs, 10.4, 1986: 272-281

(12) Jaques L.B., Ricker A.G., The relationship between heparin dosage and clotting time.,
      BLOOD VIII, 1948: 1197-1212

(13) Khazine F., Simons O., Pharmacokinetic monitoring of heparin therapy for regular hemodialysis. ,
      Artifical Organs 9.1, 1984: 59-61

(14) McAvoy T.J., Pharmacokinetic modeling of heparin and its clinical implication.,
      Journal of Pharmacokinetics and Biopharmaceutics 7, 1979: 331-354

(15) Olsson P., Lagergren H., Ek S., The elimination from plasma of intravenous heparin.
      Acta Medica Scandinavica, 173.5, 1963: 619-630

(16) Perrier D., Ashley J.J., Levy G., Effect of Product Inhibition on the Kinetics of Drug Elimination.,
      Journal of Pharmacokinetics and Biopharmaceutics, Vol.1, No.3,1973: 231 - 242

(17) Ralston M.L., Jennich R.I., Sampson P.F., Uno F.K., Fitting pharmakokinetic models with BMDPAR,
      Technical Report 58, BMDP Statistical Software Department of Biomathematics, University of California, 1979

(18) Sargent J. A., Gotch F. A., Mathematic modeling of dialysis therapy,
      Kidney International, 18 Suppl. 10, 1980, S2 S10

(19) Segel I. H., Enzyme Kinetics Behaviour and Analysis of rapid equilibrium and SteadyState Enzyme Systems,
      Wiley & Suns publications, New York 1975

(20) Simons O., Heparin activity during hemodialysis., Clin. Nephrol. 21.4, 1984: 247

(21) Tyson, J.J., On the existence of oscillatory Solutions in negative feedback cellular control processes.,
      Journal of Mathematical Biology 1, 1975: 311 - 315

(22) Whitfield L.R., Schentag J.J., Levy G., Relationship between concentration and anticoagulant effect of heparin in
      plasma of hospitalized patients; magnitude and predictability of interindividual differences.,
      Clin. Pharmacol. Ther.10, 1982: 503-516

NICHTPARAMETRISCHER TEST BEI VORGEGEBENER RELEVANZSCHWELLE

Günter Meng[1] und Gerhard Hommel[2]

[1] Dr. Willmar Schwabe GmbH & Co, 75 Karlsruhe 41

[2] Inst. f. Med. Dokumentation u. Statistik d. Uni Mainz, 65 Mainz 1

Einleitung

Basierend auf dem Prinzip der linearen Rang-Statistik geben einige Autoren Rang-Tests an, bei denen die klassische WILCOXON-Statistik dadurch modifiziert wird, daß den Rängen unterschiedliche Gewichte gegeben werden. So soll die Teststärke für bestimmte Typen von Alternativ-Hypothesen optimiert werden. Wenn nicht eine stetige Funktion der Ränge angegeben wird (z.B. CONOVER/SALSBURG, 1988), werden oftmals Verteilungs-Kennwerte wie z.B. Perzentile als Kriterium für die Gewichtung gewählt (z.B. GASTWIRTH, 1965). Ein weiteres Beispiel für dieses Vorgehen ist der adaptive nichtparametrische Test nach HOGG/BÜNING/HILL (HOGG, 1975; BÜNING, 1983, 1986; HILL, 1988).

Hier soll nun ein ähnliches Verfahren angegeben werden, bei dem jedoch als Gewichtungskriterium eine a priori sachwissenschaftlich fundierte Effekt-Relevanz-Schwelle dient.

Definitionen

Die folgenden Definitionen zur linearen Rang-Statistik sind beispielsweise bei BÜNING/TRENKLER (BÜNING/TRENKLER, 1978) näher ausgeführt.

Es seien $X_1,\ldots,X_m$ und $Y_1,\ldots,Y_n$ zwei unabhängige Stichproben von Ausprägungen eines stetig mit Verteilungsfunktionen F bzw. G verteilten Merkmals M, das den Effekt einer experimentellen Intervention (z.B. Behandlung mit einem zu prüfenden Medikament in einer klinischen Prüfung) angibt. Die Ränge der kombinierten und geordneten Stichprobe Z_i sollen mit R_i bezeichnet sein (bei Bindungen mittlere Ränge). Zur Kennzeichnung der ursprünglichen Stichprobenzugehörigkeit werde der kombinierten Stichprobe ein Vektor $(V_1, \ldots, V_N)$ zugeordnet (N=n+m), wobei $V_i=1$ falls das entsprechende Element aus der X-Stichprobe stammt und $V_i=0$ andernfalls.

Die lineare Rang-Statistik ist dann gegeben durch:

$$L_N = \sum_{i=1}^{N} g_i * V_i \quad .$$

Dabei sind die gi reelle Gewichtungsfaktoren.

Erwartungswert und Varianz von L_N sind:

$$E(L_N) = \frac{m}{N} \sum_{i=1}^{N} g_i$$

und

$$Var(L_N) = \frac{mn}{N^2(N-1)} \left\{ N \sum_{i=1}^{N} g_i^2 - \left(\sum_{i=1}^{N} g_i \right)^2 \right\} .$$

Unter H0 ist $[L_N-E(L_N)]/Stdabw(L_N)$ asymptotisch standardnormalverteilt (BÜNING/TRENKLER, 1987).

Zur Frage der asymptotischen Normalität unter H1 s. z.B. CHERNOFF/SAVAGE (1958).

Die sachwissenschaftlich definierte Schwelle S für die Relevanz des durch das Merkmal M beschriebenen Effektes wird in den meisten Fällen nur mit einer gewissen Unschärfe anzugeben sein, sodaß S_u den Wert bezeichnen soll, unter dem der Effekt sicher nicht relevant ist, und S_o den Wert, oberhalb dem Effekt-Relevanz als gegeben angesehen wird. R_u bezeichne im Folgenden den Rang des größten z_i mit $z_i \leq S_u$ und R_o den Rang des größten z_i mit $z_i < S_o$. Falls S_u bzw. S_o kleiner als das kleinste z_i ist, gilt: $R_u = 0$ bzw. $R_o = 0$.

Prinzip der vorgeschlagenen Methode

Die Gewichtungsfaktoren g_i sollen so gewählt werden, daß die sicher nicht relevanten Effekte nicht und die unsicher relevanten Effekte in verringertem Maß zu L_N beitragen. Diese Eigenschaft ist z.B. gegeben, wenn die g_i wie folgt gewählt werden:

$g_i = 0$, falls $z_i \leq S_u$,

$g_i = R_i - R_u$, falls $S_u < z_i < S_o$,

$g_i = A R_i - (A-1) R_o - R_u$, falls $S_o \leq z_i$.

A sei dabei eine reelle Zahl mit $0 \leq A$.

Die so definierte Statistik hat folgende Haupt-Eigenschaften:

- liegen alle Stichprobenwerte unter S_u, so wird H0 immer angenommen,

- für Werte, die unsicher oder sicher relevant sind, ist $g_i(R_i)$ jeweils durch eine lineare Funktion gegeben, deren Steigung im zweiten Fall durch Wahl von A festgelegt ist; für A=1 sind die Steigungen gleich,

- das Ausmaß des Gewichts der Unterschiedlichkeit von Stichprobenwerten ist durch A bestimmt. Sind Werteunterschiede oberhalb der Relevanzschwelle nicht mehr besonders wichtig, so wird man $A < 1$ wählen. Soll es dagegen hauptsächlich auf diese Unterschiede ankommen, ist ein $A > 1$ angemessen,

- der konventionelle Rangsummen-Test ergibt sich für $R_u=0$ und $A=1$.
Der Test kann als Permutationstest ausgeführt oder bei hinreichend großer Fallzahl
approximativ berechnet werden.

Anwendungs-Beispiel

Die Eigenschaften dieses Verfahrens sollen durch das folgende Beispiel im Vergleich
zum WILCOXON-Test für verschieden breite Relevanzschwellen und für $A=2$, $A=4$ bzw. $A=6$
erläutert werden.
Die im Rahmen einer klinischen Prüfung gewonnen Daten (Intervall-Skalen-Niveau)
geben den Effekt einer medikamentösen Behandlung an. Der Versuch war als
randomisierte placebokontrollierte Doppelblindstudie angelegt, jeder der beiden
Therapiegruppen wurden je 15 Patienten zugeordnet.
Die Stichprobenwerte lagen zwischen $-28,9$ und $37,0$. Für die u.a. Berechnungen wurden
Relevanzschwellen S_u/S_o von 0/10, 0/5, 5/10 und 9/10 gewählt. Da hauptsächlich
Unterschiede zwischen relevanten Effekten interessant waren, wurde $A=0$, $A=1$, $A=2$, $A=4$
bzw. $A=6$ festgelegt.
Die p-Werte (Prob $\geq$ T) wurden sowohl durch Simulation von jeweils 10000 Permutationen
als auch approximativ wie oben angegeben bestimmt, wobei die Berechnungen mit SAS,
Version 6.04, durchgeführt wurden.
Die Ergebnisse sind wie folgt:

		Relevanz-Schwelle S_u/S_o			
		0/10	0/5	5/10	9/10
$A = 0$	Permut.	0,1148	0,1844	0,0813	0,0293
	Approx.	0,1064	0,1792	0,0739	0,0320
$A = 1$	Permut.	0,0287	0,0246	0,0121	0,0045
	Approx.	0,0290	0,0290	0,0143	0,0081
$A = 2$	Permut.	0,0149	0,0202	0,0069	0,0060
	Approx.	0,0167	0,0200	0,0104	0,0076
$A = 4$	Permut.	0,0108	0,0175	0,0071	0,0052
	Approx.	0,0111	0,0162	0,0088	0,0075
$A = 6$	Permut.	0,0073	0,0121	0,0061	0,0064
	Approx.	0,0069	0,0119	0,0059	0,0059

Der entsprechende approximativ errechnete einseitige p-Wert für den WILCOXON-Test ist 0,0390, 20000 Permutationen ergaben für den WILCOXON-Test einen p-Wert 0,0378. Beim hier vorliegenden Stichprobenumfang ist die Approximation also für beide Tests sehr gut brauchbar.

Diskussion

Das angegebene Verfahren ist vor allem zum Testen von Null-Hypothesen des Typs "Intervention ist Kontrolle bezüglich mindestens grenzwertig relevanter Effekte stochastisch nicht überlegen" geeignet. Eine solche Hypothese wird man z.B. möglicherweise bei Erwartung von Respondern und Nonrespondern unter der Intervention formulieren.

Die Festlegung der Relevanz-Schwellenwerte und des Werts von A sollte aufgrund sachwissenschaftlicher Überlegungen vor Versuchsbeginn vorgenommen und im Versuchsplan fixiert werden. Eine explorative Anwendung erscheint nur sinnvoll, wenn diese Größen ohne Kenntnis der Gruppenzugehörigkeit gewählt werden.

Der hier dargestellten Intention folgend können in die Wahl der Gewichte g_i natürlich noch andere Überlegungen mit einfließen. Es sollte jedoch immer darauf geachtet werden, daß die getroffenen Festlegungen auf klaren und möglichst konsensfähigen sachwissenschaftlichen Grundlagen beruhen, damit eine praxisrelevante Interpretation des Versuchsresultates möglich bleibt.

Beispielsweise könnten die g_i durch eine zwar monotone aber nicht lineare Funktion festgelegt sein. Oder aber es könnten in die Beurteilung eines Effektes als relevant noch andere Kriterien als die der reinen Effektgröße einfließen, z.B. bestimmte Effekte bei Begleit-Merkmalen.

Ein weiteres Beispiel für eine solche Modifikation wäre die Vergabe der stärksten Gewichtungen an solche Stichprobenwerte, die im Bereich eines Effekt-Optimums liegen. Noch gößere Effekte würden also wieder kleinere Gewichte erhalten. Hierbei ist jedoch zumindest für den Bereich medizinischer Studien auf das Problem hinzuweisen, daß zu starke Effekte als unerwünschte Wirkungen aufgefaßt werden müssen. Sofern diese mit einem Risiko für den Versuchsteilnehmer verbunden sind, ist zu fordern, daß sie primär Gegenstand von Studienabbruchs-Regelungen sind.

Weiterhin wäre es möglich, die Gewichtung ohne Kenntnis der Gruppenzugehörigkeit für die einzelnen Werte der vereinigten Stichprobe aufgrund zielsetzungsbezogen definierter Kriterien nach Abschluß der Datenerhebung festzulegen. Es kann jedoch schwierig sein, bei einer mit der Fragestellung vertrauten Person die erforderliche 'Blindheit' wirklich zu gewährleisten.

Schließlich kann man eine anhand prognostischer Faktoren vorgenommene Prästratifizierung durch entsprechendes Daten-Alignement vor Ausführen des Tests berücksichtigen.

Literatur

Büning H. (1983). Adaptive verteilungsfreie Tests. Statistische Hefte, 24, 47-67.

Büning H. (1986). Adaptive verteilungsfreie Tests - nichtparametrische Analyse zur Klassifizierung von Verteilungen. In Pflug G.C. (Hrsg.), Neuere Verfahren in der nichtparametrischen Statistik (S. 6-27). Berlin: Springer Verlag.

Büning H. & Trenkler G. (1978). Nichtparametrische statistische Methoden. Berlin: Walter de Gruyter.

Chernoff H. & Savage I.R. (1958). Asymptotic Normality and Efficiency of Certain Nonparametric Test Statistics. Ann. Math. Statist. 25, 972-994.

Conover W.J. & Salsburg D.S. (1988). Locally Most Powerful Tests for Detecting Treatment Effects When Only a Subset of Patients Can Be Expected ot "Respond" to Treatment. Biometrics, 44, 189-196.

Gastwirth J.L. (1965). Percentile modifications of two sample rank tests. Journal of the American Statistical Association, 60, 1127-1141.

Hill N.J., Padmanabhan A.R. & Puri M.L. (1988). Adaptive Nonparametric Procedures and Applications. Applied Statistics, 37, 205-218.

Hogg R.V., Fisher D.M. & Randles R.H. (1975). A Two-Sample Adaptive Distribution-Free Test. Journal of the American Statistical Association, 70, 656-661.

Autorenverzeichnis